普通高等学校“十四五”规划机械类专业精品教材

机械工程学科研究生教学用书

工程机械振动

Mechanical Vibrations in Engineering

杜　轩　　田红亮　编著
Du Xuan　Tian Hongliang

华中科技大学出版社
中国·武汉

内容简介

本书共分为5章:第1章介绍了机械振动的基本知识,第2章分析了1自由度系统,第3章讨论了2自由度系统,第4章将矩阵运动方程从2自由度系统推广至 n 自由度系统,第5章属于课题研究。本书在每节之末附有习题,给出了较为完整的参考答案,并对部分习题提供了多种解法。所提供的参考答案有时含有一些策略和技巧,以提高解题速度。本书可作为机械工程类专业研究生的教材,也可供从事机械振动的科研人员和技术工作者参考。

图书在版编目(CIP)数据

工程机械振动 / 杜轩,田红亮编著. -- 武汉 :华中科技大学出版社,2025. 3. -- ISBN 978-7-5772-1712-3

Ⅰ. TH2

中国国家版本馆 CIP 数据核字第 202525288Q 号

工程机械振动　　　　杜　轩　田红亮　编著

Gongcheng Jixie Zhendong

策划编辑:张　毅

责任编辑:罗　雪

封面设计:原色设计

责任监印:朱　玢

出版发行:华中科技大学出版社(中国·武汉)　　电话:(027)81321913

武汉市东湖新技术开发区华工科技园　　邮编:430223

录　　排:武汉三月禾文化传播有限公司

印　　刷:武汉市洪林印务有限公司

开　　本:889mm×1194mm　1/16

印　　张:16

字　　数:458千字

版　　次:2025年3月第1版第1次印刷

定　　价:69.80元

前　言

“危楼高百尺，手可摘星辰。”在现代工程科学的助力下，昔日诗仙李白的宏愿付之于行。随着工程科学大步流星迈向精确计算之路，以往诸多不太明朗的工程设计因素，借助精确计算等方式逐一清晰明朗，保障了设计的精准性。而振动正是其中很重要的因素之一。

振动是我们在学习生涯中学得较多的一门分支学科。高中物理课程已涉及机械振动的知识。在大学一年级学习阶段，机械振动更是理工科学生公共必修课的核心内容。对于机械专业的硕士研究生，振动是一门专业课程，要求学生投入大量时间去学习、掌握和运用振动相关知识。那么这就对振动基础教材的科学性和适用性提出了高要求。

近年来振动相关教材呈现百花齐放的良好态势，在知识传承、学术交流、人才培养等方面发挥着无可替代的作用。平心而论，除少数精品教材以外，其余教材大多偏于雷同，适用性不强：要么太简略，要么太精深。太简略，往往不够用，不能解决问题；太精深，则容易让人望而生畏，无法继续学习下去。部分教材有冗长的数学公式，且公式的跳跃性大，没有定量图形，导致读者即使花很多时间弄懂了公式的来龙去脉，也不知公式作用何在。学习振动这门分支学科，关键在于利用振动理论和技术创新，推动科学技术的发展和应用。依编著者拙见，对于同一类型的振动专业知识，需精挑细选一本“好教材”作为其他教材编写时的参考。那么，什么样的振动教材称得上是“好教材”呢？编著者认为：一本好的振动教材，应当既有深厚的理论基础，又有完整、连贯且可信的数学公式推导，并且能让读者易于理解。

在编写本书之前，编著者认真读原著、学原文、悟原理，掌握对公式的运算和推导，进一步从中悟规律、明方向、学方法，切实做到学思用贯通。具体做法是，其一，在初始条件、待定常数求解方面花时间，深入学习领会振动的理论意义和实践价值，深刻理解振动的主要作用和丰富内涵；其二，在三阶矩阵的逆矩阵、弹簧和阻尼器串联求解方面花时间，知其然又知其所以然，不断提高振动的理论水平和实践要求；其三，在幂级数展开、取前几项方面花时间，理论联系实际，解决实际问题，把编著本书特别是课题研究作为提高编著者学术水平的实际抓手。本书部分术语沿用同济大学数学科学学院编的《高等数学》和《工程数学线性代数》中的术语。本书有3个特色：第一，恰如其分地引进丝丝入扣的数学推导，给出严丝合缝的数学表达式。绝不随大流，人云亦云。第二，杜绝原封不动、照抄照搬、直接引用他人文献成果。第三，传承教书育人初心，恪守职业道德底线，竭尽所能完善书中每处细节。

本书尤为适用于一年级硕士研究生。

本书各章主要内容如下：

第1章介绍了机械振动的基本知识。任何复杂的振动都可以用多个谐振动的叠加来描述。本章主要讨论谐振动的特征、描述和规律。

第2章分析了1自由度系统。部分教材只是简单地提及“把初始条件 $x(0)=x_0$，$\dot{x}(0)=\dot{x}_0$ 代入方程就得到了系统在该初始条件下，在简谐激励力作用下运动的表达式”，但没有给出运动的具体表达式。本书给出了各种振动的位移响应的具体表达式。章内各节分别讨论了无阻尼和有阻尼解析模型的自由振动和受迫振动。

第 3 章讨论了 2 自由度系统。无阻尼主系统的无阻尼调谐吸振器是一个实际工程问题，这个问题虽然很简单，却十分重要。此外，本章全面讨论了惯性耦合和弹性耦合的相关问题。

第 4 章将矩阵运动方程从 2 自由度系统推广至 n 自由度系统，强调多自由度系统理论方法的推导，运用矩阵来研究多自由度系统。

第 5 章属于课题研究，既有理论深度，又有应用技术的广度。本章深入论述 4 个课题，有利于读者深刻掌握振动的基本知识及其应用，从中获取数学物理知识的启迪、智力的挑战和阅读的乐趣。

本书颇具趣味性，例如：第 5 章第 1 节第 5 部分尝试巧妙运算，获得了结果；第 5 章第 2 节独辟蹊径，采用洛必达第一法则，统一求解 3 种吸振器的最优阻尼比，彻底摆脱了计算困境，解决了最优阻尼比的实用性计算难题；第 5 章第 1 节第 5 部分、第 2 节的内容，以及第 1 章的最后一道习题，都将解题技巧发挥到了极致；第 5 章第 4 节内容源于书本（一般教材只涉及第 5 章第 4 节第 1 部分）而高于书本，极富挑战性，其研究深度和覆盖内容之广度皆超越了一般读者的数学物理知识储备，其中难点之一是 4 种勒让德特殊函数 $\mathrm{P}_n(x)$、$\mathrm{P}_n^m(x)$、$\mathrm{Q}_n(x)$、$\mathrm{Q}_n^m(x)$。

本书在每节之末附有习题，给出了较为完整的参考答案，并对部分习题提供了多种解法。所提供的参考答案有时含有一些策略和技巧，以提高解题速度。

Timoshenko 是乌克兰裔美籍力学和工程结构专家，是近代力学的代表人物之一，终生致力于发展工程技术事业和工程教育事业。*Vibration Problems in Engineering* 是 Timoshenko 于 1928 年 10 月出版的英文教材。特别应该指出的是：Timoshenko 的写作十分严格，反映了其严谨的治学精神。编著者在编著本书时秉持 Timoshenko 教授严谨治学的精神实质和思想方法，反复推敲，力图达到规范、准确、流畅，尽量在教材内容和形式上不出现差错。茫茫书海，"天无涯兮地无边，我心愁兮亦复然"。一册书如沧海一粟。若这沧海一粟对某位读者有所启发和帮助，就是粟之小幸；若这沧海一粟被应用甚或被植根于某片土地，生长发育，就是粟之大幸。

念念不忘，必有回响。编著者要感谢三峡大学 2024 年专业学位研究生案例库建设项目（项目编号：202417）和三峡大学研究生院给予的经费支持。在本书完稿时，编著者再次真真切切领悟到对浩瀚宇宙中科学知识的渴望，认识到自身认知的浅薄。限于编著者水平，编著者表达的内容与读者的期待或许不能完全和谐一致，或许存在不妥之处。"不敢高声语，恐惊天上人"，祈请广大读者在百忙之中提出批评或指正。

编著者
2024 年 7 月
于三峡大学机械与动力学院

目　　录

第1章　机械振动基础

人类生活在运动的世界里，其中机械运动是最常见的运动。在机械运动中，除了平动和转动之外，振动也很常见。琴弦的振动让人们欣赏到优美的音乐，地震则可能给人类带来巨大的灾难。然而，振动并不局限于机械运动范围之内，在交流电路中，电流和电压的变化也是一种振动。振动现象比比皆是。我们将从最简单的情况出发，学习描述振动的方法和振动的性质。

第1节　弹簧振子的运动

振动现象在自然界中广泛存在。钟摆的摆动、水中浮标的上下浮动、担物行走时扁担下物体的颤动、树梢在微风中的摇摆……都是振动。一切发声的物体都在振动。地震是大地的剧烈振动。振动与我们的生活密切相关。

把一个有孔的小球装在弹簧的右端，弹簧的左端固定，小球穿在光滑的杆上，能够沿杆滑动，两者之间的摩擦可以忽略，弹簧的质量与小球相比也可以忽略。把小球拉向右方，然后放开，它就左右运动起来。小球原来静止时的位置叫作平衡位置(equilibrium position)，小球在平衡位置附近的往复运动，是一种机械振动。小球和弹簧所组成的系统称为弹簧振子(spring oscillator)。

用频闪仪拍摄钢球的运动。频闪仪每隔 0.05 s 闪光一次，闪光的瞬间弹簧振子被照亮，在底片上留下小球和弹簧的一系列的像。

也可用数码相机拍摄钢球的运动。大约每隔 0.04 s(这个时间间隔往往可以设定)数码相机就会拍摄一帧照片。拍摄时最好使钢球的位置在取景框的最左侧。

如果质点的位移 x 与时间 t 的关系遵从正弦函数的规律，这样的振动叫作简谐运动(simple harmonic motion)。简谐运动是最简单、最基本的振动。弹簧振子的运动就是简谐运动。

习题1-1

1. 如何用绘图笔画出小球的振动图像？

参考答案　在弹簧振子的小球上安装一支绘图笔，让一条纸带在与小球振动方向垂直的方向上匀速运动，笔在纸带上画出的图像就是小球的振动图像。

2. $y=\cos x$ 的图像也是一条正弦曲线吗？

参考答案　正弦曲线的一般表达式是 $y=A\sin(\omega x+\varphi)$，例如 $y=\sin x$、$y=\sin\left(x+\frac{\pi}{4}\right)$的图像都是正弦曲线，其中 π 是圆周率。$y=\cos x$ 的图像也是一条正弦曲线，因为它可以写成 $y=\cos x=\sin\left(x+\frac{\pi}{2}\right)$的形式。

3. 下面的说法正确吗？正确的画“√”，错误的画“×”。

$\sin 30=\frac{1}{2}$ （　　）

参考答案　×，$\sin 30°=\frac{1}{2}$。

第2节　简谐运动的表示方法

一、简谐运动的表达式

我们以弹簧振子为例来研究描述简谐运动的物理量。在上节我们已经得知，正弦函数可以描述简谐运动，那么用位移(displacement)x 表示函数值，用时间(time)t 表示自变量，这个正弦函数便可表达为

$$x = A\sin(\omega t + \varphi) \tag{1.2-1}$$

式中：A 是简谐运动的振幅(amplitude)，它是振动物体离开平衡位置的最大距离，振幅的两倍 $2A$ 表示的是做振动的物体运动范围的大小；ω 是简谐运动的圆频率(circular frequency)，也称为角频率(angular frequency)或角速度(angular velocity)，单位为 rad/s，表示简谐运动的快慢；$\omega t+\varphi$ 是简谐运动的相位(phase)，φ 是 $t=0$ 时的相位，称作初相位或初相。

描述自然界的许多周期性变化都会用到相位的概念。在物理学中，我们用不同的相位来描述周期性运动在各个时刻所处的不同状态。例如，从地球上看，月亮从圆到缺，又从缺到圆，这是一种周期性的变化，周期为29.5天。月亮的这种圆缺变化叫作月相变化。为了便于记忆，人们还给几个特殊的月相起了特殊的名称：望，指满月；下弦，指恰好有半个月面是亮的，呈现出半圆形，出现在下半夜；朔，指这时实际上看不见月亮；上弦，指恰好另半个月面是亮的，呈现出弯月形，出现在上半夜；在下弦和朔之间的月牙称为残月；在朔和上弦之间的月牙称为新月。

实际上经常用到的概念是两个具有相同角频率的简谐运动的相位差(phase difference)。如果两个简谐运动(分别用数字1和2表示)的角频率相等，其初相分别是 φ_1 和 φ_2。当 $\varphi_2>\varphi_1$ 时，它们的相位差是

$$\Delta\varphi = \omega t + \varphi_2 - (\omega t + \varphi_1) = \varphi_2 - \varphi_1 > 0 \tag{1.2-2}$$

此时我们常说2的相位比1的相位超前 $\Delta\varphi$，或者说1的相位比2的相位滞后 $\Delta\varphi$。

设时间从 t_1 增加到 t_2 的过程中，$\sin(\omega t+\varphi)$ 循环一次，即周期(period)为

$$T = t_2 - t_1 \tag{1.2-3}$$

简谐运动是一种周期性运动。一个完整的振动过程称为一次全振动。不管以哪里作为研究的起点，弹簧振子完成一次全振动的时间总是相同的。做简谐运动的物体完成一次全振动所需要的时间，叫作振动的周期。在国际单位制(SI)中，周期的单位是 s。

于是有

$$\omega t_2 + \varphi - (\omega t_1 + \varphi) = 2\pi \tag{1.2-4}$$

将式(1.2-3)代入式(1.2-4)得

$$\omega(t_2 - t_1) = \omega T = 2\pi \Rightarrow T = \frac{2\pi}{\omega} \tag{1.2-5}$$

单位时间内完成全振动的次数(cycles per second 或 revolutions per second)，叫作振动的频率(frequency)。周期和频率都是表示物体振动快慢的物理量，周期越小，频率越大，表示振动越快。频率即周期的倒数(reciprocal)为

$$f = \frac{1}{T} \tag{1.2-6}$$

频率的单位为 Hz。1 Hz=1 s^{-1}。

将式(1.2-5)代入式(1.2-6)得

$$f = \frac{\omega}{2\pi} \tag{1.2-7}$$

我们用周期和频率描述简谐运动。实际上，描述任何周期性过程，即使不是简谐运动，也都要用到这两个概念。它们的应用范围已经扩展到物理学以外的领域了。

二、简谐运动的回复力和能量

在力学中，只研究物体怎样运动而不涉及运动和力的关系的分支，叫作运动学(kinematics)。研究运动和力的关系的分支，叫作动力学(dynamics)。前面的研究只涉及做简谐运动的质点的运动特点，不涉及它所受的力，是从运动学的角度研究的。接下来要讨论它所受的力，是从动力学的角度研究的。动力学知识在生产和科学研究中很重要，设计各种机器、控制交通工具、研究天体运动等，都离不开动力学知识。

我们已经学过，物体做匀变速直线运动时，所受合力的大小、方向都不变；物体做匀速圆周运动时，所受的合力大小不变，方向与速度方向垂直并指向圆心。那么，物体做简谐运动时，所受的合力有什么特点？

在弹簧振子的例子中，小球所受的力 F 与弹簧的伸长量成正比。由于坐标原点就是平衡位置，弹簧的伸长量与小球位移 x 的大小相等，因此有胡克定律(Hooke's law)

$$F = -kx \tag{1.2-8}$$

式中：k 是弹簧的刚度系数(coefficient of stiffness)，单位为 N/m。力 F 总与位移 x 方向相反，所以式中有负号。弹簧对小球的力的大小与弹簧的伸长量成正比，方向总是指向平衡位置。

理论上可以证明，如果质点所受的力具有式(1.2-8)的形式，质点就做简谐运动。也就是说：如果质点所受的力与它偏离平衡位置位移的大小成正比，并且总是指向平衡位置，则质点的运动就是简谐运动。由于力的方向总是指向平衡位置，它的作用总是要把物体拉回到平衡位置，因此这个力通常被称为回复力(restoring force)。

弹簧振子的速度在不断变化，因而它的动能在不断变化；弹簧的伸长量或压缩量在不断变化，因而它的势能也在不断变化。它们的变化具有什么规律？

理论上可以证明，如果摩擦等阻力造成的损耗可以忽略，那么在弹簧振子运动的任意位置，系统的动能与势能之和都是一定的，这与机械能守恒定律相一致。

实际的运动都有一定的能量损耗，所以简谐运动是一种理想化的模型。

习题 1-2

1. 从表达式 $\omega t+\varphi$ 看，相位的单位应该是怎样的？

参考答案　相位的单位是 rad，或量纲 1，或无量纲。

2. 设 $f(t)$ 是周期为 2π 的周期函数，它在$[-\pi,\pi)$上的表达式为

$$f(t)=\begin{cases}-1, -\pi \leqslant x < 0 \\ 1, 0 \leqslant x < \pi\end{cases}$$

将 $f(t)$ 展开成傅里叶级数，并求该级数的频率比。

参考答案　计算傅里叶系数如下：

$$a_n=\frac{1}{\pi}\int_{-\pi}^{\pi}f(t)\cos nt\,\mathrm{d}t=0, n=0,1,2,\cdots$$

$$b_n=\frac{1}{\pi}\int_{-\pi}^{\pi}f(t)\sin nt\,\mathrm{d}t=\frac{1}{\pi}\int_{-\pi}^{0}(-1)\sin nt\,\mathrm{d}t+\frac{1}{\pi}\int_{0}^{\pi}1\sin nt\,\mathrm{d}t=\frac{1}{\pi}\left.\frac{\cos nt}{n}\right|_{-\pi}^{0}-\frac{1}{\pi}\left.\frac{\cos nt}{n}\right|_{0}^{\pi}$$

$$=\frac{1}{n\pi}(1-\cos n\pi-\cos n\pi+1)=\frac{2}{n\pi}(1-\cos n\pi)=\frac{2}{n\pi}[1-(-1)^n]=\begin{cases}\frac{4}{n\pi}, n=1,3,5,\cdots\\0, n=2,4,6,\cdots\end{cases}$$

由此得到 $f(t)$的傅里叶级数展开式为

$$f(t)=\frac{4}{\pi}\sin t+\frac{4}{3\pi}\sin 3t+\frac{4}{5\pi}\sin 5t+\frac{4}{7\pi}\sin 7t+\frac{4}{9\pi}\sin 9t+\cdots$$

该级数的频率比为 1∶3∶5∶7∶9∶…

3. 有两个简谐运动：$x_1=3a\sin\left(4\pi bt+\frac{\pi}{4}\right)$和 $x_2=9a\sin\left(8\pi bt+\frac{\pi}{2}\right)$。它们的振幅之比是多少？它们的频率各是多少？$t=0$ 时，它们的相位差是多少？

参考答案 它们的振幅之比是 3∶9。x_1 的频率是 $f_1=\frac{\omega_1}{2\pi}=\frac{4\pi b}{2\pi}=2b$。$x_2$ 的频率是 $f_2=\frac{\omega_2}{2\pi}=\frac{8\pi b}{2\pi}=4b$。$t=0$ 时，它们的相位差是 $\Delta\varphi=\varphi_2-\varphi_1=\frac{\pi}{2}-\frac{\pi}{4}=\frac{\pi}{4}$。

4. 做简谐运动的物体经过 A 点时，加速度的大小是 2 m/s^2，方向指向 B 点；当它经过 B 点时，加速度的大小是 3 m/s^2，方向指向 A 点。若 A、B 两点之间的距离是 10 cm，请确定该物体的平衡位置。

参考答案 以从 A 指向 B 的方向为正方向。A、B 两点分别在平衡位置 O 点的两侧，故 $x_A<0, x_B>0$。由 $F=-kx$ 与牛顿第二定律 $F=ma$ 可得

在 A 点时： $F_A=-kx_A=ma_A=2m$

在 B 点时： $F_B=-kx_B=ma_B=-3m$

则$\frac{x_A}{x_B}=-\frac{2}{3}$。由 $x_B-x_A=10$ 解得 $x_A=-4, x_B=6$，即平衡位置 O 点在 A、B 两点之间，且其距 A 点 4 cm，距 B 点 6 cm。

5. 用加速度计测得某结构按频率 25 Hz 做简谐振动时的最大加速度为 $5g$（取 $g=9.8$ m/s^2）。求此结构的振幅和最大速度。

参考答案 ①牛顿常用在字母头上写一个点的方法来表示求导，如在振动力学中常用 $\dot{y}$、$\ddot{y}$、$\dddot{y}$ 和 $\ddddot{y}$ 等表示 y 对时间 t 求导。拉格朗日使用撇，如 y'、$y''=(y')'$、$y'''=(y'')'$和 $y^{(4)}=(y''')'$，表示 y 对坐标 x 求导。莱布尼茨常用$\frac{\mathrm{d}y}{\mathrm{d}x}$、$\frac{\mathrm{d}}{\mathrm{d}x}\frac{\mathrm{d}y}{\mathrm{d}x}=\frac{\mathrm{d}^2y}{(\mathrm{d}x)^2}=\frac{\mathrm{d}^2y}{\mathrm{d}x^2}$、$\frac{\mathrm{d}}{\mathrm{d}x}\frac{\mathrm{d}^2y}{(\mathrm{d}x)^2}=\frac{\mathrm{d}^3y}{(\mathrm{d}x)^3}=\frac{\mathrm{d}^3y}{\mathrm{d}x^3}$和$\frac{\mathrm{d}}{\mathrm{d}x}\frac{\mathrm{d}^3y}{(\mathrm{d}x)^3}=\frac{\mathrm{d}^4y}{(\mathrm{d}x)^4}=\frac{\mathrm{d}^4y}{\mathrm{d}x^4}$，表示 y 对坐标 x 的微分。本书在不同情境下选用不同表示方法。速度等于式(1.2-1)的位移对时间求导(differentiating the displacement with respect to time)，为

$$v=\dot{x}=\frac{\mathrm{d}x}{\mathrm{d}t}=\omega A\cos(\omega t+\varphi) \tag{1.2-9}$$

加速度为

$$a=\dot{v}=\ddot{x}=\frac{\mathrm{d}^2x}{\mathrm{d}t^2}=-\omega^2A\sin(\omega t+\varphi) \tag{1.2-10}$$

最大加速度为

$$a_{\max}=\omega^2A \tag{1.2-11}$$

此结构的振幅为

$$A=\frac{a_{max}}{\omega^2}=\frac{5g}{(2\pi f)^2}=\frac{5\times 9.8}{(2\pi\times 25)^2}\ \text{m}=\frac{49}{(50\pi)^2}\ \text{m}=1.99\times 10^{-3}\ \text{m}=1.99\ \text{mm} \quad (1.2\text{-}12)$$

②由式(1.2-9)得最大速度为

$$v_{max}=\omega A \quad (1.2\text{-}13)$$

将式(1.2-12)代入式(1.2-13)得

$$v_{max}=\omega\frac{a_{max}}{\omega^2}=\frac{a_{max}}{\omega}=\frac{5g}{2\pi f}=\frac{5\times 9.8}{2\pi\times 25}\ \text{m/s}=\frac{49}{50\pi}\ \text{m/s}=0.312\ \text{m/s} \quad (1.2\text{-}14)$$

第3节　单　　摆

生活中经常可以看到悬挂起来的物体在竖直平面内摆动，我们用细线悬挂着的小球来研究摆动的规律。如果细线的质量与小球相比可以忽略，球的直径与线的长度相比也可以忽略，这样的装置就叫作单摆(simple pendulum)。研究单摆时还有一个条件要考虑，即与小球受到的重力及绳的拉力相比，空气等对它的阻力可以忽略。为了更好地满足这个条件，实验时我们总要尽量选择质量大、体积小的球和尽量细的线。单摆是实际摆的理想化模型。显然，单摆摆动时摆球在做振动，但它是否在做简谐运动?

我们在一般条件下研究单摆是否做简谐运动，最简单的方法是看它所受的回复力是否满足 $F=-kx$ 的形式。

如图1.3-1所示，摆球静止在 O 点时，悬线竖直下垂，摆球受到的重力 G 与悬线的拉力 F' 平衡。小球所受的合力为0，可以保持静止，所以 O 点是单摆的平衡位置。拉开摆球，使它偏离平衡位置，放手后摆球所受的重力 G 与拉力 F' 不再平衡。在这两个力的合力的作用下，摆球沿着以平衡位置 O 为中心的一段圆弧 AA' 做往复运动，这就是单摆的振动。

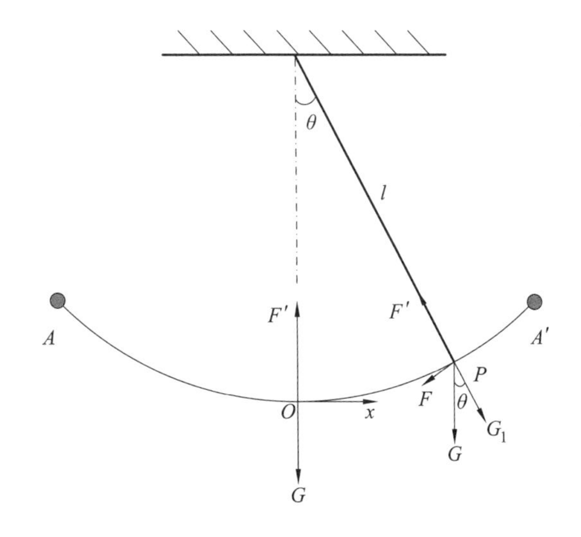

图1.3-1　单摆的回复力 F

现在分析摆球运动到任意一点 P 时的受力情况。摆球沿圆弧运动，悬线的拉力 F' 与重力沿悬线方向的分力 G_1 都与摆球运动的方向垂直，对摆球运动速度的大小及方向都没有影响。重力沿圆弧切线方向的分力 $F=mg\sin\theta$ 则使摆球产生切向加速度，使它沿圆弧运动的速度发生变化。我们还能观察到，当摆球处于平衡位置的右侧时 F 指向左方，当摆球处于平衡位置的左侧时 F 指向右方。这就是说，重力沿圆弧切向的

分力 $F=mg\sin\theta$ 是使摆球沿圆弧振动的回复力。

以 O 为原点，以水平向右的方向为 x 轴的正方向建立坐标系。在偏角 θ 很小时，摆球相对于 O 点的位移 x 的大小与 θ 角所对的弧长、θ 角所对的弦长都近似相等，因而 $\sin\theta\approx\frac{x}{l}$，所以单摆的回复力表示式为

$$F=-mg\sin\theta\approx-mg\theta=-mg\frac{x}{l}=-\frac{mg}{l}x \tag{1.3-1}$$

式中：g 是自由落体加速度(free-fall acceleration)，也叫作重力加速度(gravitational acceleration)，方向竖直向下(垂直于水平面向下)，在地球表面不同的地方，g 的大小一般是不同的，地面附近的重力加速度随纬度的升高而增大，一般取 $g=9.80665\ \mathrm{m/s^2}$；$l$ 是摆长；x 是摆球偏离平衡位置的位移；负号表示回复力 F 与位移 x 的方向相反。由于 m、g、l 都有确定的数值，$\frac{mg}{l}$ 可以用一个常数 k 表示，于是表示式(1.3-1)可写成

$$F=-kx \tag{1.3-2}$$

可见，在偏角很小的情况下，摆球所受的回复力大小与它偏离平衡位置的位移成正比，方向总是指向平衡位置，因此单摆做简谐运动。

实验表明：单摆振动的周期与摆球质量无关，在振幅较小时与振幅无关，但与摆长有关，摆长越长，周期也越长。

荷兰物理学家、天文学家、数学家惠更斯(Christiaan Huygens，1629—1695)曾经详尽地研究过单摆的振动，发现单摆做简谐运动的周期 T 与摆长 l 的二次方根成正比，与重力加速度 g 的二次方根成反比，而与振幅、摆球质量无关。惠更斯确定了计算单摆周期的公式，即

$$T=2\pi\sqrt{\frac{l}{g}} \tag{1.3-3}$$

例 1.3-1 若式(1.3-1)的相对误差小于 1%，则 θ 应小于多少？

解 按照泰勒(Taylor)公式，式(1.3-1)的近似解为

$$F=-mg\sin\theta\approx-mg\left(\theta-\frac{1}{3!}\theta^3+\frac{1}{5!}\theta^5-\cdots\right) \tag{1.3-4}$$

式(1.3-4)与式(1.3-1)的相对误差为

$$\delta=\frac{\theta-\left(\theta-\frac{1}{3!}\theta^3+\frac{1}{5!}\theta^5-\cdots\right)}{\theta}\approx\frac{1}{3!}\theta^2=\frac{\theta^2}{6}<0.01\Rightarrow\theta<0.2449\ \mathrm{rad} \tag{1.3-5}$$

θ 应小于 0.2449 rad(约 14°)。

习题 1-3

1. 摆长如何得到？

参考答案 可以用刻度尺测量细线的长度，用游标卡尺测量小球的直径，算出它的半径。摆长是由细线长度与小球半径相加得到的。

2. 以下哪个位置作为计时的开始与终止位置更好？① 小球达到最高点时；② 小球经过平衡位置时。

参考答案 小球经过平衡位置时速度最大，在相等的距离上引起的时间误差最小，所测的周期误差最小。

3. 一条短绳系一个小球，它的振动周期很短，而天文馆里巨大的傅科摆周期很长。1851 年，傅科(J. Foucault)用长 67 m 的单摆演示了地球自转的效应，求该单摆的周期。

参考答案　$T=2\pi\sqrt{\frac{l}{g}}=2\pi\sqrt{\frac{67}{9.8}}\ \text{s}=16.43\ \text{s}$。

4. 一个理想的单摆，已知其周期为 T。如果由于某种原因(如转移到其他星球)自由落体加速度变为原来的$\frac{1}{2}$，振幅变为原来的$\frac{1}{3}$，摆长变为原来的$\frac{1}{4}$，摆球质量变为原来的$\frac{1}{5}$，它的周期变为多少？

参考答案　$T=2\pi\sqrt{\frac{l}{g}}$，它的周期变为 $T'=\sqrt{\frac{1/4}{1/2}}T=\frac{\sqrt{2}}{2}T$。振幅和摆球质量的变化不影响周期。

5. 周期是 2 s 的单摆叫作秒摆，秒摆的摆长是多少？把地球上的一个秒摆拿到月球上去，已知月球上的自由落体加速度为 $1.6\ \text{m/s}^2$，它在月球上做 50 次全振动要用多少时间？

参考答案　① $T=2\pi\sqrt{\frac{l}{g}}$，$l=\frac{g}{4\pi^2}T^2=\frac{9.8}{4\pi^2}\times4\ \text{m}=1\ \text{m}$。

② 在月球上做 1 次全振动要用时间 $T'=\sqrt{\frac{1}{1.6/9.8}}\times2\ \text{s}=2\sqrt{\frac{98}{16}}\ \text{s}=5\ \text{s}$，做 50 次全振动用时 $t=250\ \text{s}$。

第4节　外力作用下的振动

做简谐运动的物体受到的回复力，是振动系统内部的相互作用力。如果振动系统不受外力的作用，此时的振动叫作固有振动，其振动频率称为固有频率(natural frequency)。小球和弹簧组成了一个系统——弹簧振子。该系统中弹簧对于小球的作用力——回复力，是系统的内力；而来源于系统以外的作用力，例如摩擦力或手指对小球的推力，则是外力。倘若振动系统受到外力作用，它将如何运动？

振动系统所受的最常见的外力是摩擦力或其他阻力。当系统受到阻力的作用时，我们说振动受到了阻尼。系统克服阻尼的作用而做功，消耗机械能，因而振幅减小，最后停下来。这种振幅逐渐减小的振动，叫作阻尼振动(damped vibration)。

振动系统受到的阻尼越大，振幅减小得越快。阻尼过大时，系统不能振动。阻尼越小，振幅减小得越慢。当阻尼很小时，在不太长的时间内看不出振幅有明显的减小，于是可以把这样的振动当作简谐运动来处理。

设想弹簧振子浸在泥浆中，把小球拉开再放开，它只能缓慢地回到平衡位置，而不能振动。阻尼振动最终要停下来，那么怎样才能保持持续的振动呢？最简单的办法是使周期性的外力作用于振动系统，外力对系统做功，补偿系统的能量损耗，使系统的振动维持下去。这种周期性的外力叫作驱动力(driving force)。系统在驱动力作用下的振动叫作受迫振动(forced vibration)。机器运转时底座发生的振动、扬声器纸盆的振动，都是受迫振动。

受迫振动的频率与什么因素有关呢？不管系统的固有频率如何，它做受迫振动的频率总等于周期性驱动力的频率，与系统的固有频率无关。但是，在周期性驱动力作用下的受迫振动，其振幅是否也与固有频率无关呢？实验表明，当系统做受迫振动时，如果驱动力的频率十分接近系统的固有频率，系统的振幅会很大。

如果驱动力的频率可以调节，使振幅相同但频率不同的驱动力先后作用于同一个振动系统，其受迫振动的振幅将不同。驱动力频率 f 等于系统的固有频率 f_0时，受迫振动的振幅最大，这种现象叫作共振。对于有阻尼的真实振动，当驱动力的频率略小于系统的固有频率时，系统的振幅达到最大值。阻尼越大，这两个频率的差别越明显。

习题 1-4

1. 我国古人对共振早有了解。《天中记》一书记载了一则小故事：晋初（约公元3世纪）时，有户人家的铜盘每天早晚轻轻自鸣两次，人们十分惊恐。你知道这是什么原因吗？

参考答案 当时一位学识渊博的学者张华判断，这是铜盘与皇宫早晚的钟声共鸣所致。后来他建议把铜盘磨薄一些（改变固有频率），铜盘就不再自鸣了。

2. 队伍过桥为什么要便步走？

参考答案 1831年，一队士兵通过曼彻斯特附近的一座桥时，由于步伐节奏整齐，桥梁发生共振而断裂。军队过桥时，整齐的步伐会对桥梁产生周期性的驱动力，如果驱动力的频率接近桥梁的固有频率，就可能使桥梁的振幅显著增大，致使桥梁断裂。因此队伍过桥要便步走，使驱动力的频率远小于桥梁的固有频率。

3. 简述汽车三级减振的思路。

参考答案 减振的一个思路是在物体与外界冲击作用之间安装弹簧，形成一个"物体-弹簧"系统。对一个周期性变化的驱动力来说，在一段较长的时间（远大于1周期）内，驱动力的平均值是非常小的。外界冲击力作用在一个物体-弹簧系统上时，如果这个系统的固有周期比外界冲击力的周期大很多，弹簧不会及时地把冲击力传递给物体，这种延缓的过程实际上对冲击力起到了"平均"的作用。汽车三级减振结构的最下面是由车轮的轴和轮胎组成的第一级物体-弹簧系统，车身和底座弹簧构成第二级物体-弹簧系统，乘客和座椅弹簧构成第三级物体-弹簧系统。这些物体-弹簧系统的固有频率都比较低，能对来自地面的频率较高的振动起到很好的"过滤"作用。

4. 汽车的车身是装在弹簧上的，某车的车身-弹簧系统的固有周期是1.5 s。这辆汽车在一条起伏不平的路上行驶，路面凸起之处大约都相隔8 m。汽车以多大速度行驶时，车身上下颠簸得最剧烈？

参考答案 $v=\frac{s}{T}=\frac{8}{1.5}\ \mathrm{m/s}=5.3\ \mathrm{m/s}$。

5. 电容（capacitance）式计算机键盘的每一个键下面连接了一小块金属片，金属片与底板上的另一块金属片间保持一定的空气间隙，构成一小电容器（capacitor）。当按下按键时电容发生变化，通过与之相连的电子线路向计算机发出该键相应的代码信号。假设金属片面积为$S=50\ \mathrm{mm}^2$，两金属片之间的距离是$d_0=0.6\ \mathrm{mm}$。如果电路能检测出的电容变化量是0.25 pF（皮法，在实际应用中往往还用微法μF作为单位），试问按键需要按下多大的距离才能给出必要的信号？

参考答案 设按键按下后两金属片之间的距离是d，若$d < d_0$，则可发出信号。

先求无限大均匀带电平面的电场强度（electric field strength）分布。已知带电平面上电荷面密度为σ，无限大均匀带电平面的电场分布满足平面对称。考虑距离带电平面为r的场点P的场强E。由于电场分布满足平面对称，所以P点的场强必然垂直于该带电平面，而且到平面等距离处（同侧或异侧）的场强大小都相等，方向都垂直于平面指向远离平面的方向（当$\sigma>0$时）。通过P点作一个半径为a、长度为$2r$、轴线垂直于带电平面的圆柱面作为高斯面，带电平面平分此圆柱面，而P点位于它的一个底面上。由于圆柱面的侧面上各点的场强E与侧面平行，所以通过侧面的电通量为零。因而只需要计算通过两底面的电通量，则$\Phi_e=E\pi a^2+E\pi a^2=2\pi Ea^2$，由于此圆柱面包围的电荷量为$q=\sigma\pi a^2$，由高斯定理有$2\pi Ea^2=\frac{\sigma\pi a^2}{\varepsilon_0}$，所以$E=\frac{\sigma}{2\varepsilon_0}$。其中$\varepsilon_0$称为真空介电常数或真空电容率。电磁波在真空中的速度$c=\frac{1}{\sqrt{\varepsilon_0\mu_0}}$，与真空中的光速一致。

真空中的光速在1983年第17届国际计量大会上被定义为精确值，$c=299792458\ \mathrm{m/s}$，而 μ_0 称为真空磁导率，是人为规定的精确值，$\mu_0=4\pi\times10^{-7}\ \mathrm{H/m}$，故 ε_0 也为精确值。若取 $c\approx3\times10^8\ \mathrm{m/s}$，则 $\varepsilon_0=\dfrac{1}{\mu_0c^2}\approx\dfrac{1}{4\pi\times10^{-7}\times9\times10^{16}}=\dfrac{10^{-9}}{36\pi}\ \mathrm{F/m}$。此结果说明，无限大均匀带电平面两侧的电场是均匀电场。

平行板电容器由两个平行而且靠近的大小相等的金属板A、B构成。设A板带电荷量(electric charge quantity)$+q$，B板带电荷量$-q$，极板面积为 S，两极板距离为 d。由于 $d^2\ll S$，因此可将极板看作无限大的带电平面。电荷各自均匀地分布在两板的内表面，电荷面密度的大小为 $\sigma=\dfrac{q}{S}$。因此，两极板间的电场强度为 $E=\dfrac{\sigma}{2\varepsilon_0}+\dfrac{\sigma}{2\varepsilon_0}=\dfrac{\sigma}{\varepsilon_0}=\dfrac{q}{\varepsilon_0S}$。金属板A、B之间的电势差(electric potential difference)为 $U_{AB}=Ed=\dfrac{qd}{\varepsilon_0S}$，可得平行板电容器的电容 $C=\dfrac{q}{U_{AB}}=\dfrac{\varepsilon_0S}{d}$。

按下按键之前，d_0 对应的电容为 $\dfrac{\varepsilon_0S}{d_0}$。按下按键之后，$d$ 对应的电容为 $\dfrac{\varepsilon_0S}{d}$。电容变化量 $\Delta C=\dfrac{\varepsilon_0S}{d}-\dfrac{\varepsilon_0S}{d_0}$。

① $\Delta C+\dfrac{\varepsilon_0S}{d_0}=\dfrac{\varepsilon_0S}{d}$，$d=\dfrac{\varepsilon_0S}{\Delta C+\dfrac{\varepsilon_0S}{d_0}}=\dfrac{\dfrac{10^{-9}}{36\pi}\times50\times10^{-6}}{0.25\times10^{-12}+\dfrac{\dfrac{10^{-9}}{36\pi}\times50\times10^{-6}}{0.6\times10^{-3}}}\ \mathrm{m}=\dfrac{15}{2700\pi+25000}\ \mathrm{m}$，即 $d=0.45\ \mathrm{mm}$，因此按键需要按下0.15 mm的距离。② 根据 $\Delta C=\varepsilon_0S\left(\dfrac{1}{d}-\dfrac{1}{d_0}\right)=\varepsilon_0S\dfrac{d_0-d}{d_0d}$，若认为此变化是小变化，取 $d\approx d_0$，则 $\Delta C\approx\varepsilon_0S\dfrac{\Delta d_0}{d_0^2}$，$\Delta d_0\approx\dfrac{d_0^2\Delta C}{\varepsilon_0S}=\dfrac{0.36\times10^{-6}\times0.25\times10^{-12}}{\dfrac{10^{-9}}{36\pi}\times50\times10^{-6}}\ \mathrm{m}=\dfrac{81\pi}{1250}\times10^{-3}\ \mathrm{m}$，即 $\Delta d_0=0.2\ \mathrm{mm}$，与准确值0.15 mm之间的相对误差为33%，可见这不是小变化。

第5节　简谐振动的合成

从极坐标平面 $\rho O\theta$ 到直角坐标平面 xOy 的变换公式为

$$x=\rho\cos\theta \tag{1.5-1}$$

$$y=\rho\sin\theta \tag{1.5-2}$$

从直角坐标平面 xOy 到极坐标平面 $\rho O\theta$ 的变换公式为

$$\rho=\sqrt{x^2+y^2} \tag{1.5-3}$$

$$\theta=\begin{cases}\arctan\dfrac{y}{x} & (x>0)\\ \arctan\dfrac{y}{x}+\pi & (x<0)\end{cases} \tag{1.5-4}$$

式中：$\arctan x$ 是反正切函数，定义域为$(-\infty,+\infty)$，值域为$\left(-\dfrac{\pi}{2},\dfrac{\pi}{2}\right)$，它在$(-\infty,+\infty)$内是有界的、单调增加的，且为奇函数。当点 P 在第一、四象限时，规定 θ 的取值范围为 $-\dfrac{\pi}{2}<\theta<\dfrac{\pi}{2}$，则 $\theta=\arctan\dfrac{y}{x}$；当点 P

在第二、三象限时，规定 θ 的取值范围为 $\frac{\pi}{2}<\theta<\frac{3}{2}\pi$，则 $\theta=\arctan\frac{y}{x}+\pi$。

则有以下两个恒等式(identity)：

$$x\sin\alpha+y\cos\alpha=\rho\cos\theta\sin\alpha+\rho\sin\theta\cos\alpha=\rho(\sin\alpha\cos\theta+\cos\alpha\sin\theta)=\rho\sin(\alpha+\theta) \tag{1.5-5}$$

$$x\cos\alpha+y\sin\alpha=\rho\cos\theta\cos\alpha+\rho\sin\theta\sin\alpha=\rho(\cos\alpha\cos\theta+\sin\alpha\sin\theta)=\rho\cos(\alpha-\theta) \tag{1.5-6}$$

上述变换在本书以后各章和后续课程中可能经常遇到，建议熟记有关结论。需要特别注意的是，式(1.5-4)不同于三角函数中的辅助角公式：$a\sin\alpha+b\cos\alpha=\sqrt{a^2+b^2}\sin(\alpha+\varphi)$，其中辅助角 φ 所在象限由点 (a,b) 所在象限决定，$\tan\varphi=\frac{b}{a}$，$\varphi\in\left(-\frac{\pi}{2},\frac{\pi}{2}\right)$。

一、同方向振动的合成

两个同频率的简谐振动分别为

$$x_1=A_1\sin(\omega t+\psi_1) \tag{1.5-7}$$

$$x_2=A_2\sin(\omega t+\psi_2) \tag{1.5-8}$$

它们的合成(composition)运动即 x_1 与 x_2 相加，为

$$x=x_1+x_2=A_1(\sin\omega t\cos\psi_1+\cos\omega t\sin\psi_1)+A_2(\sin\omega t\cos\psi_2+\cos\omega t\sin\psi_2) \tag{1.5-9}$$

$$x=A_1\cos\psi_1\sin\omega t+A_1\sin\psi_1\cos\omega t+A_2\cos\psi_2\sin\omega t+A_2\sin\psi_2\cos\omega t \tag{1.5-10}$$

$$x=(A_1\cos\psi_1+A_2\cos\psi_2)\sin\omega t+(A_1\sin\psi_1+A_2\sin\psi_2)\cos\omega t \tag{1.5-11}$$

依据式(1.5-5)，式(1.5-11)变形为

$$x=\sqrt{(A_1\cos\psi_1+A_2\cos\psi_2)^2+(A_1\sin\psi_1+A_2\sin\psi_2)^2}\sin(\omega t+\psi) \tag{1.5-12}$$

$$\psi=\begin{cases}\arctan\dfrac{A_1\sin\psi_1+A_2\sin\psi_2}{A_1\cos\psi_1+A_2\cos\psi_2} & (A_1\cos\psi_1+A_2\cos\psi_2>0)\\[2ex] \arctan\dfrac{A_1\sin\psi_1+A_2\sin\psi_2}{A_1\cos\psi_1+A_2\cos\psi_2}+\pi & (A_1\cos\psi_1+A_2\cos\psi_2<0)\end{cases} \tag{1.5-13}$$

例 1.5-1 计算同方向振动 $x_1=3\cos\omega t$ 与 $x_2=5\cos(\omega t+35°)$ 的合成运动，以余弦形式表示。

解

$$x_2=5\cos(35°+\omega t)=5\cos35°\cos\omega t-5\sin35°\sin\omega t$$

$$x=x_1+x_2=(3+5\cos35°)\cos\omega t-5\sin35°\sin\omega t$$

$$\begin{aligned}x&=\sqrt{(3+5\cos35°)^2+25\sin^2 35°}\cos\left(\omega t-\arctan\frac{-5\sin35°}{3+5\cos35°}\right)\\&=\sqrt{34+30\cos35°}\cos\left(\omega t+\arctan\frac{5\sin35°}{3+5\cos35°}\right)\\&=7.65\cos(\omega t+22°)\end{aligned}$$

例 1.5-2 计算同方向振动 $x_1=3\cos\omega t$、$x_2=4\sin\omega t$ 和 $x_3=2\cos(\omega t+30°)$ 的合成运动，以余弦形式表示。

解

$$x_3=2\cos(30°+\omega t)=2\left(\frac{\sqrt{3}}{2}\cos\omega t-\frac{1}{2}\sin\omega t\right)=\sqrt{3}\cos\omega t-\sin\omega t$$

$$x=x_1+x_2+x_3=(3+\sqrt{3})\cos\omega t+3\sin\omega t$$

$$x=\sqrt{12+6\sqrt{3}+9}\cos\left(\omega t-\arctan\frac{3}{3+\sqrt{3}}\right)=5.603\cos(\omega t-32°22')$$

二、两垂直方向振动的合成

如果沿 x 方向的运动为

$$x = A\sin\omega t \tag{1.5-14}$$

沿 y 方向的运动为

$$y = B\sin(\omega t + \varphi) \tag{1.5-15}$$

式中:φ 是滞后角。

由式(1.5-15)得

$$\frac{y}{B} = \sin\omega t\cos\varphi + \cos\omega t\sin\varphi \tag{1.5-16}$$

由式(1.5-14)得

$$\sin\omega t = \frac{x}{A} \tag{1.5-17}$$

将式(1.5-17)代入式(1.5-16)得

$$\frac{y}{B} = \frac{x}{A}\cos\varphi + \cos\omega t\sin\varphi \tag{1.5-18}$$

由式(1.5-18)得

$$\cos\omega t\sin\varphi = \frac{y}{B} - \frac{x}{A}\cos\varphi \tag{1.5-19}$$

由式(1.5-17)得

$$\sin\omega t\sin\varphi = \frac{x}{A}\sin\varphi \tag{1.5-20}$$

$$\sin^2\omega t\sin^2\varphi = \frac{x^2}{A^2}\sin^2\varphi \tag{1.5-21}$$

由式(1.5-19)得

$$\cos^2\omega t\sin^2\varphi = \left(\frac{y}{B} - \frac{x}{A}\cos\varphi\right)^2 = \frac{y^2}{B^2} + \frac{x^2}{A^2}\cos^2\varphi - 2\frac{xy}{AB}\cos\varphi \tag{1.5-22}$$

由式(1.5-21)加式(1.5-22)得

$$(\sin^2\omega t + \cos^2\omega t)\sin^2\varphi = \frac{x^2}{A^2}(\sin^2\varphi + \cos^2\varphi) + \frac{y^2}{B^2} - 2\frac{xy}{AB}\cos\varphi \tag{1.5-23}$$

$$\frac{x^2}{A^2} + \frac{y^2}{B^2} - 2\frac{xy}{AB}\cos\varphi - \sin^2\varphi = 0 \tag{1.5-24}$$

下面推导该椭圆方程(1.5-24)所围成的图形的面积。

由式(1.5-24)得

$$\frac{x^2}{A^2}\sin^2\varphi + \left(\frac{y}{B} - \frac{x}{A}\cos\varphi\right)^2 = \sin^2\varphi \tag{1.5-25}$$

设 D 为 xOy 平面上的椭圆(1.5-25)所围成的闭区域,令

$$\begin{cases} u = \dfrac{x}{A}\sin\varphi \\ v = \dfrac{y}{B} - \dfrac{x}{A}\cos\varphi \end{cases} \tag{1.5-26}$$

则有变换

$$\begin{cases} x = \dfrac{A}{\sin\varphi}u \\ \dfrac{y}{B} = \dfrac{x}{A}\cos\varphi + v = \dfrac{\cos\varphi}{\sin\varphi}u + v \Rightarrow y = B\left(\dfrac{u}{\tan\varphi} + v\right) \end{cases} \tag{1.5-27}$$

设与 D 对应的闭区域为 D'，则 D' 为 uOv 平面上的圆 $u^2+v^2=\sin^2\varphi$ 所围成的闭区域。在 D' 上，雅可比行列式(Jacobian)为

$$J(u,v)=\frac{\partial(x,y)}{\partial(u,v)}=\begin{vmatrix}\dfrac{\partial x}{\partial u} & \dfrac{\partial x}{\partial v}\\ \dfrac{\partial y}{\partial u} & \dfrac{\partial y}{\partial v}\end{vmatrix} \tag{1.5-28}$$

将式(1.5-27)代入式(1.5-28)得

$$J(u,v)=\begin{vmatrix}\dfrac{A}{\sin\varphi} & 0\\ \dfrac{B}{\tan\varphi} & B\end{vmatrix}=\frac{AB}{\sin\varphi} \tag{1.5-29}$$

式中：J 是常数，不随 u、v 变化。

根据二重积分的换元公式，闭区域 D 的面积为

$$\iint_D \mathrm{d}x\mathrm{d}y=\iint_{D'}|J(u,v)|\mathrm{d}u\mathrm{d}v \tag{1.5-30}$$

D' 为圆 $u^2+v^2=\sin^2\varphi$ 所围成的闭区域，圆的面积 $S=\pi\sin^2\varphi$。将式(1.5-29)代入式(1.5-30)得

$$\iint_D \mathrm{d}x\mathrm{d}y=\iint_{D'}\frac{AB}{\sin\varphi}\mathrm{d}u\mathrm{d}v=\frac{AB}{\sin\varphi}\iint_{D'}\mathrm{d}u\mathrm{d}v=\frac{AB}{\sin\varphi}\pi\sin^2\varphi=\pi AB\sin\varphi \tag{1.5-31}$$

当 $\varphi=\frac{\pi}{2}$ 时，方程(1.5-24)简化为 $\frac{x^2}{A^2}+\frac{y^2}{B^2}=1$，就得到大家所熟悉的椭圆面积公式 $S=\pi AB$。

习题 1-5

1. 计算同方向振动 $x_1=3\cos\omega t$ 与 $x_2=6\sin\left(\omega t-\frac{\pi}{4}\right)$ 的合成运动，以余弦形式表示。

参考答案

$$x_2=6\left(\frac{\sqrt{2}}{2}\sin\omega t-\frac{\sqrt{2}}{2}\cos\omega t\right)=3\sqrt{2}\sin\omega t-3\sqrt{2}\cos\omega t$$

$$x=x_1+x_2=(3-3\sqrt{2})\cos\omega t+3\sqrt{2}\sin\omega t$$

$$x=(3-3\sqrt{2})\cos\omega t+3\sqrt{2}\sin\omega t=\sqrt{9+18-18\sqrt{2}+18}\cos\left[\omega t-\left(\arctan\frac{3\sqrt{2}}{3-3\sqrt{2}}+180^\circ\right)\right]$$

$$=\sqrt{45-18\sqrt{2}}\cos\{\omega t-[180^\circ-\arctan(2+\sqrt{2})]\}=4.42\cos(\omega t-106^\circ19')$$

2. 有以下两个垂直振动：

$$x=a\cos\omega t \tag{1.5-32}$$

$$y=b\cos(\omega t+\varphi) \tag{1.5-33}$$

消去时间 t，求出 x 与 y 满足的方程，并证明合成运动方程表示一个椭圆。

参考答案 ① 由式(1.5-33)得

$$\frac{y}{b}=\cos\omega t\cos\varphi-\sin\omega t\sin\varphi \tag{1.5-34}$$

由式(1.5-32)得

$$\cos\omega t=\frac{x}{a} \tag{1.5-35}$$

将式(1.5-35)代入式(1.5-34)得

$$\frac{y}{b}=\frac{x}{a}\cos\varphi-\sin\omega t\sin\varphi \tag{1.5-36}$$

由式(1.5-36)得

$$\sin\omega t\sin\varphi=\frac{x}{a}\cos\varphi-\frac{y}{b} \tag{1.5-37}$$

由式(1.5-35)得

$$\cos\omega t\sin\varphi=\frac{x}{a}\sin\varphi \tag{1.5-38}$$

$$\cos^2\omega t\sin^2\varphi=\frac{x^2}{a^2}\sin^2\varphi \tag{1.5-39}$$

由式(1.5-37)得

$$\sin^2\omega t\sin^2\varphi=\left(\frac{x}{a}\cos\varphi-\frac{y}{b}\right)^2=\frac{x^2}{a^2}\cos^2\varphi+\frac{y^2}{b^2}-2\frac{xy}{ab}\cos\varphi \tag{1.5-40}$$

式(1.5-39)加式(1.5-40)得

$$(\cos^2\omega t+\sin^2\omega t)\sin^2\varphi=\frac{x^2}{a^2}(\sin^2\varphi+\cos^2\varphi)+\frac{y^2}{b^2}-2\frac{xy}{ab}\cos\varphi \tag{1.5-41}$$

$$\frac{x^2}{a^2}+\frac{y^2}{b^2}-2\frac{xy}{ab}\cos\varphi-\sin^2\varphi=0 \tag{1.5-42}$$

② 由一般二次曲线的方程 $ax^2+2bxy+cy^2+2dx+2ey+f=0$ 的系数所组成的下列3个函数

$$D=\begin{vmatrix}a & b & d\\ b & c & e\\ d & e & f\end{vmatrix},\quad \delta=\begin{vmatrix}a & b\\ b & c\end{vmatrix},\quad S=a+c$$

称为二次曲线的不变量,即经过坐标变换后,这些量是不变的。行列式 D 称为二次方程的判别式。

方程(1.5-42)的行列式(determinant)为

$$D=\begin{vmatrix}\frac{1}{a^2} & -\frac{\cos\varphi}{ab} & 0\\ -\frac{\cos\varphi}{ab} & \frac{1}{b^2} & 0\\ 0 & 0 & -\sin^2\varphi\end{vmatrix}=-\left(\frac{1}{a^2b^2}-\frac{\cos^2\varphi}{a^2b^2}\right)\sin^2\varphi=-\frac{\sin^4\varphi}{a^2b^2}<0 \tag{1.5-43}$$

$$\delta=\begin{vmatrix}\frac{1}{a^2} & -\frac{\cos\varphi}{ab}\\ -\frac{\cos\varphi}{ab} & \frac{1}{b^2}\end{vmatrix}=\frac{1}{a^2b^2}-\frac{\cos^2\varphi}{a^2b^2}=\frac{\sin^2\varphi}{a^2b^2}>0 \tag{1.5-44}$$

$$S=\frac{1}{a^2}+\frac{1}{b^2}>0 \tag{1.5-45}$$

由于 $\delta>0$,$DS<0$,因此方程(1.5-42)表示一个椭圆。

3. 已知 a、b、c、λ、μ、ν 是6个相互独立的参数,选择你认为简便的方法证明以下可化简的恒等式。

$$\frac{(a^2+\mu)(a^2+\nu)}{(a^2-b^2)(a^2-c^2)(a^2+\lambda)}+\frac{(b^2+\mu)(b^2+\nu)}{(b^2-c^2)(b^2-a^2)(b^2+\lambda)}+\frac{(c^2+\mu)(c^2+\nu)}{(c^2-a^2)(c^2-b^2)(c^2+\lambda)}$$
$$\equiv\frac{(\lambda-\mu)(\lambda-\nu)}{(a^2+\lambda)(b^2+\lambda)(c^2+\lambda)} \tag{1.5-46}$$

参考答案 设有以下一个函数

$$f(\mu)=\frac{(a^2+\mu)(a^2+\nu)}{(a^2-b^2)(a^2-c^2)(a^2+\lambda)}+\frac{(b^2+\mu)(b^2+\nu)}{(b^2-c^2)(b^2-a^2)(b^2+\lambda)}+\frac{(c^2+\mu)(c^2+\nu)}{(c^2-a^2)(c^2-b^2)(c^2+\lambda)} \tag{1.5-47}$$

则当 $\mu=\lambda$ 时,该函数值为

$$\begin{aligned}
f(\lambda)&=\frac{(a^2+\lambda)(a^2+\nu)}{(a^2-b^2)(a^2-c^2)(a^2+\lambda)}+\frac{(b^2+\lambda)(b^2+\nu)}{(b^2-c^2)(b^2-a^2)(b^2+\lambda)}+\frac{(c^2+\lambda)(c^2+\nu)}{(c^2-a^2)(c^2-b^2)(c^2+\lambda)}\\
&=\frac{a^2+\nu}{(a^2-b^2)(a^2-c^2)}-\frac{b^2+\nu}{(b^2-c^2)(a^2-b^2)}+\frac{c^2+\nu}{(c^2-a^2)(c^2-b^2)}\\
&=\frac{1}{a^2-b^2}\left(\frac{a^2-c^2+c^2+\nu}{a^2-c^2}-\frac{b^2-c^2+c^2+\nu}{b^2-c^2}\right)+\frac{c^2+\nu}{(c^2-a^2)(c^2-b^2)}\\
&=\frac{1}{a^2-b^2}\left(1+\frac{c^2+\nu}{a^2-c^2}-1-\frac{c^2+\nu}{b^2-c^2}\right)+\frac{c^2+\nu}{(c^2-a^2)(c^2-b^2)}\\
&=\frac{1}{a^2-b^2}\left(\frac{c^2+\nu}{a^2-c^2}+\frac{c^2+\nu}{c^2-b^2}\right)+\frac{c^2+\nu}{(c^2-a^2)(c^2-b^2)}\\
&=\frac{c^2+\nu}{a^2-b^2}\left(\frac{1}{a^2-c^2}+\frac{1}{c^2-b^2}\right)+\frac{c^2+\nu}{(c^2-a^2)(c^2-b^2)}\\
&=\frac{c^2+\nu}{a^2-b^2}\,\frac{a^2-b^2}{(a^2-c^2)(c^2-b^2)}+\frac{c^2+\nu}{(c^2-a^2)(c^2-b^2)}\\
&=\frac{c^2+\nu}{(a^2-c^2)(c^2-b^2)}+\frac{c^2+\nu}{(c^2-a^2)(c^2-b^2)}\\
&\equiv 0
\end{aligned} \tag{1.5-48}$$

式(1.5-47)可写为

$$\begin{aligned}
f(\mu)&=\frac{(a^2+\lambda+\mu-\lambda)(a^2+\nu)}{(a^2-b^2)(a^2-c^2)(a^2+\lambda)}+\frac{(b^2+\lambda+\mu-\lambda)(b^2+\nu)}{(b^2-c^2)(b^2-a^2)(b^2+\lambda)}+\frac{(c^2+\lambda+\mu-\lambda)(c^2+\nu)}{(c^2-a^2)(c^2-b^2)(c^2+\lambda)}\\
&=\frac{(a^2+\lambda)(a^2+\nu)}{(a^2-b^2)(a^2-c^2)(a^2+\lambda)}+\frac{(\mu-\lambda)(a^2+\nu)}{(a^2-b^2)(a^2-c^2)(a^2+\lambda)}+\frac{(b^2+\lambda)(b^2+\nu)}{(b^2-c^2)(b^2-a^2)(b^2+\lambda)}+\\
&\quad\frac{(\mu-\lambda)(b^2+\nu)}{(b^2-c^2)(b^2-a^2)(b^2+\lambda)}+\frac{(c^2+\lambda)(c^2+\nu)}{(c^2-a^2)(c^2-b^2)(c^2+\lambda)}+\frac{(\mu-\lambda)(c^2+\nu)}{(c^2-a^2)(c^2-b^2)(c^2+\lambda)}\\
&=f(\lambda)+\frac{(\mu-\lambda)(a^2+\nu)}{(a^2-b^2)(a^2-c^2)(a^2+\lambda)}+\frac{(\mu-\lambda)(b^2+\nu)}{(b^2-c^2)(b^2-a^2)(b^2+\lambda)}+\\
&\quad\frac{(\mu-\lambda)(c^2+\nu)}{(c^2-a^2)(c^2-b^2)(c^2+\lambda)}
\end{aligned} \tag{1.5-49}$$

将式(1.5-48)代入式(1.5-49)可得

$$f(\mu)=\frac{(\mu-\lambda)(a^2+\nu)}{(a^2-b^2)(a^2-c^2)(a^2+\lambda)}+\frac{(\mu-\lambda)(b^2+\nu)}{(b^2-c^2)(b^2-a^2)(b^2+\lambda)}+\frac{(\mu-\lambda)(c^2+\nu)}{(c^2-a^2)(c^2-b^2)(c^2+\lambda)} \tag{1.5-50}$$

$$\begin{aligned}
\frac{f(\mu)}{\mu-\lambda}&=\frac{a^2+\nu}{(a^2-b^2)(a^2-c^2)(a^2+\lambda)}-\frac{b^2+\nu}{(b^2-c^2)(a^2-b^2)(b^2+\lambda)}+\frac{c^2+\nu}{(c^2-a^2)(c^2-b^2)(c^2+\lambda)}\\
&=\frac{1}{a^2-b^2}\left[\frac{a^2-c^2+c^2+\nu}{(a^2-c^2)(a^2+\lambda)}-\frac{b^2-c^2+c^2+\nu}{(b^2-c^2)(b^2+\lambda)}\right]+\frac{c^2+\nu}{(c^2-a^2)(c^2-b^2)(c^2+\lambda)}\\
&=\frac{1}{a^2-b^2}\left[\frac{1}{a^2+\lambda}+\frac{c^2+\nu}{(a^2-c^2)(a^2+\lambda)}-\frac{1}{b^2+\lambda}-\frac{c^2+\nu}{(b^2-c^2)(b^2+\lambda)}\right]+\frac{c^2+\nu}{(c^2-a^2)(c^2-b^2)(c^2+\lambda)}\\
&=\frac{1}{a^2-b^2}\left\{\frac{b^2-a^2}{(a^2+\lambda)(b^2+\lambda)}+(c^2+\nu)\left[\frac{1}{(a^2-c^2)(a^2+\lambda)}-\frac{1}{(b^2-c^2)(b^2+\lambda)}\right]\right\}+
\end{aligned}$$

$$\frac{c^2+\nu}{(c^2-a^2)(c^2-b^2)(c^2+\lambda)} \tag{1.5-51}$$

由式(1.5-51)可得

$$\begin{aligned}\frac{f(\mu)}{\mu-\lambda} &= -\frac{1}{(a^2+\lambda)(b^2+\lambda)}+\frac{c^2+\nu}{a^2-b^2}\left[\frac{1}{a^4+(\lambda-c^2)a^2-c^2\lambda}-\frac{1}{b^4+(\lambda-c^2)b^2-c^2\lambda}\right]+\\ &\quad \frac{c^2+\nu}{(c^2-a^2)(c^2-b^2)(c^2+\lambda)}\\ &= -\frac{1}{(a^2+\lambda)(b^2+\lambda)}+\frac{c^2+\nu}{a^2-b^2}\frac{b^4-a^4+(\lambda-c^2)(b^2-a^2)}{(a^2-c^2)(a^2+\lambda)(b^2-c^2)(b^2+\lambda)}+\\ &\quad \frac{c^2+\nu}{(c^2-a^2)(c^2-b^2)(c^2+\lambda)}\end{aligned} \tag{1.5-52}$$

由式(1.5-52)可得

$$\begin{aligned}\frac{f(\mu)}{\lambda-\mu} &= \frac{1}{(a^2+\lambda)(b^2+\lambda)}+\frac{c^2+\nu}{a^2-b^2}\frac{a^4-b^4+(\lambda-c^2)(a^2-b^2)}{(a^2-c^2)(b^2-c^2)(a^2+\lambda)(b^2+\lambda)}-\frac{c^2+\nu}{(c^2-a^2)(c^2-b^2)(c^2+\lambda)}\\ &= \frac{1}{(a^2+\lambda)(b^2+\lambda)}+(c^2+\nu)\frac{a^2+b^2+\lambda-c^2}{(a^2-c^2)(b^2-c^2)(a^2+\lambda)(b^2+\lambda)}-\frac{c^2+\nu}{(a^2-c^2)(b^2-c^2)(c^2+\lambda)}\\ &= \frac{1}{(a^2+\lambda)(b^2+\lambda)}+\frac{c^2+\nu}{(a^2-c^2)(b^2-c^2)}\left[\frac{b^2-c^2+(a^2+\lambda)}{(a^2+\lambda)(b^2+\lambda)}-\frac{1}{c^2+\lambda}\right]\\ &= \frac{1}{(a^2+\lambda)(b^2+\lambda)}+\frac{c^2+\nu}{(a^2-c^2)(b^2-c^2)}\left[\frac{b^2-c^2}{(a^2+\lambda)(b^2+\lambda)}+\frac{1}{b^2+\lambda}-\frac{1}{c^2+\lambda}\right]\\ &= \frac{1}{(a^2+\lambda)(b^2+\lambda)}+\frac{c^2+\nu}{(a^2-c^2)(b^2-c^2)}\left[\frac{b^2-c^2}{(a^2+\lambda)(b^2+\lambda)}+\frac{c^2-b^2}{(b^2+\lambda)(c^2+\lambda)}\right]\\ &= \frac{1}{(a^2+\lambda)(b^2+\lambda)}+\frac{c^2+\nu}{a^2-c^2}\left[\frac{1}{(a^2+\lambda)(b^2+\lambda)}-\frac{1}{(b^2+\lambda)(c^2+\lambda)}\right]\\ &= \frac{1}{(a^2+\lambda)(b^2+\lambda)}+\frac{c^2+\nu}{(a^2-c^2)(b^2+\lambda)}\left(\frac{1}{a^2+\lambda}-\frac{1}{c^2+\lambda}\right)\\ &= \frac{1}{(a^2+\lambda)(b^2+\lambda)}+\frac{c^2+\nu}{(a^2-c^2)(b^2+\lambda)}\frac{c^2-a^2}{(a^2+\lambda)(c^2+\lambda)}\\ &= \frac{1}{(a^2+\lambda)(b^2+\lambda)}-\frac{c^2+\nu}{(b^2+\lambda)(a^2+\lambda)(c^2+\lambda)}\\ &= \frac{1}{(a^2+\lambda)(b^2+\lambda)}\left(1-\frac{c^2+\nu}{c^2+\lambda}\right)\\ &= \frac{1}{(a^2+\lambda)(b^2+\lambda)}\frac{\lambda-\nu}{c^2+\lambda}\end{aligned} \tag{1.5-53}$$

由式(1.5-53)得

$$f(\mu)=\frac{(\lambda-\mu)(\lambda-\nu)}{(a^2+\lambda)(b^2+\lambda)(c^2+\lambda)} \tag{1.5-54}$$

最后，将式(1.5-54)代入式(1.5-47)可得

$$\begin{aligned}&\frac{(a^2+\mu)(a^2+\nu)}{(a^2-b^2)(a^2-c^2)(a^2+\lambda)}+\frac{(b^2+\mu)(b^2+\nu)}{(b^2-c^2)(b^2-a^2)(b^2+\lambda)}+\frac{(c^2+\mu)(c^2+\nu)}{(c^2-a^2)(c^2-b^2)(c^2+\lambda)}\\ &\quad =\frac{(\lambda-\mu)(\lambda-\nu)}{(a^2+\lambda)(b^2+\lambda)(c^2+\lambda)}\end{aligned} \tag{1.5-55}$$

即证。

第 2 章　1 自由度系统

系统具有确定运动时所必须给定的独立运动参数的数目(亦即为了使系统的位置得以确定,必须给定的独立的广义坐标的数目),称为系统的自由度(degree of freedom of system)。完整系统的自由度等于广义坐标的数目。如果系统的运动只沿一个方向(比如沿 x 方向)发生,此时的系统为 1 自由度系统(one-degree-of-freedom system,1-DoF system)。

第 1 节　系统的分类

系统是指由若干相互联系、相互作用的单元组成的具有一定功能的有机整体。系统的种类很多,如电力系统、通信系统、计算机系统、自动控制系统、生态系统、经济系统、社会系统等。

对能够产生振动的力学系统可以从不同角度进行分类。

一、离散系统和连续系统

离散系统是指由彼此分离的有限个质点或质量块(mass block)、弹簧和阻尼器(damper)构成的系统,由集总参数元件(lumped parameter element)组成。一切物体都有保持原来运动状态不变的性质,我们把这种性质叫作惯性(inertia)。惯性大小由物体的质量决定。离散系统具有有限个自由度。描述离散系统的数学模型为常微分方程。最基本也是最简单的离散系统就是 1 自由度系统。

阻尼力 F_d 反映阻尼的强弱,通常是速度 $\dot{x}$ 的函数。阻尼力的方向总与运动方向相反,当物体低速运动时,阻尼力大小与速度成正比,故阻尼力可表示为

$$F_d = -c\dot{x} \tag{2.1-1}$$

式中:c 是黏滞阻尼(viscous damping,也称为黏性阻尼)系数,单位为 N・s/m。

黏滞阻尼系数是反映阻尼的基本物理参数。通俗地讲,阻尼就是阻止物体继续运动的一种特性或这一特性的量化表征。因此,材料的阻尼系数越大,意味着其减振效果或阻尼效果越好。但是阻尼并不是越大越好,阻尼大到一定程度时,两个物体之间的连接变成了刚性连接,起不到缓冲的效果。黏滞阻尼元件可用图 2.1-1 所示的阻尼器表示。

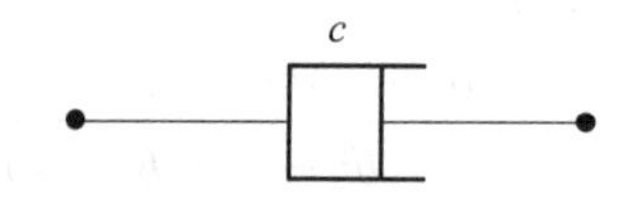

图 2.1-1　黏滞阻尼元件

连续系统是指由弦、杆、轴、梁、板和壳等弹性连续体构成的系统,其质量、弹性和阻尼特性及状态变量由连续分布的函数来表示,因此具有无穷多个自由度。描述连续系统的数学模型为偏微分方程,这时描述

系统的独立变量不仅是时间变量，还要考虑空间位置变量。在连续系统中的连续体的边界上，也可以有弹簧、集中质量和阻尼器等元件。

二、线性系统和非线性系统

具有线性性质的系统称为线性系统。具有非线性性质的系统称为非线性系统。线性性质包括齐次性和叠加原理两个方面。齐次性(homogeneity)是指当系统的激励变为原来的 k 倍时，其响应也变为原来的 k 倍。对于连续时间系统，齐次性可表示为：若存在将 x 转换为 y 的变换 $y(t)=\mathrm{T}[x(t)]$，则

$$ky(t)=\mathrm{T}[kx(t)] \tag{2.1-2}$$

式中：T 表示变换(transformation)。

叠加原理(superposition principle)是指当两个激励信号同时作用于系统时，其响应等于每个激励信号单独作用于系统时所产生的响应的叠加。对于连续时间系统，叠加原理可表示为：若有变换 $y_1(t)=\mathrm{T}[x_1(t)]$，$y_2(t)=\mathrm{T}[x_2(t)]$，则

$$y(t)=\mathrm{T}[x_1(t)+x_2(t)]=\mathrm{T}[x_1(t)]+\mathrm{T}[x_2(t)]=y_1(t)+y_2(t) \tag{2.1-3}$$

齐次性和叠加原理合称为线性性质。连续时间系统的齐次性和叠加原理可表示为：若有变换 $y_1(t)=\mathrm{T}[x_1(t)]$，$y_2(t)=\mathrm{T}[x_2(t)]$，则

$$\begin{aligned}y(t)&=\mathrm{T}[k_1x_1(t)+k_2x_2(t)]=\mathrm{T}[k_1x_1(t)]+\mathrm{T}[k_2x_2(t)]\\&=k_1\mathrm{T}[x_1(t)]+k_2\mathrm{T}[x_2(t)]=k_1y_1(t)+k_2y_2(t)\end{aligned} \tag{2.1-4}$$

式中：k_1、k_2 是任意常数。

例 2.1-1　判断输入-输出关系为 $y(t)=x^2(t)$ 的连续系统是否为线性系统。

解　当输入为 $kx(t)$ 时，输出为 $[kx(t)]^2=k^2x^2(t)=k^2y(t)\neq ky(t)$，不等于齐次性结果(2.1-2)，所以该系统不是线性系统。

三、时不变系统和时变系统

若系统的性质不随时间发生变化，则该系统称为时不变系统。若系统的性质随时间发生变化，则该系统称为时变系统。

若某一连续时间系统激励为 $x(t)$，响应为 $y(t)$，即有 $y(t)=\mathrm{T}[x(t)]$。当激励延时 t_0 时，响应相应延时 t_0，即

$$y(t-t_0)=\mathrm{T}[x(t-t_0)] \tag{2.1-5}$$

则该系统称为时不变系统。对于时不变系统，由于系统参数本身不随时间改变，因此，在同样起始状态之下，系统响应与激励施加于系统的时刻无关。当激励延迟一段时间 t_0 时，其输出响应也同样延迟一段时间 t_0。

若系统既是线性的又是非时变的，则该系统称为线性时不变(linear time invariant，LTI)系统。对于线性时不变系统，描述系统的方程是线性常系数微分方程。严格来说，现实世界中并不存在线性时不变系统，任何现实事物都处于不断发展变化中，都是时变的，并且输入和输出的关系都不会严格遵循线性变化规律。但现实中的许多非线性时变系统在满足一定条件的前提下，可以近似简化为线性时不变系统，从而给相关分析带来便利。

例 2.1-2　试判断下列系统是否为时不变系统，其中 $x(t)$ 为输入信号，$y(t)$ 为系统的零状态响应，$y(t)=\int_{-\infty}^{t}x(\tau)\mathrm{d}\tau$。

解 由于系统的时不变特性只考虑系统的零状态响应(zero-state response),在判断系统的时不变特性时,都不涉及系统的初始状态。设输入信号 $x_1(t)=x(t-t_0)$ 产生的零状态响应为 $y_1(t)$,则

$$y_1(t)=\mathrm{T}[x(t-t_0)]=\int_{-\infty}^{t}x(\tau-t_0)\mathrm{d}\tau=\int_{-\infty-t_0}^{t-t_0}x(T)\mathrm{d}T=\int_{-\infty}^{t-t_0}x(\tau)\mathrm{d}\tau=y(t-t_0) \quad (2.1\text{-}6)$$

式中:$T=\tau-t_0$。式(2.1-6)等于时不变结果(2.1-5),可见,该系统为时不变系统。

例 2.1-3 试判断下列系统是否为时不变系统,其中 $x(t)$ 为输入信号,$y(t)$ 为系统的零状态响应,$y(t)=x(t)\sin t$。

解 设输入信号 $x_1(t)=x(t-t_0)$ 产生的零状态响应为 $y_1(t)$,则

$$y_1(t)=\mathrm{T}[x(t-t_0)]=x(t-t_0)\sin t \quad (2.1\text{-}7)$$

而

$$y(t-t_0)=x(t-t_0)\sin(t-t_0)\neq y_1(t) \quad (2.1\text{-}8)$$

所以该系统为时变系统。

四、因果系统和非因果系统

因果系统具有的特性是:系统的零状态响应不会出现在激励信号之前。换句话说,因果系统具有激励信号出现时(或出现后),零状态响应才能出现的特点。

若 $t<t_0$ 时激励 $x(t)=0$,则连续时间因果系统的零状态响应满足

$$y_{zs}(t)=0 \quad (t<t_0) \quad (2.1\text{-}9)$$

式中:下标 zs 是 zero state 的首字母。

对于现实中的系统,其零状态响应均不可能出现在激励信号之前,所以实际的系统均为因果系统,实时的非因果系统在现实中是不可能实现的。但是,在非实时处理的场合,非因果的数据处理方式可以存在。例如,已知经济年度增长率,利用去年的数据可推出前年的数据,这种数据处理方式就是非因果的方式。因此,可以用数字系统实现非实时的非因果系统。

例 2.1-4 设 $x(t)$ 为系统的输入信号,$y(t)$ 为系统的输出信号,试判断函数 $y(t)=x\left(\frac{t}{2}\right)$ 所描述的系统是否为因果系统。

解 ① 若 $t<4$ 时,$x(t)=0$,则 $\frac{t}{2}<2<4$,$\frac{t}{2}<4\Rightarrow y(t)=x\left(\frac{t}{2}\right)=0$,满足式(2.1-9),该系统为因果系统。

② 若 $t<-4$ 时,$x(t)=0$,则 $\frac{t}{2}<-2$,$y(t)=x\left(\frac{t}{2}\right)$ 不一定等于 0,不一定满足式(2.1-9),该系统为非因果系统。

③ 若该系统为因果系统,则 $\frac{t}{2}\leqslant t$,即 $t\geqslant 0$ 时该系统为因果系统,$t<0$ 时该系统为非因果系统。

因果系统是指系统在 t_0 时刻的响应只与 $t=t_0$ 和 $t<t_0$ 时刻的输入有关。也就是说,激励(excitation)是产生响应(response)的原因,响应是激励引起的后果,这种特性称为因果性(causality)。例如,系统模型若为 $r(t)=e(t-1)$,则该系统是因果系统。如果 $r(t)=e(t+1)$,则该系统为非因果系统。

借"因果"这一名词,常把 $t=0$ 接入系统的信号(在 $t<0$ 时函数值为零)称为因果信号(或有始信号)。对于因果系统,在因果信号的激励下,其响应也为因果信号。

五、稳定系统和非稳定系统

稳定性是系统自身的性质之一,系统是否稳定与激励信号的情况无关。

对所有的激励信号 $e(t)$，若

$$|e(t)| \leqslant M_e \tag{2.1-10}$$

其响应 $r(t)$ 满足

$$|r(t)| \leqslant M_r \tag{2.1-11}$$

式中：M_e、M_r 是有界正值。则称该系统是稳定的。

例 2.1-5　设 $x(t)$ 为系统的输入信号，$y(t)$ 为系统的输出信号，试判断函数 $y(t)=x\left(\frac{t}{2}\right)$ 所描述的系统是否为稳定系统。

解　设 $-\infty<t<+\infty$，$|x(t)|\leqslant M_e$。因 $-\infty<\frac{t}{2}<+\infty$，$|y(t)|=\left|x\left(\frac{t}{2}\right)\right|\leqslant M_e$，故该系统为稳定系统。

习题 2-1

1. 设 $x(t)$ 为系统的输入信号，$y(t)$ 为系统的输出信号，试判断函数 $y(t)=x\left(\frac{t}{2}\right)$ 所描述的系统是否为时不变系统。

参考答案　设输入信号 $x_1(t)=x(t-t_0)$ 产生的零状态响应为 $y_1(t)$，则

$$y_1(t) = \mathrm{T}[x(t-t_0)] = x\left(\frac{t}{2}-t_0\right) \tag{2.1-12}$$

而

$$y(t-t_0) = x\left(\frac{t-t_0}{2}\right) \neq y_1(t) \tag{2.1-13}$$

所以该系统为时变系统。

2. 设 $x(t)$ 为系统的输入信号，$y(t)$ 为系统的输出信号，试判断函数 $y(t)=\frac{\mathrm{d}x(t)}{\mathrm{d}t}$ 所描述的系统是不是：① 线性系统；② 时不变系统；③ 因果系统；④ 稳定系统。

参考答案　① $y(t)=\mathrm{T}[k_1x_1(t)+k_2x_2(t)]=\frac{\mathrm{d}[k_1x_1(t)+k_2x_2(t)]}{\mathrm{d}t}=\frac{\mathrm{d}k_1x_1(t)}{\mathrm{d}t}+\frac{\mathrm{d}k_2x_2(t)}{\mathrm{d}t}=k_1y_1(t)+k_2y_2(t)$，该系统是线性系统。

② $y(t)=\mathrm{T}[x(t-t_0)]=\frac{\mathrm{d}x(t-t_0)}{\mathrm{d}t}=y(t-t_0)$，该系统是时不变系统。

③ 若 $t<t_0$ 时激励 $x(t)=0$，则 $y(t)=\frac{\mathrm{d}x(t)}{\mathrm{d}t}=0$，该系统是因果系统。

④ 设 $x(t)=\sqrt{1-t^2}$，$|x(t)|\leqslant 1$。则 $y(t)=\frac{\mathrm{d}x(t)}{\mathrm{d}t}=\frac{-2t}{2\sqrt{1-t^2}}=-\frac{t}{\sqrt{1-t^2}}=\begin{cases}-\infty & (t\to 1^-)\\ +\infty & [t\to(-1)^+]\end{cases}$，该系统是非稳定系统。

3. 一个连续时间线性系统输入为 $x(t)$，输出为 $y(t)$，有以下输入-输出关系：若输入为 $x(t)=\mathrm{e}^{\mathrm{i}2t}$，则输出为 $y(t)=\mathrm{e}^{\mathrm{i}3t}$；若输入为 $x(t)=\mathrm{e}^{-\mathrm{i}2t}$，则输出为 $y(t)=\mathrm{e}^{-\mathrm{i}3t}$。

其中：e 是自然常数，无理数；i 是虚数单位(imaginary unit)，来源于法文 imkginaire 的第一个字母。数学中常用“i”表示虚数单位。物理中的电流，经常用 i 来表示。为了区分，电工学中通常用“j”表示虚数单位。工程上要突出虚部，且不能和其他物理变量混淆，所以先要声明这是个复数表示方法，因此要把数字放在 j 后面，甚至虚数单位本身都要写成 j1。

① 若 $x_1(t)=\cos 2t$，求该系统的输出 $y_1(t)$；

② 若 $x_2(t)=\cos\left[2\left(t-\frac{1}{2}\right)\right]$，求该系统的输出 $y_2(t)$；

③ 在①②的基础上，说明此系统为时变系统。

参考答案 ① 在式(2.1-4)中令 $k_1=k_2=\frac{1}{2}$，则有

$$y(t)=\mathrm{T}\left[\frac{1}{2}x_1(t)+\frac{1}{2}x_2(t)\right]=\frac{1}{2}y_1(t)+\frac{1}{2}y_2(t) \tag{2.1-14}$$

$$\frac{1}{2}x_1(t)+\frac{1}{2}x_2(t)=\frac{1}{2}\mathrm{e}^{\mathrm{i}2t}+\frac{1}{2}\mathrm{e}^{-\mathrm{i}2t}=\frac{\mathrm{e}^{\mathrm{i}2t}+\mathrm{e}^{-\mathrm{i}2t}}{2} \tag{2.1-15}$$

利用欧拉(Euler)公式

$$\cos x=\frac{\mathrm{e}^{\mathrm{i}x}+\mathrm{e}^{-\mathrm{i}x}}{2} \tag{2.1-16}$$

可将式(2.1-15)化为

$$\frac{1}{2}x_1(t)+\frac{1}{2}x_2(t)=\cos 2t \tag{2.1-17}$$

所以该系统的输出为

$$y(t)=\frac{1}{2}y_1(t)+\frac{1}{2}y_2(t)=\frac{1}{2}\mathrm{e}^{\mathrm{i}3t}+\frac{1}{2}\mathrm{e}^{-\mathrm{i}3t}=\frac{\mathrm{e}^{\mathrm{i}3t}+\mathrm{e}^{-\mathrm{i}3t}}{2}=\cos 3t \tag{2.1-18}$$

② 在式(2.1-4)中令 $k_1=\frac{1}{2}\mathrm{e}^{-\mathrm{i}}$，$k_2=\frac{1}{2}\mathrm{e}^{\mathrm{i}}$，则有

$$y(t)=\mathrm{T}\left[\frac{1}{2}\mathrm{e}^{-\mathrm{i}}x_1(t)+\frac{1}{2}\mathrm{e}^{\mathrm{i}}x_2(t)\right]=\frac{1}{2}\mathrm{e}^{-\mathrm{i}}y_1(t)+\frac{1}{2}\mathrm{e}^{\mathrm{i}}y_2(t) \tag{2.1-19}$$

$$\frac{1}{2}\mathrm{e}^{-\mathrm{i}}x_1(t)+\frac{1}{2}\mathrm{e}^{\mathrm{i}}x_2(t)=\frac{1}{2}\mathrm{e}^{-\mathrm{i}}\mathrm{e}^{\mathrm{i}2t}+\frac{1}{2}\mathrm{e}^{\mathrm{i}}\mathrm{e}^{-\mathrm{i}2t}=\frac{\mathrm{e}^{\mathrm{i}(2t-1)}+\mathrm{e}^{-\mathrm{i}(2t-1)}}{2} \tag{2.1-20}$$

依据欧拉公式，式(2.1-20)可化为

$$\frac{1}{2}\mathrm{e}^{-\mathrm{i}}x_1(t)+\frac{1}{2}\mathrm{e}^{\mathrm{i}}x_2(t)=\cos(2t-1) \tag{2.1-21}$$

所以该系统的输出为

$$y(t)=\frac{1}{2}\mathrm{e}^{-\mathrm{i}}y_1(t)+\frac{1}{2}\mathrm{e}^{\mathrm{i}}y_2(t)=\frac{1}{2}\mathrm{e}^{-\mathrm{i}}\mathrm{e}^{\mathrm{i}3t}+\frac{1}{2}\mathrm{e}^{\mathrm{i}}\mathrm{e}^{-\mathrm{i}3t}=\frac{\mathrm{e}^{\mathrm{i}(3t-1)}+\mathrm{e}^{-\mathrm{i}(3t-1)}}{2}=\cos(3t-1) \tag{2.1-22}$$

③ 根据式(2.1-18)得

$$y\left(t-\frac{1}{2}\right)=\cos 3\left(t-\frac{1}{2}\right)=\cos\left(3t-\frac{3}{2}\right) \tag{2.1-23}$$

由于式(2.1-23)不等于式(2.1-22)，故该系统为时变系统。

4. 对于 LTI 系统，证明其满足如下的微分特性：若系统在激励 $e(t)$ 作用下产生响应 $r(t)$，则当激励为 $\frac{\mathrm{d}e(t)}{\mathrm{d}t}$ 时，响应为 $\frac{\mathrm{d}r(t)}{\mathrm{d}t}$。

参考答案 首先由时不变特性可知，激励 $e(t)$ 对应输出 $r(t)$，则激励 $e(t-\Delta t)$ 产生响应 $r(t-\Delta t)$。再由线性性质可知，若激励为 $\frac{e(t)-e(t-\Delta t)}{\Delta t}$，则响应为 $\frac{r(t)-r(t-\Delta t)}{\Delta t}$。取 $\Delta t\to 0$ 的极限，得到导数关系。若激励为

$$\lim_{\Delta t\to 0}\frac{e(t)-e(t-\Delta t)}{\Delta t}=\frac{\mathrm{d}e(t)}{\mathrm{d}t} \tag{2.1-24}$$

则响应为

$$\lim_{\Delta t\to 0}\frac{r(t)-r(t-\Delta t)}{\Delta t}=\frac{\mathrm{d}r(t)}{\mathrm{d}t} \tag{2.1-25}$$

这表明，当系统的输入由原激励信号改为其导数时，输出也由原响应函数变成其导数。显然，此结论可扩展至高阶导数。若系统在激励 $e(t)$ 作用下产生响应 $r(t)$，则当激励为 $\frac{\mathrm{d}^2 e(t)}{\mathrm{d}t^2}$ 时，响应为 $\frac{\mathrm{d}^2 r(t)}{\mathrm{d}t^2}$。

5. 对于 LTI 系统，证明其满足如下的积分特性：若系统在激励 $e(t)$ 作用下产生响应 $r(t)$，则当激励为 $\int_0^t e(\tau)\mathrm{d}\tau$ 时，响应为 $\int_0^t r(\tau)\mathrm{d}\tau$。

参考答案　在区间 $[0,t]$ 中任意插入 $n-1$ 个分点

$$0=t_0<t_1<t_2<\cdots<t_{n-1}<t_n=t \tag{2.1-26}$$

把区间 $[0,t]$ 分成 n 个小区间，分别为

$$[t_0,t_1],[t_1,t_2],\cdots,[t_{n-1},t_n] \tag{2.1-27}$$

它们的长度依次为

$$\Delta t_1=t_1-t_0,\Delta t_2=t_2-t_1,\cdots,\Delta t_n=t_n-t_{n-1} \tag{2.1-28}$$

在每个小区间 $[t_{i-1},t_i]$ 中任取一点 ξ_i，$i=1,2,\cdots,n$。为了保证所有小区间的长度都无限缩小，我们要求小区间长度中的最大值趋于零，如记 $\lambda=\max\{\Delta t_1,\Delta t_2,\cdots,\Delta t_n\}$，则上述条件可表示为 $\lambda\to 0$。当 $\lambda\to 0$ 时(这时分段数 n 无限增多，即 $n\to+\infty$)，得

$$\int_0^t e(\tau)\mathrm{d}\tau=\lim_{\lambda\to 0}[e(\xi_1)\Delta t_1+e(\xi_2)\Delta t_2+\cdots+e(\xi_n)\Delta t_n] \tag{2.1-29}$$

根据线性性质可知，激励式(2.1-29)的对应输出为

$$\lim_{\lambda\to 0}[r(\xi_1)\Delta t_1+r(\xi_2)\Delta t_2+\cdots+r(\xi_n)\Delta t_n]=\int_0^t r(\tau)\mathrm{d}\tau \tag{2.1-30}$$

6. 将 $\sin t$ 用 $\mathrm{e}^{\mathrm{i}t}$ 和 $\mathrm{e}^{-\mathrm{i}t}$ 表示。

参考答案　欧拉将复数的指数形式表示成三角函数形式，即

$$\mathrm{e}^{\mathrm{i}t}=\cos t+\mathrm{i}\sin t \tag{2.1-31}$$

在式(2.1-31)中把 i 换成−i，可得

$$\mathrm{e}^{-\mathrm{i}t}=\cos t-\mathrm{i}\sin t \tag{2.1-32}$$

式(2.1-31)减去式(2.1-32)可得

$$\mathrm{e}^{\mathrm{i}t}-\mathrm{e}^{-\mathrm{i}t}=2\mathrm{i}\sin t \tag{2.1-33}$$

$$\sin t=\frac{\mathrm{e}^{\mathrm{i}t}-\mathrm{e}^{-\mathrm{i}t}}{2\mathrm{i}} \tag{2.1-34}$$

式(2.1-34)也叫作欧拉公式，读者应熟记。法国数学家拉普拉斯认为：读读欧拉，他是所有人的老师。

第 2 节　无阻尼零输入振动

实际的机械系统在运动中总会受到阻力，因此阻尼总是存在的。在有些情况下，阻尼很小，对系统运动的影响甚微。为了大致确定系统的共振频率并分析系统在非共振频率的运动，我们可以不考虑阻尼的影响。1 自由度系统的零输入振动模型如图 2.2-1 所示。零输入振动指在没有外加作用力时，由系统中储能元件的初始储能释放而引起的振动。

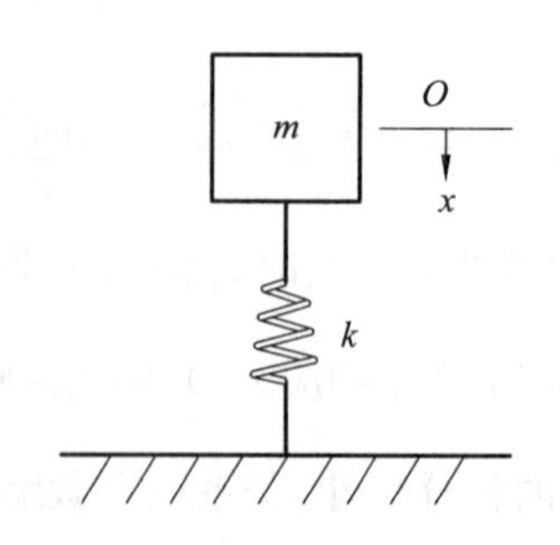

图 2.2-1　竖直放置时弹簧振子的零输入振动

质量块 m 只在竖直方向振动，运动是微幅的。在图 2.2-2(a)中，当质量块 m 没有放置在弹簧 k 上时，弹簧处于自由状态(既不伸长也不缩短)。在图 2.2-2(b)中，当质量块 m 轻轻地放置在弹簧 k 上时，一段时间后，弹簧处于静止状态，弹簧缩短 h，h 也称为弹簧的静缩短量。在静平衡位置时，质量块 m 的受力情况如图 2.2-2(c)所示，由静力平衡条件得

$$mg = kh \tag{2.2-1}$$

在图 2.2-2(d)中，用手使质量块 m 缓慢下移距离 x，则弹簧缩短的总长度为 $h+x$。

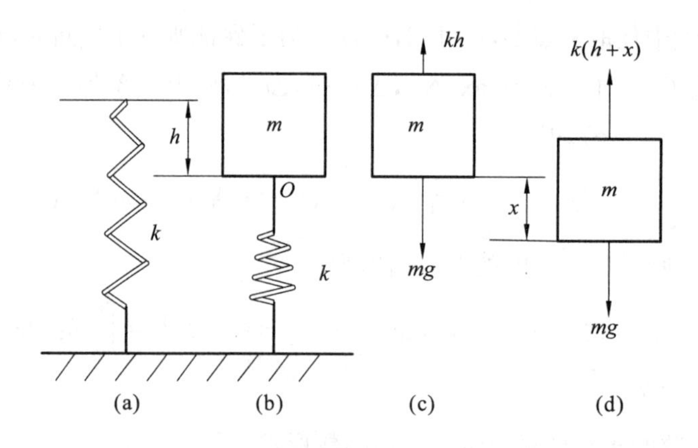

图 2.2-2　弹簧振子的运动状态

松开手，选择质量块 m 静止时的位置为坐标原点，假定竖直向下为正方向。质量块 m 所受的回复力实际上是弹簧力与重力的合力。由牛顿第二定律(Newton's second law，$F=ma$)得其运动微分方程(differential equation of motion)为

$$mg - k(h+x) = ma \tag{2.2-2}$$

将式(2.2-1)代入式(2.2-2)得

$$-kx = ma \tag{2.2-3}$$

可见，质量块 m 所受的合力与位移之间的关系也具有式(1.2-8)的形式，故质量块 m 做简谐运动。

式(2.2-3)所示运动微分方程的标准形式为

$$m\ddot{x} + kx = 0 \tag{2.2-4}$$

质量块的重力 mg 只对弹簧的静缩短量 h 有影响，即只对系统的静平衡位置有影响，而不会对系统在静平衡位置附近的振动规律产生影响。所以，取质量块的静平衡位置为空间坐标原点来建立系统的运动微分方程，在方程中就不会出现重力项 mg。可见，零输入指系统不受外力，这里外力不包括重力。

设 $\omega_n^2=\dfrac{k}{m}$，$\omega_n=\sqrt{\dfrac{k}{m}}$，则式(2.2-4)可表示为

$$\ddot{x} + \omega_n^2 x = 0 \tag{2.2-5}$$

二阶常系数齐次线性微分方程(2.2-5)的特征方程为

$$r^2 + \omega_n^2 = 0 \tag{2.2-6}$$

该特征方程有一对共轭纯虚数(实部等于0,虚部不等于0)根,即

$$r_{1,2} = \pm \omega_n \mathrm{i} \tag{2.2-7}$$

因此微分方程(2.2-5)的通解为

$$x = C_1 \cos\omega_n t + C_2 \sin\omega_n t \tag{2.2-8}$$

在物理、无线电技术等实际应用中,许多以时间 t 作为自变量的函数往往在 $t<0$ 时是无意义的或者是不需要考虑的。0 时刻的位移 x_0 叫作初位移(initial displacement)。

由式(2.2-8)得初位移

$$x(0) = C_1 = x_0 \tag{2.2-9}$$

将式(2.2-9)代入式(2.2-8)得

$$x = x_0 \cos\omega_n t + C_2 \sin\omega_n t \tag{2.2-10}$$

由式(2.2-10)得速度

$$v = \dot{x} = -\omega_n x_0 \sin\omega_n t + \omega_n C_2 \cos\omega_n t \tag{2.2-11}$$

开始时刻的速度 v_0 叫作初速度(initial velocity)。由式(2.2-11)得初速度

$$\dot{x}(0) = \omega_n C_2 = v_0 \tag{2.2-12}$$

$$C_2 = \frac{v_0}{\omega_n} \tag{2.2-13}$$

将式(2.2-13)代入式(2.2-10)得零输入响应(zero-input response)

$$x = x_0 \cos\omega_n t + \frac{v_0}{\omega_n}\sin\omega_n t = \sqrt{x_0^2 + \frac{v_0^2}{\omega_n^2}}\sin(\omega_n t + \varphi) \tag{2.2-14}$$

$$\varphi = \begin{cases} \arctan\dfrac{\omega_n x_0}{v_0} & (v_0 > 0) \\ \arctan\dfrac{\omega_n x_0}{v_0} + \pi & (v_0 < 0) \end{cases} \tag{2.2-15}$$

式中:ω_n 是自然角频率(natural angular frequency),$\omega_n=\sqrt{\dfrac{k}{m}}$的大小只取决于系统本身的参数,与初始条件无关;振幅 $A=\sqrt{x_0^2+\dfrac{v_0^2}{\omega_n^2}}$的大小与初始条件、自然角频率有关,其中 x_0、v_0 被称为系统的初始条件(或初始状态)。

例 2.2-1　一轻质悬臂梁如图 2.2-3 所示,跨度为 l,弹性模量(modulus of elasticity)为 E,横截面的惯性矩(moment of inertia)为 I,抗弯刚度为 EI,其自由端(free end)有集中质量块 m。① 写出系统的运动微分方程;② 确定该系统的自然角频率。

解　① 在自由端施加集中力 F,如图 2.2-4 所示。

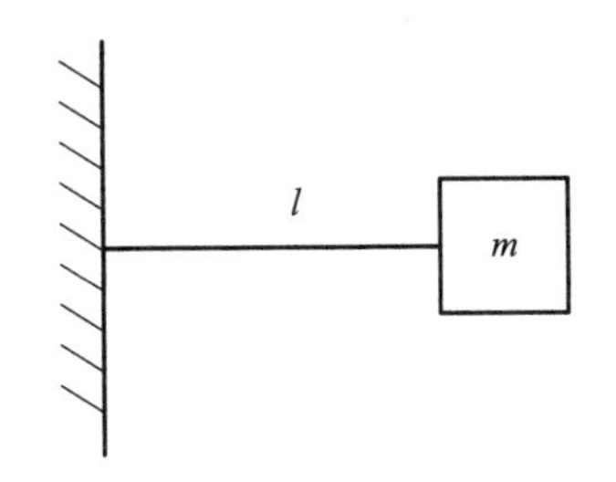

图 2.2-3　附加集中质量块的轻质悬臂梁

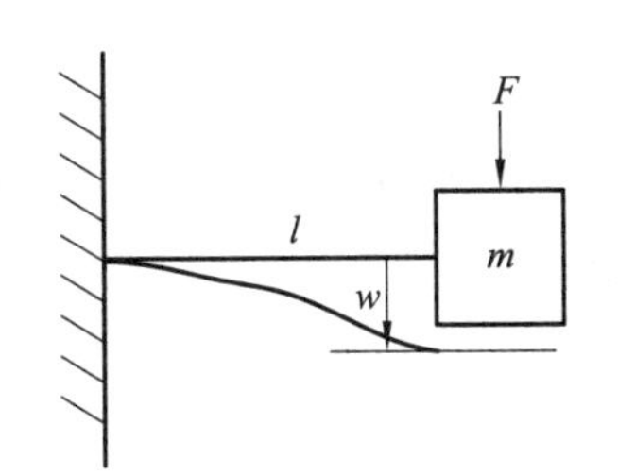

图 2.2-4　受集中力作用的轻质悬臂梁

自由端的挠度为

$$w=\frac{Fl^3}{3EI} \tag{2.2-16}$$

悬臂梁自由端点处的刚度为

$$k=\frac{\mathrm{d}F}{\mathrm{d}w}=\frac{3EI}{l^3} \tag{2.2-17}$$

运动微分方程为

$$m\ddot{x}+\frac{3EI}{l^3}x=0 \tag{2.2-18}$$

② 解法一：自然角频率为

$$\omega_{\mathrm{n}}=\sqrt{\frac{3EI}{ml^3}} \tag{2.2-19}$$

解法二：由式(2.2-1)得$\frac{k}{m}=\frac{g}{h}$，故自然角频率$\omega_{\mathrm{n}}=\sqrt{\frac{k}{m}}=\sqrt{\frac{g}{h}}$。在图2.2-3中，自由端在重力$mg$作用下的静变形量(static deflection)为$h=\frac{mgl^3}{3EI}$，故$\omega_{\mathrm{n}}=\sqrt{\frac{g}{h}}=\sqrt{g\frac{3EI}{mgl^3}}=\sqrt{\frac{3EI}{ml^3}}$。

例 2.2-2 如图2.2-5所示，杆1的直径为d_1，长为l_1。杆2的直径为d_2，长为l_2。实心圆盘的转动惯量(rotational inertia)为J，扭转角为θ，材料的剪切模量为G。写出系统的运动微分方程，确定自然角频率。

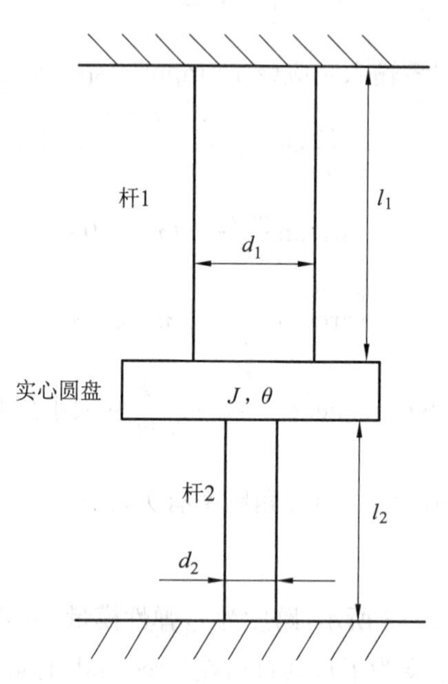

图 2.2-5 扭转变形的实心圆盘

解 用φ表示圆轴两端截面的相对转角，称为圆轴的扭转角，则有

$$\varphi=\frac{Tl}{GI_{\mathrm{p}}} \tag{2.2-20}$$

式中：T是扭矩；I_{p}是极惯性矩(polar moment of inertia)；GI_{p}是抗扭刚度。

圆轴的抗扭刚度为

$$k=\frac{\mathrm{d}T}{\mathrm{d}\varphi}=\frac{GI_{\mathrm{p}}}{l} \tag{2.2-21}$$

直径为d的圆轴的极惯性矩为

$$I_{\mathrm{p}}=\frac{\pi d^{4}}{32} \tag{2.2-22}$$

将式(2.2-22)代入式(2.2-21)得

$$k=\frac{\pi G d^{4}}{32 l} \tag{2.2-23}$$

故杆1、杆2的抗扭刚度分别为

$$k_{1}=\frac{\pi G d_{1}^{4}}{32 l_{1}} \tag{2.2-24}$$

$$k_{2}=\frac{\pi G d_{2}^{4}}{32 l_{2}} \tag{2.2-25}$$

增加杆2之后,实心圆盘更难转动,所以抗扭刚度增大。实心圆盘的抗扭刚度为

$$k_{1}+k_{2}=\frac{\pi G}{32}\left(\frac{d_{1}^{4}}{l_{1}}+\frac{d_{2}^{4}}{l_{2}}\right) \tag{2.2-26}$$

该系统的运动微分方程为

$$J \ddot{\theta}+\frac{\pi G}{32}\left(\frac{d_{1}^{4}}{l_{1}}+\frac{d_{2}^{4}}{l_{2}}\right) \theta=0 \tag{2.2-27}$$

自然角频率为

$$\omega_{\mathrm{n}}=\sqrt{\frac{\pi G}{32 J}\left(\frac{d_{1}^{4}}{l_{1}}+\frac{d_{2}^{4}}{l_{2}}\right)} \tag{2.2-28}$$

例2.2-3 有一弹簧振子 k-m_1 系统处于静止状态,如图2.2-6(a)所示。假设一个质量块 m 从高度 h 处开始自由落体运动(free-fall motion,物体只在重力作用下从静止开始下落的运动,理论上这种运动只有在真空中才能发生),落在 m_1 上。假设其碰撞为完全非弹性碰撞(complete inelastic collision,碰撞以后两个物体 m_1、m 粘在一起,成为一个质量为 m_1+m 的物体)。试确定系统由此而产生的零输入响应。

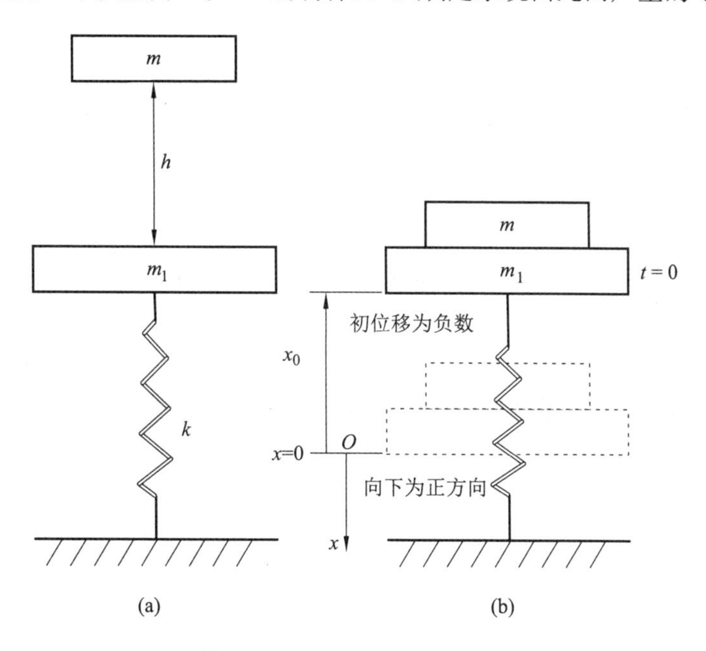

图2.2-6 静止弹簧振子与质量块的完全非弹性碰撞

解 设 m 与 m_1 碰撞前夕,m 已运动时间 t,速度为 v,则

$$v=g t \tag{2.2-29}$$

$$h = \frac{1}{2}gt^2 \Rightarrow t = \sqrt{\frac{2h}{g}} \tag{2.2-30}$$

将式(2.2-30)代入式(2.2-29)得

$$v = \sqrt{g^2}\sqrt{\frac{2h}{g}} = \sqrt{2gh} \tag{2.2-31}$$

我们以扰动加于系统的这一时刻作为时间计算的原点，即此时 $t=0$。由于 m 与 m_1 碰撞作用时间很短，碰撞前后它们的总动量是不变的，因此取碰撞刚结束的时刻作为时间起点。根据动量守恒定律(law of conservation of momentum)，m 与 m_1 有共同初速度 v_0，则

$$mv = (m_1 + m)v_0 \tag{2.2-32}$$

$$v_0 = \frac{m}{m_1 + m}\sqrt{2gh} \tag{2.2-33}$$

取 $m_1 + m$ 与 k 形成新系统的静平衡位置作为空间坐标的原点 O，即 $x=0$，假定向下为正方向。从碰撞刚结束的时刻开始，m 向下运动的距离为$\frac{mg}{k}$时，m_1+m 所受的合外力为 0。则向上的初位移为负数，如图 2.2-6(b)所示，表达式为

$$x_0 = -\frac{mg}{k} \tag{2.2-34}$$

根据式(2.2-14)得零输入响应

$$x = x_0\cos\omega_n t + \frac{v_0}{\omega_n}\sin\omega_n t = \frac{m\sqrt{2gh}}{(m_1 + m)\omega_n}\sin\omega_n t - \frac{mg}{k}\cos\omega_n t \tag{2.2-35}$$

式中：$\omega_n=\sqrt{\frac{k}{m_1+m}}$。

习题 2-2

1. 已知质量为 m、弹簧刚度为 k_1 的质量-弹簧系统的振动角频率为 ω_1。将未知刚度为 k_2 的弹簧和刚度为 k_1 的弹簧串接后，系统的振动角频率变成$\frac{\omega_1}{n}$，求 k_2。

参考答案 系统的振动角频率变成$\sqrt{\frac{k_1k_2}{(k_1+k_2)m}}=\frac{\omega_1}{n}=\frac{1}{n}\sqrt{\frac{k_1}{m}}$，$\sqrt{\frac{k_2}{k_1+k_2}}=\frac{1}{n}$，$\frac{k_1+k_2}{k_2}=n^2$，$\frac{k_1}{k_2}=n^2-1$，故 $k_2=\frac{k_1}{n^2-1}$。

2. 未知质量 m_x 和未知刚度为 k 的弹簧组成的系统具有振动角频率 ω_1。将一已知质量 m 加在 m_x 之上后，其振动角频率变为 ω_2。求 m_x 和 k。

参考答案 ① 由于 $\omega_1^2=\frac{k}{m_x}$，$\omega_2^2=\frac{k}{m+m_x}$，所以$\frac{\omega_1^2}{\omega_2^2}=\frac{m+m_x}{m_x}=\frac{m}{m_x}+1$，$\frac{m}{m_x}=\frac{\omega_1^2}{\omega_2^2}-1=\frac{\omega_1^2-\omega_2^2}{\omega_2^2}$，$m_x=\frac{m\omega_2^2}{\omega_1^2-\omega_2^2}$。

② $k=m_x\omega_1^2=\frac{m\omega_2^2}{\omega_1^2-\omega_2^2}\omega_1^2=\frac{m\omega_1^2\omega_2^2}{\omega_1^2-\omega_2^2}$。

3. 如图 2.2-7 所示，一悬臂梁跨度为 l，自由端经一弹簧 k 吊一重物 m。假设重物所受重力 $G=245$ N，$k=1960$ N/m，$l=0.3$ m，悬臂梁的板宽(broadness)$b=0.025$ m，板厚(thickness)$t=0.006$ m，弹性模量 $E=210$ GPa(gigapascal，吉咖帕斯卡，1 GPa$=10^9$ N/m^2)。求此系统的自然角频率。

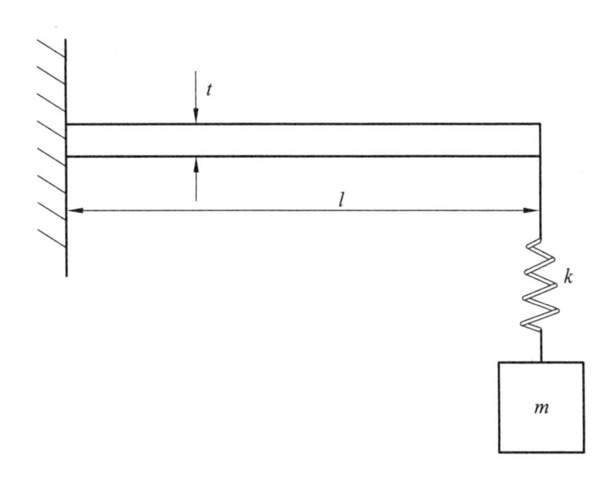

图 2.2-7 悬臂梁与弹簧串联

参考答案 悬臂梁的弯曲截面惯性矩 $I=\frac{bt^3}{12}$，由式(2.2-17)得悬臂梁自由端上下振动的刚度 $k_1=\frac{3EI}{l^3}$，悬臂梁自由端与弹簧 k 串联(series connection)，将悬臂梁自由端 k_1 与弹簧 k 化为一等效弹簧 k_{12}，则有

$$k_{12}=\frac{1}{\frac{1}{k_1}+\frac{1}{k}}=\frac{1}{\frac{l^3}{3EI}+\frac{1}{k}}=\frac{1}{\frac{l^3}{3E}\frac{12}{bt^3}+\frac{1}{k}}=\frac{1}{\frac{4l^3}{bt^3E}+\frac{1}{k}}$$

$$\omega_n=\sqrt{\frac{k_{12}}{m}}=\sqrt{\frac{1}{\left(\frac{4l^3}{bt^3E}+\frac{1}{k}\right)m}}=\sqrt{\frac{g}{\left(\frac{4l^3}{bt^3E}+\frac{1}{k}\right)G}}$$

$$=\sqrt{\frac{9.8}{\left(\frac{4\times 0.3^3}{0.025\times 0.006^3\times 210\times 10^9}+\frac{1}{1960}\right)\times 245}}\ \text{rad/s}$$

$$=8.1282\ \text{rad/s}$$

4. 如图 2.2-8 所示，重 G 的一小车自高 h 处沿斜面滑下，与缓冲器相撞后，随同缓冲器一起做零输入振动。弹簧刚度为 k，斜面倾角为 α，小车与斜面之间的摩擦力忽略不计。试求小车的振动周期 T 和振幅 A。

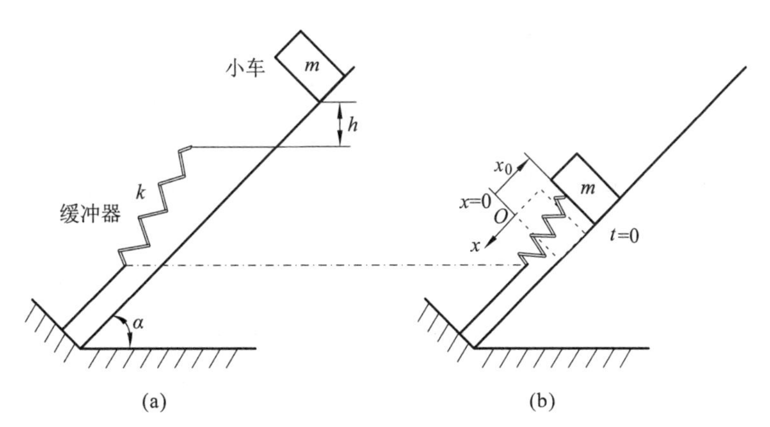

图 2.2-8 小车与缓冲器相撞

参考答案 ① 由于 $\omega_n=\sqrt{\frac{k}{m}}$，所以 $T=\frac{2\pi}{\omega_n}=2\pi\sqrt{\frac{m}{k}}=2\pi\sqrt{\frac{G}{gk}}$。

② 解法一：小车与缓冲器相撞后，沿斜面滑下距离 $\frac{G\sin\alpha}{k}$ 时达到静平衡位置。小车继续沿斜面再滑下距

离 A 时，达到最下端极限位置，小车速度为 0。在最下端极限位置，弹簧的缩短量为$\frac{G\sin\alpha}{k}+A$，弹性势能(elastic potential energy)为

$$\frac{1}{2}k\left(\frac{G\sin\alpha}{k}+A\right)^2=\frac{1}{2}k\left(\frac{G^2\sin^2\alpha}{k^2}+A^2+2\frac{GA\sin\alpha}{k}\right)=\frac{1}{2}\left(\frac{G^2\sin^2\alpha}{k}+kA^2+2GA\sin\alpha\right)$$

其也为小车和弹簧的总机械能。

以最下端极限位置所在的水平面作参考平面，小车初始点在参考平面的上方，且起点高度为 $h+\left(\frac{G\sin\alpha}{k}+A\right)\sin\alpha$。在初始点，小车的重力势能(gravitational potential energy)为

$$E_p=G\left[h+\left(\frac{G\sin\alpha}{k}+A\right)\sin\alpha\right]=G\left(h+\frac{G\sin^2\alpha}{k}+A\sin\alpha\right)=Gh+\frac{G^2\sin^2\alpha}{k}+GA\sin\alpha$$

其也为小车和弹簧的总机械能。

根据机械能守恒定律(law of conservation of mechanical energy)得

$$Gh+\frac{G^2\sin^2\alpha}{k}+GA\sin\alpha=\frac{1}{2}\left(\frac{G^2\sin^2\alpha}{k}+kA^2+2GA\sin\alpha\right)$$

$$2Gh+\frac{2G^2\sin^2\alpha}{k}+2GA\sin\alpha=\frac{G^2\sin^2\alpha}{k}+kA^2+2GA\sin\alpha$$

$$kA^2=2Gh+\frac{G^2\sin^2\alpha}{k}=G\left(2h+\frac{G\sin^2\alpha}{k}\right)$$

$$A=\sqrt{\frac{G}{k}\left(2h+\frac{G\sin^2\alpha}{k}\right)}$$

解法二：将小车与缓冲器相撞这一时刻作为时间起点即 $t=0$，则初速度为 $v_0=\sqrt{2gh}$。取小车与缓冲器相撞后系统的静平衡位置作为空间坐标的原点，建立图 2.2-8(b)所示坐标系 Ox，初位移 $x_0=-\frac{G\sin\alpha}{k}$。

根据式(2.2-14)得零输入响应

$$x=x_0\cos\omega_n t+\frac{v_0}{\omega_n}\sin\omega_n t=\frac{\sqrt{2gh}}{\omega_n}\sin\omega_n t-\frac{G\sin\alpha}{k}\cos\omega_n t \tag{2.2-36}$$

故振幅 A 为

$$A=\sqrt{\frac{2gh}{\omega_n^2}+\frac{G^2\sin^2\alpha}{k^2}}=\sqrt{\frac{2mgh}{k}+\frac{G^2\sin^2\alpha}{k^2}}=\sqrt{\frac{2Gh}{k}+\frac{G^2\sin^2\alpha}{k^2}} \tag{2.2-37}$$

5. 图 2.2-9 所示的等截面简支梁跨度为 L，抗弯刚度为 EI，在梁中点放一质量为 m 的物体，试用静变形法确定系统的自然角频率。

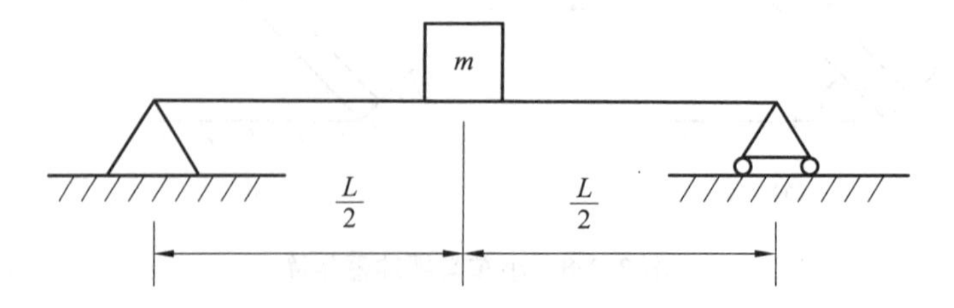

图 2.2-9　等截面简支梁中点放置物体

参考答案　梁中点在重力 mg 作用下的静变形量为 $h=\frac{mgL^3}{48EI}$，故 $\omega_n=\sqrt{\frac{g}{h}}=\sqrt{g\frac{48EI}{mgL^3}}=\sqrt{\frac{48EI}{mL^3}}$。

第3节　机械能守恒定律的应用

在图2.2-2(b)中，弹簧的弹性势能为$\frac{1}{2}kh^2$，质量块m的重力势能为mgH（H是质量块m相对于某一参考平面的高度，待求解），在此静平衡位置时，假设总的势能为0，即

$$E_p=\frac{1}{2}kh^2+mgH=0 \tag{2.3-1}$$

由式(2.3-1)得

$$H=-\frac{kh^2}{2mg} \tag{2.3-2}$$

由式(2.2-1)可知$h=\frac{mg}{k}$，将其代入式(2.3-2)得

$$H=-\frac{k}{2mg}\frac{m^2g^2}{k^2}=-\frac{mg}{2k} \tag{2.3-3}$$

该式表示参考平面在静平衡位置的上方$\frac{mg}{2k}$处。

在图2.2-2(d)中，弹簧的弹性势能为$\frac{1}{2}k(h+x)^2$，质量块m相对于参考平面的高度为$H-x$，质量块m的重力势能为$mg(H-x)$，总的势能为

$$E_p=\frac{1}{2}k(h+x)^2+mg(H-x) \tag{2.3-4}$$

将$h=\frac{mg}{k}$和式(2.3-3)代入式(2.3-4)得

$$\begin{aligned}E_p&=\frac{1}{2}k\left(\frac{mg}{k}+x\right)^2+mg\left(-\frac{mg}{2k}-x\right)=\frac{1}{2}k\left(\frac{m^2g^2}{k^2}+2\frac{mgx}{k}+x^2\right)-\frac{m^2g^2}{2k}-mgx\\&=\frac{m^2g^2}{2k}+mgx+\frac{1}{2}kx^2-\frac{m^2g^2}{2k}-mgx=\frac{1}{2}kx^2\end{aligned} \tag{2.3-5}$$

值得指出的是，x是质量块相对于静平衡位置的位移，弹簧的缩短量为$\frac{mg}{k}+x$而不是x；式(2.3-5)表示的是质量块m的重力势能和弹簧k的弹性势能之和，而不是弹簧k的弹性势能。这再次表明，把静平衡位置作为空间坐标的原点，能使表达式简化。

在图2.2-2(d)中，质量块m的动能(kinetic energy)为

$$E_k=\frac{1}{2}m\dot{x}^2 \tag{2.3-6}$$

说明：分析势能表达式(2.3-5)中的系数$\frac{1}{2}k$、动能表达式(2.3-6)中的系数$\frac{1}{2}m$，可得自然角频率$\omega_n=\sqrt{\frac{1}{2}k/\left(\frac{1}{2}m\right)}$。

在图2.2-2(d)中，质量块m和弹簧k的总机械能为

$$E=\frac{1}{2}m\dot{x}^2+\frac{1}{2}kx^2 \tag{2.3-7}$$

根据机械能守恒定律，总机械能 E 是一个常数，与时间 t 无关，故

$$\frac{\mathrm{d}E}{\mathrm{d}t}=\frac{\mathrm{d}}{\mathrm{d}t}\left(\frac{1}{2}m\dot{x}^2+\frac{1}{2}kx^2\right)=0 \tag{2.3-8}$$

$$\frac{1}{2}m\frac{\mathrm{d}\dot{x}^2}{\mathrm{d}\dot{x}}\frac{\mathrm{d}\dot{x}}{\mathrm{d}t}+\frac{1}{2}k\frac{\mathrm{d}x^2}{\mathrm{d}x}\frac{\mathrm{d}x}{\mathrm{d}t}=\frac{1}{2}m\cdot 2\dot{x}\ddot{x}+\frac{1}{2}k\cdot 2x\dot{x}=\dot{x}(m\ddot{x}+kx)=0 \tag{2.3-9}$$

与式(2.2-4)形式一致。

例 2.3-1 有一质量-弹簧系统，如图 2.3-1 所示，弹簧的质量为 m_1。试确定系统的自然角频率。

解 根据图 2.3-2 所示，自由端向下的位移为

$$\Delta l=\frac{Fl}{EA} \tag{2.3-10}$$

式中：E 是弹性模量；A 是横截面面积。直杆内，轴力为 F，处处相等。可见，直杆各截面的位移与其距固定端(fixed end)的原始距离成正比。

在图 2.3-1 中，m 处于静平衡位置 O 时，弹簧伸长$\frac{mg}{k}$，总长度为 l。当 m 向下的位移为 x 时，弹簧上距离固定端(上端)ξ 处的位移为$\frac{\xi}{l}x$，速度为$\frac{\xi}{l}\dot{x}$。此时系统的总势能为

$$E_{\mathrm{p}}=\frac{1}{2}kx^2 \tag{2.3-11}$$

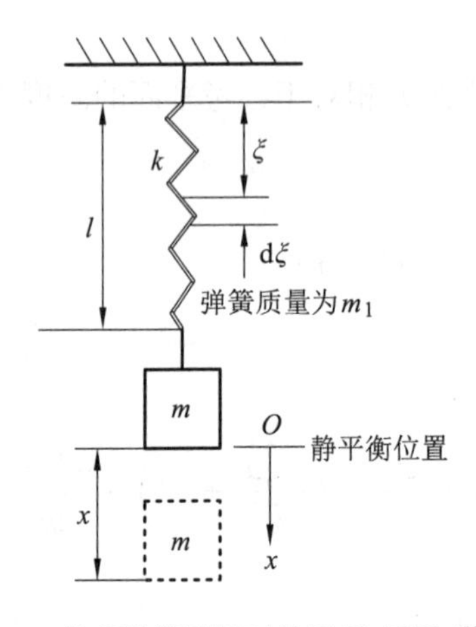

图 2.3-1 考虑弹簧质量时的质量-质量-弹簧系统

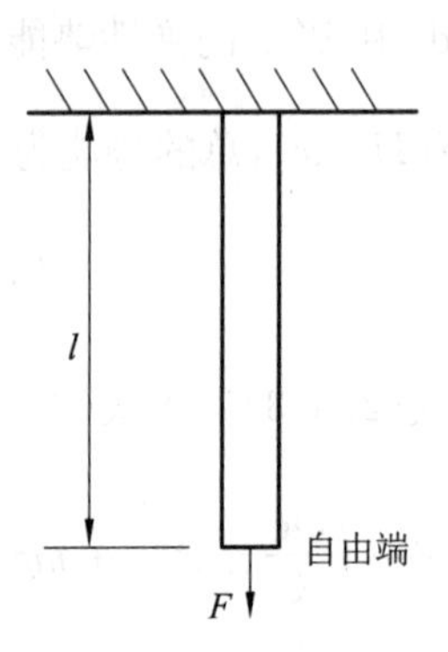

图 2.3-2 直杆在轴向拉力作用下

质量块 m 的动能为

$$E_{\mathrm{k1}}=\frac{1}{2}m\dot{x}^2 \tag{2.3-12}$$

根据微质量$\frac{\mathrm{d}\xi}{l}m_1$，可得弹簧质量的动能为

$$E_{\mathrm{k2}}=\frac{1}{2}\int_0^l\frac{\mathrm{d}\xi}{l}m_1\left(\frac{\xi}{l}\dot{x}\right)^2=\frac{m_1\dot{x}^2}{2l^3}\int_0^l\xi^2\mathrm{d}\xi=\frac{m_1\dot{x}^2}{2l^3}\frac{l^3}{3}=\frac{m_1\dot{x}^2}{6} \tag{2.3-13}$$

总的动能为

$$E_{\mathrm{k}}=E_{\mathrm{k1}}+E_{\mathrm{k2}}=\frac{1}{2}m\dot{x}^2+\frac{m_1\dot{x}^2}{6}=\frac{1}{2}\left(m+\frac{m_1}{3}\right)\dot{x}^2 \tag{2.3-14}$$

根据式(2.3-6)下方的说明，以及式(2.3-11)和式(2.3-14)，可得自然角频率

$$\omega_{\mathrm{n}}=\sqrt{\frac{k}{m+\frac{m_1}{3}}} \tag{2.3-15}$$

习题 2-3

1. 图 2.3-3 所示的等截面简支梁跨度为 L，抗弯刚度为 EI，在梁中部附有质量块 m，若梁的质量为 m'，试用能量法确定系统的自然角频率。

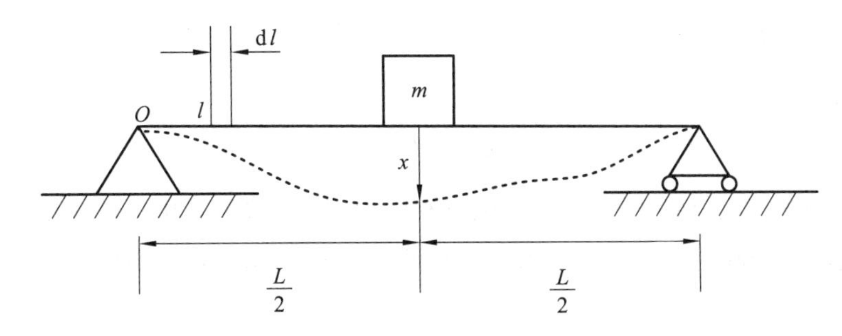

图 2.3-3　中部附有质量块的等截面简支梁

参考答案　挠曲线方程为

$$w=\frac{mgl}{48EI}(3L^2-4l^2)\quad\left(0\leqslant l\leqslant\frac{L}{2}\right)\tag{2.3-16}$$

梁中部的静变形量为

$$h=\frac{mgL^3}{48EI}\Rightarrow\frac{mg}{48EI}=\frac{h}{L^3}\tag{2.3-17}$$

将式(2.3-17)代入式(2.3-16)得

$$w=h\,\frac{3L^2l-4l^3}{L^3}\quad\left(0\leqslant l\leqslant\frac{L}{2}\right)\tag{2.3-18}$$

设中点处在 t 时刻的振动位移为 x，由式(2.3-17)得，简支梁中点处的刚度为 $k=\dfrac{mg}{h}=\dfrac{48EI}{L^3}$，此时简支梁的势能为

$$E_{\mathrm{p}}=\frac{1}{2}kx^2=\frac{1}{2}\,\frac{48EI}{L^3}x^2\tag{2.3-19}$$

将式(2.3-18)中的 h 换成 x，得动挠度曲线方程为

$$w=x\,\frac{3L^2l-4l^3}{L^3}\quad\left(0\leqslant l\leqslant\frac{L}{2}\right)\tag{2.3-20}$$

根据微质量$\dfrac{\mathrm{d}l}{L}m'$，可得简支梁的动能为

$$E_{\mathrm{k1}}=2\times\frac{1}{2}\int_0^{\frac{L}{2}}\frac{\mathrm{d}l}{L}m'\dot{w}^2\tag{2.3-21}$$

将式(2.3-20)代入式(2.3-21)得

$$E_{\mathrm{k1}}=\int_0^{\frac{L}{2}}\frac{\mathrm{d}l}{L}m'\dot{x}^2\left(\frac{3L^2l-4l^3}{L^3}\right)^2=m'\dot{x}^2\int_0^{\frac{L}{2}}\left(3\,\frac{l}{L}-4\,\frac{l^3}{L^3}\right)^2\mathrm{d}\,\frac{l}{L}=m'\dot{x}^2\int_0^{\frac{1}{2}}(3y-4y^3)^2\mathrm{d}y\tag{2.3-22}$$

式中：$y=\dfrac{l}{L}$。

式(2.3-22)化简为

$$E_{\mathrm{k1}}=m'\dot{x}^2\int_0^{\frac{1}{2}}(9y^2+16y^6-24y^4)\mathrm{d}y=m'\dot{x}^2\left(3\times\frac{1}{8}+\frac{16}{7}\times\frac{1}{128}-\frac{24}{5}\times\frac{1}{32}\right)=m'\dot{x}^2\left(\frac{21}{56}+\frac{1}{56}-\frac{3}{20}\right)$$

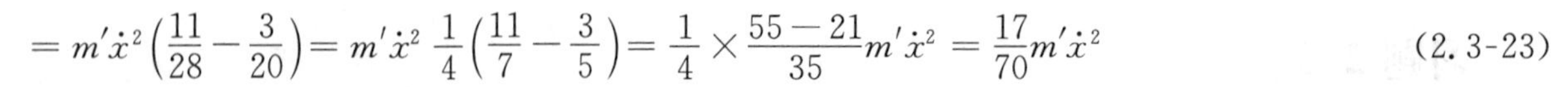

$$= m'\dot{x}^2\left(\frac{11}{28}-\frac{3}{20}\right)= m'\dot{x}^2\ \frac{1}{4}\left(\frac{11}{7}-\frac{3}{5}\right)=\frac{1}{4}\times\frac{55-21}{35}m'\dot{x}^2=\frac{17}{70}m'\dot{x}^2 \tag{2.3-23}$$

质量块和简支梁的总动能为

$$E_k=\frac{1}{2}m\dot{x}^2+\frac{17}{70}m'\dot{x}^2=\frac{1}{2}\left(m+\frac{17}{35}m'\right)\dot{x}^2 \tag{2.3-24}$$

根据式(2.3-6)下方的说明,以及式(2.3-19)和式(2.3-24),可得自然角频率

$$\omega_n=\sqrt{\frac{48EI}{L^3\left(m+\frac{17}{35}m'\right)}} \tag{2.3-25}$$

2.图2.3-4所示的等截面悬臂梁跨度为L,抗弯刚度为EI,在梁的自由端放一质量为m的物体,若悬臂梁的质量为m',试用能量法确定系统的自然角频率和等效质量(equivalent mass)。

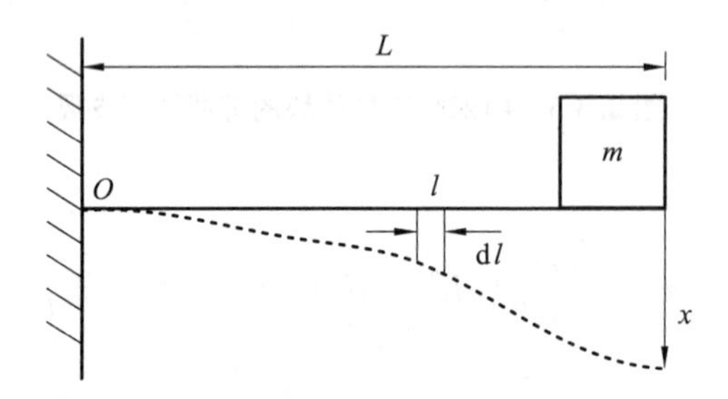

图2.3-4　自由端加质量块的等截面悬臂梁

参考答案　挠曲线方程为

$$w=\frac{mgl^2}{6EI}(3L-l)\quad(0\leqslant l\leqslant L) \tag{2.3-26}$$

自由端的静变形量为

$$h=\frac{mgL^3}{3EI}\Rightarrow\frac{mg}{EI}=\frac{3h}{L^3} \tag{2.3-27}$$

将式(2.3-27)代入式(2.3-26)得

$$w=\frac{3h}{L^3}\frac{l^2}{6}(3L-l)=h\,\frac{3Ll^2-l^3}{2L^3} \tag{2.3-28}$$

设自由端在t时刻的振动位移为x,由式(2.3-27)得,悬臂梁自由端的刚度为$k=\dfrac{mg}{h}=\dfrac{3EI}{L^3}$,此时悬臂梁的势能为

$$E_p=\frac{1}{2}kx^2=\frac{1}{2}\frac{3EI}{L^3}x^2 \tag{2.3-29}$$

将式(2.3-28)中的h换成x,得动挠度曲线方程为

$$w=x\,\frac{3Ll^2-l^3}{2L^3} \tag{2.3-30}$$

根据悬臂梁的微质量$\dfrac{\mathrm{d}l}{L}m'$,可得悬臂梁的动能为

$$E_{k1}=\frac{1}{2}\int_0^L\frac{\mathrm{d}l}{L}m'\dot{w}^2 \tag{2.3-31}$$

将式(2.3-30)代入式(2.3-31)得

$$E_{k1}=\frac{1}{2}\int_0^L\frac{\mathrm{d}l}{L}m'\dot{x}^2\left(\frac{3Ll^2-l^3}{2L^3}\right)^2=\frac{1}{8}m'\dot{x}^2\int_0^L\left(3\frac{l^2}{L^2}-\frac{l^3}{L^3}\right)^2\mathrm{d}\,\frac{l}{L}=\frac{1}{8}m'\dot{x}^2\int_0^1(3y^2-y^3)^2\mathrm{d}y \tag{2.3-32}$$

式中：$y=\dfrac{l}{L}$。

式(2.3-32)化简为

$$E_{k1}=\frac{1}{8}m'\dot{x}^2\int_0^1(9y^4+y^6-6y^5)\mathrm{d}y=\frac{1}{8}m'\dot{x}^2\left(\frac{9}{5}+\frac{1}{7}-1\right)=\frac{33}{280}m'\dot{x}^2 \tag{2.3-33}$$

质量块和悬臂梁的总动能为

$$E_k=\frac{1}{2}m\dot{x}^2+\frac{33}{280}m'\dot{x}^2=\frac{1}{2}\left(m+\frac{33}{140}m'\right)\dot{x}^2 \tag{2.3-34}$$

根据式(2.3-6)下方的说明，以及式(2.3-29)和式(2.3-34)，可得自然角频率

$$\omega_n=\sqrt{\frac{3EI}{L^3\left(m+\frac{33}{140}m'\right)}} \tag{2.3-35}$$

等效质量为

$$m_e=m+\frac{33}{140}m' \tag{2.3-36}$$

第 4 节　有阻尼零输入振动

实际存在的系统总是具有阻尼，存在能量的耗散，系统不可能持续做等幅的零输入振动。随着时间的推移，振幅会衰减。存在阻尼但无外力输入的振动称为零输入振动。最常见的阻尼是黏滞阻尼、库仑阻尼和结构阻尼。

具有黏滞阻尼的零输入振动模型如图 2.4-1 所示。

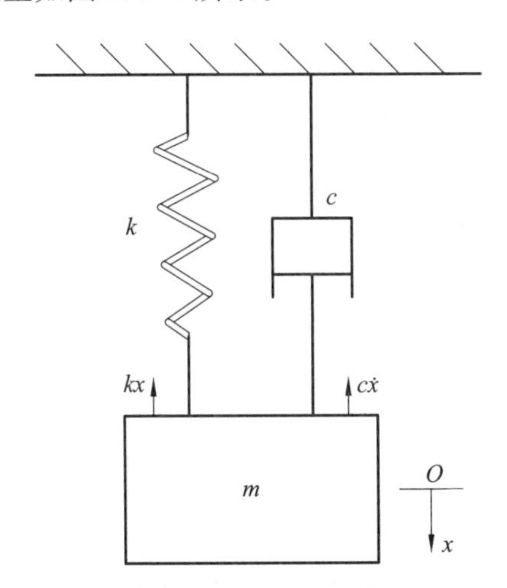

图 2.4-1　具有黏滞阻尼的零输入振动模型

应用牛顿第二定律可得该系统的运动微分方程，即

$$-c\dot{x}-kx=m\ddot{x} \tag{2.4-1}$$

$$m\ddot{x}+c\dot{x}+kx=0 \tag{2.4-2}$$

微分方程(2.4-2)的特征方程为

$$mr^2+cr+k=0 \tag{2.4-3}$$

令一元二次方程(2.4-3)根的判别式为 0，即

$$\Delta = c^2 - 4mk = 0 \tag{2.4-4}$$

此时求得的 c 为临界阻尼系数(critical damping coefficient)c_c，即

$$c_c = 2\sqrt{mk} \tag{2.4-5}$$

由 $\omega_n^2=\dfrac{k}{m}$，将 $k=m\omega_n^2$ 代入式(2.4-5)得

$$c_c = 2\sqrt{mm\omega_n^2} = 2m\omega_n \tag{2.4-6}$$

由 $\omega_n^2=\dfrac{k}{m}$，将 $m=\dfrac{k}{\omega_n^2}$代入式(2.4-6)得

$$c_c = 2\frac{k}{\omega_n^2}\omega_n = \frac{2k}{\omega_n} \tag{2.4-7}$$

由式(2.4-5)～式(2.4-7)得临界阻尼系数

$$c_c = 2\sqrt{mk} = 2m\omega_n = \frac{2k}{\omega_n} \tag{2.4-8}$$

系统的实际阻尼系数 c 与临界阻尼系数 c_c 之比叫作阻尼比(damping ratio)，用 ζ 表示，则

$$\zeta = \frac{c}{c_c} = \frac{c}{2\sqrt{mk}} = \frac{c}{2m\omega_n} = \frac{c\omega_n}{2k} \tag{2.4-9}$$

由式(2.4-9)得 $c=2\zeta m\omega_n$，由式(2.4-8)得 $k=m\omega_n^2$。将其代入式(2.4-3)，可得

$$mr^2 + 2\zeta m\omega_n r + m\omega_n^2 = 0 \tag{2.4-10}$$

$$r^2 + 2\zeta\omega_n r + \omega_n^2 = 0 \tag{2.4-11}$$

1. 小阻尼情况(0<ζ<1)

一元二次方程 $x^2+px+q=0$ 根的表达式为 $x_{1,2}=-\dfrac{p}{2}\pm\sqrt{\left(\dfrac{p}{2}\right)^2-q}$。这时方程(2.4-11)有一对共轭虚数根

$$r_{1,2} = -\zeta\omega_n \pm \sqrt{\zeta^2\omega_n^2-\omega_n^2} = -\zeta\omega_n \pm \sqrt{\zeta^2-1}\,\omega_n = -\zeta\omega_n \pm \sqrt{1-\zeta^2}\,\omega_n \mathrm{i} \tag{2.4-12}$$

方程(2.4-2)的通解为

$$x = \mathrm{e}^{-\zeta\omega_n t}(C_1\cos\sqrt{1-\zeta^2}\,\omega_n t + C_2\sin\sqrt{1-\zeta^2}\,\omega_n t) \tag{2.4-13}$$

由式(2.4-13)得初位移

$$x(0) = C_1 = x_0 \tag{2.4-14}$$

将式(2.4-14)代入式(2.4-13)得

$$x = \mathrm{e}^{-\zeta\omega_n t}(x_0\cos\sqrt{1-\zeta^2}\,\omega_n t + C_2\sin\sqrt{1-\zeta^2}\,\omega_n t) \tag{2.4-15}$$

由式(2.4-15)得速度

$$\begin{aligned} v = \dot{x} = & -\zeta\omega_n \mathrm{e}^{-\zeta\omega_n t}(x_0\cos\sqrt{1-\zeta^2}\,\omega_n t + C_2\sin\sqrt{1-\zeta^2}\,\omega_n t) + \\ & \mathrm{e}^{-\zeta\omega_n t}(-\sqrt{1-\zeta^2}\,\omega_n x_0\sin\sqrt{1-\zeta^2}\,\omega_n t + \sqrt{1-\zeta^2}\,\omega_n C_2\cos\sqrt{1-\zeta^2}\,\omega_n t) \end{aligned} \tag{2.4-16}$$

由式(2.4-16)得初速度

$$v(0) = -\zeta\omega_n x_0 + \sqrt{1-\zeta^2}\,\omega_n C_2 = v_0 \tag{2.4-17}$$

解得

$$C_2 = \frac{v_0 + \zeta\omega_n x_0}{\sqrt{1-\zeta^2}\,\omega_n} \tag{2.4-18}$$

将式(2.4-18)代入式(2.4-15)得零输入响应为

$$x = e^{-\zeta\omega_n t}\left(x_0\cos\sqrt{1-\zeta^2}\omega_n t + \frac{v_0+\zeta\omega_n x_0}{\sqrt{1-\zeta^2}\omega_n}\sin\sqrt{1-\zeta^2}\omega_n t\right) \quad (0<\zeta<1) \tag{2.4-19}$$

当 $\zeta\to 0$ 时，式(2.4-19)即退化为式(2.2-14)的形式。

设 $x_0>0$，令 $\sqrt{1-\zeta^2}\omega_n t=2k\pi, k\in\mathbf{N}$，则 $x=x_0 e^{-\zeta\omega_n t}>0$；令 $\sqrt{1-\zeta^2}\omega_n t=2k\pi+\pi, k\in\mathbf{N}$，则 $x=-x_0 e^{-\zeta\omega_n t}<0$。这说明物体会越过平衡位置多次，系统发生振荡。

2. 临界阻尼情况($\zeta=1$)

这时方程(2.4-11)有两个相等的实根

$$r=-\omega_n \tag{2.4-20}$$

方程(2.4-2)的通解为

$$x=(C_1+C_2 t)e^{-\omega_n t} \tag{2.4-21}$$

由式(2.4-21)得初位移

$$x(0)=C_1=x_0 \tag{2.4-22}$$

将式(2.4-22)代入式(2.4-21)得

$$x=(x_0+C_2 t)e^{-\omega_n t} \tag{2.4-23}$$

由式(2.4-23)得速度

$$v=\dot{x}=C_2 e^{-\omega_n t}-\omega_n(x_0+C_2 t)e^{-\omega_n t} \tag{2.4-24}$$

由式(2.4-24)得初速度

$$v(0)=C_2-\omega_n x_0=v_0 \tag{2.4-25}$$

解得

$$C_2=v_0+\omega_n x_0 \tag{2.4-26}$$

将式(2.4-26)代入式(2.4-23)得零输入响应为

$$x=[x_0+(v_0+\omega_n x_0)t]e^{-\omega_n t} \quad (\zeta=1) \tag{2.4-27}$$

设 $x_0>0, v_0>0$，则 $x>0$。这说明物体不越过平衡位置，系统不发生振荡。

3. 大阻尼情况($\zeta>1$)

这时方程(2.4-11)有两个不相等的实根

$$r_{1,2}=-\zeta\omega_n\pm\sqrt{\zeta^2-1}\omega_n \tag{2.4-28}$$

方程(2.4-2)的通解为

$$x=C_1 e^{(-\zeta\omega_n+\sqrt{\zeta^2-1}\omega_n)t}+C_2 e^{(-\zeta\omega_n-\sqrt{\zeta^2-1}\omega_n)t} \tag{2.4-29}$$

由式(2.4-29)得初位移

$$x(0)=C_1+C_2=x_0 \tag{2.4-30}$$

由式(2.4-29)得速度

$$v=\dot{x}=(-\zeta\omega_n+\sqrt{\zeta^2-1}\omega_n)C_1 e^{(-\zeta\omega_n+\sqrt{\zeta^2-1}\omega_n)t}+(-\zeta\omega_n-\sqrt{\zeta^2-1}\omega_n)C_2 e^{(-\zeta\omega_n-\sqrt{\zeta^2-1}\omega_n)t} \tag{2.4-31}$$

由式(2.4-31)得初速度

$$v(0)=(-\zeta\omega_n+\sqrt{\zeta^2-1}\omega_n)C_1+(-\zeta\omega_n-\sqrt{\zeta^2-1}\omega_n)C_2=v_0 \tag{2.4-32}$$

由式(2.4-32)和式(2.4-30)得

$$\begin{cases}(-\zeta\omega_n+\sqrt{\zeta^2-1}\omega_n)C_1+(-\zeta\omega_n-\sqrt{\zeta^2-1}\omega_n)C_2=v_0\\ C_1+C_2=x_0\end{cases} \tag{2.4-33}$$

解得

$$C_1=\frac{\begin{vmatrix} v_0 & -\zeta\omega_n-\sqrt{\zeta^2-1}\omega_n \\ x_0 & 1 \end{vmatrix}}{\begin{vmatrix} -\zeta\omega_n+\sqrt{\zeta^2-1}\omega_n & -\zeta\omega_n-\sqrt{\zeta^2-1}\omega_n \\ 1 & 1 \end{vmatrix}}=\frac{v_0+x_0(\zeta\omega_n+\sqrt{\zeta^2-1}\omega_n)}{-\zeta\omega_n+\sqrt{\zeta^2-1}\omega_n+\zeta\omega_n+\sqrt{\zeta^2-1}\omega_n}$$

$$=\frac{v_0+\zeta\omega_n x_0+\sqrt{\zeta^2-1}\omega_n x_0}{2\sqrt{\zeta^2-1}\omega_n}=\frac{x_0}{2}+\frac{v_0+\zeta\omega_n x_0}{2\sqrt{\zeta^2-1}\omega_n} \tag{2.4-34}$$

$$C_2=\frac{x_0}{2}-\frac{v_0+\zeta\omega_n x_0}{2\sqrt{\zeta^2-1}\omega_n} \tag{2.4-35}$$

将式(2.4-34)和式(2.4-35)代入式(2.4-29)得

$$x=\left(\frac{x_0}{2}+\frac{v_0+\zeta\omega_n x_0}{2\sqrt{\zeta^2-1}\omega_n}\right)e^{-\zeta\omega_n t+\sqrt{\zeta^2-1}\omega_n t}+\left(\frac{x_0}{2}-\frac{v_0+\zeta\omega_n x_0}{2\sqrt{\zeta^2-1}\omega_n}\right)e^{-\zeta\omega_n t-\sqrt{\zeta^2-1}\omega_n t} \tag{2.4-36}$$

式(2.4-36)变形为

$$x=x_0e^{-\zeta\omega_n t}\frac{e^{\sqrt{\zeta^2-1}\omega_n t}}{2}+\frac{v_0+\zeta\omega_n x_0}{\sqrt{\zeta^2-1}\omega_n}e^{-\zeta\omega_n t}\frac{e^{\sqrt{\zeta^2-1}\omega_n t}}{2}+x_0e^{-\zeta\omega_n t}\frac{e^{-\sqrt{\zeta^2-1}\omega_n t}}{2}-\frac{v_0+\zeta\omega_n x_0}{\sqrt{\zeta^2-1}\omega_n}e^{-\zeta\omega_n t}\frac{e^{-\sqrt{\zeta^2-1}\omega_n t}}{2} \tag{2.4-37}$$

合并同类项得

$$x=x_0e^{-\zeta\omega_n t}\frac{e^{\sqrt{\zeta^2-1}\omega_n t}+e^{-\sqrt{\zeta^2-1}\omega_n t}}{2}+\frac{v_0+\zeta\omega_n x_0}{\sqrt{\zeta^2-1}\omega_n}e^{-\zeta\omega_n t}\frac{e^{\sqrt{\zeta^2-1}\omega_n t}-e^{-\sqrt{\zeta^2-1}\omega_n t}}{2} \tag{2.4-38}$$

最后得零输入响应为

$$x=x_0e^{-\zeta\omega_n t}\cosh\sqrt{\zeta^2-1}\omega_n t+\frac{v_0+\zeta\omega_n x_0}{\sqrt{\zeta^2-1}\omega_n}e^{-\zeta\omega_n t}\sinh\sqrt{\zeta^2-1}\omega_n t$$

$$=e^{-\zeta\omega_n t}\left(x_0\cosh\sqrt{\zeta^2-1}\omega_n t+\frac{v_0+\zeta\omega_n x_0}{\sqrt{\zeta^2-1}\omega_n}\sinh\sqrt{\zeta^2-1}\omega_n t\right)\quad(\zeta>1) \tag{2.4-39}$$

式中：cosh 是双曲余弦函数，$\cosh x=\frac{e^x+e^{-x}}{2}\geqslant 1$；sinh 是双曲正弦函数，$\sinh x=\frac{e^x-e^{-x}}{2}$，当 $x\geqslant 0$ 时，$\sinh x\geqslant 0$。

设 $x_0>0$，$v_0>0$，则 $x>0$。这说明物体不越过平衡位置，系统不发生振荡。

习题 2-4

1. 在式(2.4-9)中，$c\omega_n$ 的单位是什么？

参考答案 $c\omega_n$ 的单位是 N/m，与刚度 k 的单位相同。

2. 证明：在式(2.4-19)中，令 $\zeta\to 1$ 可得式(2.4-27)。

参考答案

$$x=\lim_{\zeta\to 1}e^{-\zeta\omega_n t}\left(x_0\cos\sqrt{1-\zeta^2}\omega_n t+\frac{v_0+\zeta\omega_n x_0}{\sqrt{1-\zeta^2}\omega_n}\sin\sqrt{1-\zeta^2}\omega_n t\right)$$

$$=\lim_{\zeta\to 1}e^{-\omega_n t}\left(x_0+\frac{v_0+\omega_n x_0}{\sqrt{1-\zeta^2}\omega_n}\sqrt{1-\zeta^2}\omega_n t\right)$$

$$=e^{-\omega_n t}[x_0+(v_0+\omega_n x_0)t]$$

3. 证明：在式(2.4-39)中，令 $\zeta\to 1$ 可得式(2.4-27)。

参考答案

$$x=\lim_{\zeta\to 1}e^{-\zeta\omega_n t}\left(x_0\cosh\sqrt{\zeta^2-1}\omega_n t+\frac{v_0+\zeta\omega_n x_0}{\sqrt{\zeta^2-1}\omega_n}\sinh\sqrt{\zeta^2-1}\omega_n t\right)$$

$$=\lim_{\zeta\to 1} e^{-\omega_n t}\left(x_0+\frac{v_0+\omega_n x_0}{\sqrt{\zeta^2-1}\omega_n}\sqrt{\zeta^2-1}\omega_n t\right)$$

$$=e^{-\omega_n t}[x_0+(v_0+\omega_n x_0)t]$$

4. 将式(2. 4-29)表达成 sinh 和 cosh 形式，再推导式(2. 4-39)。

参考答案　式(2. 4-29)展开为

$$x=C_1 e^{-\zeta\omega_n t}e^{\sqrt{\zeta^2-1}\omega_n t}+C_2 e^{-\zeta\omega_n t}e^{-\sqrt{\zeta^2-1}\omega_n t}=e^{-\zeta\omega_n t}(C_1 e^{\sqrt{\zeta^2-1}\omega_n t}+C_2 e^{-\sqrt{\zeta^2-1}\omega_n t}) \tag{2. 4-40}$$

由下式

$$\begin{cases}\cosh x=\dfrac{e^x+e^{-x}}{2}\\[2ex]\sinh x=\dfrac{e^x-e^{-x}}{2}\end{cases} \tag{2. 4-41}$$

可得

$$\begin{cases}e^x=\cosh x+\sinh x\\ e^{-x}=\cosh x-\sinh x\end{cases} \tag{2. 4-42}$$

将式(2. 4-42)代入式(2. 4-40)得

$$x=e^{-\zeta\omega_n t}(C_1\cosh\sqrt{\zeta^2-1}\omega_n t+C_1\sinh\sqrt{\zeta^2-1}\omega_n t+C_2\cosh\sqrt{\zeta^2-1}\omega_n t-C_2\sinh\sqrt{\zeta^2-1}\omega_n t) \tag{2. 4-43}$$

合并同类项得

$$\begin{aligned}x&=e^{-\zeta\omega_n t}[(C_1+C_2)\cosh\sqrt{\zeta^2-1}\omega_n t+(C_1-C_2)\sinh\sqrt{\zeta^2-1}\omega_n t]\\&=e^{-\zeta\omega_n t}(C_3\cosh\sqrt{\zeta^2-1}\omega_n t+C_4\sinh\sqrt{\zeta^2-1}\omega_n t)\end{aligned} \tag{2. 4-44}$$

式中：$C_3=C_1+C_2$；$C_4=C_1-C_2$。

由式(2. 4-44)得初位移

$$x(0)=C_3=x_0 \tag{2. 4-45}$$

将式(2. 4-45)代入式(2. 4-44)得

$$x=e^{-\zeta\omega_n t}(x_0\cosh\sqrt{\zeta^2-1}\omega_n t+C_4\sinh\sqrt{\zeta^2-1}\omega_n t) \tag{2. 4-46}$$

由式(2. 4-46)得速度

$$\begin{aligned}v=\dot{x}=&-\zeta\omega_n e^{-\zeta\omega_n t}(x_0\cosh\sqrt{\zeta^2-1}\omega_n t+C_4\sinh\sqrt{\zeta^2-1}\omega_n t)+\\&e^{-\zeta\omega_n t}(\sqrt{\zeta^2-1}\omega_n x_0\sinh\sqrt{\zeta^2-1}\omega_n t+\sqrt{\zeta^2-1}\omega_n C_4\cosh\sqrt{\zeta^2-1}\omega_n t)\end{aligned} \tag{2. 4-47}$$

由式(2. 4-47)得初速度

$$v(0)=-\zeta\omega_n x_0+\sqrt{\zeta^2-1}\omega_n C_4=v_0 \tag{2. 4-48}$$

解得

$$C_4=\frac{v_0+\zeta\omega_n x_0}{\sqrt{\zeta^2-1}\omega_n} \tag{2. 4-49}$$

将式(2. 4-49)代入式(2. 4-46)得零输入响应为

$$x=e^{-\zeta\omega_n t}\left(x_0\cosh\sqrt{\zeta^2-1}\omega_n t+\frac{v_0+\zeta\omega_n x_0}{\sqrt{\zeta^2-1}\omega_n}\sinh\sqrt{\zeta^2-1}\omega_n t\right)\quad(\zeta>1) \tag{2. 4-50}$$

5. 将式(2. 4-19)简写成 $x=e^{-\zeta\omega_n t}\left(x_0\cos\omega_d t+\dfrac{v_0+\zeta\omega_n x_0}{\omega_d}\sin\omega_d t\right)$，其中，$\omega_d=\sqrt{1-\zeta^2}\omega_n$ 是阻尼自然角频

率。则 t_1 时刻的位置为

$$x_1 = x(t_1) = \mathrm{e}^{-\zeta\omega_n t_1}\left(x_0\cos\omega_d t_1 + \frac{v_0+\zeta\omega_n x_0}{\omega_d}\sin\omega_d t_1\right) \tag{2.4-51}$$

设 $T_d=\frac{2\pi}{\omega_d}$,则 t_1+T_d 时刻的位置为

$$x_2 = x(t_1+T_d) = \mathrm{e}^{-\zeta\omega_n(t_1+T_d)}\left[x_0\cos\omega_d(t_1+T_d) + \frac{v_0+\zeta\omega_n x_0}{\omega_d}\sin\omega_d(t_1+T_d)\right] \tag{2.4-52}$$

求对数衰减率(logarithmic decrement)$\delta=\ln\frac{x_1}{x_2}$。

参考答案 由式(2.4-52)得

$$\begin{aligned} x_2 &= \mathrm{e}^{-\zeta\omega_n(t_1+T_d)}\left[x_0\cos(\omega_d t_1+2\pi) + \frac{v_0+\zeta\omega_n x_0}{\omega_d}\sin(\omega_d t_1+2\pi)\right] \\ &= \mathrm{e}^{-\zeta\omega_n(t_1+T_d)}\left(x_0\cos\omega_d t_1 + \frac{v_0+\zeta\omega_n x_0}{\omega_d}\sin\omega_d t_1\right) \end{aligned} \tag{2.4-53}$$

$$\frac{x_1}{x_2} = \frac{\mathrm{e}^{-\zeta\omega_n t_1}}{\mathrm{e}^{-\zeta\omega_n(t_1+T_d)}} = \mathrm{e}^{-\zeta\omega_n(-T_d)} = \mathrm{e}^{\zeta\omega_n T_d}$$

$$\delta = \ln\frac{x_1}{x_2} = \zeta\omega_n T_d = \zeta\omega_n\frac{2\pi}{\omega_d} = \zeta\omega_n\frac{2\pi}{\sqrt{1-\zeta^2}\omega_n} = \frac{2\pi\zeta}{\sqrt{1-\zeta^2}}$$

6. 试证明系统在小阻尼振动时,其对数衰减率 δ 可等于一个周期所消耗的能量 ΔU 与该周期开始时的系统弹性势能之比的一半。

参考答案 由实验知道,弹簧在拉伸过程中,需要的力 F 与伸长量 s 成正比,即 $F=ks$。当弹簧的伸长量为 x 时,弹性势能为 $U=\int_0^x ks\,\mathrm{d}s=\frac{1}{2}kx^2$。$U_1=\frac{1}{2}kx_1^2$,$U_2=\frac{1}{2}kx_2^2$。对数衰减率为

$$\delta = \ln\frac{x_1}{x_2} \tag{2.4-54}$$

振动系统在一个周期内的能量消耗为

$$\Delta U = U_1 - U_2 \tag{2.4-55}$$

ΔU 与周期开始时系统势能之比为

$$\frac{\Delta U}{U_1} = \frac{U_1-U_2}{U_1} = 1-\frac{U_2}{U_1} = 1-\frac{\frac{1}{2}kx_2^2}{\frac{1}{2}kx_1^2} = 1-\frac{x_2^2}{x_1^2} \tag{2.4-56}$$

由式(2.4-54)得

$$\frac{x_1}{x_2} = \mathrm{e}^{\delta} \Rightarrow \frac{x_2}{x_1} = \mathrm{e}^{-\delta} \tag{2.4-57}$$

当 ζ 较小时,对数衰减率 $\delta=\frac{2\pi\zeta}{\sqrt{1-\zeta^2}}$ 也较小。将式(2.4-57)代入式(2.4-56)得

$$\frac{\Delta U}{U_1} = 1-\mathrm{e}^{-2\delta} \approx 1-\left[1-2\delta+\frac{(-2\delta)^2}{2!}+\frac{(-2\delta)^3}{3!}+\cdots\right] \approx 2\delta \tag{2.4-58}$$

由式(2.4-58)得

$$\delta \approx \frac{\Delta U}{2U_1} \tag{2.4-59}$$

即证。

另外，阻尼比容 $\alpha=\dfrac{\Delta U}{U_1}$，损失因子 $\eta=\dfrac{\Delta U}{2\pi U_1}$，故 $\eta=\dfrac{\delta}{\pi}=\dfrac{2\zeta}{\sqrt{1-\zeta^2}}\approx 2\zeta$。

第 5 节　简谐激励力下的完全振动

系统受到持续的外界激励力将发生全振动，本节讨论其中最简单的情形——系统受简谐激励力的作用。

具有黏滞阻尼的简谐力输入振动模型如图 2.5-1 所示，其中 F 为激励力的振幅，ω 为激励力的角频率（或称系统的工作角频率），激励力包含所有可能的角频率（$0\leqslant\omega<+\infty$）成分。

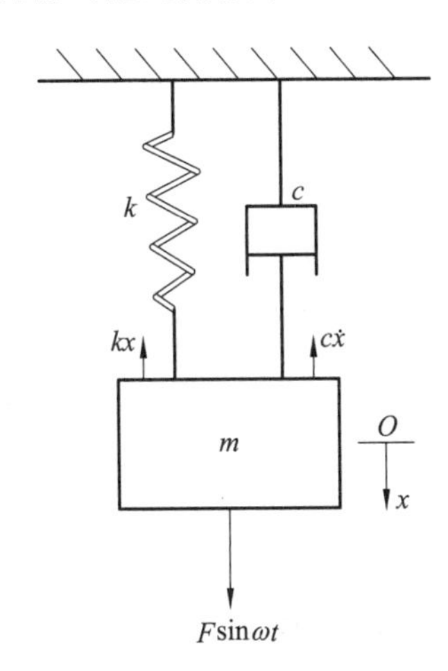

图 2.5-1　具有黏滞阻尼的简谐力输入振动模型

应用牛顿第二定律可得该系统的运动微分方程，即

$$F\sin\omega t - c\dot{x} - kx = m\ddot{x} \tag{2.5-1}$$

$$m\ddot{x} + c\dot{x} + kx = F\sin\omega t \tag{2.5-2}$$

式(2.5-2)除以 m 得

$$\ddot{x} + \frac{c}{m}\dot{x} + \frac{k}{m}x = \frac{F}{m}\sin\omega t = \frac{k}{m}\frac{F}{k}\sin\omega t \tag{2.5-3}$$

将式(2.4-9)中的 $c=2\zeta m\omega_n$，以及 $\omega_n^2=\dfrac{k}{m}$ 代入式(2.5-3)可得

$$\ddot{x} + 2\zeta\omega_n\dot{x} + \omega_n^2 x = \omega_n^2 h\sin\omega t \tag{2.5-4}$$

式中：$h=\dfrac{F}{k}$ 是与简谐激励力的振幅 F 相等的恒力作用在系统上所引起的静位移。

一、求微分方程特解的高等数学待定系数法

方程(2.5-4)的特征方程为 $r^2+2\zeta\omega_n r+\omega_n^2=0$，由于 $(\omega\mathrm{i})^2+2\zeta\omega_n\omega\mathrm{i}+\omega_n^2=\omega_n^2-\omega^2+2\zeta\omega_n\omega\mathrm{i}\neq 0$，因此 $\omega\mathrm{i}$ 不是该特征方程的根，故设方程(2.5-4)的一个特解为

$$x = a\cos\omega t + b\sin\omega t \tag{2.5-5}$$

因为 $(\cos\omega t)'=-\omega\sin\omega t$，$(\cos\omega t)''=-\omega^2\cos\omega t$，$(\sin\omega t)'=\omega\cos\omega t$，$(\sin\omega t)''=-\omega^2\sin\omega t$，所以将式(2.5-5)代入式(2.5-4)得

$$-\omega^2 a\cos\omega t - \omega^2 b\sin\omega t + 2\zeta\omega_n(-\omega a\sin\omega t + \omega b\cos\omega t) + \omega_n^2(a\cos\omega t + b\sin\omega t) = \omega_n^2 h\sin\omega t \tag{2.5-6}$$

式(2.5-6)除以 ω_n^2 得

$$-\frac{\omega^2}{\omega_n^2}a\cos\omega t-\frac{\omega^2}{\omega_n^2}b\sin\omega t+2\zeta\left(-\frac{\omega}{\omega_n}a\sin\omega t+\frac{\omega}{\omega_n}b\cos\omega t\right)+a\cos\omega t+b\sin\omega t=h\sin\omega t \tag{2.5-7}$$

$$-g^2a\cos\omega t-g^2b\sin\omega t+2\zeta(-ga\sin\omega t+gb\cos\omega t)+a\cos\omega t+b\sin\omega t=h\sin\omega t \tag{2.5-8}$$

式中:$g=\frac{\omega}{\omega_n}$是受迫角频率比。

合并同类项得

$$(a+2\zeta gb-g^2a)\cos\omega t+(b-g^2b-2\zeta ga-h)\sin\omega t=0 \tag{2.5-9}$$

则有

$$\begin{cases}(1-g^2)a+2\zeta gb=0\\-2\zeta ga+(1-g^2)b=h\end{cases} \tag{2.5-10}$$

解得

$$a=\frac{\begin{vmatrix}0 & 2\zeta g\\h & 1-g^2\end{vmatrix}}{\begin{vmatrix}1-g^2 & 2\zeta g\\-2\zeta g & 1-g^2\end{vmatrix}}=\frac{-2\zeta gh}{(1-g^2)^2+4\zeta^2g^2} \tag{2.5-11}$$

$$b=\frac{\begin{vmatrix}1-g^2 & 0\\-2\zeta g & h\end{vmatrix}}{(1-g^2)^2+4\zeta^2g^2}=\frac{(1-g^2)h}{(1-g^2)^2+4\zeta^2g^2} \tag{2.5-12}$$

将式(2.5-11)和式(2.5-12)代入式(2.5-5),得方程(2.5-4)的一个特解(particular solution)

$$x=\frac{-2\zeta gh}{(1-g^2)^2+4\zeta^2g^2}\cos\omega t+\frac{(1-g^2)h}{(1-g^2)^2+4\zeta^2g^2}\sin\omega t=\frac{h}{(1-g^2)^2+4\zeta^2g^2}[(1-g^2)\sin\omega t-2\zeta g\cos\omega t] \tag{2.5-13}$$

考虑小阻尼情况下通解的表达式(2.4-13),得完全响应为

$$x=e^{-\zeta\omega_n t}(C_1\cos\sqrt{1-\zeta^2}\omega_n t+C_2\sin\sqrt{1-\zeta^2}\omega_n t)+\frac{h}{(1-g^2)^2+4\zeta^2g^2}[(1-g^2)\sin\omega t-2\zeta g\cos\omega t] \tag{2.5-14}$$

由式(2.5-14)得初位移

$$x(0)=C_1-\frac{2\zeta gh}{(1-g^2)^2+4\zeta^2g^2}=x_0\Rightarrow C_1=x_0+\frac{2\zeta gh}{(1-g^2)^2+4\zeta^2g^2} \tag{2.5-15}$$

将式(2.5-15)代入式(2.5-14)得

$$x=e^{-\zeta\omega_n t}\left\{\left[x_0+\frac{2\zeta gh}{(1-g^2)^2+4\zeta^2g^2}\right]\cos\sqrt{1-\zeta^2}\omega_n t+C_2\sin\sqrt{1-\zeta^2}\omega_n t\right\}+\frac{h}{(1-g^2)^2+4\zeta^2g^2}[(1-g^2)\sin\omega t-2\zeta g\cos\omega t] \tag{2.5-16}$$

由式(2.5-16)得速度

$$v=\dot{x}=-\zeta\omega_n e^{-\zeta\omega_n t}\left\{\left[x_0+\frac{2\zeta gh}{(1-g^2)^2+4\zeta^2g^2}\right]\cos\sqrt{1-\zeta^2}\omega_n t+C_2\sin\sqrt{1-\zeta^2}\omega_n t\right\}+e^{-\zeta\omega_n t}\left\{-\sqrt{1-\zeta^2}\omega_n\left[x_0+\frac{2\zeta gh}{(1-g^2)^2+4\zeta^2g^2}\right]\sin\sqrt{1-\zeta^2}\omega_n t+\sqrt{1-\zeta^2}\omega_n C_2\cos\sqrt{1-\zeta^2}\omega_n t\right\}+\frac{h}{(1-g^2)^2+4\zeta^2g^2}[\omega(1-g^2)\cos\omega t+2\zeta g\omega\sin\omega t] \tag{2.5-17}$$

由式(2.5-17)得初速度

$$v(0)=-\zeta\omega_n\left[x_0+\frac{2\zeta gh}{(1-g^2)^2+4\zeta^2g^2}\right]+\sqrt{1-\zeta^2}\omega_nC_2+\frac{h}{(1-g^2)^2+4\zeta^2g^2}\omega(1-g^2)=v_0 \tag{2.5-18}$$

解得

$$\sqrt{1-\zeta^2}\omega_nC_2=v_0+\zeta\omega_n\left[x_0+\frac{2\zeta gh}{(1-g^2)^2+4\zeta^2g^2}\right]-\frac{h\omega(1-g^2)}{(1-g^2)^2+4\zeta^2g^2} \tag{2.5-19}$$

$$\sqrt{1-\zeta^2}\omega_nC_2=v_0+\zeta\omega_nx_0+\frac{2\zeta^2\omega_ngh}{(1-g^2)^2+4\zeta^2g^2}+\frac{hg\omega_n(g^2-1)}{(1-g^2)^2+4\zeta^2g^2} \tag{2.5-20}$$

$$\sqrt{1-\zeta^2}\omega_nC_2=v_0+\zeta\omega_nx_0+g\omega_nh\frac{2\zeta^2+g^2-1}{(1-g^2)^2+4\zeta^2g^2} \tag{2.5-21}$$

$$C_2=\frac{v_0+\zeta\omega_nx_0}{\sqrt{1-\zeta^2}\omega_n}+\frac{g}{\sqrt{1-\zeta^2}}h\frac{2\zeta^2+g^2-1}{(1-g^2)^2+4\zeta^2g^2} \tag{2.5-22}$$

将式(2.5-22)代入式(2.5-16)得完全响应为

$$x=\mathrm{e}^{-\zeta\omega_nt}\left\{\left[x_0+\frac{2\zeta g}{(1-g^2)^2+4\zeta^2g^2}h\right]\cos\sqrt{1-\zeta^2}\omega_nt+\left[\frac{v_0+\zeta\omega_nx_0}{\sqrt{1-\zeta^2}\omega_n}+\frac{g}{\sqrt{1-\zeta^2}}\cdot\frac{2\zeta^2+g^2-1}{(1-g^2)^2+4\zeta^2g^2}h\right]\cdot\sin\sqrt{1-\zeta^2}\omega_nt\right\}+\frac{(1-g^2)\sin\omega t-2\zeta g\cos\omega t}{(1-g^2)^2+4\zeta^2g^2}h \tag{2.5-23}$$

受迫响应(forced response)由式(2.5-13)给出，为

$$x_p=\frac{(1-g^2)\sin\omega t-2\zeta g\cos\omega t}{(1-g^2)^2+4\zeta^2g^2}h \tag{2.5-24}$$

受迫响应是一种持续的振动，与初始条件 x_0、v_0 无关。

自由响应(free response)为

$$x_f=\mathrm{e}^{-\zeta\omega_nt}\left\{\left[x_0+\frac{2\zeta g}{(1-g^2)^2+4\zeta^2g^2}h\right]\cos\sqrt{1-\zeta^2}\omega_nt+\left[\frac{v_0+\zeta\omega_nx_0}{\sqrt{1-\zeta^2}\omega_n}+\frac{g}{\sqrt{1-\zeta^2}}\cdot\frac{2\zeta^2+g^2-1}{(1-g^2)^2+4\zeta^2g^2}h\right]\sin\sqrt{1-\zeta^2}\omega_nt\right\} \tag{2.5-25}$$

当 $x_0=v_0=0$ 时，式(2.5-25)简化为

$$x_f=\frac{g}{(1-g^2)^2+4\zeta^2g^2}\mathrm{e}^{-\zeta\omega_nt}\left(2\zeta\cos\sqrt{1-\zeta^2}\omega_nt+\frac{2\zeta^2+g^2-1}{\sqrt{1-\zeta^2}}\sin\sqrt{1-\zeta^2}\omega_nt\right)h \tag{2.5-26}$$

即当起始状态为零时，自由响应可以不为零，而由激励信号与系统参数共同决定。

前面我们已得到零输入响应式(2.4-19)，为便于讨论，将其记为

$$x_{zi}=\mathrm{e}^{-\zeta\omega_nt}\left(x_0\cos\sqrt{1-\zeta^2}\omega_nt+\frac{v_0+\zeta\omega_nx_0}{\sqrt{1-\zeta^2}\omega_n}\sin\sqrt{1-\zeta^2}\omega_nt\right) \tag{2.5-27}$$

当起始状态为零时，零输入响应 x_{zi} 为零。

式(2.5-23)减去式(2.5-27)，或在式(2.5-23)中令 $x_0=v_0=0$，得零状态响应为

$$x_{zs}=\frac{g}{(1-g^2)^2+4\zeta^2g^2}\mathrm{e}^{-\zeta\omega_nt}\left(2\zeta\cos\sqrt{1-\zeta^2}\omega_nt+\frac{2\zeta^2+g^2-1}{\sqrt{1-\zeta^2}}\sin\sqrt{1-\zeta^2}\omega_nt\right)h+\frac{(1-g^2)\sin\omega t-2\zeta g\cos\omega t}{(1-g^2)^2+4\zeta^2g^2}h \tag{2.5-28}$$

故零状态响应包括两个部分:起始状态为零时的自由响应、受迫响应。

例 2.5-1 已知初始条件 x_0、v_0,求图 2.5-1 所示系统在简谐激励力 $F\cos\omega t$ 下的完全响应。

解 根据式(2.5-4),得系统的运动微分方程

$$\ddot{x}+2\zeta\omega_n\dot{x}+\omega_n^2x=\omega_n^2h\cos\omega t \tag{2.5-29}$$

它的特征方程为 $r^2+2\zeta\omega_n r+\omega_n^2=0$,由于 $(\omega i)^2+2\zeta\omega_n\omega i+\omega_n^2=\omega_n^2-\omega^2+2\zeta\omega_n\omega i\neq0$,因此 ωi 不是该特征方程的根,故设方程(2.5-29)的一个特解为

$$x=a\cos\omega t+b\sin\omega t \tag{2.5-30}$$

将式(2.5-30)代入式(2.5-29)得

$$-\omega^2a\cos\omega t-\omega^2b\sin\omega t+2\zeta\omega_n(-\omega a\sin\omega t+\omega b\cos\omega t)+\omega_n^2(a\cos\omega t+b\sin\omega t)=\omega_n^2h\cos\omega t \tag{2.5-31}$$

式(2.5-31)除以 ω_n^2 得

$$-\frac{\omega^2}{\omega_n^2}a\cos\omega t-\frac{\omega^2}{\omega_n^2}b\sin\omega t+2\zeta\left(-\frac{\omega}{\omega_n}a\sin\omega t+\frac{\omega}{\omega_n}b\cos\omega t\right)+a\cos\omega t+b\sin\omega t=h\cos\omega t \tag{2.5-32}$$

$$-g^2a\cos\omega t-g^2b\sin\omega t+2\zeta(-ga\sin\omega t+gb\cos\omega t)+a\cos\omega t+b\sin\omega t=h\cos\omega t \tag{2.5-33}$$

合并同类项得

$$(a+2\zeta gb-g^2a-h)\cos\omega t+(b-g^2b-2\zeta ga)\sin\omega t=0 \tag{2.5-34}$$

则有

$$\begin{cases}(1-g^2)a+2\zeta gb=h\\-2\zeta ga+(1-g^2)b=0\end{cases} \tag{2.5-35}$$

解得

$$a=\frac{\begin{vmatrix}h & 2\zeta g\\0 & 1-g^2\end{vmatrix}}{\begin{vmatrix}1-g^2 & 2\zeta g\\-2\zeta g & 1-g^2\end{vmatrix}}=\frac{(1-g^2)h}{(1-g^2)^2+4\zeta^2g^2} \tag{2.5-36}$$

$$b=\frac{\begin{vmatrix}1-g^2 & h\\-2\zeta g & 0\end{vmatrix}}{(1-g^2)^2+4\zeta^2g^2}=\frac{2\zeta gh}{(1-g^2)^2+4\zeta^2g^2} \tag{2.5-37}$$

将式(2.5-36)和式(2.5-37)代入式(2.5-30),得方程(2.5-29)的一个特解

$$x=\frac{(1-g^2)h}{(1-g^2)^2+4\zeta^2g^2}\cos\omega t+\frac{2\zeta gh}{(1-g^2)^2+4\zeta^2g^2}\sin\omega t=\frac{h}{(1-g^2)^2+4\zeta^2g^2}[(1-g^2)\cos\omega t+2\zeta g\sin\omega t] \tag{2.5-38}$$

考虑小阻尼情况下通解的表达式(2.4-13),得完全响应为

$$x=e^{-\zeta\omega_n t}(C_1\cos\sqrt{1-\zeta^2}\omega_n t+C_2\sin\sqrt{1-\zeta^2}\omega_n t)+\frac{h}{(1-g^2)^2+4\zeta^2g^2}[(1-g^2)\cos\omega t+2\zeta g\sin\omega t] \tag{2.5-39}$$

由式(2.5-39)得初位移

$$x(0)=C_1+\frac{(1-g^2)h}{(1-g^2)^2+4\zeta^2g^2}=x_0\Rightarrow C_1=x_0-\frac{(1-g^2)h}{(1-g^2)^2+4\zeta^2g^2} \tag{2.5-40}$$

将式(2.5-40)代入式(2.5-39)得

$$x=e^{-\zeta\omega_n t}\left\{\left[x_0-\frac{(1-g^2)h}{(1-g^2)^2+4\zeta^2g^2}\right]\cos\sqrt{1-\zeta^2}\omega_n t+C_2\sin\sqrt{1-\zeta^2}\omega_n t\right\}+$$

$$\frac{h}{(1-g^2)^2+4\zeta^2g^2}[(1-g^2)\cos\omega t+2\zeta g\sin\omega t] \tag{2.5-41}$$

由式(2.5-41)得速度

$$v=\dot{x}=-\zeta\omega_n e^{-\zeta\omega_n t}\left\{\left[x_0-\frac{(1-g^2)h}{(1-g^2)^2+4\zeta^2g^2}\right]\cos\sqrt{1-\zeta^2}\omega_n t+C_2\sin\sqrt{1-\zeta^2}\omega_n t\right\}+$$

$$e^{-\zeta\omega_n t}\left\{-\sqrt{1-\zeta^2}\omega_n\left[x_0-\frac{(1-g^2)h}{(1-g^2)^2+4\zeta^2g^2}\right]\sin\sqrt{1-\zeta^2}\omega_n t+\sqrt{1-\zeta^2}\omega_n C_2\cos\sqrt{1-\zeta^2}\omega_n t\right\}+$$

$$\frac{h}{(1-g^2)^2+4\zeta^2g^2}[-\omega(1-g^2)\sin\omega t+2\zeta g\omega\cos\omega t] \tag{2.5-42}$$

由式(2.5-42)得初速度

$$v(0)=-\zeta\omega_n\left[x_0-\frac{(1-g^2)h}{(1-g^2)^2+4\zeta^2g^2}\right]+\sqrt{1-\zeta^2}\omega_n C_2+\frac{h}{(1-g^2)^2+4\zeta^2g^2}2\zeta g\omega=v_0 \tag{2.5-43}$$

解得

$$\sqrt{1-\zeta^2}\omega_n C_2=v_0+\zeta\omega_n\left[x_0-\frac{(1-g^2)h}{(1-g^2)^2+4\zeta^2g^2}\right]-\frac{2h\zeta g\omega}{(1-g^2)^2+4\zeta^2g^2} \tag{2.5-44}$$

$$\sqrt{1-\zeta^2}\omega_n C_2=v_0+\zeta\omega_n x_0-\frac{\zeta\omega_n(1-g^2)h}{(1-g^2)^2+4\zeta^2g^2}-\frac{2h\zeta g^2\omega_n}{(1-g^2)^2+4\zeta^2g^2} \tag{2.5-45}$$

$$\sqrt{1-\zeta^2}\omega_n C_2=v_0+\zeta\omega_n x_0-\zeta\omega_n h\frac{1-g^2+2g^2}{(1-g^2)^2+4\zeta^2g^2} \tag{2.5-46}$$

$$C_2=\frac{v_0+\zeta\omega_n x_0}{\sqrt{1-\zeta^2}\omega_n}-\frac{\zeta}{\sqrt{1-\zeta^2}}h\frac{1+g^2}{(1-g^2)^2+4\zeta^2g^2} \tag{2.5-47}$$

将式(2.5-47)代入式(2.5-41)得完全响应为

$$x=e^{-\zeta\omega_n t}\left\{\left[x_0-\frac{1-g^2}{(1-g^2)^2+4\zeta^2g^2}h\right]\cos\sqrt{1-\zeta^2}\omega_n t+\left[\frac{v_0+\zeta\omega_n x_0}{\sqrt{1-\zeta^2}\omega_n}-\frac{\zeta}{\sqrt{1-\zeta^2}}\cdot\frac{1+g^2}{(1-g^2)^2+4\zeta^2g^2}h\right]\cdot\right.$$

$$\left.\sin\sqrt{1-\zeta^2}\omega_n t\right\}+\frac{(1-g^2)\cos\omega t+2\zeta g\sin\omega t}{(1-g^2)^2+4\zeta^2g^2}h \tag{2.5-48}$$

受迫响应由式(2.5-38)给出,为

$$x_p=\frac{(1-g^2)\cos\omega t+2\zeta g\sin\omega t}{(1-g^2)^2+4\zeta^2g^2}h \tag{2.5-49}$$

自由响应为

$$x_f=e^{-\zeta\omega_n t}\left\{\left[x_0-\frac{1-g^2}{(1-g^2)^2+4\zeta^2g^2}h\right]\cos\sqrt{1-\zeta^2}\omega_n t+\right.$$

$$\left.\left[\frac{v_0+\zeta\omega_n x_0}{\sqrt{1-\zeta^2}\omega_n}-\frac{\zeta}{\sqrt{1-\zeta^2}}\cdot\frac{1+g^2}{(1-g^2)^2+4\zeta^2g^2}h\right]\sin\sqrt{1-\zeta^2}\omega_n t\right\} \tag{2.5-50}$$

当 $x_0=v_0=0$ 时,式(2.5-50)简化为

$$x_f=-\frac{1}{(1-g^2)^2+4\zeta^2g^2}e^{-\zeta\omega_n t}\left[(1-g^2)\cos\sqrt{1-\zeta^2}\omega_n t+\frac{\zeta}{\sqrt{1-\zeta^2}}(1+g^2)\sin\sqrt{1-\zeta^2}\omega_n t\right]h \tag{2.5-51}$$

在式(2.5-48)中,可分解出零输入响应,为

$$x_{zi}=e^{-\zeta\omega_n t}\left(x_0\cos\sqrt{1-\zeta^2}\omega_n t+\frac{v_0+\zeta\omega_n x_0}{\sqrt{1-\zeta^2}\omega_n}\sin\sqrt{1-\zeta^2}\omega_n t\right) \tag{2.5-52}$$

式(2.5-48)减去式(2.5-52)，或在式(2.5-48)中令 $x_0=v_0=0$，得零状态响应为

$$x_{zs}=-\frac{1}{(1-g^2)^2+4\zeta^2g^2}e^{-\zeta\omega_n t}\left[(1-g^2)\cos\sqrt{1-\zeta^2}\omega_n t+\frac{\zeta}{\sqrt{1-\zeta^2}}(1+g^2)\sin\sqrt{1-\zeta^2}\omega_n t\right]h+\frac{(1-g^2)\cos\omega t+2\zeta g\sin\omega t}{(1-g^2)^2+4\zeta^2g^2}h \tag{2.5-53}$$

例 2.5-2 已知微分方程 $m\ddot{x}+c\dot{x}+kx=F\sin\omega t$ 的一个特解为 $x=a\cos\omega t+b\sin\omega t$。求证微分方程 $m\ddot{x}+c\dot{x}+kx=F\sin(\omega t+\theta)$ 的一个特解为 $x=a\cos(\omega t+\theta)+b\sin(\omega t+\theta)$。

证法一 根据题意，存在恒等式

$$-m\omega^2(a\cos\omega t+b\sin\omega t)+c\omega(-a\sin\omega t+b\cos\omega t)+k(a\cos\omega t+b\sin\omega t)=F\sin\omega t \tag{2.5-54}$$

而

$$\begin{aligned}&m[a\cos(\omega t+\theta)+b\sin(\omega t+\theta)]''+c[a\cos(\omega t+\theta)+b\sin(\omega t+\theta)]'+\\&k[a\cos(\omega t+\theta)+b\sin(\omega t+\theta)]=-m\omega^2[a\cos(\omega t+\theta)+b\sin(\omega t+\theta)]+\\&c\omega[-a\sin(\omega t+\theta)+b\cos(\omega t+\theta)]+k[a\cos(\omega t+\theta)+b\sin(\omega t+\theta)]\end{aligned} \tag{2.5-55}$$

式(2.5-54)对于任意时刻 t 都成立，故有

$$\begin{aligned}&-m\omega^2\left[a\cos\omega\left(t+\frac{\theta}{\omega}\right)+b\sin\omega\left(t+\frac{\theta}{\omega}\right)\right]+c\omega\left[-a\sin\omega\left(t+\frac{\theta}{\omega}\right)+b\cos\omega\left(t+\frac{\theta}{\omega}\right)\right]+\\&k\left[a\cos\omega\left(t+\frac{\theta}{\omega}\right)+b\sin\omega\left(t+\frac{\theta}{\omega}\right)\right]=F\sin\omega\left(t+\frac{\theta}{\omega}\right)\end{aligned} \tag{2.5-56}$$

$$\begin{aligned}&-m\omega^2[a\cos(\omega t+\theta)+b\sin(\omega t+\theta)]+c\omega[-a\sin(\omega t+\theta)+b\cos(\omega t+\theta)]+\\&k[a\cos(\omega t+\theta)+b\sin(\omega t+\theta)]=F\sin(\omega t+\theta)\end{aligned} \tag{2.5-57}$$

将式(2.5-57)代入式(2.5-55)得

$$\begin{aligned}&m[a\cos(\omega t+\theta)+b\sin(\omega t+\theta)]''+c[a\cos(\omega t+\theta)+b\sin(\omega t+\theta)]'+\\&k[a\cos(\omega t+\theta)+b\sin(\omega t+\theta)]=F\sin(\omega t+\theta)\end{aligned} \tag{2.5-58}$$

证法二 根据时不变系统的特性式(2.1-5)，结论成立。

当 $\theta=90°$ 时，式(2.5-13)变成式(2.5-38)。

现在研究受迫响应式(2.5-24)，为便于讨论，将其表示为

$$\begin{aligned}\frac{x_p}{h}&=\frac{(1-g^2)\sin\omega t-2\zeta g\cos\omega t}{(1-g^2)^2+4\zeta^2g^2}\\&=\frac{1}{\sqrt{(1-g^2)^2+4\zeta^2g^2}}\left[\sin\omega t\cdot\frac{1-g^2}{\sqrt{(1-g^2)^2+4\zeta^2g^2}}-\cos\omega t\cdot\frac{2\zeta g}{\sqrt{(1-g^2)^2+4\zeta^2g^2}}\right]\end{aligned} \tag{2.5-59}$$

为了便于说明受迫响应所反映的振动现象，令

$$\cos\varphi=\frac{1-g^2}{\sqrt{(1-g^2)^2+4\zeta^2g^2}} \tag{2.5-60}$$

$$\sin\varphi=\frac{2\zeta g}{\sqrt{(1-g^2)^2+4\zeta^2g^2}}>0 \tag{2.5-61}$$

可见 $0<\varphi<180°$。

将式(2.5-60)和式(2.5-61)代入式(2.5-59)得

$$\frac{x_p}{h}=\frac{1}{\sqrt{(1-g^2)^2+4\zeta^2g^2}}(\sin\omega t\cos\varphi-\cos\omega t\sin\varphi)=\frac{1}{\sqrt{(1-g^2)^2+4\zeta^2g^2}}\sin(\omega t-\varphi) \tag{2.5-62}$$

$$x_p = \frac{h}{\sqrt{(1-g^2)^2+4\zeta^2 g^2}}\sin(\omega t-\varphi) \tag{2.5-63}$$

受迫响应的振幅与静位移 h 的比称为位移振幅增益(gain)A,则有

$$A = \frac{h}{\sqrt{(1-g^2)^2+4\zeta^2 g^2}} \div h = \frac{1}{\sqrt{(1-g^2)^2+4\zeta^2 g^2}} \quad (0<\zeta<1) \tag{2.5-64}$$

式(2.5-64)展开为

$$\begin{aligned} A &= \frac{1}{\sqrt{g^4-2g^2+1+4\zeta^2 g^2}} = \frac{1}{\sqrt{g^4-2(1-2\zeta^2)g^2+1}} \\ &= \frac{1}{\sqrt{[g^2-(1-2\zeta^2)]^2+1-(1-2\zeta^2)^2}} \quad (0<\zeta<1) \end{aligned} \tag{2.5-65}$$

式(2.5-65)化简为

$$A = \frac{1}{\sqrt{[g^2-(1-2\zeta^2)]^2+4\zeta^2(1-\zeta^2)}} \quad (0<\zeta<1) \tag{2.5-66}$$

1. 当 $0<\zeta\leqslant\frac{1}{\sqrt{2}}$ 时

此时,由式(2.5-66)可知当 $g=g_r=\sqrt{1-2\zeta^2}$ 时,位移振幅增益的最大值为

$$A_{max} = \frac{1}{2\zeta\sqrt{1-\zeta^2}} \tag{2.5-67}$$

此时共振(resonance)频率为

$$\omega_r = \sqrt{1-2\zeta^2}\,\omega_n \tag{2.5-68}$$

2. 当 $\frac{1}{\sqrt{2}}<\zeta<1$ 时

此时,式(2.5-66)写为

$$A = \frac{1}{\sqrt{(g^2+2\zeta^2-1)^2+4\zeta^2(1-\zeta^2)}} \tag{2.5-69}$$

因此当 $g=g_r=0$ 时,位移振幅增益的最大值为

$$A_{max} = 1 \tag{2.5-70}$$

此时共振频率趋近于0。

二、求微分方程特解的初等数学实部虚部分离法

以二阶非齐次线性方程为例,求解其特解可使用以下实部虚部分离法。

若 $y=y_1(x)+\mathrm{i}y_2(x)$ 是微分方程 $y''+P(x)y'+Q(x)y=f_1(x)+\mathrm{i}f_2(x)$ 的解,其中 $y_1(x)$、$y_2(x)$、$P(x)$、$Q(x)$、$f_1(x)$、$f_2(x)$ 都是关于 x 的实数函数。则 $y=y_1(x)$ 是微分方程 $y''+P(x)y'+Q(x)y=f_1(x)$ 的解,$y=y_2(x)$ 是微分方程 $y''+P(x)y'+Q(x)y=f_2(x)$ 的解。

证明如下:简记 $y''_1=[y_1(x)]''$,$y''_2=[y_2(x)]''$,$y'_1=[y_1(x)]'$,$y'_2=[y_2(x)]'$。根据题意有

$$y''_1+\mathrm{i}y''_2+P(x)(y'_1+\mathrm{i}y'_2)+Q(x)(y_1+\mathrm{i}y_2) = f_1(x)+\mathrm{i}f_2(x)$$

$$y''_1+P(x)y'_1+Q(x)y_1+\mathrm{i}[y''_2+P(x)y'_2+Q(x)y_2] = f_1(x)+\mathrm{i}f_2(x)$$

根据两复数相等的充要条件,得

$$y''_1+P(x)y'_1+Q(x)y_1=f_1(x)$$

即 $y=y_1(x)$ 是微分方程 $y''+P(x)y'+Q(x)y=f_1(x)$ 的解。

$$y''_2+P(x)y'_2+Q(x)y_2=f_2(x)$$

即 $y=y_2(x)$是微分方程 $y''+P(x)y'+Q(x)y=f_2(x)$的解。

现在根据实部虚部分离法，重新求解方程(2.5-4)的一个特解。为便于讨论，将方程(2.5-4)写为

$$\ddot{x}+2\zeta\omega_n\dot{x}+\omega_n^2x=\omega_n^2h\sin\omega t=\omega_n^2h\mathrm{Im}(\cos\omega t+\mathrm{i}\sin\omega t)=\omega_n^2h\mathrm{Im}\,\mathrm{e}^{\mathrm{i}\omega t} \tag{2.5-71}$$

式中：Im 表示虚部(imaginary part)。

按照式(2.5-71)，首先求解微分方程

$$\ddot{x}+2\zeta\omega_n\dot{x}+\omega_n^2x=\omega_n^2h\mathrm{e}^{\mathrm{i}\omega t} \tag{2.5-72}$$

的一个特解。它的特征方程为 $r^2+2\zeta\omega_nr+\omega_n^2=0$，由于$(\omega\mathrm{i})^2+2\zeta\omega_n\omega\mathrm{i}+\omega_n^2=\omega_n^2-\omega^2+2\zeta\omega_n\omega\mathrm{i}\neq0$，因此 $\omega\mathrm{i}$ 不是该特征方程的根，故设方程(2.5-72)的一个特解为

$$x=C\mathrm{e}^{\mathrm{i}\omega t} \tag{2.5-73}$$

则得

$$\dot{x}=\mathrm{i}\omega C\mathrm{e}^{\mathrm{i}\omega t}=\mathrm{i}\omega x \tag{2.5-74}$$

$$\ddot{x}=-\omega^2C\mathrm{e}^{\mathrm{i}\omega t}=-\omega^2x \tag{2.5-75}$$

将式(2.5-74)和式(2.5-75)代入式(2.5-72)得

$$-\omega^2x+2\zeta\omega_n\mathrm{i}\omega x+\omega_n^2x=\omega_n^2h\mathrm{e}^{\mathrm{i}\omega t}=\omega_n^2h\,\frac{x}{C} \tag{2.5-76}$$

$$\omega_n^2-\omega^2+\mathrm{i}2\zeta\omega_n\omega=\frac{\omega_n^2h}{C} \tag{2.5-77}$$

式(2.5-77)除以 ω_n^2 得

$$1-g^2+\mathrm{i}2\zeta g=\frac{h}{C} \tag{2.5-78}$$

$$C=\frac{h}{1-g^2+\mathrm{i}2\zeta g} \tag{2.5-79}$$

将式(2.5-79)代入式(2.5-73)得

$$x=\frac{h}{1-g^2+\mathrm{i}2\zeta g}\mathrm{e}^{\mathrm{i}\omega t}=\frac{\cos\omega t+\mathrm{i}\sin\omega t}{1-g^2+\mathrm{i}2\zeta g}h \tag{2.5-80}$$

两个复数的除法可以定义为

$$\frac{a+b\mathrm{i}}{c+d\mathrm{i}}=\frac{(a+b\mathrm{i})(c-d\mathrm{i})}{(c+d\mathrm{i})(c-d\mathrm{i})}=\frac{ac+bd+(bc-ad)\mathrm{i}}{c^2+d^2} \tag{2.5-81}$$

利用除法公式(2.5-81)，将式(2.5-80)化为

$$x=\frac{(1-g^2)\cos\omega t+2\zeta g\sin\omega t+\mathrm{i}[(1-g^2)\sin\omega t-2\zeta g\cos\omega t]}{(1-g^2)^2+4\zeta^2g^2}h \tag{2.5-82}$$

式(2.5-82)是方程(2.5-72)的一个特解。

因此 $\ddot{x}+2\zeta\omega_n\dot{x}+\omega_n^2x=\omega_n^2h\cos\omega t$ 的一个特解为 $x=\dfrac{(1-g^2)\cos\omega t+2\zeta g\sin\omega t}{(1-g^2)^2+4\zeta^2g^2}h$，与式(2.5-38)相同。

$\ddot{x}+2\zeta\omega_n\dot{x}+\omega_n^2x=\omega_n^2h\sin\omega t$ 的一个特解为 $x=\dfrac{(1-g^2)\sin\omega t-2\zeta g\cos\omega t}{(1-g^2)^2+4\zeta^2g^2}h$，与式(2.5-13)相同。

根据式(2.5-72)，可知输入为 $\omega_n^2h\mathrm{e}^{\mathrm{i}\omega t}$。根据式(2.5-73)，可知输出位移为 $C\mathrm{e}^{\mathrm{i}\omega t}$。故量纲为 1 的频率响应函数为

$$H(\omega)=\frac{C\mathrm{e}^{\mathrm{i}\omega t}}{h\,\mathrm{e}^{\mathrm{i}\omega t}}=\frac{C}{h} \tag{2.5-83}$$

将式(2.5-79)代入式(2.5-83)得

$$H(\omega)=\frac{1}{1-g^2+\mathrm{i}2\zeta g} \tag{2.5-84}$$

比较式(2.5-64)与式(2.5-84)得

$$A=|H(\omega)| \tag{2.5-85}$$

分析式(2.5-60)和式(2.5-61),得

$$\varphi=\arg(1-g^2+\mathrm{i}2\zeta g)=\arg\frac{1}{H(\omega)} \tag{2.5-86}$$

式中:arg 称为复数的辐角(argument,Arg)的主值(principal value)。由式(2.5-2)知,输入力的相位为 ωt;由式(2.5-63)知,输出位移的相位为 $\omega t-\varphi$,故 φ 为输入与输出之间的相位差。

由式(2.5-85)、式(2.5-86)可见,A 和 φ 由 $H(\omega)$确定。

系统的幅频特性如图 2.5-2 所示。

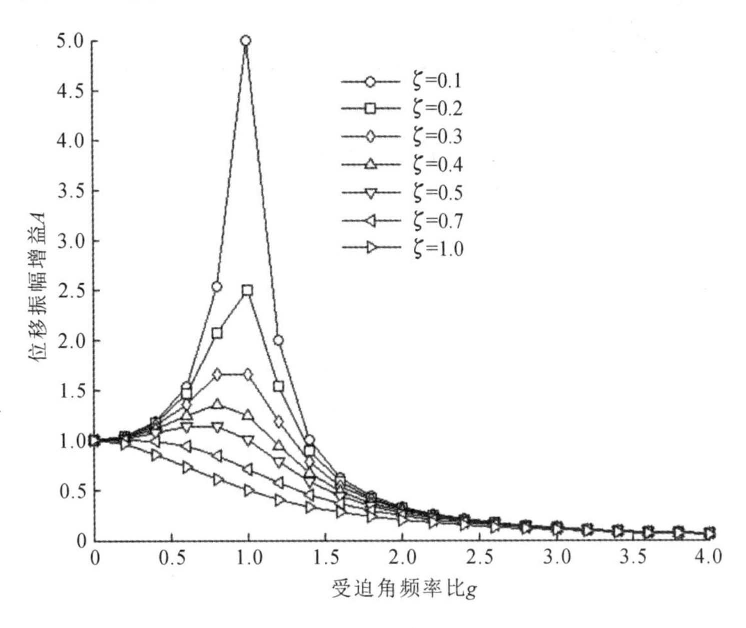

图 2.5-2 系统的幅频特性

可见,当 $\omega=0$ 时,$A=1$,说明低频激励时的振动幅值接近于静态位移,这时动态效应很小。在这一区域内,振动系统的特性主要是弹性元件作用的结果。

当激励频率很高时,$A<1$,且当 $\omega\to+\infty$时,$A\to 0$,说明在高频激励下,由于惯性的影响,系统来不及对高频激励做出响应,因而振幅很小。在这一区域内,振动系统的特性主要是质量块元件作用的结果。某些文献也采用科技名词术语“放大倍数(magnification factor)”表示科技名词术语“增益”。然而当 $A\to 0$ 时,使用“放大倍数”就不太恰当,因为一般而言,放大倍数>1。

系统的相频特性如图 2.5-3 所示。

可见,当 $\omega=0$ 时,$\varphi=\arg(1-g^2+\mathrm{i}2\zeta g)=\arg 1=0$,当激励频率很低时,$\varphi$ 接近 0。

当 $\omega\to+\infty$时,$\varphi=\arg(1-g^2+\mathrm{i}2\zeta g)\to\arg(-\infty)=\pi$。

当 $\omega=\omega_n$ 时,$\varphi=\arg(1-g^2+\mathrm{i}2\zeta g)=\arg(\mathrm{i}2\zeta)=\frac{\pi}{2}$。

系统的 Nyquist 图(奈奎斯特图)如图 2.5-4 所示。

可见,Nyquist 图位于复平面的下半平面。随着阻尼比 ζ 的增大,Nyquist 曲线的环变小。在共振区域附近,A 很大,Nyquist 曲线的描述更加清楚。$\zeta=0.25$ 时系统的实频特性、虚频特性如图 2.5-5 所示。

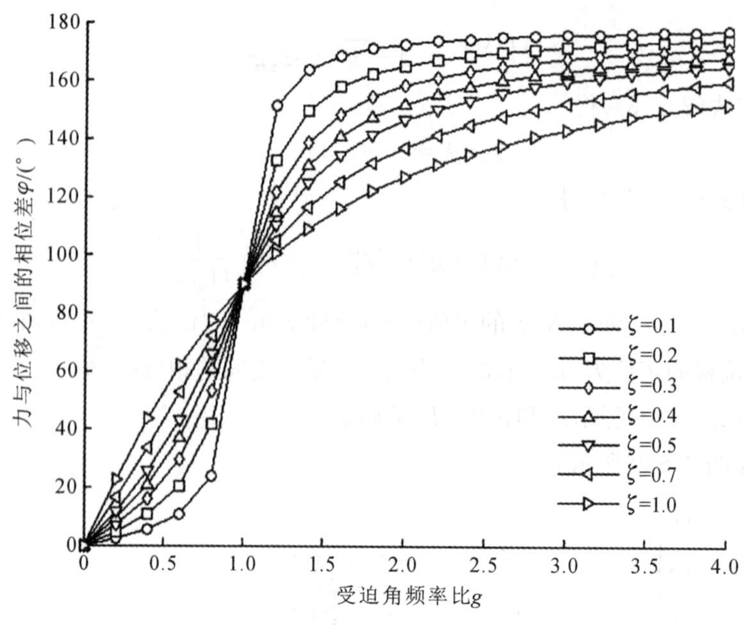

图 2.5-3　系统的相频特性

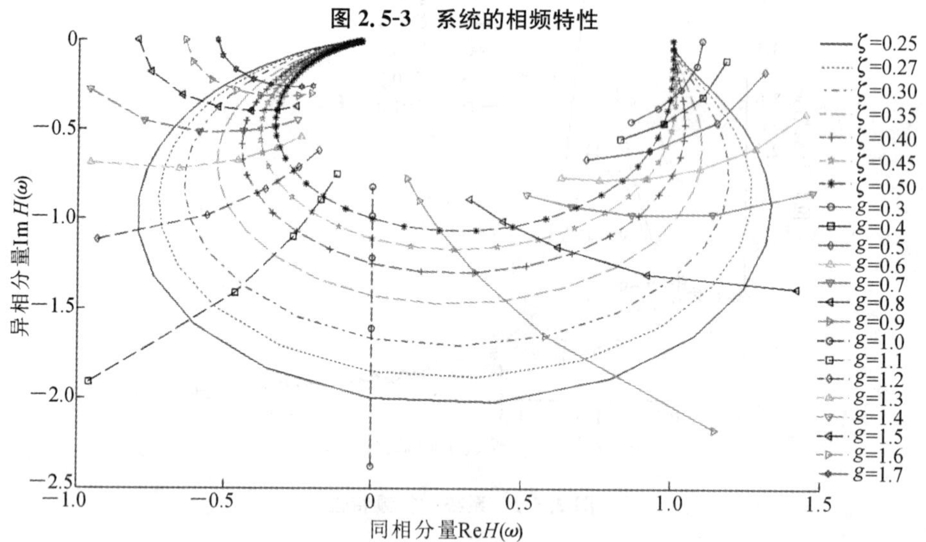

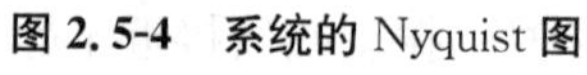

图 2.5-4　系统的 Nyquist 图

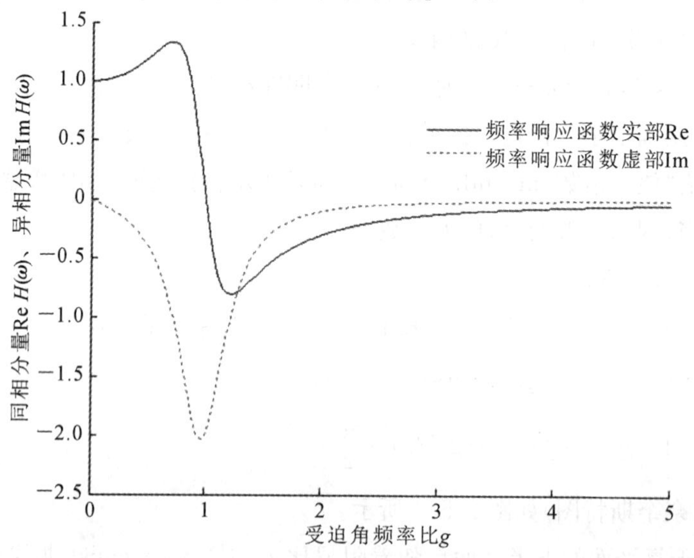

图 2.5-5　ζ=0.25 时系统的实频特性及虚频特性

当 $\omega=\omega_n$ 时，$H(\omega)=\dfrac{1}{1-g^2+i2\zeta g}=\dfrac{1}{i2\zeta}=-i\dfrac{1}{2\zeta}$，实部等于 0，虚部近似取得最小值。

习题 2-5

1. 假定初始条件为零，且 $\omega\neq\omega_n$，求 $m\ddot{x}+kx=kh\cos\omega t$ 的完全响应。

参考答案　将原方程变为 $\ddot{x}+\dfrac{k}{m}x=\dfrac{k}{m}h\cos\omega t$，再化简为

$$\ddot{x}+\omega_n^2 x=\omega_n^2 h\cos\omega t \tag{2.5-87}$$

其特征方程为 $r^2+\omega_n^2=0$，由于 $(\omega i)^2+\omega_n^2=\omega_n^2-\omega^2\neq 0$，因此 ωi 不是该特征方程的根，故设方程(2.5-87)的一个特解为

$$x=a\cos\omega t+b\sin\omega t \tag{2.5-88}$$

将式(2.5-88)代入式(2.5-87)得

$$-\omega^2 a\cos\omega t-\omega^2 b\sin\omega t+\omega_n^2(a\cos\omega t+b\sin\omega t)=\omega_n^2 h\cos\omega t \tag{2.5-89}$$

式(2.5-89)除以 ω_n^2 得

$$-\frac{\omega^2}{\omega_n^2}a\cos\omega t-\frac{\omega^2}{\omega_n^2}b\sin\omega t+a\cos\omega t+b\sin\omega t=h\cos\omega t \tag{2.5-90}$$

$$-g^2 a\cos\omega t-g^2 b\sin\omega t+a\cos\omega t+b\sin\omega t=h\cos\omega t \tag{2.5-91}$$

合并同类项得

$$(a-g^2 a-h)\cos\omega t+(b-g^2 b)\sin\omega t=0 \tag{2.5-92}$$

则有

$$\begin{cases}(1-g^2)a=h\\(1-g^2)b=0\end{cases} \tag{2.5-93}$$

解得

$$a=\frac{h}{1-g^2},\quad b=0 \tag{2.5-94}$$

将式(2.5-94)代入式(2.5-88)，得方程(2.5-87)的一个特解

$$x=\frac{h}{1-g^2}\cos\omega t \tag{2.5-95}$$

完全响应为

$$x=C_1\cos\omega_n t+C_2\sin\omega_n t+\frac{h}{1-g^2}\cos\omega t \tag{2.5-96}$$

由式(2.5-96)得初位移

$$x(0)=C_1+\frac{h}{1-g^2}=0\Rightarrow C_1=-\frac{h}{1-g^2} \tag{2.5-97}$$

将式(2.5-97)代入式(2.5-96)得

$$x=-\frac{h}{1-g^2}\cos\omega_n t+C_2\sin\omega_n t+\frac{h}{1-g^2}\cos\omega t \tag{2.5-98}$$

由式(2.5-98)得速度

$$v=\dot{x}=\omega_n\frac{h}{1-g^2}\sin\omega_n t+\omega_n C_2\cos\omega_n t-\omega\frac{h}{1-g^2}\sin\omega t \tag{2.5-99}$$

由式(2.5-99)得初速度

$$v(0)=\omega_n C_2=0 \Rightarrow C_2=0 \tag{2.5-100}$$

将式(2.5-100)代入式(2.5-98)得完全响应为

$$x=\frac{h}{1-g^2}\cos\omega t-\frac{h}{1-g^2}\cos\omega_n t \tag{2.5-101}$$

受迫响应为

$$x_p=\frac{h}{1-g^2}\cos\omega t \tag{2.5-102}$$

自由响应为

$$x_f=-\frac{h}{1-g^2}\cos\omega_n t \tag{2.5-103}$$

2. 当 $\omega=\omega_n$ 时,求 $m\ddot{x}+kx=kh\sin\omega t$ 的受迫响应。

参考答案 将原方程变为 $\ddot{x}+\frac{k}{m}x=\frac{k}{m}h\sin\omega_n t$,再化简为

$$\ddot{x}+\omega_n^2 x=\omega_n^2 h\sin\omega_n t \tag{2.5-104}$$

它的特征方程为 $r^2+\omega_n^2=0$,则 $\omega_n\mathrm{i}$ 是特征方程的单根,故设方程(2.5-104)的一个特解为

$$x=t(a\cos\omega_n t+b\sin\omega_n t) \tag{2.5-105}$$

乘积的二阶导数公式为

$$(uv)''=u''v+2u'v'+uv'' \tag{2.5-106}$$

故有

$$\ddot{x}=2(-\omega_n a\sin\omega_n t+b\omega_n\cos\omega_n t)-\omega_n^2 t(a\cos\omega_n t+b\sin\omega_n t) \tag{2.5-107}$$

将式(2.5-105)代入式(2.5-107)得

$$\ddot{x}=2\omega_n(-a\sin\omega_n t+b\cos\omega_n t)-\omega_n^2 x \tag{2.5-108}$$

将式(2.5-108)代入式(2.5-104)得

$$2\omega_n(-a\sin\omega_n t+b\cos\omega_n t)-\omega_n^2 x+\omega_n^2 x=\omega_n^2 h\sin\omega_n t \tag{2.5-109}$$

$$-a\sin\omega_n t+b\cos\omega_n t=\frac{\omega_n h}{2}\sin\omega_n t \tag{2.5-110}$$

解得

$$a=-\frac{\omega_n h}{2},\quad b=0 \tag{2.5-111}$$

将式(2.5-111)代入式(2.5-105),得方程(2.5-104)的一个特解

$$x=-\frac{\omega_n h}{2}t\cos\omega_n t \tag{2.5-112}$$

3. 在图 2.5-2 中,当 $0<\zeta\leqslant\frac{1}{\sqrt{2}}$时,每条曲线都只有一个最大值点,将这些最大值点按照 ζ 从小到大的顺序连接起来,获得一条曲线。① 求最大值点所形成的曲线的方程,即 A_{max}与 g_r 之间的关系;② 在图 2.5-2 中,增加一条这样的曲线。

参考答案 ① 因为 $g_r=\sqrt{1-2\zeta^2}$,故 $\zeta^2=\frac{1-g_r^2}{2}$,代入式(2.5-67)得

$$A_{max}=\frac{1}{2\sqrt{\frac{1-g_r^2}{2}}\sqrt{1-\frac{1-g_r^2}{2}}}=\frac{1}{2\sqrt{\frac{1-g_r^2}{2}}\sqrt{\frac{1+g_r^2}{2}}}=\frac{1}{\sqrt{1-g_r^2}\sqrt{1+g_r^2}}=\frac{1}{\sqrt{1-g_r^4}} \tag{2.5-113}$$

② 新增的曲线如图2.5-6所示，可见最大值点随着阻尼比的增大而向左下方移动。

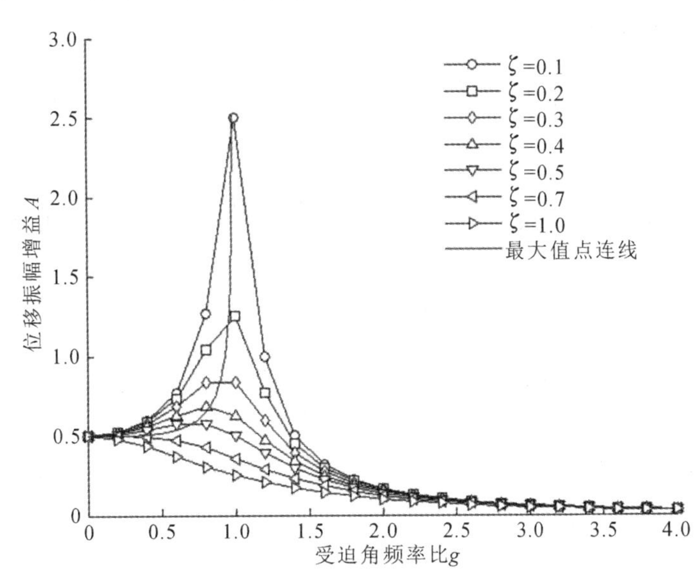

图2.5-6 含最大值点连线的系统幅频特性

4. 由式(2.5-67)得，当$0<\zeta\leqslant\frac{1}{\sqrt{2}}$时，$A_{max}=\frac{1}{2\zeta\sqrt{1-\zeta^2}}$。求$\zeta$为何值时，$A_{max}$取得最小值$\min A_{max}$，并求出$\min A_{max}$。

参考答案 由题意得$\zeta^2(1-\zeta^2)=\frac{1}{4A_{max}^2}$，$-\frac{1}{4A_{max}^2}=\zeta^4-\zeta^2=\left(\zeta^2-\frac{1}{2}\right)^2-\frac{1}{4}\geqslant-\frac{1}{4}$，可见$A_{max}$随着$\zeta$的增大而减小，$\frac{1}{A_{max}^2}\leqslant1$，$A_{max}\geqslant1$。当$\zeta=\frac{\sqrt{2}}{2}$时，$A_{max}$取得最小值$\min A_{max}$，$\min A_{max}=1$。观察图2.5-6中的最大值点连线，也可以看出此结论。此时的阻尼比$\zeta=\frac{\sqrt{2}}{2}$称为最优阻尼值。由式(2.5-64)知，当$g\to+\infty$时，A取得最小值$A_{min}=0$。显然，$\min A_{max}$不同于A_{min}。

综上，求解$\min A_{max}$应分三步走：第一步，将式(2.5-64)写为$A(g)=\frac{1}{\sqrt{(1-g^2)^2+4\zeta^2g^2}}\quad(0<\zeta<1)$，其中$\zeta$是常数。第二步，求出$A(g)$的最大值，将式(2.5-67)写成$A_{max}(\zeta)=\frac{1}{2\zeta\sqrt{1-\zeta^2}}\quad\left(0<\zeta\leqslant\frac{1}{\sqrt{2}}\right)$。第三步，求出$A_{max}(\zeta)$的最小值。

第6节 简谐激励力下的能量平衡和等效黏滞阻尼

一、能量平衡

从能量的角度来看，在受迫振动过程中，外界激励持续地向系统输入能量。在一个周期T内，激励力$F\sin\omega t$所做的正功为

$$E^{+}=\int F\sin\omega t\,\mathrm{d}x=\int_0^T F\sin\omega t\cdot\dot{x}\mathrm{d}t \tag{2.6-1}$$

将式(2.5-64)代入式(2.5-63)得

$$x_p = Ah\sin(\omega t - \varphi) \tag{2.6-2}$$

将式(2.6-2)代入式(2.6-1)得

$$E^+ = \int_0^{\frac{2\pi}{\omega}} F\sin\omega t \cdot Ah\omega\cos(\omega t - \varphi)\mathrm{d}t = FAh\omega\int_0^{\frac{2\pi}{\omega}} \sin\omega t\cos(\omega t - \varphi)\mathrm{d}t = FAh\int_0^{2\pi} \sin y\cos(y - \varphi)\mathrm{d}y \tag{2.6-3}$$

应用三角函数积化和差公式 $\sin\alpha\cos\beta = \frac{\sin(\alpha+\beta)+\sin(\alpha-\beta)}{2}$，将式(2.6-3)化为

$$\begin{aligned} E^+ &= \frac{FAh}{2}\int_0^{2\pi}[\sin(2y-\varphi)+\sin\varphi]\mathrm{d}y = \frac{FAh}{2}\left[\int_0^{2\pi}\sin(2y-\varphi)\mathrm{d}y + 2\pi\sin\varphi\right] \\ &= \frac{FAh}{2}\left(\frac{1}{2}\int_{-\varphi}^{4\pi-\varphi}\sin t\mathrm{d}t + 2\pi\sin\varphi\right) = \frac{FAh}{2}\left(\frac{\cos t}{2}\bigg|_{4\pi-\varphi}^{-\varphi} + 2\pi\sin\varphi\right) \end{aligned} \tag{2.6-4}$$

$$E^+ = \frac{FAh}{2}\left[\frac{\cos(-\varphi)-\cos(4\pi-\varphi)}{2} + 2\pi\sin\varphi\right] = FAh\pi\sin\varphi \tag{2.6-5}$$

将式(2.5-61)代入式(2.6-5)得

$$E^+ = \pi FAh\frac{2\zeta g}{\sqrt{(1-g^2)^2+4\zeta^2 g^2}} \tag{2.6-6}$$

将式(2.5-64)代入式(2.6-6)得

$$E^+ = 2\pi FA^2h\zeta g \tag{2.6-7}$$

因为 $F=kh$，故

$$E^+ = 2\pi kA^2h^2\zeta g \tag{2.6-8}$$

由式(2.6-2)得受迫响应的最大值或位移振幅为

$$x_{\max} = Ah \tag{2.6-9}$$

将式(2.6-9)代入式(2.6-8)得

$$E^+ = 2\pi\zeta gkx_{\max}^2 = 2\pi\zeta\frac{\omega}{\omega_n}kx_{\max}^2 \tag{2.6-10}$$

将式(2.4-9)代入式(2.6-10)得

$$E^+ = 2\pi\frac{c\omega_n}{2k}\frac{\omega}{\omega_n}kx_{\max}^2 = \pi c\omega x_{\max}^2 \tag{2.6-11}$$

从能量的角度来看，弹性元件不消耗能量，而是以势能的方式存储能量。与弹性元件不同的是，阻尼元件是消耗能量的，它以热能、声能等方式耗散系统的机械能。在一个周期 T 内，阻尼力 $c\dot{x}$ 所做的负功为

$$E^- = \int c\dot{x}\mathrm{d}x = \int_0^T c\dot{x}\dot{x}\mathrm{d}t = \int_0^T c\dot{x}^2\mathrm{d}t \tag{2.6-12}$$

将式(2.6-2)代入式(2.6-12)得

$$\begin{aligned} E^- &= \int_0^{\frac{2\pi}{\omega}} c[Ah\omega\cos(\omega t-\varphi)]^2\mathrm{d}t = cA^2h^2\omega^2\int_0^{\frac{2\pi}{\omega}}\cos^2(\omega t-\varphi)\mathrm{d}t \\ &= cA^2h^2\omega\int_0^{2\pi}\cos^2(y-\varphi)\mathrm{d}y = cA^2h^2\omega\int_{-\varphi}^{2\pi-\varphi}\cos^2 t\mathrm{d}t \end{aligned} \tag{2.6-13}$$

应用三角函数降幂公式 $\cos^2\alpha = \frac{1+\cos 2\alpha}{2}$，将式(2.6-13)化为

$$E^- = \frac{cA^2h^2\omega}{2}\int_{-\varphi}^{2\pi-\varphi}(1+\cos 2t)\mathrm{d}t = \frac{cA^2h^2\omega}{2}\left(2\pi + \frac{\sin 2t}{2}\bigg|_{-\varphi}^{2\pi-\varphi}\right) \tag{2.6-14}$$

$$E^- = \frac{cA^2h^2\omega}{2}\left[2\pi + \frac{\sin(4\pi-2\varphi)-\sin(-2\varphi)}{2}\right] = \pi cA^2h^2\omega \tag{2.6-15}$$

将式(2.6-9)代入式(2.6-15)得

$$E^{-}=\pi c\omega x_{\max}^{2} \tag{2.6-16}$$

等于式(2.6-11)。从能量的角度来看,在受迫振动过程中,外界激励持续地向系统输入能量,这部分能量由黏滞阻尼器所消耗。外力对系统所做的正功在数值上等于黏滞阻尼所耗散的能量,即使得振动系统的能量"收支"平衡,而能量的净增量为零。这就是在简谐激励力的作用下,振动系统的受迫响应为等幅的简谐振动的缘故。

二、将非黏滞阻尼等效为黏滞阻尼

振动系统的阻尼特性及阻尼模型是振动分析中最困难的问题之一,也是当代振动研究中最活跃的研究方向之一。若阻尼力与速度成正比,则这样的阻尼称为黏滞阻尼,又称为线性阻尼。黏滞阻尼系数可看作常数,采用黏滞阻尼的模型使得振动分析的问题大为简化。实际工程中还有许多其他性质的阻尼,统称为非黏滞阻尼,非黏滞阻尼系数不是常数。在处理这类问题时,通常将之折算成等效的黏滞阻尼系数 c_{eq}。折算的原则是:一个振动周期内由非黏滞阻尼所消耗的能量等于等效黏滞阻尼所消耗的能量。在式(2.6-16)中,c 是黏滞阻尼系数,把 c 换成 c_{eq},得到一个振动周期内由等效黏滞阻尼所消耗的能量,为

$$E^{-}=\pi c_{eq}\omega x_{\max}^{2} \tag{2.6-17}$$

1. 库仑(Coulomb)干摩擦的等效黏滞阻尼系数

两个相互接触的物体相对滑动时,在接触面上会产生一种阻碍相对运动的力,这种力叫作滑动摩擦力(sliding friction force)。滑动摩擦力的方向总是沿着接触面,并且与物体相对运动的方向相反。滑动摩擦力的大小与接触面上压力的大小有关,对同一接触面来说,压力越大,滑动摩擦力越大。滑动摩擦力的大小还与接触面的粗糙程度、材质等有关,在相同压力下,不同接触面间的滑动摩擦力的大小一般不同。通过进一步的定量实验,测量同一接触面、不同压力下的滑动摩擦力的大小,结果表明:滑动摩擦力的大小与压力的大小成正比,可表达为 $F_f=\mu F_N$,其中,μ 叫作动摩擦因数(coefficient of sliding friction),F_N 为压力的大小。动摩擦因数的值跟接触面有关,接触面材料不同、粗糙程度不同,动摩擦因数也不同。每1/4周期内滑动摩擦力做功为 $F_f x_{\max}$,在一个振动周期中振动系统由于滑动摩擦力而耗散的能量为

$$E^{-}=4F_f x_{\max} \tag{2.6-18}$$

式(2.6-18)应等于式(2.6-17),可得

$$4F_f x_{\max}=\pi c_{eq}\omega x_{\max}^{2} \tag{2.6-19}$$

解得库仑干摩擦的等效黏滞阻尼系数为

$$c_{eq}=\frac{4F_f}{\pi\omega x_{\max}} \tag{2.6-20}$$

此时阻尼比为

$$\zeta=\frac{c_{eq}}{c_c}=\frac{4F_f}{\pi c_c\omega x_{\max}} \tag{2.6-21}$$

将式(2.4-8)中的 $c_c=\dfrac{2k}{\omega_n}$ 代入式(2.6-21)得

$$\zeta=\frac{4F_f}{\pi\omega x_{\max}}\frac{\omega_n}{2k}=\frac{2F_f}{\pi kg x_{\max}}=\frac{2F_fF}{\pi kg x_{\max}F}=\frac{2F_fh}{\pi g x_{\max}F} \tag{2.6-22}$$

将式(2.6-9)代入式(2.6-22)得

$$\zeta=\frac{2F_fh}{\pi gAhF}=\frac{2F_f}{\pi gAF} \tag{2.6-23}$$

将式(2.6-23)代入式(2.5-64)得

$$A^2=\frac{1}{(1-g^2)^2+(2\zeta g)^2}=\frac{1}{(1-g^2)^2+\left(\frac{4F_f}{\pi AF}\right)^2} \tag{2.6-24}$$

$$(1-g^2)^2A^2+\left(\frac{4F_f}{\pi F}\right)^2=1 \tag{2.6-25}$$

$$A=\frac{\sqrt{1-\left(\frac{4F_f}{\pi F}\right)^2}}{|1-g^2|} \tag{2.6-26}$$

可见只有当 $F_f<\frac{\pi}{4}F$ 时,振动才能继续。通常摩擦阻尼力比较小,这个条件容易满足。由式(2.6-26)还能看出,$g=1$ 时,振幅趋近无穷大。这是因为根据式(2.6-6),每一周期内外界输入能量为 $E^+=\pi FAh=\pi Fx_{max}$;而根据式(2.6-18),库仑阻尼消耗能量为 $E^-=4F_fx_{max}$,显然 $E^-<E^+$,所以振幅必然越来越大。

将式(2.6-26)代入式(2.6-23)得

$$\zeta=\frac{2F_f}{\pi gF}\frac{|1-g^2|}{\sqrt{1-\left(\frac{4F_f}{\pi F}\right)^2}}=\frac{2|1-g^2|}{\pi g\sqrt{\frac{F^2}{F_f^2}-\frac{16}{\pi^2}}} \tag{2.6-27}$$

将式(2.6-27)代入式(2.5-84)得频率响应函数

$$H(\omega)=\frac{1}{1-g^2+\mathrm{i}\frac{4F_f}{\pi F}\frac{|1-g^2|}{\sqrt{1-\left(\frac{4F_f}{\pi F}\right)^2}}}=\frac{\sqrt{1-\left(\frac{4F_f}{\pi F}\right)^2}}{|1-g^2|}\cdot\frac{1}{\frac{1-g^2}{|1-g^2|}\sqrt{1-\left(\frac{4F_f}{\pi F}\right)^2}+\mathrm{i}\frac{4F_f}{\pi F}} \tag{2.6-28}$$

2. 流体阻尼的等效黏滞阻尼系数

气体(gas)和液体(liquid)都具有流动性,统称为流体(fluid)。物体在流体中运动时,要受到流体的阻力,阻力的方向与流体运动的方向相反。流体的阻力与物体相对于流体运动的速度有关,速度越大,阻力越大。流体的阻力还与物体的横截面积有关,横截面积越大,阻力越大。流体的阻力也与物体的形状有关系,头圆尾尖的物体所受的流体阻力较小,这种形状通常叫作流线型。一般来说,空气阻力比液体阻力、固体间的摩擦力都要小。气垫船靠船下喷出的气体浮在水面航行,受到的阻力较小。磁悬浮列车靠电磁力使列车悬浮在轨道上,速度可达 500 km/h。

当物体在黏滞性较小的流体中高速运动,以致在物体的后方产生流体旋涡时,由流体介质所产生的阻尼力为

$$F_f=\gamma\dot{x}^2 \tag{2.6-29}$$

式中:$\gamma=\frac{1}{2}\rho C_D A_P$。其中,$\rho$ 是流体的密度;C_D 是阻力系数;A_P 是物体面积在垂直于运动方向的平面上的投影。

在一个周期 T 内,阻尼力所做的负功为

$$E^-=\int\gamma\dot{x}^2|\mathrm{d}x|=\int_0^T\gamma|\dot{x}|^2|\dot{x}|\mathrm{d}t=\int_0^T\gamma|\dot{x}|^3\mathrm{d}t \tag{2.6-30}$$

将式(2.6-2)代入式(2.6-30)得

$$E^-=\int_0^T\gamma|Ah\omega\cos(\omega t-\varphi)|^3\mathrm{d}t=\gamma A^3h^3\omega^3\int_0^{\frac{2\pi}{\omega}}|\cos^3(\omega t-\varphi)|\mathrm{d}t$$

$$= \gamma A^3 h^3 \omega^2 \int_0^{2\pi} |\cos^3(y-\varphi)| \mathrm{d}y = \gamma A^3 h^3 \omega^2 \int_{-\varphi}^{2\pi-\varphi} |\cos^3 t| \mathrm{d}t \tag{2.6-31}$$

现给出周期函数的定积分引理1:对于一个周期函数,当任意积分区间的长度等于周期时,此周期函数的定积分为定值。设 $f(x)$是连续的周期函数,周期为 T,则$\int_a^{a+T} f(x)\mathrm{d}x = \int_0^T f(x)\mathrm{d}x$。证明如下。

记 $\Phi(a) = \int_a^{a+T} f(x)\mathrm{d}x$,则$\frac{\mathrm{d}\Phi(a)}{\mathrm{d}a} = f(a+T) - f(a) = f(a) - f(a) = 0$,由此可知$\Phi(a)$与$a$无关,因此 $\Phi(a) = \Phi(0)$,即$\int_a^{a+T} f(x)\mathrm{d}x = \int_0^{0+T} f(x)\mathrm{d}x = \int_0^T f(x)\mathrm{d}x$。

因为 2π 是$|\cos^3 t|$的周期,所以由式(2.6-31)得

$$E^- = \gamma A^3 h^3 \omega^2 \int_0^{2\pi} |\cos^3 t| \mathrm{d}t \tag{2.6-32}$$

再给出周期函数的定积分引理2:设 $f(x)$ 是连续的周期函数,周期为 T,则$\int_a^{a+nT} f(x)\mathrm{d}x = n\int_0^T f(x)\mathrm{d}x (n \in \mathbf{N})$。证明如下。

因为

$$\int_a^{a+nT} f(x)\mathrm{d}x = \int_a^{a+T} f(x)\mathrm{d}x + \int_{a+T}^{a+2T} f(x)\mathrm{d}x + \int_{a+2T}^{a+3T} f(x)\mathrm{d}x + \cdots + \int_{a+(n-1)T}^{a+nT} f(x)\mathrm{d}x$$

由引理1知

$$\int_a^{a+nT} f(x)\mathrm{d}x = \int_0^T f(x)\mathrm{d}x + \int_0^T f(x)\mathrm{d}x + \int_0^T f(x)\mathrm{d}x + \cdots + \int_0^T f(x)\mathrm{d}x = n\int_0^T f(x)\mathrm{d}x$$

因为$|\cos^3 t|$的周期是 π,所以由式(2.6-32)得

$$E^- = 2\gamma A^3 h^3 \omega^2 \int_0^{\pi} |\cos^3 t| \mathrm{d}t \tag{2.6-33}$$

现给出对称函数的定积分引理:一个对称函数在关于对称轴对称的区间上的定积分相等。设 $f(x)$的对称轴是直线 $x=h$,即 $f(h-x)=f(h+x)$,则$\int_{h-a}^{h} f(x)\mathrm{d}x = \int_h^{h+a} f(x)\mathrm{d}x$。证明如下。

$$\int_{h-a}^{h} f(x)\mathrm{d}x = \int_a^0 f(h-t)\mathrm{d}(h-t) = -\int_a^0 f(h-t)\mathrm{d}t = \int_0^a f(h-x)\mathrm{d}x$$

$$\int_h^{h+a} f(x)\mathrm{d}x = \int_0^a f(h+t)\mathrm{d}(h+t) = \int_0^a f(h+t)\mathrm{d}t = \int_0^a f(h+x)\mathrm{d}x = \int_0^a f(h-x)\mathrm{d}x$$

所以上述命题成立。

因为$\left|\cos^3\left(\frac{\pi}{2}-t\right)\right| = \left|\cos^3\left(\frac{\pi}{2}+t\right)\right|$,所以 $t=\frac{\pi}{2}$是$|\cos^3 t|$的对称轴,由式(2.6-33)得

$$E^- = 4\gamma A^3 h^3 \omega^2 \int_0^{\frac{\pi}{2}} |\cos^3 t| \mathrm{d}t = 4\gamma A^3 h^3 \omega^2 \int_0^{\frac{\pi}{2}} \cos^3 t \mathrm{d}t \tag{2.6-34}$$

应用三角函数三倍角公式 $\cos 3\alpha = 4\cos^3\alpha - 3\cos\alpha$,得 $4\cos^3\alpha = 3\cos\alpha + \cos 3\alpha$,将式(2.6-34)化为

$$E^- = \gamma A^3 h^3 \omega^2 \int_0^{\frac{\pi}{2}} (3\cos t + \cos 3t)\mathrm{d}t = \gamma A^3 h^3 \omega^2 \left(3\sin t + \frac{\sin 3t}{3}\right)\Bigg|_0^{\frac{\pi}{2}} \tag{2.6-35}$$

$$E^- = \gamma A^3 h^3 \omega^2 \left(3 + \frac{\sin\frac{3\pi}{2}}{3}\right) = \gamma A^3 h^3 \omega^2 \left(3 - \frac{1}{3}\right) = \frac{8}{3}\gamma A^3 h^3 \omega^2 \tag{2.6-36}$$

将式(2.6-9)代入式(2.6-36)得

$$E^- = \frac{8}{3}\gamma \omega^2 x_{\max}^3 \tag{2.6-37}$$

式(2.6-37)等于式(2.6-17)，得

$$\frac{8}{3}\gamma\omega^2 x_{\max}^3 = \pi c_{\mathrm{eq}}\omega x_{\max}^2 \tag{2.6-38}$$

解得流体阻尼的等效黏滞阻尼系数为

$$c_{\mathrm{eq}} = \frac{8}{3\pi}\gamma\omega x_{\max} \tag{2.6-39}$$

此时阻尼比为

$$\zeta = \frac{c_{\mathrm{eq}}}{c_{\mathrm{c}}} = \frac{8}{3\pi c_{\mathrm{c}}}\gamma\omega x_{\max} \tag{2.6-40}$$

将式(2.4-8)中的 $c_{\mathrm{c}}=2m\omega_{\mathrm{n}}$ 代入式(2.6-40)得

$$\zeta = \frac{8}{3\pi\cdot 2m\omega_{\mathrm{n}}}\gamma\omega x_{\max} = \frac{4}{3\pi m\omega_{\mathrm{n}}}\gamma\omega x_{\max} = \frac{4}{3\pi m}\gamma g x_{\max} \tag{2.6-41}$$

将式(2.6-9)代入式(2.6-41)得

$$\zeta = \frac{4}{3\pi m}\gamma g A h \tag{2.6-42}$$

将式(2.6-42)代入式(2.5-64)得

$$A^2 = \frac{1}{(1-g^2)^2+(2\zeta g)^2} = \frac{1}{(1-g^2)^2+\left(\frac{8}{3\pi m}\gamma g^2 A h\right)^2} \tag{2.6-43}$$

$$(1-g^2)^2 A^2 + \left(\frac{8}{3\pi m}\gamma g^2 h\right)^2 A^4 = 1 \tag{2.6-44}$$

$$\frac{1}{2}\left(\frac{8\gamma g^2 h}{3\pi m}\right)^2 A^4 + \frac{(1-g^2)^2}{2}A^2 - \frac{1}{2} = 0 \tag{2.6-45}$$

关于 A^2 的一元二次方程(2.6-45)根的判别式为

$$\Delta = \frac{(1-g^2)^4}{4} + \left(\frac{8\gamma g^2 h}{3\pi m}\right)^2 \tag{2.6-46}$$

关于 A^2 的一元二次方程(2.6-45)的两根异号，其中一个正根为

$$A^2 = \frac{-\frac{(1-g^2)^2}{2}+\sqrt{\frac{(1-g^2)^4}{4}+\left(\frac{8\gamma g^2 h}{3\pi m}\right)^2}}{\left(\frac{8\gamma g^2 h}{3\pi m}\right)^2} = \left(\frac{3\pi m}{8\gamma g^2 h}\right)^2\left[-\frac{(1-g^2)^2}{2}+\sqrt{\frac{(1-g^2)^4}{4}+\left(\frac{8\gamma g^2 h}{3\pi m}\right)^2}\right] \tag{2.6-47}$$

$$A = \frac{3\pi m}{8\gamma g^2 h}\sqrt{-\frac{(1-g^2)^2}{2}+\sqrt{\frac{(1-g^2)^4}{4}+\left(\frac{8\gamma g^2 h}{3\pi m}\right)^2}} \tag{2.6-48}$$

将式(2.6-48)代入式(2.6-42)得

$$\begin{aligned}\zeta &= \frac{4}{3\pi m}\gamma g\,\frac{3\pi m}{8\gamma g^2}\sqrt{-\frac{(1-g^2)^2}{2}+\sqrt{\frac{(1-g^2)^4}{4}+\left(\frac{8\gamma g^2 h}{3\pi m}\right)^2}}\\ &= \frac{1}{2g}\sqrt{-\frac{(1-g^2)^2}{2}+\sqrt{\frac{(1-g^2)^4}{4}+\left(\frac{8\gamma g^2 h}{3\pi m}\right)^2}}\end{aligned} \tag{2.6-49}$$

将式(2.6-49)代入式(2.5-84)得频率响应函数为

$$H(\omega) = \frac{1}{1-g^2+\mathrm{i}\sqrt{-\frac{(1-g^2)^2}{2}+\sqrt{\frac{(1-g^2)^4}{4}+\left(\frac{8\gamma g^2 h}{3\pi m}\right)^2}}} \tag{2.6-50}$$

由式(2.6-50)得

$$|H(\omega)|^2=\frac{1}{(1-g^2)^2-\frac{(1-g^2)^2}{2}+\sqrt{\frac{(1-g^2)^4}{4}+\left(\frac{8\gamma g^2 h}{3\pi m}\right)^2}}=\frac{1}{\sqrt{\frac{(1-g^2)^4}{4}+\left(\frac{8\gamma g^2 h}{3\pi m}\right)^2}+\frac{(1-g^2)^2}{2}}$$

(2.6-51)

$$|H(\omega)|^2=\frac{\sqrt{\frac{(1-g^2)^4}{4}+\left(\frac{8\gamma g^2 h}{3\pi m}\right)^2}-\frac{(1-g^2)^2}{2}}{\left(\frac{8\gamma g^2 h}{3\pi m}\right)^2}=\left(\frac{3\pi m}{8\gamma g^2 h}\right)^2\left[\sqrt{\frac{(1-g^2)^4}{4}+\left(\frac{8\gamma g^2 h}{3\pi m}\right)^2}-\frac{(1-g^2)^2}{2}\right]$$

(2.6-52)

$$|H(\omega)|=\frac{3\pi m}{8\gamma g^2 h}\sqrt{\sqrt{\frac{(1-g^2)^4}{4}+\left(\frac{8\gamma g^2 h}{3\pi m}\right)^2}-\frac{(1-g^2)^2}{2}} \tag{2.6-53}$$

由式(2.6-48)和式(2.6-53)得 $A=|H(\omega)|$，与式(2.5-85)相同。

3. 结构阻尼的等效黏滞阻尼系数

由材料内部摩擦所产生的阻尼称为材料阻尼，由结构各部件连接面之间的滑动产生的阻尼称为滑移阻尼，两者统称为结构阻尼。大量实验表明，对于大多数金属结构，材料阻力在一个周期内所消耗的能量为

$$E^-=\alpha x_{\max}^2 \tag{2.6-54}$$

式中：α 是一个与频率无关的常数。

有文献提到该能量"在相当大的范围内与振动频率无关"，然而经过仔细审视式(2.6-54)中参数 $x_{\max}$ 的相关细节，我们认为，$E^-=\alpha x_{\max}^2=\alpha A^2h^2=\alpha\frac{1}{\left(1-\frac{\omega^2}{\omega_n^2}\right)^2+4\zeta^2\frac{\omega^2}{\omega_n^2}}h^2$ 与激励力的角频率 ω 有关。

根据式(2.6-54)和式(2.6-17)可得

$$\alpha x_{\max}^2=\pi c_{eq}\omega x_{\max}^2 \tag{2.6-55}$$

解得结构阻尼的等效黏滞阻尼系数为

$$c_{eq}=\frac{\alpha}{\pi\omega} \tag{2.6-56}$$

此时阻尼比为

$$\zeta=\frac{c_{eq}}{c_c}=\frac{\alpha}{\pi c_c\omega} \tag{2.6-57}$$

将式(2.4-8)中的 $c_c=\frac{2k}{\omega_n}$ 代入式(2.6-57)得

$$\zeta=\frac{\alpha}{\pi\omega}\frac{\omega_n}{2k}=\frac{\alpha}{2\pi kg} \tag{2.6-58}$$

将式(2.6-58)代入式(2.5-84)得频率响应函数为

$$H(\omega)=\frac{1}{1-g^2+\mathrm{i}2\zeta g}=\frac{1}{1-g^2+\mathrm{i}2\frac{\alpha}{2\pi kg}g}=\frac{1}{1-g^2+\mathrm{i}\frac{\alpha}{\pi k}} \tag{2.6-59}$$

幅频特性曲线的最大值在 $\omega=\omega_n$ 处取到。

将式(2.6-58)代入式(2.5-72)得

$$\ddot{x}+\frac{\alpha}{\pi kg}\omega_n\dot{x}+\omega_n^2x=\omega_n^2he^{\mathrm{i}\omega t}=\ddot{x}+\frac{\alpha}{\pi k\omega}\omega_n^2\dot{x}+\omega_n^2x \tag{2.6-60}$$

$$\ddot{x}+\frac{\alpha}{\pi m\omega}\dot{x}+\frac{k}{m}x=\frac{k}{m}\frac{F}{k}\mathrm{e}^{\mathrm{i}\omega t} \tag{2.6-61}$$

$$m\ddot{x}+\frac{\alpha}{\pi\omega}\dot{x}+kx=F\mathrm{e}^{\mathrm{i}\omega t} \tag{2.6-62}$$

将式(2.5-74)中的 $\dot{x}=\mathrm{i}\omega x$ 代入式(2.6-62)得

$$m\ddot{x}+kx+\mathrm{i}\frac{\alpha}{\pi}x=F\mathrm{e}^{\mathrm{i}\omega t} \tag{2.6-63}$$

$$m\ddot{x}+k\left(1+\mathrm{i}\frac{\alpha}{\pi k}\right)x=F\mathrm{e}^{\mathrm{i}\omega t} \tag{2.6-64}$$

式中:$k\left(1+\mathrm{i}\frac{\alpha}{\pi k}\right)$是复刚度。

4. 指数阻尼的等效黏滞阻尼系数

指数阻尼力为

$$F_{\mathrm{f}}=\gamma\dot{x}^{n} \tag{2.6-65}$$

式中:γ 是常数;$n\in\mathbf{N}$。

在一个周期 T 内,阻尼力所做的负功为

$$E^{-}=\int\gamma\dot{x}^{n}\,|\,\mathrm{d}x\,|=\int_{0}^{T}\gamma\,|\,\dot{x}\,|^{n}\,|\,\dot{x}\,|\,\mathrm{d}t=\int_{0}^{T}\gamma\,|\,\dot{x}\,|^{n+1}\mathrm{d}t \tag{2.6-66}$$

将式(2.6-2)代入式(2.6-66)得

$$\begin{aligned}E^{-}&=\int_{0}^{T}\gamma\,|\,Ah\omega\cos(\omega t-\varphi)\,|^{n+1}\mathrm{d}t=\gamma A^{n+1}h^{n+1}\omega^{n+1}\int_{0}^{\frac{2\pi}{\omega}}|\cos^{n+1}(\omega t-\varphi)|\,\mathrm{d}t\\&=\gamma A^{n+1}h^{n+1}\omega^{n}\int_{0}^{2\pi}|\cos^{n+1}(y-\varphi)|\,\mathrm{d}y=\gamma A^{n+1}h^{n+1}\omega^{n}\int_{-\varphi}^{2\pi-\varphi}|\cos^{n+1}t\,|\,\mathrm{d}t\end{aligned} \tag{2.6-67}$$

因为 2π 是 $|\cos^{n+1}t\,|$ 的周期,所以由式(2.6-67)得

$$E^{-}=\gamma A^{n+1}h^{n+1}\omega^{n}\int_{0}^{2\pi}|\cos^{n+1}t\,|\,\mathrm{d}t \tag{2.6-68}$$

因为 $|\cos^{n+1}t\,|$ 的周期是 π,所以由式(2.6-68)得

$$E^{-}=2\gamma A^{n+1}h^{n+1}\omega^{n}\int_{0}^{\pi}|\cos^{n+1}t\,|\,\mathrm{d}t \tag{2.6-69}$$

因为$\left|\cos^{n+1}\left(\frac{\pi}{2}-t\right)\right|=\left|\cos^{n+1}\left(\frac{\pi}{2}+t\right)\right|$,所以 $t=\frac{\pi}{2}$是$|\cos^{n+1}t\,|$ 的对称轴,由式(2.6-69)得

$$E^{-}=4\gamma A^{n+1}h^{n+1}\omega^{n}\int_{0}^{\frac{\pi}{2}}|\cos^{n+1}t\,|\,\mathrm{d}t=4\gamma A^{n+1}h^{n+1}\omega^{n}\int_{0}^{\frac{\pi}{2}}\cos^{n+1}t\mathrm{d}t \tag{2.6-70}$$

将式(2.6-9)代入式(2.6-70)得

$$E^{-}=4\gamma\omega^{n}x_{\max}^{n+1}\int_{0}^{\frac{\pi}{2}}\cos^{n+1}t\mathrm{d}t=\pi\gamma\omega^{n}x_{\max}^{n+1}\frac{4}{\pi}\int_{0}^{\frac{\pi}{2}}\cos^{n+1}t\mathrm{d}t=\pi\gamma\omega^{n}x_{\max}^{n+1}\phi_{n} \tag{2.6-71}$$

式中:$\phi_{n}=\frac{4}{\pi}\int_{0}^{\frac{\pi}{2}}\cos^{n+1}t\mathrm{d}t$。

由式(2.6-71)和式(2.6-17)得

$$\pi\gamma\omega^{n}x_{\max}^{n+1}\phi_{n}=\pi c_{\mathrm{eq}}\omega x_{\max}^{2} \tag{2.6-72}$$

解得指数阻尼的等效黏滞阻尼系数为

$$c_{\mathrm{eq}}=\gamma\omega^{n-1}x_{\max}^{n-1}\phi_{n} \tag{2.6-73}$$

此时阻尼比为

$$\zeta=\frac{c_{\mathrm{eq}}}{c_{\mathrm{c}}}=\frac{\gamma\omega^{n-1}x_{\max}^{n-1}\phi_{n}}{c_{\mathrm{c}}} \tag{2.6-74}$$

将式(2.4-8)中的 $c_c=2m\omega_n$ 代入式(2.6-74)得

$$\zeta=\frac{\gamma\omega^{n-1}x_{\max}^{n-1}\phi_n}{2m\omega_n}=\frac{\gamma g^{n-1}\omega_n^{n-1}x_{\max}^{n-1}\phi_n}{2m\omega_n}=\frac{\gamma g^{n-1}\omega_n^{n-2}x_{\max}^{n-1}\phi_n}{2m} \tag{2.6-75}$$

将式(2.6-9)代入式(2.6-75)得

$$\zeta=\frac{\gamma g^{n-1}\omega_n^{n-2}A^{n-1}h^{n-1}\phi_n}{2m} \tag{2.6-76}$$

将式(2.6-76)代入式(2.5-64)得

$$A^2=\frac{1}{(1-g^2)^2+(2\zeta g)^2}=\frac{1}{(1-g^2)^2+\left(\dfrac{\gamma g^n\omega_n^{n-2}A^{n-1}h^{n-1}\phi_n}{m}\right)^2} \tag{2.6-77}$$

$$(1-g^2)^2A^2+\left(\frac{\gamma g^n\omega_n^{n-2}h^{n-1}\phi_n}{m}\right)^2A^{2n}=1 \tag{2.6-78}$$

$$\left(\frac{\gamma g^n\omega_n^{n-2}h^{n-1}\phi_n}{m}\right)^2A^{2n}+(1-g^2)^2A^2-1=0 \tag{2.6-79}$$

当 $A=0$ 时,式(2.6-79)的左边$=-1$。当 $A\to+\infty$时,式(2.6-79)的左边$\to+\infty$。又因为式(2.6-79)的左边是关于 A^2 的增函数,故方程(2.6-79)只有一个正根。

习题 2-6

1. 设激励力为 $f=F\sin\omega t$,受迫响应为 $x=Ah\sin(\omega t-\varphi)$。① 消去时间 t,求出 f 与 x 之间满足的方程;② 求此方程所围成的图形的面积。

参考答案 ① 将受迫响应展开(expansion),可得

$$\frac{x}{Ah}=\sin\omega t\cos\varphi-\cos\omega t\sin\varphi \tag{2.6-80}$$

由激励力表达式可得

$$\sin\omega t=\frac{f}{F} \tag{2.6-81}$$

将式(2.6-81)代入式(2.6-80)得

$$\frac{x}{Ah}=\frac{f}{F}\cos\varphi-\cos\omega t\sin\varphi \tag{2.6-82}$$

由式(2.6-82)得

$$\cos\omega t\sin\varphi=\frac{f}{F}\cos\varphi-\frac{x}{Ah} \tag{2.6-83}$$

由式(2.6-81)得

$$\sin\omega t\sin\varphi=\frac{f}{F}\sin\varphi \tag{2.6-84}$$

$$\sin^2\omega t\sin^2\varphi=\frac{f^2}{F^2}\sin^2\varphi \tag{2.6-85}$$

由式(2.6-83)得

$$\cos^2\omega t\sin^2\varphi=\left(\frac{f}{F}\cos\varphi-\frac{x}{Ah}\right)^2=\frac{f^2}{F^2}\cos^2\varphi+\frac{x^2}{A^2h^2}-2\frac{fx}{FAh}\cos\varphi \tag{2.6-86}$$

式(2.6-85)加式(2.6-86)得

$$(\sin^2\omega t+\cos^2\omega t)\sin^2\varphi=\frac{f^2}{F^2}(\sin^2\varphi+\cos^2\varphi)+\frac{x^2}{A^2h^2}-2\frac{fx}{FAh}\cos\varphi \tag{2.6-87}$$

$$\frac{f^2}{F^2}+\frac{x^2}{A^2h^2}-2\frac{fx}{FAh}\cos\varphi-\sin^2\varphi=0 \tag{2.6-88}$$

② 下面推导椭圆方程(2.6-88)所围成的图形的面积。

由式(2.6-88)得

$$\frac{f^2}{F^2}\sin^2\varphi+\left(\frac{x}{Ah}-\frac{f}{F}\cos\varphi\right)^2=\sin^2\varphi \tag{2.6-89}$$

设 D 为 fOx 平面上的椭圆(2.6-89)所围成的闭区域。令

$$\begin{cases} u=\dfrac{f}{F}\sin\varphi \\ v=\dfrac{x}{Ah}-\dfrac{f}{F}\cos\varphi \end{cases} \tag{2.6-90}$$

则有变换

$$\begin{cases} f=\dfrac{F}{\sin\varphi}u \\ \dfrac{x}{Ah}=\dfrac{f}{F}\cos\varphi+v=\dfrac{\cos\varphi}{\sin\varphi}u+v\Rightarrow x=Ah\left(\dfrac{u}{\tan\varphi}+v\right) \end{cases} \tag{2.6-91}$$

与 D 对应的闭区域为 D'，则 D' 为 uOv 平面上的圆 $u^2+v^2=\sin^2\varphi$ 所围成的闭区域。在 D' 上雅可比行列式为

$$J(u,v)=\frac{\partial(f,x)}{\partial(u,v)}=\begin{vmatrix} \dfrac{\partial f}{\partial u} & \dfrac{\partial f}{\partial v} \\ \dfrac{\partial x}{\partial u} & \dfrac{\partial x}{\partial v} \end{vmatrix} \tag{2.6-92}$$

将式(2.6-91)代入式(2.6-92)得

$$J(u,v)=\begin{vmatrix} \dfrac{F}{\sin\varphi} & 0 \\ \dfrac{Ah}{\tan\varphi} & Ah \end{vmatrix}=\frac{FAh}{\sin\varphi} \tag{2.6-93}$$

式中：J 是常数，不随 u、v 变化。

根据二重积分的换元公式，闭区域 D 的面积为

$$\iint_D \mathrm{d}f\mathrm{d}x=|J(u,v)|\mathrm{d}u\mathrm{d}v \tag{2.6-94}$$

D' 为圆 $u^2+v^2=\sin^2\varphi$ 所围成的闭区域，圆的面积 $S=\pi\sin^2\varphi$。将式(2.6-93)代入式(2.6-94)得

$$\iint_D \mathrm{d}f\mathrm{d}x=\iint_{D'}\frac{FAh}{\sin\varphi}\mathrm{d}u\mathrm{d}v=\frac{FAh}{\sin\varphi}\iint_{D'}\mathrm{d}u\mathrm{d}v=\frac{FAh}{\sin\varphi}\pi\sin^2\varphi=\pi FAh\sin\varphi \tag{2.6-95}$$

当 $\varphi=\dfrac{\pi}{2}$ 时，方程(2.6-88)简化为 $\dfrac{f^2}{F^2}+\dfrac{x^2}{A^2h^2}=1$，就得到大家所熟悉的椭圆面积公式 $S=\pi FAh$。式(2.6-95)同于式(2.6-5)。

2. 设阻尼力为 $f=c\dot{x}$，受迫响应为 $x=Ah\sin(\omega t-\varphi)$。① 消去时间 t，求出 f 与 x 之间满足的方程；② 求此方程所围成的图形的面积。

参考答案 ① $f=cAh\omega\cos(\omega t-\varphi)$，$\dfrac{f}{cAh\omega}=\cos(\omega t-\varphi)$，$\dfrac{x}{Ah}=\sin(\omega t-\varphi)$，故 $\dfrac{f^2}{(c\omega Ah)^2}+\dfrac{x^2}{(Ah)^2}=1$。

② 此椭圆的面积为 $S=\pi c\omega AhAh=\pi c\omega A^2h^2$，同于式(2.6-15)。

3. 由式(2.6-17)得，非黏滞阻尼所消耗的能量 $\Delta E=\pi c_{\mathrm{eq}}\omega x_{\max}^2$。阻尼比容 $\alpha=\dfrac{\Delta E}{U}$，损失因子 $\eta=\dfrac{\Delta E}{2\pi U}$，其中 U 是系统的最大弹性势能，$U=\dfrac{1}{2}kx_{\max}^2$。① 用 α 表达 c_{eq}；② 用 η 表达 c_{eq}。

参考答案　① $c_{\mathrm{eq}}=\dfrac{\Delta E}{\pi\omega x_{\max}^2}=\dfrac{\Delta E}{\pi\omega}\dfrac{k}{2U}=\dfrac{\alpha k}{2\pi\omega}$。

② $c_{\mathrm{eq}}=\dfrac{\Delta E}{\pi\omega x_{\max}^2}=\dfrac{\Delta E}{\pi\omega}\dfrac{k}{2U}=\dfrac{\eta k}{\omega}$。

第 7 节　任意因果信号激励力下的完全振动

在很多情况下，许多系统受到的激励并不是简谐激励，而可能是一个周期激励或者非周期激励。下面，我们来讨论更一般的情况。

一、拉普拉斯变换求解完全响应

如果对于 $t<0$，$f(t)=0$，在任意激励力的作用下，有阻尼单自由度系统的运动微分方程为

$$m\ddot{x}+c\dot{x}+kx=f(t),\quad t\geqslant 0 \tag{2.7-1}$$

开始时刻($t=0$)的初位移和初速度分别为

$$x(0)=x_0 \tag{2.7-2}$$

$$\dot{x}(0)=v_0 \tag{2.7-3}$$

式(2.7-1)可变形为

$$\ddot{x}+2\zeta\omega_{\mathrm{n}}\dot{x}+\omega_{\mathrm{n}}^2x=\frac{f(t)}{m} \tag{2.7-4}$$

1812 年拉普拉斯在《概率的分析理论》一书中总结了当时整个概率论的研究，论述了概率在选举、审判调查、气象预测等方面的应用，并提出拉普拉斯变换。$f(t)$的拉普拉斯变换为

$$F(s)=\ell[f(t)]=\int_0^{+\infty}f(t)\mathrm{e}^{-st}\,\mathrm{d}t \tag{2.7-5}$$

函数 $f(t)$求导后取拉普拉斯变换，有

$$\begin{aligned}\ell[f'(t)]&=\int_0^{+\infty}f'(t)\mathrm{e}^{-st}\,\mathrm{d}t=\int_0^{+\infty}\mathrm{e}^{-st}\,\mathrm{d}f(t)=f(t)\mathrm{e}^{-st}\Big|_{t=0}^{t=+\infty}-\int_0^{+\infty}f(t)\mathrm{e}^{-st}(-s)\mathrm{d}t\\&=s\int_0^{+\infty}f(t)\mathrm{e}^{-st}\,\mathrm{d}t-f(0)\end{aligned} \tag{2.7-6}$$

将式(2.7-5)代入式(2.7-6)得

$$\ell[f'(t)]=s\ell[f(t)]-f(0)=sF(s)-f(0) \tag{2.7-7}$$

由式(2.7-7)得

$$\ell[f''(t)]=s\ell[f'(t)]-f'(0)=s^2F(s)-sf(0)-f'(0) \tag{2.7-8}$$

由式(2.7-7)和式(2.7-8)，可得式(2.7-4)的拉普拉斯变换为

$$s^2X(s)-sx(0)-\dot{x}(0)+2\zeta\omega_{\mathrm{n}}[sX(s)-x(0)]+\omega_{\mathrm{n}}^2X(s)=\frac{F(s)}{m} \tag{2.7-9}$$

$$(s^2+2\zeta\omega_{\mathrm{n}}s+\omega_{\mathrm{n}}^2)X(s)=\frac{F(s)}{m}+(s+2\zeta\omega_{\mathrm{n}})x(0)+\dot{x}(0) \tag{2.7-10}$$

$$X(s)=\frac{(s+2\zeta\omega_n)x_0+v_0}{s^2+2\zeta\omega_n s+\omega_n^2}+\frac{1}{m}\cdot\frac{F(s)}{s^2+2\zeta\omega_n s+\omega_n^2} \tag{2.7-11}$$

从因式分解法可知，$X(s)$的 2 个单极点 s_1、s_2 满足

$$s^2+2\zeta\omega_n s+\omega_n^2=0=(s-s_1)(s-s_2) \tag{2.7-12}$$

$$s_1=-\zeta\omega_n+\mathrm{i}\sqrt{1-\zeta^2}\omega_n=-\zeta\omega_n+\mathrm{i}\omega_d,\quad s_2=-\zeta\omega_n-\mathrm{i}\omega_d \tag{2.7-13}$$

$$\omega_d=\sqrt{1-\zeta^2}\omega_n,\quad \zeta^2\omega_n^2+\omega_d^2=\omega_n^2,\quad \zeta^2\omega_n^2-\omega_d^2=(2\zeta^2-1)\omega_n^2 \tag{2.7-14}$$

式中：$\mathrm{i}=\sqrt{-1}$；ω_d 为阻尼自然角频率。

s_1、s_2 为共轭虚数(conjugate imaginary number)，$s_2=\overline{s_1}$。共轭虚数具有如下重要性质：$z+\overline{z}=x+y\mathrm{i}+x-y\mathrm{i}=2x=2\mathrm{Re}z$，其中，Re 表示实部(real part)。读者要牢记。

求原函数时，赫维赛德(Oliver Heaviside，1850—1925)第一展开式为

$$f(t)=\ell^{-1}[F(s)]=\ell^{-1}\frac{A(s)}{B(s)}=\sum_{k=1}^{n}\frac{A(s_k)}{B'(s_k)}\mathrm{e}^{s_k t} \tag{2.7-15}$$

式中：$s_1,s_2,\cdots,s_n$为$B(s)$的 n 个单零点。

由式(2.7-15)可得以下真分式象函数(image function)的拉普拉斯逆变换，即

$$\begin{aligned}\ell^{-1}\frac{(s+2\zeta\omega_n)x_0+v_0}{s^2+2\zeta\omega_n s+\omega_n^2}&=\left.\frac{(s+2\zeta\omega_n)x_0+v_0}{(s^2+2\zeta\omega_n s+\omega_n^2)'}\mathrm{e}^{st}\right|_{s=s_1}+\left.\frac{(s+2\zeta\omega_n)x_0+v_0}{(s^2+2\zeta\omega_n s+\omega_n^2)'}\mathrm{e}^{st}\right|_{s=s_2}\\&=\left.\frac{(s+2\zeta\omega_n)x_0+v_0}{2s+2\zeta\omega_n}\mathrm{e}^{st}\right|_{s=s_1}+\left.\frac{(s+2\zeta\omega_n)x_0+v_0}{2s+2\zeta\omega_n}\mathrm{e}^{st}\right|_{s=s_2}\end{aligned} \tag{2.7-16}$$

证明下列 3 个命题：

(1) 任何有理分式函数 $R(z)=\frac{P(z)}{Q(z)}$都可以化为 $X+\mathrm{i}Y$ 的形式，即 $R(z)=X+\mathrm{i}Y$，其中 X 与 Y 是具有实系数的 x 与 y 的有理分式函数。

(2) 如果 $R(z)$为(1)中的有理分式函数，但具有实系数，那么 $R(\overline{z})=X-\mathrm{i}Y$。

(3) 如果复数 $a+\mathrm{i}b$ 是实系数方程 $a_0z^n+a_1z^{n-1}+a_2z^{n-2}+\cdots+a_{n-1}z+a_n=0$ 的根，那么 $a-\mathrm{i}b$ 也是该方程的根。

证明 (1) 设 $z=x+\mathrm{i}y$，$P(z)=P_1(x,y)+\mathrm{i}P_2(x,y)$，$Q(z)=Q_1(x,y)+\mathrm{i}Q_2(x,y)$。$P_1(x,y)$、$P_2(x,y)$、$Q_1(x,y)$、$Q_2(x,y)$是关于 x、y 的实多项式。

$R(z)=\frac{P_1+\mathrm{i}P_2}{Q_1+\mathrm{i}Q_2}=\frac{P_1Q_1+P_2Q_2+\mathrm{i}(P_2Q_1-P_1Q_2)}{Q_1^2+Q_2^2}=X+\mathrm{i}Y$，其中 $X=\frac{P_1Q_1+P_2Q_2}{Q_1^2+Q_2^2}$，$Y=\frac{P_2Q_1-P_1Q_2}{Q_1^2+Q_2^2}$。

(2) 对任一实系数多项式 $P(z)=a_0z^n+a_1z^{n-1}+a_2z^{n-2}+\cdots+a_{n-1}z+a_n$，都有

$$\overline{P(z)}=\overline{a_0z^n+a_1z^{n-1}+a_2z^{n-2}+\cdots+a_{n-1}z+a_n}=a_0\overline{z}^n+a_1\overline{z}^{n-1}+a_2\overline{z}^{n-2}+\cdots+a_{n-1}\overline{z}+a_n=P(\overline{z})$$

$$R(\overline{z})=\frac{P(\overline{z})}{Q(\overline{z})}=\frac{\overline{P(z)}}{\overline{Q(z)}}=\overline{\left[\frac{P(z)}{Q(z)}\right]}=\overline{R(z)}=\overline{X+\mathrm{i}Y}=X-\mathrm{i}Y$$

(3) 令 $P(z)=a_0z^n+a_1z^{n-1}+a_2z^{n-2}+\cdots+a_{n-1}z+a_n$，由(2)有 $P(\overline{z})=\overline{P(z)}$。由题设知，$P(a+\mathrm{i}b)=0$。令 $z=a+\mathrm{i}b$，则 $P(\overline{a+\mathrm{i}b})=\overline{P(a+\mathrm{i}b)}=\overline{0}=0=P(a-\mathrm{i}b)$，即证。

因为 $s_2=\overline{s_1}$，根据上述(1)和(2)，式(2.7-16)等号右边的 2 项为共轭虚数。根据 $z+\overline{z}=2\mathrm{Re}z$，可得

$$\begin{aligned}\ell^{-1}\frac{(s+2\zeta\omega_n)x_0+v_0}{s^2+2\zeta\omega_n s+\omega_n^2}&=2\mathrm{Re}\left.\frac{(s+2\zeta\omega_n)x_0+v_0}{2s+2\zeta\omega_n}\mathrm{e}^{st}\right|_{s=s_1}=2\mathrm{Re}\frac{(-\zeta\omega_n+\mathrm{i}\omega_d+2\zeta\omega_n)x_0+v_0}{2(-\zeta\omega_n+\mathrm{i}\omega_d)+2\zeta\omega_n}\mathrm{e}^{(-\zeta\omega_n+\mathrm{i}\omega_d)t}\\&=\mathrm{e}^{-\zeta\omega_n t}\mathrm{Re}\frac{(\zeta\omega_n+\mathrm{i}\omega_d)x_0+v_0}{\mathrm{i}\omega_d}\mathrm{e}^{\mathrm{i}\omega_d t}\end{aligned}$$

$$= e^{-\zeta\omega_n t}\mathrm{Re}\frac{\zeta\omega_n x_0 + v_0 + i\omega_d x_0}{i\omega_d}(\cos\omega_d t + i\sin\omega_d t) \tag{2.7-17}$$

$$\ell^{-1}\frac{(s+2\zeta\omega_n)x_0 + v_0}{s^2+2\zeta\omega_n s+\omega_n^2} = e^{-\zeta\omega_n t}\mathrm{Re}\frac{\zeta\omega_n x_0 + v_0 + i\omega_d x_0}{\omega_d}(\sin\omega_d t - i\cos\omega_d t)$$

$$= e^{-\zeta\omega_n t}\frac{(\zeta\omega_n x_0 + v_0)\sin\omega_d t + \omega_d x_0\cos\omega_d t}{\omega_d}$$

$$= e^{-\zeta\omega_n t}\left(x_0\cos\omega_d t + \frac{\zeta\omega_n x_0 + v_0}{\omega_d}\sin\omega_d t\right) \tag{2.7-18}$$

由式(2.7-15),可得以下象函数的原函数,即

$$\ell^{-1}\frac{1}{s^2+2\zeta\omega_n s+\omega_n^2} = \frac{1}{(s^2+2\zeta\omega_n s+\omega_n^2)'}e^{st}\bigg|_{s=s_1} + \frac{1}{(s^2+2\zeta\omega_n s+\omega_n^2)'}e^{st}\bigg|_{s=s_2} = \frac{e^{s_1 t}}{2s_1+2\zeta\omega_n} + \frac{e^{s_2 t}}{2s_2+2\zeta\omega_n} \tag{2.7-19}$$

将式(2.7-13)代入式(2.7-19)得

$$\ell^{-1}\frac{1}{s^2+2\zeta\omega_n s+\omega_n^2} = \frac{e^{(-\zeta\omega_n+i\omega_d)t}}{2(-\zeta\omega_n+i\omega_d)+2\zeta\omega_n} + \frac{e^{(-\zeta\omega_n-i\omega_d)t}}{2(-\zeta\omega_n-i\omega_d)+2\zeta\omega_n} = \frac{e^{-\zeta\omega_n t}e^{i\omega_d t}}{i2\omega_d} - \frac{e^{-\zeta\omega_n t}e^{-i\omega_d t}}{i2\omega_d}$$

$$= \frac{e^{-\zeta\omega_n t}}{\omega_d}\cdot\frac{e^{i\omega_d t}-e^{-i\omega_d t}}{2i} = \frac{e^{-\zeta\omega_n t}}{\omega_d}\sin\omega_d t \tag{2.7-20}$$

由式(2.7-11)得

$$x(t) = \ell^{-1}\frac{(s+2\zeta\omega_n)x_0+v_0}{s^2+2\zeta\omega_n s+\omega_n^2} + \frac{1}{m}\ell^{-1}\frac{F(s)}{s^2+2\zeta\omega_n s+\omega_n^2} \tag{2.7-21}$$

将式(2.7-18)代入式(2.7-21)得

$$x(t) = e^{-\zeta\omega_n t}\left(x_0\cos\omega_d t + \frac{\zeta\omega_n x_0+v_0}{\omega_d}\sin\omega_d t\right) + \frac{1}{m}\ell^{-1}\frac{F(s)}{s^2+2\zeta\omega_n s+\omega_n^2} \tag{2.7-22}$$

两个函数卷积(convolution)的拉普拉斯变换为

$$\ell[f_1(t)\otimes f_2(t)] = \int_0^{+\infty}\left[\int_0^t f_1(\tau)f_2(t-\tau)\mathrm{d}\tau\right]e^{-st}\mathrm{d}t \tag{2.7-23}$$

式中:“$\otimes$”表示卷积运算。

式(2.7-23)等号右边的积分叫作先对τ、后对t的二次积分。这个积分也可以写成先对t、后对τ的二次积分,即

$$\ell[f_1(t)\otimes f_2(t)] = \int_0^{+\infty} f_1(\tau)\left[\int_\tau^{+\infty} f_2(t-\tau)e^{-st}\mathrm{d}t\right]\mathrm{d}\tau \tag{2.7-24}$$

令$t-\tau=u$,则

$$\int_\tau^{+\infty} f_2(t-\tau)e^{-st}\mathrm{d}t = \int_0^{+\infty} f_2(u)e^{-s(u+\tau)}\mathrm{d}u = e^{-s\tau}\int_0^{+\infty} f_2(u)e^{-su}\mathrm{d}u = e^{-s\tau}\int_0^{+\infty} f_2(t)e^{-st}\mathrm{d}t = e^{-s\tau}F_2(s) \tag{2.7-25}$$

将式(2.7-25)代入式(2.7-24),可得卷积定理

$$\ell[f_1(t)\otimes f_2(t)] = \int_0^{+\infty} f_1(\tau)e^{-s\tau}F_2(s)\mathrm{d}\tau = F_2(s)\int_0^{+\infty} f_1(t)e^{-st}\mathrm{d}t = F_1(s)F_2(s) = \ell[f_1(t)]\cdot\ell[f_2(t)] \tag{2.7-26}$$

$$\ell^{-1}[F_1(s)F_2(s)] = f_1(t)\otimes f_2(t) = \{\ell^{-1}[F_1(s)]\}\otimes\{\ell^{-1}[F_2(s)]\} \tag{2.7-27}$$

按照式(2.7-27),可将式(2.7-22)展开为

$$x(t) = e^{-\zeta\omega_n t}\left(x_0\cos\omega_d t + \frac{\zeta\omega_n x_0+v_0}{\omega_d}\sin\omega_d t\right) + \frac{1}{m}f(t)\otimes\ell^{-1}\frac{1}{s^2+2\zeta\omega_n s+\omega_n^2} \tag{2.7-28}$$

将式(2.7-20)代入式(2.7-28)得

$$x(t)=\mathrm{e}^{-\zeta\omega_{\mathrm{n}}t}\left(x_0\cos\omega_{\mathrm{d}}t+\frac{\zeta\omega_{\mathrm{n}}x_0+v_0}{\omega_{\mathrm{d}}}\sin\omega_{\mathrm{d}}t\right)+\frac{1}{m\omega_{\mathrm{d}}}f(t)\otimes(\mathrm{e}^{-\zeta\omega_{\mathrm{n}}t}\sin\omega_{\mathrm{d}}t) \tag{2.7-29}$$

故在任意激励力下单自由度系统的通解为

$$x(t)=\mathrm{e}^{-\zeta\omega_{\mathrm{n}}t}\left(x_0\cos\omega_{\mathrm{d}}t+\frac{\zeta\omega_{\mathrm{n}}x_0+v_0}{\omega_{\mathrm{d}}}\sin\omega_{\mathrm{d}}t\right)+\frac{1}{m\omega_{\mathrm{d}}}\int_0^t f(\tau)\mathrm{e}^{-\zeta\omega_{\mathrm{n}}(t-\tau)}\sin\omega_{\mathrm{d}}(t-\tau)\mathrm{d}\tau \tag{2.7-30}$$

令 $t-\tau=u$，容易验证卷积运算满足交换律，即

$$\begin{aligned}f_1(t)\otimes f_2(t)&=\int_0^t f_1(\tau)f_2(t-\tau)\mathrm{d}\tau=-\int_t^0 f_1(t-u)f_2(u)\mathrm{d}u\\&=\int_0^t f_2(\tau)f_1(t-\tau)\mathrm{d}\tau=f_2(t)\otimes f_1(t)\end{aligned} \tag{2.7-31}$$

根据式(2.7-31)，式(2.7-29)可写为

$$x(t)=\mathrm{e}^{-\zeta\omega_{\mathrm{n}}t}\left(x_0\cos\omega_{\mathrm{d}}t+\frac{\zeta\omega_{\mathrm{n}}x_0+v_0}{\omega_{\mathrm{d}}}\sin\omega_{\mathrm{d}}t\right)+\frac{1}{m\omega_{\mathrm{d}}}(\mathrm{e}^{-\zeta\omega_{\mathrm{n}}t}\sin\omega_{\mathrm{d}}t)\otimes f(t) \tag{2.7-32}$$

故任意激励力下在某一时刻 t，单自由度系统的位移为

$$x(t)=\mathrm{e}^{-\zeta\omega_{\mathrm{n}}t}\left(x_0\cos\omega_{\mathrm{d}}t+\frac{\zeta\omega_{\mathrm{n}}x_0+v_0}{\omega_{\mathrm{d}}}\sin\omega_{\mathrm{d}}t\right)+\frac{1}{m\omega_{\mathrm{d}}}\int_0^t f(t-\tau)\mathrm{e}^{-\zeta\omega_{\mathrm{n}}\tau}\sin\omega_{\mathrm{d}}\tau\mathrm{d}\tau \tag{2.7-33}$$

设 $f(x)$ 在闭区间 $[a,b]$ 上连续，令 $x=a+b-u$，则存在恒等式

$$\int_a^b f(x)\mathrm{d}x=-\int_b^a f(a+b-u)\mathrm{d}u=\int_a^b f(a+b-x)\mathrm{d}x \tag{2.7-34}$$

根据式(2.7-34)，易知式(2.7-30)与式(2.7-33)相等。

例 2.7-1 查表求解式(2.7-20)。

解 $\dfrac{1}{s^2+2\zeta\omega_{\mathrm{n}}s+\omega_{\mathrm{n}}^2}=\dfrac{1}{(s+\zeta\omega_{\mathrm{n}})^2-\zeta^2\omega_{\mathrm{n}}^2+\omega_{\mathrm{n}}^2}=\dfrac{1}{(s+\zeta\omega_{\mathrm{n}})^2+(1-\zeta^2)\omega_{\mathrm{n}}^2}=\dfrac{1}{\omega_{\mathrm{d}}}\cdot\dfrac{\omega_{\mathrm{d}}}{(s+\zeta\omega_{\mathrm{n}})^2+\omega_{\mathrm{d}}^2}$

所以

$$\ell^{-1}\frac{1}{s^2+2\zeta\omega_{\mathrm{n}}s+\omega_{\mathrm{n}}^2}=\frac{1}{\omega_{\mathrm{d}}}\cdot\mathrm{e}^{-\zeta\omega_{\mathrm{n}}t}\sin\omega_{\mathrm{d}}t$$

例 2.7-2 查表求解式(2.7-18)。

解 $\dfrac{(s+2\zeta\omega_{\mathrm{n}})x_0+v_0}{s^2+2\zeta\omega_{\mathrm{n}}s+\omega_{\mathrm{n}}^2}=\dfrac{(s+\zeta\omega_{\mathrm{n}})x_0+\zeta\omega_{\mathrm{n}}x_0+v_0}{(s+\zeta\omega_{\mathrm{n}})^2+\omega_{\mathrm{d}}^2}=x_0\dfrac{s+\zeta\omega_{\mathrm{n}}}{(s+\zeta\omega_{\mathrm{n}})^2+\omega_{\mathrm{d}}^2}+\dfrac{\zeta\omega_{\mathrm{n}}x_0+v_0}{\omega_{\mathrm{d}}}\cdot\dfrac{\omega_{\mathrm{d}}}{(s+\zeta\omega_{\mathrm{n}})^2+\omega_{\mathrm{d}}^2}$

所以

$$\begin{aligned}\ell^{-1}\frac{(s+2\zeta\omega_{\mathrm{n}})x_0+v_0}{s^2+2\zeta\omega_{\mathrm{n}}s+\omega_{\mathrm{n}}^2}&=x_0\mathrm{e}^{-\zeta\omega_{\mathrm{n}}t}\cos\omega_{\mathrm{d}}t+\frac{\zeta\omega_{\mathrm{n}}x_0+v_0}{\omega_{\mathrm{d}}}\mathrm{e}^{-\zeta\omega_{\mathrm{n}}t}\sin\omega_{\mathrm{d}}t\\&=\mathrm{e}^{-\zeta\omega_{\mathrm{n}}t}\left(x_0\cos\omega_{\mathrm{d}}t+\frac{\zeta\omega_{\mathrm{n}}x_0+v_0}{\omega_{\mathrm{d}}}\sin\omega_{\mathrm{d}}t\right)\end{aligned}$$

二、完全响应一般解的证明

式(2.7-30)等号右边的第一项为

$$x_{\mathrm{zi}}=\mathrm{e}^{-\zeta\omega_{\mathrm{n}}t}\left(x_0\cos\omega_{\mathrm{d}}t+\frac{\zeta\omega_{\mathrm{n}}x_0+v_0}{\omega_{\mathrm{d}}}\sin\omega_{\mathrm{d}}t\right) \tag{2.7-35}$$

$$\dot{x}_{\mathrm{zi}}=\mathrm{e}^{-\zeta\omega_{\mathrm{n}}t}\left(-\zeta\omega_{\mathrm{n}}x_0\cos\omega_{\mathrm{d}}t-\frac{\zeta\omega_{\mathrm{n}}\zeta\omega_{\mathrm{n}}x_0+\zeta\omega_{\mathrm{n}}v_0}{\omega_{\mathrm{d}}}\sin\omega_{\mathrm{d}}t\right)+\mathrm{e}^{-\zeta\omega_{\mathrm{n}}t}[-\omega_{\mathrm{d}}x_0\sin\omega_{\mathrm{d}}t+(\zeta\omega_{\mathrm{n}}x_0+v_0)\cos\omega_{\mathrm{d}}t]$$

$$= e^{-\zeta\omega_n t}\left[v_0\cos\omega_d t - \frac{(\zeta^2\omega_n^2+\omega_d^2)x_0+\zeta\omega_n v_0}{\omega_d}\sin\omega_d t\right] \tag{2.7-36}$$

将式(2.7-14)的第二式代入式(2.7-36)得

$$\dot{x}_{zi}(t) = e^{-\zeta\omega_n t}\left(v_0\cos\omega_d t - \frac{\omega_n^2 x_0+\zeta\omega_n v_0}{\omega_d}\sin\omega_d t\right) \tag{2.7-37}$$

$$\ddot{x}_{zi}(t) = e^{-\zeta\omega_n t}\left(-\zeta\omega_n v_0\cos\omega_d t + \frac{\zeta\omega_n\omega_n^2 x_0+\zeta\omega_n\zeta\omega_n v_0}{\omega_d}\sin\omega_d t\right) + e^{-\zeta\omega_n t}[-\omega_d v_0\sin\omega_d t - (\omega_n^2 x_0+\zeta\omega_n v_0)\cos\omega_d t]$$

$$= e^{-\zeta\omega_n t}\left[\frac{\zeta\omega_n^3 x_0+(\zeta^2\omega_n^2-\omega_d^2)v_0}{\omega_d}\sin\omega_d t - (\omega_n^2 x_0+2\zeta\omega_n v_0)\cos\omega_d t\right] \tag{2.7-38}$$

将式(2.7-14)的第三式代入式(2.7-38)得

$$\ddot{x}_{zi}(t) = e^{-\zeta\omega_n t}\left[\frac{\zeta\omega_n^3 x_0+(2\zeta^2-1)\omega_n^2 v_0}{\omega_d}\sin\omega_d t - \omega_n(\omega_n x_0+2\zeta v_0)\cos\omega_d t\right]$$

$$= \omega_n e^{-\zeta\omega_n t}\left[\frac{\zeta\omega_n^2 x_0+(2\zeta^2-1)\omega_n v_0}{\omega_d}\sin\omega_d t - (\omega_n x_0+2\zeta v_0)\cos\omega_d t\right] \tag{2.7-39}$$

由式(2.7-37)得

$$2\zeta\omega_n\dot{x}_{zi}(t) = \omega_n e^{-\zeta\omega_n t}\left(2\zeta v_0\cos\omega_d t - \frac{2\zeta\omega_n^2 x_0+2\zeta^2\omega_n v_0}{\omega_d}\sin\omega_d t\right) \tag{2.7-40}$$

式(2.7-39)加式(2.7-40)得

$$\ddot{x}_{zi}(t)+2\zeta\omega_n\dot{x}_{zi}(t) = \omega_n e^{-\zeta\omega_n t}\left[\frac{\zeta\omega_n^2 x_0+(2\zeta^2-1)\omega_n v_0-2\zeta\omega_n^2 x_0-2\zeta^2\omega_n v_0}{\omega_d}\sin\omega_d t - \omega_n x_0\cos\omega_d t\right]$$

$$= -\omega_n^2 e^{-\zeta\omega_n t}\left(x_0\cos\omega_d t + \frac{\zeta\omega_n x_0+v_0}{\omega_d}\sin\omega_d t\right) \tag{2.7-41}$$

将式(2.7-35)代入式(2.7-41)，得

$$\ddot{x}_{zi}+2\zeta\omega_n\dot{x}_{zi} = -\omega_n^2 x_{zi} \Rightarrow \ddot{x}_{zi}+2\zeta\omega_n\dot{x}_{zi}+\omega_n^2 x_{zi} = 0 \tag{2.7-42}$$

故 $x_{zi}(t)$是式(2.7-4)对应的齐次方程的解。

式(2.7-30)等号右边的第二项为

$$x_{zs} = \frac{1}{m\omega_d}\int_0^t f(\tau)e^{-\zeta\omega_n(t-\tau)}\sin\omega_d(t-\tau)d\tau \tag{2.7-43}$$

如果函数 $f(x,y)$及其对自变量 x 的偏导函数 $f_x(x,y)$都在矩形 $R=[a,b]\times[c,d]$上连续，函数 $\alpha(x)$和 $\beta(x)$都在闭区间$[a,b]$上可微，且 $c\leqslant\alpha(x)\leqslant d, c\leqslant\beta(x)\leqslant d, a\leqslant x\leqslant b$，则莱布尼茨公式为

$$\frac{d}{dx}\int_{\alpha(x)}^{\beta(x)} f(x,y)dy = \int_{\alpha(x)}^{\beta(x)} f_x(x,y)dy + f[x,\beta(x)]\beta'(x) - f[x,\alpha(x)]\alpha'(x) \tag{2.7-44}$$

应用莱布尼茨公式(2.7-44)得

$$\dot{x}_{zs}(t) = \frac{\omega_d}{m\omega_d}\int_0^t f(\tau)e^{-\zeta\omega_n(t-\tau)}\cos\omega_d(t-\tau)d\tau - \frac{\zeta\omega_n}{m\omega_d}\int_0^t f(\tau)e^{-\zeta\omega_n(t-\tau)}\sin\omega_d(t-\tau)d\tau +$$

$$\frac{1}{m\omega_d}f(t)e^{-\zeta\omega_n(t-t)}\sin\omega_d(t-t) \tag{2.7-45}$$

式(2.7-45)化简为

$$\dot{x}_{zs}(t) = \frac{1}{m}\int_0^t f(\tau)e^{-\zeta\omega_n(t-\tau)}\cos\omega_d(t-\tau)d\tau - \frac{\zeta\omega_n}{m\omega_d}\int_0^t f(\tau)e^{-\zeta\omega_n(t-\tau)}\sin\omega_d(t-\tau)d\tau \tag{2.7-46}$$

$$\ddot{x}_{zs}(t) = \frac{1}{m}f(t)e^{-\zeta\omega_n(t-t)}\cos\omega_d(t-t) - \frac{\zeta\omega_n}{m}\int_0^t f(\tau)e^{-\zeta\omega_n(t-\tau)}\cos\omega_d(t-\tau)d\tau -$$

$$\frac{\omega_d}{m}\int_0^t f(\tau)e^{-\zeta\omega_n(t-\tau)}\sin\omega_d(t-\tau)d\tau-\frac{\zeta\omega_n}{m\omega_d}f(t)e^{-\zeta\omega_n(t-t)}\sin\omega_d(t-t)+$$
$$\frac{\zeta^2\omega_n^2}{m\omega_d}\int_0^t f(\tau)e^{-\zeta\omega_n(t-\tau)}\sin\omega_d(t-\tau)d\tau-\frac{\zeta\omega_n}{m\omega_d}\omega_d\int_0^t f(\tau)e^{-\zeta\omega_n(t-\tau)}\cos\omega_d(t-\tau)d\tau \tag{2.7-47}$$

式(2.7-47)化简为

$$\ddot{x}_{zs}(t)=\frac{f(t)}{m}-\frac{2\zeta\omega_n}{m}\int_0^t f(\tau)e^{-\zeta\omega_n(t-\tau)}\cos\omega_d(t-\tau)d\tau+\frac{\zeta^2\omega_n^2-\omega_d^2}{m\omega_d}\int_0^t f(\tau)e^{-\zeta\omega_n(t-\tau)}\sin\omega_d(t-\tau)d\tau \tag{2.7-48}$$

将式(2.7-14)的第三式代入式(2.7-48),得

$$\ddot{x}_{zs}(t)=\frac{f(t)}{m}-\frac{2\zeta\omega_n}{m}\int_0^t f(\tau)e^{-\zeta\omega_n(t-\tau)}\cos\omega_d(t-\tau)d\tau+\frac{(2\zeta^2-1)\omega_n^2}{m\omega_d}\int_0^t f(\tau)e^{-\zeta\omega_n(t-\tau)}\sin\omega_d(t-\tau)d\tau \tag{2.7-49}$$

由式(2.7-46)得

$$2\zeta\omega_n\dot{x}_{zs}(t)=\frac{2\zeta\omega_n}{m}\int_0^t f(\tau)e^{-\zeta\omega_n(t-\tau)}\cos\omega_d(t-\tau)d\tau-\frac{2\zeta^2\omega_n^2}{m\omega_d}\int_0^t f(\tau)e^{-\zeta\omega_n(t-\tau)}\sin\omega_d(t-\tau)d\tau \tag{2.7-50}$$

式(2.7-49)加式(2.7-50)得

$$\ddot{x}_{zs}(t)+2\zeta\omega_n\dot{x}_{zs}(t)=\frac{f(t)}{m}-\frac{\omega_n^2}{m\omega_d}\int_0^t f(\tau)e^{-\zeta\omega_n(t-\tau)}\sin\omega_d(t-\tau)d\tau \tag{2.7-51}$$

将式(2.7-43)代入式(2.7-51)得

$$\ddot{x}_{zs}+2\zeta\omega_n\dot{x}_{zs}=\frac{f(t)}{m}-\omega_n^2x_{zs}\Rightarrow\ddot{x}_{zs}+2\zeta\omega_n\dot{x}_{zs}+\omega_n^2x_{zs}=\frac{f(t)}{m} \tag{2.7-52}$$

故 $x_{zs}(t)$是非齐次方程(2.7-4)的一个特解。

由式(2.7-30)得

$$x(0)=e^{-\zeta\omega_n 0}\left(x_0\cos\omega_d 0+\frac{\zeta\omega_n x_0+v_0}{\omega_d}\sin\omega_d 0\right)+\frac{1}{m\omega_d}\int_0^0 f(\tau)e^{-\zeta\omega_n(0-\tau)}\sin\omega_d(0-\tau)d\tau=x_0 \tag{2.7-53}$$

式(2.7-53)同于式(2.7-2)。

$$x(t)=x_{zi}(t)+x_{zs}(t) \tag{2.7-54}$$

$$\dot{x}(t)=\dot{x}_{zi}(t)+\dot{x}_{zs}(t) \tag{2.7-55}$$

将式(2.7-37)和式(2.7-46)代入式(2.7-55)得

$$\dot{x}(t)=e^{-\zeta\omega_n t}\left(v_0\cos\omega_d t-\frac{\omega_n^2x_0+\zeta\omega_n v_0}{\omega_d}\sin\omega_d t\right)+\frac{1}{m}\int_0^t f(\tau)e^{-\zeta\omega_n(t-\tau)}\cos\omega_d(t-\tau)d\tau-$$
$$\frac{\zeta\omega_n}{m\omega_d}\int_0^t f(\tau)e^{-\zeta\omega_n(t-\tau)}\sin\omega_d(t-\tau)d\tau \tag{2.7-56}$$

$$\dot{x}(0)=e^{-\zeta\omega_n 0}\left(v_0\cos\omega_d 0-\frac{\omega_n^2x_0+\zeta\omega_n v_0}{\omega_d}\sin\omega_d 0\right)+\frac{1}{m}\int_0^0 f(\tau)e^{-\zeta\omega_n(0-\tau)}\cos\omega_d(0-\tau)d\tau-$$
$$\frac{\zeta\omega_n}{m\omega_d}\int_0^0 f(\tau)e^{-\zeta\omega_n(0-\tau)}\sin\omega_d(0-\tau)d\tau=v_0 \tag{2.7-57}$$

式(2.7-57)同于式(2.7-3)。

例 2.7-3 ① 根据式(2.7-35),求 $x_{zi}(0)$。② 根据式(2.7-37),求 $\dot{x}_{zi}(0)$。③ 根据①②和式(2.7-42),

说明式(2.7-35)中的 x_{zi} 表示什么响应。

解 ① $x_{zi}(0)=\mathrm{e}^{-\zeta\omega_n 0}\left(x_0\cos\omega_d 0+\dfrac{\zeta\omega_n x_0+v_0}{\omega_d}\sin\omega_d 0\right)=x_0$。

② $\dot{x}_{zi}(0)=\mathrm{e}^{-\zeta\omega_n 0}\left(v_0\cos\omega_d 0-\dfrac{\omega_n^2 x_0+\zeta\omega_n v_0}{\omega_d}\sin\omega_d 0\right)=v_0$。

③ x_{zi} 表示零输入响应。

例 2.7-4 ① 根据式(2.7-43),求 $x_{zs}(0)$。② 根据式(2.7-46),求 $\dot{x}_{zs}(0)$。③ 根据①②和式(2.7-52),说明式(2.7-43)中的 x_{zs} 表示什么响应。

解 ① $x_{zs}(0)=\dfrac{1}{m\omega_d}\displaystyle\int_0^0 f(\tau)\mathrm{e}^{-\zeta\omega_n(0-\tau)}\sin\omega_d(0-\tau)\mathrm{d}\tau=0$。

② $\dot{x}_{zs}(0)=\dfrac{1}{m}\displaystyle\int_0^0 f(\tau)\mathrm{e}^{-\zeta\omega_n(0-\tau)}\cos\omega_d(0-\tau)\mathrm{d}\tau-\dfrac{\zeta\omega_n}{m\omega_d}\int_0^0 f(\tau)\mathrm{e}^{-\zeta\omega_n(0-\tau)}\sin\omega_d(0-\tau)\mathrm{d}\tau=0$。

③ x_{zs} 表示零状态响应。

三、重新求解简谐激励力下的完全响应

式(2.7-33)等号右边的第一项同于式(2.5-27)。

当 $f(t)=F\sin\omega t$ 时,式(2.7-33)等号右边的第二项等于

$$x_{zs}=\frac{1}{m\omega_d}\int_0^t f(t-\tau)\mathrm{e}^{-\zeta\omega_n\tau}\sin\omega_d\tau\mathrm{d}\tau=\frac{F}{m\omega_d}\int_0^t \mathrm{e}^{-\zeta\omega_n\tau}\sin\omega_d\tau\sin\omega(t-\tau)\mathrm{d}\tau \tag{2.7-58}$$

应用三角函数积化和差公式 $\sin\alpha\sin\beta=\frac{1}{2}[\cos(\alpha-\beta)-\cos(\alpha+\beta)]$,将式(2.7-58)化为

$$x_{zs}=\frac{F}{m\omega_d}\int_0^t \mathrm{e}^{-\zeta\omega_n\tau}\sin\omega_d\tau\sin(\omega t-\omega\tau)\mathrm{d}\tau=\frac{F}{2m\omega_d}\int_0^t \mathrm{e}^{-\zeta\omega_n\tau}[\cos(\omega_d\tau+\omega\tau-\omega t)-\cos(\omega_d\tau-\omega\tau+\omega t)]\mathrm{d}\tau \tag{2.7-59}$$

可得

$$x_{zs}=\frac{F}{2m\omega_d}\left[\int_0^t \mathrm{e}^{-\zeta\omega_n\tau}\cos(\omega_d\tau+\omega\tau-\omega t)\mathrm{d}\tau-\int_0^t \mathrm{e}^{-\zeta\omega_n\tau}\cos(\omega_d\tau-\omega\tau+\omega t)\mathrm{d}\tau\right] \tag{2.7-60}$$

查积分表有以下不定积分公式

$$\int \mathrm{e}^{ax}\cos bx\mathrm{d}x=\mathrm{e}^{ax}\frac{b\sin bx+a\cos bx}{a^2+b^2}+C \tag{2.7-61}$$

在式(2.7-61)中令 $x=t+\dfrac{\beta}{b}$,则有

$$\int \mathrm{e}^{at+a\frac{\beta}{b}}\cos(bt+\beta)\mathrm{d}t=\mathrm{e}^{at+a\frac{\beta}{b}}\frac{b\sin(bt+\beta)+a\cos(bt+\beta)}{a^2+b^2}+C \tag{2.7-62}$$

$$\int \mathrm{e}^{at}\cos(bt+\beta)\mathrm{d}t=\mathrm{e}^{at}\frac{b\sin(bt+\beta)+a\cos(bt+\beta)}{a^2+b^2}+C \tag{2.7-63}$$

根据式(2.7-63)得

$$\int_0^t \mathrm{e}^{-\zeta\omega_n\tau}\cos(\omega_d\tau+\omega\tau-\omega t)\mathrm{d}\tau=\frac{\mathrm{e}^{-\zeta\omega_n\tau}[(\omega_d+\omega)\sin(\omega_d\tau+\omega\tau-\omega t)-\zeta\omega_n\cos(\omega_d\tau+\omega\tau-\omega t)]\,\Big|_{\tau=0}^{\tau=t}}{\zeta^2\omega_n^2+(\omega_d+\omega)^2} \tag{2.7-64}$$

$$\int_0^t \mathrm{e}^{-\zeta\omega_n\tau}\cos(\omega_d\tau+\omega\tau-\omega t)\mathrm{d}\tau=\frac{\mathrm{e}^{-\zeta\omega_n t}[(\omega_d+\omega)\sin\omega_d t-\zeta\omega_n\cos\omega_d t]-[(\omega_d+\omega)\sin(-\omega t)-\zeta\omega_n\cos(-\omega t)]}{\zeta^2\omega_n^2+\omega_d^2+\omega^2+2\omega_d\omega} \tag{2.7-65}$$

将式(2.7-14)的第二式代入式(2.7-65)得

$$\int_0^t e^{-\zeta\omega_n\tau}\cos(\omega_d\tau+\omega\tau-\omega t)d\tau=\frac{e^{-\zeta\omega_n t}[(\omega_d+\omega)\sin\omega_d t-\zeta\omega_n\cos\omega_d t]+(\omega_d+\omega)\sin\omega t+\zeta\omega_n\cos\omega t}{\omega_n^2+\omega^2+2\omega_d\omega} \tag{2.7-66}$$

将式(2.7-66)展开为

$$\int_0^t e^{-\zeta\omega_n\tau}\cos(\omega_d\tau+\omega\tau-\omega t)d\tau=\frac{\omega_d+\omega}{\omega_n^2+\omega^2+2\omega_d\omega}e^{-\zeta\omega_n t}\sin\omega_d t-\frac{\zeta\omega_n e^{-\zeta\omega_n t}\cos\omega_d t}{\omega_n^2+\omega^2+2\omega_d\omega}+\frac{\omega_d+\omega}{\omega_n^2+\omega^2+2\omega_d\omega}\sin\omega t+\frac{\zeta\omega_n\cos\omega t}{\omega_n^2+\omega^2+2\omega_d\omega} \tag{2.7-67}$$

在式(2.7-67)中把 ω 换成 $-\omega$，有

$$\int_0^t e^{-\zeta\omega_n\tau}\cos(\omega_d\tau-\omega\tau+\omega t)d\tau=\frac{\omega_d-\omega}{\omega_n^2+\omega^2-2\omega_d\omega}e^{-\zeta\omega_n t}\sin\omega_d t-\frac{\zeta\omega_n e^{-\zeta\omega_n t}\cos\omega_d t}{\omega_n^2+\omega^2-2\omega_d\omega}-\frac{\omega_d-\omega}{\omega_n^2+\omega^2-2\omega_d\omega}\sin\omega t+\frac{\zeta\omega_n\cos\omega t}{\omega_n^2+\omega^2-2\omega_d\omega} \tag{2.7-68}$$

式(2.7-67)减去式(2.7-68)得

$$\begin{aligned}&\int_0^t e^{-\zeta\omega_n\tau}\cos(\omega_d\tau+\omega\tau-\omega t)d\tau-\int_0^t e^{-\zeta\omega_n\tau}\cos(\omega_d\tau-\omega\tau+\omega t)d\tau=\\&\left(\frac{\omega_d+\omega}{\omega_n^2+\omega^2+2\omega_d\omega}-\frac{\omega_d-\omega}{\omega_n^2+\omega^2-2\omega_d\omega}\right)e^{-\zeta\omega_n t}\sin\omega_d t+\left(\frac{1}{\omega_n^2+\omega^2-2\omega_d\omega}-\frac{1}{\omega_n^2+\omega^2+2\omega_d\omega}\right)\zeta\omega_n e^{-\zeta\omega_n t}\cos\omega_d t+\\&\left(\frac{\omega_d+\omega}{\omega_n^2+\omega^2+2\omega_d\omega}+\frac{\omega_d-\omega}{\omega_n^2+\omega^2-2\omega_d\omega}\right)\sin\omega t+\left(\frac{1}{\omega_n^2+\omega^2+2\omega_d\omega}-\frac{1}{\omega_n^2+\omega^2-2\omega_d\omega}\right)\zeta\omega_n\cos\omega t\end{aligned} \tag{2.7-69}$$

利用$\frac{1}{a}-\frac{1}{b}=\frac{b-a}{ab}$，可将式(2.7-69)化简为

$$\begin{aligned}&\int_0^t e^{-\zeta\omega_n\tau}\cos(\omega_d\tau+\omega\tau-\omega t)d\tau-\int_0^t e^{-\zeta\omega_n\tau}\cos(\omega_d\tau-\omega\tau+\omega t)d\tau=\\&\left(\frac{\omega_d+\omega}{\omega_n^2+\omega^2+2\omega_d\omega}+\frac{\omega-\omega_d}{\omega_n^2+\omega^2-2\omega_d\omega}\right)e^{-\zeta\omega_n t}\sin\omega_d t+\frac{4\omega_d\omega}{(\omega_n^2+\omega^2)^2-4\omega_d^2\omega^2}\zeta\omega_n e^{-\zeta\omega_n t}\cos\omega_d t+\\&\left(\frac{\omega_d+\omega}{\omega_n^2+\omega^2+2\omega_d\omega}+\frac{\omega_d-\omega}{\omega_n^2+\omega^2-2\omega_d\omega}\right)\sin\omega t-\frac{4\omega_d\omega}{(\omega_n^2+\omega^2)^2-4\omega_d^2\omega^2}\zeta\omega_n\cos\omega t\end{aligned} \tag{2.7-70}$$

计算以下中间结果

$$\frac{\omega_d+\omega}{\omega_n^2+\omega^2+2\omega_d\omega}+\frac{\omega-\omega_d}{\omega_n^2+\omega^2-2\omega_d\omega}=\left(\frac{1}{\omega_n^2+\omega^2+2\omega_d\omega}-\frac{1}{\omega_n^2+\omega^2-2\omega_d\omega}\right)\omega_d+\left(\frac{1}{\omega_n^2+\omega^2+2\omega_d\omega}+\frac{1}{\omega_n^2+\omega^2-2\omega_d\omega}\right)\omega \tag{2.7-71}$$

化简式(2.7-71)得

$$\frac{\omega_d+\omega}{\omega_n^2+\omega^2+2\omega_d\omega}+\frac{\omega-\omega_d}{\omega_n^2+\omega^2-2\omega_d\omega}=\frac{-4\omega_d^2\omega}{(\omega_n^2+\omega^2)^2-4\omega_d^2\omega^2}+\frac{2\omega_n^2\omega+2\omega^3}{(\omega_n^2+\omega^2)^2-4\omega_d^2\omega^2}=\frac{2\omega_n^2\omega+2\omega^3-4\omega_d^2\omega}{(\omega_n^2+\omega^2)^2-4\omega_d^2\omega^2} \tag{2.7-72}$$

将式(2.7-72)代入式(2.7-70)得

$$\begin{aligned}&\int_0^t e^{-\zeta\omega_n\tau}\cos(\omega_d\tau+\omega\tau-\omega t)d\tau-\int_0^t e^{-\zeta\omega_n\tau}\cos(\omega_d\tau-\omega\tau+\omega t)d\tau=\frac{2\omega_n^2\omega+2\omega^3-4\omega_d^2\omega}{(\omega_n^2+\omega^2)^2-4\omega_d^2\omega^2}e^{-\zeta\omega_n t}\sin\omega_d t+\\&\frac{4\zeta\omega_n\omega_d\omega}{(\omega_n^2+\omega^2)^2-4\omega_d^2\omega^2}e^{-\zeta\omega_n t}\cos\omega_d t+\left(\frac{\omega_d+\omega}{\omega_n^2+\omega^2+2\omega_d\omega}+\frac{\omega_d-\omega}{\omega_n^2+\omega^2-2\omega_d\omega}\right)\sin\omega t-\frac{4\zeta\omega_n\omega_d\omega}{(\omega_n^2+\omega^2)^2-4\omega_d^2\omega^2}\cos\omega t\end{aligned} \tag{2.7-73}$$

再计算以下中间结果

$$\frac{\omega_d+\omega}{\omega_n^2+\omega^2+2\omega_d\omega}+\frac{\omega_d-\omega}{\omega_n^2+\omega^2-2\omega_d\omega}=\left(\frac{1}{\omega_n^2+\omega^2+2\omega_d\omega}+\frac{1}{\omega_n^2+\omega^2-2\omega_d\omega}\right)\omega_d+\left(\frac{1}{\omega_n^2+\omega^2+2\omega_d\omega}-\frac{1}{\omega_n^2+\omega^2-2\omega_d\omega}\right)\omega \tag{2.7-74}$$

化简式(2.7-74)得

$$\frac{\omega_d+\omega}{\omega_n^2+\omega^2+2\omega_d\omega}+\frac{\omega_d-\omega}{\omega_n^2+\omega^2-2\omega_d\omega}=\frac{2\omega_n^2+2\omega^2}{(\omega_n^2+\omega^2)^2-4\omega_d^2\omega^2}\omega_d+\frac{-4\omega_d\omega}{(\omega_n^2+\omega^2)^2-4\omega_d^2\omega^2}\omega=\frac{2\omega_n^2\omega_d-2\omega_d\omega^2}{(\omega_n^2+\omega^2)^2-4\omega_d^2\omega^2} \tag{2.7-75}$$

将式(2.7-75)代入式(2.7-73)得

$$\int_0^t e^{-\zeta\omega_n\tau}\cos(\omega_d\tau+\omega\tau-\omega t)\mathrm{d}\tau-\int_0^t e^{-\zeta\omega_n\tau}\cos(\omega_d\tau-\omega\tau+\omega t)\mathrm{d}\tau=\frac{2\omega_n^2\omega+2\omega^3-4\omega_d^2\omega}{(\omega_n^2+\omega^2)^2-4\omega_d^2\omega^2}e^{-\zeta\omega_n t}\sin\omega_d t+\frac{4\zeta\omega_n\omega_d\omega}{(\omega_n^2+\omega^2)^2-4\omega_d^2\omega^2}e^{-\zeta\omega_n t}\cos\omega_d t+\frac{2\omega_n^2\omega_d-2\omega_d\omega^2}{(\omega_n^2+\omega^2)^2-4\omega_d^2\omega^2}\sin\omega t-\frac{4\zeta\omega_n\omega_d\omega}{(\omega_n^2+\omega^2)^2-4\omega_d^2\omega^2}\cos\omega t \tag{2.7-76}$$

将式(2.7-76)代入式(2.7-60)得

$$x_{zs}=\frac{F}{m\omega_d}\cdot\frac{\omega_n^2\omega+\omega^3-2\omega_d^2\omega}{(\omega_n^2+\omega^2)^2-4\omega_d^2\omega^2}e^{-\zeta\omega_n t}\sin\omega_d t+\frac{F}{m}\cdot\frac{2\zeta\omega_n\omega}{(\omega_n^2+\omega^2)^2-4\omega_d^2\omega^2}e^{-\zeta\omega_n t}\cos\omega_d t+\frac{F}{m}\cdot\frac{\omega_n^2-\omega^2}{(\omega_n^2+\omega^2)^2-4\omega_d^2\omega^2}\sin\omega t-\frac{F}{m}\cdot\frac{2\zeta\omega_n\omega}{(\omega_n^2+\omega^2)^2-4\omega_d^2\omega^2}\cos\omega t \tag{2.7-77}$$

将$\frac{F}{m}=\frac{Fk}{km}=h\omega_n^2$代入式(2.7-77)得

$$x_{zs}=\frac{h\omega_n^2}{\omega_d}\cdot\frac{\omega_n^2\omega+\omega^3-2\omega_d^2\omega}{(\omega_n^2+\omega^2)^2-4\omega_d^2\omega^2}e^{-\zeta\omega_n t}\sin\omega_d t+h\omega_n^2\frac{2\zeta\omega_n\omega}{(\omega_n^2+\omega^2)^2-4\omega_d^2\omega^2}e^{-\zeta\omega_n t}\cos\omega_d t+h\omega_n^2\frac{\omega_n^2-\omega^2}{(\omega_n^2+\omega^2)^2-4\omega_d^2\omega^2}\sin\omega t-h\omega_n^2\frac{2\zeta\omega_n\omega}{(\omega_n^2+\omega^2)^2-4\omega_d^2\omega^2}\cos\omega t \tag{2.7-78}$$

由式(2.7-14)的第一式得

$$\begin{aligned}(\omega_n^2+\omega^2)^2-4\omega_d^2\omega^2&=(\omega_n^2+\omega^2)^2-4(1-\zeta^2)\omega_n^2\omega^2\\&=\omega_n^4+\omega^4+2\omega_n^2\omega^2-4\omega_n^2\omega^2+4\zeta^2\omega_n^2\omega^2\\&=(\omega_n^2-\omega^2)^2+4\zeta^2\omega_n^2\omega^2\end{aligned} \tag{2.7-79}$$

将式(2.7-79)代入式(2.7-78)得

$$x_{zs}=\frac{h\omega_n^2}{\omega_d}\cdot\frac{\omega_n^2\omega+\omega^3-2\omega_d^2\omega}{(\omega_n^2-\omega^2)^2+4\zeta^2\omega_n^2\omega^2}e^{-\zeta\omega_n t}\sin\omega_d t+h\frac{2\zeta\omega_n^3\omega}{(\omega_n^2-\omega^2)^2+4\zeta^2\omega_n^2\omega^2}e^{-\zeta\omega_n t}\cos\omega_d t+h\frac{\omega_n^4-\omega_n^2\omega^2}{(\omega_n^2-\omega^2)^2+4\zeta^2\omega_n^2\omega^2}\sin\omega t-h\frac{2\zeta\omega_n^3\omega}{(\omega_n^2-\omega^2)^2+4\zeta^2\omega_n^2\omega^2}\cos\omega t \tag{2.7-80}$$

由式(2.7-80)得

$$x_{zs}=\frac{h\omega_n^2}{\omega_d}\cdot\frac{(\omega_n^2-2\omega_d^2)\omega+\omega^3}{(\omega_n^2-\omega^2)^2+4\zeta^2\omega_n^2\omega^2}e^{-\zeta\omega_n t}\sin\omega_d t+h\frac{2\zeta g}{(1-g^2)^2+4\zeta^2g^2}e^{-\zeta\omega_n t}\cos\omega_d t+h\frac{1-g^2}{(1-g^2)^2+4\zeta^2g^2}\sin\omega t-h\frac{2\zeta g}{(1-g^2)^2+4\zeta^2g^2}\cos\omega t \tag{2.7-81}$$

由式(2.7-81)得

$$x_{zs}=\frac{h\omega_n^2}{\sqrt{1-\zeta^2}\omega_n}\cdot\frac{[\omega_n^2-2(1-\zeta^2)\omega_n^2]\omega+\omega^3}{(\omega_n^2-\omega^2)^2+4\zeta^2\omega_n^2\omega^2}e^{-\zeta\omega_n t}\sin\omega_d t+h\frac{2\zeta g}{(1-g^2)^2+4\zeta^2g^2}e^{-\zeta\omega_n t}\cos\omega_d t+\frac{(1-g^2)\sin\omega t-2\zeta g\cos\omega t}{(1-g^2)^2+4\zeta^2g^2}h \tag{2.7-82}$$

由式(2.7-82)得

$$x_{zs}=\frac{h\omega_n}{\sqrt{1-\zeta^2}}\cdot\frac{(2\zeta^2-1)\omega_n^2\omega+\omega^3}{(\omega_n^2-\omega^2)^2+4\zeta^2\omega_n^2\omega^2}e^{-\zeta\omega_n t}\sin\omega_d t+h\frac{2\zeta g}{(1-g^2)^2+4\zeta^2g^2}e^{-\zeta\omega_n t}\cos\omega_d t+\frac{(1-g^2)\sin\omega t-2\zeta g\cos\omega t}{(1-g^2)^2+4\zeta^2g^2}h \tag{2.7-83}$$

由式(2.7-83)得

$$x_{zs}=\frac{h}{\sqrt{1-\zeta^2}}\cdot\frac{(2\zeta^2-1)g+g^3}{(1-g^2)^2+4\zeta^2g^2}e^{-\zeta\omega_n t}\sin\omega_d t+gh\frac{2\zeta\cos\omega_d t}{(1-g^2)^2+4\zeta^2g^2}e^{-\zeta\omega_n t}+\frac{(1-g^2)\sin\omega t-2\zeta g\cos\omega t}{(1-g^2)^2+4\zeta^2g^2}h \tag{2.7-84}$$

由式(2.7-84)得

$$x_{zs}=gh\frac{\dfrac{2\zeta^2-1+g^2}{\sqrt{1-\zeta^2}}}{(1-g^2)^2+4\zeta^2g^2}e^{-\zeta\omega_n t}\sin\omega_d t+gh\frac{2\zeta\cos\omega_d t}{(1-g^2)^2+4\zeta^2g^2}e^{-\zeta\omega_n t}+\frac{(1-g^2)\sin\omega t-2\zeta g\cos\omega t}{(1-g^2)^2+4\zeta^2g^2}h \tag{2.7-85}$$

由式(2.7-85)得

$$x_{zs}=gh\frac{\dfrac{2\zeta^2-1+g^2}{\sqrt{1-\zeta^2}}\sin\omega_d t+2\zeta\cos\omega_d t}{(1-g^2)^2+4\zeta^2g^2}e^{-\zeta\omega_n t}+\frac{(1-g^2)\sin\omega t-2\zeta g\cos\omega t}{(1-g^2)^2+4\zeta^2g^2}h \tag{2.7-86}$$

式(2.7-86)同于式(2.5-28)。

四、单位冲激响应

在物理和工程技术中，除了指数衰减函数外，单位冲激函数也是常见函数。这是因为许多物理现象具有脉冲性质。如在电学中，要研究线性电路受具有脉冲(pulse)性质的电势作用后所产生的电流；在力学中，要研究机械系统受冲击力作用后的运动情况等。单位冲激(impulse)函数也称为狄拉克(Dirac)函数，简单地记成 δ 函数。它是英国物理学家狄拉克于 1930 年在研究量子力学时首先提出的。狄拉克给出 δ 函数的一种定义方式，即

$$\begin{cases}\delta(t)=\begin{cases}+\infty & (t=0)\\ 0 & (t\neq 0)\end{cases}\\ \int_{0^-}^{0^+}\delta(t)\mathrm{d}t=1\end{cases}$$

当 $f(t)=\delta(t)$ 时，式(2.7-33)等号右边的第二项为

$$x_{zs}=\frac{1}{m\omega_d}\int_0^t\delta(t-\tau)e^{-\zeta\omega_n\tau}\sin\omega_d\tau\mathrm{d}\tau \tag{2.7-87}$$

因为 $t\neq 0$ 时，$\delta(t)=0$，所以对于在 $t=0$ 时连续的任意函数 $f(t)$，有 $\delta(t)f(t)=\delta(t)f(0)$，于是有 $\int_{-\infty}^{+\infty}\delta(t)f(t)\mathrm{d}t=\int_{-\infty}^{+\infty}\delta(t)f(0)\mathrm{d}t=f(0)\int_{-\infty}^{+\infty}\delta(t)\mathrm{d}t=f(0)$。这一特性称为 δ 函数的筛分性质。根据筛分性质

得$\int_{-\infty}^{+\infty}\delta(-t)f(t)\mathrm{d}t=\int_{+\infty}^{-\infty}\delta(\tau)f(-\tau)\mathrm{d}(-\tau)=\int_{-\infty}^{+\infty}\delta(\tau)f(-\tau)\mathrm{d}\tau=f(0)$。于是有$\int_{-\infty}^{+\infty}\delta(-t)f(t)\mathrm{d}t=\int_{-\infty}^{+\infty}\delta(t)f(t)\mathrm{d}t$，故$\delta(-t)=\delta(t)$。故式(2.7-87)可写为

$$x_{zs}=\frac{1}{m\omega_{\mathrm{d}}}\int_{0}^{t}\delta(\tau-t)\mathrm{e}^{-\zeta\omega_{\mathrm{n}}\tau}\sin\omega_{\mathrm{d}}\tau\mathrm{d}\tau \tag{2.7-88}$$

因为$t\neq t_0$时，$\delta(t-t_0)=0$，所以对于在$t=t_0$时连续的任意函数$f(t)$，有$\delta(t-t_0)f(t)=\delta(t-t_0)f(t_0)$。据此可将式(2.7-88)写成

$$x_{zs}=\frac{1}{m\omega_{\mathrm{d}}}\int_{0}^{t}\delta(\tau-t)\mathrm{e}^{-\zeta\omega_{\mathrm{n}}t}\sin\omega_{\mathrm{d}}t\mathrm{d}\tau=\frac{1}{m\omega_{\mathrm{d}}}\mathrm{e}^{-\zeta\omega_{\mathrm{n}}t}\sin\omega_{\mathrm{d}}t\int_{0}^{t}\delta(\tau-t)\mathrm{d}\tau=\frac{1}{m\omega_{\mathrm{d}}}\mathrm{e}^{-\zeta\omega_{\mathrm{n}}t}\sin\omega_{\mathrm{d}}t\int_{-t}^{0^+}\delta(x)\mathrm{d}x \tag{2.7-89}$$

故单位冲激响应为

$$h(t)=\begin{cases}0 & (t\leqslant 0)\\ \dfrac{1}{m\omega_{\mathrm{d}}}\mathrm{e}^{-\zeta\omega_{\mathrm{n}}t}\sin\omega_{\mathrm{d}}t & (t>0)\end{cases} \tag{2.7-90}$$

五、单位阶跃响应

单位阶跃(unit step)函数的物理背景是，在$t=0$时刻对某一电路接入单位电源(可以是直流电压源或直流电流源)，并且无限持续下去。$f(t)=u(t)=\begin{cases}0 & (t<0)\\ 1 & (t>0)\end{cases}$，在跳变点$t=0$处函数值未定义，或在$t=0$处规定函数值$u(0)=\frac{1}{2}$。查积分表有不定积分公式$\int\mathrm{e}^{ax}\sin bx\,\mathrm{d}x=\mathrm{e}^{ax}\dfrac{a\sin bx-b\cos bx}{a^2+b^2}+C$，故式(2.7-33)等号右边的第二项为

$$\begin{aligned}x_{zs}&=\frac{1}{m\omega_{\mathrm{d}}}\int_{0}^{t}u(t-\tau)\mathrm{e}^{-\zeta\omega_{\mathrm{n}}\tau}\sin\omega_{\mathrm{d}}\tau\mathrm{d}\tau=\frac{1}{m\omega_{\mathrm{d}}}\int_{0}^{t}\mathrm{e}^{-\zeta\omega_{\mathrm{n}}\tau}\sin\omega_{\mathrm{d}}\tau\mathrm{d}\tau\\&=\frac{1}{m\omega_{\mathrm{d}}}\cdot\frac{\mathrm{e}^{-\zeta\omega_{\mathrm{n}}\tau}(-\zeta\omega_{\mathrm{n}}\sin\omega_{\mathrm{d}}\tau-\omega_{\mathrm{d}}\cos\omega_{\mathrm{d}}\tau)\big|_{\tau=0}^{\tau=t}}{\zeta^2\omega_{\mathrm{n}}^2+\omega_{\mathrm{d}}^2}\\&=\frac{\mathrm{e}^{-\zeta\omega_{\mathrm{n}}\tau}(\zeta\omega_{\mathrm{n}}\sin\omega_{\mathrm{d}}\tau+\omega_{\mathrm{d}}\cos\omega_{\mathrm{d}}\tau)\big|_{\tau=t}^{\tau=0}}{m\omega_{\mathrm{d}}(\zeta^2\omega_{\mathrm{n}}^2+\omega_{\mathrm{d}}^2)}\end{aligned} \tag{2.7-91}$$

$$x_{zs}=\frac{\omega_{\mathrm{d}}-\mathrm{e}^{-\zeta\omega_{\mathrm{n}}t}(\zeta\omega_{\mathrm{n}}\sin\omega_{\mathrm{d}}t+\omega_{\mathrm{d}}\cos\omega_{\mathrm{d}}t)}{m\omega_{\mathrm{d}}(\zeta^2\omega_{\mathrm{n}}^2+\omega_{\mathrm{d}}^2)}=\frac{1-\mathrm{e}^{-\zeta\omega_{\mathrm{n}}t}\left(\dfrac{\zeta\omega_{\mathrm{n}}}{\omega_{\mathrm{d}}}\sin\omega_{\mathrm{d}}t+\cos\omega_{\mathrm{d}}t\right)}{m(\zeta^2\omega_{\mathrm{n}}^2+\omega_{\mathrm{d}}^2)} \tag{2.7-92}$$

将式(2.7-14)的第二式和第一式代入式(2.7-92)得

$$x_{zs}=\frac{1-\mathrm{e}^{-\zeta\omega_{\mathrm{n}}t}\left(\dfrac{\zeta}{\sqrt{1-\zeta^2}}\sin\omega_{\mathrm{d}}t+\cos\omega_{\mathrm{d}}t\right)}{k} \tag{2.7-93}$$

故单位阶跃响应为

$$s(t)=\frac{1-\dfrac{\mathrm{e}^{-\zeta\omega_{\mathrm{n}}t}}{\sqrt{1-\zeta^2}}\sin\left(\omega_{\mathrm{d}}t+\arctan\dfrac{\sqrt{1-\zeta^2}}{\zeta}\right)}{k}u(t) \tag{2.7-94}$$

将其写成余弦形式，为

$$s(t)=\frac{1-\dfrac{\mathrm{e}^{-\zeta\omega_{\mathrm{n}}t}}{\sqrt{1-\zeta^2}}\cos\left(\omega_{\mathrm{d}}t-\arctan\dfrac{\zeta}{\sqrt{1-\zeta^2}}\right)}{k}u(t) \tag{2.7-95}$$

下面通过拉普拉斯变换，重新计算单位阶跃响应。

按照式(2.7-11)等号右边的第二项，零状态响应的拉普拉斯变换 $X_{zs}(s)=\frac{1}{m}\cdot\frac{F(s)}{s^2+2\zeta\omega_n s+\omega_n^2}$，则系统函数或网络函数 $H(s)=\frac{X_{zs}(s)}{F(s)}=\frac{1}{m}\cdot\frac{1}{s^2+2\zeta\omega_n s+\omega_n^2}$，由于 $f(t)=u(t)$，$F(s)=\frac{1}{s}$，$X_{zs}(s)=\frac{1}{m}\cdot\frac{1}{s(s^2+2\zeta\omega_n s+\omega_n^2)}$，因此

$$X_{zs}(s)=\frac{1}{m\omega_n^2}\cdot\frac{(s^2+2\zeta\omega_n s+\omega_n^2)-(s^2+2\zeta\omega_n s)}{s(s^2+2\zeta\omega_n s+\omega_n^2)}=\frac{1}{k}\left(\frac{1}{s}-\frac{s+2\zeta\omega_n}{s^2+2\zeta\omega_n s+\omega_n^2}\right)\tag{2.7-96}$$

$$kX_{zs}(s)=\frac{1}{s}-\frac{s+2\zeta\omega_n}{s^2+2\zeta\omega_n s+\omega_n^2}\tag{2.7-97}$$

(1) 当 $\zeta=0$ 时，有 $kX_{zs}(s)=\frac{1}{s}-\frac{s}{s^2+\omega_n^2}$，$ks(t)=k\ell^{-1}[X_{zs}(s)]=1-\cos\omega_n t$。

(2) 当 $0<\zeta<1$，有

$$kX_{zs}(s)=\frac{1}{s}-\frac{s+2\zeta\omega_n}{(s+\zeta\omega_n)^2+\omega_n^2-\zeta^2\omega_n^2}=\frac{1}{s}-\frac{s+2\zeta\omega_n}{(s+\zeta\omega_n)^2+(1-\zeta^2)\omega_n^2}=\frac{1}{s}-\frac{s+2\zeta\omega_n}{(s+\zeta\omega_n)^2+\omega_d^2}\tag{2.7-98}$$

式(2.7-98)可展开为

$$\begin{aligned}kX_{zs}(s)&=\frac{1}{s}-\frac{s+\zeta\omega_n}{(s+\zeta\omega_n)^2+\omega_d^2}-\frac{\zeta\omega_n}{(s+\zeta\omega_n)^2+\omega_d^2}=\frac{1}{s}-\frac{s+\zeta\omega_n}{(s+\zeta\omega_n)^2+\omega_d^2}-\frac{\zeta}{\sqrt{1-\zeta^2}}\cdot\frac{\sqrt{1-\zeta^2}\omega_n}{(s+\zeta\omega_n)^2+\omega_d^2}\\&=\frac{1}{s}-\frac{s+\zeta\omega_n}{(s+\zeta\omega_n)^2+\omega_d^2}-\frac{\zeta}{\sqrt{1-\zeta^2}}\cdot\frac{\omega_d}{(s+\zeta\omega_n)^2+\omega_d^2}\end{aligned}\tag{2.7-99}$$

因此单位阶跃响应为

$$\begin{aligned}ks(t)&=1-e^{-\zeta\omega_n t}\cos\omega_d t-\frac{\zeta}{\sqrt{1-\zeta^2}}e^{-\zeta\omega_n t}\sin\omega_d t=1-e^{-\zeta\omega_n t}\left(\cos\omega_d t+\frac{\zeta}{\sqrt{1-\zeta^2}}\sin\omega_d t\right)\\&=1-\frac{e^{-\zeta\omega_n t}}{\sqrt{1-\zeta^2}}\sin\left(\omega_d t+\arctan\frac{\sqrt{1-\zeta^2}}{\zeta}\right)=1-\frac{e^{-\zeta\omega_n t}}{\sqrt{1-\zeta^2}}\sin(\omega_d t+\arccos\zeta)\end{aligned}\tag{2.7-100}$$

式(2.7-100)等号右边的第二项是瞬态项，是减幅正弦振荡函数，它的振幅随时间 t 的增加而减小。

(3) 当 $\zeta=1$ 时，有 $kX_{zs}(s)=\frac{1}{s}-\frac{s+2\omega_n}{s^2+2\omega_n s+\omega_n^2}=\frac{1}{s}-\frac{(s+\omega_n)+\omega_n}{(s+\omega_n)^2}=\frac{1}{s}-\frac{1}{s+\omega_n}-\frac{\omega_n}{(s+\omega_n)^2}$，因此单位阶跃响应为

$$ks(t)=1-e^{-\omega_n t}-\omega_n e^{-\omega_n t}t=1-(1+\omega_n t)e^{-\omega_n t}\tag{2.7-101}$$

单位阶跃响应的变化率为

$$k\dot{s}(t)=-\omega_n e^{-\omega_n t}+(1+\omega_n t)\omega_n e^{-\omega_n t}=\omega_n t\omega_n e^{-\omega_n t}=\omega_n^2\frac{t}{e^{\omega_n t}}\tag{2.7-102}$$

由此可知：$k\dot{s}(0)=k\dot{s}(+\infty)=0$；$t>0$ 时，$k\dot{s}(t)>0$。这说明过渡过程在开始时刻、最终时刻的变化率为 0，过渡过程是单调上升的。

(4) 当 $\zeta>1$ 时，$s^2+2\zeta\omega_n s+\omega_n^2=0$ 的两根为 $s_{1,2}=-\zeta\omega_n\pm\sqrt{\zeta^2\omega_n^2-\omega_n^2}=-\zeta\omega_n\pm\sqrt{\zeta^2-1}\omega_n$，其中 $s_1=-\zeta\omega_n+\sqrt{\zeta^2-1}\omega_n$，$s_2=-\zeta\omega_n-\sqrt{\zeta^2-1}\omega_n$。$kX_{zs}(s)=\frac{1}{s}-\frac{s+2\zeta\omega_n}{s^2+2\zeta\omega_n s+\omega_n^2}=\frac{1}{s}-\left(\frac{K_1}{s-s_1}+\frac{K_2}{s-s_2}\right)$，其中两个系数分别为

$$K_1=\frac{s+2\zeta\omega_n}{(s^2+2\zeta\omega_n s+\omega_n^2)'}\bigg|_{s=s_1}=\frac{s+2\zeta\omega_n}{2s+2\zeta\omega_n}\bigg|_{s=s_1}=\frac{1}{2}\cdot\frac{s_1+2\zeta\omega_n}{s_1+\zeta\omega_n}=\frac{1}{2}\cdot\frac{\zeta\omega_n+\sqrt{\zeta^2-1}\omega_n}{\sqrt{\zeta^2-1}\omega_n}=-\frac{s_2}{2\sqrt{\zeta^2-1}\omega_n} \tag{2.7-103}$$

$$K_2=\frac{s+2\zeta\omega_n}{2s+2\zeta\omega_n}\bigg|_{s=s_2}=\frac{1}{2}\cdot\frac{s_2+2\zeta\omega_n}{s_2+\zeta\omega_n}=\frac{1}{2}\cdot\frac{\zeta\omega_n-\sqrt{\zeta^2-1}\omega_n}{-\sqrt{\zeta^2-1}\omega_n}=\frac{-s_1}{-2\sqrt{\zeta^2-1}\omega_n}=\frac{s_1}{2\sqrt{\zeta^2-1}\omega_n} \tag{2.7-104}$$

由 $s_1s_2=\omega_n^2$，将式(2.7-103)和式(2.7-104)分别变形为

$$K_1=-\frac{\dfrac{\omega_n^2}{s_1}}{2\sqrt{\zeta^2-1}\omega_n}=-\frac{\omega_n}{2\sqrt{\zeta^2-1}s_1} \tag{2.7-105}$$

$$K_2=\frac{\dfrac{\omega_n^2}{s_2}}{2\sqrt{\zeta^2-1}\omega_n}=\frac{\omega_n}{2\sqrt{\zeta^2-1}s_2} \tag{2.7-106}$$

因此单位阶跃响应为

$$ks(t)=1-(K_1e^{s_1t}+K_2e^{s_2t})=1-\left(-\frac{\omega_n}{2\sqrt{\zeta^2-1}s_1}e^{s_1t}+\frac{\omega_n}{2\sqrt{\zeta^2-1}s_2}e^{s_2t}\right)=1+\frac{\omega_n}{2\sqrt{\zeta^2-1}}\left(\frac{e^{s_1t}}{s_1}-\frac{e^{s_2t}}{s_2}\right) \tag{2.7-107}$$

系统的单位阶跃响应曲线如图 2.7-1 所示。

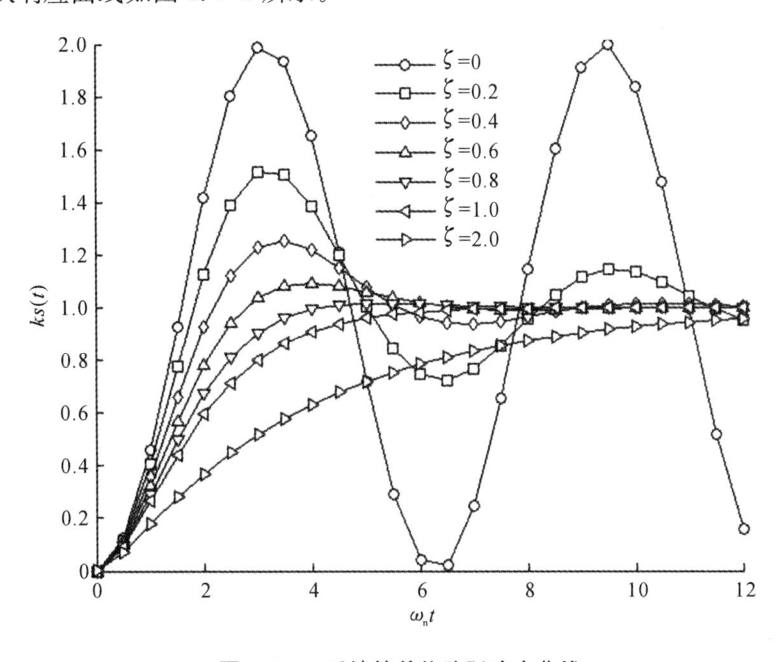

图 2.7-1　系统的单位阶跃响应曲线

在许多情况下，系统所需的性能指标一般以时域量值的形式给出。通常，根据系统对单位阶跃输入的响应给出系统的性能指标。其原因有二：一是产生阶跃输入比较容易；二是在实际中，许多输入与阶跃输入相似，而且阶跃输入又往往是实际中最不利的输入情况。

下面针对小阻尼系统的表达式(2.7-100)，讨论单位阶跃响应的性能指标。

1. 上升(rise)**时间** t_r

响应曲线从 0 时刻开始，第一次达到输出稳态值所需的时间定义为上升时间。

由式(2.7-100)知输出稳态值为 1，上升时间满足

$$1-\frac{e^{-\zeta\omega_n t}}{\sqrt{1-\zeta^2}}\sin(\omega_d t+\arccos\zeta)=1 \tag{2.7-108}$$

$$\sin(\omega_d t+\arccos\zeta)=0 \tag{2.7-109}$$

$$\omega_d t+\arccos\zeta=\pi \tag{2.7-110}$$

所以上升时间为

$$t_r=\frac{\pi-\arccos\zeta}{\sqrt{1-\zeta^2}\omega_n} \tag{2.7-111}$$

可见，ζ 增大，t_r 就增大。

2. 峰(peak)**值时间** t_p

响应曲线达到第一个峰值所需的时间定义为峰值时间。将式(2.7-100)对时间 t 求导数，并令其为零，便可求得峰值时间 t_p，即由

$$\frac{d}{dt}\left[1-e^{-\zeta\omega_n t}\left(\cos\omega_d t+\frac{\zeta}{\sqrt{1-\zeta^2}}\sin\omega_d t\right)\right]=0 \tag{2.7-112}$$

得

$$\frac{d}{dt}e^{-\zeta\omega_n t}\left(\cos\omega_d t+\frac{\zeta}{\sqrt{1-\zeta^2}}\sin\omega_d t\right)=0 \tag{2.7-113}$$

将式(2.7-113)展开得

$$-\zeta\omega_n e^{-\zeta\omega_n t}\left(\cos\omega_d t+\frac{\zeta}{\sqrt{1-\zeta^2}}\sin\omega_d t\right)+e^{-\zeta\omega_n t}\left(-\omega_d\sin\omega_d t+\frac{\zeta}{\sqrt{1-\zeta^2}}\omega_d\cos\omega_d t\right)=0 \tag{2.7-114}$$

$$-\zeta\omega_n\left(\cos\omega_d t+\frac{\zeta}{\sqrt{1-\zeta^2}}\sin\omega_d t\right)-\omega_d\sin\omega_d t+\frac{\zeta}{\sqrt{1-\zeta^2}}\omega_d\cos\omega_d t=0 \tag{2.7-115}$$

$$-\zeta\left(\cos\omega_d t+\frac{\zeta}{\sqrt{1-\zeta^2}}\sin\omega_d t\right)-\frac{\omega_d}{\omega_n}\sin\omega_d t+\frac{\zeta}{\sqrt{1-\zeta^2}}\frac{\omega_d}{\omega_n}\cos\omega_d t=0 \tag{2.7-116}$$

因为 $\omega_d=\sqrt{1-\zeta^2}\omega_n$，则式(2.7-116)化为

$$-\zeta\left(\cos\omega_d t+\frac{\zeta}{\sqrt{1-\zeta^2}}\sin\omega_d t\right)-\sqrt{1-\zeta^2}\sin\omega_d t+\frac{\zeta}{\sqrt{1-\zeta^2}}\sqrt{1-\zeta^2}\cos\omega_d t=0 \tag{2.7-117}$$

$$-\zeta\cos\omega_d t-\frac{\zeta^2}{\sqrt{1-\zeta^2}}\sin\omega_d t-\sqrt{1-\zeta^2}\sin\omega_d t+\zeta\cos\omega_d t=0 \tag{2.7-118}$$

$$\frac{\zeta^2}{\sqrt{1-\zeta^2}}\sin\omega_d t+\sqrt{1-\zeta^2}\sin\omega_d t=0 \tag{2.7-119}$$

将式(2.7-119)化简为

$$\frac{1}{\sqrt{1-\zeta^2}}\sin\omega_d t=0\Rightarrow\omega_d t=\pi \tag{2.7-120}$$

所以峰值时间为

$$t_p=\frac{\pi}{\omega_d}=\frac{\pi}{\sqrt{1-\zeta^2}\omega_n} \tag{2.7-121}$$

可见，ζ 增大，t_p 就增大。

3. 最大超调量(overshoot)M_p

由式(2.7-100)得

$$ks(+\infty)=1 \tag{2.7-122}$$

$$ks(t_p)=1-e^{-\zeta\omega_n\frac{\pi}{\sqrt{1-\zeta^2}\omega_n}}\left(\cos\pi+\frac{\zeta}{\sqrt{1-\zeta^2}}\sin\pi\right)=1+e^{-\frac{\zeta}{\sqrt{1-\zeta^2}}\pi} \tag{2.7-123}$$

最大值式(2.7-123)与终值式(2.7-122)之间的相对误差定义为最大超调量，为

$$M_p=\frac{1+e^{-\frac{\zeta}{\sqrt{1-\zeta^2}}\pi}-1}{1}=e^{-\frac{\zeta}{\sqrt{1-\zeta^2}}\pi} \tag{2.7-124}$$

可见，ζ 增大，M_p 就减小。当 $\zeta=0.4\sim0.8$ 时，相应的最大超调量 $M_p=25\%\sim1.5\%$。

4. 调整(settle)时间 t_s

调整时间满足不等式

$$|s(t)-s(+\infty)|\leqslant\Delta\cdot s(+\infty)\quad(t\geqslant t_s) \tag{2.7-125}$$

式中：Δ 为指定的微小量，一般取 $\Delta=0.02\sim0.05$。

由式(2.7-100)得，$s(+\infty)=\frac{1}{k}$，将其代入式(2.7-125)得

$$\left|s(t)-\frac{1}{k}\right|\leqslant\frac{\Delta}{k}\quad(t\geqslant t_s) \tag{2.7-126}$$

$$|ks(t)-1|\leqslant\Delta\quad(t\geqslant t_s) \tag{2.7-127}$$

将式(2.7-100)代入式(2.7-127)得

$$\frac{e^{-\zeta\omega_n t}}{\sqrt{1-\zeta^2}}|\sin(\omega_d t+\arccos\zeta)|\leqslant\Delta\quad(t\geqslant t_s) \tag{2.7-128}$$

可将式(2.7-128)放松为不等式

$$\frac{e^{-\zeta\omega_n t}}{\sqrt{1-\zeta^2}}\leqslant\Delta\quad(t\geqslant t_s) \tag{2.7-129}$$

解得

$$t_s\geqslant\frac{\ln\frac{1}{\Delta}+\ln\frac{1}{\sqrt{1-\zeta^2}}}{\zeta\omega_n} \tag{2.7-130}$$

若取 $\Delta=0.02$，则

$$t_s\geqslant\frac{\ln 50+\ln\frac{1}{\sqrt{1-\zeta^2}}}{\zeta\omega_n}=\frac{3.912+\ln\frac{1}{\sqrt{1-\zeta^2}}}{\zeta\omega_n} \tag{2.7-131}$$

若取 $\Delta=0.05$，则

$$t_s\geqslant\frac{\ln 20+\ln\frac{1}{\sqrt{1-\zeta^2}}}{\zeta\omega_n}=\frac{2.996+\ln\frac{1}{\sqrt{1-\zeta^2}}}{\zeta\omega_n} \tag{2.7-132}$$

当 $0<\zeta\leqslant\frac{\sqrt{2}}{2}$ 时，$0<\ln\frac{1}{\sqrt{1-\zeta^2}}\leqslant\ln\sqrt{2}=0.347$，可分别将式(2.7-131)和式(2.7-132)近似取为

$$\Delta=0.02,\quad t_s\approx\frac{3.912+0.347}{\zeta\omega_n}=\frac{4.259}{\zeta\omega_n};\quad\Delta=0.05,\quad t_s\approx\frac{2.996+0.347}{\zeta\omega_n}=\frac{3.343}{\zeta\omega_n} \tag{2.7-133}$$

5. 振荡次数 N

在过渡过程时间 $0\leqslant t\leqslant t_s$ 内，$s(t)$ 穿越其稳态值 $s(+\infty)$ 的次数的一半定义为振荡次数。

从式(2.7-100)可知，系统的振荡周期是 $\frac{2\pi}{\omega_d}$，所以其振动次数为

$$N=\frac{t_s}{2\pi/\omega_d} \tag{2.7-134}$$

因此,当$0<\zeta\leqslant\frac{\sqrt{2}}{2}$,$\Delta=0.02$时,由$t_s\approx\frac{4.259}{\zeta\omega_n}$和$\omega_d=\sqrt{1-\zeta^2}\omega_n$得

$$N\approx\frac{2\sqrt{1-\zeta^2}}{\pi\zeta} \tag{2.7-135}$$

当$0<\zeta\leqslant\frac{\sqrt{2}}{2}$,$\Delta=0.05$时,由$t_s\approx\frac{3.343}{\zeta\omega_n}$和$\omega_d=\sqrt{1-\zeta^2}\omega_n$得

$$N\approx\frac{1.5\sqrt{1-\zeta^2}}{\pi\zeta} \tag{2.7-136}$$

振荡次数N随着ζ的增大而减小。

六、矩形冲激响应

矩形脉冲激励力如图2.7-2所示。

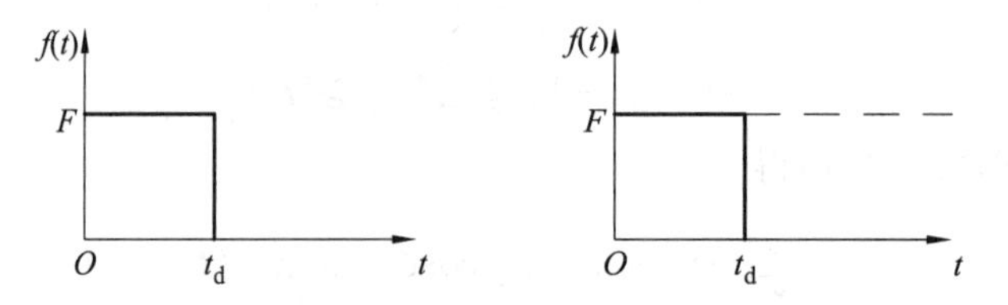

图2.7-2　矩形脉冲激励力

可见,对于一个幅度为F的矩形脉冲,可以把它看作两个阶跃函数之差,即

$$f(t)=F[u(t)-u(t-t_d)] \tag{2.7-137}$$

将式(2.7-137)代入式(2.7-33)得

$$x(t)=\frac{F}{m\omega_d}\int_0^t[u(t-\tau)-u(t-\tau-t_d)]\mathrm{e}^{-\zeta\omega_n\tau}\sin\omega_d\tau\mathrm{d}\tau \tag{2.7-138}$$

1. $0\leqslant t\leqslant t_d$ 时的响应

式(2.7-138)等于式(2.7-91),进一步等于式(2.7-93),得

$$x(t)=\frac{F}{k}\left[1-\mathrm{e}^{-\zeta\omega_n t}\left(\frac{\zeta}{\sqrt{1-\zeta^2}}\sin\omega_d t+\cos\omega_d t\right)\right] \tag{2.7-139}$$

当$\zeta=0$时,式(2.7-139)退化为

$$x(t)=\frac{F}{k}(1-\cos\omega_n t)=\frac{F}{k}\left(1-\cos\frac{2\pi t}{T_n}\right)=\frac{F}{k}(1-\cos 2\pi t^*) \tag{2.7-140}$$

式中

$$T_n=\frac{2\pi}{\omega_n} \tag{2.7-141}$$

$$t^*=\frac{t}{T_n} \tag{2.7-142}$$

2. $t>t_d$ 时的响应

由式(2.7-138)得

$$x(t)=\frac{F}{m\omega_d}\int_{t-t_d}^t[u(t-\tau)-u(t-\tau-t_d)]\mathrm{e}^{-\zeta\omega_n\tau}\sin\omega_d\tau\mathrm{d}\tau=\frac{F}{m\omega_d}\int_{t-t_d}^t\mathrm{e}^{-\zeta\omega_n\tau}\sin\omega_d\tau\mathrm{d}\tau$$

$$= \frac{F}{m\omega_{\mathrm{d}}} \cdot \frac{\mathrm{e}^{-\zeta\omega_{\mathrm{n}}\tau}}{\zeta^2\omega_{\mathrm{n}}^2+\omega_{\mathrm{d}}^2}(-\zeta\omega_{\mathrm{n}}\sin\omega_{\mathrm{d}}\tau-\omega_{\mathrm{d}}\cos\omega_{\mathrm{d}}\tau)\Big|_{\tau=t-t_{\mathrm{d}}}^{\tau=t}$$

$$= \frac{F}{k}\mathrm{e}^{-\zeta\omega_{\mathrm{n}}\tau}\left(\frac{\zeta}{\sqrt{1-\zeta^2}}\sin\omega_{\mathrm{d}}\tau+\cos\omega_{\mathrm{d}}t\right)\Big|_{\tau=t}^{\tau=t-t_{\mathrm{d}}} \tag{2.7-143}$$

$$x(t)=\frac{F}{k}\mathrm{e}^{-\zeta\omega_{\mathrm{n}}(t-t_{\mathrm{d}})}\left[\frac{\zeta}{\sqrt{1-\zeta^2}}\sin\omega_{\mathrm{d}}(t-t_{\mathrm{d}})+\cos\omega_{\mathrm{d}}(t-t_{\mathrm{d}})\right]-\frac{F}{k}\mathrm{e}^{-\zeta\omega_{\mathrm{n}}t}\left(\frac{\zeta}{\sqrt{1-\zeta^2}}\sin\omega_{\mathrm{d}}t+\cos\omega_{\mathrm{d}}t\right) \tag{2.7-144}$$

当 $\zeta=0$ 时,式(2.7-144)退化为

$$x(t)=\frac{F}{k}[\cos(\omega_{\mathrm{n}}t-\omega_{\mathrm{n}}t_{\mathrm{d}})-\cos\omega_{\mathrm{n}}t]=2\frac{F}{k}\sin\left(\omega_{\mathrm{n}}t-\frac{\omega_{\mathrm{n}}t_{\mathrm{d}}}{2}\right)\sin\frac{\omega_{\mathrm{n}}t_{\mathrm{d}}}{2}=2\frac{F}{k}\sin\frac{\pi t_{\mathrm{d}}}{T_{\mathrm{n}}}\sin\left(\frac{2\pi t}{T_{\mathrm{n}}}-\frac{\pi t_{\mathrm{d}}}{T_{\mathrm{n}}}\right) \tag{2.7-145}$$

式(2.7-145)可简化为

$$x(t)=2\frac{F}{k}\sin\pi t_{\mathrm{d}}^*\sin(2\pi t^*-\pi t_{\mathrm{d}}^*) \tag{2.7-146}$$

式中

$$t_{\mathrm{d}}^*=\frac{t_{\mathrm{d}}}{T_{\mathrm{n}}} \tag{2.7-147}$$

综合式(2.7-140)和式(2.7-146)得

$$x(t)=\begin{cases}\dfrac{F}{k}(1-\cos 2\pi t^*) & (0\leqslant t^*\leqslant t_{\mathrm{d}}^*)\\ 2\dfrac{F}{k}\sin\pi t_{\mathrm{d}}^*\sin(2\pi t^*-\pi t_{\mathrm{d}}^*) & (t^*>t_{\mathrm{d}}^*)\end{cases} \tag{2.7-148}$$

例如:当 $m=85$ kg,$k=5000$ N/m,$F=5000$ N 时,系统的响应曲线如图 2.7-3 所示。

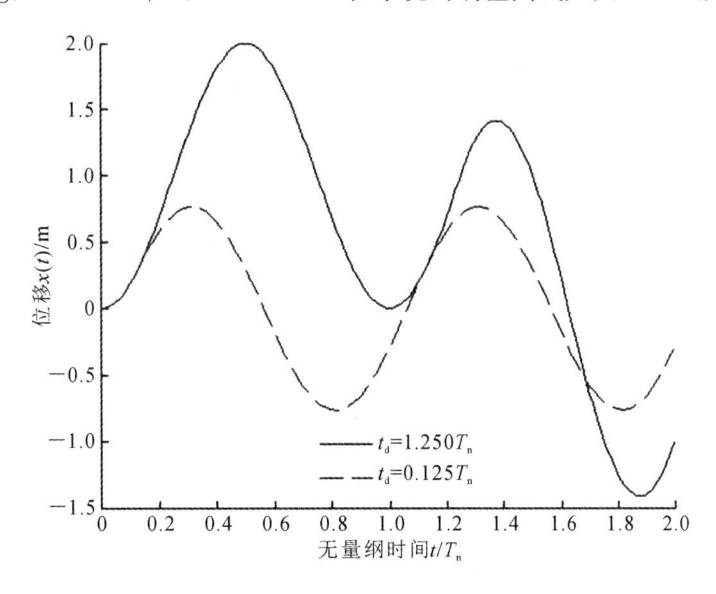

图 2.7-3 矩形脉冲激励力的响应

习题 2-7

1. ① 单位冲激响应的时间 t 的取值范围是什么? ② 零输入响应的时间 t 的取值范围是什么? ③ 当 $t>0^+$ 时,单位冲激响应等于零输入响应吗? ④ 单位冲激响应的单位是 m,还是 m/(N · s)? ⑤ 从时刻 $t=$

0^- 到 $t=0^+$，输入力从 0 突增到 F，是首先导致加速度，紧接着引起速度、位移，还是首先导致位移，紧接着引起速度、加速度？

参考答案 ① 因为 $\delta(t)$ 的定义域是 $-\infty<t<+\infty$，所以单位冲激响应的时间 t 的取值范围是 $-\infty<t<+\infty$。

② 零输入响应仅表现系统在 $t\geqslant 0^+$ 后的情况，所以时间 t 的取值范围是 $t\geqslant 0^+$。

③ 单位冲激力 $\delta(t)$ 表示一瞬间的脉冲。若规定 $t=0$ 时发生冲激，则 $t=0^-$ 时冲激尚未进行，$t=0^+$ 时冲激已经完成。力 $\delta(t)$ 在时间区间$[0^-,0^+]$上的冲量(impulse)为 $I=\int_{0^-}^{0^+}\delta(t)\mathrm{d}t=1$。由动量定理(theorem of momentum)得，$mv(0^+)-mv(0^-)=I$。当 $\delta(t)$ 作用于零状态的系统时，$v(0^-)=0$，故 $v(0^+)=\dfrac{I}{m}=\dfrac{1}{m}$。所以初始条件为 $x_0=0,v_0=\dfrac{1}{m}$，代入式(2.4-19)得 $x=\mathrm{e}^{-\zeta\omega_n t}\dfrac{1}{m\sqrt{1-\zeta^2}\omega_n}\sin\sqrt{1-\zeta^2}\omega_n t$，同于式(2.7-90)。以单位冲激力 $\delta(t)$ 作激励，系统产生的零状态响应称为单位冲激响应。$t\geqslant 0^+$ 后，$\delta(t)=0$，系统中将产生由 $x_0=0$ 和 $v_0=\dfrac{1}{m}$ 引起的响应。当 $t>0^+$ 时，单位冲激响应相当于零输入响应。

④ 单位冲激响应的单位是 m/(N·s)。

⑤ 从时刻 $t=0^-$ 到 $t=0^+$，输入力从 0 突增到 F，首先导致加速度，紧接着引起速度、位移。

2. ① 单位阶跃响应的时间 t 的取值范围是什么？② 零状态响应的时间 t 的取值范围是什么？

参考答案 ① 以单位阶跃力 $u(t)$ 作激励，系统产生的零状态响应称为单位阶跃响应。因为 $u(t)$ 的定义域是整个时间轴，所以单位阶跃响应的时间 t 的取值范围是 $-\infty<t<+\infty$。② 零状态响应只反映了力输入后系统的相关情况，所以时间 t 的取值范围是 $t\geqslant 0^+$。

3. ① 证明 $\int_{-\infty}^{t}\delta(\tau)\mathrm{d}\tau=u(t)$。② 验算 $\int_{-\infty}^{t}h(\tau)\mathrm{d}\tau=s(t)$。

参考答案 ① 当 $t<0$ 时，$\int_{-\infty}^{t}\delta(\tau)\mathrm{d}\tau=\int_{-\infty}^{t}0\mathrm{d}\tau=0$；当 $t>0$ 时，$\int_{-\infty}^{t}\delta(\tau)\mathrm{d}\tau=\int_{0^-}^{0^+}\delta(\tau)\mathrm{d}\tau=1$，所以 $\int_{-\infty}^{t}\delta(\tau)\mathrm{d}\tau=u(t)$。

② 由式(2.7-90)可得，当 $t\leqslant 0$ 时，$\int_{-\infty}^{t}h(\tau)\mathrm{d}\tau=\int_{-\infty}^{t}0\mathrm{d}\tau=0$。当 $t>0$ 时，$\int_{-\infty}^{t}h(\tau)\mathrm{d}\tau=\int_{-\infty}^{t}\dfrac{1}{m\omega_d}\mathrm{e}^{-\zeta\omega_n\tau}\cdot\sin\omega_d\tau\mathrm{d}\tau$，等于式(2.7-91)中的 $x_{zs}=\dfrac{1}{m\omega_d}\int_{0}^{t}\mathrm{e}^{-\zeta\omega_n\tau}\sin\omega_d\tau\mathrm{d}\tau$。

4. ① 由上题 $\int_{-\infty}^{t}\delta(\tau)\mathrm{d}\tau=u(t)$ 知，$\dfrac{\mathrm{d}}{\mathrm{d}t}u(t)=\delta(t)$，请用文字解释此结论。② 由上题 $\int_{-\infty}^{t}h(\tau)\mathrm{d}\tau=s(t)$ 知，$\dfrac{\mathrm{d}}{\mathrm{d}t}s(t)=h(t)$，请验算此结论。

参考答案 ① 此结论也可作如下的解释：单位阶跃函数在 $t\neq 0$ 的各点都取固定值，其变化率都等于 0；而在 $t=0$ 处有不连续点，此跳变的导数对应在零点的冲激响应。

② 由式(2.7-91)得 $s(t)=\dfrac{1}{m\omega_d}\int_{0}^{t}\mathrm{e}^{-\zeta\omega_n\tau}\sin\omega_d\tau\mathrm{d}\tau$，$\dfrac{\mathrm{d}}{\mathrm{d}t}s(t)=\dfrac{1}{m\omega_d}\mathrm{e}^{-\zeta\omega_n t}\sin\omega_d t$，同于式(2.7-90)。

5. ① 0^- 单边拉普拉斯变换为 $F(s)=\mathscr{L}[f(t)]=\int_{0^-}^{+\infty}f(t)\mathrm{e}^{-st}\mathrm{d}t$，求 $\delta(t)$ 的拉普拉斯变换。② 0^+ 单边拉普拉斯变换为 $F(s)=\mathscr{L}[f(t)]=\int_{0^+}^{+\infty}f(t)\mathrm{e}^{-st}\mathrm{d}t$，求 $\delta(t)$ 的拉普拉斯变换。③ 双边拉普拉斯变换为 $F(s)=$

$\ell[f(t)]=\int_{-\infty}^{+\infty}f(t)\mathrm{e}^{-st}\mathrm{d}t$，求 $\delta(t)$ 的拉普拉斯变换。

参考答案 ① $\int_{0^-}^{+\infty}\delta(t)\mathrm{e}^{-st}\mathrm{d}t=\mathrm{e}^{-s0}=1$，$\delta(t)$ 在 $t=0$ 时才能发挥作用。

② $\int_{0^+}^{+\infty}\delta(t)\mathrm{e}^{-st}\mathrm{d}t=\int_{0^+}^{+\infty}0\mathrm{e}^{-st}\mathrm{d}t=0$。

③ $\int_{-\infty}^{+\infty}\delta(t)\mathrm{e}^{-st}\mathrm{d}t=\mathrm{e}^{-s0}=1$，双边拉普拉斯变换在电路、振动分析中一般不用。

本书采用 0^- 单边拉普拉斯变换。

6. ① 求 $f(t)=1$ 的拉普拉斯变换。② 求 $u(t)$ 的拉普拉斯变换。③ 根据①②的结果，你能得出什么结论？

参考答案 ① $\int_{0}^{+\infty}f(t)\mathrm{e}^{-st}\mathrm{d}t=\int_{0}^{+\infty}\mathrm{e}^{-st}\mathrm{d}t=\frac{\mathrm{e}^{-st}}{s}\Bigg|_{t=+\infty}^{t=0}=\frac{1}{s}$。

② $\int_{0^-}^{+\infty}u(t)\mathrm{e}^{-st}\mathrm{d}t=\int_{0^+}^{+\infty}\mathrm{e}^{-st}\mathrm{d}t=\frac{\mathrm{e}^{-st}}{s}\Bigg|_{t=+\infty}^{t=0^+}=\frac{1}{s}$。

③ 不同的原函数 $f(t)$ 经拉普拉斯变换可得到相同的象函数 $F(s)$。

7. ① 求 $\mathrm{e}^{-\alpha t}$ 的拉普拉斯变换。② 求 $\mathrm{e}^{-\alpha t}u(t)$ 的拉普拉斯变换。

参考答案 ① $\int_{0}^{+\infty}\mathrm{e}^{-\alpha t}\mathrm{e}^{-st}\mathrm{d}t=\int_{0}^{+\infty}\mathrm{e}^{-(s+\alpha)t}\mathrm{d}t=\frac{\mathrm{e}^{-(s+\alpha)t}}{s+\alpha}\Bigg|_{t=+\infty}^{t=0}=\frac{1}{s+\alpha}$。

② $\int_{0^-}^{+\infty}\mathrm{e}^{-\alpha t}u(t)\mathrm{e}^{-st}\mathrm{d}t=\int_{0^+}^{+\infty}\mathrm{e}^{-(s+\alpha)t}\mathrm{d}t=\frac{\mathrm{e}^{-(s+\alpha)t}}{s+\alpha}\Bigg|_{t=+\infty}^{t=0^+}=\frac{1}{s+\alpha}$。

8. ① 求 $\sin\omega t=\frac{\mathrm{e}^{\mathrm{i}\omega t}-\mathrm{e}^{-\mathrm{i}\omega t}}{2\mathrm{i}}$ 的拉普拉斯变换。② 求 $\cos\omega t=\frac{\mathrm{e}^{\mathrm{i}\omega t}+\mathrm{e}^{-\mathrm{i}\omega t}}{2}$ 的拉普拉斯变换。

参考答案 ① $\ell\,\frac{\mathrm{e}^{\mathrm{i}\omega t}-\mathrm{e}^{-\mathrm{i}\omega t}}{2\mathrm{i}}=\frac{1}{2\mathrm{i}}\left(\frac{1}{s-\mathrm{i}\omega}-\frac{1}{s+\mathrm{i}\omega}\right)=\frac{1}{2\mathrm{i}}\cdot\frac{2\mathrm{i}\omega}{s^2+\omega^2}=\frac{\omega}{s^2+\omega^2}$。

② $\ell\,\frac{\mathrm{e}^{\mathrm{i}\omega t}+\mathrm{e}^{-\mathrm{i}\omega t}}{2}=\frac{1}{2}\left(\frac{1}{s-\mathrm{i}\omega}+\frac{1}{s+\mathrm{i}\omega}\right)=\frac{1}{2}\cdot\frac{2s}{s^2+\omega^2}=\frac{s}{s^2+\omega^2}$。

9. 按照原始定义形式：① 求 $\sin\omega t$ 的拉普拉斯变换；② 求 $\cos\omega t$ 的拉普拉斯变换。

参考答案

① $\int_{0}^{+\infty}\sin\omega t\,\mathrm{e}^{-st}\mathrm{d}t=\int_{0}^{+\infty}\mathrm{e}^{-st}\sin\omega t\,\mathrm{d}t=\frac{\mathrm{e}^{-st}\left(-s\sin\omega t-\omega\cos\omega t\right)\Big|_{t=0}^{t=+\infty}}{s^2+\omega^2}=\frac{\mathrm{e}^{-st}\left(s\sin\omega t+\omega\cos\omega t\right)\Big|_{t=+\infty}^{t=0}}{s^2+\omega^2}$

$=\frac{\omega}{s^2+\omega^2}$。

② $\int_{0}^{+\infty}\cos\omega t\,\mathrm{e}^{-st}\mathrm{d}t=\int_{0}^{+\infty}\mathrm{e}^{-st}\cos\omega t\,\mathrm{d}t=\frac{\mathrm{e}^{-st}\left(\omega\sin\omega t-s\cos\omega t\right)\Big|_{t=0}^{t=+\infty}}{s^2+\omega^2}=\frac{-(-s)}{s^2+\omega^2}=\frac{s}{s^2+\omega^2}$。

10. 按照原始定义形式，求 $t^{-\frac{1}{2}}$ 的拉普拉斯变换。

参考答案 令 $\sqrt{t}=u$，则 $t=u^2$，$\int_{0}^{+\infty}\frac{1}{\sqrt{t}}\mathrm{e}^{-st}\mathrm{d}t=\int_{0}^{+\infty}\frac{1}{u}\mathrm{e}^{-su^2}2u\mathrm{d}u=2\int_{0}^{+\infty}\mathrm{e}^{-su^2}\mathrm{d}u$。再令 $\sqrt{s}u=x$，则 $\int_{0}^{+\infty}\frac{1}{\sqrt{t}}\mathrm{e}^{-st}\mathrm{d}t=2\int_{0}^{+\infty}\mathrm{e}^{-x^2}\mathrm{d}\frac{x}{\sqrt{s}}=\frac{2}{\sqrt{s}}\int_{0}^{+\infty}\mathrm{e}^{-x^2}\mathrm{d}x$，根据在概率论中和工程上常用的反常积分 $\int_{0}^{+\infty}\mathrm{e}^{-x^2}\mathrm{d}x=\frac{\sqrt{\pi}}{2}$，可得 $\int_{0}^{+\infty}\frac{1}{\sqrt{t}}\mathrm{e}^{-st}\mathrm{d}t=\frac{2}{\sqrt{s}}\frac{\sqrt{\pi}}{2}=\sqrt{\frac{\pi}{s}}$。

11. ① 按照原始定义形式，求 t^m（常数 $m>-1$）的拉普拉斯变换。② 根据 ① 的结论，求 $t^{-\frac{1}{2}}$ 的拉普拉斯变换。

参考答案 ① 令 $st=x$，则 $t=\dfrac{x}{s}$，$\int_0^{+\infty} t^m e^{-st}\,dt=\int_0^{+\infty}\dfrac{x^m}{s^m}e^{-x}\,d\dfrac{x}{s}=\dfrac{1}{s^{m+1}}\int_0^{+\infty}e^{-x}x^m\,dx$。因为 Γ 函数的定义是 $\Gamma(s)=\int_0^{+\infty}e^{-x}x^{s-1}\,dx\ (s>0)$，所以 $\ell(t^m)=\dfrac{\Gamma(m+1)}{s^{m+1}}$。一般地，对任何自然数 n，有 $\Gamma(n+1)=n!$。经常用到 $\ell(t)=\ell(t^1)=\dfrac{\Gamma(2)}{s^2}=\dfrac{1!}{s^2}=\dfrac{1}{s^2}$。

② $\ell(t^{-\frac{1}{2}})=\dfrac{\Gamma\left(\frac{1}{2}\right)}{s^{\frac{1}{2}}}$。由余元公式 $\Gamma(s)\Gamma(1-s)=\dfrac{\pi}{\sin\pi s}$ 得，$\Gamma\left(\dfrac{1}{2}\right)\Gamma\left(\dfrac{1}{2}\right)=\dfrac{\pi}{\sin\frac{\pi}{2}}=\pi$，$\Gamma\left(\dfrac{1}{2}\right)=\sqrt{\pi}$，所以 $\ell(t^{-\frac{1}{2}})=\dfrac{\sqrt{\pi}}{\sqrt{s}}=\sqrt{\dfrac{\pi}{s}}$。

12. 已知 Γ 函数的定义是 $\Gamma(s)=\int_0^{+\infty}e^{-x}x^{s-1}\,dx\quad(s>0)$，余元公式是 $\Gamma(s)\Gamma(1-s)=\dfrac{\pi}{\sin\pi s}$。求 $\int_0^{+\infty}e^{-x^2}\,dx$。

参考答案 在 $\Gamma(s)=\int_0^{+\infty}e^{-x}x^{s-1}\,dx$ 中，作代换 $x=u^2$，有 $\Gamma(s)=\int_0^{+\infty}e^{-u^2}u^{2s-2}2u\,du=2\int_0^{+\infty}e^{-u^2}u^{2s-1}\,du$，$\Gamma\left(\dfrac{1}{2}\right)=2\int_0^{+\infty}e^{-u^2}\,du$。由余元公式 $\Gamma(s)\Gamma(1-s)=\dfrac{\pi}{\sin\pi s}$ 得，$\Gamma\left(\dfrac{1}{2}\right)\Gamma\left(\dfrac{1}{2}\right)=\dfrac{\pi}{\sin\frac{\pi}{2}}=\pi$，$\Gamma\left(\dfrac{1}{2}\right)=\sqrt{\pi}$，所以 $\sqrt{\pi}=2\int_0^{+\infty}e^{-u^2}\,du$，$\int_0^{+\infty}e^{-u^2}\,du=\dfrac{\sqrt{\pi}}{2}$。

13. ① 计算 $\iint\limits_D e^{-x^2-y^2}\,dx\,dy$，其中 D 是由圆心在原点、半径为 a 的圆周所围成的闭区域。② 计算 $\iint\limits_D e^{-x^2-y^2}\,dx\,dy$，其中 D 是第一卦限。③ 求 $\int_0^{+\infty}e^{-x^2}\,dx$。

参考答案 ① $\iint\limits_D e^{-(x^2+y^2)}\,dx\,dy=\iint\limits_D e^{-\rho^2}\rho\,d\rho\,d\theta=\int_0^{2\pi}d\theta\int_0^a\rho e^{-\rho^2}\,d\rho=2\pi\int_0^a\rho e^{-\rho^2}\,d\rho=\pi e^{-\rho^2}\Big|_a^0=\pi(1-e^{-a^2})$。

② $\iint\limits_D e^{-(x^2+y^2)}\,dx\,dy=\iint\limits_D e^{-\rho^2}\rho\,d\rho\,d\theta=\int_0^{\frac{\pi}{2}}d\theta\int_0^{+\infty}\rho e^{-\rho^2}\,d\rho=\dfrac{\pi}{2}\int_0^{+\infty}\rho e^{-\rho^2}\,d\rho=\dfrac{\pi}{4}e^{-\rho^2}\Big|_{+\infty}^0=\dfrac{\pi}{4}$。

③ 由 ② 得 $\iint\limits_D e^{-x^2-y^2}\,dx\,dy=\iint\limits_D e^{-x^2}e^{-y^2}\,dx\,dy=\int_0^{+\infty}e^{-x^2}\,dx\cdot\int_0^{+\infty}e^{-y^2}\,dy=\left(\int_0^{+\infty}e^{-x^2}\,dx\right)^2=\dfrac{\pi}{4}$，$\int_0^{+\infty}e^{-x^2}\,dx=\dfrac{\sqrt{\pi}}{2}$。

14. ① 按照式(2.7-11)等号右边的第二项，零状态响应的拉普拉斯变换 $X_{zs}(s)=\dfrac{1}{m}\cdot\dfrac{F(s)}{s^2+2\zeta\omega_n s+\omega_n^2}$，求系统函数或网络函数 $H(s)=\dfrac{X_{zs}(s)}{F(s)}$。② 求单位冲激响应 $h(t)=\ell^{-1}[H(s)]$。

参考答案 ① $H(s)=\dfrac{1}{m}\cdot\dfrac{1}{s^2+2\zeta\omega_n s+\omega_n^2}$。

② (Ⅰ) 当 $\zeta=0$ 时，$h(t)=\dfrac{1}{m}\ell^{-1}\dfrac{1}{s^2+2\zeta\omega_n s+\omega_n^2}=\dfrac{1}{m\omega_n}\ell^{-1}\dfrac{\omega_n}{s^2+\omega_n^2}=\dfrac{1}{m\omega_n}\sin\omega_n t$。

(Ⅱ) 当 $0<\zeta<1$ 时，$h(t)=\dfrac{1}{m}\ell^{-1}\dfrac{1}{s^2+2\zeta\omega_n s+\omega_n^2}=\dfrac{1}{\sqrt{1-\zeta^2}m\omega_n}\ell^{-1}\dfrac{\sqrt{1-\zeta^2}\omega_n}{(s+\zeta\omega_n)^2+(1-\zeta^2)\omega_n^2}=$

$\dfrac{1}{m\omega_d}e^{-\zeta\omega_n t}\sin\omega_d t$。

(Ⅲ) 当 $\zeta=1$ 时，$h(t)=\dfrac{1}{m}\ell^{-1}\dfrac{1}{s^2+2\zeta\omega_n s+\omega_n^2}=\dfrac{1}{m}\ell^{-1}\dfrac{1}{(s+\omega_n)^2}=\dfrac{1}{m}te^{-\omega_n t}$。

(Ⅳ) 当 $\zeta>1$ 时，$s^2+2\zeta\omega_n s+\omega_n^2=0$ 的两根为 $s_{1,2}=-\zeta\omega_n\pm\sqrt{\zeta^2\omega_n^2-\omega_n^2}=-\zeta\omega_n\pm\sqrt{\zeta^2-1}\omega_n$，其中 $s_1=-\zeta\omega_n+\sqrt{\zeta^2-1}\omega_n$，$s_2=-\zeta\omega_n-\sqrt{\zeta^2-1}\omega_n$。$h(t)=\dfrac{1}{m}\ell^{-1}\dfrac{1}{(s-s_1)(s-s_2)}=\dfrac{1}{m}\ell^{-1}\dfrac{1}{s-s_2-(s-s_1)}\cdot\left(\dfrac{1}{s-s_1}-\dfrac{1}{s-s_2}\right)$，因此 $h(t)=\dfrac{1}{m(s_1-s_2)}\ell^{-1}\left(\dfrac{1}{s-s_1}-\dfrac{1}{s-s_2}\right)=\dfrac{1}{2m\sqrt{\zeta^2-1}\omega_n}(e^{s_1 t}-e^{s_2 t})$，$h(t)=\dfrac{1}{2\sqrt{\zeta^2-1}m\omega_n}(e^{-\zeta\omega_n t+\sqrt{\zeta^2-1}\omega_n t}-e^{-\zeta\omega_n t-\sqrt{\zeta^2-1}\omega_n t})$，$h(t)=\dfrac{e^{-\zeta\omega_n t}}{\sqrt{\zeta^2-1}m\omega_n}\cdot\dfrac{e^{\sqrt{\zeta^2-1}\omega_n t}-e^{-\sqrt{\zeta^2-1}\omega_n t}}{2}$，$h(t)=\dfrac{e^{-\zeta\omega_n t}}{\sqrt{\zeta^2-1}m\omega_n}\sinh\sqrt{\zeta^2-1}\omega_n t$。

当 ζ 取不同值时，系统的单位冲激响应如图 2.7-4 所示。

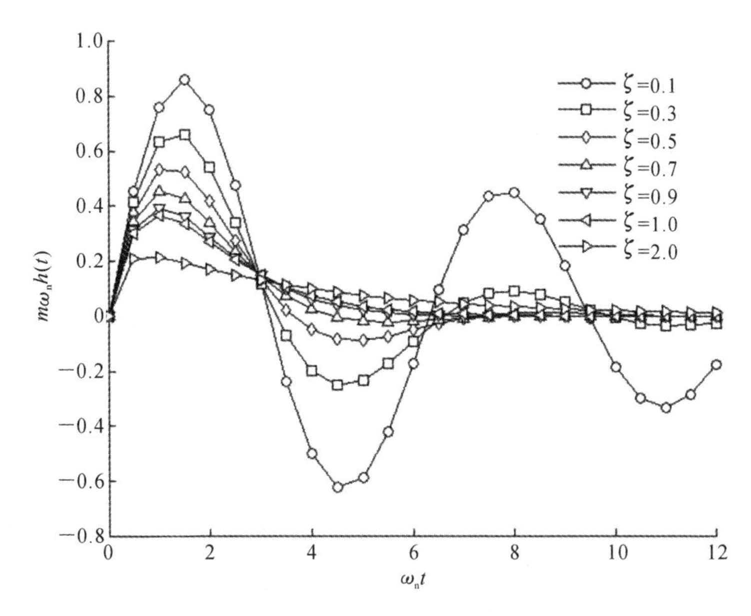

图 2.7-4　系统的单位冲激响应曲线

15. 当 $f(t)=F\cos\omega t$，求解简谐激励力下系统的零状态响应。

参考答案　当 $f(t)=F\cos\omega t$ 时，式(2.7-33)等号右边的第二项为

$$x_{zs}=\frac{1}{m\omega_d}\int_0^t f(t-\tau)e^{-\zeta\omega_n\tau}\sin\omega_d\tau d\tau=\frac{F}{m\omega_d}\int_0^t e^{-\zeta\omega_n\tau}\sin\omega_d\tau\cos\omega(t-\tau)d\tau \tag{2.7-149}$$

应用三角函数积化和差公式 $\sin\alpha\cos\beta=\dfrac{1}{2}[\sin(\alpha+\beta)+\sin(\alpha-\beta)]$，将式(2.7-149)化为

$$x_{zs}=\frac{F}{m\omega_d}\int_0^t e^{-\zeta\omega_n\tau}\sin\omega_d\tau\cos(\omega t-\omega\tau)d\tau=\frac{F}{2m\omega_d}\int_0^t e^{-\zeta\omega_n\tau}[\sin(\omega_d\tau-\omega\tau+\omega t)+\sin(\omega_d\tau+\omega\tau-\omega t)]d\tau \tag{2.7-150}$$

$$x_{zs}=\frac{F}{2m\omega_d}\left[\int_0^t e^{-\zeta\omega_n\tau}\sin(\omega_d\tau-\omega\tau+\omega t)d\tau+\int_0^t e^{-\zeta\omega_n\tau}\sin(\omega_d\tau+\omega\tau-\omega t)d\tau\right] \tag{2.7-151}$$

查积分表有以下不定积分公式

$$\int e^{ax}\sin bx dx=e^{ax}\frac{a\sin bx-b\cos bx}{a^2+b^2}+C \tag{2.7-152}$$

在式(2.7-152)中令 $x=t+\frac{\beta}{b}$,得

$$\int e^{at+a\frac{\beta}{b}}\sin(bt+\beta)\mathrm{d}t=e^{at+a\frac{\beta}{b}}\frac{a\sin(bt+\beta)-b\cos(bt+\beta)}{a^2+b^2}+C \tag{2.7-153}$$

$$\int e^{at}\sin(bt+\beta)\mathrm{d}t=e^{at}\frac{a\sin(bt+\beta)-b\cos(bt+\beta)}{a^2+b^2}+C \tag{2.7-154}$$

根据式(2.7-154)得

$$\begin{aligned}\int_0^t e^{-\zeta\omega_n\tau}\sin(\omega_d\tau-\omega\tau+\omega t)\mathrm{d}\tau&=\frac{e^{-\zeta\omega_n\tau}\left[-\zeta\omega_n\sin(\omega_d\tau-\omega\tau+\omega t)-(\omega_d-\omega)\cos(\omega_d\tau-\omega\tau+\omega t)\right]\Big|_{\tau=0}^{\tau=t}}{\zeta^2\omega_n^2+(\omega_d-\omega)^2}\\&=\frac{e^{-\zeta\omega_n\tau}\left[\zeta\omega_n\sin(\omega_d\tau-\omega\tau+\omega t)+(\omega_d-\omega)\cos(\omega_d\tau-\omega\tau+\omega t)\right]\Big|_{\tau=t}^{\tau=0}}{\zeta^2\omega_n^2+\omega_d^2+\omega^2-2\omega_d\omega}\end{aligned} \tag{2.7-155}$$

$$\int_0^t e^{-\zeta\omega_n\tau}\sin(\omega_d\tau-\omega\tau+\omega t)\mathrm{d}\tau=\frac{\zeta\omega_n\sin\omega t+(\omega_d-\omega)\cos\omega t-e^{-\zeta\omega_n t}[\zeta\omega_n\sin\omega_d t+(\omega_d-\omega)\cos\omega_d t]}{\zeta^2\omega_n^2+\omega_d^2+\omega^2-2\omega_d\omega} \tag{2.7-156}$$

将式(2.7-14)的第二式代入式(2.7-156)得

$$\int_0^t e^{-\zeta\omega_n\tau}\sin(\omega_d\tau-\omega\tau+\omega t)\mathrm{d}\tau=\frac{\zeta\omega_n\sin\omega t+(\omega_d-\omega)\cos\omega t-e^{-\zeta\omega_n t}[\zeta\omega_n\sin\omega_d t+(\omega_d-\omega)\cos\omega_d t]}{\omega_n^2+\omega^2-2\omega_d\omega} \tag{2.7-157}$$

将式(2.7-157)展开为

$$\begin{aligned}\int_0^t e^{-\zeta\omega_n\tau}\sin(\omega_d\tau-\omega\tau+\omega t)\mathrm{d}\tau=&\frac{\zeta\omega_n\sin\omega t}{\omega_n^2+\omega^2-2\omega_d\omega}+\frac{\omega_d-\omega}{\omega_n^2+\omega^2-2\omega_d\omega}\cos\omega t-\frac{\zeta\omega_n e^{-\zeta\omega_n t}\sin\omega_d t}{\omega_n^2+\omega^2-2\omega_d\omega}-\\&\frac{\omega_d-\omega}{\omega_n^2+\omega^2-2\omega_d\omega}e^{-\zeta\omega_n t}\cos\omega_d t\end{aligned} \tag{2.7-158}$$

在式(2.7-158)中把 ω 换成 $-\omega$,有

$$\begin{aligned}\int_0^t e^{-\zeta\omega_n\tau}\sin(\omega_d\tau+\omega\tau-\omega t)\mathrm{d}\tau=&-\frac{\zeta\omega_n\sin\omega t}{\omega_n^2+\omega^2+2\omega_d\omega}+\frac{\omega_d+\omega}{\omega_n^2+\omega^2+2\omega_d\omega}\cos\omega t-\frac{\zeta\omega_n e^{-\zeta\omega_n t}\sin\omega_d t}{\omega_n^2+\omega^2+2\omega_d\omega}-\\&\frac{\omega_d+\omega}{\omega_n^2+\omega^2+2\omega_d\omega}e^{-\zeta\omega_n t}\cos\omega_d t\end{aligned} \tag{2.7-159}$$

式(2.7-158)加式(2.7-159)得

$$\begin{aligned}&\int_0^t e^{-\zeta\omega_n\tau}\sin(\omega_d\tau-\omega\tau+\omega t)\mathrm{d}\tau+\int_0^t e^{-\zeta\omega_n\tau}\sin(\omega_d\tau+\omega\tau-\omega t)\mathrm{d}\tau=\\&\left(\frac{1}{\omega_n^2+\omega^2-2\omega_d\omega}-\frac{1}{\omega_n^2+\omega^2+2\omega_d\omega}\right)\zeta\omega_n\sin\omega t+\left(\frac{\omega_d-\omega}{\omega_n^2+\omega^2-2\omega_d\omega}+\frac{\omega_d+\omega}{\omega_n^2+\omega^2+2\omega_d\omega}\right)\cos\omega t-\\&\left(\frac{1}{\omega_n^2+\omega^2-2\omega_d\omega}+\frac{1}{\omega_n^2+\omega^2+2\omega_d\omega}\right)\zeta\omega_n e^{-\zeta\omega_n t}\sin\omega_d t-\left(\frac{\omega_d-\omega}{\omega_n^2+\omega^2-2\omega_d\omega}+\frac{\omega_d+\omega}{\omega_n^2+\omega^2+2\omega_d\omega}\right)e^{-\zeta\omega_n t}\cos\omega_d t\end{aligned} \tag{2.7-160}$$

利用 $\frac{1}{a}-\frac{1}{b}=\frac{b-a}{ab}$,可将式(2.7-160)化简为

$$\begin{aligned}&\int_0^t e^{-\zeta\omega_n\tau}\sin(\omega_d\tau-\omega\tau+\omega t)\mathrm{d}\tau+\int_0^t e^{-\zeta\omega_n\tau}\sin(\omega_d\tau+\omega\tau-\omega t)\mathrm{d}\tau=\\&\frac{4\omega_d\omega}{(\omega_n^2+\omega^2)^2-4\omega_d^2\omega^2}\zeta\omega_n\sin\omega t+\left(\frac{\omega_d-\omega}{\omega_n^2+\omega^2-2\omega_d\omega}+\frac{\omega_d+\omega}{\omega_n^2+\omega^2+2\omega_d\omega}\right)\cos\omega t-\end{aligned}$$

$$\frac{2(\omega_n^2+\omega^2)}{(\omega_n^2+\omega^2)^2-4\omega_d^2\omega^2}\zeta\omega_n e^{-\zeta\omega_n t}\sin\omega_d t-\left(\frac{\omega_d-\omega}{\omega_n^2+\omega^2-2\omega_d\omega}+\frac{\omega_d+\omega}{\omega_n^2+\omega^2+2\omega_d\omega}\right)e^{-\zeta\omega_n t}\cos\omega_d t \quad (2.7\text{-}161)$$

计算以下中间结果

$$\frac{\omega_d-\omega}{\omega_n^2+\omega^2-2\omega_d\omega}+\frac{\omega_d+\omega}{\omega_n^2+\omega^2+2\omega_d\omega}=\left(\frac{1}{\omega_n^2+\omega^2-2\omega_d\omega}+\frac{1}{\omega_n^2+\omega^2+2\omega_d\omega}\right)\omega_d+\left(\frac{1}{\omega_n^2+\omega^2+2\omega_d\omega}-\frac{1}{\omega_n^2+\omega^2-2\omega_d\omega}\right)\omega \quad (2.7\text{-}162)$$

化简式(2.7-162)得

$$\frac{\omega_d-\omega}{\omega_n^2+\omega^2-2\omega_d\omega}+\frac{\omega_d+\omega}{\omega_n^2+\omega^2+2\omega_d\omega}=\frac{2\omega_n^2\omega_d+2\omega_d\omega^2}{(\omega_n^2+\omega^2)^2-4\omega_d^2\omega^2}-\frac{4\omega_d\omega^2}{(\omega_n^2+\omega^2)^2-4\omega_d^2\omega^2}=\frac{2\omega_n^2\omega_d-2\omega_d\omega^2}{(\omega_n^2+\omega^2)^2-4\omega_d^2\omega^2} \quad (2.7\text{-}163)$$

将式(2.7-163)代入式(2.7-161)得

$$\int_0^t e^{-\zeta\omega_n\tau}\sin(\omega_d\tau-\omega\tau+\omega t)d\tau+\int_0^t e^{-\zeta\omega_n\tau}\sin(\omega_d\tau+\omega\tau-\omega t)d\tau=\frac{4\zeta\omega_n\omega_d\omega}{(\omega_n^2+\omega^2)^2-4\omega_d^2\omega^2}\sin\omega t+\frac{2\omega_n^2\omega_d-2\omega_d\omega^2}{(\omega_n^2+\omega^2)^2-4\omega_d^2\omega^2}\cos\omega t-\frac{2\zeta\omega_n^3+2\zeta\omega_n\omega^2}{(\omega_n^2+\omega^2)^2-4\omega_d^2\omega^2}e^{-\zeta\omega_n t}\sin\omega_d t-\frac{2\omega_n^2\omega_d-2\omega_d\omega^2}{(\omega_n^2+\omega^2)^2-4\omega_d^2\omega^2}e^{-\zeta\omega_n t}\cos\omega_d t \quad (2.7\text{-}164)$$

将式(2.7-164)代入式(2.7-151)得

$$x_{zs}=\frac{F}{m}\cdot\frac{2\zeta\omega_n\omega}{(\omega_n^2+\omega^2)^2-4\omega_d^2\omega^2}\sin\omega t+\frac{F}{m}\cdot\frac{\omega_n^2-\omega^2}{(\omega_n^2+\omega^2)^2-4\omega_d^2\omega^2}\cos\omega t-\frac{F}{m\omega_d}\cdot\frac{\zeta\omega_n^3+\zeta\omega_n\omega^2}{(\omega_n^2+\omega^2)^2-4\omega_d^2\omega^2}e^{-\zeta\omega_n t}\sin\omega_d t-\frac{F}{m}\cdot\frac{\omega_n^2-\omega^2}{(\omega_n^2+\omega^2)^2-4\omega_d^2\omega^2}e^{-\zeta\omega_n t}\cos\omega_d t \quad (2.7\text{-}165)$$

将$\frac{F}{m}=\frac{Fk}{km}=h\omega_n^2$代入式(2.7-165)得

$$x_{zs}=h\omega_n^2\frac{2\zeta\omega_n\omega}{(\omega_n^2+\omega^2)^2-4\omega_d^2\omega^2}\sin\omega t+h\omega_n^2\frac{\omega_n^2-\omega^2}{(\omega_n^2+\omega^2)^2-4\omega_d^2\omega^2}\cos\omega t-\frac{h\omega_n^2}{\omega_d}\cdot\frac{\zeta\omega_n^3+\zeta\omega_n\omega^2}{(\omega_n^2+\omega^2)^2-4\omega_d^2\omega^2}e^{-\zeta\omega_n t}\sin\omega_d t-h\omega_n^2\frac{\omega_n^2-\omega^2}{(\omega_n^2+\omega^2)^2-4\omega_d^2\omega^2}e^{-\zeta\omega_n t}\cos\omega_d t \quad (2.7\text{-}166)$$

由式(2.7-14)的第一式得

$$(\omega_n^2+\omega^2)^2-4\omega_d^2\omega^2=(\omega_n^2+\omega^2)^2-4(1-\zeta^2)\omega_n^2\omega^2=\omega_n^4+\omega^4+2\omega_n^2\omega^2-4\omega_n^2\omega^2+4\zeta^2\omega_n^2\omega^2=(\omega_n^2-\omega^2)^2+4\zeta^2\omega_n^2\omega^2 \quad (2.7\text{-}167)$$

将式(2.7-167)代入式(2.7-166)得

$$x_{zs}=h\frac{2\zeta\omega_n^3\omega}{(\omega_n^2-\omega^2)^2+4\zeta^2\omega_n^2\omega^2}\sin\omega t+h\frac{\omega_n^4-\omega_n^2\omega^2}{(\omega_n^2-\omega^2)^2+4\zeta^2\omega_n^2\omega^2}\cos\omega t-\frac{h\omega_n^2}{\omega_d}\cdot\frac{\zeta\omega_n^3+\zeta\omega_n\omega^2}{(\omega_n^2-\omega^2)^2+4\zeta^2\omega_n^2\omega^2}e^{-\zeta\omega_n t}\sin\omega_d t-h\frac{\omega_n^4-\omega_n^2\omega^2}{(\omega_n^2-\omega^2)^2+4\zeta^2\omega_n^2\omega^2}e^{-\zeta\omega_n t}\cos\omega_d t \quad (2.7\text{-}168)$$

由式(2.7-168)得

$$x_{zs}=h\frac{2\zeta g}{(1-g^2)^2+4\zeta^2 g^2}\sin\omega t+h\frac{1-g^2}{(1-g^2)^2+4\zeta^2 g^2}\cos\omega t-$$

$$\frac{h\omega_n}{\omega_d}\cdot\frac{\zeta\omega_n^4+\zeta\omega_n^2\omega^2}{(\omega_n^2-\omega^2)^2+4\zeta^2\omega_n^2\omega^2}e^{-\zeta\omega_n t}\sin\omega_d t-h\frac{1-g^2}{(1-g^2)^2+4\zeta^2g^2}e^{-\zeta\omega_n t}\cos\omega_d t \tag{2.7-169}$$

由式(2.7-169)得

$$x_{zs}=\frac{2\zeta g\sin\omega t+(1-g^2)\cos\omega t}{(1-g^2)^2+4\zeta^2g^2}h-\frac{h\omega_n}{\sqrt{1-\zeta^2}\omega_n}\cdot\frac{\zeta+\zeta g^2}{(1-g^2)^2+4\zeta^2g^2}e^{-\zeta\omega_n t}\sin\omega_d t-h\frac{1-g^2}{(1-g^2)^2+4\zeta^2g^2}e^{-\zeta\omega_n t}\cos\omega_d t \tag{2.7-170}$$

由式(2.7-170)得

$$x_{zs}=\frac{2\zeta g\sin\omega t+(1-g^2)\cos\omega t}{(1-g^2)^2+4\zeta^2g^2}h-\frac{h}{\sqrt{1-\zeta^2}}\cdot\frac{\zeta(1+g^2)}{(1-g^2)^2+4\zeta^2g^2}e^{-\zeta\omega_n t}\sin\omega_d t-h\frac{1-g^2}{(1-g^2)^2+4\zeta^2g^2}e^{-\zeta\omega_n t}\cos\omega_d t \tag{2.7-171}$$

由式(2.7-171)得

$$x_{zs}=\frac{2\zeta g\sin\omega t+(1-g^2)\cos\omega t}{(1-g^2)^2+4\zeta^2g^2}h-h\frac{\frac{\zeta}{\sqrt{1-\zeta^2}}(1+g^2)}{(1-g^2)^2+4\zeta^2g^2}e^{-\zeta\omega_n t}\sin\omega_d t-h\frac{(1-g^2)\cos\omega_d t}{(1-g^2)^2+4\zeta^2g^2}e^{-\zeta\omega_n t} \tag{2.7-172}$$

由式(2.7-172)得

$$x_{zs}=\frac{2\zeta g\sin\omega t+(1-g^2)\cos\omega t}{(1-g^2)^2+4\zeta^2g^2}h-h\frac{\frac{\zeta}{\sqrt{1-\zeta^2}}(1+g^2)\sin\omega_d t}{(1-g^2)^2+4\zeta^2g^2}e^{-\zeta\omega_n t}-h\frac{(1-g^2)\cos\omega_d t}{(1-g^2)^2+4\zeta^2g^2}e^{-\zeta\omega_n t} \tag{2.7-173}$$

由式(2.7-173)得

$$x_{zs}=\frac{2\zeta g\sin\omega t+(1-g^2)\cos\omega t}{(1-g^2)^2+4\zeta^2g^2}h-h\frac{\frac{\zeta}{\sqrt{1-\zeta^2}}(1+g^2)\sin\omega_d t+(1-g^2)\cos\omega_d t}{(1-g^2)^2+4\zeta^2g^2}e^{-\zeta\omega_n t} \tag{2.7-174}$$

式(2.7-174)同于式(2.5-53)。

第 3 章　2 自由度系统

前面两章分别讨论了 1 自由度系统的机械振动基础和机械振动相关求解方法，但在实际工程中大量的复杂振动系统往往需要简化成多自由度系统才能反映实际问题的物理本质。2 自由度系统是多自由度系统的一个最简单的特殊情况。与 1 自由度系统相比，2 自由度系统在概念上有一些本质的不同，需要新的分析方法。从 2 自由度系统到更多自由度系统，则主要是仅在数量上增多和扩充，而在问题的表述、求解的方法和最主要的振动性态上并没有本质上的不同。所以，本章讲述 2 自由度系统的振动问题，介绍一些新的科技名词术语，作为下一章研究多自由度系统的基础。此外，2 自由度系统的振动理论本身也具备重要的实用价值，在工程应用中极为关键。

振动系统的自由度定义为描述振动系统的位置或形状所需要的独立坐标的数目。需要用两个独立坐标来描述其运动的振动系统称为 2 自由度振动系统，简称 2 自由度系统。本章首先推导出 2 自由度系统的一般运动方程，然后讨论其零输入振动和受迫响应。

第 1 节　无阻尼零输入振动

一、固有模态振动

凡需要用两个独立坐标来描述其运动的系统都是 2 自由度系统。在实际工程问题中，尽管存在无数 2 自由度系统的具体形式，但从振动的观点看，其运动方程都能够归结成一个一般的形式，用同样的方法进行分析。为简化起见，我们现在研究如图 3.1-1 所示的系统。

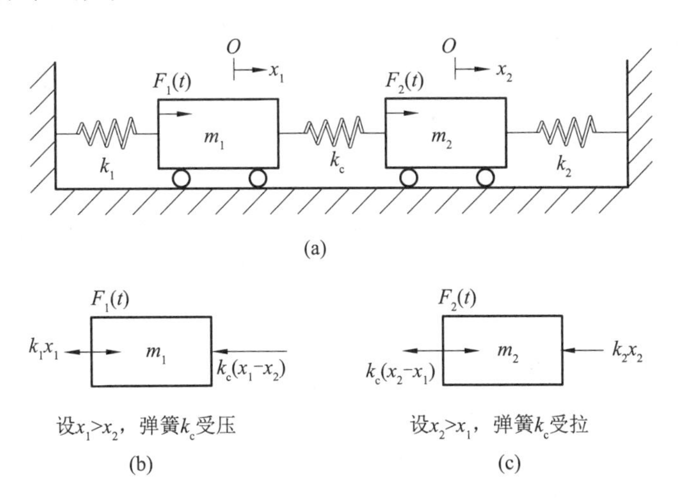

图 3.1-1　无阻尼 2 自由度系统

在图 3.1-1(a)中，k_c 表示将质量 m_1、m_2 组合在一起的连接(connection)刚度。当弹簧 k_1、k_c、k_2 都处于自由状态(既不伸长也不缩短)时，取静平衡位置为两绝对坐标的空间原点，绝对位移 x_1、x_2 是两个独立的坐标，它们完全描述了系统在任意时刻的运动：既能够表征质量 m_1、m_2 的运动，也能够描述弹簧 k_1、k_c、k_2 的运动。所以，该系统是一个 2 自由度系统。绝对位移 x_1、x_2 是微幅的，系统是线性的。根据图 3.1-1(b)所示的受力分析，当弹簧 k_1 不存在时，取 $k_1=0$。

在图 3.1-1(b)中，设 $x_1>x_2$，则质量 m_1 相对于质量 m_2 向右的位移是 x_1-x_2，弹簧 k_c 受压力 $k_c(x_1-x_2)$，由牛顿第二定律得

$$F_1(t)-k_1x_1-k_c(x_1-x_2)=m_1\ddot{x}_1 \tag{3.1-1}$$

在图 3.1-1(c)中，设 $x_2>x_1$，则质量 m_2 相对于质量 m_1 向右的位移是 x_2-x_1，弹簧 k_c 受拉力 $k_c(x_2-x_1)$，由牛顿第二定律得

$$F_2(t)-k_2x_2-k_c(x_2-x_1)=m_2\ddot{x}_2 \tag{3.1-2}$$

将式(3.1-1)和式(3.1-2)联立，可得

$$\begin{cases}m_1\ddot{x}_1+(k_1+k_c)x_1-k_cx_2=F_1(t)\\ m_2\ddot{x}_2-k_cx_1+(k_2+k_c)x_2=F_2(t)\end{cases} \tag{3.1-3}$$

这是一个常系数非齐次二阶线性微分方程组。对于 2 自由度系统，其数学模型由两个常系数非齐次二阶线性微分方程构成。该微分方程组的矩阵形式为

$$\begin{bmatrix}m_1 & 0\\ 0 & m_2\end{bmatrix}\begin{bmatrix}\ddot{x}_1\\ \ddot{x}_2\end{bmatrix}+\begin{bmatrix}k_1+k_c & -k_c\\ -k_c & k_2+k_c\end{bmatrix}\begin{bmatrix}x_1\\ x_2\end{bmatrix}=\begin{bmatrix}F_1(t)\\ F_2(t)\end{bmatrix} \tag{3.1-4}$$

可以设定，2 自由度系统运动微分方程的一般形式能够表述成

$$\begin{bmatrix}m_{11} & m_{12}\\ m_{21} & m_{22}\end{bmatrix}\begin{bmatrix}\ddot{x}_1\\ \ddot{x}_2\end{bmatrix}+\begin{bmatrix}k_{11} & k_{12}\\ k_{21} & k_{22}\end{bmatrix}\begin{bmatrix}x_1\\ x_2\end{bmatrix}=\begin{bmatrix}F_1(t)\\ F_2(t)\end{bmatrix} \tag{3.1-5}$$

令

$$\begin{bmatrix}m_{11} & m_{12}\\ m_{21} & m_{22}\end{bmatrix}=\boldsymbol{M},\quad \begin{bmatrix}k_{11} & k_{12}\\ k_{21} & k_{22}\end{bmatrix}=\boldsymbol{K},\quad \begin{bmatrix}x_1\\ x_2\end{bmatrix}=\boldsymbol{x},\quad \begin{bmatrix}F_1(t)\\ F_2(t)\end{bmatrix}=\boldsymbol{F} \tag{3.1-6}$$

则方程(3.1-5)可写成

$$\boldsymbol{M}\ddot{\boldsymbol{x}}+\boldsymbol{K}\boldsymbol{x}=\boldsymbol{F} \tag{3.1-7}$$

式中：$\boldsymbol{M}$ 是质量矩阵；$\boldsymbol{K}$ 是刚度矩阵；$\boldsymbol{x}$ 是位移的列向量；$\boldsymbol{F}$ 是力的列向量。元素是实数的矩阵称为实矩阵，元素是复数的矩阵称为复矩阵。本书中的矩阵除特别说明外，都指实矩阵。通常 $\boldsymbol{M}$、$\boldsymbol{K}$ 都为实对称矩阵，即有

$$\boldsymbol{M}^{\mathrm{T}}=\boldsymbol{M},\quad \boldsymbol{K}^{\mathrm{T}}=\boldsymbol{K} \tag{3.1-8}$$

式中：上标 T 表示矩阵的转置(transposition)。

方程(3.1-7)与无阻尼 1 自由度系统的运动微分方程在形式上一样，不过由矩阵、向量替换了一个数。一个数可看作一个一阶方阵，属于最简单的矩阵和向量，所以方程(3.1-7)的矩阵表达式是无阻尼离散系统的一个统一形式。

对于零输入振动问题，没有持续的外激励力，$\boldsymbol{F}=\boldsymbol{0}$。所以，这是由初始扰动 $\boldsymbol{x}(0)=\boldsymbol{x}_0$、$\dot{\boldsymbol{x}}(0)=\dot{\boldsymbol{x}}_0$ 所产生的零输入振动。由式(3.1-7)得系统的运动微分方程为

$$\boldsymbol{M}\ddot{\boldsymbol{x}}+\boldsymbol{K}\boldsymbol{x}=\boldsymbol{0} \tag{3.1-9}$$

为方便起见，依然用图 3.1-1 所示的系统作为具体对象来分析。比较方程(3.1-4)和方程(3.1-5)，对如图 3.1-1 所示的系统，有

$$k_{11}=k_1+k_c,\quad k_{22}=k_2+k_c,\quad k_{12}=k_{21}=-k_c \tag{3.1-10}$$

可见，质量 m_i 的自刚度 k_{ii} 等于与该质量直接连接的所有支路刚度的总和；质量 m_i、m_j 之间的互刚度 k_{ij}

等于连接质量 m_i 和 m_j 的支路刚度的负值。显然，k_{ij} 恒等于 k_{ji}。

将式(3.1-10)代入式(3.1-3)得

$$\begin{cases} m_1\ddot{x}_1 + k_{11}x_1 + k_{12}x_2 = 0 \\ m_2\ddot{x}_2 + k_{21}x_1 + k_{22}x_2 = 0 \end{cases} \tag{3.1-11}$$

值得关注的是，系统在受到初始扰动 $\boldsymbol{x}(0)=\boldsymbol{x}_0$、$\dot{\boldsymbol{x}}(0)=\dot{\boldsymbol{x}}_0$ 的作用后，是否与1自由度系统同样产生零输入振动。所以，需求解方程(3.1-11)，要确定解的具体形式。现在，要明确以下两个问题：

① 绝对坐标 x_1、x_2 是否具备同样的随着时间变化的规律？

② 如果其具备同样的随着时间变化的规律，则此变化规律是什么？能否为简谐函数？

首先，设想 x_1、x_2 具备同样的随着时间变化的规律 $f(t)$，$f(t)$ 为时间的实函数。则方程(3.1-11)的解为

$$x_1 = u_1 f(t), \quad x_2 = u_2 f(t) \tag{3.1-12}$$

式中：u_1、u_2 是代表位移幅值的实常数，都与时间 t 无关。

将式(3.1-12)代入式(3.1-11)得

$$\begin{cases} m_1u_1\ddot{f}(t) + (k_{11}u_1 + k_{12}u_2)f(t) = 0 \\ m_2u_2\ddot{f}(t) + (k_{21}u_1 + k_{22}u_2)f(t) = 0 \end{cases} \tag{3.1-13}$$

由式(3.1-13)得

$$\begin{cases} -\dfrac{\ddot{f}(t)}{f(t)} = \dfrac{k_{11}u_1 + k_{12}u_2}{m_1u_1} \\ -\dfrac{\ddot{f}(t)}{f(t)} = \dfrac{k_{21}u_1 + k_{22}u_2}{m_2u_2} \end{cases} \tag{3.1-14}$$

由式(3.1-14)得

$$-\frac{\ddot{f}(t)}{f(t)} = \frac{k_{11}u_1 + k_{12}u_2}{m_1u_1} = \frac{k_{21}u_1 + k_{22}u_2}{m_2u_2} = \lambda \tag{3.1-15}$$

式中：λ 是实常数，与时间 t 无关。

由式(3.1-15)得

$$\ddot{f}(t) + \lambda f(t) = 0 \tag{3.1-16}$$

特征方程为

$$r^2 + \lambda = 0 \tag{3.1-17}$$

$$r_{1,2} = \pm\sqrt{-\lambda} \tag{3.1-18}$$

常系数齐次线性微分方程(3.1-16)的通解为

$$f(t) = C_1\mathrm{e}^{\sqrt{-\lambda}t} + C_2\mathrm{e}^{-\sqrt{-\lambda}t} \tag{3.1-19}$$

假设 $\lambda<0$，当 $t\to+\infty$ 时，$f(t)$ 的第一项趋近于无穷大，$f(t)$ 的第二项趋近于0，此种情况与零输入振动系统是不相容的。对于无阻尼的零输入振动系统，在某一时刻输入一定的能量后，依据能量守恒定律，位移既不会减小到0，也不会无限制地增长到无穷大。故 $\lambda\geqslant 0$，可设 $\lambda=\omega_{\mathrm{n}}^2\geqslant 0$，取 $\omega_{\mathrm{n}}\geqslant 0$，故由式(3.1-17)得

$$r^2 = -\lambda = -\omega_{\mathrm{n}}^2 \tag{3.1-20}$$

$$r_{1,2} = \pm\omega_{\mathrm{n}}\mathrm{i} \tag{3.1-21}$$

常系数齐次线性微分方程(3.1-16)的通解为

$$f(t)=C_1\cos\omega_n t+C_2\sin\omega_n t=A\sin(\omega_n t+\varphi) \tag{3.1-22}$$

方程(3.1-22)说明，绝对坐标 x_1、x_2 具备同样的随着时间变化的规律，且此规律是简谐函数。

将 $\lambda=\omega_n^2$ 分别与式(3.1-15)的第二式、第三式联立，可得

$$(k_{11}-m_1\omega_n^2)u_1+k_{12}u_2=0 \tag{3.1-23}$$

$$k_{21}u_1+(k_{22}-m_2\omega_n^2)u_2=0 \tag{3.1-24}$$

将式(3.1-23)和式(3.1-24)写成矩阵的形式，有

$$\begin{bmatrix} k_{11}-m_1\omega_n^2 & k_{12} \\ k_{21} & k_{22}-m_2\omega_n^2 \end{bmatrix}\begin{Bmatrix} u_1 \\ u_2 \end{Bmatrix}=\begin{Bmatrix} 0 \\ 0 \end{Bmatrix} \tag{3.1-25}$$

当 $u_1=u_2=0$ 时，方程组(3.1-25)恒成立，由式(3.1-12)得 $x_1=x_2=0$，这时系统处于静平衡位置，以下不考虑此种情况，故 u_1、u_2 不可能同时为0，即齐次线性方程组(3.1-25)有非零解。齐次线性方程组有非零解的充分必要条件是：系数矩阵的行列式等于0。所以

$$\begin{vmatrix} k_{11}-m_1\omega_n^2 & k_{12} \\ k_{21} & k_{22}-m_2\omega_n^2 \end{vmatrix}=0 \tag{3.1-26}$$

方程(3.1-26)叫作系统的特征方程或频率方程。将其展开可得

$$(m_1\omega_n^2-k_{11})(m_2\omega_n^2-k_{22})-k_{12}k_{21}=0 \tag{3.1-27}$$

$$m_1m_2\omega_n^4-(m_1k_{22}+m_2k_{11})\omega_n^2+k_{11}k_{22}-k_{12}^2=0 \tag{3.1-28}$$

由式(3.1-28)得

$$\omega_n^4-\frac{m_1k_{22}+m_2k_{11}}{m_1m_2}\omega_n^2+\frac{k_{11}k_{22}-k_{12}^2}{m_1m_2}=0 \tag{3.1-29}$$

关于 ω_n^2 的一元二次方程(3.1-29)的两个根为

$$\omega_{n1,2}^2=\frac{m_1k_{22}+m_2k_{11}}{2m_1m_2}\mp\sqrt{\left(\frac{m_1k_{22}+m_2k_{11}}{2m_1m_2}\right)^2-\frac{k_{11}k_{22}-k_{12}^2}{m_1m_2}} \tag{3.1-30}$$

取 $0<\omega_{n1}<\omega_{n2}$，根据式(3.1-30)可知，$\omega_{n1}$、$\omega_{n2}$ 仅取决于构成系统的物理参数，故它们叫作系统的固有角频率(从式(3.1-22)可见)。2自由度系统有两个固有角频率。

由式(3.1-23)得

$$\frac{u_2}{u_1}=\frac{m_1\omega_n^2-k_{11}}{k_{12}} \tag{3.1-31}$$

由式(3.1-24)得

$$\frac{u_2}{u_1}=\frac{k_{12}}{m_2\omega_n^2-k_{22}} \tag{3.1-32}$$

由式(3.1-31)和式(3.1-32)得振型比

$$r=\frac{u_2}{u_1}=\frac{m_1\omega_n^2-k_{11}}{k_{12}}=\frac{k_{12}}{m_2\omega_n^2-k_{22}} \tag{3.1-33}$$

对应于 ω_{n1} 的振型比为

$$r_1=\frac{u_{21}}{u_{11}}=\frac{m_1\omega_{n1}^2-k_{11}}{k_{12}}=\frac{k_{12}}{m_2\omega_{n1}^2-k_{22}} \tag{3.1-34}$$

对应于 ω_{n2} 的振型比为

$$r_2=\frac{u_{22}}{u_{12}}=\frac{m_1\omega_{n2}^2-k_{11}}{k_{12}}=\frac{k_{12}}{m_2\omega_{n2}^2-k_{22}} \tag{3.1-35}$$

式中：u_{ij} 的第一个下标 i 是绝对位移坐标的序号；u_{ij} 的第二个下标 j 是固有角频率的序号。由式(3.1-34)和式(3.1-35)可见，振型比取决于构成系统的物理参数，是系统固有的。

对应于 ω_{n1} 的特征向量(或称振型向量、模态向量)为

$$\boldsymbol{p}_1=\begin{pmatrix}u_{11}\\u_{21}\end{pmatrix}=\begin{pmatrix}u_{11}\\r_1u_{11}\end{pmatrix}=u_{11}\begin{pmatrix}1\\r_1\end{pmatrix}\tag{3.1-36}$$

对应于 ω_{n2} 的特征向量(或称振型向量、模态向量)为

$$\boldsymbol{p}_2=\begin{pmatrix}u_{12}\\u_{22}\end{pmatrix}=\begin{pmatrix}u_{12}\\r_2u_{12}\end{pmatrix}=u_{12}\begin{pmatrix}1\\r_2\end{pmatrix}\tag{3.1-37}$$

固有角频率、特征向量构成系统振动的固有模态的基本参数,它们表征了系统零输入振动的特性。2自由度系统有两个固有模态,即系统的固有模态数等于系统的自由度数。

由式(3.1-12)得

$$\boldsymbol{x}=\begin{pmatrix}x_1\\x_2\end{pmatrix}=\begin{pmatrix}u_1f(t)\\u_2f(t)\end{pmatrix}\tag{3.1-38}$$

将式(3.1-22)代入式(3.1-38)得

$$\boldsymbol{x}=\begin{pmatrix}u_1A\sin(\omega_nt+\varphi)\\u_2A\sin(\omega_nt+\varphi)\end{pmatrix}\tag{3.1-39}$$

对应于 ω_{n1} 时,方程(3.1-11)的解为

$$\boldsymbol{x}_1=\begin{pmatrix}u_{11}A_1\sin(\omega_{n1}t+\varphi_1)\\u_{21}A_1\sin(\omega_{n1}t+\varphi_1)\end{pmatrix}=\begin{pmatrix}u_{11}A_1\sin(\omega_{n1}t+\varphi_1)\\r_1u_{11}A_1\sin(\omega_{n1}t+\varphi_1)\end{pmatrix}\tag{3.1-40}$$

对应于 ω_{n2} 时,方程(3.1-11)的解为

$$\boldsymbol{x}_2=\begin{pmatrix}u_{12}A_2\sin(\omega_{n2}t+\varphi_2)\\u_{22}A_2\sin(\omega_{n2}t+\varphi_2)\end{pmatrix}=\begin{pmatrix}u_{12}A_2\sin(\omega_{n2}t+\varphi_2)\\r_2u_{12}A_2\sin(\omega_{n2}t+\varphi_2)\end{pmatrix}\tag{3.1-41}$$

方程(3.1-11)的通解为

$$\begin{aligned}\boldsymbol{x}=\boldsymbol{x}_1+\boldsymbol{x}_2&=\begin{pmatrix}u_{11}A_1\sin(\omega_{n1}t+\varphi_1)\\r_1u_{11}A_1\sin(\omega_{n1}t+\varphi_1)\end{pmatrix}+\begin{pmatrix}u_{12}A_2\sin(\omega_{n2}t+\varphi_2)\\r_2u_{12}A_2\sin(\omega_{n2}t+\varphi_2)\end{pmatrix}\\&=\begin{pmatrix}u_{11}A_1\sin(\omega_{n1}t+\varphi_1)+u_{12}A_2\sin(\omega_{n2}t+\varphi_2)\\r_1u_{11}A_1\sin(\omega_{n1}t+\varphi_1)+r_2u_{12}A_2\sin(\omega_{n2}t+\varphi_2)\end{pmatrix}\\&=\begin{pmatrix}1&1\\r_1&r_2\end{pmatrix}\begin{pmatrix}u_{11}A_1\sin(\omega_{n1}t+\varphi_1)\\u_{12}A_2\sin(\omega_{n2}t+\varphi_2)\end{pmatrix}\end{aligned}\tag{3.1-42}$$

例3.1-1 设对角矩阵 $\boldsymbol{M}=\begin{pmatrix}m_1&0\\0&m_2\end{pmatrix}$,对称矩阵 $\boldsymbol{K}=\begin{pmatrix}k_{11}&k_{12}\\k_{12}&k_{22}\end{pmatrix}$,求动力矩阵 $\boldsymbol{A}=\boldsymbol{M}^{-1}\boldsymbol{K}$ 的特征值、特征向量、固有角频率。

解 ① $\boldsymbol{A}=\begin{pmatrix}\dfrac{1}{m_1}&0\\0&\dfrac{1}{m_2}\end{pmatrix}\begin{pmatrix}k_{11}&k_{12}\\k_{12}&k_{22}\end{pmatrix}=\begin{pmatrix}\dfrac{k_{11}}{m_1}&\dfrac{k_{12}}{m_1}\\\dfrac{k_{12}}{m_2}&\dfrac{k_{22}}{m_2}\end{pmatrix}$ 不一定为对称矩阵,$\boldsymbol{A}$ 的特征多项式为

$$|\boldsymbol{A}-\lambda\boldsymbol{E}|=\begin{vmatrix}\dfrac{k_{11}}{m_1}-\lambda&\dfrac{k_{12}}{m_1}\\\dfrac{k_{12}}{m_2}&\dfrac{k_{22}}{m_2}-\lambda\end{vmatrix}=\left(\lambda-\frac{k_{11}}{m_1}\right)\left(\lambda-\frac{k_{22}}{m_2}\right)-\frac{k_{12}^2}{m_1m_2}=\lambda^2-\left(\frac{k_{11}}{m_1}+\frac{k_{22}}{m_2}\right)\lambda+\frac{k_{11}k_{22}}{m_1m_2}-\frac{k_{12}^2}{m_1m_2}$$

$$=\lambda^2-\frac{m_2k_{11}+m_1k_{22}}{m_1m_2}\lambda+\frac{k_{11}k_{22}-k_{12}^2}{m_1m_2}$$

$\boldsymbol{A}$ 的特征方程为 $m_1m_2\lambda^2-(m_1k_{22}+m_2k_{11})\lambda+k_{11}k_{22}-k_{12}^2=0$，同于式(3.1-28)。

根的判别式为

$$\begin{aligned}\Delta&=(m_1k_{22}+m_2k_{11})^2-4m_1m_2(k_{11}k_{22}-k_{12}^2)=m_1^2k_{22}^2+m_2^2k_{11}^2+2m_1m_2k_{11}k_{22}-4m_1m_2k_{11}k_{22}+4m_1m_2k_{12}^2\\&=m_1^2k_{22}^2+m_2^2k_{11}^2-2m_1m_2k_{11}k_{22}+4m_1m_2k_{12}^2=(m_1k_{22}-m_2k_{11})^2+4m_1m_2k_{12}^2>0\end{aligned}$$

可得 $k_{11}k_{22}-k_{12}^2=(k_1+k_c)(k_2+k_c)-k_c^2>0$，$m_1k_{22}+m_2k_{11}>0$，即方程有 2 个不相等的正根。所以 $\boldsymbol{A}$ 的特征值为

$$\lambda_1=\frac{m_1k_{22}+m_2k_{11}-\sqrt{(m_1k_{22}-m_2k_{11})^2+4m_1m_2k_{12}^2}}{2m_1m_2}$$

$$\lambda_2=\frac{m_1k_{22}+m_2k_{11}+\sqrt{(m_1k_{22}-m_2k_{11})^2+4m_1m_2k_{12}^2}}{2m_1m_2}$$

② λ_1 对应的特征向量应满足

$$\begin{pmatrix}\frac{k_{11}}{m_1}-\lambda_1 & \frac{k_{12}}{m_1}\\ \frac{k_{12}}{m_2} & \frac{k_{22}}{m_2}-\lambda_1\end{pmatrix}\begin{pmatrix}1\\ r_1\end{pmatrix}=\begin{pmatrix}0\\0\end{pmatrix}，即\begin{pmatrix}\frac{k_{11}}{m_1}-\lambda_1+\frac{k_{12}}{m_1}r_1\\ \frac{k_{12}}{m_2}+\left(\frac{k_{22}}{m_2}-\lambda_1\right)r_1\end{pmatrix}=\begin{pmatrix}0\\0\end{pmatrix}$$

$r_1=\dfrac{m_1\lambda_1-k_{11}}{k_{12}}=\dfrac{k_{12}}{m_2\lambda_1-k_{22}}$，所以对应的特征向量可取为

$$\boldsymbol{p}_1=\begin{pmatrix}1\\ \frac{m_1\lambda_1-k_{11}}{k_{12}}\end{pmatrix}=\begin{pmatrix}1\\ \frac{k_{12}}{m_2\lambda_1-k_{22}}\end{pmatrix}$$

λ_2 对应的特征向量应满足

$$\begin{pmatrix}\frac{k_{11}}{m_1}-\lambda_2 & \frac{k_{12}}{m_1}\\ \frac{k_{12}}{m_2} & \frac{k_{22}}{m_2}-\lambda_2\end{pmatrix}\begin{pmatrix}1\\ r_2\end{pmatrix}=\begin{pmatrix}0\\0\end{pmatrix}，\quad 即\begin{pmatrix}\frac{k_{11}}{m_1}-\lambda_2+\frac{k_{12}}{m_1}r_2\\ \frac{k_{12}}{m_2}+\left(\frac{k_{22}}{m_2}-\lambda_2\right)r_2\end{pmatrix}=\begin{pmatrix}0\\0\end{pmatrix}$$

$r_2=\dfrac{m_1\lambda_2-k_{11}}{k_{12}}=\dfrac{k_{12}}{m_2\lambda_2-k_{22}}$，所以对应的特征向量可取为

$$\boldsymbol{p}_2=\begin{pmatrix}1\\ \frac{m_1\lambda_2-k_{11}}{k_{12}}\end{pmatrix}=\begin{pmatrix}1\\ \frac{k_{12}}{m_2\lambda_2-k_{22}}\end{pmatrix}$$

③ $\omega_{n1}=\sqrt{\lambda_1}$，$\omega_{n2}=\sqrt{\lambda_2}$。

例 3.1-2 在图 3.1-1 中，已知 $m_1=m$，$m_2=2m$，$k_1=k$，$k_2=2k$，$k_c=k$。求对角矩阵 $\boldsymbol{M}$、对称矩阵 $\boldsymbol{K}$、动力矩阵 $\boldsymbol{A}=\boldsymbol{M}^{-1}\boldsymbol{K}$ 及其特征值、特征向量、固有角频率。

解 由题意得 $k_{11}=k_1+k_c=k+k=2k$，$k_{22}=k_2+k_c=2k+k=3k$，$k_{12}=k_{21}=-k_c=-k$。

① $\boldsymbol{M}=\begin{pmatrix}m & 0\\ 0 & 2m\end{pmatrix}$。

② $\boldsymbol{K}=\begin{pmatrix}2k & -k\\ -k & 3k\end{pmatrix}$。

③ $\boldsymbol{A}=\begin{pmatrix}\frac{1}{m} & 0\\ 0 & \frac{1}{2m}\end{pmatrix}\begin{pmatrix}2k & -k\\ -k & 3k\end{pmatrix}=\begin{pmatrix}\frac{2k}{m} & -\frac{k}{m}\\ -\frac{k}{2m} & \frac{3k}{2m}\end{pmatrix}$。

④ $\boldsymbol{A}$ 的特征多项式为

$$|\boldsymbol{A}-\lambda\boldsymbol{E}|=\begin{vmatrix}\dfrac{2k}{m}-\lambda & -\dfrac{k}{m}\\ -\dfrac{k}{2m} & \dfrac{3k}{2m}-\lambda\end{vmatrix}=\left(\lambda-\frac{2k}{m}\right)\left(\lambda-\frac{3k}{2m}\right)-\frac{k^2}{2m^2}=\lambda^2-\frac{7k}{2m}\lambda+\frac{3k^2}{m^2}-\frac{k^2}{2m^2}=\lambda^2-\frac{7k}{2m}\lambda+\frac{5k^2}{2m^2}$$

所以 $\boldsymbol{A}$ 的特征值为 $\lambda_1=\dfrac{k}{m}$，$\lambda_2=\dfrac{5k}{2m}$。

⑤ 当 $\lambda_1=\dfrac{k}{m}$ 时，对应的特征向量应满足

$$\begin{pmatrix}\dfrac{2k}{m}-\dfrac{k}{m} & -\dfrac{k}{m}\\ -\dfrac{k}{2m} & \dfrac{3k}{2m}-\dfrac{k}{m}\end{pmatrix}\begin{pmatrix}1\\ r_1\end{pmatrix}=\begin{pmatrix}0\\0\end{pmatrix},\quad 即\begin{pmatrix}\dfrac{k}{m} & -\dfrac{k}{m}\\ -\dfrac{k}{2m} & \dfrac{k}{2m}\end{pmatrix}\begin{pmatrix}1\\ r_1\end{pmatrix}=\begin{pmatrix}0\\0\end{pmatrix}$$

$r_1=1$，所以对应的特征向量可取为

$$\boldsymbol{p}_1=\begin{pmatrix}1\\1\end{pmatrix}$$

当 $\lambda_2=\dfrac{5k}{2m}$ 时，对应的特征向量应满足

$$\begin{pmatrix}\dfrac{2k}{m}-\dfrac{5k}{2m} & -\dfrac{k}{m}\\ -\dfrac{k}{2m} & \dfrac{3k}{2m}-\dfrac{5k}{2m}\end{pmatrix}\begin{pmatrix}1\\ r_2\end{pmatrix}=\begin{pmatrix}0\\0\end{pmatrix},\quad 即\begin{pmatrix}-\dfrac{k}{2m} & -\dfrac{k}{m}\\ -\dfrac{k}{2m} & -\dfrac{k}{m}\end{pmatrix}\begin{pmatrix}1\\ r_2\end{pmatrix}=\begin{pmatrix}0\\0\end{pmatrix}$$

$r_2=-\dfrac{1}{2}$，所以对应的特征向量可取为

$$\boldsymbol{p}_2=\begin{pmatrix}1\\ -\dfrac{1}{2}\end{pmatrix}$$

特征向量如图 3.1-2 所示。第二阶振型有一个零位移点，这种点称为节点。这说明弹簧 k_c 上有一个始终保持不动的点。

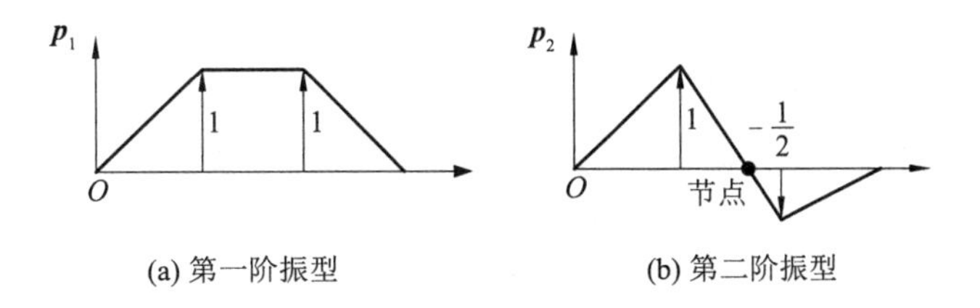

图 3.1-2　二阶特征向量

⑥ $\omega_{n1}=\sqrt{\lambda_1}=\sqrt{\dfrac{k}{m}}$，$\omega_{n2}=\sqrt{\lambda_2}=\sqrt{\dfrac{5k}{2m}}$。

例 3.1-3　设 λ 是方阵 $\boldsymbol{A}$ 的特征值，证明：

(1) λ^2 是 $\boldsymbol{A}^2$ 的特征值；

(2) 当 $\boldsymbol{A}$ 可逆时，λ^{-1} 是 $\boldsymbol{A}^{-1}$ 的特征值；

(3) 当 $\boldsymbol{A}$ 可逆时，λ^{-2} 是 $\boldsymbol{A}^{-2}$ 的特征值。

证明　因 λ 是 $\boldsymbol{A}$ 的特征值，故有非零列向量 $\boldsymbol{x}\neq 0$ 使 $\boldsymbol{Ax}=\lambda\boldsymbol{x}$。

(1) 因为 $\boldsymbol{A}^2\boldsymbol{x}=\boldsymbol{A}(\boldsymbol{A}\boldsymbol{x})=\boldsymbol{A}(\lambda\boldsymbol{x})=\lambda(\boldsymbol{A}\boldsymbol{x})=\lambda(\lambda\boldsymbol{x})=\lambda^2\boldsymbol{x}$,所以 λ^2 是 $\boldsymbol{A}^2$ 的特征值。

(2) 当 $\boldsymbol{A}$ 可逆时,由 $\boldsymbol{A}\boldsymbol{x}=\lambda\boldsymbol{x}$ 得 $\boldsymbol{x}=\lambda\boldsymbol{A}^{-1}\boldsymbol{x}$,由 $\boldsymbol{x}\neq 0$ 得 $\lambda\neq 0$,故 $\boldsymbol{A}^{-1}\boldsymbol{x}=\lambda^{-1}\boldsymbol{x}$,所以 λ^{-1} 是 $\boldsymbol{A}^{-1}$ 的特征值。

(3) 由 $\boldsymbol{A}^{-1}\boldsymbol{x}=\lambda^{-1}\boldsymbol{x}$ 得 $\boldsymbol{A}^{-1}\boldsymbol{A}^{-1}\boldsymbol{x}=\lambda^{-1}\boldsymbol{A}^{-1}\boldsymbol{x}=\lambda^{-1}\lambda^{-1}\boldsymbol{x}$,故 $\boldsymbol{A}^{-2}\boldsymbol{x}=\lambda^{-2}\boldsymbol{x}$,所以 λ^{-2} 是 $\boldsymbol{A}^{-2}$ 的特征值。

二、独立坐标的选择

前面对 2 自由度系统进行讨论时,我们选择了一组独立的绝对位移坐标 x_1、x_2。对于一个 2 自由度系统,当描述其运动时,是否只存在唯一独立的坐标?系统的运动微分方程的具体表达式是否也唯一?为了弄清楚上述问题,现在讨论以下一个具体的例子。

汽车的一种理想模型如图 3.1-3 所示,为了简化,可以把车身看成刚体——直杆,其质量为 m,质心(centroid)在 C 点。车身在竖直平面内绕质心 C 点的转动惯量为 J_C。轮胎的弹簧刚度分别为 k_1、k_2。当系统发生振动时,选择以下两个独立坐标:质心 C 点向下的位移 $x_1(t)$(简记为 x_1),车身绕质心 C 点逆时针转过的角度 $\theta(t)$(简记为 θ)。当车身以加速度 $\ddot{x}_1$ 向下运动时,以车身为参考系,车身除受到两个弹簧的作用力 $k_1(x_1+a_1\theta)$、$k_2(x_1-b_1\theta)$外,还受到向上的惯性力 $m\ddot{x}_1$(质心运动定律,作用点在质心 C 点,与非惯性系车身向下的位移 $x_1(t)$方向相反)、顺时针的惯性力矩 $J_C\ddot{\theta}$(作用点在质心 C 点,与非惯性系车身的逆时针转角 $\theta(t)$方向相反)的作用。

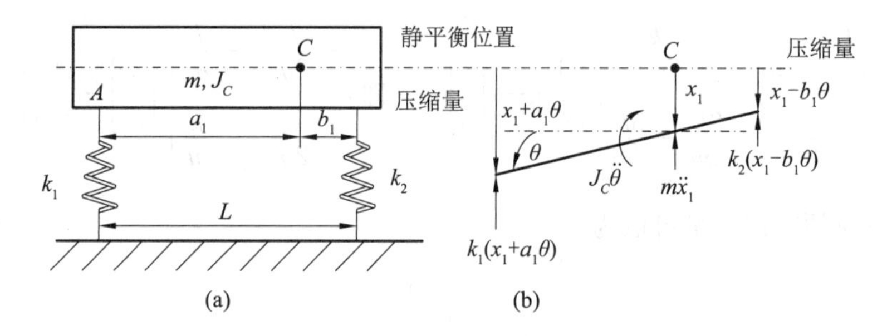

图 3.1-3 汽车的理想模型(选择质心位移为独立坐标)

根据图 3.1-3(b),以向上为正方向,车身的力平衡方程为

$$m\ddot{x}_1+k_1(x_1+a_1\theta)+k_2(x_1-b_1\theta)=0 \tag{3.1-43}$$

由式(3.1-43)得

$$m\ddot{x}_1+(k_1+k_2)x_1+(k_1a_1-k_2b_1)\theta=0 \tag{3.1-44}$$

根据图 3.1-3(b),以顺时针为正方向,车身绕质心 C 点的力矩平衡方程为

$$J_C\ddot{\theta}+k_1(x_1+a_1\theta)a_1-k_2(x_1-b_1\theta)b_1=0 \tag{3.1-45}$$

由式(3.1-45)得

$$J_C\ddot{\theta}+(k_1a_1-k_2b_1)x_1+(k_1a_1^2+k_2b_1^2)\theta=0 \tag{3.1-46}$$

将式(3.1-44)和式(3.1-46)写在一起,可得

$$\begin{cases}m\ddot{x}_1+(k_1+k_2)x_1+(k_1a_1-k_2b_1)\theta=0\\ J_C\ddot{\theta}+(k_1a_1-k_2b_1)x_1+(k_1a_1^2+k_2b_1^2)\theta=0\end{cases} \tag{3.1-47}$$

将其写成矩阵形式,为

$$\begin{bmatrix}m & 0\\ 0 & J_C\end{bmatrix}\begin{Bmatrix}\ddot{x}_1\\ \ddot{\theta}\end{Bmatrix}+\begin{bmatrix}k_1+k_2 & k_1a_1-k_2b_1\\ k_1a_1-k_2b_1 & k_1a_1^2+k_2b_1^2\end{bmatrix}\begin{Bmatrix}x_1\\ \theta\end{Bmatrix}=\begin{Bmatrix}0\\ 0\end{Bmatrix} \tag{3.1-48}$$

在式(3.1-47)中,两个方程均包含 x_1、θ,不能单独求出 x_1、θ,此种情形称为两坐标耦合。在矩阵方程

(3.1-48)中，二阶对称矩阵 $\boldsymbol{K}$ 的副对角线上元素非零。此时，方程通过刚度矩阵相互耦合，称为弹性耦合或静耦合。

分析方程(3.1-48)，为了使 $\boldsymbol{K}$ 的副对角元素变成0，试着选择几何尺寸 a_2、b_2，使 $k_1a_2-k_2b_2=0$，$\dfrac{a_2}{b_2}=\dfrac{k_2}{k_1}$，且 $a_2+b_2=L$(定值)，则 $a_2=\dfrac{k_2}{k_1+k_2}L$，$b_2=\dfrac{k_1}{k_1+k_2}L$，从而确定一个协调点 O。这样，能否使所得矩阵方程的矩阵 $\boldsymbol{M}$、$\boldsymbol{K}$ 的副对角元素全为0？下面分析这个问题。

如图3.1-4所示，当系统发生振动时，选择以下两个独立坐标：协调点 O 向下的位移 $x_2(t)$(简记为 x_2)，车身绕质心 C 点逆时针转动的角 $\theta(t)$(简记为 θ)。C、O 两点之间的距离为 e。当车身以加速度 $\ddot{x}_2-e\ddot{\theta}$ 向下运动时，以车身为参考系，车身除受到两个弹簧的作用力 $k_1(x_2+a_2\theta)$、$k_2(x_2-b_2\theta)$ 外，还受到向上的惯性力 $m(\ddot{x}_2-e\ddot{\theta})$(作用点在质心 C 点，与非惯性系车身向下的位移 $x_2-e\theta$ 方向相反)、顺时针的惯性力矩 $J_C\ddot{\theta}$(作用点在质心 C 点，与非惯性系车身的逆时针转角 $\theta(t)$ 方向相反)的作用。

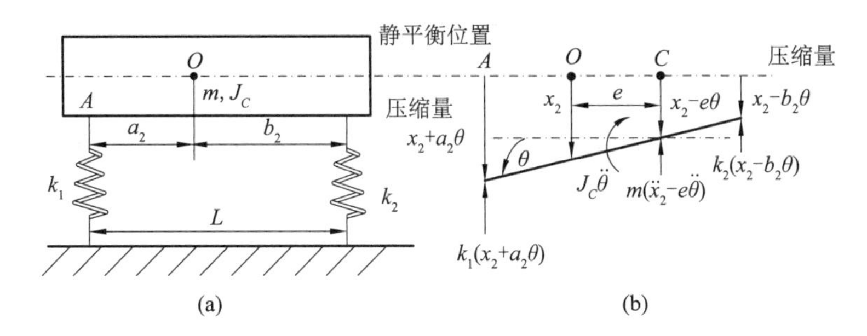

图3.1-4　汽车的理想模型(选择协调点的位移为独立坐标)

根据图3.1-4(b)，以向上为正方向，车身的力平衡方程为

$$m(\ddot{x}_2-e\ddot{\theta})+k_1(x_2+a_2\theta)+k_2(x_2-b_2\theta)=0 \tag{3.1-49}$$

由式(3.1-49)得

$$m\ddot{x}_2-me\ddot{\theta}+(k_1+k_2)x_2+(k_1a_2-k_2b_2)\theta=0 \tag{3.1-50}$$

根据图3.1-4(b)，以顺时针为正方向，车身绕协调点 O 的力矩平衡方程为

$$J_C\ddot{\theta}+k_1(x_2+a_2\theta)a_2-k_2(x_2-b_2\theta)b_2-m(\ddot{x}_2-e\ddot{\theta})e=0 \tag{3.1-51}$$

由式(3.1-51)得

$$-me\ddot{x}_2+(J_C+me^2)\ddot{\theta}+(k_1a_2-k_2b_2)x_2+(k_1a_2^2+k_2b_2^2)\theta=0 \tag{3.1-52}$$

将式(3.1-50)和式(3.1-52)写在一起，可得

$$\begin{cases}m\ddot{x}_2-me\ddot{\theta}+(k_1+k_2)x_2+(k_1a_2-k_2b_2)\theta=0\\-me\ddot{x}_2+(J_C+me^2)\ddot{\theta}+(k_1a_2-k_2b_2)x_2+(k_1a_2^2+k_2b_2^2)\theta=0\end{cases} \tag{3.1-53}$$

将其写成矩阵形式，为

$$\begin{pmatrix}m & -me\\-me & J_C+me^2\end{pmatrix}\begin{pmatrix}\ddot{x}_2\\\ddot{\theta}\end{pmatrix}+\begin{pmatrix}k_1+k_2 & k_1a_2-k_2b_2\\k_1a_2-k_2b_2 & k_1a_2^2+k_2b_2^2\end{pmatrix}\begin{pmatrix}x_2\\\theta\end{pmatrix}=\begin{pmatrix}0\\0\end{pmatrix} \tag{3.1-54}$$

这是以任意点 O 的位移为独立坐标，所推导出的一般运动微分方程。

当 C、O 两点重合，即 $e=0$ 时，式(3.1-54)变成式(3.1-48)。

当 $k_1a_2-k_2b_2=0$ 时，式(3.1-54)变成

$$\begin{pmatrix}m & -me\\-me & J_C+me^2\end{pmatrix}\begin{pmatrix}\ddot{x}_2\\\ddot{\theta}\end{pmatrix}+\begin{pmatrix}k_1+k_2 & 0\\0 & k_1a_2^2+k_2b_2^2\end{pmatrix}\begin{pmatrix}x_2\\\theta\end{pmatrix}=\begin{pmatrix}0\\0\end{pmatrix} \tag{3.1-55}$$

在矩阵方程(3.1-55)中，二阶对称矩阵 $\boldsymbol{M}$ 的副对角线上元素非零。此时，方程通过质量矩阵相互耦合，称为惯性耦合或运动耦合。

如图 3.1-5 所示，当系统发生振动时，选择以下两个独立坐标：弹簧 k_1 最上端 A 点向下的位移 $x_3(t)$（简记为 x_3），车身绕质心 C 点逆时针转动的角 $\theta(t)$（简记为 θ）。当车身以加速度 $\ddot{x}_3-a_1\ddot{\theta}$ 向下运动时，以车身为参考系，车身除受到两个弹簧的作用力 k_1x_3、$k_2(x_3-L\theta)$ 外，还受到向上的惯性力 $m(\ddot{x}_3-a_1\ddot{\theta})$（作用点在质心 C 点，与非惯性系车身向下的位移 $x_3-a_1\theta$ 方向相反）、顺时针的惯性力矩 $J_C\ddot{\theta}$（作用点在质心 C 点，与非惯性系车身的逆时针转角 $\theta(t)$ 方向相反）的作用。

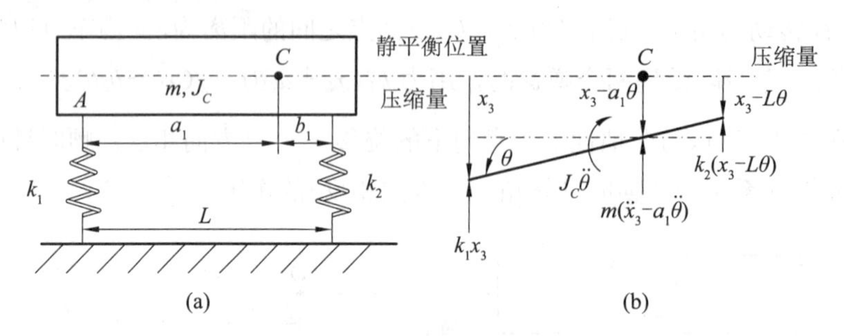

图 3.1-5　汽车的理想模型(选择弹簧 k_1 最上端 A 点的位移为独立坐标)

根据图 3.1-5(b)，以向上为正方向，车身的力平衡方程为

$$m(\ddot{x}_3-a_1\ddot{\theta})+k_1x_3+k_2(x_3-L\theta)=0 \tag{3.1-56}$$

由式(3.1-56)得

$$m\ddot{x}_3-ma_1\ddot{\theta}+(k_1+k_2)x_3-k_2L\theta=0 \tag{3.1-57}$$

根据图 3.1-5(b)，以顺时针为正方向，车身绕 A 点的力矩平衡方程为

$$J_C\ddot{\theta}-k_2(x_3-L\theta)L-m(\ddot{x}_3-a_1\ddot{\theta})a_1=0 \tag{3.1-58}$$

由式(3.1-58)得

$$-ma_1\ddot{x}_3+(J_C+ma_1^2)\ddot{\theta}-k_2Lx_3+k_2L^2\theta=0 \tag{3.1-59}$$

将式(3.1-57)和式(3.1-59)写在一起，可得

$$\begin{cases} m\ddot{x}_3-ma_1\ddot{\theta}+(k_1+k_2)x_3-k_2L\theta=0 \\ -ma_1\ddot{x}_3+(J_C+ma_1^2)\ddot{\theta}-k_2Lx_3+k_2L^2\theta=0 \end{cases} \tag{3.1-60}$$

将其写成矩阵形式，为

$$\begin{bmatrix} m & -ma_1 \\ -ma_1 & J_C+ma_1^2 \end{bmatrix}\begin{Bmatrix} \ddot{x}_3 \\ \ddot{\theta} \end{Bmatrix}+\begin{bmatrix} k_1+k_2 & -k_2L \\ -k_2L & k_2L^2 \end{bmatrix}\begin{Bmatrix} x_3 \\ \theta \end{Bmatrix}=\begin{Bmatrix} 0 \\ 0 \end{Bmatrix} \tag{3.1-61}$$

在图 3.1-4 中，质心 C 点是固定点，当 O 点移动到 A 点时，$e=a_1$，A、O 两点之间的距离为 $a_2=0$，$b_2=L$，此时式(3.1-54)变成式(3.1-61)。

此时，方程(3.1-61)中同时出现对称矩阵 $\boldsymbol{K}$、$\boldsymbol{M}$，因此同时包含静耦合、运动耦合。

通过上述 3 种情况的讨论，能够获得以下推论：

① 为表达一个 2 自由度系统的运动，所需独立坐标的个数等于自由度数 2。然而，能够表达系统运动的独立坐标可能有多组。例如上述 3 种情况中，车身绕质心 C 点逆时针转动的角 $\theta(t)$ 都是相同的，但是向下的位移是不一样的：第一种情况，选择的是质心的位移；第二种情况，选择的是任意点 O 的位移；第三种情况，选择的是弹簧 k_1 最上端 A 点的位移。

② 对于一个既定的系统，选择的独立坐标不一样，则推导的系统运动微分方程的表达式不一样，具体表

现为质量矩阵、刚度矩阵不一样。在变形的过程中，如果不对方程进行放大或缩小处理，则质量矩阵、刚度矩阵是对称矩阵；在变形的过程中，如果对方程进行放大或缩小处理，则质量矩阵、刚度矩阵不可能都是对称矩阵。以下用一个具体实例来说明。

由式(3.1-3)得

$$\begin{cases}\ddot{x}_1+\dfrac{k_1+k_c}{m_1}x_1-\dfrac{k_c}{m_1}x_2=\dfrac{F_1(t)}{m_1}\\\ddot{x}_2-\dfrac{k_c}{m_2}x_1+\dfrac{k_2+k_c}{m_2}x_2=\dfrac{F_2(t)}{m_2}\end{cases}\tag{3.1-62}$$

将其写成矩阵形式，为

$$\begin{pmatrix}1&0\\0&1\end{pmatrix}\begin{pmatrix}\ddot{x}_1\\\ddot{x}_2\end{pmatrix}+\begin{pmatrix}\dfrac{k_1+k_c}{m_1}&-\dfrac{k_c}{m_1}\\-\dfrac{k_c}{m_2}&\dfrac{k_2+k_c}{m_2}\end{pmatrix}\begin{pmatrix}x_1\\x_2\end{pmatrix}=\begin{pmatrix}\dfrac{F_1(t)}{m_1}\\\dfrac{F_2(t)}{m_2}\end{pmatrix}\tag{3.1-63}$$

$$\begin{pmatrix}\ddot{x}_1\\\ddot{x}_2\end{pmatrix}+\begin{pmatrix}\dfrac{k_1+k_c}{m_1}&-\dfrac{k_c}{m_1}\\-\dfrac{k_c}{m_2}&\dfrac{k_2+k_c}{m_2}\end{pmatrix}\begin{pmatrix}x_1\\x_2\end{pmatrix}=\begin{pmatrix}\dfrac{F_1(t)}{m_1}\\\dfrac{F_2(t)}{m_2}\end{pmatrix}\tag{3.1-64}$$

可见，质量矩阵是特殊的单位矩阵，但是刚度矩阵不是对称矩阵。

③ 假设质量矩阵或刚度矩阵在非主对角线上的元素不等于0，那么微分方程具有至少两坐标耦合。坐标耦合仅仅取决于独立坐标的选择，并非系统的固有特点。

④ 多个微分方程构成矩阵方程。假设矩阵方程具有坐标耦合，那么所有微分方程不能单独直接求解。

⑤ 对于一个既定的系统，根据实际情况，可以选择不一样的独立坐标，但是通过求解微分方程，会获得系统固有的相同属性。

因为坐标耦合与坐标的选择有关联，并非系统的固有特征，所以一个值得研究的问题为是否存在一种坐标，当采用此坐标时，刚度矩阵、质量矩阵均为对角矩阵，所有微分方程能够单独直接求解，即同时无静耦合、无运动耦合。

例3.1-4 ① 叙述牛顿第一定律。② 现以一静止在地面上的物体为例进行讨论：若以地面为参考系，牛顿第一定律是否成立？若以相对于地面做加速运动的汽车为参考系，牛顿第一定律是否成立？

解 ① 牛顿第一定律又称惯性定律，可表述为：任何物体都保持静止或匀速直线运动状态，直到其他物体对它的作用迫使它改变这种状态为止。

② 若以地面为参考系，该物体所受合外力为0，保持静止，牛顿第一定律成立。使牛顿第一定律成立的参考系称为惯性参考系。一个参考系是否是惯性参考系，只能依据观察和实验确定。根据天体运动的研究，太阳参考系是一个较好的惯性参考系，地球可近似地看作惯性参考系，静止在地面上或相对于地面做匀速直线运动的物体，也可近似地视为惯性参考系。

若以相对于地面做加速运动的汽车为参考系，该物体所受合外力为0，但该物体相对于汽车有加速度，牛顿第一定律不成立。使牛顿第一定律不成立的参考系称为非惯性参考系。相对于地面做变速运动的参考系是非惯性参考系。

例3.1-5 在图3.1-3中，惯性力$m\ddot{x}_1$的受力物体是谁？惯性力$m\ddot{x}_1$的施力物体是谁？惯性力$m\ddot{x}_1$是否存在反作用力？

解 惯性力$m\ddot{x}_1$的受力物体是车身。

为了方便地求解非惯性参考系中的力学问题，引入一个叫作惯性力的虚拟力，所以惯性力没有施力物体。

因为惯性力没有施力物体，所以惯性力不存在反作用力。

三、固有坐标的唯一性

现在重新分析方程(3.1-11)的解。仔细观察式(3.1-42)，可设方程(3.1-11)的解为

$$x_1 = p_1(t) + p_2(t) \tag{3.1-65}$$

$$x_2 = r_1 p_1(t) + r_2 p_2(t) \tag{3.1-66}$$

为方便起见，下文将 $p_1(t)$ 简写为 p_1，其余类似。

将式(3.1-65)和式(3.1-66)代入方程(3.1-11)的第一式得

$$m_1(\ddot{p}_1 + \ddot{p}_2) + k_{11}(p_1 + p_2) + k_{12}(r_1 p_1 + r_2 p_2) = 0 \tag{3.1-67}$$

将式(3.1-65)和式(3.1-66)代入方程(3.1-11)的第二式得

$$m_2(r_1\ddot{p}_1 + r_2\ddot{p}_2) + k_{12}(p_1 + p_2) + k_{22}(r_1 p_1 + r_2 p_2) = 0 \tag{3.1-68}$$

由式(3.1-67)得

$$m_1\ddot{p}_1 + m_1\ddot{p}_2 + (k_{11} + k_{12}r_1)p_1 + (k_{11} + k_{12}r_2)p_2 = 0 \tag{3.1-69}$$

由式(3.1-68)得

$$m_2 r_1\ddot{p}_1 + m_2 r_2\ddot{p}_2 + (k_{12} + k_{22}r_1)p_1 + (k_{12} + k_{22}r_2)p_2 = 0 \tag{3.1-70}$$

式(3.1-69)乘以 $m_2 r_2$ 得

$$m_1 m_2 r_2\ddot{p}_1 + m_1 m_2 r_2\ddot{p}_2 + (m_2 k_{11} r_2 + m_2 k_{12} r_1 r_2)p_1 + (m_2 k_{11} r_2 + m_2 k_{12} r_2^2)p_2 = 0 \tag{3.1-71}$$

式(3.1-70)乘以 m_1 得

$$m_1 m_2 r_1\ddot{p}_1 + m_1 m_2 r_2\ddot{p}_2 + (m_1 k_{12} + m_1 k_{22} r_1)p_1 + (m_1 k_{12} + m_1 k_{22} r_2)p_2 = 0 \tag{3.1-72}$$

式(3.1-71)减去式(3.1-72)得

$$\begin{aligned} m_1 m_2(r_2 - r_1)\ddot{p}_1 + (m_2 k_{11} r_2 + m_2 k_{12} r_1 r_2 - m_1 k_{12} - m_1 k_{22} r_1)p_1 + \\ (m_2 k_{11} r_2 + m_2 k_{12} r_2^2 - m_1 k_{12} - m_1 k_{22} r_2)p_2 = 0 \end{aligned} \tag{3.1-73}$$

$$\begin{aligned} m_1 m_2(r_2 - r_1)\ddot{p}_1 + (m_2 k_{11} r_2 + m_2 k_{12} r_1 r_2 - m_1 k_{12} - m_1 k_{22} r_1)p_1 + \\ [m_2 k_{12} r_2^2 + (m_2 k_{11} - m_1 k_{22})r_2 - m_1 k_{12}]p_2 = 0 \end{aligned} \tag{3.1-74}$$

由例 3.1-1 中的②得

$$r_2 = \frac{m_1\lambda_2 - k_{11}}{k_{12}} \tag{3.1-75}$$

由例 3.1-1 中的①得

$$\lambda_2 = \frac{m_1 k_{22} + m_2 k_{11} + \sqrt{(m_1 k_{22} - m_2 k_{11})^2 + 4m_1 m_2 k_{12}^2}}{2m_1 m_2} \tag{3.1-76}$$

由式(3.1-75)得

$$k_{12} r_2 + k_{11} = m_1\lambda_2 \tag{3.1-77}$$

将式(3.1-76)代入式(3.1-77)得

$$k_{12} r_2 + k_{11} = \frac{m_1 k_{22} + m_2 k_{11} + \sqrt{(m_1 k_{22} - m_2 k_{11})^2 + 4m_1 m_2 k_{12}^2}}{2m_2} \tag{3.1-78}$$

$$2m_2 k_{12} r_2 + m_2 k_{11} - m_1 k_{22} = \sqrt{(m_1 k_{22} - m_2 k_{11})^2 + 4m_1 m_2 k_{12}^2} \tag{3.1-79}$$

由式(3.1-79)得

$$4m_2^2 k_{12}^2 r_2^2 + (m_2 k_{11} - m_1 k_{22})^2 + 4m_2 k_{12} r_2(m_2 k_{11} - m_1 k_{22}) = (m_1 k_{22} - m_2 k_{11})^2 + 4m_1 m_2 k_{12}^2 \tag{3.1-80}$$

$$m_2k_{12}r_2^2+r_2(m_2k_{11}-m_1k_{22})=m_1k_{12} \tag{3.1-81}$$

由式(3.1-81)得

$$m_2k_{12}r_2^2+(m_2k_{11}-m_1k_{22})r_2-m_1k_{12}=0 \tag{3.1-82}$$

将式(3.1-82)代入式(3.1-74)得

$$m_1m_2(r_2-r_1)\ddot{p}_1+(m_2k_{11}r_2+m_2k_{12}r_1r_2-m_1k_{12}-m_1k_{22}r_1)p_1=0 \tag{3.1-83}$$

由式(3.1-82)得

$$m_1k_{12}=m_2k_{12}r_2^2+(m_2k_{11}-m_1k_{22})r_2 \tag{3.1-84}$$

将式(3.1-84)代入式(3.1-83)得

$$m_1m_2(r_2-r_1)\ddot{p}_1+[m_2k_{11}r_2+m_2k_{12}r_1r_2-m_2k_{12}r_2^2-(m_2k_{11}-m_1k_{22})r_2-m_1k_{22}r_1]p_1=0 \tag{3.1-85}$$

$$m_1m_2(r_2-r_1)\ddot{p}_1+(m_2k_{12}r_1r_2-m_2k_{12}r_2^2+m_1k_{22}r_2-m_1k_{22}r_1)p_1=0 \tag{3.1-86}$$

由式(3.1-86)得

$$m_1m_2\ddot{p}_1+(m_1k_{22}-m_2k_{12}r_2)p_1=0 \tag{3.1-87}$$

将式(3.1-75)代入式(3.1-87)得

$$m_1m_2\ddot{p}_1+(m_1k_{22}+m_2k_{11}-m_1m_2\lambda_2)p_1=0 \tag{3.1-88}$$

由例3.1-1中的①得

$$\lambda_1+\lambda_2=\frac{m_1k_{22}+m_2k_{11}}{m_1m_2} \tag{3.1-89}$$

$$m_1k_{22}+m_2k_{11}=m_1m_2\lambda_1+m_1m_2\lambda_2 \tag{3.1-90}$$

将式(3.1-90)代入式(3.1-88)得

$$m_1m_2\ddot{p}_1+m_1m_2\lambda_1p_1=0 \tag{3.1-91}$$

$$\ddot{p}_1+\lambda_1p_1=0 \tag{3.1-92}$$

将例3.1-1③中的 $\omega_{n1}=\sqrt{\lambda_1}$ 代入式(3.1-92)得

$$\ddot{p}_1+\omega_{n1}^2p_1=0 \tag{3.1-93}$$

特征方程为

$$r^2+\omega_{n1}^2=0 \tag{3.1-94}$$

$$r_{1,2}=\pm\omega_{n1}\mathrm{i} \tag{3.1-95}$$

常系数齐次线性微分方程(3.1-93)的通解为

$$p_1=C_1\cos\omega_{n1}t+C_2\sin\omega_{n1}t=A_1\sin(\omega_{n1}t+\varphi_1) \tag{3.1-96}$$

式(3.1-69)乘以 m_2r_1 得

$$m_1m_2r_1\ddot{p}_1+m_1m_2r_1\ddot{p}_2+(m_2k_{11}r_1+m_2k_{12}r_1^2)p_1+(m_2k_{11}r_1+m_2k_{12}r_1r_2)p_2=0 \tag{3.1-97}$$

式(3.1-70)乘以 m_1 得

$$m_1m_2r_1\ddot{p}_1+m_1m_2r_2\ddot{p}_2+(m_1k_{12}+m_1k_{22}r_1)p_1+(m_1k_{12}+m_1k_{22}r_2)p_2=0 \tag{3.1-98}$$

式(3.1-97)减去式(3.1-98)得

$$\begin{aligned}&m_1m_2(r_1-r_2)\ddot{p}_2+(m_2k_{11}r_1+m_2k_{12}r_1^2-m_1k_{12}-m_1k_{22}r_1)p_1+\\&(m_2k_{11}r_1+m_2k_{12}r_1r_2-m_1k_{12}-m_1k_{22}r_2)p_2=0\end{aligned} \tag{3.1-99}$$

$$\begin{aligned}&m_1m_2(r_1-r_2)\ddot{p}_2+[m_2k_{12}r_1^2+(m_2k_{11}-m_1k_{22})r_1-m_1k_{12}]p_1+\\&(m_2k_{11}r_1+m_2k_{12}r_1r_2-m_1k_{12}-m_1k_{22}r_2)p_2=0\end{aligned} \tag{3.1-100}$$

由例3.1-1中的②得

$$r_1 = \frac{m_1\lambda_1 - k_{11}}{k_{12}} \tag{3.1-101}$$

由例 3.1-1 中的①得

$$\lambda_1 = \frac{m_1k_{22} + m_2k_{11} - \sqrt{(m_1k_{22} - m_2k_{11})^2 + 4m_1m_2k_{12}^2}}{2m_1m_2} \tag{3.1-102}$$

由式(3.1-101)得

$$k_{12}r_1 + k_{11} = m_1\lambda_1 \tag{3.1-103}$$

将式(3.1-102)代入式(3.1-103)得

$$k_{12}r_1 + k_{11} = \frac{m_1k_{22} + m_2k_{11} - \sqrt{(m_1k_{22} - m_2k_{11})^2 + 4m_1m_2k_{12}^2}}{2m_2} \tag{3.1-104}$$

$$2m_2k_{12}r_1 + m_2k_{11} - m_1k_{22} = -\sqrt{(m_1k_{22} - m_2k_{11})^2 + 4m_1m_2k_{12}^2} \tag{3.1-105}$$

由式(3.1-105)得

$$4m_2^2k_{12}^2r_1^2 + (m_2k_{11} - m_1k_{22})^2 + 4m_2k_{12}r_1(m_2k_{11} - m_1k_{22}) = (m_1k_{22} - m_2k_{11})^2 + 4m_1m_2k_{12}^2 \tag{3.1-106}$$

$$m_2k_{12}r_1^2 + r_1(m_2k_{11} - m_1k_{22}) = m_1k_{12} \tag{3.1-107}$$

由式(3.1-107)得

$$m_2k_{12}r_1^2 + (m_2k_{11} - m_1k_{22})r_1 - m_1k_{12} = 0 \tag{3.1-108}$$

将式(3.1-108)代入式(3.1-100)得

$$m_1m_2(r_1 - r_2)\ddot{p}_2 + (m_2k_{11}r_1 + m_2k_{12}r_1r_2 - m_1k_{12} - m_1k_{22}r_2)p_2 = 0 \tag{3.1-109}$$

由式(3.1-108)得

$$m_1k_{12} = m_2k_{12}r_1^2 + (m_2k_{11} - m_1k_{22})r_1 \tag{3.1-110}$$

将式(3.1-110)代入式(3.1-109)得

$$m_1m_2(r_1 - r_2)\ddot{p}_2 + [m_2k_{11}r_1 + m_2k_{12}r_1r_2 - m_2k_{12}r_1^2 - (m_2k_{11} - m_1k_{22})r_1 - m_1k_{22}r_2]p_2 = 0 \tag{3.1-111}$$

$$m_1m_2(r_1 - r_2)\ddot{p}_2 + (m_2k_{12}r_1r_2 - m_2k_{12}r_1^2 + m_1k_{22}r_1 - m_1k_{22}r_2)p_2 = 0 \tag{3.1-112}$$

由式(3.1-112)得

$$m_1m_2\ddot{p}_2 + (m_1k_{22} - m_2k_{12}r_1)p_2 = 0 \tag{3.1-113}$$

将式(3.1-101)代入式(3.1-113)得

$$m_1m_2\ddot{p}_2 + (m_1k_{22} + m_2k_{11} - m_1m_2\lambda_1)p_2 = 0 \tag{3.1-114}$$

由例 3.1-1 中的①得

$$\lambda_1 + \lambda_2 = \frac{m_1k_{22} + m_2k_{11}}{m_1m_2} \tag{3.1-115}$$

$$m_1k_{22} + m_2k_{11} = m_1m_2\lambda_1 + m_1m_2\lambda_2 \tag{3.1-116}$$

将式(3.1-116)代入式(3.1-114)得

$$m_1m_2\ddot{p}_2 + m_1m_2\lambda_2p_2 = 0 \tag{3.1-117}$$

$$\ddot{p}_2 + \lambda_2p_2 = 0 \tag{3.1-118}$$

将例 3.1-1③中的 $\omega_{n2} = \sqrt{\lambda_2}$ 代入式(3.1-118)得

$$\ddot{p}_2 + \omega_{n2}^2p_2 = 0 \tag{3.1-119}$$

特征方程为

$$r^2+\omega_{n2}^2=0 \tag{3.1-120}$$

$$r_{1,2}=\pm\omega_{n2}\mathrm{i} \tag{3.1-121}$$

常系数齐次线性微分方程(3.1-118)的通解为

$$p_2=C_2\cos\omega_{n2}t+C_2\sin\omega_{n2}t=A_2\sin(\omega_{n2}t+\varphi_2) \tag{3.1-122}$$

方程(3.1-93)、方程(3.1-119)都能够单独求解。可让运动微分方程组没有耦合、各方程彼此相互独立的坐标,称为系统的固有坐标或主坐标(principal coordinate)。

例 3.1-6 由式(3.1-82)、式(3.1-108)可得,r_1、r_2 是关于 r 的一元二次方程 $m_2k_{12}r^2+(m_2k_{11}-m_1k_{22})\cdot r-m_1k_{12}=0$ 的解。试根据式(3.1-33)证明该结论。

证明 由式(3.1-33)得

$$r=\frac{m_1\lambda-k_{11}}{k_{12}} \tag{3.1-123}$$

$$\lambda=\frac{k_{12}r+k_{11}}{m_1} \tag{3.1-124}$$

由例 3.1-1 中的①得

$$m_1m_2\lambda^2-(m_1k_{22}+m_2k_{11})\lambda+k_{11}k_{22}-k_{12}^2=0 \tag{3.1-125}$$

将式(3.1-124)代入式(3.1-125)得

$$m_2\frac{k_{12}^2r^2+2k_{11}k_{12}r+k_{11}^2}{m_1}-(m_1k_{22}+m_2k_{11})\frac{k_{12}r+k_{11}}{m_1}+k_{11}k_{22}-k_{12}^2=0 \tag{3.1-126}$$

$$m_2(k_{12}^2r^2+2k_{11}k_{12}r+k_{11}^2)-(m_1k_{22}+m_2k_{11})(k_{12}r+k_{11})+m_1k_{11}k_{22}-m_1k_{12}^2=0 \tag{3.1-127}$$

$$m_2(k_{12}^2r^2+2k_{11}k_{12}r+k_{11}^2)-(m_1k_{22}+m_2k_{11})k_{12}r-m_1k_{11}k_{22}-m_2k_{11}^2+m_1k_{11}k_{22}-m_1k_{12}^2=0 \tag{3.1-128}$$

化简式(3.1-128)得

$$m_2k_{12}^2r^2+2m_2k_{11}k_{12}r+m_2k_{11}^2-(m_1k_{22}+m_2k_{11})k_{12}r-m_2k_{11}^2-m_1k_{12}^2=0 \tag{3.1-129}$$

$$m_2k_{12}^2r^2+2m_2k_{11}k_{12}r-(m_1k_{22}+m_2k_{11})k_{12}r-m_1k_{12}^2=0 \tag{3.1-130}$$

$$m_2k_{12}r^2+2m_2k_{11}r-(m_1k_{22}+m_2k_{11})r-m_1k_{12}=0 \tag{3.1-131}$$

最后得

$$m_2k_{12}r^2+(m_2k_{11}-m_1k_{22})r-m_1k_{12}=0 \tag{3.1-132}$$

四、零输入振动的具体表达式

由式(3.1-42)得

$$\boldsymbol{x}=\begin{Bmatrix}x_1\\x_2\end{Bmatrix}=\begin{Bmatrix}C_1\sin(\omega_{n1}t+\varphi_1)+C_2\sin(\omega_{n2}t+\varphi_2)\\r_1C_1\sin(\omega_{n1}t+\varphi_1)+r_2C_2\sin(\omega_{n2}t+\varphi_2)\end{Bmatrix} \tag{3.1-133}$$

由式(3.1-133)得

$$\dot{\boldsymbol{x}}=\begin{Bmatrix}\dot{x}_1\\\dot{x}_2\end{Bmatrix}=\begin{Bmatrix}\omega_{n1}C_1\cos(\omega_{n1}t+\varphi_1)+\omega_{n2}C_2\cos(\omega_{n2}t+\varphi_2)\\\omega_{n1}r_1C_1\cos(\omega_{n1}t+\varphi_1)+\omega_{n2}r_2C_2\cos(\omega_{n2}t+\varphi_2)\end{Bmatrix} \tag{3.1-134}$$

式(3.1-34)减去式(3.1-35)得

$$r_1-r_2=\frac{m_1\omega_{n1}^2-k_{11}}{k_{12}}-\frac{m_1\omega_{n2}^2-k_{11}}{k_{12}}=\frac{m_1(\omega_{n1}^2-\omega_{n2}^2)}{-k_c}=\frac{m_1(\omega_{n2}^2-\omega_{n1}^2)}{k_c}>0 \tag{3.1-135}$$

$$r_1>r_2 \tag{3.1-136}$$

将初位移 $x_1(0)=x_{10}$、$x_2(0)=x_{20}$ 代入式(3.1-133),可得

$$\begin{cases} C_1 \sin\varphi_1 + C_2 \sin\varphi_2 = x_{10} \\ r_1 C_1 \sin\varphi_1 + r_2 C_2 \sin\varphi_2 = x_{20} \end{cases} \tag{3.1-137}$$

由式(3.1-137)得

$$\begin{cases} r_2 C_1 \sin\varphi_1 + r_2 C_2 \sin\varphi_2 = r_2 x_{10} \\ r_1 C_1 \sin\varphi_1 + r_2 C_2 \sin\varphi_2 = x_{20} \end{cases} \tag{3.1-138}$$

$$(r_1 - r_2) C_1 \sin\varphi_1 = x_{20} - r_2 x_{10} \tag{3.1-139}$$

$$C_1 \sin\varphi_1 = \frac{x_{20} - r_2 x_{10}}{r_1 - r_2} \tag{3.1-140}$$

将式(3.1-140)代入式(3.1-137)的第一式,可得

$$C_2 \sin\varphi_2 = x_{10} - C_1 \sin\varphi_1 = \frac{r_1 x_{10} - r_2 x_{10}}{r_1 - r_2} - \frac{x_{20} - r_2 x_{10}}{r_1 - r_2} = \frac{r_1 x_{10} - x_{20}}{r_1 - r_2} \tag{3.1-141}$$

将初速度 $\dot{x}_1(0)=\dot{x}_{10}$、$\dot{x}_2(0)=\dot{x}_{20}$ 代入式(3.1-134),可得

$$\begin{cases} \omega_{n1} C_1 \cos\varphi_1 + \omega_{n2} C_2 \cos\varphi_2 = \dot{x}_{10} \\ \omega_{n1} r_1 C_1 \cos\varphi_1 + \omega_{n2} r_2 C_2 \cos\varphi_2 = \dot{x}_{20} \end{cases} \tag{3.1-142}$$

由式(3.1-142)得

$$\begin{cases} \omega_{n1} r_2 C_1 \cos\varphi_1 + \omega_{n2} r_2 C_2 \cos\varphi_2 = r_2 \dot{x}_{10} \\ \omega_{n1} r_1 C_1 \cos\varphi_1 + \omega_{n2} r_2 C_2 \cos\varphi_2 = \dot{x}_{20} \end{cases} \tag{3.1-143}$$

$$\omega_{n1} (r_1 - r_2) C_1 \cos\varphi_1 = \dot{x}_{20} - r_2 \dot{x}_{10} \tag{3.1-144}$$

$$C_1 \cos\varphi_1 = \frac{\dot{x}_{20} - r_2 \dot{x}_{10}}{\omega_{n1} (r_1 - r_2)} \tag{3.1-145}$$

将式(3.1-145)代入式(3.1-142)的第一式,可得

$$\omega_{n2} C_2 \cos\varphi_2 = \dot{x}_{10} - \omega_{n1} C_1 \cos\varphi_1 = \frac{r_1 \dot{x}_{10} - r_2 \dot{x}_{10}}{r_1 - r_2} - \frac{\dot{x}_{20} - r_2 \dot{x}_{10}}{r_1 - r_2} = \frac{r_1 \dot{x}_{10} - \dot{x}_{20}}{r_1 - r_2} \tag{3.1-146}$$

$$C_2 \cos\varphi_2 = \frac{r_1 \dot{x}_{10} - \dot{x}_{20}}{\omega_{n2} (r_1 - r_2)} \tag{3.1-147}$$

由式(3.1-140)和式(3.1-145)得

$$C_1 = \frac{1}{r_1 - r_2} \sqrt{(x_{20} - r_2 x_{10})^2 + \frac{(\dot{x}_{20} - r_2 \dot{x}_{10})^2}{\omega_{n1}^2}} \tag{3.1-148}$$

由式(3.1-141)和式(3.1-147)得

$$C_2 = \frac{1}{r_1 - r_2} \sqrt{(r_1 x_{10} - x_{20})^2 + \frac{(r_1 \dot{x}_{10} - \dot{x}_{20})^2}{\omega_{n2}^2}} \tag{3.1-149}$$

式(3.1-140)除以式(3.1-145),可得

$$\tan\varphi_1 = \omega_{n1} \frac{x_{20} - r_2 x_{10}}{\dot{x}_{20} - r_2 \dot{x}_{10}} \tag{3.1-150}$$

式(3.1-141)除以式(3.1-147),可得

$$\tan\varphi_2 = \omega_{n2} \frac{r_1 x_{10} - x_{20}}{r_1 \dot{x}_{10} - \dot{x}_{20}} \tag{3.1-151}$$

例 3.1-7 设 $x_1(0)=1$、$x_2(0)=r_1$、$\dot{x}_1(0)=0$、$\dot{x}_2(0)=0$,求零输入振动的具体表达式。

解 由(3.1-148)得

$$C_1 = \frac{1}{r_1 - r_2} \sqrt{(x_{20} - r_2 x_{10})^2 + \frac{(\dot{x}_{20} - r_2 \dot{x}_{10})^2}{\omega_{n1}^2}} = \frac{1}{r_1 - r_2} \sqrt{(r_1 - r_2)^2} = 1 \tag{3.1-152}$$

由(3.1-140)得

$$C_1\sin\varphi_1=\frac{x_{20}-r_2x_{10}}{r_1-r_2}=\frac{r_1-r_2}{r_1-r_2}=1=\sin\varphi_1 \tag{3.1-153}$$

$$\varphi_1=90^\circ \tag{3.1-154}$$

由式(3.1-149)得

$$C_2=\frac{1}{r_1-r_2}\sqrt{(r_1x_{10}-x_{20})^2+\frac{(r_1\dot{x}_{10}-\dot{x}_{20})^2}{\omega_{n2}^2}}=\frac{1}{r_1-r_2}\sqrt{(r_1-r_1)^2}=0 \tag{3.1-155}$$

零输入振动的具体表达式为

$$x_1=C_1\sin(\omega_{n1}t+\varphi_1)+C_2\sin(\omega_{n2}t+\varphi_2)=\sin(\omega_{n1}t+90^\circ)=\cos\omega_{n1}t \tag{3.1-156}$$

$$x_2=r_1C_1\sin(\omega_{n1}t+\varphi_1)+r_2C_2\sin(\omega_{n2}t+\varphi_2)=r_1\sin(\omega_{n1}t+90^\circ)=r_1\cos\omega_{n1}t \tag{3.1-157}$$

习题 3-1

1. 运用消元法解方程组$\begin{cases}m_1\ddot{x}_1+k_{11}x_1+k_{12}x_2=0\\m_2\ddot{x}_2+k_{12}x_1+k_{22}x_2=0\end{cases}$。

参考答案 由题设的第一式得

$$x_2=-\frac{1}{k_{12}}(m_1\ddot{x}_1+k_{11}x_1) \tag{3.1-158}$$

将式(3.1-158)代入题设的第二式,可得

$$-\frac{m_2}{k_{12}}(m_1\ddddot{x}_1+k_{11}\ddot{x}_1)+k_{12}x_1-\frac{k_{22}}{k_{12}}(m_1\ddot{x}_1+k_{11}x_1)=0 \tag{3.1-159}$$

$$\frac{m_2}{k_{12}}(m_1\ddddot{x}_1+k_{11}\ddot{x}_1)-k_{12}x_1+\frac{k_{22}}{k_{12}}(m_1\ddot{x}_1+k_{11}x_1)=0 \tag{3.1-160}$$

$$m_1m_2\ddddot{x}_1+m_2k_{11}\ddot{x}_1-k_{12}^2x_1+m_1k_{22}\ddot{x}_1+k_{11}k_{22}x_1=0 \tag{3.1-161}$$

由式(3.1-161)得

$$m_1m_2\ddddot{x}_1+(m_1k_{22}+m_2k_{11})\ddot{x}_1+(k_{11}k_{22}-k_{12}^2)x_1=0 \tag{3.1-162}$$

特征方程为 $m_1m_2r^4+(m_1k_{22}+m_2k_{11})r^2+k_{11}k_{22}-k_{12}^2=0$,根的判别式为

$$\begin{aligned}\Delta&=(m_1k_{22}+m_2k_{11})^2-4m_1m_2(k_{11}k_{22}-k_{12}^2)=m_1^2k_{22}^2+m_2^2k_{11}^2+2m_1m_2k_{11}k_{22}-4m_1m_2k_{11}k_{22}+4m_1m_2k_{12}^2\\&=m_1^2k_{22}^2+m_2^2k_{11}^2-2m_1m_2k_{11}k_{22}+4m_1m_2k_{12}^2=(m_1k_{22}-m_2k_{11})^2+4m_1m_2k_{12}^2>0\end{aligned}$$

可得 $k_{11}k_{22}-k_{12}^2=(k_1+k_c)(k_2+k_c)-k_c^2>0$,$-(m_1k_{22}+m_2k_{11})<0$,即特征方程有 2 个不相等的负根。所以特征值为

$$r_1^2=\frac{-(m_1k_{22}+m_2k_{11})+\sqrt{(m_1k_{22}-m_2k_{11})^2+4m_1m_2k_{12}^2}}{2m_1m_2}$$

$$=-\frac{m_1k_{22}+m_2k_{11}-\sqrt{(m_1k_{22}-m_2k_{11})^2+4m_1m_2k_{12}^2}}{2m_1m_2}$$

$$r_2^2=\frac{-(m_1k_{22}+m_2k_{11})-\sqrt{(m_1k_{22}-m_2k_{11})^2+4m_1m_2k_{12}^2}}{2m_1m_2}$$

$$=-\frac{m_1k_{22}+m_2k_{11}+\sqrt{(m_1k_{22}-m_2k_{11})^2+4m_1m_2k_{12}^2}}{2m_1m_2}$$

由式(3.1-102)得

$$\omega_{n1}^2=\frac{m_1k_{22}+m_2k_{11}-\sqrt{(m_1k_{22}-m_2k_{11})^2+4m_1m_2k_{12}^2}}{2m_1m_2} \tag{3.1-163}$$

因此

$$r_1^2=-\frac{m_1k_{22}+m_2k_{11}-\sqrt{(m_1k_{22}-m_2k_{11})^2+4m_1m_2k_{12}^2}}{2m_1m_2}=-\omega_{n1}^2\Rightarrow r_1=\pm\omega_{n1}\mathrm{i}$$

由式(3.1-76)得

$$\omega_{n2}^2=\frac{m_1k_{22}+m_2k_{11}+\sqrt{(m_1k_{22}-m_2k_{11})^2+4m_1m_2k_{12}^2}}{2m_1m_2}\tag{3.1-164}$$

因此

$$r_2^2=-\frac{m_1k_{22}+m_2k_{11}+\sqrt{(m_1k_{22}-m_2k_{11})^2+4m_1m_2k_{12}^2}}{2m_1m_2}=-\omega_{n2}^2\Rightarrow r_2=\pm\omega_{n2}\mathrm{i}$$

4 个特征值为$\pm\omega_{n1}\mathrm{i}$,$\pm\omega_{n2}\mathrm{i}$,所以方程(3.1-162)的通解为

$$x_1=C_1\cos\omega_{n1}t+C_2\sin\omega_{n1}t+C_3\cos\omega_{n2}t+C_4\sin\omega_{n2}t\tag{3.1-165}$$

将式(3.1-165)代入式(3.1-158),可得

$$x_2=-\frac{1}{k_{12}}\{m_1[-\omega_{n1}^2(C_1\cos\omega_{n1}t+C_2\sin\omega_{n1}t)-\omega_{n2}^2(C_3\cos\omega_{n2}t+C_4\sin\omega_{n2}t)]+k_{11}(C_1\cos\omega_{n1}t+C_2\sin\omega_{n1}t)+k_{11}(C_3\cos\omega_{n2}t+C_4\sin\omega_{n2}t)\}\tag{3.1-166}$$

$$x_2=-\frac{1}{k_{12}}[-m_1\omega_{n1}^2(C_1\cos\omega_{n1}t+C_2\sin\omega_{n1}t)-m_1\omega_{n2}^2(C_3\cos\omega_{n2}t+C_4\sin\omega_{n2}t)+k_{11}(C_1\cos\omega_{n1}t+C_2\sin\omega_{n1}t)+k_{11}(C_3\cos\omega_{n2}t+C_4\sin\omega_{n2}t)]\tag{3.1-167}$$

$$x_2=-\frac{1}{k_{12}}[(k_{11}-m_1\omega_{n1}^2)(C_1\cos\omega_{n1}t+C_2\sin\omega_{n1}t)+(k_{11}-m_1\omega_{n2}^2)(C_3\cos\omega_{n2}t+C_4\sin\omega_{n2}t)]\tag{3.1-168}$$

由式(3.1-168)得

$$x_2=-\frac{k_{11}-m_1\omega_{n1}^2}{k_{12}}(C_1\cos\omega_{n1}t+C_2\sin\omega_{n1}t)-\frac{k_{11}-m_1\omega_{n2}^2}{k_{12}}(C_3\cos\omega_{n2}t+C_4\sin\omega_{n2}t)\tag{3.1-169}$$

最后得

$$x_2=\frac{m_1\omega_{n1}^2-k_{11}}{k_{12}}(C_1\cos\omega_{n1}t+C_2\sin\omega_{n1}t)+\frac{m_1\omega_{n2}^2-k_{11}}{k_{12}}(C_3\cos\omega_{n2}t+C_4\sin\omega_{n2}t)\tag{3.1-170}$$

$$x_2=r_1(C_1\cos\omega_{n1}t+C_2\sin\omega_{n1}t)+r_2(C_3\cos\omega_{n2}t+C_4\sin\omega_{n2}t)\tag{3.1-171}$$

式中:$r_1=\dfrac{m_1\omega_{n1}^2-k_{11}}{k_{12}}$;$r_2=\dfrac{m_1\omega_{n2}^2-k_{11}}{k_{12}}$。

2. 设 n 阶矩阵$\boldsymbol{A}=(a_{ij})$的特征值为$\lambda_1,\lambda_2,\cdots,\lambda_n$,证明:① $\lambda_1+\lambda_2+\cdots+\lambda_n=a_{11}+a_{22}+\cdots+a_{nn}$;② $\lambda_1\lambda_2\cdots\lambda_n=|\boldsymbol{A}|$。

参考答案 ① $\boldsymbol{A}$ 的特征方程为

$$|\lambda\boldsymbol{E}-\boldsymbol{A}|=\begin{vmatrix}\lambda-a_{11}&-a_{12}&\cdots&-a_{1n}\\-a_{21}&\lambda-a_{22}&\cdots&-a_{2n}\\\vdots&\vdots&&\vdots\\-a_{n1}&-a_{n2}&\cdots&\lambda-a_{nn}\end{vmatrix}=0=(\lambda-\lambda_1)(\lambda-\lambda_2)\cdots(\lambda-\lambda_n)$$

$(\lambda-\lambda_1)(\lambda-\lambda_2)\cdots(\lambda-\lambda_n)$中$\lambda^{n-1}$的系数为$-\lambda_1-\lambda_2-\cdots-\lambda_n$,$\begin{vmatrix}\lambda-a_{11}&-a_{12}&\cdots&-a_{1n}\\-a_{21}&\lambda-a_{22}&\cdots&-a_{2n}\\\vdots&\vdots&&\vdots\\-a_{n1}&-a_{n2}&\cdots&\lambda-a_{nn}\end{vmatrix}$中$\lambda^{n-1}$的系

数为$-a_{11}-a_{22}-\cdots-a_{nn}$，故$-\lambda_1-\lambda_2-\cdots-\lambda_n=-a_{11}-a_{22}-\cdots-a_{nn}$，即$\lambda_1+\lambda_2+\cdots+\lambda_n=a_{11}+a_{22}+\cdots+a_{nn}$。

② $(\lambda-\lambda_1)(\lambda-\lambda_2)\cdots(\lambda-\lambda_n)$中$\lambda^0$的系数为$(-\lambda_1)(-\lambda_2)\cdots(-\lambda_n)=(-1)^n\lambda_1\lambda_2\cdots\lambda_n$，

$$\begin{vmatrix} \lambda-a_{11} & -a_{12} & \cdots & -a_{1n} \\ -a_{21} & \lambda-a_{22} & \cdots & -a_{2n} \\ \vdots & \vdots & & \vdots \\ -a_{n1} & -a_{n2} & \cdots & \lambda-a_{nn} \end{vmatrix}\text{中}\lambda^0\text{的系数为}\begin{vmatrix} -a_{11} & -a_{12} & \cdots & -a_{1n} \\ -a_{21} & -a_{22} & \cdots & -a_{2n} \\ \vdots & \vdots & & \vdots \\ -a_{n1} & -a_{n2} & \cdots & -a_{nn} \end{vmatrix}=(-1)^n\begin{vmatrix} a_{11} & a_{12} & \cdots & a_{1n} \\ a_{21} & a_{22} & \cdots & a_{2n} \\ \vdots & \vdots & & \vdots \\ a_{n1} & a_{n2} & \cdots & a_{nn} \end{vmatrix}=$$

$(-1)^n|\boldsymbol{A}|$，故$(-1)^n\lambda_1\lambda_2\cdots\lambda_n=(-1)^n|\boldsymbol{A}|$，即$\lambda_1\lambda_2\cdots\lambda_n=|\boldsymbol{A}|$。

3. 求矩阵$\boldsymbol{A}=\begin{pmatrix} -1 & 1 & 0 \\ -4 & 3 & 0 \\ 1 & 0 & 2 \end{pmatrix}$的特征值和特征向量。

参考答案 $\boldsymbol{A}$的特征多项式为

$$|\boldsymbol{A}-\lambda\boldsymbol{E}|=\begin{vmatrix} -1-\lambda & 1 & 0 \\ -4 & 3-\lambda & 0 \\ 1 & 0 & 2-\lambda \end{vmatrix}=(2-\lambda)=(2-\lambda)[(\lambda+1)(\lambda-3)+4]$$

$$=(2-\lambda)(\lambda^2-2\lambda-3+4)=(2-\lambda)(\lambda^2-2\lambda+1)=(2-\lambda)(\lambda-1)^2$$

所以$\boldsymbol{A}$的特征值为$\lambda_1=2,\lambda_2=\lambda_3=1$。

当$\lambda_1=2$时，解方程$(\boldsymbol{A}-2\boldsymbol{E})\boldsymbol{x}=\boldsymbol{0}$。由

$$\boldsymbol{A}-2\boldsymbol{E}=\begin{pmatrix} -3 & 1 & 0 \\ -4 & 1 & 0 \\ 1 & 0 & 0 \end{pmatrix}\underset{r_2+4r_3}{\overset{r_1+3r_3}{\sim}}\begin{pmatrix} 0 & 1 & 0 \\ 0 & 1 & 0 \\ 1 & 0 & 0 \end{pmatrix}\overset{r_2-r_1}{\sim}\begin{pmatrix} 0 & 1 & 0 \\ 0 & 0 & 0 \\ 1 & 0 & 0 \end{pmatrix}$$

可知，对应的特征向量应满足

$$\begin{pmatrix} 1 & 0 & 0 \\ 0 & 1 & 0 \\ 0 & 0 & 0 \end{pmatrix}\begin{pmatrix} x_1 \\ x_2 \\ x_3 \end{pmatrix}=\begin{pmatrix} 0 \\ 0 \\ 0 \end{pmatrix}$$

解得$x_1=0,x_2=0$，得基础解系$\boldsymbol{p}_1=\begin{pmatrix} 0 \\ 0 \\ 1 \end{pmatrix}$。所以$k\boldsymbol{p}_1$ $(k\neq 0)$是对应于$\lambda_1=2$的全部特征向量。

当$\lambda_2=\lambda_3=1$时，解方程$(\boldsymbol{A}-\boldsymbol{E})\boldsymbol{x}=\boldsymbol{0}$。由

$$\boldsymbol{A}-\boldsymbol{E}=\begin{pmatrix} -2 & 1 & 0 \\ -4 & 2 & 0 \\ 1 & 0 & 1 \end{pmatrix}\overset{r_2-2r_1}{\sim}\begin{pmatrix} -2 & 1 & 0 \\ 0 & 0 & 0 \\ 1 & 0 & 1 \end{pmatrix}\overset{r_1+2r_3}{\sim}\begin{pmatrix} 0 & 1 & 2 \\ 0 & 0 & 0 \\ 1 & 0 & 1 \end{pmatrix}$$

可知，对应的特征向量应满足

$$\begin{pmatrix} 1 & 0 & 1 \\ 0 & 1 & 2 \\ 0 & 0 & 0 \end{pmatrix}\begin{pmatrix} x_1 \\ x_2 \\ x_3 \end{pmatrix}=\begin{pmatrix} 0 \\ 0 \\ 0 \end{pmatrix}$$

解得$x_1=-x_3,x_2=-2x_3$，得基础解系$\boldsymbol{p}_2=\begin{pmatrix} -1 \\ -2 \\ 1 \end{pmatrix}$。所以$k\boldsymbol{p}_2$ $(k\neq 0)$是对应于$\lambda_2=\lambda_3=1$的全部特征

向量。

4. 设三阶矩阵 $\boldsymbol{A}$ 的特征值为 1、−1、2，求 $\boldsymbol{A}^*+3\boldsymbol{A}-2\boldsymbol{E}$ 的特征值及 $|\boldsymbol{A}^*+3\boldsymbol{A}-2\boldsymbol{E}|$。

参考答案　$|\boldsymbol{A}|=\lambda_1\lambda_2\lambda_3=-2$，$\boldsymbol{A}^*=|\boldsymbol{A}|\boldsymbol{A}^{-1}=-2\boldsymbol{A}^{-1}$，记 $\boldsymbol{A}^*+3\boldsymbol{A}-2\boldsymbol{E}=-2\boldsymbol{A}^{-1}+3\boldsymbol{A}-2\boldsymbol{E}=\varphi(\boldsymbol{A})$，故 $\varphi(\lambda)=-2\lambda^{-1}+3\lambda-2$，$\varphi(\boldsymbol{A})$ 特征值为 $\varphi(1)=-2+3-2=-1$，$\varphi(-1)=2-3-2=-3$，$\varphi(2)=-1+6-2=3$。$|\boldsymbol{A}^*+3\boldsymbol{A}-2\boldsymbol{E}|=9$。

5. 设 $\lambda_1,\lambda_2,\cdots,\lambda_m$ 是方阵 $\boldsymbol{A}$ 的 m 个特征值，$\boldsymbol{p}_1,\boldsymbol{p}_2,\cdots,\boldsymbol{p}_m$ 依次是与之对应的特征向量。如果 $\lambda_1,\lambda_2,\cdots,\lambda_m$ 各不相等，则 $\boldsymbol{p}_1,\boldsymbol{p}_2,\cdots,\boldsymbol{p}_m$ 线性无关。证明该结论。

参考答案　下面用数学归纳法证明。

(1) 当 $m=1$ 时，因特征向量 $\boldsymbol{p}_1\neq\boldsymbol{0}$，故只含一个向量的向量组 $\boldsymbol{p}_1$ 线性无关。结论成立。

(2) 假设当 $m=n(n\in\mathbf{N}^*)$ 时，$\boldsymbol{p}_1,\boldsymbol{p}_2,\cdots,\boldsymbol{p}_n$ 线性无关。设

$$x_1\boldsymbol{p}_1+x_2\boldsymbol{p}_2+\cdots+x_n\boldsymbol{p}_n+x_{n+1}\boldsymbol{p}_{n+1}=\boldsymbol{0} \tag{3.1-172}$$

用 $\boldsymbol{A}$ 左乘式(3.1-172)，可得

$$x_1\boldsymbol{A}\boldsymbol{p}_1+x_2\boldsymbol{A}\boldsymbol{p}_2+\cdots+x_n\boldsymbol{A}\boldsymbol{p}_n+x_{n+1}\boldsymbol{A}\boldsymbol{p}_{n+1}=\boldsymbol{0} \tag{3.1-173}$$

根据特征值、特征向量之间的联系，由式(3.1-173)得

$$x_1\lambda_1\boldsymbol{p}_1+x_2\lambda_2\boldsymbol{p}_2+\cdots+x_n\lambda_n\boldsymbol{p}_n+x_{n+1}\lambda_{n+1}\boldsymbol{p}_{n+1}=\boldsymbol{0} \tag{3.1-174}$$

由式(3.1-172)得

$$x_1\lambda_{n+1}\boldsymbol{p}_1+x_2\lambda_{n+1}\boldsymbol{p}_2+\cdots+x_n\lambda_{n+1}\boldsymbol{p}_n+x_{n+1}\lambda_{n+1}\boldsymbol{p}_{n+1}=\boldsymbol{0} \tag{3.1-175}$$

式(3.1-174)减去式(3.1-175)得

$$x_1(\lambda_1-\lambda_{n+1})\boldsymbol{p}_1+x_2(\lambda_2-\lambda_{n+1})\boldsymbol{p}_2+\cdots+x_n(\lambda_n-\lambda_{n+1})\boldsymbol{p}_n=\boldsymbol{0} \tag{3.1-176}$$

因为 $\boldsymbol{p}_1,\boldsymbol{p}_2,\cdots,\boldsymbol{p}_n$ 线性无关，故

$$x_1(\lambda_1-\lambda_{n+1})=x_2(\lambda_2-\lambda_{n+1})=\cdots=x_n(\lambda_n-\lambda_{n+1})=0 \tag{3.1-177}$$

因为 $\lambda_1,\lambda_2,\cdots,\lambda_{n+1}$ 各不相等，所以

$$x_1=x_2=\cdots=x_n=0 \tag{3.1-178}$$

将式(3.1-178)代入式(3.1-172)，可得

$$x_{n+1}\boldsymbol{p}_{n+1}=\boldsymbol{0} \tag{3.1-179}$$

因特征向量 $\boldsymbol{p}_{n+1}\neq\boldsymbol{0}$，故 $x_{n+1}=0$，且 $x_1=x_2=\cdots=x_n=0$，最后由式(3.1-172)知，$\boldsymbol{p}_1,\boldsymbol{p}_2,\cdots,\boldsymbol{p}_{n+1}$ 线性无关。所以，当 $m=n+1$ 时，$\boldsymbol{p}_1,\boldsymbol{p}_2,\cdots,\boldsymbol{p}_m$ 线性无关。

根据(1)和(2)，可知结论对任意 $m\in\mathbf{N}^*$ 都成立。

6. 设 λ_1,λ_2 是矩阵 $\boldsymbol{A}$ 的两个不同的特征值，对应的特征向量依次为 $\boldsymbol{p}_1,\boldsymbol{p}_2$。证明 $\boldsymbol{p}_1+\boldsymbol{p}_2$ 不是 $\boldsymbol{A}$ 的特征向量。

参考答案　按题设，$\boldsymbol{A}\boldsymbol{p}_1=\lambda_1\boldsymbol{p}_1$，$\boldsymbol{A}\boldsymbol{p}_2=\lambda_2\boldsymbol{p}_2$，故 $\boldsymbol{A}(\boldsymbol{p}_1+\boldsymbol{p}_2)=\lambda_1\boldsymbol{p}_1+\lambda_2\boldsymbol{p}_2$。

假设 $\boldsymbol{p}_1+\boldsymbol{p}_2$ 是 $\boldsymbol{A}$ 的特征向量，则 $\boldsymbol{A}(\boldsymbol{p}_1+\boldsymbol{p}_2)=\lambda(\boldsymbol{p}_1+\boldsymbol{p}_2)=\lambda\boldsymbol{p}_1+\lambda\boldsymbol{p}_2$。

因此 $\lambda_1\boldsymbol{p}_1+\lambda_2\boldsymbol{p}_2=\lambda\boldsymbol{p}_1+\lambda\boldsymbol{p}_2$，$(\lambda_1-\lambda)\boldsymbol{p}_1+(\lambda_2-\lambda)\boldsymbol{p}_2=\boldsymbol{0}$。因为 $\lambda_1\neq\lambda_2$，由上题知 $\boldsymbol{p}_1,\boldsymbol{p}_2$ 线性无关，所以 $\lambda_1-\lambda=\lambda_2-\lambda=0$，$\lambda_1=\lambda_2$，与题设 $\lambda_1\neq\lambda_2$ 矛盾。所以 $\boldsymbol{p}_1+\boldsymbol{p}_2$ 不是 $\boldsymbol{A}$ 的特征向量。

7. 推导图 3.1-6 所示系统中 m 的运动微分方程，求出其位移的表达式，并回答问题：坐标 x 和 x_1 是相互独立(mutually independent)的吗？该系统是 1 自由度系统，还是 2 自由度系统？

参考答案　① 由图 3.1-6(b)得 $kx_1=c(\dot{x}-\dot{x}_1)$，由图 3.1-6(c)得 $-c(\dot{x}-\dot{x}_1)=m\ddot{x}$，故有 $-kx_1=m\ddot{x}$，$x_1=-\dfrac{m}{k}\ddot{x}$。$\dot{x}-\dot{x}_1=-\dfrac{m}{c}\ddot{x}$，$-\dfrac{m}{c}\ddot{x}=\dot{x}-\dot{x}_1=\dot{x}+\dfrac{m}{k}\dddot{x}$，$\dfrac{m}{k}\dddot{x}+\dfrac{m}{c}\ddot{x}+\dot{x}=0$，$\dddot{x}+\dfrac{k}{c}\ddot{x}+\dfrac{k}{m}\dot{x}=0$，$\omega_{\mathrm{n}}=\sqrt{\dfrac{k}{m}}$，

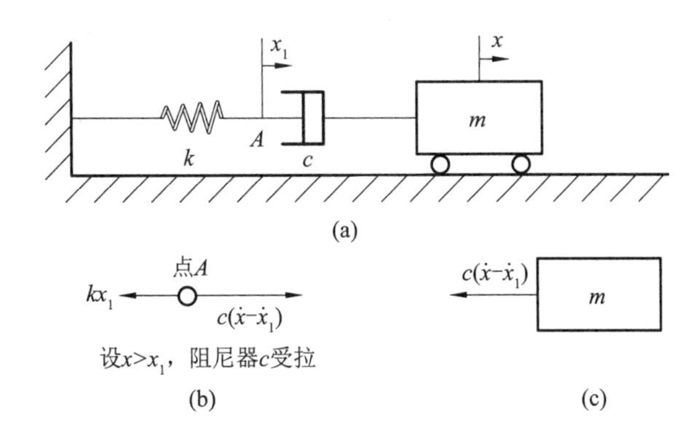

图 3.1-6　弹簧与阻尼器串联时的质量运动

$\zeta=\dfrac{c}{2\sqrt{mk}}$。$\dfrac{k}{c}=\dfrac{k}{2\zeta\sqrt{mk}}=\dfrac{\sqrt{\dfrac{k}{m}}}{2\zeta}=\dfrac{\omega_n}{2\zeta}$，$\dddot{x}+\dfrac{\omega_n}{2\zeta}\ddot{x}+\omega_n^2\dot{x}=0$。

特征方程为 $r^3+\dfrac{\omega_n}{2\zeta}r^2+\omega_n^2 r=0$，$r_1=0$。可得 $r^2+\dfrac{\omega_n}{2\zeta}r+\omega_n^2=0$。令 $\zeta'=\dfrac{1}{4\zeta}$，得 $r^2+2\zeta'\omega_n r+\omega_n^2=0$，$r=-\zeta'\omega_n\pm\sqrt{\zeta'^2\omega_n^2-\omega_n^2}=-\zeta'\omega_n\pm\omega_n\sqrt{\zeta'^2-1}=-\zeta'\omega_n\pm\omega_n\sqrt{1-\zeta'^2}\mathrm{i}=-\zeta'\omega_n\pm\omega_d\mathrm{i}$，$\omega_d=\omega_n\sqrt{1-\zeta'^2}$。

3 个特征值为 $0,-\zeta'\omega_n\pm\omega_d\mathrm{i}$。通解为 $x=C_1+e^{-\zeta'\omega_n t}(C_2\cos\omega_d t+C_3\sin\omega_d t)$。

② 因为 $x_1=-\dfrac{m}{k}\ddot{x}$，$x_1$ 由 x 决定，所以坐标 x 和 x_1 不是相互独立的。

③ 因为 x_1 由 x 决定，所以该系统为 1 自由度系统。

8. 证明$\dfrac{\mathrm{d}^n\sin(ax+b)}{\mathrm{d}x^n}=a^n\sin\left(ax+b+n\dfrac{\pi}{2}\right)$。

参考答案　(1) 当 $n=1$ 时，左边$=\dfrac{\mathrm{d}^1\sin(ax+b)}{\mathrm{d}x^1}=\dfrac{\mathrm{d}\sin(ax+b)}{\mathrm{d}x}=a\cos(ax+b)=a\sin\left(ax+b+\dfrac{\pi}{2}\right)$，右边$=a^1\sin\left(ax+b+1\dfrac{\pi}{2}\right)=a\sin\left(ax+b+\dfrac{\pi}{2}\right)$。结论成立。

(2)假设当 $n=k(k\in\mathbf{N}^*)$时，结论成立，即$\dfrac{\mathrm{d}^k\sin(ax+b)}{\mathrm{d}x^k}=a^k\sin\left(ax+b+k\dfrac{\pi}{2}\right)$，则

$$\begin{aligned}\frac{\mathrm{d}^{k+1}\sin(ax+b)}{\mathrm{d}x^{k+1}}&=\frac{\mathrm{d}}{\mathrm{d}x}\frac{\mathrm{d}^k\sin(ax+b)}{\mathrm{d}x^k}=\frac{\mathrm{d}}{\mathrm{d}x}a^k\sin\left(ax+b+k\frac{\pi}{2}\right)=a^k a\cos\left(ax+b+k\frac{\pi}{2}\right)\\&=a^{k+1}\sin\left(ax+b+k\frac{\pi}{2}+\frac{\pi}{2}\right)=a^{k+1}\sin\left[ax+b+(k+1)\frac{\pi}{2}\right]\end{aligned}$$

所以，当 $n=k+1$ 时结论也成立。

根据(1)和(2)，可知结论对任意 $n\in\mathbf{N}^*$ 都成立。

特别地，当 $n=2$ 时，$\dfrac{\mathrm{d}^2\sin(ax+b)}{\mathrm{d}x^2}=a^2\sin(ax+b+\pi)=-a^2\sin(ax+b)$。

9. 证明$\dfrac{\mathrm{d}^n\cos(ax+b)}{\mathrm{d}x^n}=a^n\cos\left(ax+b+n\dfrac{\pi}{2}\right)$。

参考答案　在上题中，令 $b=B+\dfrac{\pi}{2}$，得$\dfrac{\mathrm{d}^n\sin\left(ax+B+\dfrac{\pi}{2}\right)}{\mathrm{d}x^n}=a^n\sin\left(ax+B+\dfrac{\pi}{2}+n\dfrac{\pi}{2}\right)$，所以

$$\frac{\mathrm{d}^n\cos(ax+B)}{\mathrm{d}x^n}=a^n\cos\left(ax+B+n\frac{\pi}{2}\right)$$

特别地，当 $n=2$ 时，$\frac{d^2\cos(ax+b)}{dx^2}=a^2\cos(ax+b+\pi)=-a^2\cos(ax+b)$。

10. 在图 3.1-7 所示的弹簧-质量系统中，在两串联弹簧连接处作用一激励力 $F\sin\omega t$。① 推导 m 的运动微分方程，求出其位移的表达式。② 坐标 x_1 和 x_2 是相互独立的吗？③ 该系统是 1 自由度系统，还是 2 自由度系统？

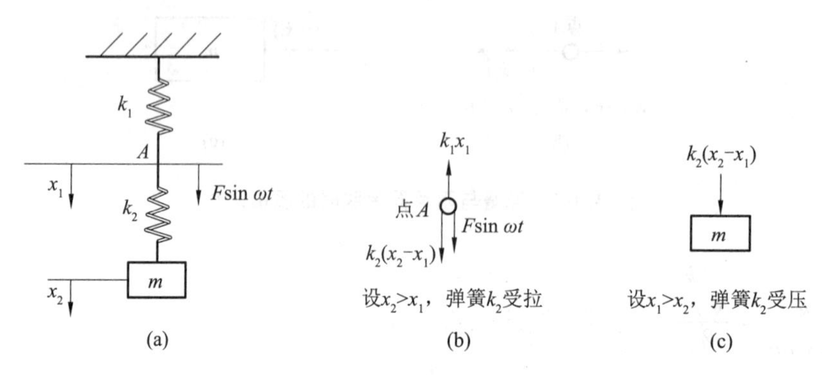

图 3.1-7　两弹簧串联时的质量运动

参考答案　① 由图 3.1-7(b)得 $k_1x_1=k_2(x_2-x_1)+F\sin\omega t$，由图 3.1-7(c)得 $k_2(x_1-x_2)=m\ddot{x}_2$，故有 $x_1-x_2=\frac{m}{k_2}\ddot{x}_2$，$x_1=\frac{m}{k_2}\ddot{x}_2+x_2$。$k_1x_1=k_2x_2-k_2x_1+F\sin\omega t$，$(k_1+k_2)x_1=k_2x_2+F\sin\omega t$，$x_1=\frac{k_2}{k_1+k_2}x_2+\frac{F}{k_1+k_2}\sin\omega t$，$m$ 的运动微分方程为$\frac{m}{k_2}\ddot{x}_2+x_2=\frac{k_2}{k_1+k_2}x_2+\frac{F}{k_1+k_2}\sin\omega t$，$\frac{m}{k_2}\ddot{x}_2+\frac{k_1}{k_1+k_2}x_2=\frac{F}{k_1+k_2}\sin\omega t$，$m\ddot{x}_2+\frac{k_1k_2}{k_1+k_2}x_2=\frac{k_2F}{k_1+k_2}\sin\omega t$。

设特解为 $x_2=X\sin\omega t$，$-m\omega^2x_2+\frac{k_1k_2}{k_1+k_2}x_2=\frac{k_2F}{k_1+k_2}\sin\omega t$，$\left(\frac{k_1k_2}{k_1+k_2}-m\omega^2\right)x_2=\frac{k_2F}{k_1+k_2}\sin\omega t$，$\left[\frac{k_1k_2}{m(k_1+k_2)}-\omega^2\right]x_2=\frac{k_2F}{m(k_1+k_2)}\sin\omega t$，通解为 $x_2=\frac{k_2F}{m(k_1+k_2)\left[\frac{k_1k_2}{m(k_1+k_2)}-\omega^2\right]}\sin\omega t$。

② 因为 $x_1=\frac{m}{k_2}\ddot{x}_2+x_2$，$x_1$ 由 x_2 决定，所以坐标 x_1 和 x_2 不是相互独立的。

③ 因为 x_1 由 x_2 决定，所以该系统为 1 自由度系统。

11. 设刚体的总质量为 m，绕过质心 C 点的转轴（C 轴）的转动惯量为 J_C，A 轴与 C 轴互相平行，距离为 d。求绕过 A 点的转轴（A 轴）的转动惯量 J_A。

参考答案　如图 3.1-8 所示，过 C 点作与 C 轴垂直的平面 xOy，C 点作为原点 O，平面 xOy 与 A 轴相交于 A 点。质元 Δm_i 在平面 xOy 上的垂足为 B，$\overline{CA}=d$，$\overline{CB}=\rho_i$，$\overline{AB}=\rho_i'$。AC 与 CB 的夹角为 φ_i。

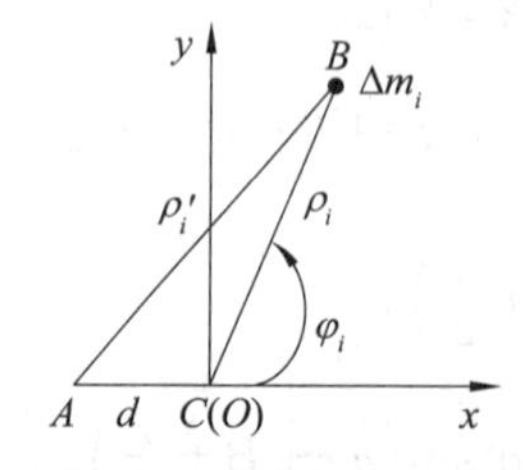

图 3.1-8　平行轴定理的推导

$$J_A=\sum_i\Delta m_i\rho_i'^2=\sum_i\Delta m_i(\rho_i^2+d^2+2\rho_id\cos\varphi_i)=\sum_i\Delta m_i\rho_i^2+\sum_i\Delta m_id^2+\sum_i 2\Delta m_i\rho_id\cos\varphi_i$$

$$= J_C + d^2\sum_i \Delta m_i + 2d\sum_i \Delta m_i\rho_i\cos\varphi_i = J_C + d^2 m + 2d\sum_i \Delta m_i x_i$$

式中：x_i 是质元 Δm_i 在平面 xOy 上的垂足 B 点的横坐标。根据质心 C 点的 x 坐标公式，可得

$$J_A = J_C + md^2 + 2dmx_C = J_C + md^2$$

式中：x_C 是质心 C 的横坐标，$x_C=0$。此公式即称平行轴定理。

12. 如果已知一块薄板绕位于板上两相互垂直的轴（设为 x 轴和 y 轴）的转动惯量为 J_x 和 J_y。求薄板绕 z 轴的转动惯量 J_z。

参考答案　如图 3.1-9 所示，薄板位于平面 xOy 内。薄板绕 z 轴的转动惯量为

$$J_z = \sum_i \Delta m_i\rho_i^2 = \sum_i \Delta m_i(x_i^2 + y_i^2) = \sum_i \Delta m_i x_i^2 + \sum_i \Delta m_i y_i^2 = J_y + J_x$$

此公式即垂直轴定理。

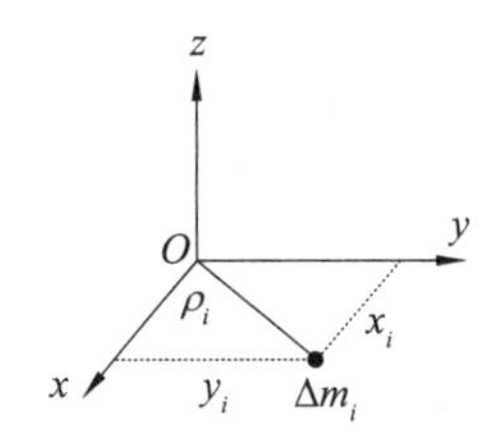

图 3.1-9　垂直轴定理的推导

第 2 节　无阻尼时简谐外激励力下的受迫振动

对于 2 自由度系统，简谐外激励力下受迫振动的运动微分方程为

$$\begin{bmatrix} m_{11} & m_{12} \\ m_{21} & m_{22} \end{bmatrix}\begin{Bmatrix} \ddot{x}_1 \\ \ddot{x}_2 \end{Bmatrix} + \begin{bmatrix} k_{11} & k_{12} \\ k_{21} & k_{22} \end{bmatrix}\begin{Bmatrix} x_1 \\ x_2 \end{Bmatrix} = \begin{Bmatrix} F \\ 0 \end{Bmatrix}\sin\omega t \tag{3.2-1}$$

设方程(3.2-1)的解为

$$\begin{Bmatrix} x_1 \\ x_2 \end{Bmatrix} = \begin{Bmatrix} X_1 \\ X_2 \end{Bmatrix}\sin\omega t \tag{3.2-2}$$

由式(3.2-2)得

$$\begin{Bmatrix} \ddot{x}_1 \\ \ddot{x}_2 \end{Bmatrix} = -\omega^2\begin{Bmatrix} X_1 \\ X_2 \end{Bmatrix}\sin\omega t = -\omega^2\begin{Bmatrix} x_1 \\ x_2 \end{Bmatrix} \tag{3.2-3}$$

将式(3.2-3)代入式(3.2-1)得

$$-\omega^2\begin{bmatrix} m_{11} & m_{12} \\ m_{21} & m_{22} \end{bmatrix}\begin{Bmatrix} x_1 \\ x_2 \end{Bmatrix} + \begin{bmatrix} k_{11} & k_{12} \\ k_{21} & k_{22} \end{bmatrix}\begin{Bmatrix} x_1 \\ x_2 \end{Bmatrix} = \begin{Bmatrix} F \\ 0 \end{Bmatrix}\sin\omega t \tag{3.2-4}$$

$$\begin{bmatrix} k_{11} & k_{12} \\ k_{21} & k_{22} \end{bmatrix}\begin{Bmatrix} x_1 \\ x_2 \end{Bmatrix} - \begin{bmatrix} m_{11}\omega^2 & m_{12}\omega^2 \\ m_{21}\omega^2 & m_{22}\omega^2 \end{bmatrix}\begin{Bmatrix} x_1 \\ x_2 \end{Bmatrix} = \begin{Bmatrix} F \\ 0 \end{Bmatrix}\sin\omega t \tag{3.2-5}$$

由式(3.2-5)得

$$\begin{bmatrix} k_{11} - m_{11}\omega^2 & k_{12} - m_{12}\omega^2 \\ k_{21} - m_{21}\omega^2 & k_{22} - m_{22}\omega^2 \end{bmatrix}\begin{Bmatrix} x_1 \\ x_2 \end{Bmatrix} = \begin{Bmatrix} F \\ 0 \end{Bmatrix}\sin\omega t \tag{3.2-6}$$

$$\begin{Bmatrix} x_1 \\ x_2 \end{Bmatrix} = \begin{bmatrix} k_{11} - m_{11}\omega^2 & k_{12} - m_{12}\omega^2 \\ k_{21} - m_{21}\omega^2 & k_{22} - m_{22}\omega^2 \end{bmatrix}^{-1}\begin{Bmatrix} F \\ 0 \end{Bmatrix}\sin\omega t \tag{3.2-7}$$

由式(3.2-7)得

$$\begin{Bmatrix} x_1 \\ x_2 \end{Bmatrix} = \frac{1}{(k_{11}-m_{11}\omega^2)(k_{22}-m_{22}\omega^2)-(k_{12}-m_{12}\omega^2)(k_{21}-m_{21}\omega^2)} \begin{bmatrix} k_{22}-m_{22}\omega^2 & m_{12}\omega^2-k_{12} \\ m_{21}\omega^2-k_{21} & k_{11}-m_{11}\omega^2 \end{bmatrix} \begin{Bmatrix} 1 \\ 0 \end{Bmatrix} F\sin\omega t \tag{3.2-8}$$

$$\begin{Bmatrix} x_1 \\ x_2 \end{Bmatrix} = \frac{F}{(k_{11}-m_{11}\omega^2)(k_{22}-m_{22}\omega^2)-(k_{12}-m_{12}\omega^2)(k_{21}-m_{21}\omega^2)} \begin{Bmatrix} k_{22}-m_{22}\omega^2 \\ m_{21}\omega^2-k_{21} \end{Bmatrix} \sin\omega t \tag{3.2-9}$$

例 3.2-1 求运动微分方程为 $\begin{bmatrix} m & 0 \\ 0 & 2m \end{bmatrix}\begin{Bmatrix} \ddot{x}_1 \\ \ddot{x}_2 \end{Bmatrix} + \begin{bmatrix} 2k & -k \\ -k & 3k \end{bmatrix}\begin{Bmatrix} x_1 \\ x_2 \end{Bmatrix} = \begin{Bmatrix} F \\ 0 \end{Bmatrix}\sin\omega t$ 的受迫振动的位移表达式。

解 设题设方程的解为

$$\begin{Bmatrix} x_1 \\ x_2 \end{Bmatrix} = \begin{Bmatrix} X_1 \\ X_2 \end{Bmatrix}\sin\omega t \tag{3.2-10}$$

由式(3.2-10)得

$$\begin{Bmatrix} \ddot{x}_1 \\ \ddot{x}_2 \end{Bmatrix} = -\omega^2\begin{Bmatrix} X_1 \\ X_2 \end{Bmatrix}\sin\omega t = -\omega^2\begin{Bmatrix} x_1 \\ x_2 \end{Bmatrix} \tag{3.2-11}$$

将式(3.2-11)代入题设方程得

$$-\omega^2\begin{bmatrix} m & 0 \\ 0 & 2m \end{bmatrix}\begin{Bmatrix} x_1 \\ x_2 \end{Bmatrix} + \begin{bmatrix} 2k & -k \\ -k & 3k \end{bmatrix}\begin{Bmatrix} x_1 \\ x_2 \end{Bmatrix} = \begin{Bmatrix} F \\ 0 \end{Bmatrix}\sin\omega t \tag{3.2-12}$$

$$\begin{bmatrix} 2k & -k \\ -k & 3k \end{bmatrix}\begin{Bmatrix} x_1 \\ x_2 \end{Bmatrix} - \begin{bmatrix} m\omega^2 & 0 \\ 0 & 2m\omega^2 \end{bmatrix}\begin{Bmatrix} x_1 \\ x_2 \end{Bmatrix} = \begin{Bmatrix} F \\ 0 \end{Bmatrix}\sin\omega t \tag{3.2-13}$$

由式(3.2-13)得

$$\begin{bmatrix} 2k-m\omega^2 & -k \\ -k & 3k-2m\omega^2 \end{bmatrix}\begin{Bmatrix} x_1 \\ x_2 \end{Bmatrix} = \begin{Bmatrix} F \\ 0 \end{Bmatrix}\sin\omega t \tag{3.2-14}$$

$$\begin{Bmatrix} x_1 \\ x_2 \end{Bmatrix} = \begin{bmatrix} 2k-m\omega^2 & -k \\ -k & 3k-2m\omega^2 \end{bmatrix}^{-1}\begin{Bmatrix} F \\ 0 \end{Bmatrix}\sin\omega t \tag{3.2-15}$$

由式(3.2-15)得

$$\begin{Bmatrix} x_1 \\ x_2 \end{Bmatrix} = \frac{1}{(m\omega^2-2k)(2m\omega^2-3k)-k^2}\begin{bmatrix} 3k-2m\omega^2 & k \\ k & 2k-m\omega^2 \end{bmatrix}\begin{Bmatrix} 1 \\ 0 \end{Bmatrix}F\sin\omega t \tag{3.2-16}$$

$$\begin{Bmatrix} x_1 \\ x_2 \end{Bmatrix} = \frac{F}{2m^2\omega^4-3mk\omega^2-4mk\omega^2+6k^2-k^2}\begin{Bmatrix} 3k-2m\omega^2 \\ k \end{Bmatrix}\sin\omega t \tag{3.2-17}$$

$$\begin{Bmatrix} x_1 \\ x_2 \end{Bmatrix} = \frac{F}{2m^2\omega^4-7mk\omega^2+5k^2}\begin{Bmatrix} 3k-2m\omega^2 \\ k \end{Bmatrix}\sin\omega t \tag{3.2-18}$$

$$\begin{Bmatrix} x_1 \\ x_2 \end{Bmatrix} = \frac{1}{2m^2}\cdot\frac{F}{\omega^4-3.5\dfrac{k}{m}\omega^2+2.5\dfrac{k^2}{m^2}}\begin{Bmatrix} 3k-2m\omega^2 \\ k \end{Bmatrix}\sin\omega t \tag{3.2-19}$$

由式(3.2-19)得

$$\begin{Bmatrix} x_1 \\ x_2 \end{Bmatrix} = \frac{1}{2m}\cdot\frac{F}{\left(\omega^2-\dfrac{k}{m}\right)\left(\omega^2-2.5\dfrac{k}{m}\right)}\begin{Bmatrix} 3\dfrac{k}{m}-2\omega^2 \\ \dfrac{k}{m} \end{Bmatrix}\sin\omega t \tag{3.2-20}$$

令$\frac{k}{m}=\omega_{n1}^2$,代入式(3.2-20)得

$$\begin{pmatrix} x_1 \\ x_2 \end{pmatrix}=\frac{1}{2m}\cdot\frac{F}{(\omega^2-\omega_{n1}^2)(\omega^2-2.5\omega_{n1}^2)}\begin{pmatrix} 3\omega_{n1}^2-2\omega^2 \\ \omega_{n1}^2 \end{pmatrix}\sin\omega t \tag{3.2-21}$$

$$\begin{pmatrix} x_1 \\ x_2 \end{pmatrix}=\frac{\omega_{n1}^2}{2k}\cdot\frac{F}{\left(\frac{\omega^2}{\omega_{n1}^2}-1\right)(\omega^2-2.5\omega_{n1}^2)}\begin{pmatrix} 3-2\frac{\omega^2}{\omega_{n1}^2} \\ 1 \end{pmatrix}\sin\omega t \tag{3.2-22}$$

由式(3.2-22)得

$$\begin{pmatrix} x_1 \\ x_2 \end{pmatrix}=\frac{F}{2k}\cdot\frac{1}{\left(\frac{\omega^2}{\omega_{n1}^2}-1\right)\left(\frac{\omega^2}{\omega_{n1}^2}-2.5\right)}\begin{pmatrix} 3-2\frac{\omega^2}{\omega_{n1}^2} \\ 1 \end{pmatrix}\sin\omega t \tag{3.2-23}$$

令受迫角频率比为$\frac{\omega}{\omega_{n1}}=g$,代入式(3.2-23)得

$$\begin{pmatrix} x_1 \\ x_2 \end{pmatrix}=\frac{F}{2k}\cdot\frac{1}{(g^2-1)(g^2-2.5)}\begin{pmatrix} 3-2g^2 \\ 1 \end{pmatrix}\sin\omega t \tag{3.2-24}$$

$$x_1=\frac{F}{k}\cdot\frac{1.5-g^2}{(g^2-1)(g^2-2.5)}\sin\omega t \tag{3.2-25}$$

$$x_2=\frac{F}{k}\cdot\frac{0.5}{(g^2-1)(g^2-2.5)}\sin\omega t \tag{3.2-26}$$

由式(3.2-10)和式(3.2-25)得

$$X_1=\frac{F}{k}\cdot\frac{1.5-g^2}{(g^2-1)(g^2-2.5)} \tag{3.2-27}$$

位移x_1的增益为

$$A_1=\frac{kX_1}{F}=\frac{1.5-g^2}{(g^2-1)(g^2-2.5)} \tag{3.2-28}$$

由式(3.2-10)和式(3.2-26)得

$$X_2=\frac{F}{k}\cdot\frac{0.5}{(g^2-1)(g^2-2.5)} \tag{3.2-29}$$

位移x_2的增益为

$$A_2=\frac{kX_2}{F}=\frac{0.5}{(g^2-1)(g^2-2.5)} \tag{3.2-30}$$

系统的幅频特性曲线如图3.2-1所示。

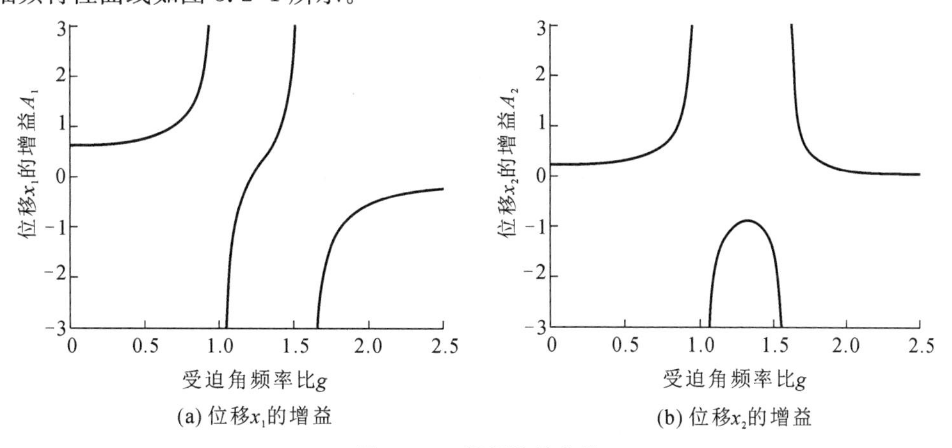

(a) 位移x_1的增益　(b) 位移x_2的增益

图3.2-1　幅频特性曲线

习题 3-2

1. 设$\boldsymbol{A}=(a_{ij})$是一个$m\times s$矩阵，其第i行为$(a_{i1},a_{i2},\cdots,a_{is})$，则

$$\boldsymbol{A}=\begin{pmatrix} a_{11} & a_{12} & \cdots & a_{1s} \\ \vdots & \vdots & & \vdots \\ a_{i1} & a_{i2} & \cdots & a_{is} \\ \vdots & \vdots & & \vdots \\ a_{m1} & a_{m2} & \cdots & a_{ms} \end{pmatrix}$$

$\boldsymbol{B}=(b_{ij})$是一个$s\times n$矩阵，且

$$\boldsymbol{B}=\begin{pmatrix} b_{11} & \cdots & b_{1j} & \cdots & b_{1n} \\ b_{21} & \cdots & b_{2j} & \cdots & b_{2n} \\ \vdots & & \vdots & & \vdots \\ b_{s1} & \cdots & b_{sj} & \cdots & b_{sn} \end{pmatrix}$$

$\boldsymbol{B}$的第j列为

$$\begin{pmatrix} b_{1j} \\ b_{2j} \\ \vdots \\ b_{sj} \end{pmatrix}$$

写出$m\times n$矩阵$\boldsymbol{C}=\boldsymbol{AB}=(c_{ij})$的元素$c_{ij}$的表达式。

参考答案　元素c_{ij}的表达式为

$$c_{ij}=(a_{i1},a_{i2},\cdots,a_{is})\begin{pmatrix} b_{1j} \\ b_{2j} \\ \vdots \\ b_{sj} \end{pmatrix}=a_{i1}b_{1j}+a_{i2}b_{2j}+\cdots+a_{is}b_{sj}=\sum_{k=1}^{s}a_{ik}b_{kj}$$

由此可知乘积矩阵$\boldsymbol{C}=\boldsymbol{AB}=(c_{ij})$的元素$c_{ij}$就是$\boldsymbol{A}$的第$i$行与$\boldsymbol{B}$的第$j$列的乘积。

2. 行列式$|\boldsymbol{A}|$的各个元素的代数余子式A_{ij}所构成的矩阵

$$\boldsymbol{A}^{*}=\begin{pmatrix} A_{11} & A_{21} & \cdots & A_{n1} \\ A_{12} & A_{22} & \cdots & A_{n2} \\ \vdots & \vdots & & \vdots \\ A_{1n} & A_{2n} & \cdots & A_{nn} \end{pmatrix}$$

称为矩阵$\boldsymbol{A}$的伴随矩阵。试证：$\boldsymbol{AA}^{*}=\boldsymbol{A}^{*}\boldsymbol{A}=|\boldsymbol{A}|\boldsymbol{E}$。

参考答案　(1) $\boldsymbol{A}=(a_{ij})$是一个$n\times n$矩阵，其第i行为$(a_{i1},a_{i2},\cdots,a_{in})$，则

$$\boldsymbol{A}=\begin{pmatrix} a_{11} & a_{12} & \cdots & a_{1n} \\ \vdots & \vdots & & \vdots \\ a_{i1} & a_{i2} & \cdots & a_{in} \\ \vdots & \vdots & & \vdots \\ a_{n1} & a_{n2} & \cdots & a_{nn} \end{pmatrix}$$

$\boldsymbol{A}^{*}$是一个$n\times n$矩阵，且

$$\boldsymbol{A}^* = \begin{pmatrix} A_{11} & \cdots & A_{j1} & \cdots & A_{n1} \\ A_{12} & \cdots & A_{j2} & \cdots & A_{n2} \\ \vdots & & \vdots & & \vdots \\ A_{1n} & \cdots & A_{jn} & \cdots & A_{nn} \end{pmatrix}$$

$\boldsymbol{A}^*$ 的第 j 列为

$$\begin{pmatrix} A_{j1} \\ A_{j2} \\ \vdots \\ A_{jn} \end{pmatrix}$$

$\boldsymbol{AA}^*$ 的元素 b_{ij} 的表达式为

$$b_{ij} = (a_{i1}, a_{i2}, \cdots, a_{in}) \begin{pmatrix} A_{j1} \\ A_{j2} \\ \vdots \\ A_{jn} \end{pmatrix} = a_{i1}A_{j1} + a_{i2}A_{j2} + \cdots + a_{in}A_{jn} = \begin{cases} |\boldsymbol{A}|, i = j \\ 0, i \neq j \end{cases}$$

故

$$\boldsymbol{AA}^* = \begin{pmatrix} |\boldsymbol{A}| & & & \\ & |\boldsymbol{A}| & & \\ & & \ddots & \\ & & & |\boldsymbol{A}| \end{pmatrix} = |\boldsymbol{A}| \begin{pmatrix} 1 & & & \\ & 1 & & \\ & & \ddots & \\ & & & 1 \end{pmatrix} = |\boldsymbol{A}|\boldsymbol{E}$$

(2) $\boldsymbol{A}^*$ 是一个 $n \times n$ 矩阵,其第 i 行为$(A_{1i}, A_{2i}, \cdots, A_{ni})$,则

$$\boldsymbol{A}^* = \begin{pmatrix} A_{11} & A_{21} & \cdots & A_{n1} \\ \vdots & \vdots & & \vdots \\ A_{1i} & A_{2i} & \cdots & A_{ni} \\ \vdots & \vdots & & \vdots \\ A_{1n} & A_{2n} & \cdots & A_{nn} \end{pmatrix}$$

$\boldsymbol{A}$ 是一个 $n \times n$ 矩阵,且

$$\boldsymbol{A} = \begin{pmatrix} a_{11} & \cdots & a_{1j} & \cdots & a_{1n} \\ a_{21} & \cdots & a_{2j} & \cdots & a_{2n} \\ \vdots & & \vdots & & \vdots \\ a_{n1} & \cdots & a_{nj} & \cdots & a_{nn} \end{pmatrix}$$

$\boldsymbol{A}$ 的第 j 列为

$$\begin{pmatrix} a_{1j} \\ a_{2j} \\ \vdots \\ a_{nj} \end{pmatrix}$$

$\boldsymbol{A}^*\boldsymbol{A}$ 的元素 c_{ij} 的表达式为

$$c_{ij}=(A_{1i},A_{2i},\cdots,A_{ni})\begin{pmatrix}a_{1j}\\a_{2j}\\\vdots\\a_{nj}\end{pmatrix}=A_{1i}a_{1j}+A_{2i}a_{2j}+\cdots+A_{ni}a_{nj}=\begin{cases}|\boldsymbol{A}|,i=j\\0,i\neq j\end{cases}$$

故

$$\boldsymbol{A}^*\boldsymbol{A}=\begin{pmatrix}|\boldsymbol{A}| & & & \\ & |\boldsymbol{A}| & & \\ & & \ddots & \\ & & & |\boldsymbol{A}|\end{pmatrix}=|\boldsymbol{A}|\begin{pmatrix}1 & & & \\ & 1 & & \\ & & \ddots & \\ & & & 1\end{pmatrix}=|\boldsymbol{A}|\boldsymbol{E}$$

根据(1)和(2),可得$\boldsymbol{AA}^*=\boldsymbol{A}^*\boldsymbol{A}=|\boldsymbol{A}|\boldsymbol{E}$。

3.求二阶可逆矩阵$\boldsymbol{A}=\begin{pmatrix}a & b\\c & d\end{pmatrix}$的逆矩阵。

参考答案 计算$|\boldsymbol{A}|$的余子式:$M_{11}=d,M_{12}=c,M_{21}=b,M_{22}=a$。

$|\boldsymbol{A}|$的代数余子式为$A_{11}=(-1)^{1+1}M_{11}=M_{11}=d,A_{12}=(-1)^{1+2}M_{12}=-M_{12}=-c,A_{21}=(-1)^{2+1}M_{21}=-M_{21}=-b,A_{22}=(-1)^{2+2}M_{22}=M_{22}=a$。

矩阵$\boldsymbol{A}$的伴随矩阵为$\boldsymbol{A}^*=\begin{pmatrix}A_{11} & A_{21}\\A_{12} & A_{22}\end{pmatrix}=\begin{pmatrix}d & -b\\-c & a\end{pmatrix}$。由$\boldsymbol{AA}^*=|\boldsymbol{A}|\boldsymbol{E}$得$\boldsymbol{A}^*=|\boldsymbol{A}|\boldsymbol{A}^{-1},\boldsymbol{A}^{-1}=\dfrac{1}{|\boldsymbol{A}|}$

$\boldsymbol{A}^*=\dfrac{1}{ad-bc}\begin{pmatrix}d & -b\\-c & a\end{pmatrix}$。

由此可见$\boldsymbol{A}^{-1}$的矩阵形式与原矩阵$\boldsymbol{A}$相比,是将原矩阵$\boldsymbol{A}$主对角线上的2个元素互换位置,保持原矩阵$\boldsymbol{A}$副对角线上的2个元素位置不变,添加负号"－"即可(变号)。本题结论值得记取,可当作公式用。

4.求下列对角矩阵的逆矩阵:

$$\boldsymbol{\Lambda}=\begin{pmatrix}a_1 & & & \\ & a_2 & & \\ & & \ddots & \\ & & & a_n\end{pmatrix}\quad(a_1a_2\cdots a_n\neq 0)$$

参考答案

$$\begin{pmatrix}a_1 & & & \\ & a_2 & & \\ & & \ddots & \\ & & & a_n\end{pmatrix}\begin{pmatrix}\frac{1}{a_1} & & & \\ & \frac{1}{a_2} & & \\ & & \ddots & \\ & & & \frac{1}{a_n}\end{pmatrix}=\begin{pmatrix}1 & & & \\ & 1 & & \\ & & \ddots & \\ & & & 1\end{pmatrix}=\boldsymbol{E}$$

$$\begin{pmatrix}a_1 & & & \\ & a_2 & & \\ & & \ddots & \\ & & & a_n\end{pmatrix}^{-1}=\begin{pmatrix}\frac{1}{a_1} & & & \\ & \frac{1}{a_2} & & \\ & & \ddots & \\ & & & \frac{1}{a_n}\end{pmatrix}$$

5.已知$\boldsymbol{A}=\begin{pmatrix}1&2&0&0\\2&5&0&0\\0&0&-1&0\\0&0&0&2\end{pmatrix}$,计算$\boldsymbol{A}^{-1}$。

参考答案

$$\begin{pmatrix}1&2\\2&5\end{pmatrix}^{-1}=\frac{1}{1}\begin{pmatrix}5&-2\\-2&1\end{pmatrix}=\begin{pmatrix}5&-2\\-2&1\end{pmatrix},\quad\begin{pmatrix}-1&0\\0&2\end{pmatrix}^{-1}=\begin{pmatrix}\frac{1}{-1}&0\\0&\frac{1}{2}\end{pmatrix}$$

分块对角矩阵的逆矩阵为

$$\begin{pmatrix}1&2&0&0\\2&5&0&0\\0&0&-1&0\\0&0&0&2\end{pmatrix}^{-1}=\begin{pmatrix}5&-2&0&0\\-2&1&0&0\\0&0&-1&0\\0&0&0&\frac{1}{2}\end{pmatrix}$$

6.求下列矩阵的逆矩阵：

$$\boldsymbol{A}=\begin{pmatrix}1&2&-1\\3&4&-2\\5&-4&1\end{pmatrix}$$

参考答案　因$|\boldsymbol{A}|=\begin{vmatrix}1&2&-1\\3&4&-2\\5&-4&1\end{vmatrix}\xlongequal[r_3+r_1]{r_2-2r_1}\begin{vmatrix}1&2&-1\\1&0&0\\6&-2&0\end{vmatrix}=-\begin{vmatrix}1&0\\6&-2\end{vmatrix}=\begin{vmatrix}6&-2\\1&0\end{vmatrix}=0+2=2$,故$\boldsymbol{A}$可逆,并且$|\boldsymbol{A}|$的9个余子式分别为

$$M_{11}=\begin{vmatrix}4&-2\\-4&1\end{vmatrix}=4-8=-4,\quad M_{21}=\begin{vmatrix}2&-1\\-4&1\end{vmatrix}=2-4=-2,\quad M_{31}=\begin{vmatrix}2&-1\\4&-2\end{vmatrix}=0$$

$$M_{12}=\begin{vmatrix}3&-2\\5&1\end{vmatrix}=3+10=13,\quad M_{22}=\begin{vmatrix}1&-1\\5&1\end{vmatrix}=1+5=6,\quad M_{32}=\begin{vmatrix}1&-1\\3&-2\end{vmatrix}=-2+3=1$$

$$M_{13}=\begin{vmatrix}3&4\\5&-4\end{vmatrix}=-12-20=-32,\quad M_{23}=\begin{vmatrix}1&2\\5&-4\end{vmatrix}=-4-10=-14,\quad M_{33}=\begin{vmatrix}1&2\\3&4\end{vmatrix}=4-6=-2$$

$|\boldsymbol{A}|$的9个代数余子式为

$$A_{11}=(-1)^{1+1}M_{11}=M_{11}=-4,\quad A_{21}=(-1)^{2+1}M_{21}=-M_{21}=2,\quad A_{31}=(-1)^{3+1}M_{31}=M_{31}=0$$

$$A_{12}=(-1)^{1+2}M_{12}=-M_{12}=-13,\quad A_{22}=(-1)^{2+2}M_{22}=M_{22}=6,\quad A_{32}=(-1)^{3+2}M_{32}=-M_{32}=-1$$

$$A_{13}=(-1)^{1+3}M_{13}=M_{13}=-32,\quad A_{23}=(-1)^{2+3}M_{23}=-M_{23}=14,\quad A_{33}=(-1)^{3+3}M_{33}=M_{33}=-2$$

所以矩阵$\boldsymbol{A}$的伴随矩阵为

$$\boldsymbol{A}^*=\begin{pmatrix}A_{11}&A_{21}&A_{31}\\A_{12}&A_{22}&A_{32}\\A_{13}&A_{23}&A_{33}\end{pmatrix}=\begin{pmatrix}-4&2&0\\-13&6&-1\\-32&14&-2\end{pmatrix}$$

最后得逆矩阵

$$\boldsymbol{A}^{-1}=\frac{1}{|\boldsymbol{A}|}\boldsymbol{A}^{*}=\frac{1}{2}\begin{pmatrix}-4 & 2 & 0\\-13 & 6 & -1\\-32 & 14 & -2\end{pmatrix}=\begin{pmatrix}-2 & 1 & 0\\-\frac{13}{2} & 3 & -\frac{1}{2}\\-16 & 7 & -1\end{pmatrix}$$

第 3 节　无阻尼主系统的无阻尼调谐吸振器

所谓吸振，指的是在振动主系统(如振动的机械设备或工程结构)上附加特殊的子系统，以转移或消耗主系统的振动能量，从而抑制主系统的振动。

设一工作机械可简化为如图 3.3-1(a)所示的 1 自由度系统，其中 m_1 为机器的等效质量，k_1 为其地钩的安装刚度或地基的支承刚度。设机器受到不平衡质量的激励力或外加激励力 $F\sin\omega t$，而机器在竖直方向朝上的振动位移为 x_1。假设激励力的角频率 ω 接近于系统的固有角频率$\sqrt{\frac{k_1}{m_1}}$，因而激起强烈的共振，机器无法正常工作。由于实际的限制，主系统参数 m_1 和 k_1 保持不变。为了减小振动强度，可采用附加吸振器的方法。这一方法是在原系统上另外加一个质量为 m_2、刚度为 k_2 的系统，与原系统一起构成一个 2 自由度系统，如图 3.3-1(b)所示。通过选择适当的参数 m_2、k_2，可使机器 m_1 的振幅很小甚至降至 0。在实际工程中，并非要让主系统的振幅等于 0，只要其小于允许的数值就可以了。

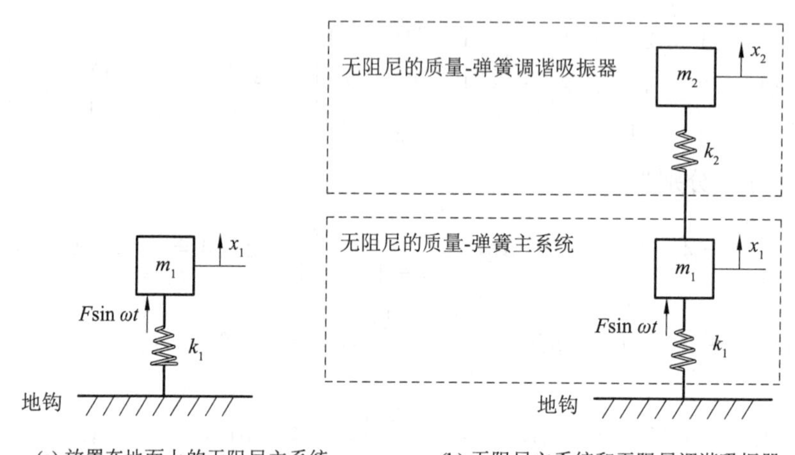

图 3.3-1　无阻尼主系统和无阻尼调谐吸振器

m_1 和 k_1 构成主系统，m_2 和 k_2 构成吸振器。该 2 自由度系统的运动微分方程为

$$\begin{pmatrix}m_1 & 0\\0 & m_2\end{pmatrix}\begin{pmatrix}\ddot{x}_1\\\ddot{x}_2\end{pmatrix}+\begin{pmatrix}k_1+k_2 & -k_2\\-k_2 & k_2\end{pmatrix}\begin{pmatrix}x_1\\x_2\end{pmatrix}=\begin{pmatrix}F\\0\end{pmatrix}\sin\omega t \tag{3.3-1}$$

设方程(3.3-1)的解为

$$\begin{pmatrix}x_1\\x_2\end{pmatrix}=\begin{pmatrix}X_1\\X_2\end{pmatrix}\sin\omega t \tag{3.3-2}$$

由式(3.3-2)得

$$\begin{pmatrix}\ddot{x}_1\\\ddot{x}_2\end{pmatrix}=-\omega^2\begin{pmatrix}X_1\\X_2\end{pmatrix}\sin\omega t=-\omega^2\begin{pmatrix}x_1\\x_2\end{pmatrix} \tag{3.3-3}$$

将式(3.3-3)代入式(3.3-1)得

$$-\omega^2\begin{bmatrix}m_1 & 0\\0 & m_2\end{bmatrix}\begin{Bmatrix}x_1\\x_2\end{Bmatrix}+\begin{bmatrix}k_1+k_2 & -k_2\\-k_2 & k_2\end{bmatrix}\begin{Bmatrix}x_1\\x_2\end{Bmatrix}=\begin{Bmatrix}F\\0\end{Bmatrix}\sin\omega t \tag{3.3-4}$$

$$\begin{bmatrix}k_1+k_2 & -k_2\\-k_2 & k_2\end{bmatrix}\begin{Bmatrix}x_1\\x_2\end{Bmatrix}-\begin{bmatrix}m_1\omega^2 & 0\\0 & m_2\omega^2\end{bmatrix}\begin{Bmatrix}x_1\\x_2\end{Bmatrix}=\begin{Bmatrix}F\\0\end{Bmatrix}\sin\omega t \tag{3.3-5}$$

由式(3.3-5)得

$$\begin{bmatrix}k_1+k_2-m_1\omega^2 & -k_2\\-k_2 & k_2-m_2\omega^2\end{bmatrix}\begin{Bmatrix}x_1\\x_2\end{Bmatrix}=\begin{Bmatrix}F\\0\end{Bmatrix}\sin\omega t \tag{3.3-6}$$

为简化分析，引入下列 3 个无量纲的两两独立(pairwise independent)且完备的自变量：$\mu=\dfrac{m_2}{m_1}$为吸振器质量与主系统质量之比；$f=\dfrac{\omega_2}{\omega_1}=\sqrt{\dfrac{k_2}{m_2}}\div\sqrt{\dfrac{k_1}{m_1}}=\sqrt{\dfrac{m_1k_2}{m_2k_1}}=\sqrt{\dfrac{k_2}{\mu k_1}}$为吸振器固有角频率与主系统固有角频率之比，其中$\omega_2=\sqrt{\dfrac{k_2}{m_2}}$为吸振器的固有角频率，$\omega_1=\sqrt{\dfrac{k_1}{m_1}}$为主系统的固有角频率；$g=\dfrac{\omega}{\omega_1}=\omega\sqrt{\dfrac{m_1}{k_1}}$为受迫角频率比。已知$m_1$、$k_1$，则 3 个无量纲的自变量$\mu$(确定$m_2$)、$f$(已确定$m_2$，再确定$k_2$)、$g$(确定$\omega$)两两独立且完备。值得指出的是，相互独立，则是两两独立的，反之不一定成立。

由上述记法可得重要关系式

$$\frac{k_2}{k_1}=\mu f^2 \tag{3.3-7}$$

由式(3.3-6)得

$$\begin{bmatrix}\dfrac{1}{k_1} & 0\\0 & \dfrac{1}{k_2}\end{bmatrix}\begin{bmatrix}k_1+k_2-m_1\omega^2 & -k_2\\-k_2 & k_2-m_2\omega^2\end{bmatrix}\begin{Bmatrix}x_1\\x_2\end{Bmatrix}=\begin{bmatrix}\dfrac{1}{k_1} & 0\\0 & \dfrac{1}{k_2}\end{bmatrix}\begin{Bmatrix}F\\0\end{Bmatrix}\sin\omega t \tag{3.3-8}$$

$$\begin{bmatrix}1+\dfrac{k_2}{k_1}-\dfrac{m_1}{k_1}\omega^2 & -\dfrac{k_2}{k_1}\\-1 & 1-\dfrac{m_2}{k_2}\omega^2\end{bmatrix}\begin{Bmatrix}x_1\\x_2\end{Bmatrix}=\begin{Bmatrix}\dfrac{F}{k_1}\\0\end{Bmatrix}\sin\omega t \tag{3.3-9}$$

将式(3.3-7)代入式(3.3-9)得

$$\begin{bmatrix}1+\mu f^2-g^2 & -\mu f^2\\-1 & 1-\dfrac{\omega^2}{\omega_2^2}\end{bmatrix}\begin{Bmatrix}x_1\\x_2\end{Bmatrix}=\begin{Bmatrix}\dfrac{F}{k_1}\\0\end{Bmatrix}\sin\omega t \tag{3.3-10}$$

又因

$$\frac{\omega}{\omega_2}=\frac{\omega}{f\omega_1}=\frac{g}{f} \tag{3.3-11}$$

故将式(3.3-11)代入式(3.3-10)得

$$\begin{bmatrix}1+\mu f^2-g^2 & -\mu f^2\\-1 & 1-\dfrac{g^2}{f^2}\end{bmatrix}\begin{Bmatrix}x_1\\x_2\end{Bmatrix}=\begin{Bmatrix}\dfrac{F}{k_1}\\0\end{Bmatrix}\sin\omega t \tag{3.3-12}$$

$$\begin{bmatrix}1 & 0\\0 & f^2\end{bmatrix}\begin{bmatrix}1+\mu f^2-g^2 & -\mu f^2\\-1 & 1-\dfrac{g^2}{f^2}\end{bmatrix}\begin{Bmatrix}x_1\\x_2\end{Bmatrix}=\begin{bmatrix}1 & 0\\0 & f^2\end{bmatrix}\begin{Bmatrix}\dfrac{F}{k_1}\\0\end{Bmatrix}\sin\omega t \tag{3.3-13}$$

由式(3.3-13)得

$$\begin{pmatrix} 1+\mu f^2-g^2 & -\mu f^2 \\ -f^2 & f^2-g^2 \end{pmatrix}\begin{pmatrix} x_1 \\ x_2 \end{pmatrix}=\begin{pmatrix} \dfrac{F}{k_1} \\ 0 \end{pmatrix}\sin\omega t \tag{3.3-14}$$

由式(3.3-14)得

$$\begin{pmatrix} x_1 \\ x_2 \end{pmatrix}=\begin{pmatrix} 1+\mu f^2-g^2 & -\mu f^2 \\ -f^2 & f^2-g^2 \end{pmatrix}^{-1}\begin{pmatrix} \dfrac{F}{k_1} \\ 0 \end{pmatrix}\sin\omega t \tag{3.3-15}$$

由式(3.3-15)得

$$\begin{pmatrix} x_1 \\ x_2 \end{pmatrix}=\frac{1}{\begin{vmatrix} 1+\mu f^2-g^2 & -\mu f^2 \\ -f^2 & f^2-g^2 \end{vmatrix}}\begin{pmatrix} f^2-g^2 & \mu f^2 \\ f^2 & 1+\mu f^2-g^2 \end{pmatrix}\begin{pmatrix} 1 \\ 0 \end{pmatrix}\frac{F}{k_1}\sin\omega t \tag{3.3-16}$$

$$\begin{pmatrix} x_1 \\ x_2 \end{pmatrix}=\frac{1}{\begin{vmatrix} 1+\mu f^2-g^2 & -\mu f^2 \\ -f^2 & f^2-g^2 \end{vmatrix}}\begin{pmatrix} f^2-g^2 \\ f^2 \end{pmatrix}\frac{F}{k_1}\sin\omega t \tag{3.3-17}$$

式(3.3-17)中的行列式为

$$\begin{vmatrix} 1+\mu f^2-g^2 & -\mu f^2 \\ -f^2 & f^2-g^2 \end{vmatrix}\xlongequal{r_1+\mu r_2}\begin{vmatrix} 1-g^2 & -\mu g^2 \\ -f^2 & f^2-g^2 \end{vmatrix}=(-1)(-1)\begin{vmatrix} g^2-1 & \mu g^2 \\ f^2 & g^2-f^2 \end{vmatrix}$$
$$=(g^2-1)(g^2-f^2)-\mu f^2 g^2 \tag{3.3-18}$$

将式(3.3-18)代入式(3.3-17)得

$$\begin{pmatrix} x_1 \\ x_2 \end{pmatrix}=\frac{1}{(g^2-1)(g^2-f^2)-\mu f^2 g^2}\begin{pmatrix} f^2-g^2 \\ f^2 \end{pmatrix}\frac{F}{k_1}\sin\omega t \tag{3.3-19}$$

$$x_1=\frac{F}{k_1}\cdot\frac{f^2-g^2}{(g^2-1)(g^2-f^2)-\mu f^2 g^2}\sin\omega t \tag{3.3-20}$$

$$x_2=\frac{F}{k_1}\cdot\frac{f^2}{(g^2-1)(g^2-f^2)-\mu f^2 g^2}\sin\omega t \tag{3.3-21}$$

由式(3.3-2)和式(3.3-20)得

$$X_1=\frac{F}{k_1}\cdot\frac{f^2-g^2}{(g^2-1)(g^2-f^2)-\mu f^2 g^2} \tag{3.3-22}$$

位移 x_1 的增益为

$$A_1=\frac{k_1 X_1}{F}=\frac{f^2-g^2}{(g^2-1)(g^2-f^2)-\mu f^2 g^2} \tag{3.3-23}$$

由式(3.3-2)和式(3.2-21)得

$$X_2=\frac{F}{k_1}\cdot\frac{f^2}{(g^2-1)(g^2-f^2)-\mu f^2 g^2} \tag{3.3-24}$$

位移 x_2 的增益为

$$A_2=\frac{k_1 X_2}{F}=\frac{f^2}{(g^2-1)(g^2-f^2)-\mu f^2 g^2} \tag{3.3-25}$$

当 $\mu=\dfrac{1}{5}$，$f=1$ 时，系统的幅频特性曲线如图 3.3-2 所示。

当 $\mu=\dfrac{1}{20}$，$f=1$ 时，系统的幅频特性曲线如图 3.3-3 所示。

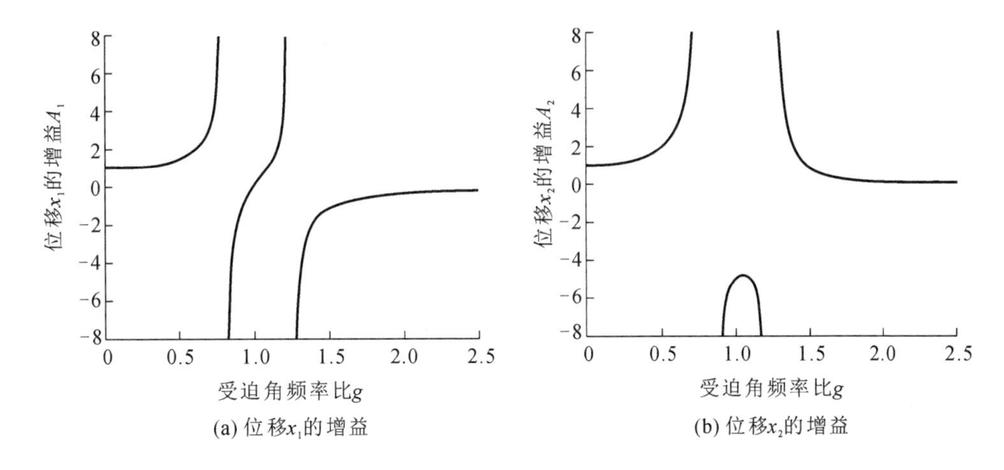

图 3.3-2 当 $\mu=\frac{1}{5}, f=1$ 时的幅频特性曲线

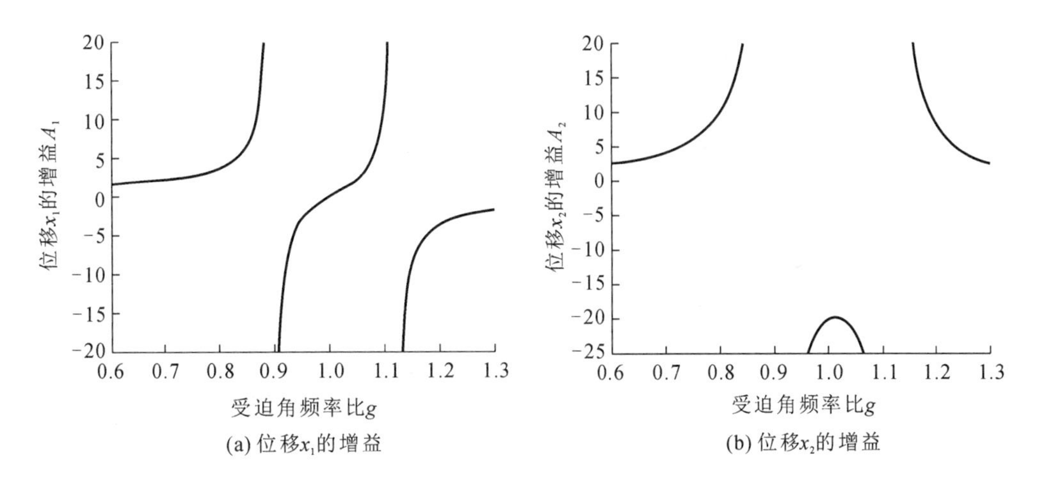

图 3.3-3 当 $\mu=\frac{1}{20}, f=1$ 时的幅频特性曲线

令式(3.3-20)中分母为0,即得频率方程

$$(g^2-1)(g^2-f^2)-\mu f^2 g^2=0 \tag{3.3-26}$$

$$g^4-(1+f^2)g^2+f^2-\mu f^2 g^2=0 \tag{3.3-27}$$

由式(3.3-27)得

$$g^4-(1+f^2+\mu f^2)g^2+f^2=0 \tag{3.3-28}$$

关于 g^2 方程(3.3-28)的根的判别式为

$$\begin{aligned}\Delta&=(1+f^2+\mu f^2)^2-4f^2=(1+f^2)^2+\mu^2 f^4+2\mu f^2(1+f^2)-4f^2\\&=(1+f^4+2f^2)+\mu^2 f^4+2\mu f^2+2\mu f^4-4f^2=(1+f^4-2f^2)+(\mu^2+2\mu)f^4+2\mu f^2\\&=(1-f^2)^2+\mu(2+\mu)f^4+2\mu f^2>0\end{aligned} \tag{3.3-29}$$

$f^2>0, 1+f^2+\mu f^2>0$,故该方程有2个不相等的正根,分别为

$$g_1^2=\frac{1+f^2+\mu f^2-\sqrt{(1-f^2)^2+\mu(2+\mu)f^4+2\mu f^2}}{2} \tag{3.3-30}$$

$$g_2^2=\frac{1+f^2+\mu f^2+\sqrt{(1-f^2)^2+\mu(2+\mu)f^4+2\mu f^2}}{2} \tag{3.3-31}$$

2自由度系统的第一阶固有角频率 ω_{n1} 满足

$$g_{n1}=\frac{\omega_{n1}}{\omega_1}=\sqrt{\frac{1+f^2+\mu f^2-\sqrt{(1-f^2)^2+\mu(2+\mu)f^4+2\mu f^2}}{2}} \tag{3.3-32}$$

2 自由度系统的第二阶固有角频率 ω_{n2} 满足

$$g_{n2}=\frac{\omega_{n2}}{\omega_1}=\sqrt{\frac{1+f^2+\mu f^2+\sqrt{(1-f^2)^2+\mu(2+\mu)f^4+2\mu f^2}}{2}} \tag{3.3-33}$$

当 $f=1$ 时,2 自由度系统的受迫角频率比如图 3.3-4 所示。

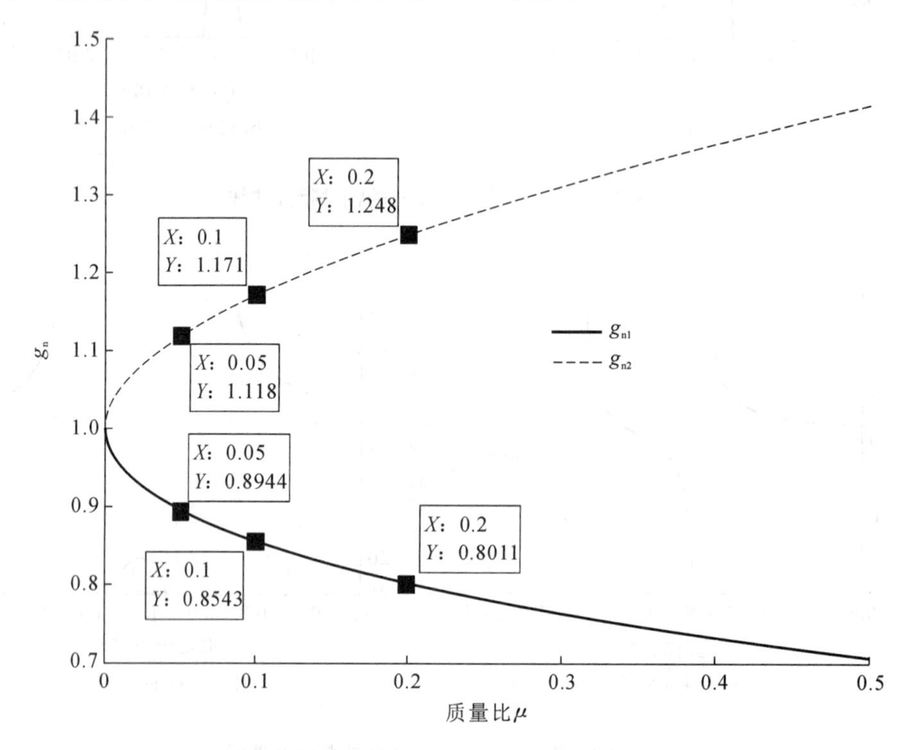

图 3.3-4　当 $f=1$ 时的受迫角频率比

由式(3.3-20)可知,当 $f=g$,即 $\omega_2=\omega$,吸振器的固有角频率等于主系统的工作频率时,主系统质量 m_1 将保持静止,$x_1=0$。$\omega_2=\omega$ 称为调谐,要求激励力的频率 ω 固定或变化不大。

在图 3.3-1(a)中,假设激励力的角频率 ω 等于系统的固有角频率,即 $\omega=\omega_1$,因而激起强烈的共振,机器无法正常工作。在图 3.3-1(b)中,要满足 $\omega_2=\omega$,即当 $\omega_2=\omega=\omega_1$ 时,主系统静止不动。

习题 3-3

1. 无阻尼主系统的无阻尼调谐吸振器为了获得良好的吸振效果,必须满足条件 $\omega_2=\omega=\omega_1$ 吗?

参考答案　当 ω 保持不变时,必须满足条件 $\omega_2=\omega$,而 ω_2 可以不等于 ω_1。

2. 无阻尼主系统的无阻尼调谐吸振器为了获得良好的吸振效果,要求 ω 保持不变,这是吸振器的优点还是缺点?

参考答案　激励力包含所有可能的角频率($0\leqslant\omega<+\infty$)成分,实际工作中的 ω 是自变量。这是吸振器的缺点。

3. 当无阻尼主系统的无阻尼调谐吸振器获得良好的吸振效果时,弹簧 k_2 作用在质量 m_1 上的力是多少?质量 m_1 所受合外力是多少?

参考答案　将 $f=g$ 代入式(3.3-21)可得

$$x_2=\frac{F}{k_1}\cdot\frac{f^2}{(g^2-1)(g^2-f^2)-\mu f^2g^2}\sin\omega t=-\frac{F}{k_1}\cdot\frac{1}{\mu g^2}\sin\omega t=-\frac{F}{k_1\mu f^2}\sin\omega t$$

将式(3.3-7)代入上式得，$x_2=-\dfrac{F}{k_2}\sin\omega t$，$x_1=0$，设 $x_1>x_2$，弹簧 k_2 缩短，弹簧 k_2 受压力，弹簧 k_2 作用在质量 m_1 上的力向下，其值为 $k_2(x_1-x_2)=-k_2x_2=F\sin\omega t$。质量 m_1 所受合外力是 0。

4. 已知 5 个方程的 6 元非齐次线性方程组的矩阵形式为 $\begin{pmatrix}a_{11}&a_{12}&a_{13}&a_{14}&a_{15}&a_{16}\\a_{21}&a_{22}&a_{23}&a_{24}&a_{25}&a_{26}\\a_{31}&a_{32}&a_{33}&a_{34}&a_{35}&a_{36}\\a_{41}&a_{42}&a_{43}&a_{44}&a_{45}&a_{46}\\a_{51}&a_{52}&a_{53}&a_{54}&a_{55}&a_{56}\end{pmatrix}\begin{pmatrix}x_1\\x_2\\x_3\\x_4\\x_5\\x_6\end{pmatrix}=\begin{pmatrix}b_1\\b_2\\b_3\\b_4\\b_5\end{pmatrix}$。

(1)用 $\begin{pmatrix}1&0&0&0&0\\0&c&0&0&0\\0&0&1&0&0\\0&0&0&d&0\\0&0&0&0&1\end{pmatrix}$ 左乘上式，得到什么结果？请用初等行变换解释。

(2)将矩阵形式写成 5 个方程的形式；以 c 乘第 2 个方程，以 d 乘第 4 个方程，再写出 5 个方程的形式；最后将 5 个方程写成矩阵形式。

参考答案　(1)

$$\begin{pmatrix}1&0&0&0&0\\0&c&0&0&0\\0&0&1&0&0\\0&0&0&d&0\\0&0&0&0&1\end{pmatrix}\begin{pmatrix}a_{11}&a_{12}&a_{13}&a_{14}&a_{15}&a_{16}\\a_{21}&a_{22}&a_{23}&a_{24}&a_{25}&a_{26}\\a_{31}&a_{32}&a_{33}&a_{34}&a_{35}&a_{36}\\a_{41}&a_{42}&a_{43}&a_{44}&a_{45}&a_{46}\\a_{51}&a_{52}&a_{53}&a_{54}&a_{55}&a_{56}\end{pmatrix}\begin{pmatrix}x_1\\x_2\\x_3\\x_4\\x_5\\x_6\end{pmatrix}=\begin{pmatrix}1&0&0&0&0\\0&c&0&0&0\\0&0&1&0&0\\0&0&0&d&0\\0&0&0&0&1\end{pmatrix}\begin{pmatrix}b_1\\b_2\\b_3\\b_4\\b_5\end{pmatrix}$$

$$\begin{pmatrix}a_{11}&a_{12}&a_{13}&a_{14}&a_{15}&a_{16}\\ca_{21}&ca_{22}&ca_{23}&ca_{24}&ca_{25}&ca_{26}\\a_{31}&a_{32}&a_{33}&a_{34}&a_{35}&a_{36}\\da_{41}&da_{42}&da_{43}&da_{44}&da_{45}&da_{46}\\a_{51}&a_{52}&a_{53}&a_{54}&a_{55}&a_{56}\end{pmatrix}\begin{pmatrix}x_1\\x_2\\x_3\\x_4\\x_5\\x_6\end{pmatrix}=\begin{pmatrix}b_1\\cb_2\\b_3\\db_4\\b_5\end{pmatrix}$$

以数 $k(k\neq0)$乘单位矩阵的第 i 行，得初等矩阵。设 $\boldsymbol{A}$ 是一个 $m\times n$ 矩阵，对 $\boldsymbol{A}$ 施行一次初等行变换，相当于在 $\boldsymbol{A}$ 的左边乘以相应的 m 阶初等矩阵。

(2) 写成 5 个方程的形式，为

$$\begin{cases}a_{11}x_1+a_{12}x_2+a_{13}x_3+a_{14}x_4+a_{15}x_5+a_{16}x_6=b_1\\a_{21}x_1+a_{22}x_2+a_{23}x_3+a_{24}x_4+a_{25}x_5+a_{26}x_6=b_2\\a_{31}x_1+a_{32}x_2+a_{33}x_3+a_{34}x_4+a_{35}x_5+a_{36}x_6=b_3\\a_{41}x_1+a_{42}x_2+a_{43}x_3+a_{44}x_4+a_{45}x_5+a_{46}x_6=b_4\\a_{51}x_1+a_{52}x_2+a_{53}x_3+a_{54}x_4+a_{55}x_5+a_{56}x_6=b_5\end{cases}$$

乘 c、d 后，再写出 5 个方程的形式，为

$$\begin{cases} a_{11}x_1 + a_{12}x_2 + a_{13}x_3 + a_{14}x_4 + a_{15}x_5 + a_{16}x_6 = b_1 \\ ca_{21}x_1 + ca_{22}x_2 + ca_{23}x_3 + ca_{24}x_4 + ca_{25}x_5 + ca_{26}x_6 = cb_2 \\ a_{31}x_1 + a_{32}x_2 + a_{33}x_3 + a_{34}x_4 + a_{35}x_5 + a_{36}x_6 = b_3 \\ da_{41}x_1 + da_{42}x_2 + da_{43}x_3 + da_{44}x_4 + da_{45}x_5 + da_{46}x_6 = db_4 \\ a_{51}x_1 + a_{52}x_2 + a_{53}x_3 + a_{54}x_4 + a_{55}x_5 + a_{56}x_6 = b_5 \end{cases}$$

将 5 个方程写成矩阵形式，为

$$\begin{pmatrix} a_{11} & a_{12} & a_{13} & a_{14} & a_{15} & a_{16} \\ ca_{21} & ca_{22} & ca_{23} & ca_{24} & ca_{25} & ca_{26} \\ a_{31} & a_{32} & a_{33} & a_{34} & a_{35} & a_{36} \\ da_{41} & da_{42} & da_{43} & da_{44} & da_{45} & da_{46} \\ a_{51} & a_{52} & a_{53} & a_{54} & a_{55} & a_{56} \end{pmatrix} \begin{pmatrix} x_1 \\ x_2 \\ x_3 \\ x_4 \\ x_5 \\ x_6 \end{pmatrix} = \begin{pmatrix} b_1 \\ cb_2 \\ b_3 \\ db_4 \\ b_5 \end{pmatrix}$$

第 4 节　有阻尼时简谐外激励力下的受迫振动

图 3.4-1 表示一个具有黏滞阻尼的 2 自由度系统。

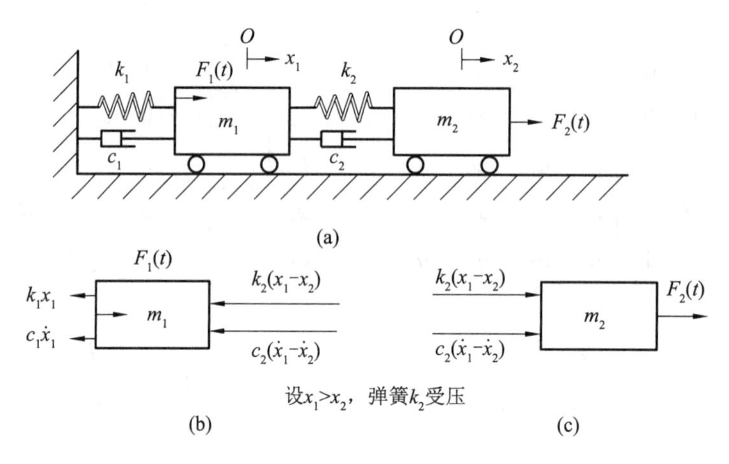

图 3.4-1　具有黏滞阻尼的 2 自由度系统

该系统的运动微分方程为

$$\begin{cases} F_1(t) - c_1\dot{x}_1 - c_2(\dot{x}_1 - \dot{x}_2) - k_1x_1 - k_2(x_1 - x_2) = m_1\ddot{x}_1 \\ F_2(t) + c_2(\dot{x}_1 - \dot{x}_2) + k_2(x_1 - x_2) = m_2\ddot{x}_2 \end{cases} \tag{3.4-1}$$

整理得

$$\begin{cases} m_1\ddot{x}_1 + (c_1 + c_2)\dot{x}_1 - c_2\dot{x}_2 + (k_1 + k_2)x_1 - k_2x_2 = F_1(t) \\ m_2\ddot{x}_2 - c_2\dot{x}_1 + c_2\dot{x}_2 - k_2x_1 + k_2x_2 = F_2(t) \end{cases} \tag{3.4-2}$$

将方程(3.4-2)写成矩阵形式，为

$$\begin{pmatrix} m_1 & 0 \\ 0 & m_2 \end{pmatrix} \begin{pmatrix} \ddot{x}_1 \\ \ddot{x}_2 \end{pmatrix} + \begin{pmatrix} c_1 + c_2 & -c_2 \\ -c_2 & c_2 \end{pmatrix} \begin{pmatrix} \dot{x}_1 \\ \dot{x}_2 \end{pmatrix} + \begin{pmatrix} k_1 + k_2 & -k_2 \\ -k_2 & k_2 \end{pmatrix} \begin{pmatrix} x_1 \\ x_2 \end{pmatrix} = \begin{pmatrix} F_1(t) \\ F_2(t) \end{pmatrix} \tag{3.4-3}$$

在简谐外激励力的作用下，2自由度系统受迫振动的运动微分方程为

$$\begin{bmatrix} m_{11} & m_{12} \\ m_{21} & m_{22} \end{bmatrix} \begin{Bmatrix} \ddot{x}_1 \\ \ddot{x}_2 \end{Bmatrix} + \begin{bmatrix} c_{11} & c_{12} \\ c_{21} & c_{22} \end{bmatrix} \begin{Bmatrix} \dot{x}_1 \\ \dot{x}_2 \end{Bmatrix} + \begin{bmatrix} k_{11} & k_{12} \\ k_{21} & k_{22} \end{bmatrix} \begin{Bmatrix} x_1 \\ x_2 \end{Bmatrix} = \begin{Bmatrix} F \\ 0 \end{Bmatrix} \sin\omega t \tag{3.4-4}$$

将式(3.4-4)看作矩阵复变指数函数微分方程

$$\begin{bmatrix} m_{11} & m_{12} \\ m_{21} & m_{22} \end{bmatrix} \begin{Bmatrix} \ddot{z}_1 \\ \ddot{z}_2 \end{Bmatrix} + \begin{bmatrix} c_{11} & c_{12} \\ c_{21} & c_{22} \end{bmatrix} \begin{Bmatrix} \dot{z}_1 \\ \dot{z}_2 \end{Bmatrix} + \begin{bmatrix} k_{11} & k_{12} \\ k_{21} & k_{22} \end{bmatrix} \begin{Bmatrix} z_1 \\ z_2 \end{Bmatrix} = \begin{Bmatrix} F \\ 0 \end{Bmatrix} \mathrm{e}^{\mathrm{i}\omega t} \tag{3.4-5}$$

的虚部，故 $x_1 = \mathrm{Im}\ z_1$，$x_2 = \mathrm{Im}\ z_2$。

设方程式(3.4-5)的一个特解为

$$\begin{Bmatrix} z_1 \\ z_2 \end{Bmatrix} = \begin{Bmatrix} Z_1 \\ Z_2 \end{Bmatrix} \mathrm{e}^{\mathrm{i}\omega t} \tag{3.4-6}$$

式中：Z_1、Z_2 分别表示 z_1、z_2 的复振幅。

由式(3.4-6)得

$$\begin{Bmatrix} \dot{z}_1 \\ \dot{z}_2 \end{Bmatrix} = \mathrm{i}\omega \begin{Bmatrix} Z_1 \\ Z_2 \end{Bmatrix} \mathrm{e}^{\mathrm{i}\omega t} = \mathrm{i}\omega \begin{Bmatrix} z_1 \\ z_2 \end{Bmatrix} \tag{3.4-7}$$

$$\begin{Bmatrix} \ddot{z}_1 \\ \ddot{z}_2 \end{Bmatrix} = \mathrm{i}\omega\mathrm{i}\omega \begin{Bmatrix} Z_1 \\ Z_2 \end{Bmatrix} \mathrm{e}^{\mathrm{i}\omega t} = -\omega^2 \begin{Bmatrix} z_1 \\ z_2 \end{Bmatrix} \tag{3.4-8}$$

将式(3.4-7)和式(3.4-8)代入式(3.4-5)，可得

$$-\begin{bmatrix} m_{11} & m_{12} \\ m_{21} & m_{22} \end{bmatrix} \omega^2 \begin{Bmatrix} z_1 \\ z_2 \end{Bmatrix} + \begin{bmatrix} c_{11} & c_{12} \\ c_{21} & c_{22} \end{bmatrix} \mathrm{i}\omega \begin{Bmatrix} z_1 \\ z_2 \end{Bmatrix} + \begin{bmatrix} k_{11} & k_{12} \\ k_{21} & k_{22} \end{bmatrix} \begin{Bmatrix} z_1 \\ z_2 \end{Bmatrix} = \begin{Bmatrix} F \\ 0 \end{Bmatrix} \mathrm{e}^{\mathrm{i}\omega t} \tag{3.4-9}$$

$$\begin{bmatrix} k_{11} & k_{12} \\ k_{21} & k_{22} \end{bmatrix} \begin{Bmatrix} z_1 \\ z_2 \end{Bmatrix} - \begin{bmatrix} m_{11}\omega^2 & m_{12}\omega^2 \\ m_{21}\omega^2 & m_{22}\omega^2 \end{bmatrix} \begin{Bmatrix} z_1 \\ z_2 \end{Bmatrix} + \begin{bmatrix} \mathrm{i}c_{11}\omega & \mathrm{i}c_{12}\omega \\ \mathrm{i}c_{21}\omega & \mathrm{i}c_{22}\omega \end{bmatrix} \begin{Bmatrix} z_1 \\ z_2 \end{Bmatrix} = \begin{Bmatrix} F \\ 0 \end{Bmatrix} \mathrm{e}^{\mathrm{i}\omega t} \tag{3.4-10}$$

化简式(3.4-10)得

$$\begin{bmatrix} k_{11} - m_{11}\omega^2 + \mathrm{i}c_{11}\omega & k_{12} - m_{12}\omega^2 + \mathrm{i}c_{12}\omega \\ k_{21} - m_{21}\omega^2 + \mathrm{i}c_{21}\omega & k_{22} - m_{22}\omega^2 + \mathrm{i}c_{22}\omega \end{bmatrix} \begin{Bmatrix} z_1 \\ z_2 \end{Bmatrix} = \begin{Bmatrix} F \\ 0 \end{Bmatrix} \mathrm{e}^{\mathrm{i}\omega t} \tag{3.4-11}$$

$$\begin{Bmatrix} z_1 \\ z_2 \end{Bmatrix} = \begin{bmatrix} k_{11} - m_{11}\omega^2 + \mathrm{i}c_{11}\omega & k_{12} - m_{12}\omega^2 + \mathrm{i}c_{12}\omega \\ k_{21} - m_{21}\omega^2 + \mathrm{i}c_{21}\omega & k_{22} - m_{22}\omega^2 + \mathrm{i}c_{22}\omega \end{bmatrix}^{-1} \begin{Bmatrix} F \\ 0 \end{Bmatrix} \mathrm{e}^{\mathrm{i}\omega t} \tag{3.4-12}$$

求解式(3.4-12)得

$$\begin{Bmatrix} z_1 \\ z_2 \end{Bmatrix} = \frac{1}{(k_{11} - m_{11}\omega^2 + \mathrm{i}c_{11}\omega)(k_{22} - m_{22}\omega^2 + \mathrm{i}c_{22}\omega) - (k_{12} - m_{12}\omega^2 + \mathrm{i}c_{12}\omega)(k_{21} - m_{21}\omega^2 + \mathrm{i}c_{21}\omega)} \times$$

$$\begin{bmatrix} k_{22} - m_{22}\omega^2 + \mathrm{i}c_{22}\omega & m_{12}\omega^2 - k_{12} - \mathrm{i}c_{12}\omega \\ m_{21}\omega^2 - k_{21} - \mathrm{i}c_{21}\omega & k_{11} - m_{11}\omega^2 + \mathrm{i}c_{11}\omega \end{bmatrix} \begin{Bmatrix} F \\ 0 \end{Bmatrix} \mathrm{e}^{\mathrm{i}\omega t} \tag{3.4-13}$$

化简式(3.4-13)得

$$\begin{Bmatrix} z_1 \\ z_2 \end{Bmatrix} = \frac{1}{(k_{11} - m_{11}\omega^2 + \mathrm{i}c_{11}\omega)(k_{22} - m_{22}\omega^2 + \mathrm{i}c_{22}\omega) - (k_{12} - m_{12}\omega^2 + \mathrm{i}c_{12}\omega)(k_{21} - m_{21}\omega^2 + \mathrm{i}c_{21}\omega)} \times$$

$$\begin{Bmatrix} F(k_{22} - m_{22}\omega^2 + \mathrm{i}c_{22}\omega) \\ F(m_{21}\omega^2 - k_{21} - \mathrm{i}c_{21}\omega) \end{Bmatrix} \mathrm{e}^{\mathrm{i}\omega t} \tag{3.4-14}$$

由式(3.4-14)得

$$z_1=\frac{F(k_{22}-m_{22}\omega^2+\mathrm{i}c_{22}\omega)}{(k_{11}-m_{11}\omega^2+\mathrm{i}c_{11}\omega)(k_{22}-m_{22}\omega^2+\mathrm{i}c_{22}\omega)-(k_{12}-m_{12}\omega^2+\mathrm{i}c_{12}\omega)(k_{21}-m_{21}\omega^2+\mathrm{i}c_{21}\omega)}\mathrm{e}^{\mathrm{i}\omega t} \tag{3.4-15}$$

$$z_2=\frac{F(m_{21}\omega^2-k_{21}-\mathrm{i}c_{21}\omega)}{(k_{11}-m_{11}\omega^2+\mathrm{i}c_{11}\omega)(k_{22}-m_{22}\omega^2+\mathrm{i}c_{22}\omega)-(k_{12}-m_{12}\omega^2+\mathrm{i}c_{12}\omega)(k_{21}-m_{21}\omega^2+\mathrm{i}c_{21}\omega)}\mathrm{e}^{\mathrm{i}\omega t} \tag{3.4-16}$$

再应用欧拉公式，又可以将复数 z 表示成指数形式 $z=|z|\mathrm{e}^{\mathrm{i}\arg z}$，据此公式，由式(3.4-15)得

$$z_1=\left|\frac{F(k_{22}-m_{22}\omega^2+\mathrm{i}c_{22}\omega)}{(k_{11}-m_{11}\omega^2+\mathrm{i}c_{11}\omega)(k_{22}-m_{22}\omega^2+\mathrm{i}c_{22}\omega)-(k_{12}-m_{12}\omega^2+\mathrm{i}c_{12}\omega)(k_{21}-m_{21}\omega^2+\mathrm{i}c_{21}\omega)}\right|\times$$
$$\mathrm{e}^{\mathrm{i}\arg\frac{F(k_{22}-m_{22}\omega^2+\mathrm{i}c_{22}\omega)}{(k_{11}-m_{11}\omega^2+\mathrm{i}c_{11}\omega)(k_{22}-m_{22}\omega^2+\mathrm{i}c_{22}\omega)-(k_{12}-m_{12}\omega^2+\mathrm{i}c_{12}\omega)(k_{21}-m_{21}\omega^2+\mathrm{i}c_{21}\omega)}}\mathrm{e}^{\mathrm{i}\omega t} \tag{3.4-17}$$

化简式(3.4-17)得

$$z_1=\left|\frac{F(k_{22}-m_{22}\omega^2+\mathrm{i}c_{22}\omega)}{(k_{11}-m_{11}\omega^2+\mathrm{i}c_{11}\omega)(k_{22}-m_{22}\omega^2+\mathrm{i}c_{22}\omega)-(k_{12}-m_{12}\omega^2+\mathrm{i}c_{12}\omega)(k_{21}-m_{21}\omega^2+\mathrm{i}c_{21}\omega)}\right|\times$$
$$\mathrm{e}^{\mathrm{i}\left[\omega t+\arg\frac{F(k_{22}-m_{22}\omega^2+\mathrm{i}c_{22}\omega)}{(k_{11}-m_{11}\omega^2+\mathrm{i}c_{11}\omega)(k_{22}-m_{22}\omega^2+\mathrm{i}c_{22}\omega)-(k_{12}-m_{12}\omega^2+\mathrm{i}c_{12}\omega)(k_{21}-m_{21}\omega^2+\mathrm{i}c_{21}\omega)}\right]} \tag{3.4-18}$$

因此位移 x_1 的表达式为

$$x_1=\operatorname{Im}z_1=\left|\frac{F(k_{22}-m_{22}\omega^2+\mathrm{i}c_{22}\omega)}{(k_{11}-m_{11}\omega^2+\mathrm{i}c_{11}\omega)(k_{22}-m_{22}\omega^2+\mathrm{i}c_{22}\omega)-(k_{12}-m_{12}\omega^2+\mathrm{i}c_{12}\omega)(k_{21}-m_{21}\omega^2+\mathrm{i}c_{21}\omega)}\right|\times$$
$$\sin\left[\omega t+\arg\frac{F(k_{22}-m_{22}\omega^2+\mathrm{i}c_{22}\omega)}{(k_{11}-m_{11}\omega^2+\mathrm{i}c_{11}\omega)(k_{22}-m_{22}\omega^2+\mathrm{i}c_{22}\omega)-(k_{12}-m_{12}\omega^2+\mathrm{i}c_{12}\omega)(k_{21}-m_{21}\omega^2+\mathrm{i}c_{21}\omega)}\right] \tag{3.4-19}$$

由式(3.4-16)得

$$z_2=\left|\frac{F(m_{21}\omega^2-k_{21}-\mathrm{i}c_{21}\omega)}{(k_{11}-m_{11}\omega^2+\mathrm{i}c_{11}\omega)(k_{22}-m_{22}\omega^2+\mathrm{i}c_{22}\omega)-(k_{12}-m_{12}\omega^2+\mathrm{i}c_{12}\omega)(k_{21}-m_{21}\omega^2+\mathrm{i}c_{21}\omega)}\right|\times$$
$$\mathrm{e}^{\mathrm{i}\arg\frac{F(m_{21}\omega^2-k_{21}-\mathrm{i}c_{21}\omega)}{(k_{11}-m_{11}\omega^2+\mathrm{i}c_{11}\omega)(k_{22}-m_{22}\omega^2+\mathrm{i}c_{22}\omega)-(k_{12}-m_{12}\omega^2+\mathrm{i}c_{12}\omega)(k_{21}-m_{21}\omega^2+\mathrm{i}c_{21}\omega)}}\mathrm{e}^{\mathrm{i}\omega t} \tag{3.4-20}$$

化简式(3.4-20)得

$$z_2=\left|\frac{F(m_{21}\omega^2-k_{21}-\mathrm{i}c_{21}\omega)}{(k_{11}-m_{11}\omega^2+\mathrm{i}c_{11}\omega)(k_{22}-m_{22}\omega^2+\mathrm{i}c_{22}\omega)-(k_{12}-m_{12}\omega^2+\mathrm{i}c_{12}\omega)(k_{21}-m_{21}\omega^2+\mathrm{i}c_{21}\omega)}\right|\times$$
$$\mathrm{e}^{\mathrm{i}\left[\omega t+\arg\frac{F(m_{21}\omega^2-k_{21}-\mathrm{i}c_{21}\omega)}{(k_{11}-m_{11}\omega^2+\mathrm{i}c_{11}\omega)(k_{22}-m_{22}\omega^2+\mathrm{i}c_{22}\omega)-(k_{12}-m_{12}\omega^2+\mathrm{i}c_{12}\omega)(k_{21}-m_{21}\omega^2+\mathrm{i}c_{21}\omega)}\right]} \tag{3.4-21}$$

因此位移 x_2 的表达式为

$$x_2=\operatorname{Im}z_2=\left|\frac{F(m_{21}\omega^2-k_{21}-\mathrm{i}c_{21}\omega)}{(k_{11}-m_{11}\omega^2+\mathrm{i}c_{11}\omega)(k_{22}-m_{22}\omega^2+\mathrm{i}c_{22}\omega)-(k_{12}-m_{12}\omega^2+\mathrm{i}c_{12}\omega)(k_{21}-m_{21}\omega^2+\mathrm{i}c_{21}\omega)}\right|\times$$
$$\sin\left[\omega t+\arg\frac{F(m_{21}\omega^2-k_{21}-\mathrm{i}c_{21}\omega)}{(k_{11}-m_{11}\omega^2+\mathrm{i}c_{11}\omega)(k_{22}-m_{22}\omega^2+\mathrm{i}c_{22}\omega)-(k_{12}-m_{12}\omega^2+\mathrm{i}c_{12}\omega)(k_{21}-m_{21}\omega^2+\mathrm{i}c_{21}\omega)}\right] \tag{3.4-22}$$

习题 3-4

1. 写出复数 z 的代数形式；将直角坐标用极坐标表示；用 arg 表示辐角的主值；写出复数 z 的三角形式；写出复数 z 的指数形式。

参考答案 ① $z=x+y\mathrm{i}$；② $x=r\cos\theta, y=r\sin\theta$；③ $\theta=\arg z$；④ $z=x+y\mathrm{i}=r\cos\theta+\mathrm{i}r\sin\theta=r(\cos\theta+\mathrm{i}\sin\theta)$；⑤ $z=r(\cos\theta+\mathrm{i}\sin\theta)=r\mathrm{e}^{\mathrm{i}\theta}$。

2. 证明 $z=|z|\mathrm{e}^{\mathrm{i}\arg z}$。

参考答案　$z=r\mathrm{e}^{\mathrm{i}\theta}=|z|\mathrm{e}^{\mathrm{i}\arg z}$。

3. 根据式(3.4-15)可得

$$x_1=\operatorname{Im}z_1=\operatorname{Im}\frac{F(k_{22}-m_{22}\omega^2+\mathrm{i}c_{22}\omega)}{(k_{11}-m_{11}\omega^2+\mathrm{i}c_{11}\omega)(k_{22}-m_{22}\omega^2+\mathrm{i}c_{22}\omega)-(k_{12}-m_{12}\omega^2+\mathrm{i}c_{12}\omega)(k_{21}-m_{21}\omega^2+\mathrm{i}c_{21}\omega)}\mathrm{e}^{\mathrm{i}\omega t}$$

令

$$\frac{F(k_{22}-m_{22}\omega^2+\mathrm{i}c_{22}\omega)}{(k_{11}-m_{11}\omega^2+\mathrm{i}c_{11}\omega)(k_{22}-m_{22}\omega^2+\mathrm{i}c_{22}\omega)-(k_{12}-m_{12}\omega^2+\mathrm{i}c_{12}\omega)(k_{21}-m_{21}\omega^2+\mathrm{i}c_{21}\omega)}=x+y\mathrm{i}=z$$

则 $x_1=\operatorname{Im}(x+y\mathrm{i})\mathrm{e}^{\mathrm{i}\omega t}$，化简 x_1 并求出 x_1 最终的具体表达式。

参考答案　$x_1=\operatorname{Im}[(x+y\mathrm{i})(\cos\omega t+\mathrm{i}\sin\omega t)]$

$=\operatorname{Im}[x\cos\omega t-y\sin\omega t+\mathrm{i}(x\sin\omega t+y\cos\omega t)]=x\sin\omega t+y\cos\omega t$

$$x_1=x\sin\omega t+y\cos\omega t=\sqrt{x^2+y^2}\sin(\omega t+\arg z)=|z|\sin(\omega t+\arg z)$$

$$=\left|\frac{F(k_{22}-m_{22}\omega^2+\mathrm{i}c_{22}\omega)}{(k_{11}-m_{11}\omega^2+\mathrm{i}c_{11}\omega)(k_{22}-m_{22}\omega^2+\mathrm{i}c_{22}\omega)-(k_{12}-m_{12}\omega^2+\mathrm{i}c_{12}\omega)(k_{21}-m_{21}\omega^2+\mathrm{i}c_{21}\omega)}\right|\times$$

$$\sin\left[\omega t+\arg\frac{F(k_{22}-m_{22}\omega^2+\mathrm{i}c_{22}\omega)}{(k_{11}-m_{11}\omega^2+\mathrm{i}c_{11}\omega)(k_{22}-m_{22}\omega^2+\mathrm{i}c_{22}\omega)-(k_{12}-m_{12}\omega^2+\mathrm{i}c_{12}\omega)(k_{21}-m_{21}\omega^2+\mathrm{i}c_{21}\omega)}\right]$$

第 4 章　多自由度系统

本章将第 3 章介绍的 2 自由度系统的概念引申到一般多自由度系统，并进一步扩充和深化其概念和处理技巧。

一般而言，实际工程中的振动系统都是连续弹性体，其质量和刚度具有分布的性质。只有掌握很多个点在每瞬时的运动情况，才能比较全面地描述系统的振动。所以，在理论上它们均属于无限多自由度的系统，需要用连续模型才能加以描述。然而实际上通常经过合理的简化，将无限多自由度系统抽象成有限多个自由度模型来进行讨论，即把系统抽象成由几个集中质量块和弹性元件组成的模型。假设简化的系统模型有 n 个集中质量，一般该系统便是一个 n 自由度系统，需要 n 个独立坐标来表达其运动，且系统的运动微分方程是 n 个二阶常微分方程。

第 1 节　无阻尼零输入振动

n 自由度无阻尼系统零输入振动的运动微分方程为

$$\boldsymbol{M}\ddot{\boldsymbol{x}} + \boldsymbol{K}\boldsymbol{x} = \boldsymbol{0} \tag{4.1-1}$$

将式(4.1-1)写成具体的矩阵形式，即

$$\begin{bmatrix} m_{11} & m_{12} & \cdots & m_{1j} & \cdots & m_{1n} \\ \vdots & \vdots & & \vdots & & \vdots \\ m_{i1} & m_{i2} & \cdots & m_{ij} & \cdots & m_{in} \\ \vdots & \vdots & & \vdots & & \vdots \\ m_{n1} & m_{n2} & \cdots & m_{nj} & \cdots & m_{nn} \end{bmatrix} \begin{Bmatrix} \ddot{x}_1 \\ \ddot{x}_2 \\ \vdots \\ \ddot{x}_j \\ \vdots \\ \ddot{x}_n \end{Bmatrix} + \begin{bmatrix} k_{11} & k_{12} & \cdots & k_{1j} & \cdots & k_{1n} \\ \vdots & \vdots & & \vdots & & \vdots \\ k_{i1} & k_{i2} & \cdots & k_{ij} & \cdots & k_{in} \\ \vdots & \vdots & & \vdots & & \vdots \\ k_{n1} & k_{n2} & \cdots & k_{nj} & \cdots & k_{nn} \end{bmatrix} \begin{Bmatrix} x_1 \\ x_2 \\ \vdots \\ x_j \\ \vdots \\ x_n \end{Bmatrix} = \begin{Bmatrix} 0 \\ 0 \\ \vdots \\ 0 \\ \vdots \\ 0 \end{Bmatrix} \tag{4.1-2}$$

式(4.1-2)的第 i 个方程为

$$\sum_{j=1}^{n} m_{ij}\ddot{x}_j + \sum_{j=1}^{n} k_{ij}x_j = 0, \quad i = 1,2,\cdots,n \tag{4.1-3}$$

首先试着设想 $x_1, x_2, \cdots, x_j, \cdots, x_n$ 皆具备同样的随着时间变化的规律 $f(t)$，$f(t)$ 为时间的实函数，则方程(4.1-3)的解为

$$x_j = u_j f(t), \quad j = 1,2,\cdots,n \tag{4.1-4}$$

式中：$u_1, u_2, \cdots, u_j, \cdots, u_n$ 是代表位移幅值的实常数，均与时间 t 无关。

将式(4.1-4)代入式(4.1-3)得

$$\sum_{j=1}^{n} m_{ij}u_j\ddot{f}(t) + \sum_{j=1}^{n} k_{ij}u_j f(t) = 0, \quad i = 1,2,\cdots,n \tag{4.1-5}$$

$$\ddot{f}(t)\sum_{j=1}^{n} m_{ij}u_j + f(t)\sum_{j=1}^{n} k_{ij}u_j = 0, \quad i = 1,2,\cdots,n \tag{4.1-6}$$

$$\ddot{f}(t)\sum_{j=1}^{n}m_{ij}u_j=-f(t)\sum_{j=1}^{n}k_{ij}u_j,\quad i=1,2,\cdots,n \tag{4.1-7}$$

方程(4.1-7)可表示为

$$-\frac{\ddot{f}(t)}{f(t)}=\frac{\sum_{j=1}^{n}k_{ij}u_j}{\sum_{j=1}^{n}m_{ij}u_j},\quad i=1,2,\cdots,n \tag{4.1-8}$$

方程左边与下标 i 无关,与空间无关;方程右边与时间 t 无关。设该比值是实常数 λ,则

$$-\frac{\ddot{f}(t)}{f(t)}=\frac{\sum_{j=1}^{n}k_{ij}u_j}{\sum_{j=1}^{n}m_{ij}u_j}=\lambda,\quad i=1,2,\cdots,n \tag{4.1-9}$$

由式(4.1-9)得

$$\ddot{f}(t)+\lambda f(t)=0 \tag{4.1-10}$$

特征方程为

$$r^2+\lambda=0 \tag{4.1-11}$$

$$r_{1,2}=\pm\sqrt{-\lambda} \tag{4.1-12}$$

常系数齐次线性微分方程(4.1-10)的通解为

$$f(t)=C_1\mathrm{e}^{\sqrt{-\lambda}t}+C_2\mathrm{e}^{-\sqrt{-\lambda}t} \tag{4.1-13}$$

假设 $\lambda<0$,当 $t\to+\infty$ 时,$f(t)$ 的第一项趋近于无穷大,$f(t)$ 的第二项趋近于0,此种情况与零输入振动系统是不兼容的。对于无阻尼的零输入振动系统,在某一时刻输入一定的能量后,依据能量守恒定律,位移既不会减小到0,也不会无限制地增长到无穷大。故 $\lambda\geqslant 0$,可设 $\lambda=\omega_{\mathrm{n}}^2\geqslant 0$,取 $\omega_{\mathrm{n}}\geqslant 0$,故由式(4.1-11)得

$$r^2=-\lambda=-\omega_{\mathrm{n}}^2 \tag{4.1-14}$$

$$r_{1,2}=\pm\omega_{\mathrm{n}}\mathrm{i} \tag{4.1-15}$$

常系数齐次线性微分方程(4.1-10)的通解为

$$f(t)=C_1\cos\omega_{\mathrm{n}}t+C_2\sin\omega_{\mathrm{n}}t=A\sin(\omega_{\mathrm{n}}t+\varphi) \tag{4.1-16}$$

由式(4.1-9)得

$$\sum_{j=1}^{n}k_{ij}u_j=\sum_{j=1}^{n}\lambda m_{ij}u_j,\quad i=1,2,\cdots,n \tag{4.1-17}$$

$$\sum_{j=1}^{n}(k_{ij}-\lambda m_{ij})u_j=0,\quad i=1,2,\cdots,n \tag{4.1-18}$$

将式(4.1-18)写成矩阵形式,即

$$\begin{pmatrix} k_{11}-\lambda m_{11} & k_{12}-\lambda m_{12} & \cdots & k_{1j}-\lambda m_{1j} & \cdots & k_{1n}-\lambda m_{1n} \\ \vdots & \vdots & & \vdots & & \vdots \\ k_{i1}-\lambda m_{i1} & k_{i2}-\lambda m_{i2} & \cdots & k_{ij}-\lambda m_{ij} & \cdots & k_{in}-\lambda m_{in} \\ \vdots & \vdots & & \vdots & & \vdots \\ k_{n1}-\lambda m_{n1} & k_{n2}-\lambda m_{n2} & \cdots & k_{nj}-\lambda m_{nj} & \cdots & k_{nn}-\lambda m_{nn} \end{pmatrix}\begin{pmatrix} u_1 \\ u_2 \\ \vdots \\ u_j \\ \vdots \\ u_n \end{pmatrix}=\begin{pmatrix} 0 \\ 0 \\ \vdots \\ 0 \\ \vdots \\ 0 \end{pmatrix}=(\boldsymbol{K}-\lambda\boldsymbol{M})\boldsymbol{p} \tag{4.1-19}$$

当 $u_1=u_2=\cdots=u_j=\cdots=u_n=0$ 时,方程组(4.1-19)恒成立,由式(4.1-4)得 $x_1=x_2=\cdots=x_j=\cdots=x_n=0$,这时系统处于静平衡位置。以下不考虑此种情况,故 $u_1,u_2,\cdots,u_j,\cdots,u_n$ 不可能同时为0,即齐次线性方程组(4.1-19)有非零解。齐次线性方程组有非零解的充分必要条件是:系数矩阵的行列式等于0。所以

$$\begin{vmatrix} k_{11}-\lambda m_{11} & k_{12}-\lambda m_{12} & \cdots & k_{1j}-\lambda m_{1j} & \cdots & k_{1n}-\lambda m_{1n} \\ \vdots & \vdots & & \vdots & & \vdots \\ k_{i1}-\lambda m_{i1} & k_{i2}-\lambda m_{i2} & \cdots & k_{ij}-\lambda m_{ij} & \cdots & k_{in}-\lambda m_{in} \\ \vdots & \vdots & & \vdots & & \vdots \\ k_{n1}-\lambda m_{n1} & k_{n2}-\lambda m_{n2} & \cdots & k_{nj}-\lambda m_{nj} & \cdots & k_{nn}-\lambda m_{nn} \end{vmatrix} = 0 = |\boldsymbol{K}-\lambda \boldsymbol{M}| \tag{4.1-20}$$

一般地，方程(4.1-20)有 n 个不同的特征值，即 $\lambda_1<\lambda_2<\cdots<\lambda_j<\cdots<\lambda_n$，$\omega_{n1}^2<\omega_{n2}^2<\cdots<\omega_{nj}^2<\cdots<\omega_{nn}^2$。$\omega_{n1},\omega_{n2},\cdots,\omega_{nj},\cdots,\omega_{nn}$ 称为系统的 n 阶固有角频率。最小的固有角频率 ω_{n1} 称为系统的第一阶固有角频率或基频，在许多实际问题中，它往往是最重要的一个角频率。

当 $\lambda=\lambda_r$（第 r 阶特征值）时，由式(4.1-19)得

$$\begin{pmatrix} k_{11}-\lambda_r m_{11} & k_{12}-\lambda_r m_{12} & \cdots & k_{1j}-\lambda_r m_{1j} & \cdots & k_{1n}-\lambda_r m_{1n} \\ \vdots & \vdots & & \vdots & & \vdots \\ k_{i1}-\lambda_r m_{i1} & k_{i2}-\lambda_r m_{i2} & \cdots & k_{ij}-\lambda_r m_{ij} & \cdots & k_{in}-\lambda_r m_{in} \\ \vdots & \vdots & & \vdots & & \vdots \\ k_{n1}-\lambda_r m_{n1} & k_{n2}-\lambda_r m_{n2} & \cdots & k_{nj}-\lambda_r m_{nj} & \cdots & k_{nn}-\lambda_r m_{nn} \end{pmatrix} \begin{pmatrix} u_{1r} \\ u_{2r} \\ \vdots \\ u_{jr} \\ \vdots \\ u_{nr} \end{pmatrix} = \begin{pmatrix} 0 \\ 0 \\ \vdots \\ 0 \\ \vdots \\ 0 \end{pmatrix} = (\boldsymbol{K}-\lambda_r \boldsymbol{M})\boldsymbol{p}_r \tag{4.1-21}$$

可得含 n 个未知数、n 个方程的线性方程组

$$\begin{cases} \sum_{j=1}^{n}(k_{1j}-\lambda_r m_{1j})u_{jr}=0 \\ \vdots \\ \sum_{j=1}^{n}(k_{ij}-\lambda_r m_{ij})u_{jr}=0 \\ \vdots \\ \sum_{j=1}^{n}(k_{nj}-\lambda_r m_{nj})u_{jr}=0 \end{cases} \tag{4.1-22}$$

将式(4.1-22)改写为

$$\begin{cases} \sum_{\substack{j=1\\ j\neq s}}^{n}(k_{1j}-\lambda_r m_{1j})u_{jr}+(k_{1s}-\lambda_r m_{1s})u_{sr}=0 \\ \vdots \\ \sum_{\substack{j=1\\ j\neq s}}^{n}(k_{ij}-\lambda_r m_{ij})u_{jr}+(k_{is}-\lambda_r m_{is})u_{sr}=0 \\ \vdots \\ \sum_{\substack{j=1\\ j\neq s}}^{n}(k_{nj}-\lambda_r m_{nj})u_{jr}+(k_{ns}-\lambda_r m_{ns})u_{sr}=0 \end{cases} \tag{4.1-23}$$

移项得

$$\begin{cases}\sum_{\substack{j=1\\j\neq s}}^{n}(k_{1j}-\lambda_r m_{1j})u_{jr}=(\lambda_r m_{1s}-k_{1s})u_{sr}\\ \vdots\\ \sum_{\substack{j=1\\j\neq s}}^{n}(k_{ij}-\lambda_r m_{ij})u_{jr}=(\lambda_r m_{is}-k_{is})u_{sr}\\ \vdots\\ \sum_{\substack{j=1\\j\neq s}}^{n}(k_{nj}-\lambda_r m_{nj})u_{jr}=(\lambda_r m_{ns}-k_{ns})u_{sr}\end{cases} \tag{4.1-24}$$

因而有

$$\begin{cases}\sum_{\substack{j=1\\j\neq s}}^{n}(k_{1j}-\lambda_r m_{1j})\dfrac{u_{jr}}{u_{sr}}=\lambda_r m_{1s}-k_{1s}\\ \vdots\\ \sum_{\substack{j=1\\j\neq s}}^{n}(k_{ij}-\lambda_r m_{ij})\dfrac{u_{jr}}{u_{sr}}=\lambda_r m_{is}-k_{is}\\ \vdots\\ \sum_{\substack{j=1\\j\neq s}}^{n}(k_{nj}-\lambda_r m_{nj})\dfrac{u_{jr}}{u_{sr}}=\lambda_r m_{ns}-k_{ns}\end{cases} \tag{4.1-25}$$

将式(4.1-25)写成矩阵形式，即

$$\begin{pmatrix}k_{11}-\lambda_r m_{11} & k_{12}-\lambda_r m_{12} & \cdots & k_{1j}-\lambda_r m_{1j} & \cdots & k_{1,s-1}-\lambda_r m_{1,s-1} & k_{1,s+1}-\lambda_r m_{1,s+1} & \cdots & k_{1n}-\lambda_r m_{1n}\\ \vdots & \vdots & & \vdots & & \vdots & \vdots & & \vdots\\ k_{i1}-\lambda_r m_{i1} & k_{i2}-\lambda_r m_{i2} & \cdots & k_{ij}-\lambda_r m_{ij} & \cdots & k_{i,s-1}-\lambda_r m_{i,s-1} & k_{i,s+1}-\lambda_r m_{i,s+1} & \cdots & k_{in}-\lambda_r m_{in}\\ \vdots & \vdots & & \vdots & & \vdots & \vdots & & \vdots\\ k_{n1}-\lambda_r m_{n1} & k_{n2}-\lambda_r m_{n2} & \cdots & k_{nj}-\lambda_r m_{nj} & \cdots & k_{n,s-1}-\lambda_r m_{n,s-1} & k_{n,s+1}-\lambda_r m_{n,s+1} & \cdots & k_{nn}-\lambda_r m_{nn}\end{pmatrix}_{n\times(n-1)} \times$$

$$\left(\frac{u_{1r}}{u_{sr}},\frac{u_{2r}}{u_{sr}},\cdots,\frac{u_{jr}}{u_{sr}},\cdots,\frac{u_{s-1,r}}{u_{sr}},\frac{u_{s+1,r}}{u_{sr}},\cdots,\frac{u_{nr}}{u_{sr}}\right)^{\mathrm{T}}_{(n-1)\times 1}=\begin{pmatrix}\lambda_r m_{1s}-k_{1s}\\ \vdots\\ \lambda_r m_{is}-k_{is}\\ \vdots\\ \lambda_r m_{ns}-k_{ns}\end{pmatrix}_{n\times 1} \tag{4.1-26}$$

这是含 $n-1$ 个未知数、n 个方程的线性方程组，从而得到第 r 阶特征向量为

$$\boldsymbol{p}_r=\left(\frac{u_{1r}}{u_{sr}},\frac{u_{2r}}{u_{sr}},\cdots,\frac{u_{jr}}{u_{sr}},\cdots,\frac{u_{s-1,r}}{u_{sr}},\frac{u_{sr}}{u_{sr}},\frac{u_{s+1,r}}{u_{sr}},\cdots,\frac{u_{nr}}{u_{sr}}\right)^{\mathrm{T}}=\left(\frac{u_{1r}}{u_{sr}},\frac{u_{2r}}{u_{sr}},\cdots,\frac{u_{jr}}{u_{sr}},\cdots,\frac{u_{s-1,r}}{u_{sr}},1,\frac{u_{s+1,r}}{u_{sr}},\cdots,\frac{u_{nr}}{u_{sr}}\right)^{\mathrm{T}} \tag{4.1-27}$$

由式(4.1-4)得

$$x=\begin{pmatrix}x_1\\x_2\\ \vdots\\ x_n\end{pmatrix}=\begin{pmatrix}u_1 f(t)\\u_2 f(t)\\ \vdots\\ u_n f(t)\end{pmatrix} \tag{4.1-28}$$

将式(4.1-16)代入式(4.1-28)得

$$\boldsymbol{x}=\begin{pmatrix}u_1A\sin(\omega_{\mathrm{n}}t+\varphi)\\u_2A\sin(\omega_{\mathrm{n}}t+\varphi)\\\vdots\\u_nA\sin(\omega_{\mathrm{n}}t+\varphi)\end{pmatrix}\tag{4.1-29}$$

对应于 $\omega_{\mathrm{n}1}$ 时，方程(4.1-1)的解为

$$\boldsymbol{x}_1=\begin{pmatrix}u_{11}A_1\sin(\omega_{\mathrm{n}1}t+\varphi_1)\\u_{21}A_1\sin(\omega_{\mathrm{n}1}t+\varphi_1)\\\vdots\\u_{n1}A_1\sin(\omega_{\mathrm{n}1}t+\varphi_1)\end{pmatrix}\tag{4.1-30}$$

对应于 $\omega_{\mathrm{n}2}$ 时，方程(4.1-1)的解为

$$\boldsymbol{x}_2=\begin{pmatrix}u_{12}A_2\sin(\omega_{\mathrm{n}2}t+\varphi_2)\\u_{22}A_2\sin(\omega_{\mathrm{n}2}t+\varphi_2)\\\vdots\\u_{n2}A_2\sin(\omega_{\mathrm{n}2}t+\varphi_2)\end{pmatrix}\tag{4.1-31}$$

依次类推，对应于 $\omega_{\mathrm{n}r}$ 时，方程(4.1-1)的解为

$$\boldsymbol{x}_r=\begin{pmatrix}u_{1r}A_r\sin(\omega_{\mathrm{n}r}t+\varphi_r)\\u_{2r}A_r\sin(\omega_{\mathrm{n}r}t+\varphi_r)\\\vdots\\u_{nr}A_r\sin(\omega_{\mathrm{n}r}t+\varphi_r)\end{pmatrix}\tag{4.1-32}$$

对应于 $\omega_{\mathrm{n}n}$ 时，方程(4.1-1)的解为

$$\boldsymbol{x}_n=\begin{pmatrix}u_{1n}A_n\sin(\omega_{\mathrm{n}n}t+\varphi_n)\\u_{2n}A_n\sin(\omega_{\mathrm{n}n}t+\varphi_n)\\\vdots\\u_{nn}A_n\sin(\omega_{\mathrm{n}n}t+\varphi_n)\end{pmatrix}\tag{4.1-33}$$

最后，方程(4.1-1)的通解为

$$\begin{aligned}\boldsymbol{x}&=\boldsymbol{x}_1+\boldsymbol{x}_2+\cdots+\boldsymbol{x}_n=\begin{pmatrix}u_{11}A_1\sin(\omega_{\mathrm{n}1}t+\varphi_1)\\u_{21}A_1\sin(\omega_{\mathrm{n}1}t+\varphi_1)\\\vdots\\u_{n1}A_1\sin(\omega_{\mathrm{n}1}t+\varphi_1)\end{pmatrix}+\begin{pmatrix}u_{12}A_2\sin(\omega_{\mathrm{n}2}t+\varphi_2)\\u_{22}A_2\sin(\omega_{\mathrm{n}2}t+\varphi_2)\\\vdots\\u_{n2}A_2\sin(\omega_{\mathrm{n}2}t+\varphi_2)\end{pmatrix}+\cdots+\begin{pmatrix}u_{1n}A_n\sin(\omega_{\mathrm{n}n}t+\varphi_n)\\u_{2n}A_n\sin(\omega_{\mathrm{n}n}t+\varphi_n)\\\vdots\\u_{nn}A_n\sin(\omega_{\mathrm{n}n}t+\varphi_n)\end{pmatrix}\\&=\begin{pmatrix}u_{11}A_1\sin(\omega_{\mathrm{n}1}t+\varphi_1)+u_{12}A_2\sin(\omega_{\mathrm{n}2}t+\varphi_2)+\cdots+u_{1n}A_n\sin(\omega_{\mathrm{n}n}t+\varphi_n)\\u_{21}A_1\sin(\omega_{\mathrm{n}1}t+\varphi_1)+u_{22}A_2\sin(\omega_{\mathrm{n}2}t+\varphi_2)+\cdots+u_{2n}A_n\sin(\omega_{\mathrm{n}n}t+\varphi_n)\\\vdots\\u_{n1}A_1\sin(\omega_{\mathrm{n}1}t+\varphi_1)+u_{n2}A_2\sin(\omega_{\mathrm{n}2}t+\varphi_2)+\cdots+u_{nn}A_n\sin(\omega_{\mathrm{n}n}t+\varphi_n)\end{pmatrix}\\&=\begin{pmatrix}u_{11}&u_{12}&\cdots&u_{1n}\\u_{21}&u_{22}&\cdots&u_{2n}\\\vdots&\vdots&&\vdots\\u_{n1}&u_{n2}&\cdots&u_{nn}\end{pmatrix}\begin{pmatrix}A_1\sin(\omega_{\mathrm{n}1}t+\varphi_1)\\A_2\sin(\omega_{\mathrm{n}2}t+\varphi_2)\\\vdots\\A_n\sin(\omega_{\mathrm{n}n}t+\varphi_n)\end{pmatrix}=(\boldsymbol{p}_1,\boldsymbol{p}_2,\cdots,\boldsymbol{p}_n)\begin{pmatrix}A_1\sin(\omega_{\mathrm{n}1}t+\varphi_1)\\A_2\sin(\omega_{\mathrm{n}2}t+\varphi_2)\\\vdots\\A_n\sin(\omega_{\mathrm{n}n}t+\varphi_n)\end{pmatrix}=\boldsymbol{P}\begin{pmatrix}A_1\sin(\omega_{\mathrm{n}1}t+\varphi_1)\\A_2\sin(\omega_{\mathrm{n}2}t+\varphi_2)\\\vdots\\A_n\sin(\omega_{\mathrm{n}n}t+\varphi_n)\end{pmatrix}\end{aligned}\tag{4.1-34}$$

式中:$\boldsymbol{P}$ 是 $n\times n$ 的振型矩阵或模态矩阵。

例 4.1-1　已知如图 4.1-1 所示的系统,求:① 固有角频率;② 特征向量;③ 振型矩阵;④ 系统零输入振动的通解。

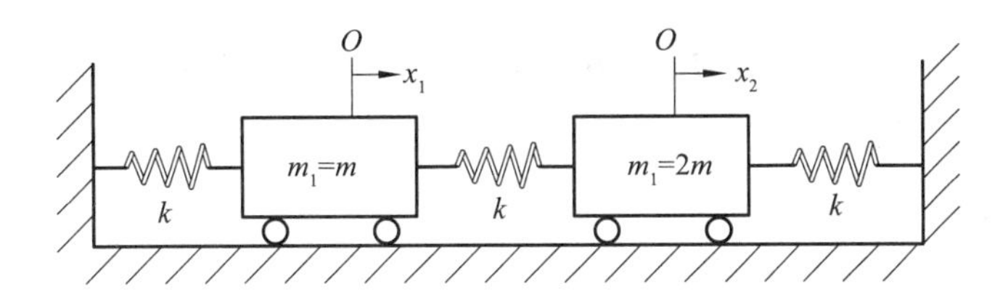

图 4.1-1　无阻尼 2 自由度系统

解　① 系统的运动微分方程为

$$\begin{pmatrix} m & 0 \\ 0 & 2m \end{pmatrix}\begin{pmatrix} \ddot{x}_1 \\ \ddot{x}_2 \end{pmatrix}+\begin{pmatrix} 2k & -k \\ -k & 2k \end{pmatrix}\begin{pmatrix} x_1 \\ x_2 \end{pmatrix}=\begin{pmatrix} 0 \\ 0 \end{pmatrix}$$

由式(4.1-20)得

$$\begin{vmatrix} 2k-m\lambda & -k \\ -k & 2k-2m\lambda \end{vmatrix}=(m\lambda-2k)(2m\lambda-2k)-k^2=2m^2\lambda^2-2mk\lambda-4mk\lambda+4k^2-k^2$$

$$=2m^2\lambda^2-6mk\lambda+3k^2=0$$

$$\lambda^2-3\frac{k}{m}\lambda+1.5\frac{k^2}{m^2}=0,\quad \lambda=\frac{3}{2}\frac{k}{m}\pm\sqrt{\frac{9}{4}\frac{k^2}{m^2}-1.5\frac{k^2}{m^2}}=\frac{3}{2}\frac{k}{m}\pm\sqrt{\frac{3}{4}\frac{k^2}{m^2}}=\frac{3\pm\sqrt{3}}{2}\frac{k}{m}$$

$$\lambda_1=\frac{3-\sqrt{3}}{2}\frac{k}{m},\quad \lambda_2=\frac{3+\sqrt{3}}{2}\frac{k}{m}$$

$$\omega_{n1}=\sqrt{\frac{3-\sqrt{3}}{2}}\sqrt{\frac{k}{m}}=0.796225\sqrt{\frac{k}{m}},\quad \omega_{n2}=\sqrt{\frac{3+\sqrt{3}}{2}}\sqrt{\frac{k}{m}}=1.538189\sqrt{\frac{k}{m}}$$

② 根据式(4.1-19),λ 对应的特征向量应满足

$$\begin{pmatrix} 2k-m\lambda & -k \\ -k & 2k-2m\lambda \end{pmatrix}\begin{pmatrix} 1 \\ r \end{pmatrix}=\begin{pmatrix} 0 \\ 0 \end{pmatrix}$$

即 $2k-m\lambda-kr=0, 2k-m\lambda=kr, r=2-\frac{m}{k}\lambda$。

λ_1 对应的 $r_1=2-\frac{m}{k}\lambda_1=2-\frac{m}{k}\frac{3-\sqrt{3}}{2}\frac{k}{m}=\frac{4}{2}-\frac{3-\sqrt{3}}{2}=\frac{1+\sqrt{3}}{2}=1.366025$,所以对应的特征向量为

$$\boldsymbol{p}_1=\begin{pmatrix} 1 \\ 1.366025 \end{pmatrix}$$

λ_2 对应的 $r_2=2-\frac{m}{k}\lambda_2=2-\frac{m}{k}\frac{3+\sqrt{3}}{2}\frac{k}{m}=\frac{4}{2}-\frac{3+\sqrt{3}}{2}=\frac{1-\sqrt{3}}{2}=-0.366025$,所以对应的特征向量为

$$\boldsymbol{p}_2=\begin{pmatrix} 1 \\ -0.366025 \end{pmatrix}$$

③ 由式(4.1-34)得振型矩阵

$$\boldsymbol{P}=(\boldsymbol{p}_1,\boldsymbol{p}_2)=\begin{pmatrix} 1 & 1 \\ 1.366025 & -0.366025 \end{pmatrix}$$

④ 由式(4.1-34)得

$$\begin{Bmatrix} x_1 \\ x_2 \end{Bmatrix} = \boldsymbol{P} \begin{Bmatrix} A_1 \sin(\omega_{n1} t + \varphi_1) \\ A_2 \sin(\omega_{n2} t + \varphi_2) \end{Bmatrix} = \begin{bmatrix} 1 & 1 \\ 1.366025 & -0.366025 \end{bmatrix} \begin{Bmatrix} A_1 \sin\left(0.796225 \sqrt{\dfrac{k}{m}} t + \varphi_1\right) \\ A_2 \sin\left(1.538189 \sqrt{\dfrac{k}{m}} t + \varphi_2\right) \end{Bmatrix}$$

例 4.1-2 根据式(4.1-19)得$(\boldsymbol{K}-\lambda\boldsymbol{M})\boldsymbol{p}=\boldsymbol{0}$。① 用$\boldsymbol{M}^{-1}$左乘该式，引进符号$\boldsymbol{\Lambda}=\boldsymbol{M}^{-1}\boldsymbol{K}$，$\boldsymbol{\Lambda}$称为动力矩阵，将得到什么结果？② 齐次线性方程组有非零解的充分必要条件是：系数矩阵的行列式等于0。因为$\boldsymbol{p}\neq\boldsymbol{0}$，写出系数矩阵的行列式应满足的条件。

解 ① 用$\boldsymbol{M}^{-1}$左乘$(\boldsymbol{K}-\lambda\boldsymbol{M})\boldsymbol{p}=\boldsymbol{0}$，得

$$(\boldsymbol{M}^{-1}\boldsymbol{K} - \lambda \boldsymbol{M}^{-1}\boldsymbol{M})\boldsymbol{p} = \boldsymbol{M}^{-1}\boldsymbol{0} \tag{4.1-35}$$

$$(\boldsymbol{\Lambda} - \lambda \boldsymbol{E})\boldsymbol{p} = \boldsymbol{0} \tag{4.1-36}$$

于是得

$$(\lambda \boldsymbol{E} - \boldsymbol{\Lambda})\boldsymbol{p} = \boldsymbol{0} \tag{4.1-37}$$

② 系数矩阵的行列式满足的条件为

$$|\lambda \boldsymbol{E} - \boldsymbol{\Lambda}| = 0 \tag{4.1-38}$$

例 4.1-3 如图 4.1-2 所示，3个质量块借助3个弹簧互相连接起来并与地面连接。位移坐标x_1、x_2和x_3用于表示该3自由度系统的运动。为简单起见，令$m_1=m_2=m_3=m$和$k_1=k_2=k_3=k$。试求：① 固有角频率；② 特征向量（用纵坐标表示主振型形状）；③ 振型矩阵；④ 系统零输入振动的通解。

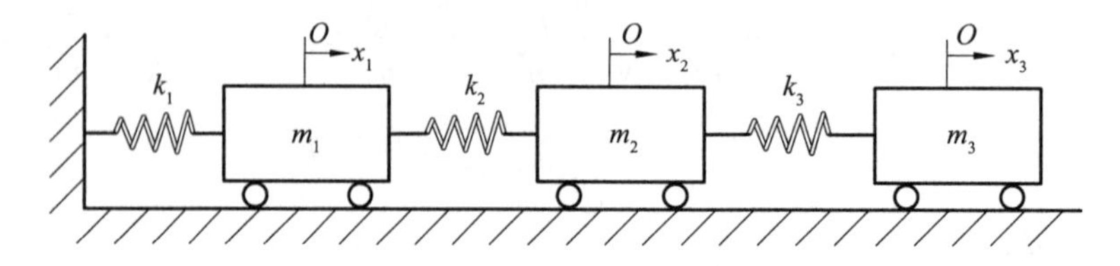

图 4.1-2 无阻尼3自由度系统

解 ① 熟悉了受力分析之后，不必画出受力分析图，即可直接列出3个质量块的受力平衡方程，为

$$\begin{cases} k_2(x_2 - x_1) - k_1 x_1 = m_1 \ddot{x}_1 \\ k_3(x_3 - x_2) + k_2(x_1 - x_2) = m_2 \ddot{x}_2 \\ k_3(x_2 - x_3) = m_3 \ddot{x}_3 \end{cases} \tag{4.1-39}$$

由式(4.1-39)得

$$\begin{cases} m_1 \ddot{x}_1 + (k_1 + k_2) x_1 - k_2 x_2 = 0 \\ m_2 \ddot{x}_2 - k_2 x_1 + (k_2 + k_3) x_2 - k_3 x_3 = 0 \\ m_3 \ddot{x}_3 - k_3 x_2 + k_3 x_3 = 0 \end{cases} \tag{4.1-40}$$

式(4.1-40)的矩阵形式为

$$\begin{bmatrix} m_1 & 0 & 0 \\ 0 & m_2 & 0 \\ 0 & 0 & m_3 \end{bmatrix} \begin{Bmatrix} \ddot{x}_1 \\ \ddot{x}_2 \\ \ddot{x}_3 \end{Bmatrix} + \begin{bmatrix} k_1 + k_2 & -k_2 & 0 \\ -k_2 & k_2 + k_3 & -k_3 \\ 0 & -k_3 & k_3 \end{bmatrix} \begin{Bmatrix} x_1 \\ x_2 \\ x_3 \end{Bmatrix} = \begin{Bmatrix} 0 \\ 0 \\ 0 \end{Bmatrix} \tag{4.1-41}$$

将$m_1=m_2=m_3=m$和$k_1=k_2=k_3=k$代入式(4.1-41)，可得

$$\begin{bmatrix} m & 0 & 0 \\ 0 & m & 0 \\ 0 & 0 & m \end{bmatrix}\begin{Bmatrix} \ddot{x}_1 \\ \ddot{x}_2 \\ \ddot{x}_3 \end{Bmatrix}+\begin{bmatrix} 2k & -k & 0 \\ -k & 2k & -k \\ 0 & -k & k \end{bmatrix}\begin{Bmatrix} x_1 \\ x_2 \\ x_3 \end{Bmatrix}=\begin{Bmatrix} 0 \\ 0 \\ 0 \end{Bmatrix} \tag{4.1-42}$$

动力矩阵为

$$\boldsymbol{\Lambda}=\boldsymbol{M}^{-1}\boldsymbol{K}=\begin{bmatrix} m & 0 & 0 \\ 0 & m & 0 \\ 0 & 0 & m \end{bmatrix}^{-1}\begin{bmatrix} 2k & -k & 0 \\ -k & 2k & -k \\ 0 & -k & k \end{bmatrix}=\begin{bmatrix} \frac{1}{m} & 0 & 0 \\ 0 & \frac{1}{m} & 0 \\ 0 & 0 & \frac{1}{m} \end{bmatrix}\begin{bmatrix} 2k & -k & 0 \\ -k & 2k & -k \\ 0 & -k & k \end{bmatrix}=\begin{bmatrix} \frac{2k}{m} & -\frac{k}{m} & 0 \\ -\frac{k}{m} & \frac{2k}{m} & -\frac{k}{m} \\ 0 & -\frac{k}{m} & \frac{k}{m} \end{bmatrix} \tag{4.1-43}$$

将式(4.1-43)代入式(4.1-38),可得

$$|\lambda\boldsymbol{E}-\boldsymbol{\Lambda}|=\begin{vmatrix} \lambda-\frac{2k}{m} & \frac{k}{m} & 0 \\ \frac{k}{m} & \lambda-\frac{2k}{m} & \frac{k}{m} \\ 0 & \frac{k}{m} & \lambda-\frac{k}{m} \end{vmatrix}\xlongequal{r_2+r_1+r_3}\begin{vmatrix} \lambda-\frac{2k}{m} & \frac{k}{m} & 0 \\ \lambda-\frac{k}{m} & \lambda & \lambda \\ 0 & \frac{k}{m} & \lambda-\frac{k}{m} \end{vmatrix}\xlongequal{c_2-c_1}\begin{vmatrix} \lambda-\frac{2k}{m} & \frac{k}{m} & 0 \\ \lambda-\frac{k}{m} & 0 & \lambda \\ 0 & \frac{2k}{m}-\lambda & \lambda-\frac{k}{m} \end{vmatrix}$$

$$=\left(\lambda-\frac{2k}{m}\right)\begin{vmatrix} 0 & \lambda \\ \frac{2k}{m}-\lambda & \lambda-\frac{k}{m} \end{vmatrix}-\frac{k}{m}\begin{vmatrix} \lambda-\frac{k}{m} & \lambda \\ 0 & \lambda-\frac{k}{m} \end{vmatrix}=\left(\lambda-\frac{2k}{m}\right)\lambda\left(\lambda-\frac{2k}{m}\right)-\frac{k}{m}\left(\lambda-\frac{k}{m}\right)^2=0 \tag{4.1-44}$$

式(4.1-44)简化为

$$\begin{aligned}\left(\lambda-\frac{2k}{m}\right)\lambda\left(\lambda-\frac{2k}{m}\right)-\frac{k}{m}\left(\lambda-\frac{k}{m}\right)^2&=\lambda\left(\lambda^2-\frac{4k}{m}\lambda+\frac{4k^2}{m^2}\right)-\frac{k}{m}\left(\lambda^2-\frac{2k}{m}\lambda+\frac{k^2}{m^2}\right)\\&=\lambda^3-\frac{4k}{m}\lambda^2+\frac{4k^2}{m^2}\lambda-\frac{k}{m}\lambda^2+\frac{2k^2}{m^2}\lambda-\frac{k^3}{m^3}\\&=\lambda^3-\frac{5k}{m}\lambda^2+\frac{6k^2}{m^2}\lambda-\frac{k^3}{m^3}=0\end{aligned} \tag{4.1-45}$$

在 MATLAB® Version 7.9.0.529(R2009b)注册软件中,输入以下程序代码:

```
clc %清除命令窗口中显示的所有输入和输出信息
p= [1  -5  6  -1];% 多项式的系数按照多项式的次数从高到低排列
lambda= roots(p)% 求根
omega_n= sqrt(lambda)
```

求得

$$\lambda_1=0.198062\frac{k}{m},\quad \lambda_2=1.554958\frac{k}{m},\quad \lambda_3=3.246980\frac{k}{m}$$

$$\omega_{n1}=0.445042\sqrt{\frac{k}{m}},\quad \omega_{n2}=1.246980\sqrt{\frac{k}{m}},\quad \omega_{n3}=1.801938\sqrt{\frac{k}{m}}$$

② 根据式(4.1-37),λ 对应的特征向量应满足

$$\begin{bmatrix} \lambda-\frac{2k}{m} & \frac{k}{m} & 0 \\ \frac{k}{m} & \lambda-\frac{2k}{m} & \frac{k}{m} \\ 0 & \frac{k}{m} & \lambda-\frac{k}{m} \end{bmatrix}\begin{pmatrix}1\\a\\b\end{pmatrix}=\begin{pmatrix}0\\0\\0\end{pmatrix}$$

第 1 个方程 $\lambda-\frac{2k}{m}+\frac{k}{m}a=0$，则有 $\frac{k}{m}a=\frac{2k}{m}-\lambda$，$a=2-\frac{m}{k}\lambda$。

第 3 个方程 $\frac{k}{m}a+\left(\lambda-\frac{k}{m}\right)b=0$，则有 $\frac{k}{m}a=\left(\frac{k}{m}-\lambda\right)b$，$a=\left(1-\frac{m}{k}\lambda\right)b$，$b=\frac{a}{1-\frac{m}{k}\lambda}=\frac{2-\frac{m}{k}\lambda}{1-\frac{m}{k}\lambda}$，所以 $b=1+\frac{1}{1-\frac{m}{k}\lambda}$。

λ_1 对应的 $a_1=2-\frac{m}{k}\lambda_1=2-\frac{m}{k}0.198062\frac{k}{m}=1.801938$，$b_1=1+\frac{1}{1-\frac{m}{k}\lambda_1}=1+\frac{1}{1-\frac{m}{k}0.198062\frac{k}{m}}=2.246979$，所以对应的特征向量为 $\boldsymbol{p}_1=\begin{pmatrix}1\\1.801938\\2.246979\end{pmatrix}$，第 1 阶主振型形状如图 4.1-3 所示。

λ_2 对应的 $a_2=2-\frac{m}{k}\lambda_2=2-\frac{m}{k}1.554958\frac{k}{m}=0.445042$，$b_2=1+\frac{1}{1-\frac{m}{k}\lambda_2}=1+\frac{1}{1-\frac{m}{k}1.554958\frac{k}{m}}=-0.801938$，所以对应的特征向量为 $\boldsymbol{p}_2=\begin{pmatrix}1\\0.445042\\-0.801938\end{pmatrix}$，第 2 阶主振型形状如图 4.1-4 所示。

λ_3 对应的 $a_3=2-\frac{m}{k}\lambda_3=2-\frac{m}{k}3.246980\frac{k}{m}=-1.246980$，$b_3=1+\frac{1}{1-\frac{m}{k}\lambda_3}=1+\frac{1}{1-\frac{m}{k}3.246980\frac{k}{m}}=0.554958$，所以对应的特征向量为 $\boldsymbol{p}_3=\begin{pmatrix}1\\-1.246980\\0.554958\end{pmatrix}$，第 3 阶主振型形状如图 4.1-5 所示。

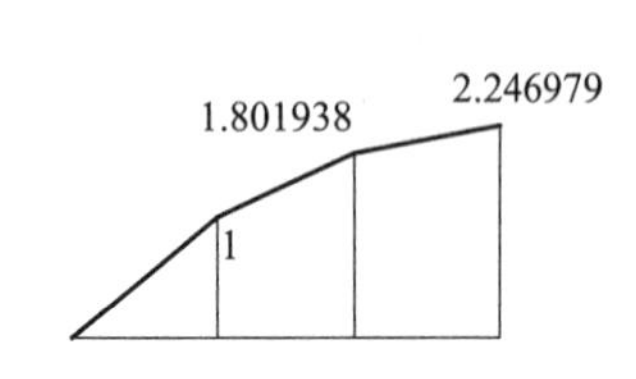

图 4.1-3　第 1 阶主振型形状

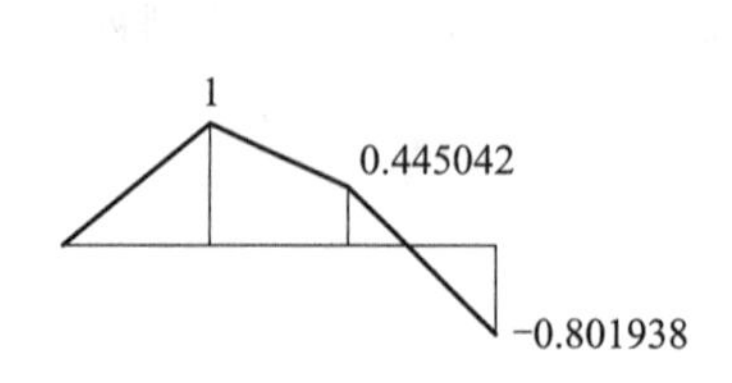

图 4.1-4　第 2 阶主振型形状

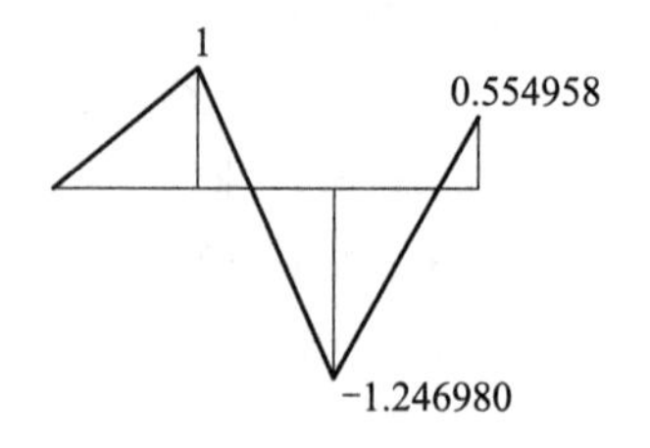

图 4.1-5　第 3 阶主振型形状

③ 由式(4.1-34)得振型矩阵

$$\boldsymbol{P}=(\boldsymbol{p}_1,\boldsymbol{p}_2,\boldsymbol{p}_3)=\begin{pmatrix}1 & 1 & 1\\1.801938 & 0.445042 & -1.246980\\2.246979 & -0.801938 & 0.554958\end{pmatrix}$$

④ 由式(4.1-34)得

$$\begin{Bmatrix} x_1 \\ x_2 \\ x_3 \end{Bmatrix} = \boldsymbol{P} \begin{Bmatrix} A_1 \sin(\omega_{n1} t + \varphi_1) \\ A_2 \sin(\omega_{n2} t + \varphi_2) \\ A_3 \sin(\omega_{n3} t + \varphi_3) \end{Bmatrix} = \begin{bmatrix} 1 & 1 & 1 \\ 1.801938 & 0.445042 & -1.246980 \\ 2.246979 & -0.801938 & 0.554958 \end{bmatrix} \begin{Bmatrix} A_1 \sin\left(0.445042\sqrt{\dfrac{k}{m}}t + \varphi_1\right) \\ A_2 \sin\left(1.246980\sqrt{\dfrac{k}{m}}t + \varphi_2\right) \\ A_3 \sin\left(1.801938\sqrt{\dfrac{k}{m}}t + \varphi_3\right) \end{Bmatrix}$$

习题 4-1

1. 如图 4.1-6 所示，3 个质量块借助 2 个弹簧互相连接起来并与地面连接。位移坐标 x_1、x_2 和 x_3 用于表示 3 自由度系统的运动。为简单起见，令 $m_1 = m_2 = m_3 = m$ 和 $k_2 = k_3 = k$。试求：① 固有角频率；② 特征向量(用纵坐标表示主振型形状)；③ 振型矩阵；④ 系统零输入振动的通解。

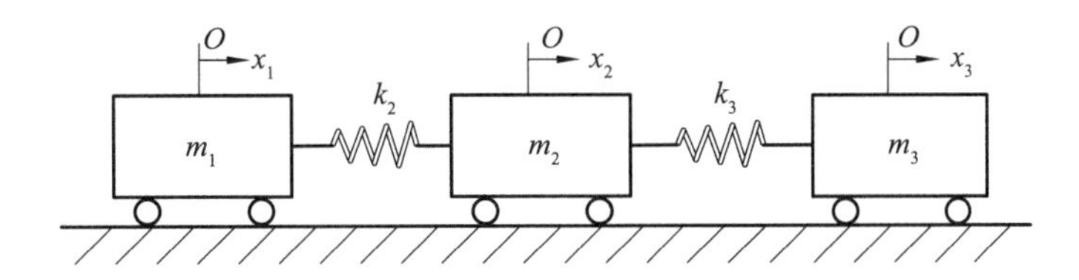

图 4.1-6　无阻尼 3 自由度系统

参考答案　① 直接列出 3 个质量块的受力平衡方程，为

$$\begin{cases} k_2(x_2 - x_1) = m_1 \ddot{x}_1 \\ k_3(x_3 - x_2) + k_2(x_1 - x_2) = m_2 \ddot{x}_2 \\ k_3(x_2 - x_3) = m_3 \ddot{x}_3 \end{cases} \tag{4.1-46}$$

由式(4.1-46)得

$$\begin{cases} m_1 \ddot{x}_1 + k_2 x_1 - k_2 x_2 = 0 \\ m_2 \ddot{x}_2 - k_2 x_1 + (k_2 + k_3) x_2 - k_3 x_3 = 0 \\ m_3 \ddot{x}_3 - k_3 x_2 + k_3 x_3 = 0 \end{cases} \tag{4.1-47}$$

式(4.1-47)的矩阵形式为

$$\begin{bmatrix} m_1 & 0 & 0 \\ 0 & m_2 & 0 \\ 0 & 0 & m_3 \end{bmatrix} \begin{Bmatrix} \ddot{x}_1 \\ \ddot{x}_2 \\ \ddot{x}_3 \end{Bmatrix} + \begin{bmatrix} k_2 & -k_2 & 0 \\ -k_2 & k_2 + k_3 & -k_3 \\ 0 & -k_3 & k_3 \end{bmatrix} \begin{Bmatrix} x_1 \\ x_2 \\ x_3 \end{Bmatrix} = \begin{Bmatrix} 0 \\ 0 \\ 0 \end{Bmatrix} \tag{4.1-48}$$

将 $m_1 = m_2 = m_3 = m$ 和 $k_2 = k_3 = k$ 代入式(4.1-48)，可得

$$\begin{bmatrix} m & 0 & 0 \\ 0 & m & 0 \\ 0 & 0 & m \end{bmatrix} \begin{Bmatrix} \ddot{x}_1 \\ \ddot{x}_2 \\ \ddot{x}_3 \end{Bmatrix} + \begin{bmatrix} k & -k & 0 \\ -k & 2k & -k \\ 0 & -k & k \end{bmatrix} \begin{Bmatrix} x_1 \\ x_2 \\ x_3 \end{Bmatrix} = \begin{Bmatrix} 0 \\ 0 \\ 0 \end{Bmatrix} \tag{4.1-49}$$

动力矩阵为

$$\boldsymbol{\Lambda}=\boldsymbol{M}^{-1}\boldsymbol{K}=\begin{pmatrix}m&0&0\\0&m&0\\0&0&m\end{pmatrix}^{-1}\begin{pmatrix}k&-k&0\\-k&2k&-k\\0&-k&k\end{pmatrix}=\begin{pmatrix}\frac{1}{m}&0&0\\0&\frac{1}{m}&0\\0&0&\frac{1}{m}\end{pmatrix}\begin{pmatrix}k&-k&0\\-k&2k&-k\\0&-k&k\end{pmatrix}=\begin{pmatrix}\frac{k}{m}&-\frac{k}{m}&0\\-\frac{k}{m}&\frac{2k}{m}&-\frac{k}{m}\\0&-\frac{k}{m}&\frac{k}{m}\end{pmatrix}\tag{4.1-50}$$

将式(4.1-50)代入式(4.1-38),可得

$$|\lambda\boldsymbol{E}-\boldsymbol{\Lambda}|=\begin{vmatrix}\lambda-\frac{k}{m}&\frac{k}{m}&0\\\frac{k}{m}&\lambda-\frac{2k}{m}&\frac{k}{m}\\0&\frac{k}{m}&\lambda-\frac{k}{m}\end{vmatrix}\xlongequal{r_2+r_1+r_3}\begin{vmatrix}\lambda-\frac{k}{m}&\frac{k}{m}&0\\\lambda&\lambda&\lambda\\0&\frac{k}{m}&\lambda-\frac{k}{m}\end{vmatrix}\xlongequal[c_3-c_2]{c_1-c_2}\begin{vmatrix}\lambda-\frac{2k}{m}&\frac{k}{m}&-\frac{k}{m}\\0&\lambda&0\\-\frac{k}{m}&\frac{k}{m}&\lambda-\frac{2k}{m}\end{vmatrix}$$

$$=\lambda\begin{vmatrix}\lambda-\frac{2k}{m}&-\frac{k}{m}\\-\frac{k}{m}&\lambda-\frac{2k}{m}\end{vmatrix}=\lambda\left[\left(\lambda-\frac{2k}{m}\right)^2-\frac{k^2}{m^2}\right]=\lambda\left(\lambda-\frac{k}{m}\right)\left(\lambda-\frac{3k}{m}\right)=0\tag{4.1-51}$$

求得

$$\lambda_1=0,\quad \lambda_2=\frac{k}{m},\quad \lambda_3=\frac{3k}{m}$$

$$\omega_{n1}=0,\quad \omega_{n2}=\sqrt{\frac{k}{m}},\quad \omega_{n3}=\sqrt{\frac{3k}{m}}$$

② 根据式(4.1-37),λ 对应的特征向量应满足

$$\begin{pmatrix}\lambda-\frac{k}{m}&\frac{k}{m}&0\\\frac{k}{m}&\lambda-\frac{2k}{m}&\frac{k}{m}\\0&\frac{k}{m}&\lambda-\frac{k}{m}\end{pmatrix}\begin{pmatrix}1\\a\\b\end{pmatrix}=\begin{pmatrix}0\\0\\0\end{pmatrix}$$

第 1 个方程 $\lambda-\frac{k}{m}+\frac{k}{m}a=0$,$\frac{k}{m}a=\frac{k}{m}-\lambda$,$a=1-\frac{m}{k}\lambda$。

第 3 个方程 $\frac{k}{m}a+\left(\lambda-\frac{k}{m}\right)b=0$,$\frac{k}{m}a=\left(\frac{k}{m}-\lambda\right)b$,$a=\left(1-\frac{m}{k}\lambda\right)b$,$b=\dfrac{1-\frac{m}{k}\lambda}{1-\frac{m}{k}\lambda}=1$。

λ_1 对应的 $a_1=1-\frac{m}{k}\lambda_1=1$,所以对应的特征向量为 $\boldsymbol{p}_1=\begin{pmatrix}1\\1\\1\end{pmatrix}$,第 1 阶主振型形状如图 4.1-7 所示。

λ_2 对应的 $a_2=1-\frac{m}{k}\lambda_2=1-\frac{m}{k}\frac{k}{m}=0$,所以对应的特征向量为 $\boldsymbol{p}_2=\begin{pmatrix}1\\0\\1\end{pmatrix}$,第 2 阶主振型形状如图 4.1-8 所示。

λ_3 对应的 $a_3=1-\frac{m}{k}\lambda_3=1-\frac{m}{k}\frac{3k}{m}=-2$，所以对应的特征向量为 $\boldsymbol{p}_3=\begin{pmatrix}1\\-2\\1\end{pmatrix}$，第 3 阶主振型形状如图 4.1-9 所示。

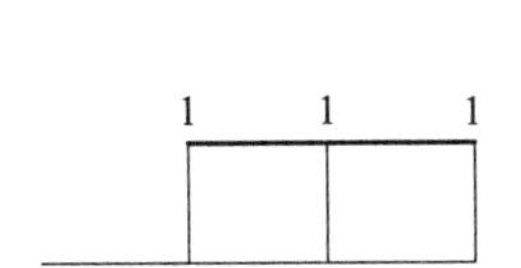

图 4.1-7 第 1 阶主振型形状

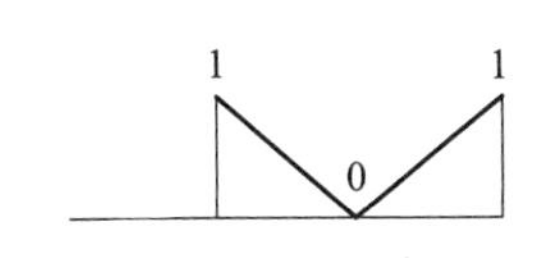

图 4.1-8 第 2 阶主振型形状

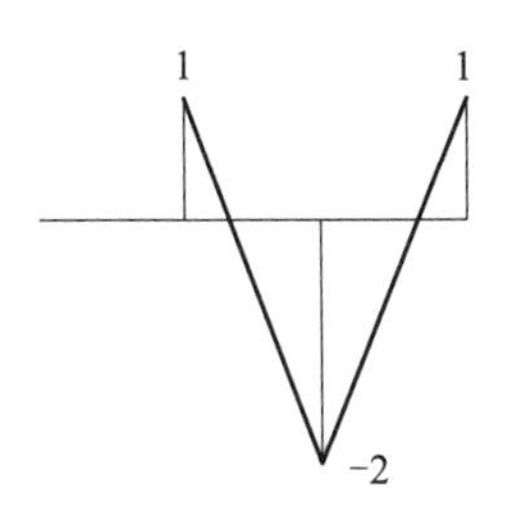

图 4.1-9 第 3 阶主振型形状

③ 由式(4.1-34)得振型矩阵

$$\boldsymbol{P}=(\boldsymbol{p}_1,\boldsymbol{p}_2,\boldsymbol{p}_3)=\begin{pmatrix}1&1&1\\1&0&-2\\1&1&1\end{pmatrix}$$

④ 由式(4.1-34)得

$$\begin{pmatrix}x_1\\x_2\\x_3\end{pmatrix}=\boldsymbol{P}\begin{pmatrix}A_1\sin(\omega_{n1}t+\varphi_1)\\A_2\sin(\omega_{n2}t+\varphi_2)\\A_3\sin(\omega_{n3}t+\varphi_3)\end{pmatrix}=\begin{pmatrix}1&1&1\\1&0&-2\\1&1&1\end{pmatrix}\begin{pmatrix}A_1\sin\varphi_1\\A_2\sin\left(\sqrt{\frac{k}{m}}t+\varphi_2\right)\\A_3\sin\left(\sqrt{\frac{3k}{m}}t+\varphi_3\right)\end{pmatrix}$$

2. 在图 4.1-2 中设置什么参数，可以获得图 4.1-6？

参考答案 $k_1=0$。

第 2 节 动力矩阵的特征向量的性质

一、特征向量的正交性

一般地，假定系统有 n 个不同的特征值，即 $\lambda_1<\lambda_2<\cdots<\lambda_j<\cdots<\lambda_n$。由式(4.1-19)得

$$\boldsymbol{Kp}=\lambda\boldsymbol{Mp} \tag{4.2-1}$$

设第 r 阶特征值 λ_r 对应的特征向量为 $\boldsymbol{p}_r$，第 s 阶特征值 λ_s 对应的特征向量为 $\boldsymbol{p}_s$，$r<s$，且 $\lambda_r<\lambda_s$，则有

$$\boldsymbol{Kp}_r=\lambda_r\boldsymbol{Mp}_r \tag{4.2-2}$$

$$\boldsymbol{Kp}_s=\lambda_s\boldsymbol{Mp}_s \tag{4.2-3}$$

用 $\boldsymbol{p}_s^{\mathrm{T}}$ 左乘式(4.2-2)，可得

$$\boldsymbol{p}_s^{\mathrm{T}}\boldsymbol{Kp}_r=\lambda_r\boldsymbol{p}_s^{\mathrm{T}}\boldsymbol{Mp}_r \tag{4.2-4}$$

用 $\boldsymbol{p}_r^{\mathrm{T}}$ 左乘式(4.2-3)，可得

$$\boldsymbol{p}_r^{\mathrm{T}}\boldsymbol{Kp}_s=\lambda_s\boldsymbol{p}_r^{\mathrm{T}}\boldsymbol{Mp}_s \tag{4.2-5}$$

由式(4.2-4)得

$$(\boldsymbol{p}_s^{\mathrm{T}}\boldsymbol{K}\boldsymbol{p}_r)^{\mathrm{T}} = \lambda_r(\boldsymbol{p}_s^{\mathrm{T}}\boldsymbol{M}\boldsymbol{p}_r)^{\mathrm{T}} \tag{4.2-6}$$

$$\boldsymbol{p}_r^{\mathrm{T}}\boldsymbol{K}^{\mathrm{T}}\boldsymbol{p}_s = \lambda_r\boldsymbol{p}_r^{\mathrm{T}}\boldsymbol{M}^{\mathrm{T}}\boldsymbol{p}_s \tag{4.2-7}$$

通常，$\boldsymbol{M}$、$\boldsymbol{K}$ 都为实对称矩阵，即有 $\boldsymbol{M}^{\mathrm{T}}=\boldsymbol{M}$，$\boldsymbol{K}^{\mathrm{T}}=\boldsymbol{K}$。因此由式(4.2-7)得

$$\boldsymbol{p}_r^{\mathrm{T}}\boldsymbol{K}\boldsymbol{p}_s = \lambda_r\boldsymbol{p}_r^{\mathrm{T}}\boldsymbol{M}\boldsymbol{p}_s \tag{4.2-8}$$

式(4.2-5)减去式(4.2-8)得

$$(\lambda_s-\lambda_r)\boldsymbol{p}_r^{\mathrm{T}}\boldsymbol{M}\boldsymbol{p}_s = 0 \tag{4.2-9}$$

因为 $\lambda_r<\lambda_s$，所以

$$\boldsymbol{p}_r^{\mathrm{T}}\boldsymbol{M}\boldsymbol{p}_s = 0 \tag{4.2-10}$$

将式(4.2-10)代入式(4.2-8)，可得

$$\boldsymbol{p}_r^{\mathrm{T}}\boldsymbol{K}\boldsymbol{p}_s = 0 \tag{4.2-11}$$

例 4.2-1 当质量矩阵为数量矩阵时，化简式(4.2-10)，此时 $\boldsymbol{p}_r$ 与 $\boldsymbol{p}_s$ 存在什么关系？

解 当 $\boldsymbol{M}=\begin{pmatrix} m & & & \\ & m & & \\ & & \ddots & \\ & & & m \end{pmatrix}$ 时，式(4.2-10)简化为

$$\boldsymbol{p}_r^{\mathrm{T}}\boldsymbol{M}\boldsymbol{p}_s = \boldsymbol{p}_r^{\mathrm{T}}\begin{pmatrix} m & & & \\ & m & & \\ & & \ddots & \\ & & & m \end{pmatrix}\boldsymbol{p}_s = \boldsymbol{p}_r^{\mathrm{T}}m\begin{pmatrix} 1 & & & \\ & 1 & & \\ & & \ddots & \\ & & & 1 \end{pmatrix}\boldsymbol{p}_s = \boldsymbol{p}_r^{\mathrm{T}}m\boldsymbol{p}_s = 0$$

即 $\boldsymbol{p}_r^{\mathrm{T}}\boldsymbol{p}_s=\boldsymbol{p}_r\cdot\boldsymbol{p}_s=0$，称向量 $\boldsymbol{p}_r$ 与 $\boldsymbol{p}_s$ 正交或垂直，$\boldsymbol{p}_r\perp\boldsymbol{p}_s$。

例 4.2-2 已知当且仅当 $z=\bar{z}$ 时，$x+y\mathrm{i}=x-y\mathrm{i}$，则 $y=0$，所以 $z=x$ 是实数。证明：实对称矩阵 $\boldsymbol{A}$ 的特征值为实数。

证明 设复数 λ 为实对称矩阵 $\boldsymbol{A}$ 的特征值，复向量 $\boldsymbol{x}$ 为对应的特征向量，即 $\boldsymbol{A}\boldsymbol{x}=\lambda\boldsymbol{x}$，$\boldsymbol{x}\neq 0$。由 $\boldsymbol{A}\boldsymbol{x}=\lambda\boldsymbol{x}$ 得

$$\overline{\boldsymbol{A}\boldsymbol{x}} = \overline{\lambda\boldsymbol{x}} \tag{4.2-12}$$

$$\overline{\boldsymbol{A}}\,\overline{\boldsymbol{x}} = \bar{\lambda}\,\overline{\boldsymbol{x}} \tag{4.2-13}$$

将实矩阵的性质 $\overline{\boldsymbol{A}}=\boldsymbol{A}$ 代入式(4.2-13)得

$$\boldsymbol{A}\,\overline{\boldsymbol{x}} = \bar{\lambda}\,\overline{\boldsymbol{x}} \tag{4.2-14}$$

用 $\overline{\boldsymbol{x}}^{\mathrm{T}}$ 左乘等式 $\boldsymbol{A}\boldsymbol{x}=\lambda\boldsymbol{x}$，可得

$$\overline{\boldsymbol{x}}^{\mathrm{T}}\boldsymbol{A}\boldsymbol{x} = \lambda\,\overline{\boldsymbol{x}}^{\mathrm{T}}\boldsymbol{x} \tag{4.2-15}$$

由对称矩阵的性质 $\boldsymbol{A}=\boldsymbol{A}^{\mathrm{T}}$ 得

$$\overline{\boldsymbol{x}}^{\mathrm{T}}\boldsymbol{A}\boldsymbol{x} = \overline{\boldsymbol{x}}^{\mathrm{T}}\boldsymbol{A}^{\mathrm{T}}\boldsymbol{x} = (\boldsymbol{A}\overline{\boldsymbol{x}})^{\mathrm{T}}\boldsymbol{x} \tag{4.2-16}$$

将式(4.2-14)代入式(4.2-16)，可得

$$\overline{\boldsymbol{x}}^{\mathrm{T}}\boldsymbol{A}\boldsymbol{x} = (\bar{\lambda}\,\overline{\boldsymbol{x}})^{\mathrm{T}}\boldsymbol{x} \tag{4.2-17}$$

$$\overline{\boldsymbol{x}}^{\mathrm{T}}\boldsymbol{A}\boldsymbol{x} = \bar{\lambda}\,\overline{\boldsymbol{x}}^{\mathrm{T}}\boldsymbol{x} \tag{4.2-18}$$

式(4.2-15)减去式(4.2-18)得

$$(\lambda-\bar{\lambda})\,\overline{\boldsymbol{x}}^{\mathrm{T}}\boldsymbol{x} = 0 \tag{4.2-19}$$

特征向量 $\boldsymbol{x}$ 为

$$\boldsymbol{x}=\begin{pmatrix}x_1\\x_2\\\vdots\\x_n\end{pmatrix},\quad \bar{\boldsymbol{x}}^{\mathrm{T}}=(\bar{x}_1,\bar{x}_2,\cdots,\bar{x}_n) \tag{4.2-20}$$

将式(4.2-20)代入式(4.2-19),可得

$$(\lambda-\bar{\lambda})(\bar{x}_1,\bar{x}_2,\cdots,\bar{x}_n)\begin{pmatrix}x_1\\x_2\\\vdots\\x_n\end{pmatrix}=(\lambda-\bar{\lambda})(\bar{x}_1x_1+\bar{x}_2x_2+\cdots+\bar{x}_nx_n)$$

$$=(\lambda-\bar{\lambda})(|x_1|^2+|x_2|^2+\cdots+|x_n|^2)=0 \tag{4.2-21}$$

因为 $\boldsymbol{x}\neq0$, $|x_1|^2+|x_2|^2+\cdots+|x_n|^2>0$,故 $\lambda=\bar{\lambda}$,即特征值 λ 为实数。

例 4.2-3　设 λ_1、λ_2 是实对称矩阵 $\boldsymbol{A}$ 的两个特征值,$\boldsymbol{p}_1$、$\boldsymbol{p}_2$ 是对应的特征向量。证明:若 $\lambda_1<\lambda_2$,则 $\boldsymbol{p}_1$ 与 $\boldsymbol{p}_2$ 正交。

证明　因为 $\boldsymbol{A}\boldsymbol{p}_1=\lambda_1\boldsymbol{p}_1$,$\boldsymbol{A}\boldsymbol{p}_2=\lambda_2\boldsymbol{p}_2$,所以

$$(\boldsymbol{A}\boldsymbol{p}_1)^{\mathrm{T}}=(\lambda_1\boldsymbol{p}_1)^{\mathrm{T}} \tag{4.2-22}$$

$$\boldsymbol{p}_1^{\mathrm{T}}\boldsymbol{A}^{\mathrm{T}}=\lambda_1\boldsymbol{p}_1^{\mathrm{T}} \tag{4.2-23}$$

由对称矩阵的性质 $\boldsymbol{A}^{\mathrm{T}}=\boldsymbol{A}$ 得

$$\boldsymbol{p}_1^{\mathrm{T}}\boldsymbol{A}=\lambda_1\boldsymbol{p}_1^{\mathrm{T}} \tag{4.2-24}$$

用 $\boldsymbol{p}_2$ 右乘式(4.2-24),可得

$$\boldsymbol{p}_1^{\mathrm{T}}\boldsymbol{A}\boldsymbol{p}_2=\lambda_1\boldsymbol{p}_1^{\mathrm{T}}\boldsymbol{p}_2 \tag{4.2-25}$$

将 $\boldsymbol{A}\boldsymbol{p}_2=\lambda_2\boldsymbol{p}_2$ 代入式(4.2-25),可得

$$\boldsymbol{p}_1^{\mathrm{T}}\lambda_2\boldsymbol{p}_2=\lambda_1\boldsymbol{p}_1^{\mathrm{T}}\boldsymbol{p}_2 \tag{4.2-26}$$

$$(\lambda_1-\lambda_2)\boldsymbol{p}_1^{\mathrm{T}}\boldsymbol{p}_2=0 \tag{4.2-27}$$

因 $\lambda_1<\lambda_2$,故 $\boldsymbol{p}_1^{\mathrm{T}}\boldsymbol{p}_2=0$,即 $\boldsymbol{p}_1$ 与 $\boldsymbol{p}_2$ 正交。

二、模态的主质量和主刚度

根据式(4.2-10),可得第 r 阶模态的主质量为

$$m_{rr}=\boldsymbol{p}_r^{\mathrm{T}}\boldsymbol{M}\boldsymbol{p}_r \tag{4.2-28}$$

根据式(4.2-11),可得第 r 阶模态的主刚度为

$$k_{rr}=\boldsymbol{p}_r^{\mathrm{T}}\boldsymbol{K}\boldsymbol{p}_r \tag{4.2-29}$$

三、模态的主质量矩阵和主刚度矩阵

按照模态矩阵 $\boldsymbol{P}=(\boldsymbol{p}_1,\boldsymbol{p}_2,\cdots,\boldsymbol{p}_n)$,模态的主质量矩阵为

$$\boldsymbol{P}^{\mathrm{T}}\boldsymbol{M}\boldsymbol{P}=\begin{pmatrix}\boldsymbol{p}_1^{\mathrm{T}}\\\boldsymbol{p}_2^{\mathrm{T}}\\\vdots\\\boldsymbol{p}_n^{\mathrm{T}}\end{pmatrix}\boldsymbol{M}(\boldsymbol{p}_1,\boldsymbol{p}_2,\cdots,\boldsymbol{p}_n)=\begin{pmatrix}\boldsymbol{p}_1^{\mathrm{T}}\\\boldsymbol{p}_2^{\mathrm{T}}\\\vdots\\\boldsymbol{p}_n^{\mathrm{T}}\end{pmatrix}(\boldsymbol{M}\boldsymbol{p}_1,\boldsymbol{M}\boldsymbol{p}_2,\cdots,\boldsymbol{M}\boldsymbol{p}_n)=\begin{pmatrix}\boldsymbol{p}_1^{\mathrm{T}}\boldsymbol{M}\boldsymbol{p}_1&\boldsymbol{p}_1^{\mathrm{T}}\boldsymbol{M}\boldsymbol{p}_2&\cdots&\boldsymbol{p}_1^{\mathrm{T}}\boldsymbol{M}\boldsymbol{p}_n\\\boldsymbol{p}_2^{\mathrm{T}}\boldsymbol{M}\boldsymbol{p}_1&\boldsymbol{p}_2^{\mathrm{T}}\boldsymbol{M}\boldsymbol{p}_2&\cdots&\boldsymbol{p}_2^{\mathrm{T}}\boldsymbol{M}\boldsymbol{p}_n\\\vdots&\vdots&&\vdots\\\boldsymbol{p}_n^{\mathrm{T}}\boldsymbol{M}\boldsymbol{p}_1&\boldsymbol{p}_n^{\mathrm{T}}\boldsymbol{M}\boldsymbol{p}_2&\cdots&\boldsymbol{p}_n^{\mathrm{T}}\boldsymbol{M}\boldsymbol{p}_n\end{pmatrix} \tag{4.2-30}$$

将式(4.2-10)和式(4.2-28)代入式(4.2-30),可得

$$P^{T}MP=\begin{bmatrix} m_{11} & & & \\ & m_{22} & & \\ & & \ddots & \\ & & & m_{nn} \end{bmatrix} \tag{4.2-31}$$

模态的主刚度矩阵为

$$P^{T}KP=\begin{bmatrix} p_1^{T} \\ p_2^{T} \\ \vdots \\ p_n^{T} \end{bmatrix}K(p_1,p_2,\cdots,p_n)=\begin{bmatrix} p_1^{T} \\ p_2^{T} \\ \vdots \\ p_n^{T} \end{bmatrix}(Kp_1,Kp_2,\cdots,Kp_n)=\begin{bmatrix} p_1^{T}Kp_1 & p_1^{T}Kp_2 & \cdots & p_1^{T}Kp_n \\ p_2^{T}Kp_1 & p_2^{T}Kp_2 & \cdots & p_2^{T}Kp_n \\ \vdots & \vdots & & \vdots \\ p_n^{T}Kp_1 & p_n^{T}Kp_2 & \cdots & p_n^{T}Kp_n \end{bmatrix} \tag{4.2-32}$$

将式(4.2-11)和式(4.2-29)代入式(4.2-32),可得

$$P^{T}KP=\begin{bmatrix} k_{11} & & & \\ & k_{22} & & \\ & & \ddots & \\ & & & k_{nn} \end{bmatrix} \tag{4.2-33}$$

四、模态的主坐标

通过模态矩阵 P,设有以下变换

$$x=Pp(t) \tag{4.2-34}$$

为简化起见,下文用 p 表示 $p(t)$,其余类似。

将式(4.2-34)代入式(4.1-1),可得

$$MP\ddot{p}+KPp=0 \tag{4.2-35}$$

$$P^{T}MP\ddot{p}+P^{T}KPp=0 \tag{4.2-36}$$

将式(4.2-30)和式(4.2-33)代入式(4.2-36),可得

$$\begin{bmatrix} m_{11} & & & \\ & m_{22} & & \\ & & \ddots & \\ & & & m_{nn} \end{bmatrix}\begin{bmatrix} \ddot{p}_1 \\ \ddot{p}_2 \\ \vdots \\ \ddot{p}_n \end{bmatrix}+\begin{bmatrix} k_{11} & & & \\ & k_{22} & & \\ & & \ddots & \\ & & & k_{nn} \end{bmatrix}\begin{bmatrix} p_1 \\ p_2 \\ \vdots \\ p_n \end{bmatrix}=0 \tag{4.2-37}$$

$$\begin{bmatrix} \ddot{p}_1 \\ \ddot{p}_2 \\ \vdots \\ \ddot{p}_n \end{bmatrix}+\begin{bmatrix} m_{11} & & & \\ & m_{22} & & \\ & & \ddots & \\ & & & m_{nn} \end{bmatrix}^{-1}\begin{bmatrix} k_{11} & & & \\ & k_{22} & & \\ & & \ddots & \\ & & & k_{nn} \end{bmatrix}\begin{bmatrix} p_1 \\ p_2 \\ \vdots \\ p_n \end{bmatrix}=0 \tag{4.2-38}$$

化简式(4.2-38)得

$$\begin{bmatrix} \ddot{p}_1 \\ \ddot{p}_2 \\ \vdots \\ \ddot{p}_n \end{bmatrix}+\begin{bmatrix} \frac{1}{m_{11}} & & & \\ & \frac{1}{m_{22}} & & \\ & & \ddots & \\ & & & \frac{1}{m_{nn}} \end{bmatrix}\begin{bmatrix} k_{11} & & & \\ & k_{22} & & \\ & & \ddots & \\ & & & k_{nn} \end{bmatrix}\begin{bmatrix} p_1 \\ p_2 \\ \vdots \\ p_n \end{bmatrix}=0 \tag{4.2-39}$$

$$\begin{pmatrix}\ddot{p}_1\\ \ddot{p}_2\\ \vdots\\ \ddot{p}_n\end{pmatrix}+\begin{pmatrix}\frac{k_{11}}{m_{11}} & & & \\ & \frac{k_{22}}{m_{22}} & & \\ & & \ddots & \\ & & & \frac{k_{nn}}{m_{nn}}\end{pmatrix}\begin{pmatrix}p_1\\ p_2\\ \vdots\\ p_n\end{pmatrix}=\mathbf{0} \tag{4.2-40}$$

由式(4.2-2)得

$$\boldsymbol{p}_r^{\mathrm{T}}\boldsymbol{K}\boldsymbol{p}_r=\lambda_r\boldsymbol{p}_r^{\mathrm{T}}\boldsymbol{M}\boldsymbol{p}_r \tag{4.2-41}$$

将式(4.2-29)和式(4.2-28)代入式(4.2-41),可得

$$k_{rr}=\lambda_r m_{rr} \tag{4.2-42}$$

$$\lambda_r=\frac{k_{rr}}{m_{rr}} \tag{4.2-43}$$

将式(4.2-43)代入式(4.2-40),可得

$$\begin{pmatrix}\ddot{p}_1\\ \ddot{p}_2\\ \vdots\\ \ddot{p}_n\end{pmatrix}+\begin{pmatrix}\lambda_1 & & & \\ & \lambda_2 & & \\ & & \ddots & \\ & & & \lambda_n\end{pmatrix}\begin{pmatrix}p_1\\ p_2\\ \vdots\\ p_n\end{pmatrix}=\mathbf{0} \tag{4.2-44}$$

$$\begin{pmatrix}\ddot{p}_1\\ \ddot{p}_2\\ \vdots\\ \ddot{p}_n\end{pmatrix}+\begin{pmatrix}\lambda_1 p_1\\ \lambda_2 p_2\\ \vdots\\ \lambda_n p_n\end{pmatrix}=\mathbf{0} \tag{4.2-45}$$

方程组(4.2-45)中的每一个方程皆能够独立求解,$\boldsymbol{p}(t)=\boldsymbol{P}^{-1}\boldsymbol{x}$,坐标 $p_1,p_2,\cdots,p_n$ 称为主坐标。

五、模态的主质量矩阵规范为单位矩阵

由式(4.2-31)得

$$\begin{pmatrix}\frac{1}{\sqrt{m_{11}}} & & & \\ & \frac{1}{\sqrt{m_{22}}} & & \\ & & \ddots & \\ & & & \frac{1}{\sqrt{m_{nn}}}\end{pmatrix}\boldsymbol{P}^{\mathrm{T}}\boldsymbol{M}\boldsymbol{P}\begin{pmatrix}\frac{1}{\sqrt{m_{11}}} & & & \\ & \frac{1}{\sqrt{m_{22}}} & & \\ & & \ddots & \\ & & & \frac{1}{\sqrt{m_{nn}}}\end{pmatrix}=$$

$$\begin{pmatrix}\frac{1}{\sqrt{m_{11}}} & & & \\ & \frac{1}{\sqrt{m_{22}}} & & \\ & & \ddots & \\ & & & \frac{1}{\sqrt{m_{nn}}}\end{pmatrix}\begin{pmatrix}m_{11} & & & \\ & m_{22} & & \\ & & \ddots & \\ & & & m_{nn}\end{pmatrix}\begin{pmatrix}\frac{1}{\sqrt{m_{11}}} & & & \\ & \frac{1}{\sqrt{m_{22}}} & & \\ & & \ddots & \\ & & & \frac{1}{\sqrt{m_{nn}}}\end{pmatrix} \tag{4.2-46}$$

$$\left[\boldsymbol{P}\begin{pmatrix}\frac{1}{\sqrt{m_{11}}} & & & \\ & \frac{1}{\sqrt{m_{22}}} & & \\ & & \ddots & \\ & & & \frac{1}{\sqrt{m_{nn}}}\end{pmatrix}\right]^{\mathrm{T}}\boldsymbol{MP}\begin{pmatrix}\frac{1}{\sqrt{m_{11}}} & & & \\ & \frac{1}{\sqrt{m_{22}}} & & \\ & & \ddots & \\ & & & \frac{1}{\sqrt{m_{nn}}}\end{pmatrix}=$$

$$\begin{pmatrix}\frac{m_{11}}{\sqrt{m_{11}}} & & & \\ & \frac{m_{22}}{\sqrt{m_{22}}} & & \\ & & \ddots & \\ & & & \frac{m_{nn}}{\sqrt{m_{nn}}}\end{pmatrix}\begin{pmatrix}\frac{1}{\sqrt{m_{11}}} & & & \\ & \frac{1}{\sqrt{m_{22}}} & & \\ & & \ddots & \\ & & & \frac{1}{\sqrt{m_{nn}}}\end{pmatrix} \tag{4.2-47}$$

化简式(4.2-47)得

$$\left[\boldsymbol{P}\begin{pmatrix}\frac{1}{\sqrt{m_{11}}} & & & \\ & \frac{1}{\sqrt{m_{22}}} & & \\ & & \ddots & \\ & & & \frac{1}{\sqrt{m_{nn}}}\end{pmatrix}\right]^{\mathrm{T}}\boldsymbol{MP}\begin{pmatrix}\frac{1}{\sqrt{m_{11}}} & & & \\ & \frac{1}{\sqrt{m_{22}}} & & \\ & & \ddots & \\ & & & \frac{1}{\sqrt{m_{nn}}}\end{pmatrix}=\begin{pmatrix}1 & & & \\ & 1 & & \\ & & \ddots & \\ & & & 1\end{pmatrix}=\boldsymbol{E} \tag{4.2-48}$$

规范(regular)模态矩阵为

$$\boldsymbol{R}=\boldsymbol{P}\begin{pmatrix}\frac{1}{\sqrt{m_{11}}} & & & \\ & \frac{1}{\sqrt{m_{22}}} & & \\ & & \ddots & \\ & & & \frac{1}{\sqrt{m_{nn}}}\end{pmatrix}=(\boldsymbol{p}_1,\boldsymbol{p}_2,\cdots,\boldsymbol{p}_n)\begin{pmatrix}\frac{1}{\sqrt{m_{11}}} & & & \\ & \frac{1}{\sqrt{m_{22}}} & & \\ & & \ddots & \\ & & & \frac{1}{\sqrt{m_{nn}}}\end{pmatrix}$$

$$=\left(\frac{\boldsymbol{p}_1}{\sqrt{m_{11}}},\frac{\boldsymbol{p}_2}{\sqrt{m_{22}}},\cdots,\frac{\boldsymbol{p}_n}{\sqrt{m_{nn}}}\right) \tag{4.2-49}$$

由式(4.2-31)和式(4.2-33)得

$$(\boldsymbol{P}^{\mathrm{T}}\boldsymbol{MP})^{-1}\boldsymbol{P}^{\mathrm{T}}\boldsymbol{KP}=\begin{pmatrix}m_{11} & & & \\ & m_{22} & & \\ & & \ddots & \\ & & & m_{nn}\end{pmatrix}^{-1}\begin{pmatrix}k_{11} & & & \\ & k_{22} & & \\ & & \ddots & \\ & & & k_{nn}\end{pmatrix}$$

$$=\begin{bmatrix}\frac{1}{m_{11}} & & & \\ & \frac{1}{m_{22}} & & \\ & & \ddots & \\ & & & \frac{1}{m_{nn}}\end{bmatrix}\begin{bmatrix}k_{11} & & & \\ & k_{22} & & \\ & & \ddots & \\ & & & k_{nn}\end{bmatrix}=\begin{bmatrix}\frac{k_{11}}{m_{11}} & & & \\ & \frac{k_{22}}{m_{22}} & & \\ & & \ddots & \\ & & & \frac{k_{nn}}{m_{nn}}\end{bmatrix} \tag{4.2-50}$$

将式(4.2-43)代入式(4.2-50)得

$$(\boldsymbol{P}^{\mathrm{T}}\boldsymbol{MP})^{-1}\boldsymbol{P}^{\mathrm{T}}\boldsymbol{KP}=\begin{bmatrix}\lambda_1 & & & \\ & \lambda_2 & & \\ & & \ddots & \\ & & & \lambda_n\end{bmatrix} \tag{4.2-51}$$

$$\boldsymbol{P}^{\mathrm{T}}\boldsymbol{KP}=\boldsymbol{P}^{\mathrm{T}}\boldsymbol{MP}\begin{bmatrix}\lambda_1 & & & \\ & \lambda_2 & & \\ & & \ddots & \\ & & & \lambda_n\end{bmatrix} \tag{4.2-52}$$

根据式(4.2-49)，规范模态矩阵 $\boldsymbol{R}$ 是一种特殊的模态矩阵 $\boldsymbol{P}$，也满足式(4.2-52)，即

$$\boldsymbol{R}^{\mathrm{T}}\boldsymbol{KR}=\boldsymbol{R}^{\mathrm{T}}\boldsymbol{MR}\begin{bmatrix}\lambda_1 & & & \\ & \lambda_2 & & \\ & & \ddots & \\ & & & \lambda_n\end{bmatrix} \tag{4.2-53}$$

将式(4.2-49)代入式(4.2-48)，可得

$$\boldsymbol{R}^{\mathrm{T}}\boldsymbol{MR}=\boldsymbol{E} \tag{4.2-54}$$

将式(4.2-54)代入式(4.2-53)，可得模态的特征值对角矩阵，为

$$\boldsymbol{R}^{\mathrm{T}}\boldsymbol{KR}=\begin{bmatrix}\lambda_1 & & & \\ & \lambda_2 & & \\ & & \ddots & \\ & & & \lambda_n\end{bmatrix} \tag{4.2-55}$$

例 4.2-4　以本章第1节例4.1-3图4.1-2所示系统为例，求出其规范模态矩阵 $\boldsymbol{R}$。

解

$$\boldsymbol{p}_1=\begin{bmatrix}1\\1.801938\\2.246979\end{bmatrix},\quad \boldsymbol{p}_2=\begin{bmatrix}1\\0.445042\\-0.801938\end{bmatrix},\quad \boldsymbol{p}_3=\begin{bmatrix}1\\-1.246980\\0.554958\end{bmatrix}$$

$$\boldsymbol{M}=\begin{bmatrix}m & 0 & 0\\0 & m & 0\\0 & 0 & m\end{bmatrix},\quad \boldsymbol{K}=\begin{bmatrix}2k & -k & 0\\-k & 2k & -k\\0 & -k & k\end{bmatrix}$$

由式(4.2-28)得

$$m_{11}=\boldsymbol{p}_1^{\mathrm{T}}\boldsymbol{M}\boldsymbol{p}_1=(1,1.801938,2.246979)\begin{bmatrix}m & 0 & 0\\0 & m & 0\\0 & 0 & m\end{bmatrix}\begin{bmatrix}1\\1.801938\\2.246979\end{bmatrix}=m(1+1.801938^2+2.246979^2)$$

$$\sqrt{m_{11}}=\sqrt{m}\sqrt{1+1.801938^2+2.246979^2}=3.049\sqrt{m}$$

$$m_{22}=\boldsymbol{p}_2^{\mathrm{T}}\boldsymbol{M}\boldsymbol{p}_2=(1,0.445042,-0.801938)\begin{pmatrix}m&0&0\\0&m&0\\0&0&m\end{pmatrix}\begin{pmatrix}1\\0.445042\\-0.801938\end{pmatrix}=m(1+0.445042^2+0.801938^2)$$

$$\sqrt{m_{22}}=\sqrt{m}\sqrt{1+0.445042^2+0.801938^2}=1.357\sqrt{m}$$

$$m_{33}=\boldsymbol{p}_3^{\mathrm{T}}\boldsymbol{M}\boldsymbol{p}_3=(1,-1.246980,0.554958)\begin{pmatrix}m&0&0\\0&m&0\\0&0&m\end{pmatrix}\begin{pmatrix}1\\-1.246980\\0.554958\end{pmatrix}=m(1+1.246980^2+0.554958^2)$$

$$\sqrt{m_{33}}=\sqrt{m}\sqrt{1+1.246980^2+0.554958^2}=1.692\sqrt{m}$$

由式(4.2-49)得规范模态矩阵为

$$\boldsymbol{R}=\left(\frac{\boldsymbol{p}_1}{\sqrt{m_{11}}},\frac{\boldsymbol{p}_2}{\sqrt{m_{22}}},\frac{\boldsymbol{p}_3}{\sqrt{m_{33}}}\right)=\begin{pmatrix}\dfrac{1}{3.049\sqrt{m}}&\dfrac{1}{1.357\sqrt{m}}&\dfrac{1}{1.692\sqrt{m}}\\\dfrac{1.801938}{3.049\sqrt{m}}&\dfrac{0.445042}{1.357\sqrt{m}}&-\dfrac{1.246980}{1.692\sqrt{m}}\\\dfrac{2.246979}{3.049\sqrt{m}}&-\dfrac{0.801938}{1.357\sqrt{m}}&\dfrac{0.554958}{1.692\sqrt{m}}\end{pmatrix}=\frac{1}{\sqrt{m}}\begin{pmatrix}0.328&0.737&0.591\\0.591&0.328&-0.737\\0.737&-0.591&0.328\end{pmatrix}$$

习题 4-2

1. 文中假设 $r<s$，且 $\lambda_r<\lambda_s$。当 $r<s$ 时，$\lambda_r=\lambda_s$ 是否也成立？

参考答案 当 $r<s$ 时，$\lambda_r=\lambda_s$ 也可能成立，此时属于有相等固有角频率的情况。文中只讨论系统的 n 个固有角频率各不相等的情况。

2. 设方程 $(\boldsymbol{K}-\lambda\boldsymbol{M})\boldsymbol{p}=\boldsymbol{0}$ 有 n 个不相等的特征值 $\lambda_1,\lambda_2,\cdots,\lambda_n$。证明其有 n 个线性无关的特征向量 $\boldsymbol{p}_1,\boldsymbol{p}_2,\cdots,\boldsymbol{p}_n$。

参考答案 1 设有 $x_1,x_2,\cdots,x_n$ 使

$$x_1\boldsymbol{p}_1+x_2\boldsymbol{p}_2+\cdots+x_n\boldsymbol{p}_n=\boldsymbol{0} \tag{4.2-56}$$

以 $\boldsymbol{p}_1^{\mathrm{T}}\boldsymbol{M}$ 左乘式(4.2-56)，可得

$$x_1\boldsymbol{p}_1^{\mathrm{T}}\boldsymbol{M}\boldsymbol{p}_1+x_2\boldsymbol{p}_1^{\mathrm{T}}\boldsymbol{M}\boldsymbol{p}_2+\cdots+x_n\boldsymbol{p}_1^{\mathrm{T}}\boldsymbol{M}\boldsymbol{p}_n=0 \tag{4.2-57}$$

将式(4.2-10)和式(4.2-28)代入式(4.2-57)，可得

$$x_1m_{11}=0 \tag{4.2-58}$$

故 $x_1=0$，将之代入式(4.2-56)，可得 $x_2\boldsymbol{p}_2+x_3\boldsymbol{p}_3+\cdots+x_n\boldsymbol{p}_n=\boldsymbol{0}$，类似可证 $x_2=0,\cdots,x_n=0$。因此向量组 $\boldsymbol{p}_1,\boldsymbol{p}_2,\cdots,\boldsymbol{p}_n$ 线性无关。

参考答案 2 由 $(\boldsymbol{K}-\lambda\boldsymbol{M})\boldsymbol{p}=\boldsymbol{0}$ 得 $(\boldsymbol{M}^{-1}\boldsymbol{K}-\lambda)\boldsymbol{p}=\boldsymbol{0}$，根据第 3 章习题 3-1 中的第 5 题可得证。

3. 化简 $(x_1,x_2,x_3,\cdots,x_{n-1},x_n)\begin{pmatrix}a_{11}&a_{12}&a_{13}&\cdots&a_{1,n-1}&a_{1n}\\a_{12}&a_{22}&a_{23}&\cdots&a_{2,n-1}&a_{2n}\\a_{13}&a_{23}&a_{33}&\cdots&a_{3,n-1}&a_{3n}\\\vdots&\vdots&\vdots&&\vdots&\vdots\\a_{1,n-1}&a_{2,n-1}&a_{3,n-1}&\cdots&a_{n-1,n-1}&a_{n-1,n}\\a_{1n}&a_{2n}&a_{3n}&\cdots&a_{n-1,n}&a_{nn}\end{pmatrix}\begin{pmatrix}x_1\\x_2\\x_3\\\vdots\\x_{n-1}\\x_n\end{pmatrix}$，其中居中矩阵是

对称矩阵。

参考答案

$$(x_1,x_2,x_3,\cdots,x_{n-1},x_n)\begin{pmatrix} a_{11} & a_{12} & a_{13} & \cdots & a_{1,n-1} & a_{1n} \\ a_{12} & a_{22} & a_{23} & \cdots & a_{2,n-1} & a_{2n} \\ a_{13} & a_{23} & a_{33} & \cdots & a_{3,n-1} & a_{3n} \\ \vdots & \vdots & \vdots & & \vdots & \vdots \\ a_{1,n-1} & a_{2,n-1} & a_{3,n-1} & \cdots & a_{n-1,n-1} & a_{n-1,n} \\ a_{1n} & a_{2n} & a_{3n} & \cdots & a_{n-1,n} & a_{nn} \end{pmatrix}\begin{pmatrix} x_1 \\ x_2 \\ x_3 \\ \vdots \\ x_{n-1} \\ x_n \end{pmatrix}$$

$$=(x_1,x_2,x_3,\cdots,x_{n-1},x_n)\begin{pmatrix} a_{11}x_1+a_{12}x_2+a_{13}x_3+\cdots+a_{1,n-1}x_{n-1}+a_{1n}x_n \\ a_{12}x_1+a_{22}x_2+a_{23}x_3+\cdots+a_{2,n-1}x_{n-1}+a_{2n}x_n \\ a_{13}x_1+a_{23}x_2+a_{33}x_3+\cdots+a_{3,n-1}x_{n-1}+a_{3n}x_n \\ \vdots \\ a_{1,n-1}x_1+a_{2,n-1}x_2+a_{3,n-1}x_3+\cdots+a_{n-1,n-1}x_{n-1}+a_{n-1,n}x_n \\ a_{1n}x_1+a_{2n}x_2+a_{3n}x_3+\cdots+a_{n-1,n}x_{n-1}+a_{nn}x_n \end{pmatrix}$$

$$=(a_{11}x_1^2+a_{12}x_1x_2+a_{13}x_1x_3+\cdots+a_{1,n-1}x_1x_{n-1}+a_{1n}x_1x_n)+(a_{12}x_1x_2+a_{22}x_2^2+a_{23}x_2x_3+\cdots+a_{2,n-1}x_2x_{n-1}+a_{2n}x_2x_n)+(a_{13}x_1x_3+a_{23}x_2x_3+a_{33}x_3^2+\cdots+a_{3,n-1}x_3x_{n-1}+a_{3n}x_3x_n)+\cdots+(a_{1,n-1}x_1x_{n-1}+a_{2,n-1}x_2x_{n-1}+a_{3,n-1}x_3x_{n-1}+\cdots+a_{n-1,n-1}x_{n-1}^2+a_{n-1,n}x_{n-1}x_n)+(a_{1n}x_1x_n+a_{2n}x_2x_n+a_{3n}x_3x_n+\cdots+a_{n-1,n}x_{n-1}x_n+a_{nn}x_n^2)$$

最后所得结果为

$$f=a_{11}x_1^2+a_{22}x_2^2+a_{33}x_3^2+\cdots+a_{n-1,n-1}x_{n-1}^2+a_{nn}x_n^2+2a_{12}x_1x_2+2a_{13}x_1x_3+\cdots+2a_{1,n-1}x_1x_{n-1}+2a_{1n}x_1x_n+2a_{23}x_2x_3+\cdots+2a_{2,n-1}x_2x_{n-1}+2a_{2n}x_2x_n+2a_{3,n-1}x_3x_{n-1}+2a_{3n}x_3x_n+\cdots+2a_{n-1,n}x_{n-1}x_n$$

4. 由式(4.2-28)知 $m_{rr}=\boldsymbol{p}_r^{\mathrm{T}}\boldsymbol{M}\boldsymbol{p}_r$，假设对称矩阵 $\boldsymbol{M}$ 是正定的，则 m_{rr} 可以等于 0 吗?

参考答案　因为 $\boldsymbol{p}_r\neq 0$，所以 $m_{rr}>0$。

5. $\boldsymbol{M}$、$\boldsymbol{K}$ 均是对称矩阵，动力矩阵 $\boldsymbol{\Lambda}=\boldsymbol{M}^{-1}\boldsymbol{K}$ 是对称矩阵吗?

参考答案　$\boldsymbol{\Lambda}^{\mathrm{T}}=(\boldsymbol{M}^{-1}\boldsymbol{K})^{\mathrm{T}}=\boldsymbol{K}^{\mathrm{T}}(\boldsymbol{M}^{-1})^{\mathrm{T}}=\boldsymbol{K}(\boldsymbol{M}^{\mathrm{T}})^{-1}=\boldsymbol{K}\boldsymbol{M}^{-1}$，$\boldsymbol{\Lambda}$ 不一定为对称矩阵。

第 3 节　零输入振动的具体表达式

下面以一个 3 自由度系统为例，来讨论如何求解零输入振动的具体表达式。

例 4.3-1　已知一个系统的运动微分方程为

$$\begin{pmatrix} 1 & 0 & 0 \\ 0 & 1 & 0 \\ 0 & 0 & 2 \end{pmatrix}\begin{pmatrix} \ddot{x}_1 \\ \ddot{x}_2 \\ \ddot{x}_3 \end{pmatrix}+\begin{pmatrix} 3 & -2 & 0 \\ -2 & 3 & -1 \\ 0 & -1 & 1 \end{pmatrix}\begin{pmatrix} x_1 \\ x_2 \\ x_3 \end{pmatrix}=\begin{pmatrix} 0 \\ 0 \\ 0 \end{pmatrix}$$

求其在 $\begin{pmatrix} x_1(0) \\ x_2(0) \\ x_3(0) \end{pmatrix}=\begin{pmatrix} 2 \\ 1 \\ 1 \end{pmatrix}$，$\begin{pmatrix} \dot{x}_1(0) \\ \dot{x}_2(0) \\ \dot{x}_3(0) \end{pmatrix}=\begin{pmatrix} 0 \\ 1 \\ 1 \end{pmatrix}$ 条件下的位移表达式。

解

$$\boldsymbol{\Lambda}=\boldsymbol{M}^{-1}\boldsymbol{K}=\begin{pmatrix}1&0&0\\0&1&0\\0&0&2\end{pmatrix}^{-1}\begin{pmatrix}3&-2&0\\-2&3&-1\\0&-1&1\end{pmatrix}=\begin{pmatrix}1&0&0\\0&1&0\\0&0&0.5\end{pmatrix}\begin{pmatrix}3&-2&0\\-2&3&-1\\0&-1&1\end{pmatrix}=\begin{pmatrix}3&-2&0\\-2&3&-1\\0&-0.5&0.5\end{pmatrix}$$

由式(4.1-38)得

$$|\lambda\boldsymbol{E}-\boldsymbol{\Lambda}|=\begin{vmatrix}\lambda-3&2&0\\2&\lambda-3&1\\0&0.5&\lambda-0.5\end{vmatrix}=(\lambda-3)\begin{vmatrix}\lambda-3&1\\0.5&\lambda-0.5\end{vmatrix}-2\begin{vmatrix}2&1\\0&\lambda-0.5\end{vmatrix}$$

$$=(\lambda-3)(\lambda^2-3.5\lambda+1.5-0.5)-2(2\lambda-1)=\lambda^3-6.5\lambda^2+7.5\lambda-1$$

在 MATLAB® Version 7.9.0.529(R2009b)注册软件中，输入以下程序代码：

```
clc %清除命令窗口中显示的所有输入和输出信息
p=[1  -6.5  7.5  -1];% 多项式的系数按照多项式的次数从高到低排列
lambda= roots(p)%求根
omega_n= sqrt(lambda)
```

求得

$$\lambda_1=0.153193,\quad \lambda_2=1.291177,\quad \lambda_3=5.055630$$

$$\omega_{n1}=0.3914,\quad \omega_{n2}=1.1363,\quad \omega_{n3}=2.2485$$

λ 对应的特征向量应满足

$$\begin{pmatrix}\lambda-3&2&0\\2&\lambda-3&1\\0&0.5&\lambda-0.5\end{pmatrix}\begin{pmatrix}1\\a\\b\end{pmatrix}=\begin{pmatrix}0\\0\\0\end{pmatrix}$$

第 1 个方程 $\lambda-3+2a=0, 2a=3-\lambda, a=1.5-0.5\lambda$。

第 3 个方程 $0.5a+(\lambda-0.5)b=0, 0.5a=(0.5-\lambda)b, a=(1-2\lambda)b, b=\frac{a}{1-2\lambda}=\frac{1.5-0.5\lambda}{1-2\lambda}=\frac{3-\lambda}{2-4\lambda}$，所以 $b=\frac{\lambda-3}{4\lambda-2}$。

λ_1 对应的 $a_1=1.5-0.5\lambda_1=1.5-0.5\times0.153193=1.4234, b_1=\frac{\lambda_1-3}{4\lambda_1-2}=\frac{0.153193-3}{4\times0.153193-2}=2.0522$，所以对应的特征向量为 $\boldsymbol{p}_1=\begin{pmatrix}1\\1.4234\\2.0522\end{pmatrix}$。

λ_2 对应的 $a_2=1.5-0.5\lambda_2=1.5-0.5\times1.291177=0.8544, b_2=\frac{\lambda_2-3}{4\lambda_2-2}=\frac{1.291177-3}{4\times1.291177-2}=-0.54$，所以对应的特征向量为 $\boldsymbol{p}_2=\begin{pmatrix}1\\0.8544\\-0.54\end{pmatrix}$。

λ_3 对应的 $a_3=1.5-0.5\lambda_3=1.5-0.5\times5.055630=-1.0278, b_3=\frac{\lambda_3-3}{4\lambda_3-2}=\frac{5.055630-3}{4\times5.055630-2}=0.1128$，所以对应的特征向量为 $\boldsymbol{p}_3=\begin{pmatrix}1\\-1.0278\\0.1128\end{pmatrix}$。

由式(4.1-34)得

$$\begin{Bmatrix} x_1 \\ x_2 \\ x_3 \end{Bmatrix} = \begin{bmatrix} 1 & 1 & 1 \\ 1.4234 & 0.8544 & -1.0278 \\ 2.0522 & -0.54 & 0.1128 \end{bmatrix} \begin{Bmatrix} C_1\cos\omega_{n1}t + C_2\sin\omega_{n1}t \\ C_3\cos\omega_{n2}t + C_4\sin\omega_{n2}t \\ C_5\cos\omega_{n3}t + C_6\sin\omega_{n3}t \end{Bmatrix} \tag{4.3-1}$$

由初位移得

$$\begin{Bmatrix} x_1(0) \\ x_2(0) \\ x_3(0) \end{Bmatrix} = \begin{bmatrix} 1 & 1 & 1 \\ 1.4234 & 0.8544 & -1.0278 \\ 2.0522 & -0.54 & 0.1128 \end{bmatrix} \begin{Bmatrix} C_1 \\ C_3 \\ C_5 \end{Bmatrix} = \begin{Bmatrix} 2 \\ 1 \\ 1 \end{Bmatrix}$$

所以

$$\begin{Bmatrix} C_1 \\ C_3 \\ C_5 \end{Bmatrix} = \begin{bmatrix} 1 & 1 & 1 \\ 1.4234 & 0.8544 & -1.0278 \\ 2.0522 & -0.54 & 0.1128 \end{bmatrix}^{-1} \begin{Bmatrix} 2 \\ 1 \\ 1 \end{Bmatrix} = \begin{Bmatrix} 0.6575 \\ 0.7671 \\ 0.5754 \end{Bmatrix} \tag{4.3-2}$$

由式(4.3-1)得速度为

$$\begin{Bmatrix} \dot{x}_1 \\ \dot{x}_2 \\ \dot{x}_3 \end{Bmatrix} = \begin{bmatrix} 1 & 1 & 1 \\ 1.4234 & 0.8544 & -1.0278 \\ 2.0522 & -0.54 & 0.1128 \end{bmatrix} \begin{Bmatrix} -\omega_{n1}C_1\sin\omega_{n1}t + \omega_{n1}C_2\cos\omega_{n1}t \\ -\omega_{n2}C_3\sin\omega_{n2}t + \omega_{n2}C_4\cos\omega_{n2}t \\ -\omega_{n3}C_5\sin\omega_{n3}t + \omega_{n3}C_6\cos\omega_{n3}t \end{Bmatrix} \tag{4.3-3}$$

由初速度得

$$\begin{aligned}
\begin{Bmatrix} \dot{x}_1(0) \\ \dot{x}_2(0) \\ \dot{x}_3(0) \end{Bmatrix} &= \begin{bmatrix} 1 & 1 & 1 \\ 1.4234 & 0.8544 & -1.0278 \\ 2.0522 & -0.54 & 0.1128 \end{bmatrix} \begin{Bmatrix} \omega_{n1}C_2 \\ \omega_{n2}C_4 \\ \omega_{n3}C_6 \end{Bmatrix} \\
&= \begin{bmatrix} 1 & 1 & 1 \\ 1.4234 & 0.8544 & -1.0278 \\ 2.0522 & -0.54 & 0.1128 \end{bmatrix} \begin{bmatrix} \omega_{n1} & 0 & 0 \\ 0 & \omega_{n2} & 0 \\ 0 & 0 & \omega_{n3} \end{bmatrix} \begin{Bmatrix} C_2 \\ C_4 \\ C_6 \end{Bmatrix} = \begin{bmatrix} \omega_{n1} & \omega_{n2} & \omega_{n3} \\ 1.4234\omega_{n1} & 0.8544\omega_{n2} & -1.0278\omega_{n3} \\ 2.0522\omega_{n1} & -0.54\omega_{n2} & 0.1128\omega_{n3} \end{bmatrix} \begin{Bmatrix} C_2 \\ C_4 \\ C_6 \end{Bmatrix} \\
&= \begin{bmatrix} 0.3914 & 1.1363 & 2.2485 \\ 1.4234\times 0.3914 & 0.8544\times 1.1363 & -1.0278\times 2.2485 \\ 2.0522\times 0.3914 & -0.54\times 1.1363 & 0.1128\times 2.2485 \end{bmatrix} \begin{Bmatrix} C_2 \\ C_4 \\ C_6 \end{Bmatrix} \\
&= \begin{bmatrix} 0.3914 & 1.1363 & 2.2485 \\ 0.5571 & 0.9709 & -2.311 \\ 0.8032 & -0.6136 & 0.2536 \end{bmatrix} \begin{Bmatrix} C_2 \\ C_4 \\ C_6 \end{Bmatrix} = \begin{Bmatrix} 0 \\ 1 \\ 1 \end{Bmatrix}
\end{aligned}$$

所以

$$\begin{Bmatrix} C_2 \\ C_4 \\ C_6 \end{Bmatrix} = \begin{bmatrix} 0.3914 & 1.1363 & 2.2485 \\ 0.5571 & 0.9709 & -2.311 \\ 0.8032 & -0.6136 & 0.2536 \end{bmatrix}^{-1} \begin{Bmatrix} 0 \\ 1 \\ 1 \end{Bmatrix} = \begin{Bmatrix} 1.2336 \\ -0.0858 \\ -0.1714 \end{Bmatrix} \tag{4.3-4}$$

将式(4.3-2)和式(4.3-4)代入式(4.3-1)，可得

$$\begin{Bmatrix} x_1 \\ x_2 \\ x_3 \end{Bmatrix} = \begin{bmatrix} 1 & 1 & 1 \\ 1.4234 & 0.8544 & -1.0278 \\ 2.0522 & -0.54 & 0.1128 \end{bmatrix} \begin{Bmatrix} 0.6575\cos\omega_{n1}t + 1.2336\sin\omega_{n1}t \\ 0.7671\cos\omega_{n2}t - 0.0858\sin\omega_{n2}t \\ 0.5754\cos\omega_{n3}t - 0.1714\sin\omega_{n3}t \end{Bmatrix} \tag{4.3-5}$$

因为

$$0.6575\cos\omega_{n1}t+1.2336\sin\omega_{n1}t=\sqrt{0.6575^2+1.2336^2}\sin\left(\omega_{n1}t+\arctan\frac{0.6575}{1.2336}\right)$$
$$=1.3979\sin(\omega_{n1}t+0.4897)$$
$$0.7671\cos\omega_{n2}t-0.0858\sin\omega_{n2}t=\sqrt{0.7671^2+0.0858^2}\sin\left(\omega_{n2}t+\arctan\frac{0.7671}{-0.0858}+\pi\right)$$
$$=0.7719\sin(\omega_{n2}t+1.6822)$$
$$0.5754\cos\omega_{n3}t-0.1714\sin\omega_{n3}t=\sqrt{0.5754^2+0.1714^2}\sin\left(\omega_{n3}t+\arctan\frac{0.5754}{-0.1714}+\pi\right)$$
$$=0.6004\sin(\omega_{n3}t+1.8603)$$

将上述3个结果代入式(4.3-5),可得

$$\begin{pmatrix}x_1\\x_2\\x_3\end{pmatrix}=\begin{pmatrix}1&1&1\\1.4234&0.8544&-1.0278\\2.0522&-0.54&0.1128\end{pmatrix}\begin{pmatrix}1.3979\sin(\omega_{n1}t+0.4897)\\0.7719\sin(\omega_{n2}t+1.6822)\\0.6004\sin(\omega_{n3}t+1.8603)\end{pmatrix}\tag{4.3-6}$$

由式(4.3-6)得

$$\begin{pmatrix}x_1\\x_2\\x_3\end{pmatrix}=$$
$$\begin{pmatrix}1.3979\sin(\omega_{n1}t+0.4897)+0.7719\sin(\omega_{n2}t+1.6822)+0.6004\sin(\omega_{n3}t+1.8603)\\1.4234\times1.3979\sin(\omega_{n1}t+0.4897)+0.8544\times0.7719\sin(\omega_{n2}t+1.6822)-1.0278\times0.6004\sin(\omega_{n3}t+1.8603)\\2.0522\times1.3979\sin(\omega_{n1}t+0.4897)-0.54\times0.7719\sin(\omega_{n2}t+1.6822)+0.1128\times0.6004\sin(\omega_{n3}t+1.8603)\end{pmatrix}\tag{4.3-7}$$

由式(4.3-7)得

$$\begin{pmatrix}x_1\\x_2\\x_3\end{pmatrix}=\begin{pmatrix}1.3979\sin(\omega_{n1}t+0.4897)\\1.4234\times1.3979\sin(\omega_{n1}t+0.4897)\\2.0522\times1.3979\sin(\omega_{n1}t+0.4897)\end{pmatrix}+\begin{pmatrix}0.7719\sin(\omega_{n2}t+1.6822)\\0.8544\times0.7719\sin(\omega_{n2}t+1.6822)\\-0.54\times0.7719\sin(\omega_{n2}t+1.6822)\end{pmatrix}+$$
$$\begin{pmatrix}0.6004\sin(\omega_{n3}t+1.8603)\\-1.0278\times0.6004\sin(\omega_{n3}t+1.8603)\\0.1128\times0.6004\sin(\omega_{n3}t+1.8603)\end{pmatrix}\tag{4.3-8}$$

由式(4.3-8)得

$$\begin{pmatrix}x_1\\x_2\\x_3\end{pmatrix}=1.3979\begin{pmatrix}1\\1.4234\\2.0522\end{pmatrix}\sin(\omega_{n1}t+0.4897)+0.7719\begin{pmatrix}1\\0.8544\\-0.54\end{pmatrix}\sin(\omega_{n2}t+1.6822)+$$
$$0.6004\begin{pmatrix}1\\-1.0278\\0.1128\end{pmatrix}\sin(\omega_{n3}t+1.8603)\tag{4.3-9}$$

最后零输入振动的具体表达式为

$$\begin{pmatrix}x_1\\x_2\\x_3\end{pmatrix}=1.3979\begin{pmatrix}1\\1.4234\\2.0522\end{pmatrix}\sin(0.3914t+0.4897)+0.7719\begin{pmatrix}1\\0.8544\\-0.54\end{pmatrix}\sin(1.1363t+1.6822)+$$

$$0.6004\begin{pmatrix}1\\-1.0278\\0.1128\end{pmatrix}\sin(2.2485t+1.8603)$$

习题 4-3

1. 已知$(\boldsymbol{K}-\lambda\boldsymbol{M})\boldsymbol{p}=\boldsymbol{0}$，求证$\boldsymbol{KP}=\boldsymbol{MP\Lambda}$。

参考答案　因为$\boldsymbol{Kp}=\lambda\boldsymbol{Mp}$，$\boldsymbol{Kp}_i=\lambda_i\boldsymbol{Mp}_i$ $(i=1,2,\cdots,n)$，所以

$$(\boldsymbol{Kp}_1,\boldsymbol{Kp}_2,\cdots,\boldsymbol{Kp}_n)=(\lambda_1\boldsymbol{Mp}_1,\lambda_2\boldsymbol{Mp}_2,\cdots,\lambda_n\boldsymbol{Mp}_n)$$

$$\boldsymbol{K}(\boldsymbol{p}_1,\boldsymbol{p}_2,\cdots,\boldsymbol{p}_n)=(\boldsymbol{Mp}_1,\boldsymbol{Mp}_2,\cdots,\boldsymbol{Mp}_n)\begin{pmatrix}\lambda_1&&&\\&\lambda_2&&\\&&\ddots&\\&&&\lambda_n\end{pmatrix}$$

$$\boldsymbol{K}(\boldsymbol{p}_1,\boldsymbol{p}_2,\cdots,\boldsymbol{p}_n)=\boldsymbol{M}(\boldsymbol{p}_1,\boldsymbol{p}_2,\cdots,\boldsymbol{p}_n)\begin{pmatrix}\lambda_1&&&\\&\lambda_2&&\\&&\ddots&\\&&&\lambda_n\end{pmatrix}$$

所以$\boldsymbol{KP}=\boldsymbol{MP\Lambda}$。

2. 在MATLAB® Version 7.9.0.529(R2009b)注册软件中，语法“[V,D]=eig(A,B)”的作用是计算广义特征值向量阵$\boldsymbol{V}$和广义特征值对角矩阵$\boldsymbol{D}$，满足$\boldsymbol{AV}=\boldsymbol{BVD}$。结合上题，写出求解例4.3-1中特征值和特征向量的程序代码。

参考答案　程序代码为

```
M= diag([1  1  2]);
K= [3  -2  0;-2  3  -1;0  -1  1];
[V,D]= eig(K,M)
```

可得

$$\boldsymbol{D}=\begin{pmatrix}0.1532&&\\&1.2912&\\&&5.0556\end{pmatrix},\quad \boldsymbol{V}=\begin{pmatrix}0.2955&-0.6575&-0.6931\\0.4207&-0.5618&0.7123\\0.6065&0.355&-0.0782\end{pmatrix}$$

现把$\boldsymbol{V}$中第一行的元素都放大到1，则$\boldsymbol{V}$变成

$$V=\begin{pmatrix}0.2955&-0.6575&-0.6931\\0.4207&-0.5618&0.7123\\0.6065&0.355&-0.0782\end{pmatrix}\xrightarrow[c_3\div(-0.6931)]{c_1\div 0.2955\ \ c_2\div(-0.6575)}\begin{pmatrix}1&1&1\\\dfrac{0.4207}{0.2955}&\dfrac{-0.5618}{-0.6575}&\dfrac{0.7123}{-0.6931}\\\dfrac{0.6065}{0.2955}&\dfrac{0.355}{-0.6575}&\dfrac{-0.0782}{-0.6931}\end{pmatrix}$$

$$=\begin{pmatrix}1&1&1\\\dfrac{4207}{2955}&\dfrac{5618}{6575}&-\dfrac{7123}{6931}\\\dfrac{6065}{2955}&-\dfrac{3550}{6575}&\dfrac{782}{6931}\end{pmatrix}=\begin{pmatrix}1&1&1\\1.4237&0.8544&-1.0277\\2.0525&-0.5399&0.1128\end{pmatrix}$$

第 4 节　拉格朗日方程

拉格朗日方程为

$$\frac{\mathrm{d}}{\mathrm{d}t}\frac{\partial E_{\mathrm{k}}}{\partial \dot{x}_i}-\frac{\partial E_{\mathrm{k}}}{\partial x_i}+\frac{\partial E_{\mathrm{p}}}{\partial x_i}+\frac{\partial D}{\partial \dot{x}_i}=F_i\ (i=1,2,\cdots,n) \tag{4.4-1}$$

式中：t 是时间；E_{k} 是动能；x_i 是坐标；E_{p} 是势能；D 是散逸能；F_i 是力或力矩。

一般而言，势能仅与坐标有关，即

$$E_{\mathrm{p}}=E_{\mathrm{p}}(x_1,x_2,\cdots,x_n) \tag{4.4-2}$$

按照 n 元函数的泰勒公式，得

$$E_{\mathrm{p}}=E_{\mathrm{p}}(0,0,\cdots,0)+\sum_{i=1}^{n}\left.\frac{\partial E_{\mathrm{p}}}{\partial x_i}\right|_{(0,0,\cdots,0)}x_i+\frac{1}{2!}\sum_{i=1}^{n}\sum_{j=1}^{n}\left.\frac{\partial^2 E_{\mathrm{p}}}{\partial x_i\partial x_j}\right|_{(0,0,\cdots,0)}x_ix_j+\cdots \tag{4.4-3}$$

选定原点作为势能的零点，于是有

$$E_{\mathrm{p}}(0,0,\cdots,0)=0 \tag{4.4-4}$$

将原点设定在静平衡位置，则

$$\left.\frac{\partial E_{\mathrm{p}}}{\partial x_i}\right|_{(0,0,\cdots,0)}=0\ (i=1,2,\cdots,n) \tag{4.4-5}$$

忽略三次及三次以上的乘积项，将式(4.4-4)和式(4.4-5)代入式(4.4-3)，可得

$$E_{\mathrm{p}}=\frac{1}{2}\sum_{i=1}^{n}\sum_{j=1}^{n}\left.\frac{\partial^2 E_{\mathrm{p}}}{\partial x_i\partial x_j}\right|_{(0,0,\cdots,0)}x_ix_j=\frac{1}{2}\boldsymbol{x}^{\mathrm{T}}\boldsymbol{K}\boldsymbol{x} \tag{4.4-6}$$

类似地有

$$E_{\mathrm{k}}=\frac{1}{2}\sum_{i=1}^{n}\sum_{j=1}^{n}\left.\frac{\partial^2 E_{\mathrm{k}}}{\partial \dot{x}_i\partial \dot{x}_j}\right|_{(0,0,\cdots,0)}\dot{x}_i\dot{x}_j=\frac{1}{2}\dot{\boldsymbol{x}}^{\mathrm{T}}\boldsymbol{M}\dot{\boldsymbol{x}} \tag{4.4-7}$$

$$D=\frac{1}{2}\sum_{i=1}^{n}\sum_{j=1}^{n}\left.\frac{\partial^2 D}{\partial \dot{x}_i\partial \dot{x}_j}\right|_{(0,0,\cdots,0)}\dot{x}_i\dot{x}_j=\frac{1}{2}\dot{\boldsymbol{x}}^{\mathrm{T}}\boldsymbol{C}\dot{\boldsymbol{x}} \tag{4.4-8}$$

例 4.4-1　图 4.4-1 所示为两个相同的单摆(杆的质量和锤的体积不计)。当两摆在铅垂位置时，弹簧 k 不受力，水平弹簧与水平轴 O_1O_2 的距离为 a，摆长 L。求：(1) 振系做微幅振动的矩阵运动微分方程；(2) 动力矩阵 $\boldsymbol{A}$、动力矩阵的特征值和特征向量；(3) 固有角频率；(4) 画出第 1 阶和第 2 阶振型图。

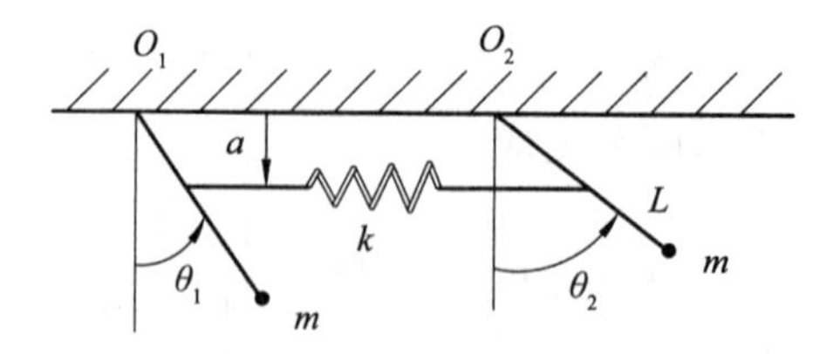

图 4.4-1　在铅垂面内运动的两摆

参考答案　(1) 取单摆的偏角 θ_1、θ_2 为广义坐标，假设 $\theta_2>\theta_1$，则弹簧的伸长量为 $a\theta_2-a\theta_1$。系统的动能为

$$E_{\mathrm{k}}=\frac{1}{2}m(\dot{\theta}_1L)^2+\frac{1}{2}m(\dot{\theta}_2L)^2=\frac{1}{2}mL^2(\dot{\theta}_1^2+\dot{\theta}_2^2) \tag{4.4-9}$$

系统的势能为

$$E_p = \frac{1}{2}k(a\theta_2 - a\theta_1)^2 + mgL(1-\cos\theta_1) + mgL(1-\cos\theta_2)$$
$$= \frac{1}{2}ka^2(\theta_2-\theta_1)^2 + mgL(2-\cos\theta_1-\cos\theta_2) \tag{4.4-10}$$

根据

$$\frac{\mathrm{d}}{\mathrm{d}t}\frac{\partial E_k}{\partial \dot{\theta}_1} - \frac{\partial E_k}{\partial \theta_1} + \frac{\partial E_p}{\partial \theta_1} = \frac{\mathrm{d}}{\mathrm{d}t}mL^2\dot{\theta}_1 + ka^2(\theta_1-\theta_2) + mgL\sin\theta_1 \approx mL^2\ddot{\theta}_1 + ka^2(\theta_1-\theta_2) + mgL\theta_1 = 0$$

$$\frac{\mathrm{d}}{\mathrm{d}t}\frac{\partial E_k}{\partial \dot{\theta}_2} - \frac{\partial E_k}{\partial \theta_2} + \frac{\partial E_p}{\partial \theta_2} = \frac{\mathrm{d}}{\mathrm{d}t}mL^2\dot{\theta}_2 + ka^2(\theta_2-\theta_1) + mgL\sin\theta_2 \approx mL^2\ddot{\theta}_2 + ka^2(\theta_2-\theta_1) + mgL\theta_2 = 0$$

可得

$$\begin{cases} mL^2\ddot{\theta}_1 + (mgL+ka^2)\theta_1 - ka^2\theta_2 = 0 \\ mL^2\ddot{\theta}_2 - ka^2\theta_1 + (mgL+ka^2)\theta_2 = 0 \end{cases}$$

振系做微幅振动的矩阵运动微分方程为

$$\begin{pmatrix} mL^2 & 0 \\ 0 & mL^2 \end{pmatrix}\begin{pmatrix} \ddot{\theta}_1 \\ \ddot{\theta}_2 \end{pmatrix} + \begin{pmatrix} mgL+ka^2 & -ka^2 \\ -ka^2 & mgL+ka^2 \end{pmatrix}\begin{pmatrix} \theta_1 \\ \theta_2 \end{pmatrix} = \begin{pmatrix} 0 \\ 0 \end{pmatrix}$$

(2) 动力矩阵为

$$\boldsymbol{\Lambda} = \boldsymbol{M}^{-1}\boldsymbol{K} = \begin{pmatrix} mL^2 & 0 \\ 0 & mL^2 \end{pmatrix}^{-1}\begin{pmatrix} mgL+ka^2 & -ka^2 \\ -ka^2 & mgL+ka^2 \end{pmatrix} = \begin{pmatrix} \frac{1}{mL^2} & 0 \\ 0 & \frac{1}{mL^2} \end{pmatrix}\begin{pmatrix} mgL+ka^2 & -ka^2 \\ -ka^2 & mgL+ka^2 \end{pmatrix}$$

$$= \begin{pmatrix} \frac{g}{L}+\frac{ka^2}{mL^2} & -\frac{ka^2}{mL^2} \\ -\frac{ka^2}{mL^2} & \frac{g}{L}+\frac{ka^2}{mL^2} \end{pmatrix}$$

特征方程为

$$|\lambda\boldsymbol{E}-\boldsymbol{\Lambda}| = \begin{vmatrix} \lambda-\frac{g}{L}-\frac{ka^2}{mL^2} & \frac{ka^2}{mL^2} \\ \frac{ka^2}{mL^2} & \lambda-\frac{g}{L}-\frac{ka^2}{mL^2} \end{vmatrix} \xlongequal{r_1+r_2} \begin{vmatrix} \lambda-\frac{g}{L} & \lambda-\frac{g}{L} \\ \frac{ka^2}{mL^2} & \lambda-\frac{g}{L}-\frac{ka^2}{mL^2} \end{vmatrix}$$

$$= \left(\lambda-\frac{g}{L}\right)\begin{vmatrix} 1 & 1 \\ \frac{ka^2}{mL^2} & \lambda-\frac{g}{L}-\frac{ka^2}{mL^2} \end{vmatrix} = \left(\lambda-\frac{g}{L}\right)\left(\lambda-\frac{g}{L}-\frac{2ka^2}{mL^2}\right) = 0$$

动力矩阵的特征值为 $\lambda_1=\frac{g}{L}$，$\lambda_2=\frac{g}{L}+\frac{2ka^2}{mL^2}$。

当 $\lambda_1=\frac{g}{L}$ 时，$\begin{pmatrix} \lambda_1-\frac{g}{L} & \lambda_1-\frac{g}{L} \\ \frac{ka^2}{mL^2} & \lambda_1-\frac{g}{L}-\frac{ka^2}{mL^2} \end{pmatrix} = \begin{pmatrix} 0 & 0 \\ \frac{ka^2}{mL^2} & -\frac{ka^2}{mL^2} \end{pmatrix}$，特征向量为 $\boldsymbol{p}_1=\begin{pmatrix} 1 \\ 1 \end{pmatrix}$。

当 $\lambda_2=\frac{g}{L}+\frac{2ka^2}{mL^2}$ 时，$\begin{pmatrix} \lambda_2-\frac{g}{L} & \lambda_2-\frac{g}{L} \\ \frac{ka^2}{mL^2} & \lambda_2-\frac{g}{L}-\frac{ka^2}{mL^2} \end{pmatrix} = \begin{pmatrix} \frac{2ka^2}{mL^2} & \frac{2ka^2}{mL^2} \\ \frac{ka^2}{mL^2} & \frac{ka^2}{mL^2} \end{pmatrix}$，特征向量为 $\boldsymbol{p}_2=\begin{pmatrix} 1 \\ -1 \end{pmatrix}$。

(3) 固有角频率 $\omega_{n1}=\sqrt{\lambda_1}=\sqrt{\frac{g}{L}}$，$\omega_{n2}=\sqrt{\lambda_2}=\sqrt{\frac{g}{L}+\frac{2ka^2}{mL^2}}$。

(4) 第 1 阶主振型形状如图 4.4-2 所示。第 2 阶主振型形状如图 4.4-3 所示。

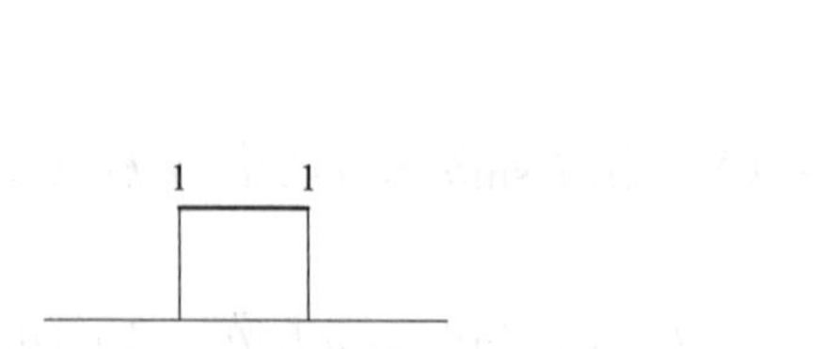

图 4.4-2　第 1 阶主振型形状

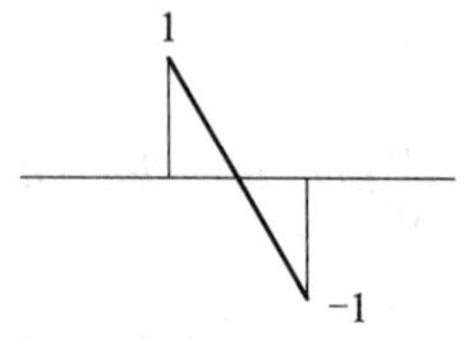

图 4.4-3　第 2 阶主振型形状

习题 4-4

1. (1) 将式(4.4-9)写成式(4.4-7)的形式；(2) 写出质量矩阵 $\boldsymbol{M}$。

参考答案　(1) $E_k=\frac{1}{2}mL^2(\dot{\theta}_1^2+\dot{\theta}_2^2)=\frac{1}{2}(\dot{\theta}_1,\dot{\theta}_2)\begin{pmatrix} mL^2 & 0 \\ 0 & mL^2 \end{pmatrix}\begin{pmatrix} \dot{\theta}_1 \\ \dot{\theta}_2 \end{pmatrix}$。

(2) 质量矩阵 $\boldsymbol{M}=\begin{pmatrix} mL^2 & 0 \\ 0 & mL^2 \end{pmatrix}$。

2. (1) 将式(4.4-10)写成式(4.4-6)的形式；(2) 写出刚度矩阵 $\boldsymbol{K}$。

参考答案　(1) 根据 $1-\cos x=\frac{1}{2}x^2+o(x^2)$，进行近似处理，可得

$$E_p=\frac{1}{2}k(a\theta_2-a\theta_1)^2+mgL(1-\cos\theta_1)+mgL(1-\cos\theta_2)\approx\frac{1}{2}k(a^2\theta_1^2+a^2\theta_2^2-2a^2\theta_1\theta_2)+mgL\frac{1}{2}\theta_1^2+mgL\frac{1}{2}\theta_2^2$$

$$=\frac{1}{2}(ka^2\theta_1^2+ka^2\theta_2^2-2ka^2\theta_1\theta_2)+\frac{1}{2}mgL\theta_1^2+\frac{1}{2}mgL\theta_2^2=\frac{1}{2}(ka^2\theta_1^2+ka^2\theta_2^2-2ka^2\theta_1\theta_2+mgL\theta_1^2+mgL\theta_2^2)$$

$$=\frac{1}{2}[(ka^2+mgL)\theta_1^2+(ka^2+mgL)\theta_2^2-2ka^2\theta_1\theta_2]=\frac{1}{2}(\theta_1,\theta_2)\begin{pmatrix} ka^2+mgL & -ka^2 \\ -ka^2 & ka^2+mgL \end{pmatrix}\begin{pmatrix} \theta_1 \\ \theta_2 \end{pmatrix}$$

(2) 刚度矩阵 $\boldsymbol{K}=\begin{pmatrix} ka^2+mgL & -ka^2 \\ -ka^2 & ka^2+mgL \end{pmatrix}$。

3. 设某物体的质量为 m，在与运动方向相同的恒力 F 的作用下发生一段位移，速度由 v_1 增加到 v_2，求：(1) 发生的这段位移 L；(2) 这个过程中力 F 做的功 $W=FL$；(3) 动能 E_k 的表达式。

参考答案　(1) 根据牛顿第二定律，加速度 $a=\frac{F}{m}$，$v_2^2-v_1^2=2aL$，$L=\frac{v_2^2-v_1^2}{2a}=\frac{v_2^2-v_1^2}{\frac{2F}{m}}=\frac{m(v_2^2-v_1^2)}{2F}$。

(2) $W=FL=F\frac{m(v_2^2-v_1^2)}{2F}=\frac{mv_2^2-mv_1^2}{2}=\frac{1}{2}mv_2^2-\frac{1}{2}mv_1^2$。

(3) 质量为 m 的物体以速度 v 运动时的动能是 $E_k=\frac{1}{2}mv^2$。

4. 已知光速(celerity)c、物体的静止质量 m_0、物体的速度 v。近代实验证明，质量 m 是与速度 v 有关的变量。对于 $m_0\neq0$ 的粒子，其速度不能等于光速。光、电磁波等的速度为 $v=c$，其静止质量为零。(1) 写出 m 的表达式；(2) 设物体在力 $\boldsymbol{F}$ 的作用下由静止沿曲线 s 运动，根据动能定理有

$$E_k=\int_{r_0}^{r}\boldsymbol{F}\cdot\mathrm{d}\boldsymbol{r}=\int_{r_0}^{r}F_\tau\mathrm{d}s=\int_{r_0}^{r}\frac{\mathrm{d}(mv)}{\mathrm{d}t}\mathrm{d}s=\int_{r_0}^{r}\frac{\mathrm{d}s}{\mathrm{d}t}\mathrm{d}(mv)=\int_0^v v\mathrm{d}(mv)=\int_0^v v\mathrm{d}\left(\frac{m_0}{\sqrt{1-\frac{v^2}{c^2}}}v\right)$$

用分部积分法求出动能 E_k 的表达式；(3) 在 $v \ll c$ 的情况下，化简动能 E_k 的表达式；(4) 推想出物体总能量 E 的表达式；(5) 当 $v=0$ 时，求 E_k。

参考答案　(1) $m=\dfrac{m_0}{\sqrt{1-\dfrac{v^2}{c^2}}}$。

(2) $$E_k=\int_0^v v\mathrm{d}\left(\frac{m_0}{\sqrt{1-\frac{v^2}{c^2}}}v\right)=\left(v\frac{m_0}{\sqrt{1-\frac{v^2}{c^2}}}v\right)\Bigg|_0^v-\int_0^v\frac{m_0}{\sqrt{1-\frac{v^2}{c^2}}}v\mathrm{d}v=\frac{m_0v^2}{\sqrt{1-\frac{v^2}{c^2}}}-m_0\int_0^v\frac{v}{\sqrt{1-\frac{v^2}{c^2}}}\mathrm{d}v$$

令 $\dfrac{v}{c}=x$，$v=cx$，则

$$E_k=\frac{m_0v^2}{\sqrt{1-\frac{v^2}{c^2}}}-m_0\int_0^{\frac{v}{c}}\frac{cx}{\sqrt{1-x^2}}\mathrm{d}cx=\frac{m_0v^2}{\sqrt{1-\frac{v^2}{c^2}}}-m_0c^2\int_0^{\frac{v}{c}}\frac{x}{\sqrt{1-x^2}}\mathrm{d}x$$

$$=\frac{m_0v^2}{\sqrt{1-\frac{v^2}{c^2}}}+m_0c^2\sqrt{1-x^2}\Bigg|_0^{\frac{v}{c}}=\frac{m_0v^2}{\sqrt{1-\frac{v^2}{c^2}}}+m_0c^2\sqrt{1-\frac{v^2}{c^2}}-m_0c^2$$

所以动能 E_k 的表达式为

$$E_k=\frac{m_0}{\sqrt{1-\frac{v^2}{c^2}}}\left[v^2+c^2\left(1-\frac{v^2}{c^2}\right)\right]-m_0c^2=\frac{m_0}{\sqrt{1-\frac{v^2}{c^2}}}c^2-m_0c^2$$

(3) $$E_k=\frac{m_0}{\sqrt{1-\frac{v^2}{c^2}}}c^2-m_0c^2=m_0c^2\left(1-\frac{v^2}{c^2}\right)^{-\frac{1}{2}}-m_0c^2\approx m_0c^2\left[1-\frac{v^2}{c^2}\times\left(-\frac{1}{2}\right)\right]-m_0c^2$$

$$=m_0c^2\frac{v^2}{c^2}\frac{1}{2}=\frac{1}{2}m_0v^2$$

此即为牛顿力学动能公式。

(4) $E_k=\dfrac{m_0}{\sqrt{1-\dfrac{v^2}{c^2}}}c^2-m_0c^2=mc^2-m_0c^2$，$E=mc^2$。

(5) $E_k=\dfrac{m_0}{\sqrt{1-\dfrac{0^2}{c^2}}}c^2-m_0c^2=m_0c^2-m_0c^2=0$。

第5章 课题研究

第1节 无阻尼主系统的有阻尼调谐吸振器

某些机械设备的工作角频率在一个比较大的范围内变化时，为了减小其振动，需要使用有阻尼调谐吸振器。如图5.1-1所示，主系统由质量块m_1和弹簧k_1组成，质量块m_1受正弦激励力$F\sin\omega t$。为了在相当宽的工作角频率范围内使主系统的振动减小到所要求的幅度，设计了由质量块m_2、弹簧k_2和黏滞阻尼器c组成的动力吸振系统。

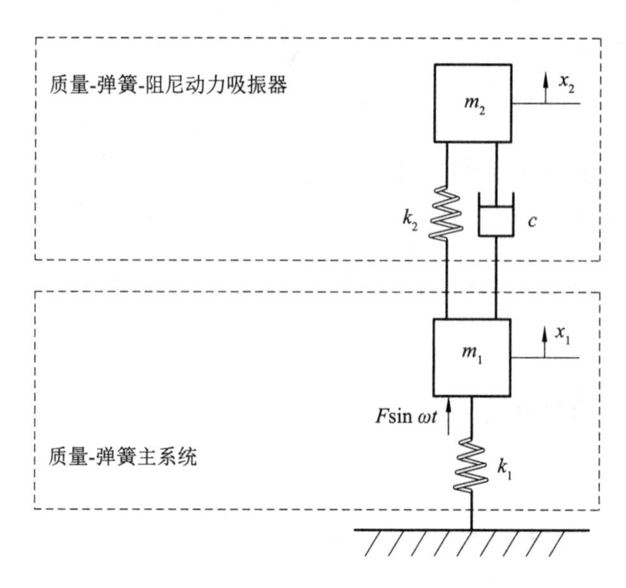

图5.1-1 无阻尼主系统的有阻尼调谐吸振器

质量-弹簧主系统和质量-弹簧-阻尼动力吸振器组成了一个2自由度系统，其运动微分方程为

$$\begin{pmatrix} m_1 & 0 \\ 0 & m_2 \end{pmatrix}\begin{pmatrix} \ddot{x}_1 \\ \ddot{x}_2 \end{pmatrix}+\begin{pmatrix} c & -c \\ -c & c \end{pmatrix}\begin{pmatrix} \dot{x}_1 \\ \dot{x}_2 \end{pmatrix}+\begin{pmatrix} k_1+k_2 & -k_2 \\ -k_2 & k_2 \end{pmatrix}\begin{pmatrix} x_1 \\ x_2 \end{pmatrix}=\begin{pmatrix} F \\ 0 \end{pmatrix}\sin\omega t \tag{5.1-1}$$

式中：x_1为质量块m_1的位移；x_2为质量块m_2的位移。

将式(5.1-1)看作矩阵复变指数函数微分方程

$$\begin{pmatrix} m_1 & 0 \\ 0 & m_2 \end{pmatrix}\begin{pmatrix} \ddot{z}_1 \\ \ddot{z}_2 \end{pmatrix}+\begin{pmatrix} c & -c \\ -c & c \end{pmatrix}\begin{pmatrix} \dot{z}_1 \\ \dot{z}_2 \end{pmatrix}+\begin{pmatrix} k_1+k_2 & -k_2 \\ -k_2 & k_2 \end{pmatrix}\begin{pmatrix} z_1 \\ z_2 \end{pmatrix}=\begin{pmatrix} F \\ 0 \end{pmatrix}e^{i\omega t} \tag{5.1-2}$$

的虚部，故$x_1=\mathrm{Im}\,z_1$，$x_2=\mathrm{Im}\,z_2$。

设方程(5.1-2)的一个特解为

$$\begin{pmatrix} z_1 \\ z_2 \end{pmatrix}=\begin{pmatrix} Z_1 \\ Z_2 \end{pmatrix}e^{i\omega t} \tag{5.1-3}$$

由式(5.1-3)得

$$\begin{pmatrix}\dot{z}_1\\ \dot{z}_2\end{pmatrix}=\mathrm{i}\omega\begin{pmatrix}Z_1\\ Z_2\end{pmatrix}\mathrm{e}^{\mathrm{i}\omega t}=\mathrm{i}\omega\begin{pmatrix}z_1\\ z_2\end{pmatrix} \tag{5.1-4}$$

$$\begin{pmatrix}\ddot{z}_1\\ \ddot{z}_2\end{pmatrix}=-\omega^2\begin{pmatrix}Z_1\\ Z_2\end{pmatrix}\mathrm{e}^{\mathrm{i}\omega t}=-\omega^2\begin{pmatrix}z_1\\ z_2\end{pmatrix} \tag{5.1-5}$$

将式(5.1-5)和式(5.1-4)代入式(5.1-2),可得

$$-\omega^2\begin{pmatrix}m_1 & 0\\ 0 & m_2\end{pmatrix}\begin{pmatrix}z_1\\ z_2\end{pmatrix}+\mathrm{i}\omega\begin{pmatrix}c & -c\\ -c & c\end{pmatrix}\begin{pmatrix}z_1\\ z_2\end{pmatrix}+\begin{pmatrix}k_1+k_2 & -k_2\\ -k_2 & k_2\end{pmatrix}\begin{pmatrix}z_1\\ z_2\end{pmatrix}=\begin{pmatrix}F\\ 0\end{pmatrix}\mathrm{e}^{\mathrm{i}\omega t} \tag{5.1-6}$$

$$\begin{pmatrix}k_1+k_2 & -k_2\\ -k_2 & k_2\end{pmatrix}\begin{pmatrix}z_1\\ z_2\end{pmatrix}-\begin{pmatrix}m_1\omega^2 & 0\\ 0 & m_2\omega^2\end{pmatrix}\begin{pmatrix}z_1\\ z_2\end{pmatrix}+\begin{pmatrix}\mathrm{i}c\omega & -\mathrm{i}c\omega\\ -\mathrm{i}c\omega & \mathrm{i}c\omega\end{pmatrix}\begin{pmatrix}z_1\\ z_2\end{pmatrix}=\begin{pmatrix}F\\ 0\end{pmatrix}\mathrm{e}^{\mathrm{i}\omega t} \tag{5.1-7}$$

由式(5.1-7)得

$$\begin{pmatrix}k_1+k_2-m_1\omega^2+\mathrm{i}c\omega & -k_2-\mathrm{i}c\omega\\ -k_2-\mathrm{i}c\omega & k_2-m_2\omega^2+\mathrm{i}c\omega\end{pmatrix}\begin{pmatrix}z_1\\ z_2\end{pmatrix}=\begin{pmatrix}F\\ 0\end{pmatrix}\mathrm{e}^{\mathrm{i}\omega t} \tag{5.1-8}$$

为简化分析,引入下列4个无量纲的两两独立且完备的自变量:$\mu=\dfrac{m_2}{m_1}$为吸振器质量与主系统质量之比;$f=\dfrac{\omega_2}{\omega_1}=\sqrt{\dfrac{k_2}{m_2}}\div\sqrt{\dfrac{k_1}{m_1}}=\sqrt{\dfrac{m_1k_2}{m_2k_1}}=\sqrt{\dfrac{k_2}{\mu k_1}}$为吸振器固有角频率与主系统固有角频率之比,其中$\omega_2=\sqrt{\dfrac{k_2}{m_2}}$为吸振器的固有角频率,$\omega_1=\sqrt{\dfrac{k_1}{m_1}}$为主系统的固有角频率;$\zeta=\dfrac{c}{2m_2\omega_1}=\dfrac{c}{2m_2}\sqrt{\dfrac{m_1}{k_1}}$为阻尼比;$g=\dfrac{\omega}{\omega_1}=\omega\sqrt{\dfrac{m_1}{k_1}}$为受迫角频率比。已知$m_1$、$k_1$,4个无量纲的自变量$\mu$(确定$m_2$)、$f$(已确定$m_2$,再确定$k_2$)、$\zeta$(已确定$m_2$,再确定$c$)、$g$(确定$\omega$)两两独立且完备。

由上述记法得重要关系式

$$\frac{k_2}{k_1}=\mu f^2 \tag{5.1-9}$$

由式(5.1-8)得

$$\begin{pmatrix}\dfrac{1}{k_1} & 0\\ 0 & \dfrac{1}{k_1}\end{pmatrix}\begin{pmatrix}k_1+k_2-m_1\omega^2+\mathrm{i}c\omega & -k_2-\mathrm{i}c\omega\\ -k_2-\mathrm{i}c\omega & k_2-m_2\omega^2+\mathrm{i}c\omega\end{pmatrix}\begin{pmatrix}z_1\\ z_2\end{pmatrix}=\begin{pmatrix}\dfrac{1}{k_1} & 0\\ 0 & \dfrac{1}{k_1}\end{pmatrix}\begin{pmatrix}F\\ 0\end{pmatrix}\mathrm{e}^{\mathrm{i}\omega t} \tag{5.1-10}$$

$$\begin{pmatrix}1+\dfrac{k_2}{k_1}-\dfrac{m_1}{k_1}\omega^2+\mathrm{i}\dfrac{c\omega}{k_1} & -\dfrac{k_2}{k_1}-\mathrm{i}\dfrac{c\omega}{k_1}\\ -\dfrac{k_2}{k_1}-\mathrm{i}\dfrac{c\omega}{k_1} & \dfrac{k_2}{k_1}-\dfrac{m_2\omega^2}{k_1}+\mathrm{i}\dfrac{c\omega}{k_1}\end{pmatrix}\begin{pmatrix}z_1\\ z_2\end{pmatrix}=\begin{pmatrix}\dfrac{F}{k_1}\\ 0\end{pmatrix}\mathrm{e}^{\mathrm{i}\omega t} \tag{5.1-11}$$

将式(5.1-9)代入式(5.1-11),可得

$$\begin{pmatrix}1+\mu f^2-g^2+\mathrm{i}\dfrac{c\omega}{k_1} & -\mu f^2-\mathrm{i}\dfrac{c\omega}{k_1}\\ -\mu f^2-\mathrm{i}\dfrac{c\omega}{k_1} & \mu f^2-\dfrac{m_2\omega^2}{m_1\omega_1^2}+\mathrm{i}\dfrac{c\omega}{k_1}\end{pmatrix}\begin{pmatrix}z_1\\ z_2\end{pmatrix}=\begin{pmatrix}\dfrac{F}{k_1}\\ 0\end{pmatrix}\mathrm{e}^{\mathrm{i}\omega t} \tag{5.1-12}$$

其中

$$\frac{c\omega}{k_1}=\frac{c\omega}{m_1\omega_1^2}=\frac{cg}{m_1\omega_1} \tag{5.1-13}$$

由 $\zeta=\dfrac{c}{2m_2\omega_1}$ 得 $c=2m_2\omega_1\zeta$,将其代入式(5.1-13)得

$$\frac{c\omega}{k_1}=\frac{2m_2\omega_1\zeta g}{m_1\omega_1}=\frac{2m_2\zeta g}{m_1}=2\mu\zeta g \tag{5.1-14}$$

将式(5.1-14)代入式(5.1-12),可得

$$\begin{pmatrix}1+\mu f^2-g^2+\mathrm{i}2\mu\zeta g & -\mu f^2-\mathrm{i}2\mu\zeta g\\ -\mu f^2-\mathrm{i}2\mu\zeta g & \mu f^2-\mu g^2+\mathrm{i}2\mu\zeta g\end{pmatrix}\begin{pmatrix}z_1\\ z_2\end{pmatrix}=\begin{pmatrix}\dfrac{F}{k_1}\\ 0\end{pmatrix}\mathrm{e}^{\mathrm{i}\omega t} \tag{5.1-15}$$

由式(5.1-15)得

$$\begin{pmatrix}1 & 0\\ 0 & \dfrac{1}{\mu}\end{pmatrix}\begin{pmatrix}1+\mu f^2-g^2+\mathrm{i}2\mu\zeta g & -\mu f^2-\mathrm{i}2\mu\zeta g\\ -\mu f^2-\mathrm{i}2\mu\zeta g & \mu f^2-\mu g^2+\mathrm{i}2\mu\zeta g\end{pmatrix}\begin{pmatrix}z_1\\ z_2\end{pmatrix}=\begin{pmatrix}1 & 0\\ 0 & \dfrac{1}{\mu}\end{pmatrix}\begin{pmatrix}\dfrac{F}{k_1}\\ 0\end{pmatrix}\mathrm{e}^{\mathrm{i}\omega t} \tag{5.1-16}$$

$$\begin{pmatrix}1+\mu f^2-g^2+\mathrm{i}2\mu\zeta g & -\mu f^2-\mathrm{i}2\mu\zeta g\\ -f^2-\mathrm{i}2\zeta g & f^2-g^2+\mathrm{i}2\zeta g\end{pmatrix}\begin{pmatrix}z_1\\ z_2\end{pmatrix}=\begin{pmatrix}\dfrac{F}{k_1}\\ 0\end{pmatrix}\mathrm{e}^{\mathrm{i}\omega t} \tag{5.1-17}$$

解得

$$\begin{pmatrix}z_1\\ z_2\end{pmatrix}=\begin{pmatrix}1+\mu f^2-g^2+\mathrm{i}2\mu\zeta g & -\mu f^2-\mathrm{i}2\mu\zeta g\\ -f^2-\mathrm{i}2\zeta g & f^2-g^2+\mathrm{i}2\zeta g\end{pmatrix}^{-1}\begin{pmatrix}\dfrac{F}{k_1}\\ 0\end{pmatrix}\mathrm{e}^{\mathrm{i}\omega t} \tag{5.1-18}$$

$$\begin{pmatrix}z_1\\ z_2\end{pmatrix}=\frac{1}{\begin{vmatrix}1+\mu f^2-g^2+\mathrm{i}2\mu\zeta g & -\mu f^2-\mathrm{i}2\mu\zeta g\\ -f^2-\mathrm{i}2\zeta g & f^2-g^2+\mathrm{i}2\zeta g\end{vmatrix}}\begin{pmatrix}f^2-g^2+\mathrm{i}2\zeta g & \mu f^2+\mathrm{i}2\mu\zeta g\\ f^2+\mathrm{i}2\zeta g & 1+\mu f^2-g^2+\mathrm{i}2\mu\zeta g\end{pmatrix}\begin{pmatrix}1\\ 0\end{pmatrix}\frac{F}{k_1}\mathrm{e}^{\mathrm{i}\omega t} \tag{5.1-19}$$

化简式(5.1-19)得

$$\begin{pmatrix}z_1\\ z_2\end{pmatrix}=\frac{1}{\begin{vmatrix}1+\mu f^2-g^2+\mathrm{i}2\mu\zeta g & -\mu f^2-\mathrm{i}2\mu\zeta g\\ -f^2-\mathrm{i}2\zeta g & f^2-g^2+\mathrm{i}2\zeta g\end{vmatrix}}\begin{pmatrix}f^2-g^2+\mathrm{i}2\zeta g\\ f^2+\mathrm{i}2\zeta g\end{pmatrix}\frac{F}{k_1}\mathrm{e}^{\mathrm{i}\omega t} \tag{5.1-20}$$

其中

$$\begin{aligned}\begin{vmatrix}1+\mu f^2-g^2+\mathrm{i}2\mu\zeta g & -\mu f^2-\mathrm{i}2\mu\zeta g\\ -f^2-\mathrm{i}2\zeta g & f^2-g^2+\mathrm{i}2\zeta g\end{vmatrix}&\xlongequal{r_1+\mu r_2}\begin{vmatrix}1-g^2 & -\mu g^2\\ -f^2-\mathrm{i}2\zeta g & f^2-g^2+\mathrm{i}2\zeta g\end{vmatrix}\\ &\xlongequal{c_2+c_1}\begin{vmatrix}1-g^2 & 1-g^2-\mu g^2\\ -f^2-\mathrm{i}2\zeta g & -g^2\end{vmatrix}\\ &=-g^2(1-g^2)+(1-g^2-\mu g^2)(f^2+\mathrm{i}2\zeta g)\\ &=-g^2(1-g^2)+f^2(1-g^2-\mu g^2)+\mathrm{i}2\zeta g(1-g^2-\mu g^2)\\ &=-g^2(1-g^2)+f^2(1-g^2)-\mu f^2g^2+\mathrm{i}2\zeta g(1-g^2-\mu g^2)\\ &=(1-g^2)(f^2-g^2)-\mu f^2g^2+\mathrm{i}2\zeta g(1-g^2-\mu g^2)\\ &=(g^2-1)(g^2-f^2)-\mu f^2g^2+\mathrm{i}2\zeta g(1-g^2-\mu g^2)\end{aligned} \tag{5.1-21}$$

将式(5.1-21)代入式(5.1-20),可得

$$\begin{pmatrix}z_1\\ z_2\end{pmatrix}=\frac{1}{(g^2-1)(g^2-f^2)-\mu f^2g^2+\mathrm{i}2\zeta g(1-g^2-\mu g^2)}\begin{pmatrix}f^2-g^2+\mathrm{i}2\zeta g\\ f^2+\mathrm{i}2\zeta g\end{pmatrix}\frac{F}{k_1}\mathrm{e}^{\mathrm{i}\omega t} \tag{5.1-22}$$

$$z_1=\frac{F}{k_1}\cdot\frac{f^2-g^2+\mathrm{i}2\zeta g}{(g^2-1)(g^2-f^2)-\mu f^2g^2+\mathrm{i}2\zeta g(1-g^2-\mu g^2)}\mathrm{e}^{\mathrm{i}\omega t}\tag{5.1-23}$$

$$z_2=\frac{F}{k_1}\cdot\frac{f^2+\mathrm{i}2\zeta g}{(g^2-1)(g^2-f^2)-\mu f^2g^2+\mathrm{i}2\zeta g(1-g^2-\mu g^2)}\mathrm{e}^{\mathrm{i}\omega t}\tag{5.1-24}$$

质量块 m_1 的位移为

$$\begin{aligned}x_1=\mathrm{Im}\,z_1&=\frac{F}{k_1}\mathrm{Im}\frac{f^2-g^2+\mathrm{i}2\zeta g}{(g^2-1)(g^2-f^2)-\mu f^2g^2+\mathrm{i}2\zeta g(1-g^2-\mu g^2)}\mathrm{e}^{\mathrm{i}\omega t}\\&=\frac{F}{k_1}\mathrm{Im}\left|\frac{f^2-g^2+\mathrm{i}2\zeta g}{(g^2-1)(g^2-f^2)-\mu f^2g^2+\mathrm{i}2\zeta g(1-g^2-\mu g^2)}\right|\mathrm{e}^{\mathrm{i}\arg\frac{f^2-g^2+\mathrm{i}2\zeta g}{(g^2-1)(g^2-f^2)-\mu f^2g^2+\mathrm{i}2\zeta g(1-g^2-\mu g^2)}}\mathrm{e}^{\mathrm{i}\omega t}\\&=\frac{F}{k_1}\left|\frac{f^2-g^2+\mathrm{i}2\zeta g}{(g^2-1)(g^2-f^2)-\mu f^2g^2+\mathrm{i}2\zeta g(1-g^2-\mu g^2)}\right|\mathrm{Im}\,\mathrm{e}^{\mathrm{i}\left[\omega t+\arg\frac{f^2-g^2+\mathrm{i}2\zeta g}{(g^2-1)(g^2-f^2)-\mu f^2g^2+\mathrm{i}2\zeta g(1-g^2-\mu g^2)}\right]}\end{aligned}\tag{5.1-25}$$

最后得

$$\begin{aligned}x_1=\frac{F}{k_1}&\left|\frac{f^2-g^2+\mathrm{i}2\zeta g}{(g^2-1)(g^2-f^2)-\mu f^2g^2+\mathrm{i}2\zeta g(1-g^2-\mu g^2)}\right|\times\\&\sin\left[\omega t+\arg\frac{f^2-g^2+\mathrm{i}2\zeta g}{(g^2-1)(g^2-f^2)-\mu f^2g^2+\mathrm{i}2\zeta g(1-g^2-\mu g^2)}\right]\end{aligned}\tag{5.1-26}$$

所以位移 x_1 的增益为

$$A_1=\left|\frac{f^2-g^2+\mathrm{i}2\zeta g}{(g^2-1)(g^2-f^2)-\mu f^2g^2+\mathrm{i}2\zeta g(1-g^2-\mu g^2)}\right|\tag{5.1-27}$$

质量块 m_2 的位移为

$$\begin{aligned}x_2=\mathrm{Im}\,z_2&=\frac{F}{k_1}\mathrm{Im}\frac{f^2+\mathrm{i}2\zeta g}{(g^2-1)(g^2-f^2)-\mu f^2g^2+\mathrm{i}2\zeta g(1-g^2-\mu g^2)}\mathrm{e}^{\mathrm{i}\omega t}\\&=\frac{F}{k_1}\mathrm{Im}\left|\frac{f^2+\mathrm{i}2\zeta g}{(g^2-1)(g^2-f^2)-\mu f^2g^2+\mathrm{i}2\zeta g(1-g^2-\mu g^2)}\right|\mathrm{e}^{\mathrm{i}\arg\frac{f^2+\mathrm{i}2\zeta g}{(g^2-1)(g^2-f^2)-\mu f^2g^2+\mathrm{i}2\zeta g(1-g^2-\mu g^2)}}\mathrm{e}^{\mathrm{i}\omega t}\\&=\frac{F}{k_1}\left|\frac{f^2+\mathrm{i}2\zeta g}{(g^2-1)(g^2-f^2)-\mu f^2g^2+\mathrm{i}2\zeta g(1-g^2-\mu g^2)}\right|\mathrm{Im}\,\mathrm{e}^{\mathrm{i}\left[\omega t+\arg\frac{f^2+\mathrm{i}2\zeta g}{(g^2-1)(g^2-f^2)-\mu f^2g^2+\mathrm{i}2\zeta g(1-g^2-\mu g^2)}\right]}\end{aligned}\tag{5.1-28}$$

最后得

$$\begin{aligned}x_2=\frac{F}{k_1}&\left|\frac{f^2+\mathrm{i}2\zeta g}{(g^2-1)(g^2-f^2)-\mu f^2g^2+\mathrm{i}2\zeta g(1-g^2-\mu g^2)}\right|\times\\&\sin\left[\omega t+\arg\frac{f^2+\mathrm{i}2\zeta g}{(g^2-1)(g^2-f^2)-\mu f^2g^2+\mathrm{i}2\zeta g(1-g^2-\mu g^2)}\right]\end{aligned}\tag{5.1-29}$$

所以位移 x_2 的增益为

$$A_2=\left|\frac{f^2+\mathrm{i}2\zeta g}{(g^2-1)(g^2-f^2)-\mu f^2g^2+\mathrm{i}2\zeta g(1-g^2-\mu g^2)}\right|\tag{5.1-30}$$

一、主系统的 3 个固定点

由式(5.1-27)得

$$A_1^2=\frac{(f^2-g^2)^2+4\zeta^2g^2}{[(g^2-1)(g^2-f^2)-\mu f^2g^2]^2+4\zeta^2g^2(1-g^2-\mu g^2)^2}\tag{5.1-31}$$

由式(5.1-31)得

$$[(g^2-1)(g^2-f^2)-\mu f^2g^2]^2A_1^2+4\zeta^2g^2(1-g^2-\mu g^2)^2A_1^2=(f^2-g^2)^2+4\zeta^2g^2 \tag{5.1-32}$$

移项得

$$4\zeta^2g^2(1-g^2-\mu g^2)^2A_1^2-4\zeta^2g^2=(f^2-g^2)^2-[(g^2-1)(g^2-f^2)-\mu f^2g^2]^2A_1^2 \tag{5.1-33}$$

$$4\zeta^2g^2[(1-g^2-\mu g^2)^2A_1^2-1]=(f^2-g^2)^2-[(g^2-1)(g^2-f^2)-\mu f^2g^2]^2A_1^2 \tag{5.1-34}$$

当满足

$$\begin{cases}[(g^2-1)(g^2-f^2)-\mu f^2g^2]^2A_1^2=(f^2-g^2)^2\\(1-g^2-\mu g^2)^2A_1^2=1\end{cases} \tag{5.1-35}$$

条件时,对于任意给定的 ζ,式(5.1-34)恒成立。

式(5.1-35)的第一式除以式(5.1-35)的第二式,可得

$$\frac{[(g^2-1)(g^2-f^2)-\mu f^2g^2]^2}{(1-g^2-\mu g^2)^2}=(f^2-g^2)^2 \tag{5.1-36}$$

式(5.1-36)成立的第一种情形是

$$\frac{(g^2-1)(g^2-f^2)-\mu f^2g^2}{1-g^2-\mu g^2}=f^2-g^2 \tag{5.1-37}$$

由式(5.1-37)得

$$(g^2-1)(g^2-f^2)-\mu f^2g^2=(g^2-f^2)(g^2+\mu g^2-1) \tag{5.1-38}$$

将式(5.1-38)移项后,合并同类项,可得

$$-\mu f^2g^2=(g^2-f^2)(g^2+\mu g^2-1)-(g^2-1)(g^2-f^2)=(g^2-f^2)\mu g^2=\mu g^4-\mu f^2g^2 \tag{5.1-39}$$

因此有 $\mu g^4=0$,$g=0$。故固定点 N 的横坐标为 $g_N=0$,由式(5.1-27)得

$$A_{1N}=\left|\frac{f^2}{(-1)(-f^2)}\right|=1 \tag{5.1-40}$$

式(5.1-36)成立的第二种情形是

$$\frac{(g^2-1)(g^2-f^2)-\mu f^2g^2}{1-g^2-\mu g^2}=-(f^2-g^2) \tag{5.1-41}$$

由式(5.1-41)得

$$(g^2-1)(g^2-f^2)-\mu f^2g^2=(g^2-f^2)(1-g^2-\mu g^2) \tag{5.1-42}$$

$$(g^2-1)(g^2-f^2)-\mu f^2g^2+(g^2-f^2)(g^2+\mu g^2-1)=0 \tag{5.1-43}$$

$$(g^2-f^2)[(2+\mu)g^2-2]-\mu f^2g^2=0 \tag{5.1-44}$$

将式(5.1-44)展开,可得

$$(2+\mu)g^4-(2+2f^2+\mu f^2)g^2+2f^2-\mu f^2g^2=0 \tag{5.1-45}$$

$$(2+\mu)g^4-(2+2f^2+\mu f^2+\mu f^2)g^2+2f^2=0 \tag{5.1-46}$$

可得关于 g^2 的一元二次方程

$$(2+\mu)g^4-2(1+f^2+\mu f^2)g^2+2f^2=0 \tag{5.1-47}$$

$$\frac{2+\mu}{2}g^4-(1+f^2+\mu f^2)g^2+f^2=0 \tag{5.1-48}$$

根的判别式为

$$\begin{aligned}\Delta&=(1+f^2+\mu f^2)^2-2f^2(2+\mu)\\&=(1+f^2)^2+\mu^2f^4+2\mu f^2(1+f^2)-4f^2-2\mu f^2\\&=1+f^4+2f^2+\mu^2f^4+2\mu f^4-4f^2\\&=1+f^4-2f^2+\mu^2f^4+2\mu f^4\\&=(1-f^2)^2+\mu(2+\mu)f^4\end{aligned} \tag{5.1-49}$$

一元二次方程(5.1-48)的2个根为

$$g^2=\frac{1+f^2+\mu f^2\mp\sqrt{(1-f^2)^2+\mu(2+\mu)f^4}}{2+\mu} \tag{5.1-50}$$

$$g=\sqrt{\frac{1+f^2+\mu f^2\mp\sqrt{(1-f^2)^2+\mu(2+\mu)f^4}}{2+\mu}} \tag{5.1-51}$$

故固定点 S、T 的横坐标分别为

$$g_S=\sqrt{\frac{1+f^2+\mu f^2-\sqrt{(1-f^2)^2+\mu(2+\mu)f^4}}{2+\mu}} \tag{5.1-52}$$

$$g_T=\sqrt{\frac{1+f^2+\mu f^2+\sqrt{(1-f^2)^2+\mu(2+\mu)f^4}}{2+\mu}} \tag{5.1-53}$$

由式(5.1-35)的第二式得

$$A_1=\frac{1}{|1-g^2-\mu g^2|} \tag{5.1-54}$$

根据式(5.1-47)可设函数

$$F(g)=(2+\mu)g^4-2(1+f^2+\mu f^2)g^2+2f^2 \tag{5.1-55}$$

由式(5.1-55)得

$$F(0)=2f^2>0,\quad F(g_S)=F(g_T)=0 \tag{5.1-56}$$

$$\begin{aligned}F\left(\frac{1}{\sqrt{1+\mu}}\right)&=(2+\mu)\frac{1}{(1+\mu)^2}-2[1+f^2(1+\mu)]\frac{1}{1+\mu}+2f^2\\&=\frac{2+\mu}{(1+\mu)^2}-\frac{2}{1+\mu}=\frac{2+\mu-(2+2\mu)}{(1+\mu)^2}\\&=\frac{-\mu}{(1+\mu)^2}<0\end{aligned} \tag{5.1-57}$$

由抛物线开口向上的性质得

$$0<g_S<\frac{1}{\sqrt{1+\mu}}<g_T \tag{5.1-58}$$

由式(5.1-54)和式(5.1-58)得

$$A_1(g_S)=\frac{1}{1-g_S^2-\mu g_S^2} \tag{5.1-59}$$

$$A_1(g_T)=\frac{1}{g_T^2+\mu g_T^2-1} \tag{5.1-60}$$

例 5.1-1 根据式(5.1-42)～式(5.1-47)得，$F(g)=(g^2-1)(g^2-f^2)-\mu f^2g^2-(g^2-f^2)(1-g^2-\mu g^2)$，求证 $F\left(\frac{1}{\sqrt{1+\mu}}\right)=-\frac{\mu}{(1+\mu)^2}$。

证明 当 $g=\frac{1}{\sqrt{1+\mu}}$ 时，$g^2+\mu g^2=1$，将 $g^2-1=-\mu g^2$ 代入题设公式，得

$$F\left(\frac{1}{\sqrt{1+\mu}}\right)=(g^2-1)(g^2-f^2)-\mu f^2g^2=-\mu g^2(g^2-f^2)-\mu f^2g^2=-\mu g^4=-\frac{\mu}{(1+\mu)^2}$$

二、吸振器的4个固定点

由式(5.1-30)得

$$A_2^2 = \frac{f^4+4\zeta^2 g^2}{[(g^2-1)(g^2-f^2)-\mu f^2 g^2]^2+4\zeta^2 g^2(1-g^2-\mu g^2)^2} \tag{5.1-61}$$

由式(5.1-61)得

$$[(g^2-1)(g^2-f^2)-\mu f^2 g^2]^2 A_2^2+4\zeta^2 g^2(1-g^2-\mu g^2)^2 A_2^2=f^4+4\zeta^2 g^2 \tag{5.1-62}$$

移项得

$$4\zeta^2 g^2(1-g^2-\mu g^2)^2 A_2^2-4\zeta^2 g^2=f^4-[(g^2-1)(g^2-f^2)-\mu f^2 g^2]^2 A_2^2 \tag{5.1-63}$$

$$4\zeta^2 g^2[(1-g^2-\mu g^2)^2 A_2^2-1]=f^4-[(g^2-1)(g^2-f^2)-\mu f^2 g^2]^2 A_2^2 \tag{5.1-64}$$

当满足

$$\begin{cases}[(g^2-1)(g^2-f^2)-\mu f^2 g^2]^2 A_2^2=f^4\\(1-g^2-\mu g^2)^2 A_2^2=1\end{cases} \tag{5.1-65}$$

条件时,对于任意给定的 ζ,式(5.1-64)恒成立。

式(5.1-65)的第一式除以式(5.1-65)的第二式,可得

$$\frac{[(g^2-1)(g^2-f^2)-\mu f^2 g^2]^2}{(1-g^2-\mu g^2)^2}=f^4 \tag{5.1-66}$$

式(5.1-66)成立的第一种情形是

$$\frac{(g^2-1)(g^2-f^2)-\mu f^2 g^2}{1-g^2-\mu g^2}=f^2 \tag{5.1-67}$$

由式(5.1-67)得

$$g^4-(1+f^2)g^2+f^2-\mu f^2 g^2=f^2-f^2 g^2-\mu f^2 g^2 \tag{5.1-68}$$

$$g^4-(1+f^2)g^2=-f^2 g^2 \tag{5.1-69}$$

移项得

$$g^4-g^2=g^2(g^2-1)=0 \tag{5.1-70}$$

因此有 $g=0$,$g=1$。$g_N=0$,固定点 W 的横坐标为 $g_W=1$。由式(5.1-30)得

$$A_{2N}=\left|\frac{f^2}{(-1)(-f^2)}\right|=1,\quad A_{2W}=\left|\frac{f^2+\mathrm{i}2\zeta}{-\mu f^2+\mathrm{i}2\zeta(-\mu)}\right|=\left|\frac{f^2+\mathrm{i}2\zeta}{\mu f^2+\mathrm{i}2\zeta\mu}\right|=\frac{1}{\mu} \tag{5.1-71}$$

式(5.1-66)成立的第二种情形是

$$\frac{(g^2-1)(g^2-f^2)-\mu f^2 g^2}{1-g^2-\mu g^2}=-f^2 \tag{5.1-72}$$

由式(5.1-72)得

$$g^4-(1+f^2)g^2+f^2-\mu f^2 g^2=-f^2(1-g^2-\mu g^2) \tag{5.1-73}$$

移项得

$$g^4-(1+f^2+\mu f^2)g^2+f^2+f^2(1-g^2-\mu g^2)=0 \tag{5.1-74}$$

$$g^4-(1+f^2+\mu f^2)g^2+f^2+f^2-f^2 g^2-\mu f^2 g^2=0 \tag{5.1-75}$$

合并同类项得

$$g^4-(1+f^2+\mu f^2+f^2+\mu f^2)g^2+2f^2=0 \tag{5.1-76}$$

可得关于 g^2 的一元二次方程

$$g^4-(1+2f^2+2\mu f^2)g^2+2f^2=0 \tag{5.1-77}$$

根的判别式为

$$\begin{aligned}\Delta &= (1+2f^2+2\mu f^2)^2-8f^2\\ &= (1+2f^2)^2+4\mu^2f^4+4\mu f^2(1+2f^2)-8f^2\\ &= (1+4f^4+4f^2-8f^2)+4\mu^2f^4+4\mu f^2(1-2f^2+4f^2)\\ &= (1-2f^2)^2+4\mu^2f^4+4\mu f^2(1-2f^2)+16\mu f^4\\ &= (1-2f^2+2\mu f^2)^2+16\mu f^4\end{aligned} \tag{5.1-78}$$

一元二次方程(5.1-77)的2个根为

$$g^2=\frac{1+2f^2+2\mu f^2\mp\sqrt{(1-2f^2+2\mu f^2)^2+16\mu f^4}}{2} \tag{5.1-79}$$

$$g=\sqrt{\frac{1+2f^2+2\mu f^2\mp\sqrt{(1-2f^2+2\mu f^2)^2+16\mu f^4}}{2}} \tag{5.1-80}$$

故固定点 V、M 的横坐标分别为

$$g_V=\sqrt{\frac{1+2f^2+2\mu f^2-\sqrt{(1-2f^2+2\mu f^2)^2+16\mu f^4}}{2}} \tag{5.1-81}$$

$$g_M=\sqrt{\frac{1+2f^2+2\mu f^2+\sqrt{(1-2f^2+2\mu f^2)^2+16\mu f^4}}{2}} \tag{5.1-82}$$

由式(5.1-65)的第二式得

$$A_2=\frac{1}{|1-g^2-\mu g^2|} \tag{5.1-83}$$

根据式(5.1-77)可设函数

$$\Phi(g)=g^4-(1+2f^2+2\mu f^2)g^2+2f^2 \tag{5.1-84}$$

由式(5.1-84)得

$$\Phi(0)=2f^2>0,\quad \Phi(g_V)=\Phi(g_M)=0 \tag{5.1-85}$$

$$\begin{aligned}\Phi\left(\frac{1}{\sqrt{1+\mu}}\right)&=\frac{1}{(1+\mu)^2}-[1+2f^2(1+\mu)]\frac{1}{1+\mu}+2f^2\\ &=\frac{1}{(1+\mu)^2}-\frac{1}{1+\mu}=\frac{1-(1+\mu)}{(1+\mu)^2}=\frac{-\mu}{(1+\mu)^2}<0\end{aligned} \tag{5.1-86}$$

由抛物线开口向上的性质得

$$0<g_V<\frac{1}{\sqrt{1+\mu}}<g_M \tag{5.1-87}$$

由式(5.1-83)和式(5.1-87)得

$$A_2(g_V)=\frac{1}{1-g_V^2-\mu g_V^2} \tag{5.1-88}$$

$$A_2(g_M)=\frac{1}{g_M^2+\mu g_M^2-1} \tag{5.1-89}$$

例 5.1-2 根据式(5.1-72)～式(5.1-77)得,$\Phi(g)=(g^2-1)(g^2-f^2)-\mu f^2g^2+f^2(1-g^2-\mu g^2)$,求证$\Phi\left(\frac{1}{\sqrt{1+\mu}}\right)=-\frac{\mu}{(1+\mu)^2}$。

证明 当$g=\frac{1}{\sqrt{1+\mu}}$时,$g^2+\mu g^2=1$,将 $g^2-1=-\mu g^2$ 代入题设公式,得

$$\Phi\left(\frac{1}{\sqrt{1+\mu}}\right)=(g^2-1)(g^2-f^2)-\mu f^2g^2=-\mu g^2(g^2-f^2)-\mu f^2g^2=-\mu g^4=-\frac{\mu}{(1+\mu)^2}$$

三、主系统2个固定点的坐标

对于工程问题，不要求主系统的位移振幅一定等于0，只要其小于允许的数值就可以。因此，为使主系统在相当宽的角频率范围内工作，吸振器的设计参数可满足

$$A_1(g_S)=A_1(g_T) \tag{5.1-90}$$

由式(5.1-59)与式(5.1-60)相等得

$$1-g_S^2-\mu g_S^2=g_T^2+\mu g_T^2-1 \tag{5.1-91}$$

$$2-(1+\mu)g_S^2=(1+\mu)g_T^2 \tag{5.1-92}$$

$$2=(1+\mu)g_S^2+(1+\mu)g_T^2=(1+\mu)(g_S^2+g_T^2) \tag{5.1-93}$$

由式(5.1-93)得

$$g_S^2+g_T^2=\frac{2}{1+\mu} \tag{5.1-94}$$

由式(5.1-52)得

$$g_S^2=\frac{1+f^2+\mu f^2-\sqrt{(1-f^2)^2+\mu(2+\mu)f^4}}{2+\mu} \tag{5.1-95}$$

由式(5.1-53)得

$$g_T^2=\frac{1+f^2+\mu f^2+\sqrt{(1-f^2)^2+\mu(2+\mu)f^4}}{2+\mu} \tag{5.1-96}$$

由式(5.1-95)加式(5.1-96)得

$$g_S^2+g_T^2=\frac{2(1+f^2+\mu f^2)}{2+\mu} \tag{5.1-97}$$

由式(5.1-94)与式(5.1-97)相等得

$$\frac{2}{1+\mu}=\frac{2(1+f^2+\mu f^2)}{2+\mu} \tag{5.1-98}$$

$$\frac{1}{1+\mu}=\frac{1+f^2+\mu f^2}{2+\mu} \tag{5.1-99}$$

由式(5.1-99)得

$$1+f^2+\mu f^2=\frac{2+\mu}{1+\mu}=1+\frac{1}{1+\mu} \tag{5.1-100}$$

$$\frac{1}{1+\mu}=f^2+\mu f^2=f^2(1+\mu) \tag{5.1-101}$$

$$f^2=\frac{1}{(1+\mu)^2} \tag{5.1-102}$$

最后可得吸振器的调谐条件是

$$f=\frac{1}{1+\mu} \tag{5.1-103}$$

将式(5.1-103)代入式(5.1-52)，可得

$$g_S=\sqrt{\frac{1+\dfrac{1}{1+\mu}-\sqrt{\dfrac{(\mu^2+2\mu)^2}{(1+\mu)^4}+\dfrac{2\mu+\mu^2}{(1+\mu)^4}}}{2+\mu}}=\sqrt{\frac{\dfrac{2+\mu}{1+\mu}-\dfrac{1}{(1+\mu)^2}\sqrt{(\mu^2+2\mu)^2+2\mu+\mu^2}}{2+\mu}} \tag{5.1-104}$$

由式(5.1-104)得

$$g_S=\sqrt{\frac{\dfrac{2+\mu}{1+\mu}-\dfrac{1}{(1+\mu)^2}\sqrt{(\mu^2+2\mu)(\mu^2+2\mu+1)}}{2+\mu}}$$

$$=\sqrt{\frac{\dfrac{2+\mu}{1+\mu}-\dfrac{1}{(1+\mu)^2}\sqrt{(\mu^2+2\mu)(\mu+1)^2}}{2+\mu}}$$

$$=\sqrt{\frac{\dfrac{2+\mu}{1+\mu}-\dfrac{\mu+1}{(1+\mu)^2}\sqrt{\mu^2+2\mu}}{2+\mu}}$$

$$=\sqrt{\frac{\dfrac{2+\mu}{1+\mu}-\dfrac{1}{1+\mu}\sqrt{\mu(\mu+2)}}{2+\mu}}$$

$$=\sqrt{\frac{1}{1+\mu}-\frac{1}{1+\mu}\sqrt{\frac{\mu(\mu+2)}{(2+\mu)^2}}}$$

$$=\sqrt{\frac{1}{1+\mu}-\frac{1}{1+\mu}\sqrt{\frac{\mu}{2+\mu}}} \tag{5.1-105}$$

最后得

$$g_S=\sqrt{\frac{1-\sqrt{\dfrac{\mu}{2+\mu}}}{1+\mu}} \tag{5.1-106}$$

将式(5.1-103)代入式(5.1-53),可得

$$g_T=\sqrt{\frac{1+\sqrt{\dfrac{\mu}{2+\mu}}}{1+\mu}} \tag{5.1-107}$$

因为 $g_N=0$,所以横坐标之间的关系为 $g_N<g_S<g_T$。

将式(5.1-106)代入式(5.1-59),可得

$$A_{1S}=\frac{1}{1-g_S^2(1+\mu)}=\frac{1}{1-\left(1-\sqrt{\dfrac{\mu}{2+\mu}}\right)}=\frac{1}{\sqrt{\dfrac{\mu}{2+\mu}}}=\sqrt{\frac{2+\mu}{\mu}} \tag{5.1-108}$$

将式(5.1-107)代入式(5.1-60),可得

$$A_{1T}=\frac{1}{g_T^2(1+\mu)-1}=\frac{1}{1+\sqrt{\dfrac{\mu}{2+\mu}}-1}=\frac{1}{\sqrt{\dfrac{\mu}{2+\mu}}}=\sqrt{\frac{2+\mu}{\mu}} \tag{5.1-109}$$

因为 $A_{1N}=1$,所以纵坐标之间的关系为 $A_{1N}<A_{1S}=A_{1T}$。

四、吸振器2个固定点的坐标

将式(5.1-103)代入式(5.1-81),可得

$$g_V=\sqrt{\frac{1+\frac{2}{1+\mu}-\sqrt{\left[1+\frac{2\mu-2}{(1+\mu)^2}\right]^2+\frac{16\mu}{(1+\mu)^4}}}{2}}=\sqrt{\frac{\frac{3+\mu}{1+\mu}-\sqrt{\frac{(4\mu+\mu^2-1)^2+16\mu}{(1+\mu)^4}}}{2}}$$

$$=\sqrt{\frac{\frac{3+\mu}{1+\mu}-\frac{1}{(1+\mu)^2}\sqrt{1+16\mu^2+\mu^4-8\mu-2\mu^2+8\mu^3+16\mu}}{2}}$$

$$=\sqrt{\frac{\frac{3+\mu}{1+\mu}-\frac{1}{(1+\mu)^2}\sqrt{1+8\mu+14\mu^2+8\mu^3+\mu^4}}{2}}$$

$$=\sqrt{\frac{\frac{3+\mu}{1+\mu}-\frac{1}{(1+\mu)^2}\sqrt{(1+6\mu+\mu^2)+2\mu+13\mu^2+8\mu^3+\mu^4}}{2}}$$

$$=\sqrt{\frac{\frac{3+\mu}{1+\mu}-\frac{1}{(1+\mu)^2}\sqrt{(1+6\mu+\mu^2)+(2\mu+12\mu^2+2\mu^3)+\mu^2+6\mu^3+\mu^4}}{2}}$$

$$=\sqrt{\frac{\frac{3+\mu}{1+\mu}-\frac{1}{(1+\mu)^2}\sqrt{(1+6\mu+\mu^2)(1+2\mu+\mu^2)}}{2}} \tag{5.1-110}$$

化简式(5.1-110)得

$$g_V=\sqrt{\frac{\frac{3+\mu}{1+\mu}-\frac{1}{(1+\mu)^2}\sqrt{(1+6\mu+\mu^2)(1+\mu)^2}}{2}}$$

$$=\sqrt{\frac{\frac{3+\mu}{1+\mu}-\frac{1+\mu}{(1+\mu)^2}\sqrt{1+6\mu+\mu^2}}{2}}$$

$$=\sqrt{\frac{\frac{3+\mu}{1+\mu}-\frac{1}{1+\mu}\sqrt{1+6\mu+\mu^2}}{2}} \tag{5.1-111}$$

最后得

$$g_V=\sqrt{\frac{3+\mu-\sqrt{1+6\mu+\mu^2}}{2(1+\mu)}} \tag{5.1-112}$$

将式(5.1-103)代入式(5.1-82),可得

$$g_M=\sqrt{\frac{3+\mu+\sqrt{1+6\mu+\mu^2}}{2(1+\mu)}} \tag{5.1-113}$$

因为 $g_N=0$,$g_W=1$,所以横坐标之间的关系为 $g_N<g_V<g_W<g_M$。以下是验算过程:

$\frac{3+\mu-\sqrt{1+6\mu+\mu^2}}{2(1+\mu)}<1$,$3+\mu-\sqrt{1+6\mu+\mu^2}<2+2\mu$,$1<\mu+\sqrt{1+6\mu+\mu^2}$ 显然恒成立;

$1<\frac{3+\mu+\sqrt{1+6\mu+\mu^2}}{2(1+\mu)}$，$2+2\mu<3+\mu+\sqrt{1+6\mu+\mu^2}$，$\mu<1+\sqrt{1+6\mu+\mu^2}$显然恒成立。

将式(5.1-112)代入式(5.1-88)，可得

$$A_{2V}=\frac{1}{1-g_V^2(1+\mu)}=\frac{1}{1-\frac{3+\mu-\sqrt{1+6\mu+\mu^2}}{2}}$$

$$=\frac{2}{2-3-\mu+\sqrt{1+6\mu+\mu^2}}$$

$$=\frac{2}{\sqrt{1+6\mu+\mu^2}-1-\mu} \tag{5.1-114}$$

将式(5.1-113)代入式(5.1-89)，可得

$$A_{2M}=\frac{1}{g_M^2(1+\mu)-1}$$

$$=\frac{1}{\frac{3+\mu+\sqrt{1+6\mu+\mu^2}}{2}-1}$$

$$=\frac{2}{3+\mu+\sqrt{1+6\mu+\mu^2}-2}=\frac{2}{1+\mu+\sqrt{1+6\mu+\mu^2}} \tag{5.1-115}$$

因为 $A_{2N}=1$，$A_{2W}=\frac{1}{\mu}$，所以纵坐标之间的关系为 $A_{2M}<A_{2N}<A_{2W}<A_{2V}$。以下是验算过程：

$A_{2M}=\frac{2}{1+\mu+\sqrt{1+6\mu+\mu^2}}<\frac{2}{1+1}=1$，$\frac{1}{\mu}<\frac{2}{\sqrt{1+6\mu+\mu^2}-1-\mu}$，$\sqrt{1+6\mu+\mu^2}-1-\mu<2\mu$，$\sqrt{1+6\mu+\mu^2}<1+3\mu$，$1+6\mu+\mu^2<1+6\mu+9\mu^2$ 成立。

五、设置主系统 2 个固定点为极大值点

位移 x_1 的增益 A_1 的极大值点 g 满足

$$\frac{\mathrm{d}A_1}{\mathrm{d}g}=0 \tag{5.1-116}$$

根据复合函数求导法则，有

$$\frac{\mathrm{d}A_1^2}{\mathrm{d}g}=\frac{2A_1\mathrm{d}A_1}{\mathrm{d}g}=2A_1\frac{\mathrm{d}A_1}{\mathrm{d}g} \tag{5.1-117}$$

将式(5.1-116)代入式(5.1-117)，可得

$$\frac{\mathrm{d}A_1^2}{\mathrm{d}g}=2A_1\frac{\mathrm{d}A_1}{\mathrm{d}g}=0 \tag{5.1-118}$$

由式(5.1-31)得

$$A_1^2=\frac{(g^2-f^2)^2+4\zeta^2g^2}{[(g^2-1)(g^2-f^2)-\mu f^2g^2]^2+4\zeta^2g^2(g^2+\mu g^2-1)^2} \tag{5.1-119}$$

式(5.1-119)对 g 的一阶导数为

$$\{[(g^2-1)(g^2-f^2)-\mu f^2g^2]^2+4\zeta^2g^2(g^2+\mu g^2-1)^2\}^2\frac{\mathrm{d}A_1^2}{\mathrm{d}g}=$$
$$[(g^2-f^2)^2+4\zeta^2g^2]'\{[(g^2-1)(g^2-f^2)-\mu f^2g^2]^2+4\zeta^2g^2(g^2+\mu g^2-1)^2\}-$$
$$[(g^2-f^2)^2+4\zeta^2g^2]\{[(g^2-1)(g^2-f^2)-\mu f^2g^2]^2+4\zeta^2g^2(g^2+\mu g^2-1)^2\}' \tag{5.1-120}$$

将式(5.1-118)代入式(5.1-120),可得

$$[(g^2-f^2)^2+4\zeta^2g^2]'\{[(g^2-1)(g^2-f^2)-\mu f^2g^2]^2+4\zeta^2g^2(g^2+\mu g^2-1)^2\}=$$
$$[(g^2-f^2)^2+4\zeta^2g^2]\{[(g^2-1)(g^2-f^2)-\mu f^2g^2]^2+4\zeta^2g^2(g^2+\mu g^2-1)^2\}' \tag{5.1-121}$$

由式(5.1-121)得

$$[(g^2-f^2)^2+4\zeta^2g^2]'=\frac{(g^2-f^2)^2+4\zeta^2g^2}{[(g^2-1)(g^2-f^2)-\mu f^2g^2]^2+4\zeta^2g^2\ (g^2+\mu g^2-1)^2}\times$$
$$\{[(g^2-1)(g^2-f^2)-\mu f^2g^2]^2+4\zeta^2g^2(g^2+\mu g^2-1)^2\}' \tag{5.1-122}$$

由式(5.1-122)得

$$\frac{(g^2-f^2)^2+4\zeta^2g^2}{[(g^2-1)(g^2-f^2)-\mu f^2g^2]^2+4\zeta^2g^2\ (g^2+\mu g^2-1)^2}=$$
$$\frac{[(g^2-f^2)^2+4\zeta^2g^2]'}{\{[(g^2-1)(g^2-f^2)-\mu f^2g^2]^2+4\zeta^2g^2\ (g^2+\mu g^2-1)^2\}'} \tag{5.1-123}$$

将式(5.1-123)代入式(5.1-119),可得

$$A_1^2=\frac{[(g^2-f^2)^2+4\zeta^2g^2]'}{\{[(g^2-1)(g^2-f^2)-\mu f^2g^2]^2+4\zeta^2g^2\ (g^2+\mu g^2-1)^2\}'} \tag{5.1-124}$$

式(5.1-124)中的分子为

$$[(g^2-f^2)^2+4\zeta^2g^2]'=\frac{\mathrm{d}[(g^2-f^2)^2+4\zeta^2g^2]}{\mathrm{d}g}=2(g^2-f^2)2g+4\zeta^2 2g=4g(g^2-f^2+2\zeta^2) \tag{5.1-125}$$

式(5.1-124)中的分母为

$$\{[(g^2-1)(g^2-f^2)-\mu f^2g^2]^2+4\zeta^2g^2(g^2+\mu g^2-1)^2\}'=$$
$$\frac{\mathrm{d}\{[(g^2-1)(g^2-f^2)-\mu f^2g^2]^2+4\zeta^2g^2(g^2+\mu g^2-1)^2\}}{\mathrm{d}g}=$$
$$2[(g^2-1)(g^2-f^2)-\mu f^2g^2][2g(g^2-f^2)+(g^2-1)2g-\mu f^2 2g]+$$
$$4\zeta^2 2g(g^2+\mu g^2-1)^2+4\zeta^2g^2 2(g^2+\mu g^2-1)(2g+\mu 2g) \tag{5.1-126}$$

化简式(5.1-126)得

$$\{[(g^2-1)(g^2-f^2)-\mu f^2g^2]^2+4\zeta^2g^2(g^2+\mu g^2-1)^2\}'=$$
$$4g[(g^2-1)(g^2-f^2)-\mu f^2g^2](2g^2-1-f^2-\mu f^2)+$$
$$8\zeta^2g(g^2+\mu g^2-1)^2+8\zeta^2g^2(g^2+\mu g^2-1)(2g+2\mu g) \tag{5.1-127}$$

合并同类项得

$$\{[(g^2-1)(g^2-f^2)-\mu f^2g^2]^2+4\zeta^2g^2(g^2+\mu g^2-1)^2\}'=$$
$$4g[(g^2-1)(g^2-f^2)-\mu f^2g^2](2g^2-1-f^2-\mu f^2)+8\zeta^2g(g^2+\mu g^2-1)(g^2+\mu g^2-1+$$
$$2g^2+2\mu g^2) \tag{5.1-128}$$

$$\{[(g^2-1)(g^2-f^2)-\mu f^2g^2]^2+4\zeta^2g^2(g^2+\mu g^2-1)^2\}'=$$
$$4g[(g^2-1)(g^2-f^2)-\mu f^2g^2](2g^2-1-f^2-\mu f^2)+8\zeta^2g(g^2+\mu g^2-1)(3g^2+3\mu g^2-1) \tag{5.1-129}$$

由式(5.1-41)得

$$(g^2-1)(g^2-f^2)-\mu f^2g^2=-(f^2-g^2)(1-g^2-\mu g^2)=-(g^2-f^2)(g^2+\mu g^2-1) \tag{5.1-130}$$

将式(5.1-130)代入式(5.1-129),可得

$$\{[(g^2-1)(g^2-f^2)-\mu f^2g^2]^2+4\zeta^2g^2(g^2+\mu g^2-1)^2\}'=$$
$$-4g(g^2-f^2)(g^2+\mu g^2-1)(2g^2-1-f^2-\mu f^2)+8\zeta^2g(g^2+\mu g^2-1)(3g^2+3\mu g^2-1)=$$
$$4g(g^2+\mu g^2-1)[2\zeta^2(3g^2+3\mu g^2-1)-(g^2-f^2)(2g^2-1-f^2-\mu f^2)] \tag{5.1-131}$$

将式(5.1-125)和式(5.1-131)代入式(5.1-124),可得

$$\begin{aligned} A_1^2 &= \frac{4g(g^2-f^2+2\zeta^2)}{4g(g^2+\mu g^2-1)[2\zeta^2(3g^2+3\mu g^2-1)-(g^2-f^2)(2g^2-1-f^2-\mu f^2)]} \\ &= \frac{g^2-f^2+2\zeta^2}{(g^2+\mu g^2-1)[2\zeta^2(3g^2+3\mu g^2-1)-(g^2-f^2)(2g^2-1-f^2-\mu f^2)]} \end{aligned} \tag{5.1-132}$$

由式(5.1-35)的第二式得

$$A_1^2=\frac{1}{(1-g^2-\mu g^2)^2}=\frac{1}{(g^2+\mu g^2-1)^2} \tag{5.1-133}$$

将式(5.1-133)代入式(5.1-132),可得

$$\frac{g^2-f^2+2\zeta^2}{(g^2+\mu g^2-1)[2\zeta^2(3g^2+3\mu g^2-1)-(g^2-f^2)(2g^2-1-f^2-\mu f^2)]}=\frac{1}{(g^2+\mu g^2-1)^2} \tag{5.1-134}$$

$$\frac{g^2-f^2+2\zeta^2}{2\zeta^2(3g^2+3\mu g^2-1)-(g^2-f^2)(2g^2-1-f^2-\mu f^2)}=\frac{1}{g^2+\mu g^2-1} \tag{5.1-135}$$

由式(5.1-135)得

$$(g^2+\mu g^2-1)(g^2-f^2+2\zeta^2)=2\zeta^2(3g^2+3\mu g^2-1)-(g^2-f^2)(2g^2-1-f^2-\mu f^2) \tag{5.1-136}$$

将式(5.1-136)按照 ζ 展开,可得

$$(g^2+\mu g^2-1)(g^2-f^2)+2\zeta^2(g^2+\mu g^2-1)=2\zeta^2(3g^2+3\mu g^2-1)-(g^2-f^2)(2g^2-1-f^2-\mu f^2) \tag{5.1-137}$$

$$(g^2+\mu g^2-1)(g^2-f^2)+(g^2-f^2)(2g^2-1-f^2-\mu f^2)=2\zeta^2(2g^2+2\mu g^2) \tag{5.1-138}$$

化简式(5.1-138)得

$$4\zeta^2g^2(1+\mu)=(g^2-f^2)(3g^2+\mu g^2-2-f^2-\mu f^2) \tag{5.1-139}$$

$$4\zeta^2g^2(1+\mu)=(g^2-f^2)[3g^2+\mu g^2-2-f^2(1+\mu)] \tag{5.1-140}$$

将式(5.1-103)代入式(5.1-140),可得

$$4\zeta^2g^2(1+\mu)=\left[g^2-\frac{1}{(1+\mu)^2}\right]\left[g^2(3+\mu)-\frac{3+2\mu}{1+\mu}\right] \tag{5.1-141}$$

将式(5.1-106)代入式(5.1-141),可得

$$4\zeta^2\left(1-\sqrt{\frac{\mu}{2+\mu}}\right)=\left[\frac{1-\sqrt{\frac{\mu}{2+\mu}}}{1+\mu}-\frac{1}{(1+\mu)^2}\right]\left[\frac{1-\sqrt{\frac{\mu}{2+\mu}}}{1+\mu}(3+\mu)-\frac{3+2\mu}{1+\mu}\right] \tag{5.1-142}$$

用 $(1+\mu)^3$ 乘式(5.1-142),可得

$$4(1+\mu)^3\zeta^2\left(1-\sqrt{\frac{\mu}{2+\mu}}\right)=\left[1+\mu-(1+\mu)\sqrt{\frac{\mu}{2+\mu}}-1\right]\left[3+\mu-(3+\mu)\sqrt{\frac{\mu}{2+\mu}}-3-2\mu\right] \tag{5.1-143}$$

$$4(1+\mu)^3\zeta^2\left(1-\sqrt{\frac{\mu}{2+\mu}}\right)=\left[\mu-(1+\mu)\sqrt{\frac{\mu}{2+\mu}}\right]\left[-\mu-(3+\mu)\sqrt{\frac{\mu}{2+\mu}}\right] \tag{5.1-144}$$

化简式(5.1-144)得

$$4(1+\mu)^3\zeta^2\left(1-\sqrt{\frac{\mu}{2+\mu}}\right)=\left[(1+\mu)\sqrt{\frac{\mu}{2+\mu}}-\mu\right]\left[(3+\mu)\sqrt{\frac{\mu}{2+\mu}}+\mu\right] \tag{5.1-145}$$

展开式(5.1-145)得

$$4(1+\mu)^3\zeta^2\left(1-\sqrt{\frac{\mu}{2+\mu}}\right)=(1+\mu)(3+\mu)\frac{\mu}{2+\mu}-\mu^2+(\mu+\mu^2)\sqrt{\frac{\mu}{2+\mu}}-(3\mu+\mu^2)\sqrt{\frac{\mu}{2+\mu}} \tag{5.1-146}$$

化简式(5.1-146)得

$$4(1+\mu)^3\zeta^2\left(1-\sqrt{\frac{\mu}{2+\mu}}\right)=(\mu^2+4\mu+3)\frac{\mu}{2+\mu}-\mu^2-2\mu\sqrt{\frac{\mu}{2+\mu}} \tag{5.1-147}$$

$$4\frac{(1+\mu)^3}{\mu}\zeta^2\left(1-\sqrt{\frac{\mu}{2+\mu}}\right)=\frac{\mu^2+4\mu+3}{2+\mu}-\mu-2\sqrt{\frac{\mu}{2+\mu}} \tag{5.1-148}$$

$$4\frac{(1+\mu)^3}{\mu}\zeta^2\left(1-\sqrt{\frac{\mu}{2+\mu}}\right)=\frac{\mu^2+4\mu+3-2\mu-\mu^2}{2+\mu}-2\sqrt{\frac{\mu}{2+\mu}} \tag{5.1-149}$$

化简式(5.1-149)得

$$4\frac{(1+\mu)^3}{\mu}\zeta^2\left(1-\sqrt{\frac{\mu}{2+\mu}}\right)=\frac{3+2\mu}{2+\mu}-2\sqrt{\frac{\mu}{2+\mu}} \tag{5.1-150}$$

$$4\frac{(1+\mu)^3}{\mu}\zeta^2\left(1-\sqrt{\frac{\mu}{2+\mu}}\right)\left(1+\sqrt{\frac{\mu}{2+\mu}}\right)=\left(\frac{3+2\mu}{2+\mu}-2\sqrt{\frac{\mu}{2+\mu}}\right)\left(1+\sqrt{\frac{\mu}{2+\mu}}\right) \tag{5.1-151}$$

展开式(5.1-151)得

$$4\frac{(1+\mu)^3}{\mu}\zeta^2\left(1-\frac{\mu}{2+\mu}\right)=\frac{3+2\mu}{2+\mu}-2\frac{\mu}{2+\mu}+\frac{3+2\mu}{2+\mu}\sqrt{\frac{\mu}{2+\mu}}-2\sqrt{\frac{\mu}{2+\mu}} \tag{5.1-152}$$

用 $2+\mu$ 乘式(5.1-152),可得

$$4\frac{(1+\mu)^3}{\mu}\zeta^2(2+\mu-\mu)=3+2\mu-2\mu+(3+2\mu)\sqrt{\frac{\mu}{2+\mu}}-(4+2\mu)\sqrt{\frac{\mu}{2+\mu}} \tag{5.1-153}$$

$$8\frac{(1+\mu)^3}{\mu}\zeta^2=3-\sqrt{\frac{\mu}{2+\mu}} \tag{5.1-154}$$

最后得点 S(极大值)对应的阻尼比为

$$\zeta_S=\sqrt{\frac{\mu}{8(1+\mu)^3}\left(3-\sqrt{\frac{\mu}{2+\mu}}\right)} \tag{5.1-155}$$

将式(5.1-107)代入式(5.1-141),可得

$$4\zeta^2\left(1+\sqrt{\frac{\mu}{2+\mu}}\right)=\left[\frac{1+\sqrt{\frac{\mu}{2+\mu}}}{1+\mu}-\frac{1}{(1+\mu)^2}\right]\left[\frac{1+\sqrt{\frac{\mu}{2+\mu}}}{1+\mu}(3+\mu)-\frac{3+2\mu}{1+\mu}\right] \tag{5.1-156}$$

用 $(1+\mu)^3$ 乘式(5.1-156),可得

$$4(1+\mu)^3\zeta^2\left(1+\sqrt{\frac{\mu}{2+\mu}}\right)=\left[1+\mu+(1+\mu)\sqrt{\frac{\mu}{2+\mu}}-1\right]\left[3+\mu+(3+\mu)\sqrt{\frac{\mu}{2+\mu}}-3-2\mu\right] \tag{5.1-157}$$

$$4(1+\mu)^3\zeta^2\left(1+\sqrt{\frac{\mu}{2+\mu}}\right)=\left[(1+\mu)\sqrt{\frac{\mu}{2+\mu}}+\mu\right]\left[(3+\mu)\sqrt{\frac{\mu}{2+\mu}}-\mu\right] \tag{5.1-158}$$

展开式(5.1-158)得

$$4(1+\mu)^3\zeta^2\left(1+\sqrt{\frac{\mu}{2+\mu}}\right)=(1+\mu)(3+\mu)\frac{\mu}{2+\mu}-\mu^2+(3\mu+\mu^2)\sqrt{\frac{\mu}{2+\mu}}-(\mu+\mu^2)\sqrt{\frac{\mu}{2+\mu}} \tag{5.1-159}$$

化简式(5.1-159)得

$$4(1+\mu)^3\zeta^2\left(1+\sqrt{\frac{\mu}{2+\mu}}\right)=(\mu^2+4\mu+3)\frac{\mu}{2+\mu}-\mu^2+2\mu\sqrt{\frac{\mu}{2+\mu}} \tag{5.1-160}$$

$$4\frac{(1+\mu)^3}{\mu}\zeta^2\left(1+\sqrt{\frac{\mu}{2+\mu}}\right)=\frac{\mu^2+4\mu+3}{2+\mu}-\mu+2\sqrt{\frac{\mu}{2+\mu}} \tag{5.1-161}$$

$$4\frac{(1+\mu)^3}{\mu}\zeta^2\left(1+\sqrt{\frac{\mu}{2+\mu}}\right)=\frac{\mu^2+4\mu+3-2\mu-\mu^2}{2+\mu}+2\sqrt{\frac{\mu}{2+\mu}} \tag{5.1-162}$$

化简式(5.1-162)得

$$4\frac{(1+\mu)^3}{\mu}\zeta^2\left(1+\sqrt{\frac{\mu}{2+\mu}}\right)=\frac{3+2\mu}{2+\mu}+2\sqrt{\frac{\mu}{2+\mu}} \tag{5.1-163}$$

$$4\frac{(1+\mu)^3}{\mu}\zeta^2\left(1+\sqrt{\frac{\mu}{2+\mu}}\right)\left(1-\sqrt{\frac{\mu}{2+\mu}}\right)=\left(\frac{3+2\mu}{2+\mu}+2\sqrt{\frac{\mu}{2+\mu}}\right)\left(1-\sqrt{\frac{\mu}{2+\mu}}\right) \tag{5.1-164}$$

展开式(5.1-164)得

$$4\frac{(1+\mu)^3}{\mu}\zeta^2\left(1-\frac{\mu}{2+\mu}\right)=\frac{3+2\mu}{2+\mu}-2\frac{\mu}{2+\mu}+2\sqrt{\frac{\mu}{2+\mu}}-\frac{3+2\mu}{2+\mu}\sqrt{\frac{\mu}{2+\mu}} \tag{5.1-165}$$

用 $2+\mu$ 乘式(5.1-165),可得

$$4\frac{(1+\mu)^3}{\mu}\zeta^2(2+\mu-\mu)=3+2\mu-2\mu+(4+2\mu)\sqrt{\frac{\mu}{2+\mu}}-(3+2\mu)\sqrt{\frac{\mu}{2+\mu}} \tag{5.1-166}$$

$$8\frac{(1+\mu)^3}{\mu}\zeta^2=3+\sqrt{\frac{\mu}{2+\mu}} \tag{5.1-167}$$

最后得点 T(极大值)对应的阻尼比为

$$\zeta_T=\sqrt{\frac{\mu}{8(1+\mu)^3}\left(3+\sqrt{\frac{\mu}{2+\mu}}\right)} \tag{5.1-168}$$

由式(5.1-155)得

$$\zeta_S^2=\frac{\mu}{8(1+\mu)^3}\left(3-\sqrt{\frac{\mu}{2+\mu}}\right) \tag{5.1-169}$$

由式(5.1-168)得

$$\zeta_T^2=\frac{\mu}{8(1+\mu)^3}\left(3+\sqrt{\frac{\mu}{2+\mu}}\right) \tag{5.1-170}$$

所以

$$\zeta_S^2+\zeta_T^2=\frac{\mu}{8(1+\mu)^3}6 \tag{5.1-171}$$

$$\frac{\zeta_S^2+\zeta_T^2}{2}=\frac{\mu}{8(1+\mu)^3}3 \tag{5.1-172}$$

$$\zeta=\sqrt{\frac{\zeta_S^2+\zeta_T^2}{2}}=\sqrt{\frac{3\mu}{8(1+\mu)^3}} \tag{5.1-173}$$

当 $\mu=0.25$ 且在点 S 和点 T 处分别具有水平切线时，主系统的幅频特性曲线如图 5.1-2 所示。

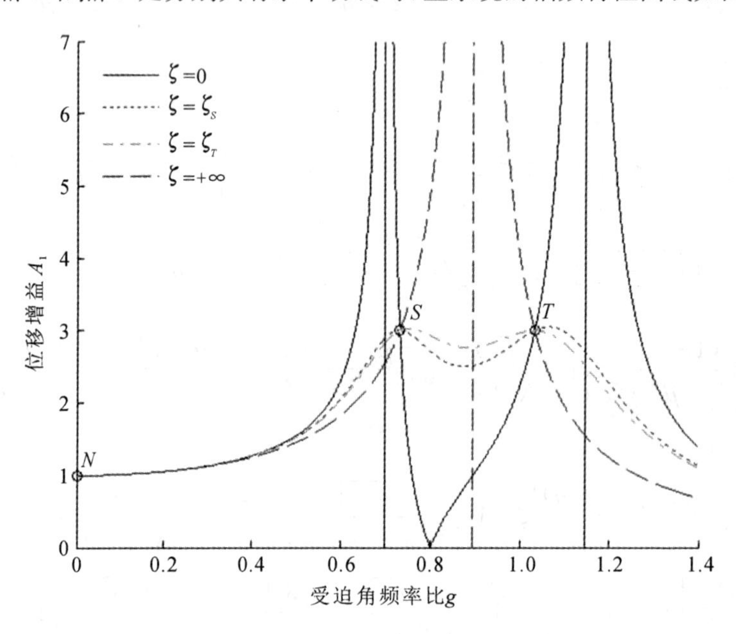

图 5.1-2　主系统的幅频特性曲线（$\mu=0.25$ 且在点 S 和点 T 处分别具有水平切线）

当 $\mu=0.25$ 时，吸振器的幅频特性曲线如图 5.1-3 所示。

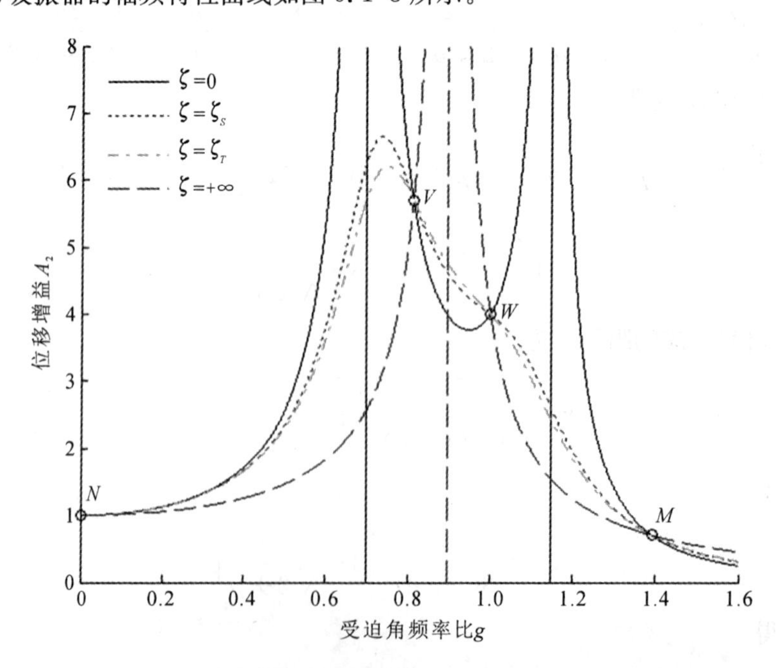

图 5.1-3　吸振器的幅频特性曲线（$\mu=0.25$）

由式(5.1-26)得 x_1 的相角为

$$\omega t+\arg\frac{f^2-g^2+\mathrm{i}2\zeta g}{(g^2-1)(g^2-f^2)-\mu f^2g^2+\mathrm{i}2\zeta g(1-g^2-\mu g^2)} \tag{5.1-174}$$

由式(5.1-29)得 x_2 的相角为

$$\omega t+\arg\frac{f^2+\mathrm{i}2\zeta g}{(g^2-1)(g^2-f^2)-\mu f^2g^2+\mathrm{i}2\zeta g(1-g^2-\mu g^2)} \tag{5.1-175}$$

x_2 的相角与 x_1 的差为

$$\begin{aligned}\varphi=&\arg\frac{f^2+\mathrm{i}2\zeta g}{(g^2-1)(g^2-f^2)-\mu f^2g^2+\mathrm{i}2\zeta g(1-g^2-\mu g^2)}-\\&\arg\frac{f^2-g^2+\mathrm{i}2\zeta g}{(g^2-1)(g^2-f^2)-\mu f^2g^2+\mathrm{i}2\zeta g(1-g^2-\mu g^2)}\\=&\arg\frac{f^2+\mathrm{i}2\zeta g}{f^2-g^2+\mathrm{i}2\zeta g}\end{aligned} \tag{5.1-176}$$

当 $\mu=0.25$ 时,x_2 与 x_1 的相角差如图 5.1-4 所示。

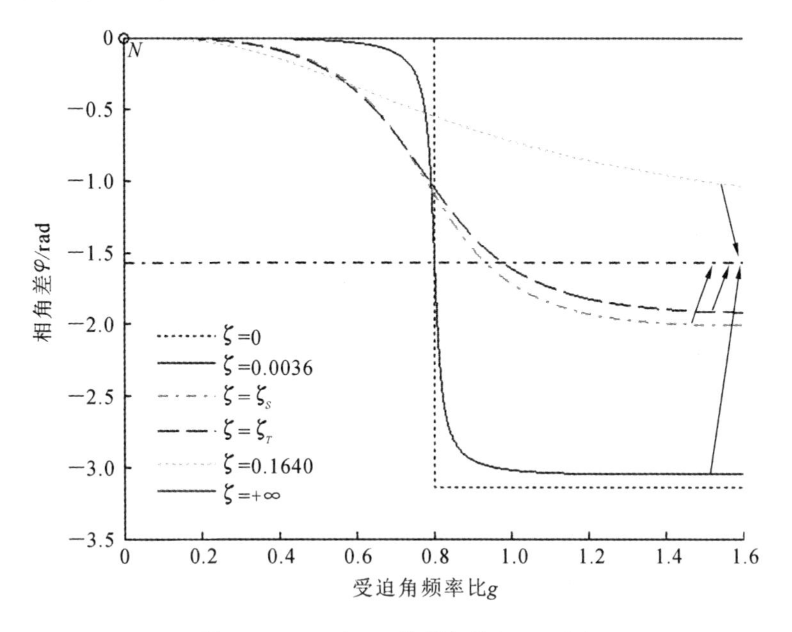

图 5.1-4　x_2 与 x_1 的相角差($\mu=0.25$)

习题 5-1

1. 根据$\dfrac{\mathrm{d}A_1^2}{\mathrm{d}g}=0$,能够推导出$\dfrac{\mathrm{d}A_1}{\mathrm{d}g}=0$吗?

参考答案　$\dfrac{\mathrm{d}A_1^2}{\mathrm{d}g}=\dfrac{2A_1\mathrm{d}A_1}{\mathrm{d}g}=2A_1\dfrac{\mathrm{d}A_1}{\mathrm{d}g}=0$,且 $A_1>0$,则能够推导出$\dfrac{\mathrm{d}A_1}{\mathrm{d}g}=0$。

2. 函数商的求导法则$\left[\dfrac{u(x)}{v(x)}\right]'=\dfrac{u'(x)v(x)-u(x)v'(x)}{v^2(x)}$可简单地表示为$\left(\dfrac{u}{v}\right)'=\dfrac{u'v-uv'}{v^2}$。求证:当$\left(\dfrac{u}{v}\right)'=0$ 时,$\dfrac{u}{v}=\dfrac{u'}{v'}$。

参考答案　当$\left(\dfrac{u}{v}\right)'=\dfrac{u'v-uv'}{v^2}=0$ 时,$u'v=uv'$,$\dfrac{u'}{v'}v=u$,可得$\dfrac{u'}{v'}=\dfrac{u}{v}$。

第 2 节　统一求解 3 种吸振器最优阻尼比的洛必达第一法则

由式(5.1-31)得

$$A_1^2[(g^2-1)(g^2-f^2)-\mu f^2g^2]^2+4\zeta^2g^2A_1^2(1-g^2-\mu g^2)^2=(f^2-g^2)^2+4\zeta^2g^2 \tag{5.2-1}$$

移项得

$$4\zeta^2g^2A_1^2(1-g^2-\mu g^2)^2-4\zeta^2g^2=(f^2-g^2)^2-A_1^2[(g^2-1)(g^2-f^2)-\mu f^2g^2]^2 \tag{5.2-2}$$

$$4\zeta^2g^2[A_1^2(1-g^2-\mu g^2)^2-1]=(f^2-g^2)^2-A_1^2[(g^2-1)(g^2-f^2)-\mu f^2g^2]^2 \tag{5.2-3}$$

分离出 ζ，有

$$4g^2\zeta^2=\frac{(f^2-g^2)^2-A_1^2[(g^2-1)(g^2-f^2)-\mu f^2g^2]^2}{A_1^2(1-g^2-\mu g^2)^2-1} \tag{5.2-4}$$

根据两数的平方差公式，式(5.2-4)可变形为

$$4g^2\zeta^2=\frac{f^2-g^2+A_1[(g^2-1)(g^2-f^2)-\mu f^2g^2]}{A_1(1-g^2-\mu g^2)+1}\times\frac{f^2-g^2-A_1[(g^2-1)(g^2-f^2)-\mu f^2g^2]}{A_1(1-g^2-\mu g^2)-1} \tag{5.2-5}$$

由式(5.1-52)得点 S 的横坐标为

$$g_S=\sqrt{\frac{1+f^2+\mu f^2-\sqrt{(1-f^2)^2+\mu(2+\mu)f^4}}{2+\mu}} \tag{5.2-6}$$

由式(5.1-53)得点 T 的横坐标为

$$g_T=\sqrt{\frac{1+f^2+\mu f^2+\sqrt{(1-f^2)^2+\mu(2+\mu)f^4}}{2+\mu}} \tag{5.2-7}$$

由式(5.1-59)得点 S 的纵坐标为

$$A_{1S}=\frac{1}{1-g_S^2(1+\mu)} \tag{5.2-8}$$

由式(5.1-60)得点 T 的纵坐标为

$$A_{1T}=\frac{1}{g_T^2(1+\mu)-1} \tag{5.2-9}$$

以 $\mu=0.05$、$\delta=1$ 为例，对于受迫角频率比 g 变动的情况，$0\leqslant g<+\infty$，最大位移振幅增益和阻尼比的关系如图 5.2-1 所示。第一步，对于二元函数 $A_1(g,\zeta)$，$0\leqslant g<+\infty$，$0\leqslant\zeta<+\infty$，求出最大值 $A_{1\max}(\zeta)$，由于存在 3 个极值点，可以预测不可能获得 $A_{1\max}(\zeta)$关于 ζ 的解析表达式，导致了问题的复杂性；第二步，当 $0\leqslant\zeta<+\infty$时，可以画出纵坐标 $A_{1\max}(\zeta)$对于横坐标 ζ 的图形，由于 $A_{1\max}(0)=A_{1\max}(+\infty)=+\infty$，故本节设定 $0\leqslant\zeta\leqslant0.8$，在 MATLAB© Version 7.9.0.529(R2009b)注册软件中，使用 meshgrid(生成数据点矩阵)和 max(最大值)两个函数可以绘制图 5.2-1。可见，最大位移振幅增益是阻尼比的函数，存在一个最优阻尼比使得最大位移振幅增益取最小值，由此引起了对于阻尼动力吸振器的最优设计的研究热潮。首创艰难获得的图 5.2-1 是阻尼动力吸振器优化设计的基础和依据，即选择合适的阻尼比，能使最大位移振幅增益取最小值，其价值是十分可贵的，原创性意义弥足珍贵。因该曲线形似字母“V”，故称之为主系统的 V 形曲线。

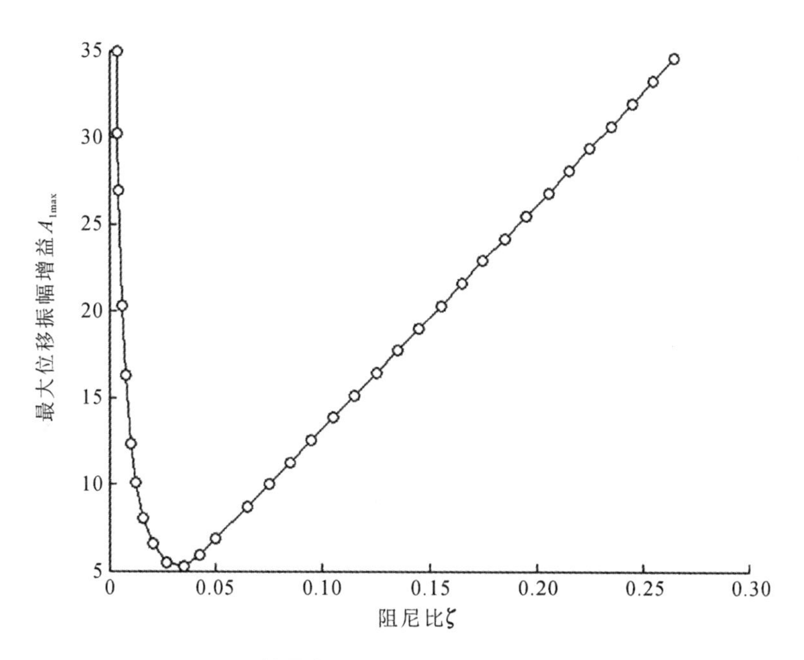

图 5.2-1　x_1 的最大位移振幅增益和阻尼比呈 V 形曲线

一、最优调频阻尼动力吸振器

由式(5.1-103)得最优调频

$$f=\frac{1}{1+\mu} \tag{5.2-10}$$

由式(5.1-106)得点 S 的横坐标为

$$g_S=\sqrt{\frac{1-\sqrt{\frac{\mu}{2+\mu}}}{1+\mu}} \tag{5.2-11}$$

由式(5.1-107)得点 T 的横坐标为

$$g_T=\sqrt{\frac{1+\sqrt{\frac{\mu}{2+\mu}}}{1+\mu}} \tag{5.2-12}$$

由式(5.1-108)和式(5.1-109)得

$$A_{1S}=A_{1T}=\sqrt{\frac{2+\mu}{\mu}} \tag{5.2-13}$$

1. 点 S 的最优阻尼比$\left(f=\frac{1}{1+\mu}\right)$

由式(5.2-13)和式(5.2-11)得

$$\begin{aligned}A_1(1-g^2-\mu g^2)-1&=A_{1S}[1-g^2(1+\mu)]-1=A_{1S}\left[1-\left(1-\sqrt{\frac{\mu}{2+\mu}}\right)\right]-1\\&=\sqrt{\frac{2+\mu}{\mu}}\sqrt{\frac{\mu}{2+\mu}}-1=1-1=0\end{aligned} \tag{5.2-14}$$

由式(5.2-14)得

$$A_1(1-g^2-\mu g^2)=1 \tag{5.2-15}$$

由式(5.2-10)和式(5.2-11)得

$$f^2-g^2=\frac{1}{(1+\mu)^2}-\frac{1-\sqrt{\frac{\mu}{2+\mu}}}{1+\mu}$$

$$=\frac{1}{(1+\mu)^2}-\frac{1+\mu-(1+\mu)\sqrt{\frac{\mu}{2+\mu}}}{(1+\mu)^2}$$

$$=\frac{-\mu+(1+\mu)\sqrt{\frac{\mu}{2+\mu}}}{(1+\mu)^2}$$

$$=\frac{(1+\mu)\sqrt{\frac{\mu}{2+\mu}}-\mu}{(1+\mu)^2} \tag{5.2-16}$$

由式(5.2-13)、式(5.2-11)、式(5.2-16)和式(5.2-10)得

$$A_1[(g^2-1)(g^2-f^2)-\mu f^2g^2]=A_{1S}\left[\left(\frac{1-\sqrt{\frac{\mu}{2+\mu}}}{1+\mu}-1\right)(g^2-f^2)-\frac{\mu}{(1+\mu)^2}\cdot\frac{1-\sqrt{\frac{\mu}{2+\mu}}}{1+\mu}\right]$$

$$=A_{1S}\left[\frac{-\sqrt{\frac{\mu}{2+\mu}}-\mu}{1+\mu}\cdot\frac{\mu-(1+\mu)\sqrt{\frac{\mu}{2+\mu}}}{(1+\mu)^2}-\frac{\mu-\mu\sqrt{\frac{\mu}{2+\mu}}}{(1+\mu)^3}\right]$$

$$=A_{1S}\left[\frac{\sqrt{\frac{\mu}{2+\mu}}+\mu}{1+\mu}\cdot\frac{(1+\mu)\sqrt{\frac{\mu}{2+\mu}}-\mu}{(1+\mu)^2}+\frac{\mu\sqrt{\frac{\mu}{2+\mu}}-\mu}{(1+\mu)^3}\right] \tag{5.2-17}$$

将式(5.2-17)展开得

$$A_1[(g^2-1)(g^2-f^2)-\mu f^2g^2]=A_{1S}\left[\frac{(1+\mu)\frac{\mu}{2+\mu}-\mu^2+(\mu+\mu^2)\sqrt{\frac{\mu}{2+\mu}}-\mu\sqrt{\frac{\mu}{2+\mu}}}{(1+\mu)^3}+\frac{\mu\sqrt{\frac{\mu}{2+\mu}}-\mu}{(1+\mu)^3}\right]$$

$$=A_{1S}\left[\frac{(1+\mu)\frac{\mu}{2+\mu}-\mu^2+\mu^2\sqrt{\frac{\mu}{2+\mu}}}{(1+\mu)^3}+\frac{\mu\sqrt{\frac{\mu}{2+\mu}}-\mu}{(1+\mu)^3}\right]$$

$$=\mu A_{1S}\left[\frac{\frac{1+\mu}{2+\mu}-\mu+\mu\sqrt{\frac{\mu}{2+\mu}}}{(1+\mu)^3}+\frac{\sqrt{\frac{\mu}{2+\mu}}-1}{(1+\mu)^3}\right]$$

$$=\mu A_{1S}\frac{\frac{1+\mu}{2+\mu}-(1+\mu)+(1+\mu)\sqrt{\frac{\mu}{2+\mu}}}{(1+\mu)^3}$$

$$=\mu A_{1S}\frac{\frac{1}{2+\mu}-1+\sqrt{\frac{\mu}{2+\mu}}}{(1+\mu)^2}=\mu A_{1S}\frac{\frac{-1-\mu}{2+\mu}+\sqrt{\frac{\mu}{2+\mu}}}{(1+\mu)^2} \tag{5.2-18}$$

化简式(5.2-18)得

$$A_1[(g^2-1)(g^2-f^2)-\mu f^2g^2]=\mu\sqrt{\frac{2+\mu}{\mu}}\cdot\frac{-\frac{1+\mu}{2+\mu}+\sqrt{\frac{\mu}{2+\mu}}}{(1+\mu)^2}$$

$$=\mu\frac{1-\frac{1+\mu}{2+\mu}\sqrt{\frac{2+\mu}{\mu}}}{(1+\mu)^2}=\mu\frac{1-(1+\mu)\sqrt{\frac{1}{\mu(2+\mu)}}}{(1+\mu)^2}$$

$$=\frac{\mu-(1+\mu)\sqrt{\frac{\mu}{2+\mu}}}{(1+\mu)^2} \tag{5.2-19}$$

由式(5.2-19)和式(5.2-16)得

$$A_1[(g^2-1)(g^2-f^2)-\mu f^2g^2]=g^2-f^2 \tag{5.2-20}$$

将式(5.2-15)和式(5.2-20)代入式(5.2-5),可得

$$4g^2\zeta^2=\frac{f^2-g^2+A_1[(g^2-1)(g^2-f^2)-\mu f^2g^2]}{1+1}\cdot\frac{f^2-g^2-(g^2-f^2)}{A_1(1-g^2-\mu g^2)-1}$$

$$=\frac{2f^2-2g^2}{2}\cdot\frac{f^2-g^2+A_1[(g^2-1)(g^2-f^2)-\mu f^2g^2]}{A_1(1-g^2-\mu g^2)-1}$$

$$=(f^2-g^2)\frac{f^2-g^2+A_1[(g^2-1)(g^2-f^2)-\mu f^2g^2]}{A_1(1-g^2-\mu g^2)-1} \tag{5.2-21}$$

按照式(5.2-15)和式(5.2-20),式(5.2-21)属于洛必达法则的未定式 0/0,因此

$$4\zeta^2=\lim_{g\to g_S}\left(\frac{f^2}{g^2}-1\right)\frac{g^2-f^2-A_1[(g^2-1)(g^2-f^2)-\mu f^2g^2]}{A_1(g^2+\mu g^2-1)+1} \tag{5.2-22}$$

根据积的极限等于极限的积,即 $\lim[f(x)\cdot g(x)]=\lim f(x)\cdot\lim g(x)$,且通过分子、分母分别对 g 求导,可由式(5.2-22)得

$$4\zeta^2=\left(\frac{f^2}{g_S^2}-1\right)\lim_{g\to g_S}\frac{2g-A_1[2g(g^2-f^2)+(g^2-1)2g-\mu f^2 2g]}{A_1(2g+\mu 2g)}$$

$$=\left(\frac{f^2}{g_S^2}-1\right)\lim_{g\to g_S}\frac{1-A_1(g^2-f^2+g^2-1-\mu f^2)}{A_1(1+\mu)} \tag{5.2-23}$$

化简式(5.2-23)得

$$\zeta^2=\left(\frac{f^2}{g_S^2}-1\right)\lim_{g\to g_S}\frac{\frac{1}{A_1}-(2g^2-1-f^2-\mu f^2)}{4(1+\mu)}=\left(\frac{f^2}{g_S^2}-1\right)\lim_{g\to g_S}\frac{\frac{1}{A_1}+1+f^2+\mu f^2-2g^2}{4(1+\mu)} \tag{5.2-24}$$

将式(5.2-10)、式(5.2-11)、式(5.2-13)代入式(5.2-24),可得

$$\zeta^2=\left[\frac{\frac{1}{(1+\mu)^2}}{\frac{1-\sqrt{\frac{\mu}{2+\mu}}}{1+\mu}}-1\right]\frac{\sqrt{\frac{\mu}{2+\mu}}+1+\frac{1}{1+\mu}-2\frac{1-\sqrt{\frac{\mu}{2+\mu}}}{1+\mu}}{4(1+\mu)}$$

$$=\left(\frac{\frac{1}{1+\mu}}{1-\sqrt{\frac{\mu}{2+\mu}}}-1\right)\frac{\sqrt{\frac{\mu}{2+\mu}}+\frac{2+\mu}{1+\mu}-\frac{2-2\sqrt{\frac{\mu}{2+\mu}}}{1+\mu}}{4(1+\mu)} \tag{5.2-25}$$

化简式(5.2-25)得

$$\zeta^2=\frac{\frac{1}{1+\mu}-1+\sqrt{\frac{\mu}{2+\mu}}}{1-\sqrt{\frac{\mu}{2+\mu}}}\cdot\frac{\sqrt{\frac{\mu}{2+\mu}}+\frac{\mu+2\sqrt{\frac{\mu}{2+\mu}}}{1+\mu}}{4(1+\mu)}$$

$$=\frac{\frac{-\mu}{1+\mu}+\sqrt{\frac{\mu}{2+\mu}}}{1-\sqrt{\frac{\mu}{2+\mu}}}\cdot\frac{(1+\mu)\sqrt{\frac{\mu}{2+\mu}}+\mu+2\sqrt{\frac{\mu}{2+\mu}}}{4(1+\mu)^2}$$

$$=\frac{\sqrt{\frac{\mu}{2+\mu}}-\frac{\mu}{1+\mu}}{1-\sqrt{\frac{\mu}{2+\mu}}}\cdot\frac{(3+\mu)\sqrt{\frac{\mu}{2+\mu}}+\mu}{4(1+\mu)^2}$$

$$=\frac{(3+\mu)\frac{\mu}{2+\mu}-\frac{\mu^2}{1+\mu}+\mu\sqrt{\frac{\mu}{2+\mu}}-\frac{\mu(3+\mu)}{1+\mu}\sqrt{\frac{\mu}{2+\mu}}}{4(1+\mu)^2\left(1-\sqrt{\frac{\mu}{2+\mu}}\right)} \tag{5.2-26}$$

化简式(5.2-26)得

$$\zeta^2=\mu\frac{\frac{3+\mu}{2+\mu}-\frac{\mu}{1+\mu}+\sqrt{\frac{\mu}{2+\mu}}-\frac{3+\mu}{1+\mu}\sqrt{\frac{\mu}{2+\mu}}}{4(1+\mu)^2\left(1-\sqrt{\frac{\mu}{2+\mu}}\right)}=\mu\frac{\frac{\mu^2+4\mu+3-2\mu-\mu^2}{(1+\mu)(2+\mu)}-\frac{2}{1+\mu}\sqrt{\frac{\mu}{2+\mu}}}{4(1+\mu)^2\left(1-\sqrt{\frac{\mu}{2+\mu}}\right)}$$

$$=\mu\frac{\frac{3+2\mu}{(1+\mu)(2+\mu)}-\frac{2}{1+\mu}\sqrt{\frac{\mu}{2+\mu}}}{4(1+\mu)^2\left(1-\sqrt{\frac{\mu}{2+\mu}}\right)}=\mu\frac{\frac{3+2\mu}{2+\mu}-2\sqrt{\frac{\mu}{2+\mu}}}{4(1+\mu)^3\left(1-\sqrt{\frac{\mu}{2+\mu}}\right)}$$

$$=\mu\frac{\left(\frac{3+2\mu}{2+\mu}-2\sqrt{\frac{\mu}{2+\mu}}\right)\left(1+\sqrt{\frac{\mu}{2+\mu}}\right)}{4(1+\mu)^3\left(1-\sqrt{\frac{\mu}{2+\mu}}\right)\left(1+\sqrt{\frac{\mu}{2+\mu}}\right)} \tag{5.2-27}$$

展开式(5.2-27)得

$$\zeta^2=\mu\frac{\frac{3+2\mu}{2+\mu}-2\frac{\mu}{2+\mu}+\frac{3+2\mu}{2+\mu}\sqrt{\frac{\mu}{2+\mu}}-2\sqrt{\frac{\mu}{2+\mu}}}{4(1+\mu)^3\left(1-\frac{\mu}{2+\mu}\right)}$$

$$=\mu\frac{3+2\mu-2\mu+(3+2\mu)\sqrt{\frac{\mu}{2+\mu}}-(4+2\mu)\sqrt{\frac{\mu}{2+\mu}}}{4(1+\mu)^3(2+\mu-\mu)}$$

$$=\mu\frac{3-\sqrt{\frac{\mu}{2+\mu}}}{8(1+\mu)^3} \tag{5.2-28}$$

最后得点 S(极大值)对应的阻尼比为

$$\zeta_S=\sqrt{\frac{\mu}{8(1+\mu)^3}\left(3-\sqrt{\frac{\mu}{2+\mu}}\right)} \tag{5.2-29}$$

2. 点 T 的最优阻尼比 $\left(f=\frac{1}{1+\mu}\right)$

由式(5.2-13)和式(5.2-12)得

$$\begin{aligned}A_1(1-g^2-\mu g^2)+1&=A_{1T}[1-g^2(1+\mu)]+1=A_{1T}\left[1-\left(1+\sqrt{\frac{\mu}{2+\mu}}\right)\right]+1\\&=\sqrt{\frac{2+\mu}{\mu}}\left(-\sqrt{\frac{\mu}{2+\mu}}\right)+1=-1+1=0\end{aligned} \tag{5.2-30}$$

由式(5.2-30)得

$$A_1(1-g^2-\mu g^2)=-1 \tag{5.2-31}$$

由式(5.2-10)和式(5.2-12)得

$$\begin{aligned}f^2-g^2&=\frac{1}{(1+\mu)^2}-\frac{1+\sqrt{\frac{\mu}{2+\mu}}}{1+\mu}=\frac{1}{(1+\mu)^2}-\frac{1+\mu+(1+\mu)\sqrt{\frac{\mu}{2+\mu}}}{(1+\mu)^2}\\&=\frac{-\mu-(1+\mu)\sqrt{\frac{\mu}{2+\mu}}}{(1+\mu)^2}=-\frac{\mu+(1+\mu)\sqrt{\frac{\mu}{2+\mu}}}{(1+\mu)^2}\end{aligned} \tag{5.2-32}$$

由式(5.2-13)、式(5.2-12)、式(5.2-32)和式(5.2-10)得

$$\begin{aligned}A_1[(g^2-1)(g^2-f^2)-\mu f^2g^2]&=A_{1T}\left[\left(\frac{1+\sqrt{\frac{\mu}{2+\mu}}}{1+\mu}-1\right)(g^2-f^2)-\frac{\mu}{(1+\mu)^2}\cdot\frac{1+\sqrt{\frac{\mu}{2+\mu}}}{1+\mu}\right]\\&=A_{1T}\left[\frac{\sqrt{\frac{\mu}{2+\mu}}-\mu}{1+\mu}\cdot\frac{\mu+(1+\mu)\sqrt{\frac{\mu}{2+\mu}}}{(1+\mu)^2}-\frac{\mu+\mu\sqrt{\frac{\mu}{2+\mu}}}{(1+\mu)^3}\right]\\&=A_{1T}\left[\frac{\sqrt{\frac{\mu}{2+\mu}}-\mu}{1+\mu}\cdot\frac{(1+\mu)\sqrt{\frac{\mu}{2+\mu}}+\mu}{(1+\mu)^2}-\frac{\mu+\mu\sqrt{\frac{\mu}{2+\mu}}}{(1+\mu)^3}\right]\end{aligned} \tag{5.2-33}$$

将式(5.2-33)展开得

$$\begin{aligned}A_1[(g^2-1)(g^2-f^2)-\mu f^2g^2]&=A_{1T}\left[\frac{(1+\mu)\frac{\mu}{2+\mu}-\mu^2+\mu\sqrt{\frac{\mu}{2+\mu}}-(\mu+\mu^2)\sqrt{\frac{\mu}{2+\mu}}}{(1+\mu)^3}-\frac{\mu+\mu\sqrt{\frac{\mu}{2+\mu}}}{(1+\mu)^3}\right]\\&=A_{1T}\left[\frac{(1+\mu)\frac{\mu}{2+\mu}-\mu^2-\mu^2\sqrt{\frac{\mu}{2+\mu}}}{(1+\mu)^3}-\frac{\mu+\mu\sqrt{\frac{\mu}{2+\mu}}}{(1+\mu)^3}\right]\\&=\mu A_{1T}\left[\frac{\frac{1+\mu}{2+\mu}-\mu-\mu\sqrt{\frac{\mu}{2+\mu}}}{(1+\mu)^3}-\frac{1+\sqrt{\frac{\mu}{2+\mu}}}{(1+\mu)^3}\right]\\&=\mu A_{1T}\frac{\frac{1+\mu}{2+\mu}-(1+\mu)-(1+\mu)\sqrt{\frac{\mu}{2+\mu}}}{(1+\mu)^3}\\&=\mu A_{1T}\frac{\frac{1}{2+\mu}-1-\sqrt{\frac{\mu}{2+\mu}}}{(1+\mu)^2}=\mu A_{1T}\frac{\frac{-1-\mu}{2+\mu}-\sqrt{\frac{\mu}{2+\mu}}}{(1+\mu)^2}\end{aligned} \tag{5.2-34}$$

化简式(5.2-34)得

$$A_1[(g^2-1)(g^2-f^2)-\mu f^2g^2]=\mu\sqrt{\frac{2+\mu}{\mu}}\cdot\frac{-\frac{1+\mu}{2+\mu}-\sqrt{\frac{\mu}{2+\mu}}}{(1+\mu)^2}=\mu\frac{-1-\frac{1+\mu}{2+\mu}\sqrt{\frac{2+\mu}{\mu}}}{(1+\mu)^2}$$

$$=\mu\frac{-1-(1+\mu)\sqrt{\frac{1}{\mu(2+\mu)}}}{(1+\mu)^2}=\frac{-\mu-(1+\mu)\sqrt{\frac{\mu}{2+\mu}}}{(1+\mu)^2}$$

$$=-\frac{\mu+(1+\mu)\sqrt{\frac{\mu}{2+\mu}}}{(1+\mu)^2} \tag{5.2-35}$$

由式(5.2-35)和式(5.2-32)得

$$A_1[(g^2-1)(g^2-f^2)-\mu f^2g^2]=f^2-g^2 \tag{5.2-36}$$

将式(5.2-36)和式(5.2-31)代入式(5.2-5),可得

$$4g^2\zeta^2=\frac{f^2-g^2+f^2-g^2}{A_1(1-g^2-\mu g^2)+1}\cdot\frac{f^2-g^2-A_1[(g^2-1)(g^2-f^2)-\mu f^2g^2]}{-1-1}$$

$$=\frac{2(f^2-g^2)}{-2}\cdot\frac{f^2-g^2-A_1[(g^2-1)(g^2-f^2)-\mu f^2g^2]}{A_1(1-g^2-\mu g^2)+1}$$

$$=(g^2-f^2)\frac{f^2-g^2-A_1[(g^2-1)(g^2-f^2)-\mu f^2g^2]}{A_1(1-g^2-\mu g^2)+1} \tag{5.2-37}$$

按照式(5.2-31)和式(5.2-36),式(5.2-37)属于洛必达法则的未定式 0/0,因此

$$4\zeta^2=\lim_{g\to g_T}\left(1-\frac{f^2}{g^2}\right)\frac{g^2-f^2+A_1[(g^2-1)(g^2-f^2)-\mu f^2g^2]}{A_1(g^2+\mu g^2-1)-1} \tag{5.2-38}$$

根据积的极限等于极限的积,即 $\lim[f(x)\cdot g(x)]=\lim f(x)\cdot\lim g(x)$,且通过分子、分母分别对 g 求导,可由式(5.2-38)得

$$4\zeta^2=\left(1-\frac{f^2}{g_T^2}\right)\lim_{g\to g_T}\frac{2g+A_1[2g(g^2-f^2)+(g^2-1)2g-\mu f^2 2g]}{A_1(2g+\mu 2g)}$$

$$=\left(1-\frac{f^2}{g_T^2}\right)\lim_{g\to g_T}\frac{1+A_1(g^2-f^2+g^2-1-\mu f^2)}{A_1(1+\mu)} \tag{5.2-39}$$

化简式(5.2-39)得

$$\zeta^2=\left(1-\frac{f^2}{g_T^2}\right)\lim_{g\to g_T}\frac{\frac{1}{A_1}+2g^2-1-f^2-\mu f^2}{4(1+\mu)} \tag{5.2-40}$$

将式(5.2-10)、式(5.2-12)、式(5.2-13)代入式(5.2-40),可得

$$\zeta^2=\left[1-\frac{\frac{1}{(1+\mu)^2}}{\frac{1+\sqrt{\frac{\mu}{2+\mu}}}{1+\mu}}\right]\frac{\sqrt{\frac{\mu}{2+\mu}}+2\frac{1+\sqrt{\frac{\mu}{2+\mu}}}{1+\mu}-1-\frac{1}{1+\mu}}{4(1+\mu)}$$

$$=\left(1-\frac{\frac{1}{1+\mu}}{1+\sqrt{\frac{\mu}{2+\mu}}}\right)\frac{\sqrt{\frac{\mu}{2+\mu}}+\frac{2+2\sqrt{\frac{\mu}{2+\mu}}}{1+\mu}-\frac{2+\mu}{1+\mu}}{4(1+\mu)} \tag{5.2-41}$$

化简式(5.2-41)得

$$\zeta^2=\frac{1+\sqrt{\frac{\mu}{2+\mu}}-\frac{1}{1+\mu}}{1+\sqrt{\frac{\mu}{2+\mu}}}\cdot\frac{\sqrt{\frac{\mu}{2+\mu}}+\frac{2\sqrt{\frac{\mu}{2+\mu}}-\mu}{1+\mu}}{4(1+\mu)}=\frac{\frac{\mu}{1+\mu}+\sqrt{\frac{\mu}{2+\mu}}}{1+\sqrt{\frac{\mu}{2+\mu}}}\cdot\frac{(1+\mu)\sqrt{\frac{\mu}{2+\mu}}+2\sqrt{\frac{\mu}{2+\mu}}-\mu}{4(1+\mu)^2}$$

$$=\frac{\sqrt{\frac{\mu}{2+\mu}}+\frac{\mu}{1+\mu}}{1+\sqrt{\frac{\mu}{2+\mu}}}\cdot\frac{(3+\mu)\sqrt{\frac{\mu}{2+\mu}}-\mu}{4(1+\mu)^2}=\frac{(3+\mu)\frac{\mu}{2+\mu}-\frac{\mu^2}{1+\mu}+\frac{\mu(3+\mu)}{1+\mu}\sqrt{\frac{\mu}{2+\mu}}-\mu\sqrt{\frac{\mu}{2+\mu}}}{4(1+\mu)^2\left(1+\sqrt{\frac{\mu}{2+\mu}}\right)}$$

(5.2-42)

化简式(5.2-42)得

$$\zeta^2=\mu\frac{\frac{3+\mu}{2+\mu}-\frac{\mu}{1+\mu}+\frac{3+\mu}{1+\mu}\sqrt{\frac{\mu}{2+\mu}}-\sqrt{\frac{\mu}{2+\mu}}}{4(1+\mu)^2\left(1+\sqrt{\frac{\mu}{2+\mu}}\right)}=\mu\frac{\frac{\mu^2+4\mu+3-2\mu-\mu^2}{(1+\mu)(2+\mu)}+\frac{2}{1+\mu}\sqrt{\frac{\mu}{2+\mu}}}{4(1+\mu)^2\left(1+\sqrt{\frac{\mu}{2+\mu}}\right)}$$

$$=\mu\frac{\frac{3+2\mu}{(1+\mu)(2+\mu)}+\frac{2}{1+\mu}\sqrt{\frac{\mu}{2+\mu}}}{4(1+\mu)^2\left(1+\sqrt{\frac{\mu}{2+\mu}}\right)}=\mu\frac{\frac{3+2\mu}{2+\mu}+2\sqrt{\frac{\mu}{2+\mu}}}{4(1+\mu)^3\left(1+\sqrt{\frac{\mu}{2+\mu}}\right)}$$

$$=\mu\frac{\left(\frac{3+2\mu}{2+\mu}+2\sqrt{\frac{\mu}{2+\mu}}\right)\left(1-\sqrt{\frac{\mu}{2+\mu}}\right)}{4(1+\mu)^3\left(1+\sqrt{\frac{\mu}{2+\mu}}\right)\left(1-\sqrt{\frac{\mu}{2+\mu}}\right)}\tag{5.2-43}$$

展开式(5.2-43)得

$$\zeta^2=\mu\frac{\frac{3+2\mu}{2+\mu}-2\frac{\mu}{2+\mu}+2\sqrt{\frac{\mu}{2+\mu}}-\frac{3+2\mu}{2+\mu}\sqrt{\frac{\mu}{2+\mu}}}{4(1+\mu)^3\left(1-\frac{\mu}{2+\mu}\right)}$$

$$=\mu\frac{3+2\mu-2\mu+(4+2\mu)\sqrt{\frac{\mu}{2+\mu}}-(3+2\mu)\sqrt{\frac{\mu}{2+\mu}}}{4(1+\mu)^3(2+\mu-\mu)}=\mu\frac{3+\sqrt{\frac{\mu}{2+\mu}}}{8(1+\mu)^3}\tag{5.2-44}$$

最后得点 T(极大值)对应的阻尼比为

$$\zeta_T=\sqrt{\frac{\mu}{8(1+\mu)^3}\left(3+\sqrt{\frac{\mu}{2+\mu}}\right)}\tag{5.2-45}$$

由式(5.2-29)和式(5.2-45)得

$$\zeta=\sqrt{\frac{\zeta_S^2+\zeta_T^2}{2}}=\sqrt{\frac{3\mu}{8(1+\mu)^3}}\tag{5.2-46}$$

二、Ormondroyd 阻尼动力吸振器

对应着调频

$$f=1 \tag{5.2-47}$$

将式(5.2-47)代入式(5.2-6),得点 S 的横坐标为

$$g_S=\sqrt{\frac{1+1+\mu-\sqrt{\mu(2+\mu)}}{2+\mu}}=\sqrt{1-\sqrt{\frac{\mu}{2+\mu}}} \tag{5.2-48}$$

将式(5.2-47)代入式(5.2-7),得点 T 的横坐标为

$$g_T=\sqrt{\frac{1+1+\mu+\sqrt{\mu(2+\mu)}}{2+\mu}}=\sqrt{1+\sqrt{\frac{\mu}{2+\mu}}} \tag{5.2-49}$$

将式(5.2-48)代入式(5.2-8),可得

$$A_{1S}=\frac{1}{1-\left(1-\sqrt{\frac{\mu}{2+\mu}}\right)(1+\mu)}=\frac{1}{1-1-\mu+(1+\mu)\sqrt{\frac{\mu}{2+\mu}}}=\frac{1}{(1+\mu)\sqrt{\frac{\mu}{2+\mu}}-\mu} \tag{5.2-50}$$

$$A_{1S}=\frac{(1+\mu)\sqrt{\frac{\mu}{2+\mu}}+\mu}{(1+\mu)^2\frac{\mu}{2+\mu}-\mu^2}=\frac{1}{\mu}\cdot\frac{(1+\mu)\sqrt{\frac{\mu}{2+\mu}}+\mu}{\frac{(1+\mu)^2}{2+\mu}-\mu}$$

$$=\frac{2+\mu}{\mu}\cdot\frac{(1+\mu)\sqrt{\frac{\mu}{2+\mu}}+\mu}{1+2\mu+\mu^2-2\mu-\mu^2}=(1+\mu)\sqrt{\frac{2+\mu}{\mu}}+2+\mu \tag{5.2-51}$$

将式(5.2-49)代入式(5.2-9),可得

$$A_{1T}=\frac{1}{\left(1+\sqrt{\frac{\mu}{2+\mu}}\right)(1+\mu)-1}=\frac{1}{1+\mu+(1+\mu)\sqrt{\frac{\mu}{2+\mu}}-1}=\frac{1}{\mu+(1+\mu)\sqrt{\frac{\mu}{2+\mu}}} \tag{5.2-52}$$

$$A_{1T}=\frac{(1+\mu)\sqrt{\frac{\mu}{2+\mu}}-\mu}{(1+\mu)^2\frac{\mu}{2+\mu}-\mu^2}=\frac{1}{\mu}\cdot\frac{(1+\mu)\sqrt{\frac{\mu}{2+\mu}}-\mu}{\frac{(1+\mu)^2}{2+\mu}-\mu}$$

$$=\frac{2+\mu}{\mu}\cdot\frac{(1+\mu)\sqrt{\frac{\mu}{2+\mu}}-\mu}{1+2\mu+\mu^2-2\mu-\mu^2}=(1+\mu)\sqrt{\frac{2+\mu}{\mu}}-2-\mu \tag{5.2-53}$$

1. 点 S 的最优阻尼比($f=1$)

由式(5.2-50)和式(5.2-48)得

$$A_1(1-g^2-\mu g^2)-1=A_{1S}[1-g^2(1+\mu)]-1=A_{1S}\left[1-\left(1-\sqrt{\frac{\mu}{2+\mu}}\right)(1+\mu)\right]-1$$
$$=A_{1S}\left[1-1-\mu+(1+\mu)\sqrt{\frac{\mu}{2+\mu}}\right]-1$$
$$=\frac{1}{(1+\mu)\sqrt{\frac{\mu}{2+\mu}}-\mu}\left[(1+\mu)\sqrt{\frac{\mu}{2+\mu}}-\mu\right]-1$$
$$=1-1=0 \tag{5.2-54}$$

由式(5.2-54)得

$$A_1(1-g^2-\mu g^2)=1 \tag{5.2-55}$$

由式(5.2-47)和式(5.2-48)得

$$f^2-g^2=1-\left(1-\sqrt{\frac{\mu}{2+\mu}}\right)=1-1+\sqrt{\frac{\mu}{2+\mu}}=\sqrt{\frac{\mu}{2+\mu}} \tag{5.2-56}$$

由式(5.2-50)、式(5.2-56)和式(5.2-47)得

$$A_1[(g^2-1)(g^2-f^2)-\mu f^2g^2]=A_{1S}\left[(g^2-f^2)^2-\mu\left(1-\sqrt{\frac{\mu}{2+\mu}}\right)\right]$$
$$=A_{1S}\left(\frac{\mu}{2+\mu}-\mu+\mu\sqrt{\frac{\mu}{2+\mu}}\right)=\mu A_{1S}\left(\frac{1}{2+\mu}-1+\sqrt{\frac{\mu}{2+\mu}}\right)$$
$$=\mu A_{1S}\left(\frac{-1-\mu}{2+\mu}+\sqrt{\frac{\mu}{2+\mu}}\right)=\mu A_{1S}\left(\sqrt{\frac{\mu}{2+\mu}}-\frac{1+\mu}{2+\mu}\right) \tag{5.2-57}$$

将式(5.2-57)展开得

$$A_1[(g^2-1)(g^2-f^2)-\mu f^2g^2]=\mu\frac{1}{(1+\mu)\sqrt{\frac{\mu}{2+\mu}}-\mu}\left(\sqrt{\frac{\mu}{2+\mu}}-\frac{1+\mu}{2+\mu}\right) \tag{5.2-58}$$

化简式(5.2-58)得

$$A_1[(g^2-1)(g^2-f^2)-\mu f^2g^2]=\frac{\mu\sqrt{\frac{\mu}{2+\mu}}-(1+\mu)\frac{\mu}{2+\mu}}{(1+\mu)\sqrt{\frac{\mu}{2+\mu}}-\mu}$$
$$=\sqrt{\frac{\mu}{2+\mu}}\cdot\frac{\mu-(1+\mu)\sqrt{\frac{\mu}{2+\mu}}}{(1+\mu)\sqrt{\frac{\mu}{2+\mu}}-\mu}=-\sqrt{\frac{\mu}{2+\mu}} \tag{5.2-59}$$

由式(5.2-59)和式(5.2-56)得

$$A_1[(g^2-1)(g^2-f^2)-\mu f^2g^2]=g^2-f^2 \tag{5.2-60}$$

将式(5.2-55)和式(5.2-60)代入式(5.2-5),可得

$$4g^2\zeta^2=\frac{f^2-g^2+A_1[(g^2-1)(g^2-f^2)-\mu f^2g^2]}{1+1}\cdot\frac{f^2-g^2-(g^2-f^2)}{A_1(1-g^2-\mu g^2)-1}$$
$$=\frac{2f^2-2g^2}{2}\cdot\frac{f^2-g^2+A_1[(g^2-1)(g^2-f^2)-\mu f^2g^2]}{A_1(1-g^2-\mu g^2)-1}$$
$$=(f^2-g^2)\frac{f^2-g^2+A_1[(g^2-1)(g^2-f^2)-\mu f^2g^2]}{A_1(1-g^2-\mu g^2)-1}\tag{5.2-61}$$

按照式(5.2-55)和式(5.2-60),式(5.2-61)属于洛必达法则的未定式0/0,因此

$$4\zeta^2=\lim_{g\to g_S}\left(\frac{f^2}{g^2}-1\right)\frac{g^2-f^2-A_1[(g^2-1)(g^2-f^2)-\mu f^2g^2]}{A_1(g^2+\mu g^2-1)+1}\tag{5.2-62}$$

根据积的极限等于极限的积,即 $\lim[f(x)\cdot g(x)]=\lim f(x)\cdot\lim g(x)$,且通过分子、分母分别对 g 求导,可由式(5.2-62)得

$$4\zeta^2=\left(\frac{f^2}{g_S^2}-1\right)\lim_{g\to g_S}\frac{2g-A_1[2g(g^2-f^2)+(g^2-1)2g-\mu f^2 2g]}{A_1(2g+\mu 2g)}$$
$$=\left(\frac{f^2}{g_S^2}-1\right)\lim_{g\to g_S}\frac{1-A_1(g^2-f^2+g^2-1-\mu f^2)}{A_1(1+\mu)}\tag{5.2-63}$$

化简式(5.2-63)得

$$\zeta^2=\left(\frac{f^2}{g_S^2}-1\right)\lim_{g\to g_S}\frac{\frac{1}{A_1}-(2g^2-1-f^2-\mu f^2)}{4(1+\mu)}=\left(\frac{f^2}{g_S^2}-1\right)\lim_{g\to g_S}\frac{\frac{1}{A_1}+1+f^2+\mu f^2-2g^2}{4(1+\mu)}\tag{5.2-64}$$

将式(5.2-47)、式(5.2-48)、式(5.2-50)代入式(5.2-64),可得

$$\zeta^2=\left(\frac{1}{1-\sqrt{\frac{\mu}{2+\mu}}}-1\right)\frac{(1+\mu)\sqrt{\frac{\mu}{2+\mu}}-\mu+1+1+\mu-2\left(1-\sqrt{\frac{\mu}{2+\mu}}\right)}{4(1+\mu)}$$
$$=\frac{\sqrt{\frac{\mu}{2+\mu}}}{1-\sqrt{\frac{\mu}{2+\mu}}}\cdot\frac{(1+\mu)\sqrt{\frac{\mu}{2+\mu}}+2-2+2\sqrt{\frac{\mu}{2+\mu}}}{4(1+\mu)}\tag{5.2-65}$$

化简式(5.2-65)得

$$\zeta^2=\frac{\sqrt{\frac{\mu}{2+\mu}}}{1-\sqrt{\frac{\mu}{2+\mu}}}\cdot\frac{(3+\mu)\sqrt{\frac{\mu}{2+\mu}}}{4(1+\mu)}=\frac{(3+\mu)\frac{\mu}{2+\mu}}{4(1+\mu)\left(1-\sqrt{\frac{\mu}{2+\mu}}\right)}\tag{5.2-66}$$

化简式(5.2-66)得

$$\zeta^2=\frac{\mu(3+\mu)}{4(1+\mu)(2+\mu)\left(1-\sqrt{\frac{\mu}{2+\mu}}\right)}$$
$$=\frac{\mu(3+\mu)}{4(1+\mu)(2+\mu)\left(1-\sqrt{\frac{\mu}{2+\mu}}\right)\left(1+\sqrt{\frac{\mu}{2+\mu}}\right)}\left(1+\sqrt{\frac{\mu}{2+\mu}}\right)\tag{5.2-67}$$

化简式(5.2-67)得

$$\zeta^2 = \frac{\mu(3+\mu)}{4(1+\mu)(2+\mu)\left(1-\frac{\mu}{2+\mu}\right)}\left(1+\sqrt{\frac{\mu}{2+\mu}}\right)$$

$$= \frac{\mu(3+\mu)}{4(1+\mu)(2+\mu-\mu)}\left(1+\sqrt{\frac{\mu}{2+\mu}}\right) \tag{5.2-68}$$

最后得点 S(极大值)对应的阻尼比为

$$\zeta_S = \sqrt{\frac{\mu(3+\mu)}{8(1+\mu)}\left(1+\sqrt{\frac{\mu}{2+\mu}}\right)} \tag{5.2-69}$$

2. 点 T 的最优阻尼比($f=1$)

由式(5.2-52)和式(5.2-49)得

$$A_1(1-g^2-\mu g^2)+1 = A_{1T}[1-g^2(1+\mu)]+1 = A_{1T}\left[1-\left(1+\sqrt{\frac{\mu}{2+\mu}}\right)(1+\mu)\right]+1$$

$$= A_{1T}\left[1-1-\mu-(1+\mu)\sqrt{\frac{\mu}{2+\mu}}\right]+1$$

$$= \frac{1}{\mu+(1+\mu)\sqrt{\frac{\mu}{2+\mu}}}\left[-\mu-(1+\mu)\sqrt{\frac{\mu}{2+\mu}}\right]+1$$

$$=-1+1=0 \tag{5.2-70}$$

由式(5.2-70)得

$$A_1(1-g^2-\mu g^2) = -1 \tag{5.2-71}$$

由式(5.2-47)和式(5.2-49)得

$$f^2-g^2 = 1-\left(1+\sqrt{\frac{\mu}{2+\mu}}\right) = 1-1-\sqrt{\frac{\mu}{2+\mu}} = -\sqrt{\frac{\mu}{2+\mu}} \tag{5.2-72}$$

由式(5.2-52)、式(5.2-72)、式(5.2-47)和式(5.2-49)得

$$A_1[(g^2-1)(g^2-f^2)-\mu f^2 g^2] = A_{1T}\left[(g^2-f^2)^2-\mu\left(1+\sqrt{\frac{\mu}{2+\mu}}\right)\right] = A_{1T}\left(\frac{\mu}{2+\mu}-\mu-\mu\sqrt{\frac{\mu}{2+\mu}}\right)$$

$$= \mu A_{1T}\left(\frac{1}{2+\mu}-1-\sqrt{\frac{\mu}{2+\mu}}\right) = \mu A_{1T}\left(\frac{-1-\mu}{2+\mu}-\sqrt{\frac{\mu}{2+\mu}}\right)$$

$$=-\mu A_{1T}\left(\frac{1+\mu}{2+\mu}+\sqrt{\frac{\mu}{2+\mu}}\right) \tag{5.2-73}$$

将式(5.2-73)展开得

$$A_1[(g^2-1)(g^2-f^2)-\mu f^2 g^2] = -\mu\frac{1}{\mu+(1+\mu)\sqrt{\frac{\mu}{2+\mu}}}\left(\frac{1+\mu}{2+\mu}+\sqrt{\frac{\mu}{2+\mu}}\right) \tag{5.2-74}$$

化简式(5.2-74)得

$$A_1[(g^2-1)(g^2-f^2)-\mu f^2g^2]=-\frac{(1+\mu)\dfrac{\mu}{2+\mu}+\mu\sqrt{\dfrac{\mu}{2+\mu}}}{\mu+(1+\mu)\sqrt{\dfrac{\mu}{2+\mu}}}$$

$$=-\sqrt{\frac{\mu}{2+\mu}}\cdot\frac{(1+\mu)\sqrt{\dfrac{\mu}{2+\mu}}+\mu}{\mu+(1+\mu)\sqrt{\dfrac{\mu}{2+\mu}}}=-\sqrt{\frac{\mu}{2+\mu}} \tag{5.2-75}$$

由式(5.2-75)和式(5.2-72)得

$$A_1[(g^2-1)(g^2-f^2)-\mu f^2g^2]=f^2-g^2 \tag{5.2-76}$$

将式(5.2-76)和式(5.2-71)代入式(5.2-5),可得

$$4g^2\zeta^2=\frac{f^2-g^2+f^2-g^2}{A_1(1-g^2-\mu g^2)+1}\cdot\frac{f^2-g^2-A_1[(g^2-1)(g^2-f^2)-\mu f^2g^2]}{-1-1}$$

$$=\frac{2(f^2-g^2)}{-2}\cdot\frac{f^2-g^2-A_1[(g^2-1)(g^2-f^2)-\mu f^2g^2]}{A_1(1-g^2-\mu g^2)+1}$$

$$=(g^2-f^2)\frac{f^2-g^2-A_1[(g^2-1)(g^2-f^2)-\mu f^2g^2]}{A_1(1-g^2-\mu g^2)+1} \tag{5.2-77}$$

按照式(5.2-71)和式(5.2-76),式(5.2-77)属于洛必达法则的未定式 0/0,因此

$$4\zeta^2=\lim_{g\to g_T}\left(1-\frac{f^2}{g^2}\right)\frac{g^2-f^2+A_1[(g^2-1)(g^2-f^2)-\mu f^2g^2]}{A_1(g^2+\mu g^2-1)-1} \tag{5.2-78}$$

根据积的极限等于极限的积,即 $\lim[f(x)\cdot g(x)]=\lim f(x)\cdot\lim g(x)$,且通过分子、分母分别对 g 求导,可由式(5.2-78)得

$$4\zeta^2=\left(1-\frac{f^2}{g_T^2}\right)\lim_{g\to g_T}\frac{2g+A_1[2g(g^2-f^2)+(g^2-1)2g-\mu f^2 2g]}{A_1(2g+\mu 2g)}$$

$$=\left(1-\frac{f^2}{g_T^2}\right)\lim_{g\to g_T}\frac{1+A_1(g^2-f^2+g^2-1-\mu f^2)}{A_1(1+\mu)} \tag{5.2-79}$$

化简式(5.2-79)得

$$\zeta^2=\left(1-\frac{f^2}{g_T^2}\right)\lim_{g\to g_T}\frac{\dfrac{1}{A_1}+2g^2-1-f^2-\mu f^2}{4(1+\mu)} \tag{5.2-80}$$

将式(5.2-49)、式(5.2-52)、式(5.2-47)代入式(5.2-80),可得

$$\zeta^2=\left(1-\frac{1}{1+\sqrt{\dfrac{\mu}{2+\mu}}}\right)\frac{\mu+(1+\mu)\sqrt{\dfrac{\mu}{2+\mu}}+2\left(1+\sqrt{\dfrac{\mu}{2+\mu}}\right)-1-1-\mu}{4(1+\mu)}$$

$$=\frac{\sqrt{\dfrac{\mu}{2+\mu}}}{1+\sqrt{\dfrac{\mu}{2+\mu}}}\cdot\frac{(1+\mu)\sqrt{\dfrac{\mu}{2+\mu}}+2+2\sqrt{\dfrac{\mu}{2+\mu}}-2}{4(1+\mu)} \tag{5.2-81}$$

化简式(5.2-81)得

$$\zeta^2=\frac{\sqrt{\frac{\mu}{2+\mu}}}{1+\sqrt{\frac{\mu}{2+\mu}}}\cdot\frac{(3+\mu)\sqrt{\frac{\mu}{2+\mu}}}{4(1+\mu)}=\frac{(3+\mu)\frac{\mu}{2+\mu}}{4(1+\mu)\left(1+\sqrt{\frac{\mu}{2+\mu}}\right)} \tag{5.2-82}$$

化简式(5.2-82)得

$$\zeta^2=\frac{\mu(3+\mu)}{4(1+\mu)(2+\mu)\left(1+\sqrt{\frac{\mu}{2+\mu}}\right)}=\frac{\mu(3+\mu)}{4(1+\mu)(2+\mu)\left(1+\sqrt{\frac{\mu}{2+\mu}}\right)\left(1-\sqrt{\frac{\mu}{2+\mu}}\right)}\left(1-\sqrt{\frac{\mu}{2+\mu}}\right) \tag{5.2-83}$$

展开式(5.2-83)得

$$\zeta^2=\frac{\mu(3+\mu)}{4(1+\mu)(2+\mu)\left(1-\frac{\mu}{2+\mu}\right)}\left(1-\sqrt{\frac{\mu}{2+\mu}}\right)=\frac{\mu(3+\mu)}{4(1+\mu)(2+\mu-\mu)}\left(1-\sqrt{\frac{\mu}{2+\mu}}\right) \tag{5.2-84}$$

最后得点 T(极大值)对应的阻尼比为

$$\zeta_T=\sqrt{\frac{\mu(3+\mu)}{8(1+\mu)}\left(1-\sqrt{\frac{\mu}{2+\mu}}\right)} \tag{5.2-85}$$

由式(5.2-69)和式(5.2-85)得

$$\zeta=\sqrt{\frac{\zeta_S^2+\zeta_T^2}{2}}=\sqrt{\frac{\mu(3+\mu)}{8(1+\mu)}} \tag{5.2-86}$$

三、Lanchester 阻尼动力吸振器

对应着调频

$$f=0 \tag{5.2-87}$$

将式(5.2-87)代入式(5.2-6),得点 S 的横坐标为

$$g_S=\sqrt{\frac{1-\sqrt{1}}{2+\mu}}=0 \tag{5.2-88}$$

将式(5.2-87)代入式(5.2-7),得点 T 的横坐标为

$$g_T=\sqrt{\frac{1+\sqrt{1}}{2+\mu}}=\sqrt{\frac{2}{2+\mu}} \tag{5.2-89}$$

将式(5.2-88)代入式(5.2-8),可得

$$A_{1S}=\frac{1}{1-g_S^2(1+\mu)}=1 \tag{5.2-90}$$

将式(5.2-89)代入式(5.2-9),可得

$$A_{1T}=\frac{1}{g_T^2(1+\mu)-1}=\frac{1}{\frac{2}{2+\mu}(1+\mu)-1}=\frac{2+\mu}{2+2\mu-2-\mu}=\frac{2+\mu}{\mu} \tag{5.2-91}$$

1. 点 S 的最优阻尼比($f=0$)

由式(5.2-90)和式(5.2-88)得

$$A_1(1-g^2-\mu g^2)-1=1-1=0 \tag{5.2-92}$$

由式(5.2-92)得

$$A_1(1-g^2-\mu g^2)=1 \tag{5.2-93}$$

由式(5.2-87)和式(5.2-88)得

$$f^2-g^2=0 \tag{5.2-94}$$

由式(5.2-90)、式(5.2-88)和式(5.2-87)得

$$A_1[(g^2-1)(g^2-f^2)-\mu f^2g^2]=0 \tag{5.2-95}$$

由式(5.2-95)和式(5.2-94)得

$$A_1[(g^2-1)(g^2-f^2)-\mu f^2g^2]=g^2-f^2 \tag{5.2-96}$$

将式(5.2-93)和式(5.2-96)代入式(5.2-5),可得

$$\begin{aligned}4g^2\zeta^2&=\frac{f^2-g^2+A_1[(g^2-1)(g^2-f^2)-\mu f^2g^2]}{1+1}\cdot\frac{f^2-g^2-(g^2-f^2)}{A_1(1-g^2-\mu g^2)-1}\\&=\frac{2f^2-2g^2}{2}\cdot\frac{f^2-g^2+A_1[(g^2-1)(g^2-f^2)-\mu f^2g^2]}{A_1(1-g^2-\mu g^2)-1}\\&=(f^2-g^2)\frac{f^2-g^2+A_1[(g^2-1)(g^2-f^2)-\mu f^2g^2]}{A_1(1-g^2-\mu g^2)-1}\end{aligned} \tag{5.2-97}$$

按照式(5.2-93)和式(5.2-96),式(5.2-97)属于洛必达法则的未定式 0/0,因此

$$4\zeta^2=\lim_{g\to g_S}\left(\frac{f^2}{g^2}-1\right)\frac{g^2-f^2-A_1[(g^2-1)(g^2-f^2)-\mu f^2g^2]}{A_1(g^2+\mu g^2-1)+1} \tag{5.2-98}$$

根据积的极限等于极限的积,即 $\lim[f(x)\cdot g(x)]=\lim f(x)\cdot\lim g(x)$,且通过分子、分母分别对 g 求导,可由式(5.2-98)得

$$\begin{aligned}4\zeta^2&=\left(\frac{f^2}{g_S^2}-1\right)\lim_{g\to g_S}\frac{2g-A_1[2g(g^2-f^2)+(g^2-1)2g-\mu f^2 2g]}{A_1(2g+\mu 2g)}\\&=\left(\frac{f^2}{g_S^2}-1\right)\lim_{g\to g_S}\frac{1-A_1(g^2-f^2+g^2-1-\mu f^2)}{A_1(1+\mu)}\end{aligned} \tag{5.2-99}$$

化简式(5.2-99)得

$$\zeta^2=\left(\frac{f^2}{g_S^2}-1\right)\lim_{g\to g_S}\frac{\frac{1}{A_1}-(2g^2-1-f^2-\mu f^2)}{4(1+\mu)}=\left(\frac{f^2}{g_S^2}-1\right)\lim_{g\to g_S}\frac{\frac{1}{A_1}+1+f^2+\mu f^2-2g^2}{4(1+\mu)} \tag{5.2-100}$$

将式(5.2-87)、式(5.2-90)、式(5.2-88)代入式(5.2-100),可得

$$\zeta^2=\left(\frac{0}{g_S^2}-1\right)\frac{1+1}{4(1+\mu)}=-\frac{2}{4(1+\mu)}=-\frac{1}{2(1+\mu)}<0 \tag{5.2-101}$$

无意义,舍去。

2. 点 T 的最优阻尼比($f=0$)

由式(5.2-91)和式(5.2-89)得

$$\begin{aligned}A_1(1-g^2-\mu g^2)+1&=A_{1T}[1-g^2(1+\mu)]+1=A_{1T}\left[1-\frac{2}{2+\mu}(1+\mu)\right]+1\\&=A_{1T}\left(1-\frac{2+2\mu}{2+\mu}\right)+1\\&=\frac{2+\mu}{\mu}\cdot\frac{-\mu}{2+\mu}+1=-1+1=0\end{aligned} \tag{5.2-102}$$

由式(5.2-102)得

$$A_1(1-g^2-\mu g^2)=-1 \tag{5.2-103}$$

由式(5.2-87)和式(5.2-89)得

$$f^2-g^2=0-\frac{2}{2+\mu}=-\frac{2}{2+\mu} \tag{5.2-104}$$

由式(5.2-91)、式(5.2-89)、式(5.2-104)和式(5.2-87)得

$$A_1[(g^2-1)(g^2-f^2)-\mu f^2g^2]=A_{1T}\left(\frac{2}{2+\mu}-1\right)\frac{2}{2+\mu}=\frac{2+\mu}{\mu}\cdot\frac{-\mu}{2+\mu}\cdot\frac{2}{2+\mu}=-\frac{2}{2+\mu} \tag{5.2-105}$$

由式(5.2-105)和式(5.2-104)得

$$A_1[(g^2-1)(g^2-f^2)-\mu f^2g^2]=f^2-g^2 \tag{5.2-106}$$

将式(5.2-106)和式(5.2-103)代入式(5.2-5),可得

$$\begin{aligned}4g^2\zeta^2&=\frac{f^2-g^2+f^2-g^2}{A_1(1-g^2-\mu g^2)+1}\cdot\frac{f^2-g^2-A_1[(g^2-1)(g^2-f^2)-\mu f^2g^2]}{-1-1}\\&=\frac{2(f^2-g^2)}{-2}\cdot\frac{f^2-g^2-A_1[(g^2-1)(g^2-f^2)-\mu f^2g^2]}{A_1(1-g^2-\mu g^2)+1}\\&=(g^2-f^2)\frac{f^2-g^2-A_1[(g^2-1)(g^2-f^2)-\mu f^2g^2]}{A_1(1-g^2-\mu g^2)+1}\end{aligned} \tag{5.2-107}$$

按照式(5.2-103)和式(5.2-106),式(5.2-107)属于洛必达法则的未定式0/0,因此

$$4\zeta^2=\lim_{g\to g_T}\left(1-\frac{f^2}{g^2}\right)\frac{g^2-f^2+A_1[(g^2-1)(g^2-f^2)-\mu f^2g^2]}{A_1(g^2+\mu g^2-1)-1} \tag{5.2-108}$$

根据积的极限等于极限的积,即 $\lim[f(x)\cdot g(x)]=\lim f(x)\cdot\lim g(x)$,且通过分子、分母分别对 g 求导,可由式(5.2-108)得

$$\begin{aligned}4\zeta^2&=\left(1-\frac{f^2}{g_T^2}\right)\lim_{g\to g_T}\frac{2g+A_1[2g(g^2-f^2)+(g^2-1)2g-\mu f^2 2g]}{A_1(2g+\mu 2g)}\\&=\left(1-\frac{f^2}{g_T^2}\right)\lim_{g\to g_T}\frac{1+A_1(g^2-f^2+g^2-1-\mu f^2)}{A_1(1+\mu)}\end{aligned} \tag{5.2-109}$$

化简式(5.2-109)得

$$\zeta^2=\left(1-\frac{f^2}{g_T^2}\right)\lim_{g\to g_T}\frac{\frac{1}{A_1}+2g^2-1-f^2-\mu f^2}{4(1+\mu)} \tag{5.2-110}$$

将式(5.2-87)、式(5.2-91)、式(5.2-89)代入式(5.2-110),可得

$$\zeta^2=\left(1-\frac{0}{g_T^2}\right)\frac{\frac{\mu}{2+\mu}+2\frac{2}{2+\mu}-1}{4(1+\mu)}=\frac{\mu+4-2-\mu}{4(1+\mu)(2+\mu)}=\frac{2}{4(1+\mu)(2+\mu)}=\frac{1}{2(1+\mu)(2+\mu)} \tag{5.2-111}$$

最后得点 T(极大值)对应的阻尼比为

$$\zeta_T=\frac{1}{\sqrt{2(1+\mu)(2+\mu)}} \tag{5.2-112}$$

习题 5-2

1. 用洛必达法则求下列极限：$\lim\limits_{x\to 0^+}\left(1+\dfrac{1}{x}\right)^x$。

参考答案 $\lim\limits_{x\to 0^+}\ln\left(1+\dfrac{1}{x}\right)^x=\lim\limits_{x\to 0^+}x\ln\left(1+\dfrac{1}{x}\right)=\lim\limits_{x\to 0^+}\dfrac{\ln\left(1+\dfrac{1}{x}\right)}{\dfrac{1}{x}}\overset{t=\frac{1}{x}\to+\infty}{=\!=\!=}\lim\limits_{t\to+\infty}\dfrac{\ln(1+t)}{t}=\lim\limits_{t\to+\infty}\dfrac{\dfrac{1}{1+t}}{1}=0$。

所以原式$=\mathrm{e}^0=1$。

2. 用洛必达法则求下列极限：$\lim\limits_{x\to\infty}\left(1+\dfrac{1}{x}\right)^x$。

参考答案 $\lim\limits_{x\to\infty}\ln\left(1+\dfrac{1}{x}\right)^x=\lim\limits_{x\to\infty}x\ln\left(1+\dfrac{1}{x}\right)=\lim\limits_{x\to\infty}\dfrac{\ln\left(1+\dfrac{1}{x}\right)}{\dfrac{1}{x}}\overset{t=\frac{1}{x}\to 0}{=\!=\!=}\lim\limits_{t\to 0}\dfrac{\ln(1+t)}{t}=\lim\limits_{t\to 0}\dfrac{\dfrac{1}{1+t}}{1}=1$。

所以原式$=\mathrm{e}^1=\mathrm{e}$。

第 3 节　干滑动摩擦力下滑块从运动到静止

当物体在没有润滑的表面上滑动时，会产生干摩擦力。干滑动摩擦力的大小正比于接触表面间的法向力，其方向与相对运动的方向相反。干摩擦阻尼也称库仑阻尼，在许多工程结构中都存在。研究人员对干摩擦特性及其应用也较为关注。

受到干滑动摩擦力的 1 自由度系统模型如图 5.3-1 所示，弹簧与滑块栓接，点 O 为弹簧处于原长时的右端位置，m 为滑块质量，k 为弹簧的刚度，μ 为动摩擦因数，x 为弹簧形变量，以点 O 为坐标原点建立坐标系，水平向右为 x 轴正方向。滑块在运动过程中受到干滑动摩擦力 μmg，其方向与速度 $\dot{x}$ 的方向相反。

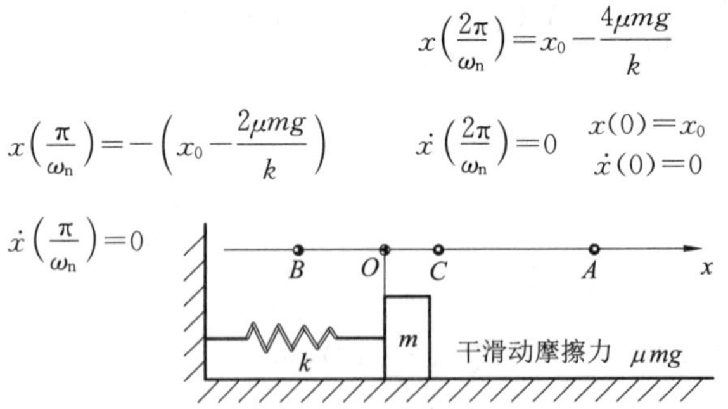

$x\left(\frac{2\pi}{\omega_n}\right)=x_0-\frac{4\mu mg}{k}$

$x\left(\frac{\pi}{\omega_n}\right)=-\left(x_0-\frac{2\mu mg}{k}\right)$　$\dot{x}\left(\frac{2\pi}{\omega_n}\right)=0$　$x(0)=x_0$　$\dot{x}(0)=0$

$\dot{x}\left(\frac{\pi}{\omega_n}\right)=0$

B　O　C　A　x

m　k　干滑动摩擦力 μmg

图 5.3-1　受到干滑动摩擦力的 1 自由度系统模型

开始时滑块静止在点 O。现把滑块从点 O 缓慢向右拉到点 A，然后无初速度释放。在点 A，假设系统的初位移、初速度分别为

$$x(0)=x_0>0 \tag{5.3-1}$$

$$\dot{x}(0)=0 \tag{5.3-2}$$

一、滑块从最右边运动到最左边

若 $x_0 \leqslant \frac{\mu mg}{k}$，即初位移太小，弹簧力小，则滑块一直静止在点 A。若 $x_0 > \frac{\mu mg}{k}$，弹簧力大，则滑块开始向左运动，所受干滑动摩擦力 μmg 的方向向右，此时 $\dot{x}<0$，由牛顿第二定律得

$$m\ddot{x} + kx = \mu mg, \quad \dot{x} < 0 \tag{5.3-3}$$

$$\ddot{x} + \frac{k}{m}x = \mu g, \quad \dot{x} < 0 \tag{5.3-4}$$

将固有角频率 $\omega_n = \sqrt{\frac{k}{m}}$ 代入式(5.3-4)，可得

$$\ddot{x} + \omega_n^2 x = \mu g, \quad \dot{x} < 0 \tag{5.3-5}$$

特征方程为

$$r^2 + \omega_n^2 = 0 \Rightarrow r^2 = -\omega_n^2 \tag{5.3-6}$$

$$r_{1,2} = \pm \omega_n \mathrm{i} \tag{5.3-7}$$

常系数非齐次线性微分方程(5.3-3)的齐次通解为 $x = C_1\cos\omega_n t + C_2\sin\omega_n t$，且方程(5.3-3)的一个特解为 $x = \frac{\mu mg}{k} = \Delta$，故微分方程(5.3-3)的通解为

$$x = C_1\cos\omega_n t + C_2\sin\omega_n t + \Delta, \quad \dot{x} < 0 \tag{5.3-8}$$

将式(5.3-1)代入式(5.3-8)，可得

$$C_1 + \Delta = x_0 \tag{5.3-9}$$

$$C_1 = x_0 - \Delta \tag{5.3-10}$$

将式(5.3-10)代入式(5.3-8)，可得

$$x = (x_0 - \Delta)\cos\omega_n t + C_2\sin\omega_n t + \Delta, \quad \dot{x} < 0 \tag{5.3-11}$$

$$\dot{x} = -(x_0 - \Delta)\omega_n\sin\omega_n t + C_2\omega_n\cos\omega_n t, \quad \dot{x} < 0 \tag{5.3-12}$$

将式(5.3-2)代入式(5.3-12)，可得

$$C_2\omega_n = 0 \tag{5.3-13}$$

$$C_2 = 0 \tag{5.3-14}$$

将式(5.3-14)代入式(5.3-11)，可得

$$x = (x_0 - \Delta)\cos\omega_n t + \Delta, \quad \dot{x} < 0 \tag{5.3-15}$$

将式(5.3-14)代入式(5.3-12)，可得

$$\dot{x} = (\Delta - x_0)\omega_n\sin\omega_n t, \quad \dot{x} < 0 \tag{5.3-16}$$

若滑块从最右边 A 点运动到最左边 B 点，速度为 0，则由式(5.3-16)得

$$(\Delta - x_0)\omega_n\sin\omega_n t = 0 \tag{5.3-17}$$

$$\sin\omega_n t = 0 \tag{5.3-18}$$

$$\omega_n t = \pi \tag{5.3-19}$$

将 $t = \frac{\pi}{\omega_n}$ 代入式(5.3-16)，可得

$$\dot{x}\left(\frac{\pi}{\omega_n}\right) = 0 \tag{5.3-20}$$

限定 t 的范围，将式(5.3-15)修正为

$$x = (x_0 - \Delta)\cos\omega_n t + \Delta, \quad \dot{x} < 0, 0 \leqslant t \leqslant \frac{\pi}{\omega_n} \tag{5.3-21}$$

点 B 的位置为

$$x\left(\frac{\pi}{\omega_n}\right)=(x_0-\Delta)\cos\pi+\Delta=\Delta-x_0+\Delta=2\Delta-x_0=-(x_0-2\Delta) \tag{5.3-22}$$

若滑块初位移 x_0 满足 $\Delta<x_0\leqslant 2\Delta$，则在点 B 处弹簧的回复力为

$$k(2\Delta-x_0)<k(2\Delta-\Delta)=k\Delta=k\frac{\mu mg}{k}=\mu mg \tag{5.3-23}$$

这表明弹簧的恢复力小，滑块静止在点 B。因 $2\Delta-x_0>0$，点 B 在原点 O 的右边。

设初位移 x_0 较大，满足 $x_0>2\Delta$，因 $2\Delta-x_0<0$，点 B 在原点 O 的左边。从时刻 0 到时刻 $\frac{\pi}{\omega_n}$，运动时间为 $\frac{\pi}{\omega_n}$，即半个周期，滑块从最右边 A 点运动到最左边 B 点，点 B 的振幅比点 A 的小

$$x_0-\left|x\left(\frac{\pi}{\omega_n}\right)\right|=x_0-(x_0-2\Delta)=2\Delta \tag{5.3-24}$$

二、滑块从最左边运动到最右边

设下一时刻，滑块从点 B 向右运动，所受干滑动摩擦力 μmg 的方向向左，此时 $\dot{x}>0$。当 $x_0>2\Delta$ 时，令滑块所受向右的合力为

$$k\left|x\left(\frac{\pi}{\omega_n}\right)\right|-\mu mg=k(x_0-2\Delta)-k\Delta=k(x_0-3\Delta)>0 \tag{5.3-25}$$

初位移 x_0 要满足 $x_0>3\Delta$。由牛顿第二定律得

$$m\ddot{x}+kx=-\mu mg,\quad \dot{x}>0 \tag{5.3-26}$$

$$\ddot{x}+\frac{k}{m}x=-\mu g,\quad \dot{x}>0 \tag{5.3-27}$$

将固有角频率 $\omega_n=\sqrt{\frac{k}{m}}$ 代入式(5.3-27)，可得

$$\ddot{x}+\omega_n^2x=-\mu g,\quad \dot{x}>0 \tag{5.3-28}$$

特征方程为

$$r^2+\omega_n^2=0\Rightarrow r^2=-\omega_n^2 \tag{5.3-29}$$

$$r_{1,2}=\pm\omega_n\mathrm{i} \tag{5.3-30}$$

常系数非齐次线性微分方程(5.3-26)的齐次通解为 $x=C_3\cos\omega_nt+C_4\sin\omega_nt$，且方程(5.3-26)的一个特解为 $x=-\frac{\mu mg}{k}=-\Delta$，故微分方程(5.3-26)的通解为

$$x=C_3\cos\omega_nt+C_4\sin\omega_nt-\Delta,\quad \dot{x}>0,t\geqslant\frac{\pi}{\omega_n} \tag{5.3-31}$$

将式(5.3-22)代入式(5.3-31)，可得

$$C_3\cos\pi-\Delta=2\Delta-x_0=-C_3-\Delta \tag{5.3-32}$$

$$3\Delta-x_0=-C_3 \tag{5.3-33}$$

$$C_3=x_0-3\Delta \tag{5.3-34}$$

将式(5.3-34)代入式(5.3-31)，可得

$$x=(x_0-3\Delta)\cos\omega_nt+C_4\sin\omega_nt-\Delta,\quad \dot{x}>0,t\geqslant\frac{\pi}{\omega_n} \tag{5.3-35}$$

$$\dot{x}=-(x_0-3\Delta)\omega_n\sin\omega_nt+C_4\omega_n\cos\omega_nt,\quad \dot{x}>0,t\geqslant\frac{\pi}{\omega_n} \tag{5.3-36}$$

将式(5.3-20)代入式(5.3-36),可得

$$C_4\omega_n\cos\pi=0=-C_4\omega_n \tag{5.3-37}$$

$$C_4=0 \tag{5.3-38}$$

将式(5.3-38)代入式(5.3-35),可得

$$x=(x_0-3\Delta)\cos\omega_n t-\Delta,\quad \dot{x}>0,t\geqslant\frac{\pi}{\omega_n} \tag{5.3-39}$$

将式(5.3-38)代入式(5.3-36),可得

$$\dot{x}=(3\Delta-x_0)\omega_n\sin\omega_n t,\quad \dot{x}>0,t\geqslant\frac{\pi}{\omega_n} \tag{5.3-40}$$

当滑块向右运动时,若到达点 C 时速度为0,则由式(5.3-40)可得

$$(3\Delta-x_0)\omega_n\sin\omega_n t=0 \tag{5.3-41}$$

$$\sin\omega_n t=0 \tag{5.3-42}$$

$$\omega_n t=2\pi \tag{5.3-43}$$

将 $t=\frac{2\pi}{\omega_n}$ 代入式(5.3-40),可得

$$\dot{x}\left(\frac{2\pi}{\omega_n}\right)=0 \tag{5.3-44}$$

限定 t 的范围,将式(5.3-39)修正为

$$x=(x_0-3\Delta)\cos\omega_n t-\Delta,\quad \dot{x}>0,\frac{\pi}{\omega_n}\leqslant t\leqslant\frac{2\pi}{\omega_n} \tag{5.3-45}$$

点 C 的位置为

$$x\left(\frac{2\pi}{\omega_n}\right)=(x_0-3\Delta)\cos 2\pi-\Delta=x_0-3\Delta-\Delta=x_0-4\Delta \tag{5.3-46}$$

设初位移 x_0 更大,满足 $x_0>4\Delta$,因 $x_0-4\Delta>0$,故点 C 在原点 O 的右边。从时刻 $\frac{\pi}{\omega_n}$ 到时刻 $\frac{2\pi}{\omega_n}$,运动时间为 $\frac{\pi}{\omega_n}$,即半个周期,滑块从最左边 B 点运动到最右边 C 点,点 C 的振幅比点 B 的小

$$\left|x\left(\frac{\pi}{\omega_n}\right)\right|-\left|x\left(\frac{2\pi}{\omega_n}\right)\right|=x_0-2\Delta-(x_0-4\Delta)=2\Delta \tag{5.3-47}$$

三、滑块继续从右边运动到左边

设下一时刻,滑块从点 C 向左运动,所受干滑动摩擦力 μmg 的方向向右,此时 $\dot{x}<0$。当 $x_0>4\Delta$ 时,令滑块所受向左的合力为

$$k\left|x\left(\frac{2\pi}{\omega_n}\right)\right|-\mu mg=k(x_0-4\Delta)-k\Delta=k(x_0-5\Delta)>0 \tag{5.3-48}$$

初位移 x_0 要满足 $x_0>5\Delta$。由牛顿第二定律得

$$m\ddot{x}+kx=\mu mg,\quad \dot{x}<0,t\geqslant\frac{2\pi}{\omega_n} \tag{5.3-49}$$

$$\ddot{x}+\frac{k}{m}x=\mu g,\quad \dot{x}<0,t\geqslant\frac{2\pi}{\omega_n} \tag{5.3-50}$$

将固有角频率 $\omega_n=\sqrt{\frac{k}{m}}$ 代入式(5.3-50),可得

$$\ddot{x}+\omega_n^2x=\mu g,\quad \dot{x}<0,t\geqslant\frac{2\pi}{\omega_n} \tag{5.3-51}$$

特征方程为

$$r^2+\omega_n^2=0 \Rightarrow r^2=-\omega_n^2 \tag{5.3-52}$$

$$r_{1,2}=\pm\omega_n \mathrm{i} \tag{5.3-53}$$

常系数非齐次线性微分方程(5.3-49)的齐次通解为 $x=C_5\cos\omega_n t+C_6\sin\omega_n t$，且方程(5.3-49)的一个特解为 $x=\dfrac{\mu mg}{k}=\Delta$，故微分方程(5.3-49)的通解为

$$x=C_5\cos\omega_n t+C_6\sin\omega_n t+\Delta,\quad \dot{x}<0,t\geqslant\frac{2\pi}{\omega_n} \tag{5.3-54}$$

将式(5.3-46)代入式(5.3-54)，可得

$$C_5\cos 2\pi+\Delta=x_0-4\Delta=C_5+\Delta \tag{5.3-55}$$

$$C_5=x_0-5\Delta \tag{5.3-56}$$

将式(5.3-56)代入式(5.3-54)，可得

$$x=(x_0-5\Delta)\cos\omega_n t+C_6\sin\omega_n t+\Delta,\quad \dot{x}<0,t\geqslant\frac{2\pi}{\omega_n} \tag{5.3-57}$$

$$\dot{x}=-(x_0-5\Delta)\omega_n\sin\omega_n t+C_6\omega_n\cos\omega_n t,\quad \dot{x}<0,t\geqslant\frac{2\pi}{\omega_n} \tag{5.3-58}$$

将式(5.3-44)代入式(5.3-58)，可得

$$C_6\omega_n\cos 2\pi=0=C_6\omega_n \tag{5.3-59}$$

$$C_6=0 \tag{5.3-60}$$

将式(5.3-60)代入式(5.3-57)，可得

$$x=(x_0-5\Delta)\cos\omega_n t+\Delta,\quad \dot{x}<0,t\geqslant\frac{2\pi}{\omega_n} \tag{5.3-61}$$

将式(5.3-60)代入式(5.3-58)，可得

$$\dot{x}=(5\Delta-x_0)\omega_n\sin\omega_n t,\quad \dot{x}<0,t\geqslant\frac{2\pi}{\omega_n} \tag{5.3-62}$$

若滑块从右边 C 点运动到左边 D 点，速度为 0，由式(5.3-62)得

$$(5\Delta-x_0)\omega_n\sin\omega_n t=0 \tag{5.3-63}$$

$$\sin\omega_n t=0 \tag{5.3-64}$$

$$\omega_n t=3\pi \tag{5.3-65}$$

将 $t=\dfrac{3\pi}{\omega_n}$ 代入式(5.3-62)，可得

$$\dot{x}\left(\frac{3\pi}{\omega_n}\right)=0 \tag{5.3-66}$$

限定 t 的范围，将式(5.3-61)修正为

$$x=(x_0-5\Delta)\cos\omega_n t+\Delta,\quad \dot{x}<0,\frac{2\pi}{\omega_n}\leqslant t\leqslant\frac{3\pi}{\omega_n} \tag{5.3-67}$$

点 D 的位置为

$$x\left(\frac{3\pi}{\omega_n}\right)=(x_0-5\Delta)\cos 3\pi+\Delta=5\Delta-x_0+\Delta=6\Delta-x_0=-(x_0-6\Delta) \tag{5.3-68}$$

若滑块初位移 x_0 满足 $5\Delta<x_0\leqslant 6\Delta$，则在点 D 处弹簧的回复力为

$$k(6\Delta-x_0)<k(6\Delta-5\Delta)=k\Delta=k\frac{\mu mg}{k}=\mu mg \tag{5.3-69}$$

这表明弹簧的回复力小，滑块静止在点 D。因 $6\Delta-x_0>0$，点 D 在原点 O 的右边。

设初位移 x_0 较大，满足 $x_0>6\Delta$，因 $6\Delta-x_0<0$，点 D 在原点 O 的左边。从时刻 $\frac{2\pi}{\omega_n}$ 到时刻 $\frac{3\pi}{\omega_n}$，运动时间为 $\frac{\pi}{\omega_n}$，即半个周期，滑块从右边 C 点运动到左边 D 点，点 D 的振幅比点 C 的小

$$\left|x\left(\frac{2\pi}{\omega_n}\right)\right|-\left|x\left(\frac{3\pi}{\omega_n}\right)\right|=x_0-4\Delta-(x_0-6\Delta)=2\Delta \tag{5.3-70}$$

四、滑块接着从左边运动到右边

设下一时刻，滑块从点 D 向右运动，所受干滑动摩擦力 μmg 的方向向左，此时 $\dot{x}>0$。当 $x_0>6\Delta$ 时，令滑块所受向右的合力为

$$k\left|x\left(\frac{3\pi}{\omega_n}\right)\right|-\mu mg=k(x_0-6\Delta)-k\Delta=k(x_0-7\Delta)>0 \tag{5.3-71}$$

初位移 x_0 要满足 $x_0>7\Delta$。由牛顿第二定律得

$$m\ddot{x}+kx=-\mu mg,\quad \dot{x}>0,t\geqslant\frac{3\pi}{\omega_n} \tag{5.3-72}$$

$$\ddot{x}+\frac{k}{m}x=-\mu g,\quad \dot{x}>0,t\geqslant\frac{3\pi}{\omega_n} \tag{5.3-73}$$

将固有角频率 $\omega_n=\sqrt{\frac{k}{m}}$ 代入式(5.3-73)，可得

$$\ddot{x}+\omega_n^2x=-\mu g,\quad \dot{x}>0,t\geqslant\frac{3\pi}{\omega_n} \tag{5.3-74}$$

特征方程为

$$r^2+\omega_n^2=0\Rightarrow r^2=-\omega_n^2 \tag{5.3-75}$$

$$r_{1,2}=\pm\omega_n\mathrm{i} \tag{5.3-76}$$

常系数非齐次线性微分方程(5.3-72)的齐次通解为 $x=C_7\cos\omega_nt+C_8\sin\omega_nt$，且方程(5.3-72)的一个特解为 $x=-\frac{\mu mg}{k}=-\Delta$，故微分方程(5.3-72)的通解为

$$x=C_7\cos\omega_nt+C_8\sin\omega_nt-\Delta,\quad \dot{x}>0,t\geqslant\frac{3\pi}{\omega_n} \tag{5.3-77}$$

将式(5.3-68)代入式(5.3-77)，可得

$$C_7\cos3\pi-\Delta=6\Delta-x_0=-C_7-\Delta \tag{5.3-78}$$

$$7\Delta-x_0=-C_7 \tag{5.3-79}$$

$$C_7=x_0-7\Delta \tag{5.3-80}$$

将式(5.3-80)代入式(5.3-77)，可得

$$x=(x_0-7\Delta)\cos\omega_nt+C_8\sin\omega_nt-\Delta,\quad \dot{x}>0,t\geqslant\frac{3\pi}{\omega_n} \tag{5.3-81}$$

$$\dot{x}=-(x_0-7\Delta)\omega_n\sin\omega_nt+C_8\omega_n\cos\omega_nt,\quad \dot{x}>0,t\geqslant\frac{3\pi}{\omega_n} \tag{5.3-82}$$

将式(5.3-66)代入式(5.3-82)，可得

$$C_8\omega_n\cos3\pi=0=-C_8\omega_n \tag{5.3-83}$$

$$C_8=0 \tag{5.3-84}$$

将式(5.3-84)代入式(5.3-81),可得

$$x=(x_0-7\Delta)\cos\omega_n t-\Delta,\quad \dot{x}>0, t\geqslant\frac{3\pi}{\omega_n} \tag{5.3-85}$$

将式(5.3-84)代入式(5.3-82),可得

$$\dot{x}=(7\Delta-x_0)\omega_n\sin\omega_n t,\quad \dot{x}>0, t\geqslant\frac{3\pi}{\omega_n} \tag{5.3-86}$$

当滑块向右运动时,若到达点 E 时速度为 0,则由式(5.3-86)可得

$$(7\Delta-x_0)\omega_n\sin\omega_n t=0 \tag{5.3-87}$$

$$\sin\omega_n t=0 \tag{5.3-88}$$

$$\omega_n t=4\pi \tag{5.3-89}$$

将 $t=\frac{4\pi}{\omega_n}$代入式(5.3-86),可得

$$\dot{x}\left(\frac{4\pi}{\omega_n}\right)=0 \tag{5.3-90}$$

限定 t 的范围,将式(5.3-85)修正为

$$x=(x_0-7\Delta)\cos\omega_n t-\Delta,\quad \dot{x}>0,\frac{3\pi}{\omega_n}\leqslant t\leqslant\frac{4\pi}{\omega_n} \tag{5.3-91}$$

点 E 的位置为

$$x\left(\frac{4\pi}{\omega_n}\right)=(x_0-7\Delta)\cos 4\pi-\Delta=x_0-7\Delta-\Delta=x_0-8\Delta \tag{5.3-92}$$

设初位移 x_0 更大,满足 $x_0>8\Delta$,因 $x_0-8\Delta>0$,点 E 在原点 O 的右边。从时刻$\frac{3\pi}{\omega_n}$到时刻$\frac{4\pi}{\omega_n}$,运动时间为$\frac{\pi}{\omega_n}$,即半个周期,滑块从左边 D 点运动到右边 E 点,点 E 的振幅比点 D 的小

$$\left|x\left(\frac{3\pi}{\omega_n}\right)\right|-\left|x\left(\frac{4\pi}{\omega_n}\right)\right|=x_0-6\Delta-(x_0-8\Delta)=2\Delta \tag{5.3-93}$$

五、滑块的位移、速度和加速度

对上述式(5.3-21)、式(5.3-45)、式(5.3-67)和式(5.3-91)进行合理的外推,可得位移为

$$x=\begin{cases}(x_0-\Delta)\cos\omega_n t+\Delta, & 0\leqslant t\leqslant\frac{\pi}{\omega_n}, x_0\geqslant 2\Delta\\ (x_0-3\Delta)\cos\omega_n t-\Delta, & \frac{\pi}{\omega_n}<t\leqslant\frac{2\pi}{\omega_n}, x_0\geqslant 4\Delta\\ (x_0-5\Delta)\cos\omega_n t+\Delta, & \frac{2\pi}{\omega_n}<t\leqslant\frac{3\pi}{\omega_n}, x_0\geqslant 6\Delta\\ (x_0-7\Delta)\cos\omega_n t-\Delta, & \frac{3\pi}{\omega_n}<t\leqslant\frac{4\pi}{\omega_n}, x_0\geqslant 8\Delta\\ (x_0-9\Delta)\cos\omega_n t+\Delta, & \frac{4\pi}{\omega_n}<t\leqslant\frac{5\pi}{\omega_n}, x_0\geqslant 10\Delta\\ (x_0-11\Delta)\cos\omega_n t-\Delta, & \frac{5\pi}{\omega_n}<t\leqslant\frac{6\pi}{\omega_n}, x_0\geqslant 12\Delta\\ (x_0-13\Delta)\cos\omega_n t+\Delta, & \frac{6\pi}{\omega_n}<t\leqslant\frac{7\pi}{\omega_n}, x_0\geqslant 14\Delta\\ \vdots & \end{cases} \tag{5.3-94}$$

量纲 1 的位移是

$$\frac{x}{\Delta}=\begin{cases}\left(\frac{x_0}{\Delta}-1\right)\cos\omega_n t+1, & 0\leqslant\omega_n t\leqslant\pi, x_0\geqslant 2\Delta\\ \left(\frac{x_0}{\Delta}-3\right)\cos\omega_n t-1, & \pi<\omega_n t\leqslant 2\pi, x_0\geqslant 4\Delta\\ \left(\frac{x_0}{\Delta}-5\right)\cos\omega_n t+1, & 2\pi<\omega_n t\leqslant 3\pi, x_0\geqslant 6\Delta\\ \left(\frac{x_0}{\Delta}-7\right)\cos\omega_n t-1, & 3\pi<\omega_n t\leqslant 4\pi, x_0\geqslant 8\Delta\\ \left(\frac{x_0}{\Delta}-9\right)\cos\omega_n t+1, & 4\pi<\omega_n t\leqslant 5\pi, x_0\geqslant 10\Delta\\ \left(\frac{x_0}{\Delta}-11\right)\cos\omega_n t-1, & 5\pi<\omega_n t\leqslant 6\pi, x_0\geqslant 12\Delta\\ \left(\frac{x_0}{\Delta}-13\right)\cos\omega_n t+1, & 6\pi<\omega_n t\leqslant 7\pi, x_0\geqslant 14\Delta\\ \vdots\end{cases}\tag{5.3-95}$$

由式(5.3-95)得，当横坐标 $\omega_n t=0$ 时，纵坐标$\frac{x}{\Delta}=\frac{x_0}{\Delta}-1+1=\frac{x_0}{\Delta}$。当横坐标 $\omega_n t=2\pi$ 时，纵坐标$\frac{x}{\Delta}=\frac{x_0}{\Delta}-3-1=\frac{x_0}{\Delta}-4$。经过这两点的上包络直线方程为

$$\frac{x}{\Delta}=\frac{\frac{x_0}{\Delta}-4-\frac{x_0}{\Delta}}{2\pi-0}(\omega_n t-0)+\frac{x_0}{\Delta}=\frac{-4}{2\pi}\omega_n t+\frac{x_0}{\Delta}=\frac{x_0}{\Delta}-\frac{2}{\pi}\omega_n t$$

当横坐标 $\omega_n t=\pi$ 时，纵坐标$\frac{x}{\Delta}=\left(\frac{x_0}{\Delta}-1\right)\cos\pi+1=1-\frac{x_0}{\Delta}+1=2-\frac{x_0}{\Delta}$。当横坐标 $\omega_n t=3\pi$ 时，纵坐标$\frac{x}{\Delta}=\left(\frac{x_0}{\Delta}-5\right)\cos 3\pi+1=5-\frac{x_0}{\Delta}+1=6-\frac{x_0}{\Delta}$。经过这两点的下包络直线方程为

$$\begin{aligned}\frac{x}{\Delta}&=\frac{6-\frac{x_0}{\Delta}-\left(2-\frac{x_0}{\Delta}\right)}{3\pi-\pi}(\omega_n t-\pi)+2-\frac{x_0}{\Delta}\\&=\frac{4}{2\pi}(\omega_n t-\pi)+2-\frac{x_0}{\Delta}\\&=\frac{2}{\pi}\omega_n t-2+2-\frac{x_0}{\Delta}\\&=\frac{2}{\pi}\omega_n t-\frac{x_0}{\Delta}\end{aligned}$$

例 5.3-1　已知一条直线经过两点(x_1,y_1)，(x_2,y_2)，且 $x_1\neq x_2$。求证：此直线方程为 $y=\frac{y_2-y_1}{x_2-x_1}(x-x_1)+y_1$。

证明　此直线斜率为 $k=\frac{y_2-y_1}{x_2-x_1}=\frac{y-y_1}{x-x_1}$，$\frac{y_2-y_1}{x_2-x_1}(x-x_1)=y-y_1$，所以 $y=\frac{y_2-y_1}{x_2-x_1}(x-x_1)+y_1$。

由式(5.3-95)可知速度 $\dot{x}$ 满足

$$\frac{\dot{x}}{\Delta}=\begin{cases}-\left(\frac{x_0}{\Delta}-1\right)\omega_n\sin\omega_n t, & 0\leqslant\omega_n t\leqslant\pi, x_0\geqslant 2\Delta\\ -\left(\frac{x_0}{\Delta}-3\right)\omega_n\sin\omega_n t, & \pi<\omega_n t\leqslant 2\pi, x_0\geqslant 4\Delta\\ -\left(\frac{x_0}{\Delta}-5\right)\omega_n\sin\omega_n t, & 2\pi<\omega_n t\leqslant 3\pi, x_0\geqslant 6\Delta\\ -\left(\frac{x_0}{\Delta}-7\right)\omega_n\sin\omega_n t, & 3\pi<\omega_n t\leqslant 4\pi, x_0\geqslant 8\Delta\\ -\left(\frac{x_0}{\Delta}-9\right)\omega_n\sin\omega_n t, & 4\pi<\omega_n t\leqslant 5\pi, x_0\geqslant 10\Delta\\ -\left(\frac{x_0}{\Delta}-11\right)\omega_n\sin\omega_n t, & 5\pi<\omega_n t\leqslant 6\pi, x_0\geqslant 12\Delta\\ -\left(\frac{x_0}{\Delta}-13\right)\omega_n\sin\omega_n t, & 6\pi<\omega_n t\leqslant 7\pi, x_0\geqslant 14\Delta\\ \vdots \end{cases} \tag{5.3-96}$$

量纲 1 的速度是

$$\frac{\dot{x}}{\omega_n\Delta}=\begin{cases}\left(1-\frac{x_0}{\Delta}\right)\sin\omega_n t, & 0\leqslant\omega_n t\leqslant\pi, x_0\geqslant 2\Delta\\ \left(3-\frac{x_0}{\Delta}\right)\sin\omega_n t, & \pi<\omega_n t\leqslant 2\pi, x_0\geqslant 4\Delta\\ \left(5-\frac{x_0}{\Delta}\right)\sin\omega_n t, & 2\pi<\omega_n t\leqslant 3\pi, x_0\geqslant 6\Delta\\ \left(7-\frac{x_0}{\Delta}\right)\sin\omega_n t, & 3\pi<\omega_n t\leqslant 4\pi, x_0\geqslant 8\Delta\\ \left(9-\frac{x_0}{\Delta}\right)\sin\omega_n t, & 4\pi<\omega_n t\leqslant 5\pi, x_0\geqslant 10\Delta\\ \left(11-\frac{x_0}{\Delta}\right)\sin\omega_n t, & 5\pi<\omega_n t\leqslant 6\pi, x_0\geqslant 12\Delta\\ \left(13-\frac{x_0}{\Delta}\right)\sin\omega_n t, & 6\pi<\omega_n t\leqslant 7\pi, x_0\geqslant 14\Delta\\ \vdots \end{cases} \tag{5.3-97}$$

由式(5.3-97)得，当横坐标 $\omega_n t=\frac{3\pi}{2}$时，纵坐标$\frac{\dot{x}}{\omega_n\Delta}=\left(3-\frac{x_0}{\Delta}\right)\sin\frac{3\pi}{2}=\frac{x_0}{\Delta}-3$。当横坐标 $\omega_n t=\frac{7\pi}{2}$时，纵坐标$\frac{\dot{x}}{\omega_n\Delta}=\left(7-\frac{x_0}{\Delta}\right)\sin\frac{7\pi}{2}=\frac{x_0}{\Delta}-7$。经过这两点的上包络直线方程为

$$\begin{aligned}\frac{\dot{x}}{\omega_n\Delta}&=\frac{\frac{x_0}{\Delta}-7-\left(\frac{x_0}{\Delta}-3\right)}{\frac{7\pi}{2}-\frac{3\pi}{2}}\left(\omega_n t-\frac{3\pi}{2}\right)+\frac{x_0}{\Delta}-3=\frac{-4}{2\pi}\left(\omega_n t-\frac{3\pi}{2}\right)+\frac{x_0}{\Delta}-3\\ &=-\frac{2}{\pi}\left(\omega_n t-\frac{3\pi}{2}\right)+\frac{x_0}{\Delta}-3\\ &=-\frac{2}{\pi}\omega_n t+3+\frac{x_0}{\Delta}-3\\ &=\frac{x_0}{\Delta}-\frac{2}{\pi}\omega_n t\end{aligned}$$

当横坐标 $\omega_n t=\frac{\pi}{2}$ 时，纵坐标 $\frac{\dot{x}}{\omega_n\Delta}=\left(1-\frac{x_0}{\Delta}\right)\sin\frac{\pi}{2}=1-\frac{x_0}{\Delta}$。当横坐标 $\omega_n t=\frac{5\pi}{2}$ 时，纵坐标 $\frac{\dot{x}}{\omega_n\Delta}=\left(5-\frac{x_0}{\Delta}\right)\sin\frac{5\pi}{2}=5-\frac{x_0}{\Delta}$。经过这两点的下包络直线方程为

$$
\begin{aligned}
\frac{\ddot{x}}{\omega_n\Delta}&=\frac{5-\frac{x_0}{\Delta}-\left(1-\frac{x_0}{\Delta}\right)}{\frac{5\pi}{2}-\frac{\pi}{2}}\left(\omega_n t-\frac{\pi}{2}\right)+1-\frac{x_0}{\Delta}=\frac{4}{2\pi}\left(\omega_n t-\frac{\pi}{2}\right)+1-\frac{x_0}{\Delta}\\
&=\frac{2}{\pi}\left(\omega_n t-\frac{\pi}{2}\right)+1-\frac{x_0}{\Delta}\\
&=\frac{2}{\pi}\omega_n t-1+1-\frac{x_0}{\Delta}\\
&=\frac{2}{\pi}\omega_n t-\frac{x_0}{\Delta}
\end{aligned}
$$

由式(5.3-97)可知加速度 $\ddot{x}$ 满足

$$
\frac{\ddot{x}}{\omega_n\Delta}=\begin{cases}
\left(1-\frac{x_0}{\Delta}\right)\omega_n\cos\omega_n t, & 0\leqslant\omega_n t\leqslant\pi, x_0\geqslant 2\Delta\\
\left(3-\frac{x_0}{\Delta}\right)\omega_n\cos\omega_n t, & \pi<\omega_n t\leqslant 2\pi, x_0\geqslant 4\Delta\\
\left(5-\frac{x_0}{\Delta}\right)\omega_n\cos\omega_n t, & 2\pi<\omega_n t\leqslant 3\pi, x_0\geqslant 6\Delta\\
\left(7-\frac{x_0}{\Delta}\right)\omega_n\cos\omega_n t, & 3\pi<\omega_n t\leqslant 4\pi, x_0\geqslant 8\Delta\\
\left(9-\frac{x_0}{\Delta}\right)\omega_n\cos\omega_n t, & 4\pi<\omega_n t\leqslant 5\pi, x_0\geqslant 10\Delta\\
\left(11-\frac{x_0}{\Delta}\right)\omega_n\cos\omega_n t, & 5\pi<\omega_n t\leqslant 6\pi, x_0\geqslant 12\Delta\\
\left(13-\frac{x_0}{\Delta}\right)\omega_n\cos\omega_n t, & 6\pi<\omega_n t\leqslant 7\pi, x_0\geqslant 14\Delta\\
\vdots
\end{cases}
\tag{5.3-98}
$$

量纲 1 的加速度是

$$
\frac{\ddot{x}}{\omega_n^2\Delta}=\begin{cases}
\left(1-\frac{x_0}{\Delta}\right)\cos\omega_n t, & 0\leqslant\omega_n t\leqslant\pi, x_0\geqslant 2\Delta\\
\left(3-\frac{x_0}{\Delta}\right)\cos\omega_n t, & \pi<\omega_n t\leqslant 2\pi, x_0\geqslant 4\Delta\\
\left(5-\frac{x_0}{\Delta}\right)\cos\omega_n t, & 2\pi<\omega_n t\leqslant 3\pi, x_0\geqslant 6\Delta\\
\left(7-\frac{x_0}{\Delta}\right)\cos\omega_n t, & 3\pi<\omega_n t\leqslant 4\pi, x_0\geqslant 8\Delta\\
\left(9-\frac{x_0}{\Delta}\right)\cos\omega_n t, & 4\pi<\omega_n t\leqslant 5\pi, x_0\geqslant 10\Delta\\
\left(11-\frac{x_0}{\Delta}\right)\cos\omega_n t, & 5\pi<\omega_n t\leqslant 6\pi, x_0\geqslant 12\Delta\\
\left(13-\frac{x_0}{\Delta}\right)\cos\omega_n t, & 6\pi<\omega_n t\leqslant 7\pi, x_0\geqslant 14\Delta\\
\vdots
\end{cases}
\tag{5.3-99}
$$

由式(5.3-97)知，当 $\omega_n t=k\pi$(正整数 $k\geqslant 1$)时，速度为0。由式(5.3-99)知，当 $\omega_n t=k\pi$(正整数 $k\geqslant 1$)时，加速度是不连续的，跳跃值是2，因为此时干滑动摩擦力 μmg 的方向要改变。

六、滑块从滑动变为静止时需满足两个条件

第一个条件是滑块从滑动变为静止时，速度应等于0。由式(5.3-97)得

$$\frac{\dot{x}}{\omega_n\Delta}=\begin{cases}\left(1-\dfrac{x_0}{\Delta}\right)\sin\omega_n t, & 0\leqslant\omega_n t\leqslant\pi, x_0\geqslant 2\Delta\\ \left(3-\dfrac{x_0}{\Delta}\right)\sin\omega_n t, & \pi<\omega_n t\leqslant 2\pi, x_0\geqslant 4\Delta\\ \left(5-\dfrac{x_0}{\Delta}\right)\sin\omega_n t, & 2\pi<\omega_n t\leqslant 3\pi, x_0\geqslant 6\Delta\\ \left(7-\dfrac{x_0}{\Delta}\right)\sin\omega_n t, & 3\pi<\omega_n t\leqslant 4\pi, x_0\geqslant 8\Delta\\ \left(9-\dfrac{x_0}{\Delta}\right)\sin\omega_n t, & 4\pi<\omega_n t\leqslant 5\pi, x_0\geqslant 10\Delta\\ \left(11-\dfrac{x_0}{\Delta}\right)\sin\omega_n t, & 5\pi<\omega_n t\leqslant 6\pi, x_0\geqslant 12\Delta\\ \left(13-\dfrac{x_0}{\Delta}\right)\sin\omega_n t, & 6\pi<\omega_n t\leqslant 7\pi, x_0\geqslant 14\Delta\\ \vdots\end{cases}=0 \tag{5.3-100}$$

即静止时，时间 t 满足 $\omega_n t=k\pi$，整数 $k\geqslant 0$。

第二个条件是滑块从滑动变为静止时，弹簧的弹力要小，应不大于干滑动摩擦力，即

$$k|x|\leqslant\mu mg \tag{5.3-101}$$

$$|x|\leqslant\frac{\mu mg}{k}=\Delta \tag{5.3-102}$$

$$-\Delta\leqslant x\leqslant\Delta \tag{5.3-103}$$

$$-1\leqslant\frac{x}{\Delta}\leqslant 1 \tag{5.3-104}$$

例 5.3-2 已知系统的初位移 $x_0=10.5\Delta$ 和初速度 $v_0=0$。(1) 求静止时的时刻 t 和位置；(2) 写出从开始到静止时这段时间内位移的表达式，画出其图形；(3) 写出从开始到静止时这段时间内速度 v 的表达式，画出其图形；(4) 写出从开始到静止时这段时间内加速度 a 的表达式，画出其图形；(5) 以位移 x 和速度 v 为直角坐标建立的(x,v)平面就是1自由度系统的相平面。画出从开始到静止时这段时间内的相轨迹。

解 (1) 由式(5.3-95)的第5行得，当 $\omega_n t=4\pi$ 时，$\dfrac{x}{\Delta}=\left(\dfrac{x_0}{\Delta}-9\right)\cos 4\pi+1=10.5-9+1=2.5$，不满足式(5.3-104)。当 $\omega_n t=5\pi$ 时，$\dfrac{x}{\Delta}=\left(\dfrac{x_0}{\Delta}-9\right)\cos 5\pi+1=9-10.5+1=-0.5$，满足式(5.3-104)。所以静止的时刻为 $t=\dfrac{5\pi}{\omega_n}$，在振动 $2\dfrac{1}{2}$ 个周期后停止于位置 $x=-0.5\Delta$ 处。

(2) 取式(5.3-95)的前5行，即

$$\frac{x}{\Delta}=\begin{cases}9.5\cos\omega_n t+1, & 0\leqslant\omega_n t\leqslant\pi, x_0\geqslant 2\Delta\\ 7.5\cos\omega_n t-1, & \pi<\omega_n t\leqslant 2\pi, x_0\geqslant 4\Delta\\ 5.5\cos\omega_n t+1, & 2\pi<\omega_n t\leqslant 3\pi, x_0\geqslant 6\Delta\\ 3.5\cos\omega_n t-1, & 3\pi<\omega_n t\leqslant 4\pi, x_0\geqslant 8\Delta\\ 1.5\cos\omega_n t+1, & 4\pi<\omega_n t\leqslant 5\pi, x_0\geqslant 10\Delta\end{cases} \tag{5.3-105}$$

从开始到静止时这段时间内位移的变化情况如图 5.3-2 所示。

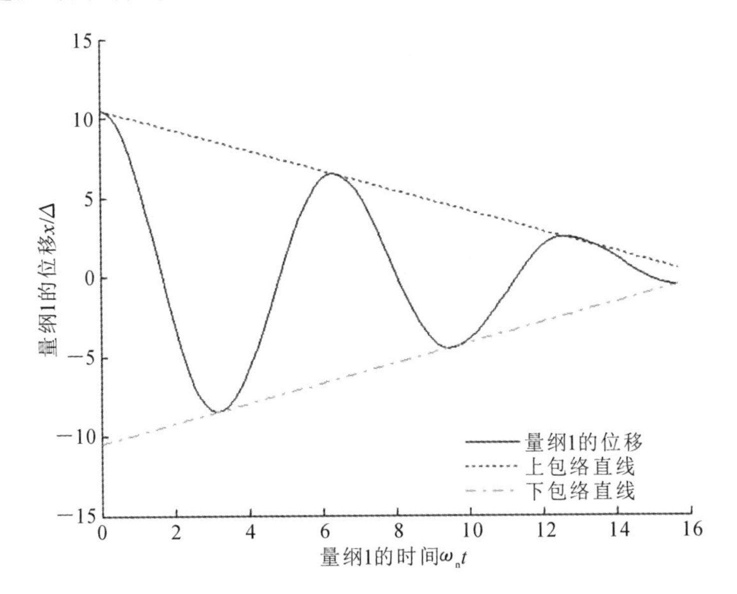

图 5.3-2　量纲 1 的位移和量纲 1 的时间

(3) 取式(5.3-97)的前 5 行,即

$$\frac{v}{\omega_n \Delta}=\begin{cases}-9.5\sin\omega_n t, & 0\leqslant\omega_n t\leqslant\pi, x_0\geqslant 2\Delta\\ -7.5\sin\omega_n t, & \pi<\omega_n t\leqslant 2\pi, x_0\geqslant 4\Delta\\ -5.5\sin\omega_n t, & 2\pi<\omega_n t\leqslant 3\pi, x_0\geqslant 6\Delta\\ -3.5\sin\omega_n t, & 3\pi<\omega_n t\leqslant 4\pi, x_0\geqslant 8\Delta\\ -1.5\sin\omega_n t, & 4\pi<\omega_n t\leqslant 5\pi, x_0\geqslant 10\Delta\end{cases} \tag{5.3-106}$$

从开始到静止时这段时间内速度的变化情况如图 5.3-3 所示。

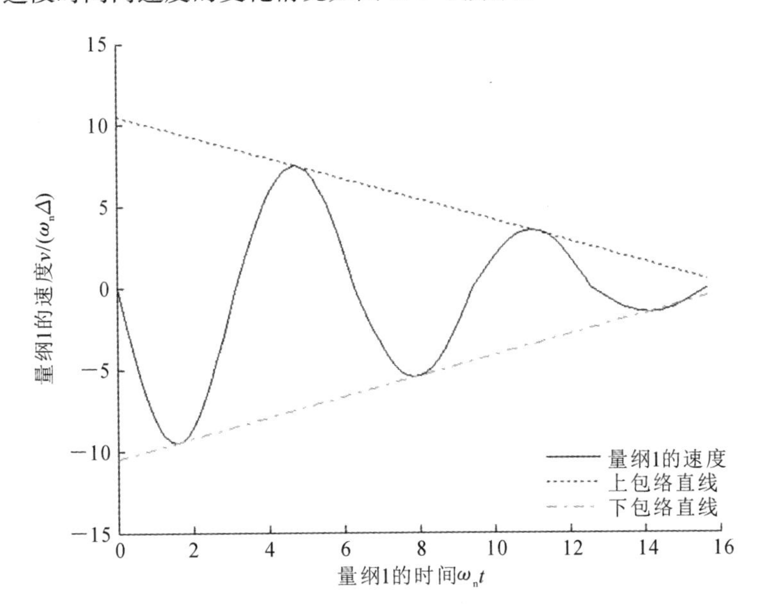

图 5.3-3　量纲 1 的速度和量纲 1 的时间

(4) 取式(5.3-99)的前 5 行,即

$$\frac{a}{\omega_n^2\Delta}=\begin{cases}-9.5\cos\omega_n t, & 0\leqslant\omega_n t\leqslant\pi, x_0\geqslant 2\Delta\\ -7.5\cos\omega_n t, & \pi<\omega_n t\leqslant 2\pi, x_0\geqslant 4\Delta\\ -5.5\cos\omega_n t, & 2\pi<\omega_n t\leqslant 3\pi, x_0\geqslant 6\Delta\\ -3.5\cos\omega_n t, & 3\pi<\omega_n t\leqslant 4\pi, x_0\geqslant 8\Delta\\ -1.5\cos\omega_n t, & 4\pi<\omega_n t\leqslant 5\pi, x_0\geqslant 10\Delta\end{cases}\tag{5.3-107}$$

从开始到静止时这段时间内加速度的变化情况如图 5.3-4 所示。当 $\omega_n t=k\pi$(正整数 $k\geqslant 1$)时，加速度是不连续的，其绝对值要减小 2，因为此时干滑动摩擦力 μmg 的方向要改变，合外力变小。

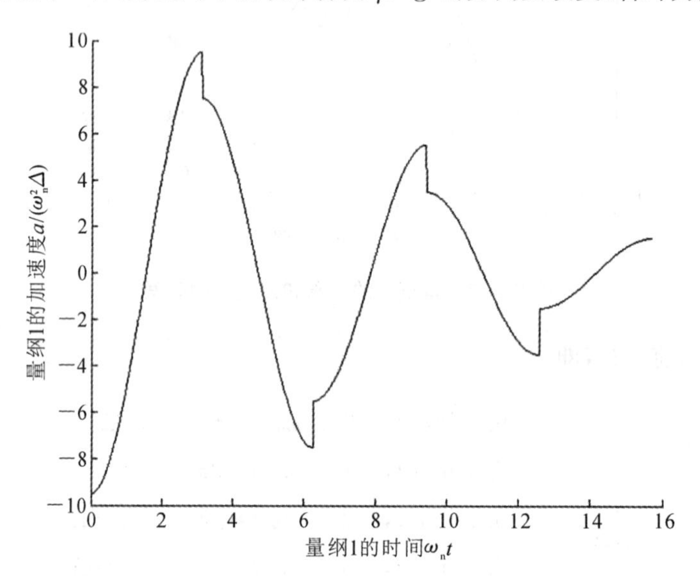

图 5.3-4 量纲 1 的加速度和量纲 1 的时间

(5) 相轨迹如图 5.3-5 所示。相轨迹的走向总是顺时针方向。

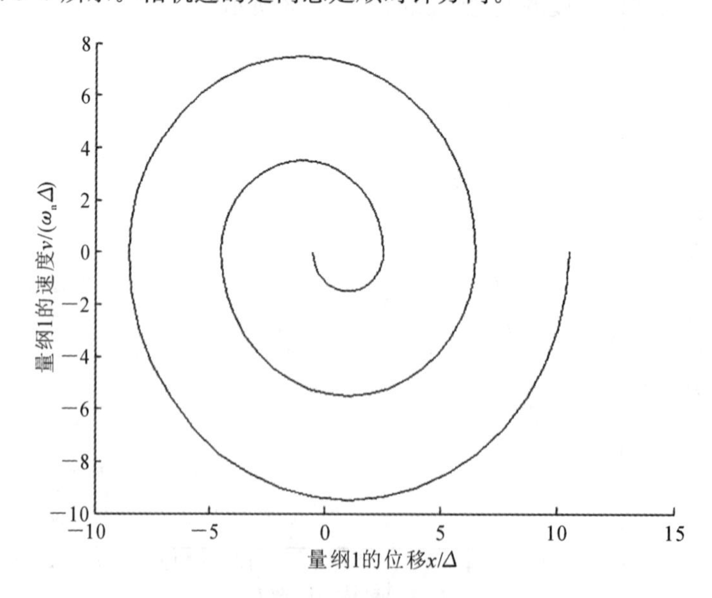

图 5.3-5 量纲 1 的速度和量纲 1 的位移

习题 5-3

1. 已知某物体初位移 $x_0=10\times2.54$ cm，然后以初速度为零放松。其质量 $m=2\times0.45359237$ kg，弹簧刚度 $k=1\times0.45359237\times9.8/2.54$ N/cm。如果动摩擦因数 $\mu=\frac{1}{4}$，试问该物体将振动多长时间？

参考答案　$\Delta=\frac{\mu mg}{k}=\frac{\frac{1}{4}\times2\times0.45359237\times9.8}{1\times0.45359237\times9.8/2.54}$ cm$=1.27$ cm，振动的振幅每半个周期减小 2Δ，每个周期减小 4Δ。设经过 n 个周期停止，$n=\frac{x_0}{4\Delta}=\frac{10\times2.54}{4\times1.27}=\frac{10\times2}{4}=5$。因为固有角频率为

$$\omega_n=\sqrt{\frac{100\times1\times0.45359237\times9.8/2.54}{2\times0.45359237}}\ \text{rad/s}=\sqrt{\frac{100\times4.9}{2.54}}\ \text{rad/s}=\sqrt{\frac{490}{2.54}}\ \text{rad/s}$$

所以该物体将振动的时间为

$$n\frac{2\pi}{\omega_n}=10\pi\sqrt{\frac{2.54}{490}}\ \text{s}=\pi\sqrt{\frac{254}{490}}\ \text{s}=2.26\ \text{s}$$

2. 已知某物体初位移 x_0 较大，然后以初速度为零放松。其质量 $m=2\times0.45359237$ kg，弹簧刚度 $k=4\times2\times0.45359237\times9.8/2.54$ N/cm。如果自由振动的振幅在 10 个周期中从 25×2.54 cm 减小到 22.5×2.54 cm，试问动摩擦因数 μ 是多少？

参考答案　由于每振动一个周期，振幅减小 4Δ，所以

$$10\times4\Delta=(25\times2.54-22.5\times2.54)\ \text{cm}=2.5\times2.54\ \text{cm},\quad \Delta=\frac{2.5\times2.54}{40}\ \text{cm}$$

因为

$$\Delta=\frac{\mu mg}{k}=\frac{\mu\times2\times0.45359237\times9.8}{4\times2\times0.45359237\times9.8/2.54}\ \text{cm}=\frac{\mu}{4/2.54}\ \text{cm}=\frac{2.54\mu}{4}\ \text{cm}$$

所以

$$\frac{2.54\mu}{4}=\frac{2.5\times2.54}{40},\quad \frac{\mu}{4}=\frac{2.5}{40},\quad \mu=\frac{2.5}{10}=0.25$$

第4节　考虑地球动力形状时重力加速度与大地纬度的关系及实验验证

物体只在重力作用下从静止开始下落的运动，叫作自由落体运动(free-fall motion)。这种运动只有在真空中才能发生。在有空气的空间中，如果空气阻力的作用比较小，可以忽略，那么物体的下落可以近似看作自由落体运动。

对不同物体进行的实验的结果表明，在同一地点，一切物体自由下落的加速度都相同，这个加速度叫作自由落体加速度(free-fall acceleration)，也叫作重力加速度(gravity acceleration)，通常用小写字母 g 表示。重力加速度的方向竖直向下，它的大小可以通过多种实验方法测定。精确的实验发现，在地球表面不同的地方，g 的大小一般是不同的。在赤道的海平面处 g 为 $9.780\ \text{m/s}^2$，在北京 g 为 $9.801\ \text{m/s}^2$。在国际上，重力加速度的标准值是在纬度为 $45°$ 的海平面精确测得的，$g=9.80665\ \text{m/s}^2$。

精确的重力加速度对大地测量、地球物理和精密计量具有十分重要的意义。高精度绝对重力仪

(absolute gravimeter)是直接获得全球不同位置精确重力加速度的重要工具,在地震、地理、海洋、资源勘探、工程勘查、气象等领域有着广泛的应用。目前国际上主要研制的绝对重力仪分为两类,一类是经典绝对重力仪,另一类是原子干涉绝对重力仪。这两类绝对重力仪利用当代先进的电子技术、激光技术和原子干涉技术使重力加速度的测量水平提高到新高度。

一、将地球视作自转球计算重力加速度

实际上,地球表面的重力加速度还与其他因素密切相关,例如地球的自转。

一质量为 m 的物体静止在地心纬度(geocentric latitude)为 φ 处,如图 5.4-1 所示。地球对物体的引力 F 指向地球的球心 O。F 可以分解为两个分力:一个是物体绕地轴 z 做匀速圆周运动所需要的向心力(centripetal force)F_n,指向纬圆的圆心 O';另一个是重力 mg。ω 为地球的自转角速度,ω 可以精确地确定,ω=0.000072921151 rad/s。地球绕自转轴自西向东地转动,从北极点上空看呈逆时针旋转,从南极点上空看呈顺时针旋转。

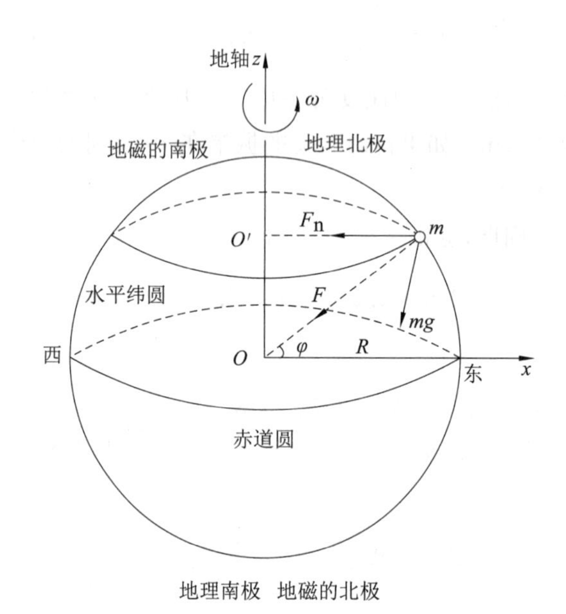

图 5.4-1　球面上物体受到的万有引力及其两个分力

地球对物体的万有引力(universal gravitation)为

$$F = G\frac{Mm}{R^2} \tag{5.4-1}$$

式中:G 是比例系数,叫作引力常量(gravitational constant),适用于任何两个物体;M 是地球的质量;R 是地球的算术平均半径,也就是物体到地心的距离,R=6371008.7714 m。GM 是地心引力常数,GM=3.986004418×10^{14} m^3/s^2。

物体绕地轴 z 做匀速圆周运动所需要的向心力为

$$F_n = ma_n = m\omega^2\,\overline{mO'} = m\omega^2\,\overline{mO}\cos\varphi = m\omega^2 R\cos\varphi \tag{5.4-2}$$

根据余弦定理得

$$mg = \sqrt{F^2 + F_n^2 - 2FF_n\cos\varphi} = F\sqrt{1 + \left(\frac{F_n}{F}\right)^2 - 2\frac{F_n}{F}\cos\varphi} \tag{5.4-3}$$

因为 $\frac{F_n}{F} \ll 1$,忽略 $\left(\frac{F_n}{F}\right)^2$,式(5.4-3)近似为

$$mg \approx F\sqrt{1-2\frac{F_{\mathrm{n}}}{F}\cos\varphi} \tag{5.4-4}$$

函数 $f(x)=(1+x)^m$ 的各阶导数为

$$f'(x)=m(1+x)^{m-1}$$

$$f''(x)=m(m-1)(1+x)^{m-2}$$

$$\vdots$$

$$f^{(n)}(x)=m(m-1)(m-2)\cdots(m-n+1)(1+x)^{m-n}$$

所以

$$f(0)=1^m=1, f'(0)=m\times 1^{m-1}=m, f''(0)=m(m-1)\times 1^{m-2}=m(m-1),\cdots,$$

$$f^{(n)}(0)=m(m-1)(m-2)\cdots(m-n+1)\times 1^{m-n}=m(m-1)(m-2)\cdots(m-n+1)$$

于是得级数

$$1+mx+\frac{m(m-1)}{2!}x^2+\cdots+\frac{m(m-1)(m-2)\cdots(m-n+1)}{n!}x^n+\cdots$$

级数相邻两项的系数之比的绝对值为

$$\begin{aligned}\rho &= \lim_{n\to+\infty}\left|\frac{a_{n+1}}{a_n}\right| \\ &= \lim_{n\to+\infty}\left|\frac{m(m-1)(m-2)\cdots(m-n+1)(m-n)}{(n+1)!}\cdot\frac{n!}{m(m-1)(m-2)\cdots(m-n+1)}\right| \\ &= \lim_{n\to+\infty}\left|\frac{m-n}{n+1}\right| = \lim_{n\to+\infty}\frac{n-m}{n+1}=1\end{aligned}$$

因此,收敛半径 $R=\frac{1}{\rho}=1$,对于任意实数 m 该级数在开区间 $(-1,1)$ 内收敛。

设该级数在开区间 $(-1,1)$ 内收敛到函数 $F(x)$,则

$$\begin{aligned}F(x) &= 1+mx+\frac{m(m-1)}{2!}x^2+\cdots+\frac{m(m-1)(m-2)\cdots(m-n+1)}{n!}x^n+\cdots \\ &= 1+\sum_{n=1}^{+\infty}\frac{m(m-1)(m-2)\cdots(m-n+1)}{n!}x^n \quad (-1<x<1)\end{aligned}$$

逐项求导,得

$$\begin{aligned}F'(x) &= \sum_{n=1}^{+\infty}\frac{m(m-1)(m-2)\cdots(m-n+1)}{n!}nx^{n-1} \\ &= \sum_{n=1}^{+\infty}\frac{m(m-1)(m-2)\cdots(m-n+1)}{(n-1)!}x^{n-1} \quad (-1<x<1)\end{aligned}$$

$$\begin{aligned}F'(x)+xF'(x) = &\sum_{n=1}^{+\infty}\frac{m(m-1)(m-2)\cdots(m-n+1)}{(n-1)!}x^{n-1}+ \\ &\sum_{n=1}^{+\infty}\frac{m(m-1)(m-2)\cdots(m-n+1)}{(n-1)!}x^{n} \quad (-1<x<1)\end{aligned}$$

将等号右边第一项中的 n 换成 $n+1$,可得

$$\begin{aligned}(1+x)F'(x) = &\sum_{n+1=1}^{+\infty}\frac{m(m-1)(m-2)\cdots(m-n-1+1)}{(n+1-1)!}x^{n+1-1}+ \\ &\sum_{n=1}^{+\infty}\frac{m(m-1)(m-2)\cdots(m-n+1)}{(n-1)!}x^{n} \quad (-1<x<1)\end{aligned}$$

$$(1+x)F'(x)=\sum_{n=0}^{+\infty}\frac{m(m-1)(m-2)\cdots(m-n)}{n!}x^n+\sum_{n=1}^{+\infty}\frac{m(m-1)(m-2)\cdots(m-n+1)}{(n-1)!}x^n\quad(-1<x<1)$$

$$(1+x)F'(x)=m+\sum_{n=1}^{+\infty}\frac{m(m-1)(m-2)\cdots(m-n)}{n!}x^n+\sum_{n=1}^{+\infty}\frac{m(m-1)(m-2)\cdots(m-n+1)}{(n-1)!}x^n\quad(-1<x<1)$$

$$\frac{(1+x)F'(x)}{m}=1+\sum_{n=1}^{+\infty}\frac{(m-1)(m-2)\cdots(m-n)}{n!}x^n+\sum_{n=1}^{+\infty}\frac{(m-1)(m-2)\cdots(m-n+1)}{(n-1)!}x^n\quad(-1<x<1)$$

合并 x^n，可得

$$\begin{aligned}\frac{(1+x)F'(x)}{m}&=1+\sum_{n=1}^{+\infty}\left[\frac{(m-1)(m-2)\cdots(m-n+1)(m-n)}{n!}+\frac{(m-1)(m-2)\cdots(m-n+1)}{(n-1)!}\right]x^n\\&=1+\sum_{n=1}^{+\infty}\left[\frac{(m-1)(m-2)\cdots(m-n+1)}{n!}(m-n)+\frac{(m-1)(m-2)\cdots(m-n+1)}{n!}n\right]x^n\\&=1+\sum_{n=1}^{+\infty}\frac{(m-1)(m-2)\cdots(m-n+1)}{n!}mx^n\\&=1+\sum_{n=1}^{+\infty}\frac{m(m-1)(m-2)\cdots(m-n+1)}{n!}x^n\\&=F(x)\quad(-1<x<1)\end{aligned}$$

可得

$$(1+x)F'(x)=mF(x)\quad(-1<x<1)$$

现在令 $\varphi(x)=\frac{F(x)}{(1+x)^m}$，于是 $\varphi(0)=\frac{F(0)}{1^m}=F(0)=1$，且

$$\varphi'(x)=\frac{F'(x)\,(1+x)^m-F(x)m\,(1+x)^{m-1}}{(1+x)^{2m}}=(1+x)^{m-1}\,\frac{F'(x)(1+x)-mF(x)}{(1+x)^{2m}}=0$$

所以 $\varphi(x)=C$(常数)。因为 $\varphi(0)=1$，从而 $\varphi(x)=1$，即 $(1+x)^m=F(x)$。因此在区间 $(-1,1)$ 内有展开式

$$(1+x)^m=1+mx+\frac{m(m-1)}{2!}x^2+\cdots+\frac{m(m-1)(m-2)\cdots(m-n+1)}{n!}x^n+\cdots\quad(-1<x<1)\tag{5.4-5}$$

在区间的端点，展开式是否成立取决于 m 的数值。

式(5.4-5)叫作二项展开式。对应于 $m=\frac{1}{2}$ 的二项展开式为

$$(1+x)^{\frac{1}{2}}=1+\frac{1}{2}x+\frac{\frac{1}{2}\left(\frac{1}{2}-1\right)}{2!}x^2+\frac{\frac{1}{2}\left(\frac{1}{2}-1\right)\left(\frac{1}{2}-2\right)}{3!}x^3+$$
$$\frac{\frac{1}{2}\left(\frac{1}{2}-1\right)\left(\frac{1}{2}-2\right)\left(\frac{1}{2}-3\right)}{4!}x^4+\cdots+$$
$$\frac{\frac{1}{2}\left(\frac{1}{2}-1\right)\left(\frac{1}{2}-2\right)\cdots\left(\frac{1}{2}-n+1\right)}{n!}x^n+\cdots\quad(-1\leqslant x\leqslant 1)$$

$$\sqrt{1+x}=1+\frac{1}{2}x-\frac{\frac{1}{2}\times\frac{1}{2}}{2!}x^2+\frac{\frac{1}{2}\times\frac{1}{2}\times\frac{3}{2}}{3!}x^3-\frac{\frac{1}{2}\times\frac{1}{2}\times\frac{3}{2}\times\frac{5}{2}}{4!}x^4+\cdots+$$
$$\frac{\frac{1}{2}\left(-\frac{1}{2}\right)\left(-\frac{3}{2}\right)\cdots\left(\frac{3}{2}-n\right)}{n!}x^n+\cdots\quad(-1\leqslant x\leqslant 1)$$

$$\sqrt{1+x}=1+\frac{1}{2}x-\frac{1}{2\times 4}x^2+\frac{1\times 3}{2\times 4\times 6}x^3-\frac{1\times 3\times 5}{2\times 4\times 6\times 8}x^4+\cdots+$$
$$\frac{\frac{1}{2}\left(-\frac{1}{2}\right)\left(-\frac{3}{2}\right)\cdots\left(-\frac{2n-3}{2}\right)}{n!}x^n+\cdots\quad(-1\leqslant x\leqslant 1)$$

$$\sqrt{1+x}=1+\frac{1}{2}x-\frac{1}{2\times 4}x^2+\frac{1\times 3}{2\times 4\times 6}x^3-\frac{1\times 3\times 5}{2\times 4\times 6\times 8}x^4+\cdots+$$
$$(-1)^{n-1}\frac{\frac{1}{2}\times\frac{1}{2}\times\frac{3}{2}\times\cdots\times\frac{2n-3}{2}}{n!}x^n+\cdots\quad(-1\leqslant x\leqslant 1)$$

$$\sqrt{1+x}=1+\frac{1}{2}x-\frac{1}{2\times 4}x^2+\frac{1\times 3}{2\times 4\times 6}x^3-\frac{1\times 3\times 5}{2\times 4\times 6\times 8}x^4+\cdots+$$
$$(-1)^{n-1}\frac{1\times 3\times 5\times\cdots\times(2n-3)}{2\times 4\times 6\times\cdots\times(2n)}x^n+\cdots\quad(-1\leqslant x\leqslant 1)$$

可得

$$\sqrt{1+x}=1+\frac{1}{2}x-\frac{1}{2\times 4}x^2+\frac{1\times 3}{2\times 4\times 6}x^3-\frac{1\times 3\times 5}{2\times 4\times 6\times 8}x^4+\cdots+$$
$$(-1)^{n-1}\frac{(2n-3)!!}{(2n)!!}x^n+\cdots\quad(-1\leqslant x\leqslant 1)\tag{5.4-6}$$

例 5.4-1 (1) 规定 $0!=1$,可以根据定义 $n!=1\times 2\times 3\times\cdots\times n$ 解释 $0!=1$ 吗?

(2) 规定 $(-1)!!=0$,可以根据定义 $(2n+1)!!=1\times 3\times 5\times\cdots\times(2n+1)$ 解释 $(-1)!!=0$ 吗?

(3) 规定 $0!!=0$,可以根据定义 $(2n)!!=2\times 4\times 6\times\cdots\times(2n)$ 解释 $0!!=0$ 吗?

(4) 因为 $n!=1\times 2\times 3\times\cdots\times n$,所以 $3!=1\times 2\times 3=6$, $3!!=(3!)!=6!=1\times 2\times 3\times 4\times 5\times 6=720$。该结论是否正确?

解 (1) 不能。

(2) 不能。

(3) 不能。

(4) 不正确。因为 $(2n+1)!!=1\times 3\times 5\times\cdots\times(2n+1)$,所以 $3!!=1\times 3=3$。

将式(5.4-6)代入式(5.4-4),取前2项得

$$mg\approx F\left(1-\frac{F_{\mathrm{n}}}{F}\cos\varphi\right)\tag{5.4-7}$$

将式(5.4-1)和式(5.4-2)代入式(5.4-7),可得

$$mg \approx \frac{GMm}{R^2}\left[1-\frac{m\omega^2 R\cos\varphi}{\frac{GMm}{R^2}}\cos\varphi\right] \tag{5.4-8}$$

由式(5.4-8)得

$$g \approx \frac{GM}{R^2}\left(1-\frac{\omega^2 R^3}{GM}\cos^2\varphi\right) \tag{5.4-9}$$

例 5.4-2 以图 5.4-1 所示球面为例,完成以下问题:

(1) 写出球面 O 的方程。

(2) 一质量为 m 的物体静止在地心纬度 φ 处,写出物体的 z 坐标。

(3) 一质量为 m 的物体绕 z 轴旋转一周所形成的轨迹称为水平纬圆 O'。在旋转过程中,点 O、O' 的位置都不变,但物体的位置变化,长度 $\overline{mO}$、$\overline{mO'}$ 变化吗?写出水平纬圆 O' 的方程。

解 (1) 球面 O 方程为 $x^2+y^2+z^2=R^2$。

(2) 物体的 z 坐标为 $z=R\sin\varphi$。

(3) 长度 $\overline{mO}$、$\overline{mO'}$ 都不变化。水平纬圆 O' 的方程为 $x^2+y^2+R^2\sin^2\varphi=R^2$,即 $x^2+y^2=R^2\cos^2\varphi$。

将 $GM=3.986004418\times10^{14}\ \mathrm{m^3/s^2}$,$R=6371008.7714\ \mathrm{m}$,$\omega=0.000072921151\ \mathrm{rad/s}$ 代入上式得重力加速度为

$$g=9.82022(1-0.0034498\cos^2\varphi) \tag{5.4-10}$$

二、将地球视作旋转椭球计算重力加速度

众所周知,地球实际上并不是球,而是更接近旋转椭球,如图 5.4-2 所示。a 为赤道(equator)半径,也叫作子午椭圆的长半轴长,$a=6378137\ \mathrm{m}$。b 为地理两极的极半径,也叫作子午椭圆的短半轴长,$b=6356752.3141\ \mathrm{m}$。

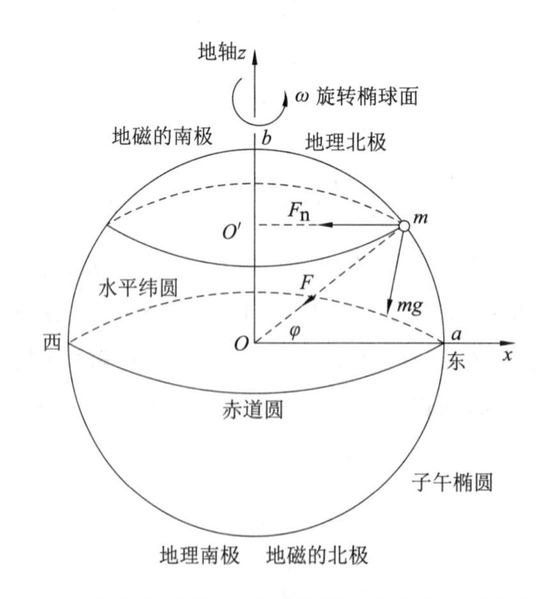

图 5.4-2 旋转椭球面上物体受到的万有引力及其两个分力

例 5.4-3 已知 $a=6378137\ \mathrm{m}$,$b=6356752.3141\ \mathrm{m}$,求算术平均半径 $R_1=\frac{2a+b}{3}$。

解　$R_1=\frac{2\times 6378137+6356752.3141}{3}\ \text{m}=6371008.7714\ \text{m}$，与式(5.4-1)分母中的 R 相同。

设在 xOz 坐标面上有子午椭圆，它的方程为

$$\frac{x^2}{a^2}+\frac{z^2}{b^2}=1 \tag{5.4-11}$$

将曲线(5.4-11)绕 z 轴旋转一周，就得到一个以 z 轴为轴的旋转椭球面，它的方程为

$$\frac{x^2+y^2}{a^2}+\frac{z^2}{b^2}=1 \tag{5.4-12}$$

当物体 m 在子午椭圆(5.4-11)上时，设其坐标为$(\overline{mO}\cos\varphi,\overline{mO}\sin\varphi)$，则

$$\frac{\overline{mO}^2\cos^2\varphi}{a^2}+\frac{\overline{mO}^2\sin^2\varphi}{b^2}=1 \tag{5.4-13}$$

$$\overline{mO}^2\left(\frac{\cos^2\varphi}{a^2}+\frac{\sin^2\varphi}{b^2}\right)=1 \tag{5.4-14}$$

$$\overline{mO}^2(b^2\cos^2\varphi+a^2\sin^2\varphi)=a^2b^2 \tag{5.4-15}$$

于是物体 m 到地心 O 的距离为

$$\overline{mO}=\frac{ab}{\sqrt{b^2\cos^2\varphi+a^2\sin^2\varphi}} \tag{5.4-16}$$

由式(5.4-3)得

$$mg=\sqrt{F^2+F_{\text{n}}^2-2FF_{\text{n}}\cos\varphi} \tag{5.4-17}$$

将 $F=G\frac{Mm}{\overline{mO}^2}$，$F_{\text{n}}=m\omega^2\,\overline{mO}\cos\varphi$ 代入式(5.4-17)，可得

$$mg=\sqrt{\left(\frac{GMm}{\overline{mO}^2}\right)^2+(m\omega^2\,\overline{mO}\cos\varphi)^2-2\frac{GMm}{\overline{mO}^2}m\omega^2\,\overline{mO}\cos\varphi\cos\varphi} \tag{5.4-18}$$

$$g=\sqrt{\left(\frac{GM}{\overline{mO}^2}\right)^2+(\omega^2\,\overline{mO}\cos\varphi)^2-2\frac{GM}{\overline{mO}}\omega^2\cos^2\varphi} \tag{5.4-19}$$

例 5.4-4　得到式(5.4-19)后，为什么不再继续使用式(5.4-6)以去掉根号？

解　不再继续使用式(5.4-6)，目的是提高计算精度。

例 5.4-5　以图 5.4-2 所示椭球面为例，完成以下问题：

(1) 写出旋转椭球面 O 的方程。

(2) 一质量为 m 的物体静止在地心纬度 φ 处，写出物体的 z 坐标。

(3) 一质量为 m 的物体绕 z 轴旋转一周所形成的轨迹称为水平纬圆 O'。在旋转过程中，点 O、O' 的位置都不变，但物体的位置变化，长度$\overline{mO}$、$\overline{mO'}$变化吗？写出水平纬圆 O' 的方程。

解　(1) 旋转椭球面 O 的方程为$\frac{x^2+y^2}{a^2}+\frac{z^2}{b^2}=1$。

(2) 物体的 z 坐标为 $z=\overline{mO}\sin\varphi=\frac{ab}{\sqrt{b^2\cos^2\varphi+a^2\sin^2\varphi}}\sin\varphi$。

(3) 长度$\overline{mO}$、$\overline{mO'}$都不变化。$\frac{x^2+y^2}{a^2}+\frac{a^2\sin^2\varphi}{b^2\cos^2\varphi+a^2\sin^2\varphi}=1$，$\frac{x^2+y^2}{a^2}=\frac{b^2\cos^2\varphi}{b^2\cos^2\varphi+a^2\sin^2\varphi}$，所以水平纬圆 O' 的方程为 $x^2+y^2=\frac{a^2b^2\cos^2\varphi}{b^2\cos^2\varphi+a^2\sin^2\varphi}$。

三、考虑地球动力形状将地球视作旋转椭球计算重力加速度

用质量等于地球总质量、以地球自转角速度绕其极半径旋转的旋转椭球来模拟真实地球。

为了方便讨论问题，对子午椭圆$\frac{x^2}{a^2}+\frac{z^2}{b^2}=1$常引入下面4个几何参数：

约为0.003量级的扁率(flat rate)

$$\alpha=\frac{a-b}{a} \tag{5.4-20}$$

半焦距

$$c=\sqrt{a^2-b^2} \tag{5.4-21}$$

离心率(eccentricity)

$$e=\frac{c}{a} \tag{5.4-22}$$

第二离心率

$$e'=\frac{c}{b} \tag{5.4-23}$$

子午椭圆如图5.4-3所示。x轴正向与直线l向上方向之间所成的角叫作直线l的倾斜角(angle of inclination)。直线Om的倾斜角φ为物体m的地心纬度。物体m的法线的倾斜角B为物体m的大地纬度(geodetic latitude)。

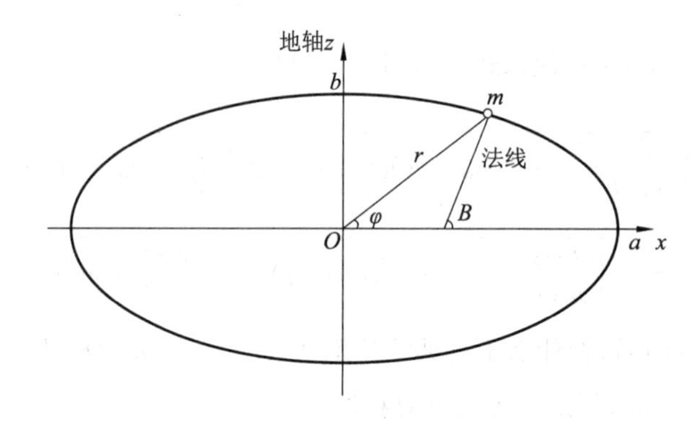

图5.4-3 子午椭圆的地心纬度φ和大地纬度B

物体m的切线的斜率(slope)为$\frac{\mathrm{d}z}{\mathrm{d}x}$，法线的斜率为$\tan B$，有

$$\frac{\mathrm{d}z}{\mathrm{d}x}\tan B=-1 \tag{5.4-24}$$

子午椭圆方程$\frac{x^2}{a^2}+\frac{z^2(x)}{b^2}=1$的两端分别对$x$求导数，有

$$\frac{2x}{a^2}+\frac{2z}{b^2}\cdot\frac{\mathrm{d}z}{\mathrm{d}x}=0 \tag{5.4-25}$$

$$\frac{b^2x}{a^2z}+\frac{\mathrm{d}z}{\mathrm{d}x}=0 \tag{5.4-26}$$

从而

$$\frac{\mathrm{d}z}{\mathrm{d}x}=-\frac{b^2}{a^2}\cdot\frac{x}{z} \tag{5.4-27}$$

直线Om的斜率为

$$\tan\varphi = \frac{z}{x} \tag{5.4-28}$$

式(5.4-27)乘以式(5.4-28)得

$$\frac{dz}{dx}\tan\varphi = -\frac{b^2}{a^2} \tag{5.4-29}$$

式(5.4-29)除以式(5.4-24)得

$$\frac{\tan\varphi}{\tan B} = \frac{b^2}{a^2} \tag{5.4-30}$$

$$\tan\varphi = \frac{b^2}{a^2}\tan B \tag{5.4-31}$$

假设两个相差很小的角度 x、y 之间的关系为

$$\tan y = p\tan x,\quad p \text{ 在 } 1 \text{ 左右徘徊} \tag{5.4-32}$$

差角的正切函数为

$$\begin{aligned}\tan(y-x) &= \frac{\tan y - \tan x}{1+\tan y\tan x} = \frac{p\tan x - \tan x}{1+p\tan x\tan x} = \frac{(p-1)\dfrac{\sin x}{\cos x}}{1+p\dfrac{\sin^2 x}{\cos^2 x}} \\ &= \frac{(p-1)\sin x\cos x}{\cos^2 x + p\sin^2 x} = \frac{(p-1)2\sin x\cos x}{2\cos^2 x + p2\sin^2 x}\end{aligned} \tag{5.4-33}$$

由式(5.4-33)得

$$\begin{aligned}\tan(y-x) &= \frac{(p-1)\sin 2x}{1+\cos 2x + p(1-\cos 2x)} = \frac{(p-1)\sin 2x}{1+\cos 2x + p - p\cos 2x} \\ &= \frac{(p-1)\sin 2x}{p+1+(1-p)\cos 2x} = \frac{\dfrac{p-1}{p+1}\sin 2x}{1+\dfrac{1-p}{p+1}\cos 2x} \\ &= \frac{\dfrac{p-1}{p+1}\sin 2x}{1-\dfrac{p-1}{p+1}\cos 2x} = \frac{q\sin 2x}{1-q\cos 2x}\end{aligned} \tag{5.4-34}$$

$$q = \frac{p-1}{p+1} \tag{5.4-35}$$

因为 p 在1左右徘徊,所以 q 在1左右徘徊。

由式(5.4-34)得

$$\tan(y-x) \approx q\sin 2x(1+q\cos 2x) = q\sin 2x + q^2\sin 2x\cos 2x = q\sin 2x + \frac{q^2}{2}\sin 4x \approx y-x \tag{5.4-36}$$

从而

$$y = x + q\sin 2x + \frac{q^2}{2}\sin 4x \tag{5.4-37}$$

由式(5.4-31)和式(5.4-32)得

$$p = \frac{b^2}{a^2} \tag{5.4-38}$$

由式(5.4-20)得

$$\alpha = 1 - \frac{b}{a} \tag{5.4-39}$$

$$\frac{b}{a} = 1 - \alpha \tag{5.4-40}$$

将式(5.4-40)代入式(5.4-38),可得

$$p = (1-\alpha)^2 = 1 - 2\alpha + \alpha^2 \approx 1 - 2\alpha \tag{5.4-41}$$

将式(5.4-41)代入式(5.4-35),可得

$$q \approx \frac{-2\alpha}{2-2\alpha} \approx \frac{-2\alpha}{2} = -\alpha \tag{5.4-42}$$

将式(5.4-42)代入式(5.4-37),且参照式(5.4-31),可得

$$\varphi = B - \alpha\sin 2B + \frac{\alpha^2}{2}\sin 4B \approx B - \alpha\sin 2B \tag{5.4-43}$$

子午椭圆方程为

$$x^2 + \frac{a^2}{b^2}z^2 = a^2 \tag{5.4-44}$$

将图 5.4-3 中物体 m 的坐标 $x = r\cos\varphi$ 和 $z = r\sin\varphi$ 代入式(5.4-44),可得

$$r^2\cos^2\varphi + \frac{a^2}{b^2}r^2\sin^2\varphi = a^2 = r^2\left(\cos^2\varphi + \frac{a^2}{b^2}\sin^2\varphi\right) \tag{5.4-45}$$

由式(5.4-45)得

$$r = \frac{a}{\sqrt{\cos^2\varphi + \frac{a^2}{b^2}\sin^2\varphi}} \tag{5.4-46}$$

将式(5.4-40)代入式(5.4-46),可得

$$r = \frac{a}{\sqrt{\cos^2\varphi + \frac{\sin^2\varphi}{(1-\alpha)^2}}} \tag{5.4-47}$$

因为

$$\frac{1}{(1-\alpha)^2} = \left(\frac{1}{1-\alpha}\right)^2 = (1+\alpha+\alpha^2+\cdots)^2 \approx (1+\alpha)^2 + 2\alpha^2 = 1 + 2\alpha + \alpha^2 + 2\alpha^2 = 1 + 2\alpha + 3\alpha^2 \tag{5.4-48}$$

将式(5.4-48)代入式(5.4-47),可得

$$r = \frac{a}{\sqrt{\cos^2\varphi + (1+2\alpha+3\alpha^2)\sin^2\varphi}} = \frac{a}{\sqrt{\cos^2\varphi + \sin^2\varphi + (2\alpha+3\alpha^2)\sin^2\varphi}} = \frac{a}{\sqrt{1+(2\alpha+3\alpha^2)\sin^2\varphi}} \tag{5.4-49}$$

根据式(5.4-5),对应于 $m = -\frac{1}{2}$ 的二项展开式为

$$\begin{aligned}(1+x)^{-\frac{1}{2}} &= \frac{1}{(1+x)^{\frac{1}{2}}} = \frac{1}{\sqrt{1+x}} \\ &= 1 - \frac{1}{2}x + \frac{-\frac{1}{2}\left(-\frac{1}{2}-1\right)}{2!}x^2 + \frac{-\frac{1}{2}\left(-\frac{1}{2}-1\right)\left(-\frac{1}{2}-2\right)}{3!}x^3 + \\ &\quad \frac{-\frac{1}{2}\left(-\frac{1}{2}-1\right)\left(-\frac{1}{2}-2\right)\left(-\frac{1}{2}-3\right)}{4!}x^4 + \cdots + \\ &\quad \frac{-\frac{1}{2}\left(-\frac{1}{2}-1\right)\left(-\frac{1}{2}-2\right)\cdots\left(-\frac{1}{2}-n+1\right)}{n!}x^n + \cdots \quad (-1 < x \leqslant 1)\end{aligned}$$

$$\frac{1}{\sqrt{1+x}}=1-\frac{1}{2}x+\frac{\frac{1}{2}\times\frac{3}{2}}{2!}x^2-\frac{\frac{1}{2}\times\frac{3}{2}\times\frac{5}{2}}{3!}x^3+\frac{\frac{1}{2}\times\frac{3}{2}\times\frac{5}{2}\times\frac{7}{2}}{4!}x^4-\cdots+\frac{-\frac{1}{2}\left(-\frac{3}{2}\right)\left(-\frac{5}{2}\right)\cdots\left(\frac{1}{2}-n\right)}{n!}x^n+\cdots\quad(-1<x\leqslant 1)$$

$$\frac{1}{\sqrt{1+x}}=1-\frac{1}{2}x+\frac{1\times 3}{2\times 4}x^2-\frac{1\times 3\times 5}{2\times 4\times 6}x^3+\frac{1\times 3\times 5\times 7}{2\times 4\times 6\times 8}x^4-\cdots+\frac{-\frac{1}{2}\left(-\frac{3}{2}\right)\left(-\frac{5}{2}\right)\cdots\left(-\frac{2n-1}{2}\right)}{n!}x^n+\cdots\quad(-1<x\leqslant 1)$$

$$\frac{1}{\sqrt{1+x}}=1-\frac{1}{2}x+\frac{1\times 3}{2\times 4}x^2-\frac{1\times 3\times 5}{2\times 4\times 6}x^3+\frac{1\times 3\times 5\times 7}{2\times 4\times 6\times 8}x^4-\cdots+(-1)^n\frac{\frac{1}{2}\times\frac{3}{2}\times\frac{5}{2}\times\cdots\times\frac{2n-1}{2}}{n!}x^n+\cdots\quad(-1<x\leqslant 1)$$

$$\frac{1}{\sqrt{1+x}}=1-\frac{1}{2}x+\frac{1\times 3}{2\times 4}x^2-\frac{1\times 3\times 5}{2\times 4\times 6}x^3+\frac{1\times 3\times 5\times 7}{2\times 4\times 6\times 8}x^4-\cdots+(-1)^n\frac{1\times 3\times 5\times\cdots\times(2n-1)}{2\times 4\times 6\times\cdots\times(2n)}x^n+\cdots\quad(-1<x\leqslant 1)$$

可得

$$\frac{1}{\sqrt{1+x}}=1-\frac{1}{2}x+\frac{1\times 3}{2\times 4}x^2-\frac{1\times 3\times 5}{2\times 4\times 6}x^3+\frac{1\times 3\times 5\times 7}{2\times 4\times 6\times 8}x^4-\cdots+(-1)^n\frac{(2n-1)!!}{(2n)!!}x^n+\cdots\quad(-1<x\leqslant 1)\tag{5.4-50}$$

将式(5.4-50)代入式(5.4-49),可得

$$\begin{aligned}r&\approx a\left[1-\frac{1}{2}(2\alpha+3\alpha^2)\sin^2\varphi+\frac{3}{8}(2\alpha+3\alpha^2)^2\sin^4\varphi\right]\approx a\left(1-\alpha\sin^2\varphi-\frac{3}{2}\alpha^2\sin^2\varphi+\frac{3}{8}4\alpha^2\sin^4\varphi\right)\\&=a\left(1-\alpha\sin^2\varphi-\frac{3}{2}\alpha^2\sin^2\varphi+\frac{3}{2}\alpha^2\sin^4\varphi\right)=a\left[1-\alpha\sin^2\varphi+\frac{3}{2}\alpha^2\sin^2\varphi(\sin^2\varphi-1)\right]\\&=a\left(1-\alpha\sin^2\varphi-\frac{3}{2}\alpha^2\sin^2\varphi\cos^2\varphi\right)\end{aligned}\tag{5.4-51}$$

$$\begin{aligned}r&=a\left[1-\alpha\sin^2\varphi-\frac{3}{2}\alpha^2\ \frac{1}{4}\ (2\sin\varphi\cos\varphi)^2\right]=a\left[1-\alpha\sin^2\varphi-\frac{3}{8}\alpha^2\ (\sin 2\varphi)^2\right]\\&=a\left(1-\alpha\sin^2\varphi-\frac{3}{8}\alpha^2\sin^2 2\varphi\right)\end{aligned}\tag{5.4-52}$$

将式(5.4-43)代入式(5.4-52),可得

$$\begin{aligned}r&\approx a\left[1-\alpha\sin^2(B-\alpha\sin 2B)-\frac{3}{8}\alpha^2\sin^2 2B\right]\\&=a\left\{1-\alpha[\sin B\cos(\alpha\sin 2B)-\cos B\sin(\alpha\sin 2B)]^2-\frac{3}{8}\alpha^2\sin^2 2B\right\}\\&\approx a\left[1-\alpha(\sin B-\cos B\cdot\alpha\sin 2B)^2-\frac{3}{8}\alpha^2\sin^2 2B\right]\\&=a\left[1-\alpha(\sin B-\alpha\cos B\sin 2B)^2-\frac{3}{8}\alpha^2\sin^2 2B\right]\end{aligned}\tag{5.4-53}$$

将式(5.4-53)展开得

$$r \approx a[1-\alpha(\sin^2 B-2\alpha\sin B\cos B\sin 2B)-\frac{3}{8}\alpha^2\sin^2 2B]$$

$$=a[1-\alpha(\sin^2 B-\alpha\sin 2B\sin 2B)-\frac{3}{8}\alpha^2\sin^2 2B] \tag{5.4-54}$$

$$r=a[1-\alpha(\sin^2 B-\alpha\sin^2 2B)-\frac{3}{8}\alpha^2\sin^2 2B]$$

$$=a(1-\alpha\sin^2 B+\alpha^2\sin^2 2B-\frac{3}{8}\alpha^2\sin^2 2B) \tag{5.4-55}$$

最后得

$$r=a(1-\alpha\sin^2 B+\frac{5}{8}\alpha^2\sin^2 2B) \tag{5.4-56}$$

经度为 λ 的子午椭圆如图 5.4-4 所示。

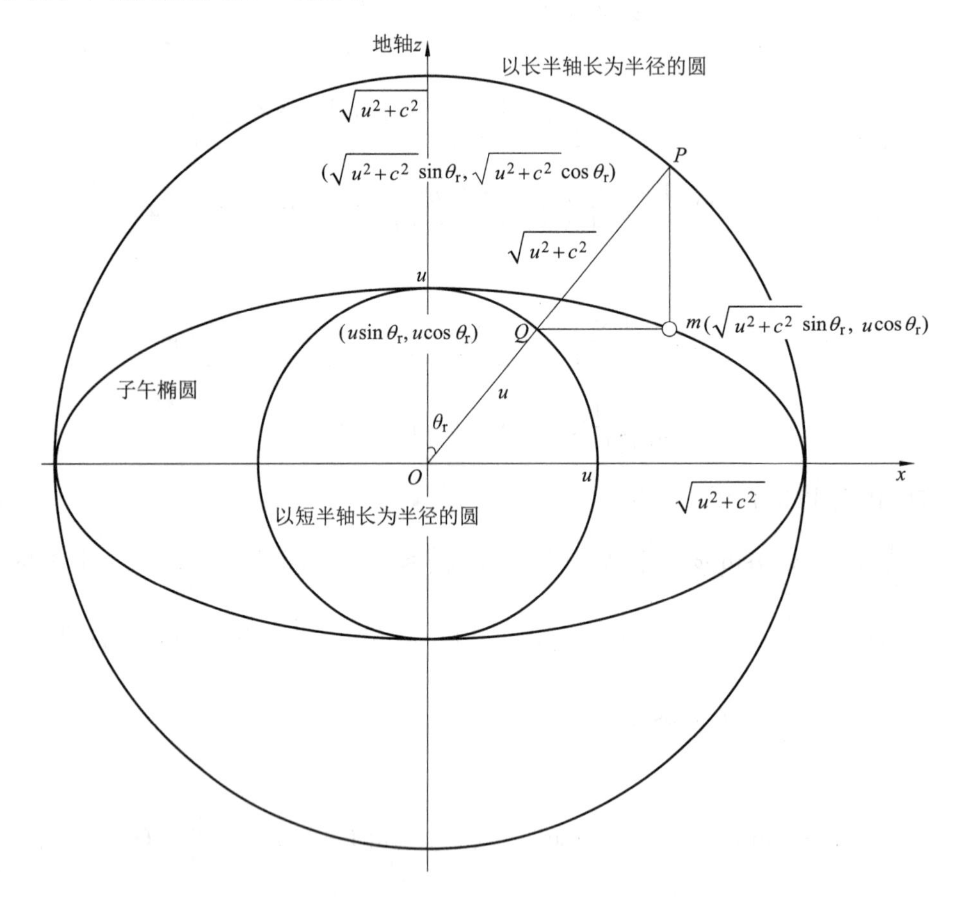

图 5.4-4 经度为 λ 的子午椭圆(过点 m 作直线 $mP // z$ 轴,直线 $mQ \perp z$ 轴)

过点 m 作直线 $mP // z$ 轴,连接 OP,设改化余纬(revised complementary latitude)$\angle POz=\theta_r$,故点 P 的坐标为 $P(\sqrt{u^2+c^2}\sin\theta_r, \sqrt{u^2+c^2}\cos\theta_r)$。因为直线 mP 是竖直直线,故点 m 的横坐标为 $x=\sqrt{u^2+c^2}\sin\theta_r$。子午椭圆方程为 $\frac{x^2}{u^2+c^2}+\frac{z^2}{u^2}=1$,点 m 的纵坐标 z 满足 $\frac{(u^2+c^2)\sin^2\theta_r}{u^2+c^2}+\frac{z^2}{u^2}=1$,所以物体 m 所在位置的 z 坐标为

$$z=u\cos\theta_r \tag{5.4-57}$$

把子午椭圆 $\frac{x^2}{u^2+c^2}+\frac{z^2}{u^2}=1$ 绕 z 轴旋转一周,就得到一个以 z 轴为轴的旋转椭球面,它的方程为

$$\frac{x^2+y^2}{u^2+c^2}+\frac{z^2}{u^2}=1 \tag{5.4-58}$$

在绕 z 轴旋转过程中,物体 m 的 z 坐标(5.4-57)保持不变。将式(5.4-57)代入式(5.4-58),可得

$$\frac{x^2+y^2}{u^2+c^2}+\cos^2\theta_r=1 \tag{5.4-59}$$

$$x^2+y^2=(u^2+c^2)\sin^2\theta_r \tag{5.4-60}$$

可设 $x=\sqrt{u^2+c^2}\sin\theta_r\cos\lambda$,$y=\sqrt{u^2+c^2}\sin\theta_r\sin\lambda$,$\lambda$ 为经度。于是物体 m 所在旋转椭球面(5.4-58)的三个直角坐标为

$$x=\sqrt{u^2+c^2}\sin\theta_r\cos\lambda,\quad y=\sqrt{u^2+c^2}\sin\theta_r\sin\lambda,\quad z=u\cos\theta_r \tag{5.4-61}$$

设$\overrightarrow{Om}=\boldsymbol{r}$,以$(u,\theta_r,\lambda)$为坐标,则

$$\mathrm{d}\boldsymbol{r}=\frac{\partial\boldsymbol{r}}{\partial u}\mathrm{d}u+\frac{\partial\boldsymbol{r}}{\partial\theta_r}\mathrm{d}\theta_r+\frac{\partial\boldsymbol{r}}{\partial\lambda}\mathrm{d}\lambda \tag{5.4-62}$$

以(x,y,z)为直角坐标,三个坐标矢量为

$$\frac{\partial\boldsymbol{r}}{\partial u}=\frac{\partial\boldsymbol{r}}{\partial x}\cdot\frac{\partial x}{\partial u}+\frac{\partial\boldsymbol{r}}{\partial y}\cdot\frac{\partial y}{\partial u}+\frac{\partial\boldsymbol{r}}{\partial z}\cdot\frac{\partial z}{\partial u} \tag{5.4-63}$$

$$\frac{\partial\boldsymbol{r}}{\partial\theta_r}=\frac{\partial\boldsymbol{r}}{\partial x}\cdot\frac{\partial x}{\partial\theta_r}+\frac{\partial\boldsymbol{r}}{\partial y}\cdot\frac{\partial y}{\partial\theta_r}+\frac{\partial\boldsymbol{r}}{\partial z}\cdot\frac{\partial z}{\partial\theta_r} \tag{5.4-64}$$

$$\frac{\partial\boldsymbol{r}}{\partial\lambda}=\frac{\partial\boldsymbol{r}}{\partial x}\cdot\frac{\partial x}{\partial\lambda}+\frac{\partial\boldsymbol{r}}{\partial y}\cdot\frac{\partial y}{\partial\lambda}+\frac{\partial\boldsymbol{r}}{\partial z}\cdot\frac{\partial z}{\partial\lambda} \tag{5.4-65}$$

考虑到

$$\boldsymbol{r}=x\boldsymbol{e}_x+y\boldsymbol{e}_y+z\boldsymbol{e}_z \tag{5.4-66}$$

式中:$\boldsymbol{e}_x$、$\boldsymbol{e}_y$、$\boldsymbol{e}_z$ 称为沿三个坐标轴方向的单位(elemental)向量。

将式(5.4-66)分别代入式(5.4-63)～式(5.4-65),可得

$$\frac{\partial\boldsymbol{r}}{\partial u}=\boldsymbol{e}_x\frac{\partial x}{\partial u}+\boldsymbol{e}_y\frac{\partial y}{\partial u}+\boldsymbol{e}_z\frac{\partial z}{\partial u} \tag{5.4-67}$$

$$\frac{\partial\boldsymbol{r}}{\partial\theta_r}=\boldsymbol{e}_x\frac{\partial x}{\partial\theta_r}+\boldsymbol{e}_y\frac{\partial y}{\partial\theta_r}+\boldsymbol{e}_z\frac{\partial z}{\partial\theta_r} \tag{5.4-68}$$

$$\frac{\partial\boldsymbol{r}}{\partial\lambda}=\boldsymbol{e}_x\frac{\partial x}{\partial\lambda}+\boldsymbol{e}_y\frac{\partial y}{\partial\lambda}+\boldsymbol{e}_z\frac{\partial z}{\partial\lambda} \tag{5.4-69}$$

将式(5.4-61)代入式(5.4-67),可得

$$\frac{\partial\boldsymbol{r}}{\partial u}=\boldsymbol{e}_x\frac{2u}{2\sqrt{u^2+c^2}}\sin\theta_r\cos\lambda+\boldsymbol{e}_y\frac{2u}{2\sqrt{u^2+c^2}}\sin\theta_r\sin\lambda+\boldsymbol{e}_z\cos\theta_r \tag{5.4-70}$$

$$\frac{\partial\boldsymbol{r}}{\partial u}=\boldsymbol{e}_x\frac{u}{\sqrt{u^2+c^2}}\sin\theta_r\cos\lambda+\boldsymbol{e}_y\frac{u}{\sqrt{u^2+c^2}}\sin\theta_r\sin\lambda+\boldsymbol{e}_z\cos\theta_r \tag{5.4-71}$$

将式(5.4-61)代入式(5.4-68),可得

$$\frac{\partial\boldsymbol{r}}{\partial\theta_r}=\boldsymbol{e}_x\sqrt{u^2+c^2}\cos\theta_r\cos\lambda+\boldsymbol{e}_y\sqrt{u^2+c^2}\cos\theta_r\sin\lambda-\boldsymbol{e}_z u\sin\theta_r \tag{5.4-72}$$

将式(5.4-61)代入式(5.4-69),可得

$$\frac{\partial\boldsymbol{r}}{\partial\lambda}=-\boldsymbol{e}_x\sqrt{u^2+c^2}\sin\theta_r\sin\lambda+\boldsymbol{e}_y\sqrt{u^2+c^2}\sin\theta_r\cos\lambda \tag{5.4-73}$$

式(5.4-71)点乘式(5.4-72)得

$$\frac{\partial \boldsymbol{r}}{\partial u}\cdot\frac{\partial \boldsymbol{r}}{\partial \theta_r}=u\sin\theta_r\cos\theta_r\cos^2\lambda+u\sin\theta_r\cos\theta_r\sin^2\lambda-u\sin\theta_r\cos\theta_r=u\sin\theta_r\cos\theta_r-u\sin\theta_r\cos\theta_r=0$$

(5.4-74)

式(5.4-71)点乘式(5.4-73)得

$$\frac{\partial \boldsymbol{r}}{\partial u}\cdot\frac{\partial \boldsymbol{r}}{\partial \lambda}=-u\sin^2\theta_r\cos\lambda\sin\lambda+u\sin^2\theta_r\sin\lambda\cos\lambda=0 \tag{5.4-75}$$

式(5.4-72)点乘式(5.4-73)得

$$\frac{\partial \boldsymbol{r}}{\partial \theta_r}\cdot\frac{\partial \boldsymbol{r}}{\partial \lambda}=-(u^2+c^2)\cos\theta_r\cos\lambda\sin\theta_r\sin\lambda+(u^2+c^2)\cos\theta_r\sin\lambda\sin\theta_r\cos\lambda=0 \tag{5.4-76}$$

由式(5.4-71)得

$$\left|\frac{\partial \boldsymbol{r}}{\partial u}\right|=\sqrt{\frac{u^2}{u^2+c^2}\sin^2\theta_r\cos^2\lambda+\frac{u^2}{u^2+c^2}\sin^2\theta_r\sin^2\lambda+\cos^2\theta_r}=\sqrt{\frac{u^2}{u^2+c^2}\sin^2\theta_r+\cos^2\theta_r} \tag{5.4-77}$$

将式(5.4-77)化简得

$$\left|\frac{\partial \boldsymbol{r}}{\partial u}\right|=\sqrt{\frac{u^2\sin^2\theta_r+u^2\cos^2\theta_r+c^2\cos^2\theta_r}{u^2+c^2}}=\frac{\sqrt{u^2+c^2\cos^2\theta_r}}{\sqrt{u^2+c^2}} \tag{5.4-78}$$

由式(5.4-72)得

$$\left|\frac{\partial \boldsymbol{r}}{\partial \theta_r}\right|=\sqrt{(u^2+c^2)\cos^2\theta_r\cos^2\lambda+(u^2+c^2)\cos^2\theta_r\sin^2\lambda+u^2\sin^2\theta_r}=\sqrt{(u^2+c^2)\cos^2\theta_r+u^2\sin^2\theta_r}$$

(5.4-79)

将式(5.4-79)化简得

$$\left|\frac{\partial \boldsymbol{r}}{\partial \theta_r}\right|=\sqrt{u^2\cos^2\theta_r+c^2\cos^2\theta_r+u^2\sin^2\theta_r}=\sqrt{u^2+c^2\cos^2\theta_r} \tag{5.4-80}$$

由式(5.4-73)得

$$\left|\frac{\partial \boldsymbol{r}}{\partial \lambda}\right|=\sqrt{(u^2+c^2)\sin^2\theta_r\sin^2\lambda+(u^2+c^2)\sin^2\theta_r\cos^2\lambda}=\sqrt{(u^2+c^2)\sin^2\theta_r}=\sqrt{u^2+c^2}\sin\theta_r$$

(5.4-81)

地球的引力位(gravitational potential)V 满足

$$\begin{aligned}\Delta V=&\frac{1}{\left|\frac{\partial \boldsymbol{r}}{\partial u}\right|\cdot\left|\frac{\partial \boldsymbol{r}}{\partial \theta_r}\right|\cdot\left|\frac{\partial \boldsymbol{r}}{\partial \lambda}\right|}\frac{\partial}{\partial u}\frac{\left|\frac{\partial \boldsymbol{r}}{\partial u}\right|\cdot\left|\frac{\partial \boldsymbol{r}}{\partial \theta_r}\right|\cdot\left|\frac{\partial \boldsymbol{r}}{\partial \lambda}\right|}{\left|\frac{\partial \boldsymbol{r}}{\partial u}\right|^2}\frac{\partial V}{\partial u}+\\&\frac{1}{\left|\frac{\partial \boldsymbol{r}}{\partial u}\right|\cdot\left|\frac{\partial \boldsymbol{r}}{\partial \theta_r}\right|\cdot\left|\frac{\partial \boldsymbol{r}}{\partial \lambda}\right|}\frac{\partial}{\partial \theta_r}\frac{\left|\frac{\partial \boldsymbol{r}}{\partial u}\right|\cdot\left|\frac{\partial \boldsymbol{r}}{\partial \theta_r}\right|\cdot\left|\frac{\partial \boldsymbol{r}}{\partial \lambda}\right|}{\left|\frac{\partial \boldsymbol{r}}{\partial \theta_r}\right|^2}\frac{\partial V}{\partial \theta_r}+\\&\frac{1}{\left|\frac{\partial \boldsymbol{r}}{\partial u}\right|\cdot\left|\frac{\partial \boldsymbol{r}}{\partial \theta_r}\right|\cdot\left|\frac{\partial \boldsymbol{r}}{\partial \lambda}\right|}\frac{\partial}{\partial \lambda}\frac{\left|\frac{\partial \boldsymbol{r}}{\partial u}\right|\cdot\left|\frac{\partial \boldsymbol{r}}{\partial \theta_r}\right|\cdot\left|\frac{\partial \boldsymbol{r}}{\partial \lambda}\right|}{\left|\frac{\partial \boldsymbol{r}}{\partial \lambda}\right|^2}\frac{\partial V}{\partial \lambda}\end{aligned} \tag{5.4-82}$$

式中：$\Delta=\nabla^2=\nabla\cdot\nabla=\left(\frac{\partial}{\partial x}\boldsymbol{i}+\frac{\partial}{\partial y}\boldsymbol{j}+\frac{\partial}{\partial z}\boldsymbol{k}\right)\cdot\left(\frac{\partial}{\partial x}\boldsymbol{i}+\frac{\partial}{\partial y}\boldsymbol{j}+\frac{\partial}{\partial z}\boldsymbol{k}\right)=\frac{\partial^2}{\partial x^2}+\frac{\partial^2}{\partial y^2}+\frac{\partial^2}{\partial z^2}$称为拉普拉斯算子，其中 $\nabla=\frac{\partial}{\partial x}\boldsymbol{i}+\frac{\partial}{\partial y}\boldsymbol{j}+\frac{\partial}{\partial z}\boldsymbol{k}$ 称为三维的向量微分算子(或哈密尔顿算子、那勃勒(Nabla)算子)。记号 ΔV 并不表示某个量 Δ 与变量 V 的乘积，而是一个整体不可分割的记号。

式(5.4-82)的第一项为

$$\frac{1}{\left|\frac{\partial \boldsymbol{r}}{\partial u}\right|\cdot\left|\frac{\partial \boldsymbol{r}}{\partial \theta_r}\right|\cdot\left|\frac{\partial \boldsymbol{r}}{\partial \lambda}\right|}\frac{\partial}{\partial u}\frac{\left|\frac{\partial \boldsymbol{r}}{\partial \theta_r}\right|\cdot\left|\frac{\partial \boldsymbol{r}}{\partial \lambda}\right|}{\left|\frac{\partial \boldsymbol{r}}{\partial u}\right|}\frac{\partial V}{\partial u} \tag{5.4-83}$$

将式(5.4-78)、式(5.4-80)和式(5.4-81)代入式(5.4-83),可得

$$\begin{aligned}\frac{1}{\left|\frac{\partial \boldsymbol{r}}{\partial u}\right|\cdot\left|\frac{\partial \boldsymbol{r}}{\partial \theta_r}\right|\cdot\left|\frac{\partial \boldsymbol{r}}{\partial \lambda}\right|}\frac{\partial}{\partial u}\frac{\left|\frac{\partial \boldsymbol{r}}{\partial \theta_r}\right|\cdot\left|\frac{\partial \boldsymbol{r}}{\partial \lambda}\right|}{\left|\frac{\partial \boldsymbol{r}}{\partial u}\right|}\frac{\partial V}{\partial u} &= \frac{1}{(u^2+c^2\cos^2\theta_r)\sin\theta_r}\frac{\partial}{\partial u}(u^2+c^2)\sin\theta_r\frac{\partial V}{\partial u}\\ &= \frac{1}{u^2+c^2\cos^2\theta_r}\frac{\partial}{\partial u}(u^2+c^2)\frac{\partial V}{\partial u}\end{aligned} \tag{5.4-84}$$

式(5.4-82)的第二项为

$$\frac{1}{\left|\frac{\partial \boldsymbol{r}}{\partial u}\right|\cdot\left|\frac{\partial \boldsymbol{r}}{\partial \theta_r}\right|\cdot\left|\frac{\partial \boldsymbol{r}}{\partial \lambda}\right|}\frac{\partial}{\partial \theta_r}\frac{\left|\frac{\partial \boldsymbol{r}}{\partial u}\right|\cdot\left|\frac{\partial \boldsymbol{r}}{\partial \lambda}\right|}{\left|\frac{\partial \boldsymbol{r}}{\partial \theta_r}\right|}\frac{\partial V}{\partial \theta_r} \tag{5.4-85}$$

将式(5.4-78)、式(5.4-80)和式(5.4-81)代入式(5.4-85),可得

$$\frac{1}{\left|\frac{\partial \boldsymbol{r}}{\partial u}\right|\cdot\left|\frac{\partial \boldsymbol{r}}{\partial \theta_r}\right|\cdot\left|\frac{\partial \boldsymbol{r}}{\partial \lambda}\right|}\frac{\partial}{\partial \theta_r}\frac{\left|\frac{\partial \boldsymbol{r}}{\partial u}\right|\cdot\left|\frac{\partial \boldsymbol{r}}{\partial \lambda}\right|}{\left|\frac{\partial \boldsymbol{r}}{\partial \theta_r}\right|}\frac{\partial V}{\partial \theta_r} = \frac{1}{(u^2+c^2\cos^2\theta_r)\sin\theta_r}\frac{\partial}{\partial \theta_r}\sin\theta_r\frac{\partial V}{\partial \theta_r} \tag{5.4-86}$$

式(5.4-82)的第三项为

$$\frac{1}{\left|\frac{\partial \boldsymbol{r}}{\partial u}\right|\cdot\left|\frac{\partial \boldsymbol{r}}{\partial \theta_r}\right|\cdot\left|\frac{\partial \boldsymbol{r}}{\partial \lambda}\right|}\frac{\partial}{\partial \lambda}\frac{\left|\frac{\partial \boldsymbol{r}}{\partial u}\right|\cdot\left|\frac{\partial \boldsymbol{r}}{\partial \theta_r}\right|}{\left|\frac{\partial \boldsymbol{r}}{\partial \lambda}\right|}\frac{\partial V}{\partial \lambda} \tag{5.4-87}$$

将式(5.4-78)、式(5.4-80)和式(5.4-81)代入式(5.4-87),可得

$$\begin{aligned}\frac{1}{\left|\frac{\partial \boldsymbol{r}}{\partial u}\right|\cdot\left|\frac{\partial \boldsymbol{r}}{\partial \theta_r}\right|\cdot\left|\frac{\partial \boldsymbol{r}}{\partial \lambda}\right|}\frac{\partial}{\partial \lambda}\frac{\left|\frac{\partial \boldsymbol{r}}{\partial u}\right|\cdot\left|\frac{\partial \boldsymbol{r}}{\partial \theta_r}\right|}{\left|\frac{\partial \boldsymbol{r}}{\partial \lambda}\right|}\frac{\partial V}{\partial \lambda} &= \frac{1}{(u^2+c^2\cos^2\theta_r)\sin\theta_r}\frac{\partial}{\partial \lambda}\frac{u^2+c^2\cos^2\theta_r}{(u^2+c^2)\sin\theta_r}\frac{\partial V}{\partial \lambda}\\ &= \frac{u^2+c^2\cos^2\theta_r}{(u^2+c^2\cos^2\theta_r)(u^2+c^2)\sin^2\theta_r}\frac{\partial^2 V}{\partial \lambda^2}\end{aligned} \tag{5.4-88}$$

将式(5.4-84)、式(5.4-86)和式(5.4-88)代入式(5.4-82),可得

$$\begin{aligned}\Delta V = &\frac{1}{u^2+c^2\cos^2\theta_r}\frac{\partial}{\partial u}(u^2+c^2)\frac{\partial V}{\partial u}+\frac{1}{(u^2+c^2\cos^2\theta_r)\sin\theta_r}\frac{\partial}{\partial \theta_r}\sin\theta_r\frac{\partial V}{\partial \theta_r}+\\ &\frac{u^2+c^2\cos^2\theta_r}{(u^2+c^2\cos^2\theta_r)(u^2+c^2)\sin^2\theta_r}\frac{\partial^2 V}{\partial \lambda^2}\end{aligned} \tag{5.4-89}$$

$$\Delta V = \frac{1}{u^2+c^2\cos^2\theta_r}\left[\frac{\partial}{\partial u}(u^2+c^2)\frac{\partial V}{\partial u}+\frac{1}{\sin\theta_r}\frac{\partial}{\partial \theta_r}\sin\theta_r\frac{\partial V}{\partial \theta_r}+\frac{u^2+c^2\cos^2\theta_r}{(u^2+c^2)\sin^2\theta_r}\frac{\partial^2 V}{\partial \lambda^2}\right] \tag{5.4-90}$$

地球的引力位在其表面上和外部空间是调和(harmonic)函数,满足拉普拉斯方程 $\Delta V=0$,故

$$\frac{\partial}{\partial u}(u^2+c^2)\frac{\partial V}{\partial u}+\frac{1}{\sin\theta_r}\frac{\partial}{\partial \theta_r}\sin\theta_r\frac{\partial V}{\partial \theta_r}+\frac{u^2+c^2\cos^2\theta_r}{(u^2+c^2)\sin^2\theta_r}\frac{\partial^2 V}{\partial \lambda^2}=0,\quad u\geqslant b \tag{5.4-91}$$

因为

$$\frac{u^2+c^2\cos^2\theta_r}{(u^2+c^2)\sin^2\theta_r}=\frac{u^2+c^2-c^2\sin^2\theta_r}{(u^2+c^2)\sin^2\theta_r}=\frac{1}{\sin^2\theta_r}-\frac{c^2}{u^2+c^2} \tag{5.4-92}$$

将式(5.4-92)代入式(5.4-91),可得

$$\frac{\partial}{\partial u}(u^2+c^2)\frac{\partial V}{\partial u}+\frac{1}{\sin\theta_r}\frac{\partial}{\partial\theta_r}\sin\theta_r\frac{\partial V}{\partial\theta_r}+\left(\frac{1}{\sin^2\theta_r}-\frac{c^2}{u^2+c^2}\right)\frac{\partial^2 V}{\partial\lambda^2}=0 \tag{5.4-93}$$

令

$$V=\mu(u)\cdot\Theta(\theta_r)\cdot\Lambda(\lambda),\quad u\geqslant b \tag{5.4-94}$$

将式(5.4-94)代入式(5.4-93),可得

$$\Theta\Lambda\frac{\mathrm{d}}{\mathrm{d}u}(u^2+c^2)\frac{\mathrm{d}\mu}{\mathrm{d}u}+\mu\Lambda\frac{1}{\sin\theta_r}\frac{\mathrm{d}}{\mathrm{d}\theta_r}\sin\theta_r\frac{\mathrm{d}\Theta}{\mathrm{d}\theta_r}+\mu\Theta\left(\frac{1}{\sin^2\theta_r}-\frac{c^2}{u^2+c^2}\right)\frac{\mathrm{d}^2\Lambda}{\mathrm{d}\lambda^2}=0 \tag{5.4-95}$$

除以 $\mu\Theta\Lambda$,可得

$$\frac{1}{\mu}\frac{\mathrm{d}}{\mathrm{d}u}(u^2+c^2)\frac{\mathrm{d}\mu}{\mathrm{d}u}+\frac{1}{\Theta\sin\theta_r}\frac{\mathrm{d}}{\mathrm{d}\theta_r}\sin\theta_r\frac{\mathrm{d}\Theta}{\mathrm{d}\theta_r}+\frac{1}{\Lambda}\left(\frac{1}{\sin^2\theta_r}-\frac{c^2}{u^2+c^2}\right)\frac{\mathrm{d}^2\Lambda}{\mathrm{d}\lambda^2}=0 \tag{5.4-96}$$

令

$$\frac{1}{\Lambda}\frac{\mathrm{d}^2\Lambda}{\mathrm{d}\lambda^2}=-m^2,\quad m\in\mathbf{N} \tag{5.4-97}$$

式中:m 为阶(order)。

将式(5.4-97)代入式(5.4-96),可得

$$\frac{1}{\mu}\frac{\mathrm{d}}{\mathrm{d}u}(u^2+c^2)\frac{\mathrm{d}\mu}{\mathrm{d}u}+\frac{1}{\Theta\sin\theta_r}\frac{\mathrm{d}}{\mathrm{d}\theta_r}\sin\theta_r\frac{\mathrm{d}\Theta}{\mathrm{d}\theta_r}+\frac{m^2c^2}{u^2+c^2}-\frac{m^2}{\sin^2\theta_r}=0 \tag{5.4-98}$$

由式(5.4-98)得

$$\frac{1}{\mu}\frac{\mathrm{d}}{\mathrm{d}u}(u^2+c^2)\frac{\mathrm{d}\mu}{\mathrm{d}u}+\frac{m^2c^2}{u^2+c^2}=\frac{m^2}{\sin^2\theta_r}-\frac{1}{\Theta\sin\theta_r}\frac{\mathrm{d}}{\mathrm{d}\theta_r}\sin\theta_r\frac{\mathrm{d}\Theta}{d\theta_r}=n(n+1),\quad n\in\mathbf{N},n\geqslant m\geqslant 0 \tag{5.4-99}$$

式中:n 为次(degree)。

方程(5.4-97)的特征方程为

$$r^2=-m^2 \tag{5.4-100}$$

$$r_{1,2}=\pm mi \tag{5.4-101}$$

常系数齐次线性微分方程(5.4-97)的通解为

$$\Lambda(\lambda)=a_n^m\cos m\lambda+b_n^m\sin m\lambda \tag{5.4-102}$$

式中:a_n^m 和 b_n^m 是一个整体记号,不能看作幂函数,即 $a_n^m\neq(a_n)^m$,$b_n^m\neq(b_n)^m$。

由式(5.4-99)得

$$\frac{\mathrm{d}}{\mathrm{d}u}(u^2+c^2)\frac{\mathrm{d}\mu}{\mathrm{d}u}+\left[\frac{m^2c^2}{u^2+c^2}-n(n+1)\right]\mu=0 \tag{5.4-103}$$

$$\frac{1}{\sin\theta_r}\frac{\mathrm{d}}{\mathrm{d}\theta_r}\sin\theta_r\frac{\mathrm{d}\Theta}{\mathrm{d}\theta_r}+\left[n(n+1)-\frac{m^2}{\sin^2\theta_r}\right]\Theta=0 \tag{5.4-104}$$

作变量代换,令

$$x=\cos\theta_r \tag{5.4-105}$$

则有

$$\frac{\mathrm{d}x}{\mathrm{d}\theta_r}=-\sin\theta_r,\quad \frac{\mathrm{d}\Theta}{\mathrm{d}\theta_r}=\frac{\mathrm{d}\Theta}{\mathrm{d}x}\frac{\mathrm{d}x}{\mathrm{d}\theta_r}=-\sin\theta_r\frac{\mathrm{d}\Theta}{\mathrm{d}x} \tag{5.4-106}$$

由式(5.4-106)得

$$\frac{1}{\sin\theta_r}\frac{\mathrm{d}}{\mathrm{d}\theta_r}\sin\theta_r\frac{\mathrm{d}\Theta}{\mathrm{d}\theta_r}=-\frac{1}{\sin\theta_r}\frac{\mathrm{d}}{\mathrm{d}\theta_r}\sin\theta_r\sin\theta_r\frac{\mathrm{d}\Theta}{\mathrm{d}x}=-\frac{\mathrm{d}}{\sin\theta_r\mathrm{d}\theta_r}\sin^2\theta_r\frac{\mathrm{d}\Theta}{\mathrm{d}x} \tag{5.4-107}$$

由式(5.4-105)得

$$\mathrm{d}x = -\sin\theta_{\mathrm{r}}\mathrm{d}\theta_{\mathrm{r}} \tag{5.4-108}$$

将式(5.4-108)代入式(5.4-107),可得

$$\frac{1}{\sin\theta_{\mathrm{r}}}\frac{\mathrm{d}}{\mathrm{d}\theta_{\mathrm{r}}}\sin\theta_{\mathrm{r}}\frac{\mathrm{d}\Theta}{\mathrm{d}\theta_{\mathrm{r}}} = \frac{\mathrm{d}}{\mathrm{d}x}(1-\cos^2\theta_{\mathrm{r}})\frac{\mathrm{d}\Theta}{\mathrm{d}x} = \frac{\mathrm{d}}{\mathrm{d}x}(1-x^2)\frac{\mathrm{d}\Theta}{\mathrm{d}x} \tag{5.4-109}$$

将式(5.4-109)代入式(5.4-104),可得

$$\frac{\mathrm{d}}{\mathrm{d}x}(1-x^2)\frac{\mathrm{d}\Theta}{\mathrm{d}x} + \left[n(n+1) - \frac{m^2}{1-\cos^2\theta_{\mathrm{r}}}\right]\Theta = 0 \tag{5.4-110}$$

连带勒让德方程为

$$\frac{\mathrm{d}}{\mathrm{d}x}(1-x^2)\frac{\mathrm{d}\Theta}{\mathrm{d}x} + \left[n(n+1) - \frac{m^2}{1-x^2}\right]\Theta = 0 \tag{5.4-111}$$

方程(5.4-111)的一个解为

$$\Theta(x) = \mathrm{P}_n^m(x) \quad (-1 < x < 1) \tag{5.4-112}$$

式中:$\mathrm{P}_n^m(x)=(1-x^2)^{\frac{m}{2}}\frac{\mathrm{d}^m\mathrm{P}_n(x)}{\mathrm{d}x^m}$为 m 阶 n 次第一类连带勒让德函数,$\mathrm{P}_n^m(x)$作为一个整体,不能看作幂函数,即 $\mathrm{P}_n^m(x)\neq[\mathrm{P}_n(x)]^m$。其中 $\mathrm{P}_n(x)$为 n 次勒让德多项式(Legendre polynomials),也称为第一类勒让德函数。

$$\mathrm{P}_n(x) = \frac{1}{2^n n!}\frac{\mathrm{d}^n(x^2-1)^n}{\mathrm{d}x^n} \tag{5.4-113}$$

上式通常又称为勒让德多项式的罗德里格斯(Rodrigues)公式。

从而有

0 次多项式

$$\mathrm{P}_0(x) = (x^2-1)^0 = 1 \tag{5.4-114}$$

1 次多项式

$$\mathrm{P}_1(x) = \frac{1}{2}\frac{\mathrm{d}(x^2-1)}{\mathrm{d}x} = \frac{1}{2}2x = x \tag{5.4-115}$$

2 次多项式

$$\mathrm{P}_2(x) = \frac{1}{8}\frac{\mathrm{d}^2(x^4-2x^2+1)}{\mathrm{d}x^2} = \frac{12x^2-4}{8} = \frac{3x^2-1}{2} \tag{5.4-116}$$

3 次多项式

$$\mathrm{P}_3(x) = \frac{1}{48}\frac{\mathrm{d}^3(x^6-3x^4+3x^2-1)}{\mathrm{d}x^3} = \frac{120x^3-3\times24x}{48} = \frac{5x^3-3x}{2} \tag{5.4-117}$$

4 次多项式

$$\begin{aligned}\mathrm{P}_4(x) &= \frac{1}{16\times24}\frac{\mathrm{d}^4(x^8-C_4^1x^6+C_4^2x^4-C_4^3x^2+1)}{\mathrm{d}x^4} = \frac{1}{16\times24}\frac{\mathrm{d}^4(x^8-4x^6+6x^4-4x^2+1)}{\mathrm{d}x^4}\\ &= \frac{8\times7\times30x^4-4\times30\times12x^2+6\times24}{16\times24} = \frac{7\times10x^4-4\times15x^2+6}{16} = \frac{35x^4-30x^2+3}{8}\end{aligned} \tag{5.4-118}$$

5 次多项式

$$\mathrm{P}_5(x)=\frac{1}{32\times 120}\frac{\mathrm{d}^5(x^{10}-C_5^1x^8+C_5^2x^6-C_5^3x^4+C_5^4x^2-1)}{\mathrm{d}x^5}$$
$$=\frac{1}{32\times 120}\frac{\mathrm{d}^5(x^{10}-5x^8+10x^6-10x^4+5x^2-1)}{\mathrm{d}x^5}$$
$$=\frac{720\times 42x^5-5\times 56\times 120x^3+10\times 720x}{32\times 120}=\frac{6\times 42x^5-5\times 56x^3+10\times 6x}{32}$$
$$=\frac{3\times 21x^5-5\times 14x^3+5\times 3x}{8}=\frac{63x^5-70x^3+15x}{8}$$

(5.4-119)

从而由式(5.4-112)得

$$\mathrm{P}_1^1(x)=\sqrt{1-x^2} \tag{5.4-120}$$

$$\mathrm{P}_2^1(x)=\sqrt{1-x^2}\,3x=3x\sqrt{1-x^2} \tag{5.4-121}$$

$$\mathrm{P}_2^2(x)=(1-x^2)3=3(1-x^2) \tag{5.4-122}$$

$$\mathrm{P}_3^1(x)=\sqrt{1-x^2}\,\frac{15x^2-3}{2}=\frac{3}{2}(5x^2-1)\sqrt{1-x^2} \tag{5.4-123}$$

$$\mathrm{P}_3^2(x)=(1-x^2)\frac{30x}{2}=15x(1-x^2) \tag{5.4-124}$$

$$\mathrm{P}_3^3(x)=(1-x^2)^{\frac{3}{2}}\frac{5\times 6}{2}=15(1-x^2)^{\frac{3}{2}} \tag{5.4-125}$$

将式(5.4-105)代入式(5.4-112),可得

$$\Theta=\Theta(\cos\theta_r)=\mathrm{P}_n^m(\cos\theta_r) \tag{5.4-126}$$

作变量代换,令

$$z=\mathrm{i}\frac{u}{c},\quad u\geqslant b,\quad |z|=\frac{|u|}{c}\geqslant\frac{b}{\sqrt{a^2-b^2}}>1 \tag{5.4-127}$$

则有

$$\frac{\mathrm{d}z}{\mathrm{d}u}=\frac{\mathrm{i}}{c},\quad \frac{\mathrm{d}\mu}{\mathrm{d}u}=\frac{\mathrm{d}\mu}{\mathrm{d}z}\frac{\mathrm{d}z}{\mathrm{d}u}=\frac{\mathrm{i}}{c}\frac{\mathrm{d}\mu}{\mathrm{d}z} \tag{5.4-128}$$

由式(5.4-128)得

$$\frac{\mathrm{d}}{\mathrm{d}u}(u^2+c^2)\frac{\mathrm{d}\mu}{\mathrm{d}u}=\frac{\mathrm{d}}{\mathrm{d}u}(u^2+c^2)\frac{\mathrm{i}}{c}\frac{\mathrm{d}\mu}{\mathrm{d}z} \tag{5.4-129}$$

由式(5.4-127)得

$$u=-\mathrm{i}cz \tag{5.4-130}$$

将式(5.4-130)代入式(5.4-129),可得

$$\frac{\mathrm{d}}{\mathrm{d}u}(u^2+c^2)\frac{\mathrm{d}\mu}{\mathrm{d}u}=\frac{\mathrm{d}}{-\mathrm{i}c\mathrm{d}z}(-c^2z^2+c^2)\frac{\mathrm{i}}{c}\frac{\mathrm{d}\mu}{\mathrm{d}z}=-\frac{\mathrm{d}}{\mathrm{d}z}(1-z^2)\frac{\mathrm{d}\mu}{\mathrm{d}z} \tag{5.4-131}$$

将式(5.4-131)和式(5.4-130)代入式(5.4-103),可得

$$-\frac{\mathrm{d}}{\mathrm{d}z}(1-z^2)\frac{\mathrm{d}\mu}{\mathrm{d}z}+\left[\frac{m^2c^2}{-c^2z^2+c^2}-n(n+1)\right]\mu=0 \tag{5.4-132}$$

连带勒让德方程为

$$\frac{\mathrm{d}}{\mathrm{d}z}(1-z^2)\frac{\mathrm{d}\mu}{\mathrm{d}z}+\left[n(n+1)-\frac{m^2}{1-z^2}\right]\mu=0 \tag{5.4-133}$$

二阶微分方程

$$y''(x)+p(x)y'(x)+q(x)y(x)=0 \tag{5.4-134}$$

的两个线性无关的特解 y_1、y_2 构成朗斯基行列式(Wronskian),即

$$\begin{vmatrix} y_1 & y_1' \\ y_2 & y_2' \end{vmatrix}=y_1y_2'-y_1'y_2=\Delta(x) \tag{5.4-135}$$

因为 y_2 是方程(5.4-134)的解,故

$$y_2''+py_2'+qy_2=0 \tag{5.4-136}$$

$$y_1y_2''+py_1y_2'+qy_1y_2=0 \tag{5.4-137}$$

因为 y_1 是方程(5.4-134)的解,故

$$y_1''+py_1'+qy_1=0 \tag{5.4-138}$$

$$y_1''y_2+py_1'y_2+qy_1y_2=0 \tag{5.4-139}$$

式(5.4-137)减式(5.4-139)得

$$y_1y_2''-y_1''y_2+p(y_1y_2'-y_1'y_2)=0 \tag{5.4-140}$$

将式(5.4-135)代入式(5.4-140),可得

$$y_1y_2''-y_1''y_2+p\Delta=0 \tag{5.4-141}$$

式(5.4-135)对 x 求导数,可得

$$\frac{\mathrm{d}\Delta}{\mathrm{d}x}=y_1'y_2'+y_1y_2''-(y_1''y_2+y_1'y_2')=y_1y_2''-y_1''y_2 \tag{5.4-142}$$

将式(5.4-142)代入式(5.4-141),可得

$$\frac{\mathrm{d}\Delta}{\mathrm{d}x}+p\Delta=0 \tag{5.4-143}$$

$$\frac{\mathrm{d}\Delta}{\mathrm{d}x}=-p\Delta \tag{5.4-144}$$

$$\frac{\mathrm{d}\Delta}{\Delta}=-p\mathrm{d}x \tag{5.4-145}$$

$$\ln\Delta=-\int p\mathrm{d}x \tag{5.4-146}$$

$$\Delta=\mathrm{e}^{-\int p\mathrm{d}x} \tag{5.4-147}$$

考虑到

$$\frac{\mathrm{d}\dfrac{y_2}{y_1}}{\mathrm{d}x}=\frac{y_2'y_1-y_2y_1'}{y_1^2} \tag{5.4-148}$$

将式(5.4-135)代入式(5.4-148),可得

$$\frac{\mathrm{d}\dfrac{y_2}{y_1}}{\mathrm{d}x}=\frac{\Delta}{y_1^2} \tag{5.4-149}$$

$$\frac{y_2}{y_1}=\int\frac{\Delta}{y_1^2}\mathrm{d}x \tag{5.4-150}$$

将式(5.4-147)代入式(5.4-150),可得

$$y_2=y_1\int\frac{\mathrm{e}^{-\int p\mathrm{d}x}}{y_1^2}\mathrm{d}x \tag{5.4-151}$$

在式(5.4-111)中,令 $m=0$,勒让德方程为

$$\frac{\mathrm{d}}{\mathrm{d}x}(1-x^2)\frac{\mathrm{d}y}{\mathrm{d}x}+n(n+1)y=0 \tag{5.4-152}$$

n 次勒让德多项式 $\mathrm{P}_n(x)$是方程(5.4-152)的一个特解。由式(5.4-152)得

$$-2xy'+(1-x^2)y''+n(n+1)y=0 \tag{5.4-153}$$

$$y''-\frac{2x}{1-x^2}y'+\frac{n(n+1)}{1-x^2}y=0 \tag{5.4-154}$$

将 $p=-\frac{2x}{1-x^2}$代入式(5.4-151),得方程(5.4-152)的另一个特解

$$\mathrm{Q}_n(x)=\mathrm{P}_n(x)\int\frac{\mathrm{e}^{\int\frac{2x}{1-x^2}\mathrm{d}x}}{[\mathrm{P}_n(x)]^2}\mathrm{d}x \tag{5.4-155}$$

式中:$\mathrm{Q}_n(x)$为 n 次第二类勒让德函数。

考虑到

$$\mathrm{e}^{\int\frac{2x}{1-x^2}\mathrm{d}x}=\mathrm{e}^{-\ln(1-x^2)}=\mathrm{e}^{\ln\frac{1}{1-x^2}}=\frac{1}{1-x^2} \tag{5.4-156}$$

将式(5.4-156)代入式(5.4-155),可得

$$\begin{aligned}\mathrm{Q}_n(x)&=\mathrm{P}_n(x)\int\frac{1}{(1-x^2)[\mathrm{P}_n(x)]^2}\mathrm{d}x=\mathrm{P}_n(x)\int\frac{[\mathrm{P}_n(x)]^2+1-[\mathrm{P}_n(x)]^2}{(1-x^2)[\mathrm{P}_n(x)]^2}\mathrm{d}x\\&=\mathrm{P}_n(x)\int\left\{\frac{1}{1-x^2}+\frac{1-[\mathrm{P}_n(x)]^2}{(1-x^2)[\mathrm{P}_n(x)]^2}\right\}\mathrm{d}x\\&=\mathrm{P}_n(x)\int\frac{\mathrm{d}x}{1-x^2}+\mathrm{P}_n(x)\int\frac{1-[\mathrm{P}_n(x)]^2}{(1-x^2)[\mathrm{P}_n(x)]^2}\mathrm{d}x\end{aligned} \tag{5.4-157}$$

考虑到

$$\begin{aligned}\int\frac{\mathrm{d}x}{1-x^2}&=-\int\frac{1}{x^2-1}\mathrm{d}x=-\frac{1}{2}\int\left(\frac{1}{x-1}-\frac{1}{x+1}\right)\mathrm{d}x=\frac{1}{2}\int\left(\frac{1}{x+1}-\frac{1}{x-1}\right)\mathrm{d}x\\&=\frac{1}{2}(\ln|x+1|-\ln|x-1|)+C\\&=\frac{1}{2}\ln\left|\frac{x+1}{x-1}\right|+C\end{aligned} \tag{5.4-158}$$

将式(5.4-158)代入式(5.4-157),可得

$$\mathrm{Q}_n(x)=\frac{1}{2}\mathrm{P}_n(x)\ln\left|\frac{x+1}{x-1}\right|+\mathrm{P}_n(x)\int\frac{[1+\mathrm{P}_n(x)][1-\mathrm{P}_n(x)]}{(1-x^2)[\mathrm{P}_n(x)]^2}\mathrm{d}x \tag{5.4-159}$$

从而

$$\mathrm{Q}_0(x)=\frac{1}{2}\ln\left|\frac{x+1}{x-1}\right| \tag{5.4-160}$$

$$\mathrm{Q}_1(x)=\frac{1}{2}x\ln\left|\frac{x+1}{x-1}\right|+x\int\frac{1}{x^2}\mathrm{d}x=\frac{x}{2}\ln\left|\frac{x+1}{x-1}\right|+x\left(-\frac{1}{x}\right)=\frac{x}{2}\ln\left|\frac{x+1}{x-1}\right|-1 \tag{5.4-161}$$

$$\begin{aligned}\mathrm{Q}_2(x)&=\frac{1}{2}\ \frac{3x^2-1}{2}\ln\left|\frac{x+1}{x-1}\right|+\mathrm{P}_2(x)\int\frac{[1+\mathrm{P}_2(x)]\frac{3-3x^2}{2}}{(1-x^2)[\mathrm{P}_2(x)]^2}\mathrm{d}x\\&=\frac{1}{2}\ \frac{3x^2-1}{2}\ln\left|\frac{x+1}{x-1}\right|+\frac{3}{2}\mathrm{P}_2(x)\int\frac{1+\mathrm{P}_2(x)}{[\mathrm{P}_2(x)]^2}\mathrm{d}x\end{aligned} \tag{5.4-162}$$

考虑到

$$\left[\frac{x}{\mathrm{P}_2(x)}\right]' = \frac{\mathrm{P}_2(x) - x\mathrm{P}_2'(x)}{[\mathrm{P}_2(x)]^2} = \frac{\dfrac{3x^2-1}{2} - x3x}{[\mathrm{P}_2(x)]^2} = \frac{-3x^2-1}{2[\mathrm{P}_2(x)]^2}$$

$$= -\frac{3x^2-1+2}{2[\mathrm{P}_2(x)]^2} = -\frac{2\mathrm{P}_2(x)+2}{2[\mathrm{P}_2(x)]^2} = -\frac{\mathrm{P}_2(x)+1}{[\mathrm{P}_2(x)]^2} \tag{5.4-163}$$

从而

$$\mathrm{Q}_2(x) = \frac{1}{2}\,\frac{3x^2-1}{2}\ln\left|\frac{x+1}{x-1}\right| - \frac{3}{2}\mathrm{P}_2(x)\,\frac{x}{\mathrm{P}_2(x)} = \frac{1}{2}\,\frac{3x^2-1}{2}\ln\left|\frac{x+1}{x-1}\right| - \frac{3}{2}x \tag{5.4-164}$$

因此当$-1<x<1$时，有

$$\mathrm{Q}_0(x) = \frac{1}{2}\ln\left|\frac{x+1}{x-1}\right| = \frac{1}{2}\ln\frac{x+1}{1-x} = \frac{1}{2}\ln\frac{1+x}{1-x}\quad(-1<x<1) \tag{5.4-165}$$

设 $x=\tanh y=\dfrac{e^y-e^{-y}}{e^y+e^{-y}}=\dfrac{e^{2y}-1}{e^{2y}+1}$，$xe^{2y}+x+1=e^{2y}$，则 $x+1=e^{2y}(1-x)$，$e^{2y}=\dfrac{1+x}{1-x}$，$y=\dfrac{1}{2}\ln\dfrac{1+x}{1-x}=$ ar tanh x，且定义域为$|x|<1$，故

$$\mathrm{Q}_0(x) = \frac{1}{2}\ln\frac{1+x}{1-x} = \operatorname{ar\,tanh} x\quad(-1<x<1) \tag{5.4-166}$$

$$\mathrm{Q}_1(x) = \frac{x}{2}\ln\frac{1+x}{1-x} - 1 = x\operatorname{ar\,tanh} x - 1\quad(-1<x<1) \tag{5.4-167}$$

$$\mathrm{Q}_2(x) = \frac{1}{2}\,\frac{3x^2-1}{2}\ln\frac{1+x}{1-x} - \frac{3}{2}x = \frac{3x^2-1}{2}\operatorname{ar\,tanh} x - \frac{3}{2}x\quad(-1<x<1) \tag{5.4-168}$$

式中：ar tanh 中的 ar 表示 area（面积），tan 表示 tangent（正切），h 表示 hyperbola（双曲线），ar tanh 表示反双曲正切。

因此当$|x|>1$时，有

$$\mathrm{Q}_0(x) = \frac{1}{2}\ln\left|\frac{x+1}{x-1}\right| = \frac{1}{2}\ln\frac{x+1}{x-1}\quad(|x|>1) \tag{5.4-169}$$

设 $x=\coth y=\dfrac{e^y+e^{-y}}{e^y-e^{-y}}=\dfrac{e^{2y}+1}{e^{2y}-1}$，$xe^{2y}=e^{2y}+1+x$，则 $e^{2y}(x-1)=x+1$，$e^{2y}=\dfrac{x+1}{x-1}$，$y=\dfrac{1}{2}\ln\dfrac{x+1}{x-1}=$ ar coth x，且定义域为$|x|>1$，故

$$\mathrm{Q}_0(x) = \frac{1}{2}\ln\frac{x+1}{x-1} = \operatorname{ar\,coth} x\quad(|x|>1) \tag{5.4-170}$$

$$\mathrm{Q}_1(x) = \frac{x}{2}\ln\frac{x+1}{x-1} - 1 = x\operatorname{ar\,coth} x - 1\quad(|x|>1) \tag{5.4-171}$$

$$\mathrm{Q}_2(x) = \frac{1}{2}\,\frac{3x^2-1}{2}\ln\frac{x+1}{x-1} - \frac{3}{2}x = \frac{3x^2-1}{2}\operatorname{ar\,coth} x - \frac{3}{2}x\quad(|x|>1) \tag{5.4-172}$$

式中：ar coth 中的 ar 表示 area（面积），co 表示 complementary（余），cot 表示 cotangent（余切），h 表示 hyperbola（双曲线），ar coth 表示反双曲余切。

例 5.4-6　已知 n 次勒让德多项式 $\mathrm{P}_n(x)$是 n 次勒让德方程$\dfrac{d}{dx}(1-x^2)\dfrac{dy}{dx}+n(n+1)y=0$ 的一个特解。证明：连带勒让德方程$\dfrac{d}{dx}(1-x^2)\dfrac{d\Theta}{dx}+\left[n(n+1)-\dfrac{m^2}{1-x^2}\right]\Theta=0(m\leqslant n)$的一个特解为 $\Theta=\mathrm{P}_n^m(x)=(1-x^2)^{\frac{m}{2}}\cdot\dfrac{d^m\mathrm{P}_n(x)}{dx^m}=(1-x^2)^{\frac{m}{2}}\mathrm{P}_n^{(m)}(x)(-1\leqslant x\leqslant 1)$。

证明　$\mathrm{P}_n(x)$满足$(1-x^2)\dfrac{d^2y}{dx^2}-2x\dfrac{dy}{dx}+n(n+1)y=0$，故有

$$(1-x^2)P''_n(x)-2xP'_n(x)+n(n+1)P_n(x)=0 \tag{5.4-173}$$

应用关于乘积求导的莱布尼茨求导规则 $(uv)^{(m)}=\sum_{k=0}^{m}C_m^k u^{(m-k)}v^{(k)}$，则式(5.4-173)的 m 阶导数为

$$(1-x^2)(P''_n)^{(m)}+C_m^{m-1}(1-x^2)'(P''_n)^{(m-1)}+C_m^{m-2}(1-x^2)''(P''_n)^{(m-2)}-2[x(P'_n)^{(m)}+C_m^{m-1}x'(P'_n)^{(m-1)}]+n(n+1)P_n^{(m)}=0 \tag{5.4-174}$$

$$(1-x^2)[P_n^{(m)}]''-m2x[P_n^{(m)}]'-\frac{m(m-1)}{2}2P_n^{(m)}-2\{x[P_n^{(m)}]'+mP_n^{(m)}\}+n(n+1)P_n^{(m)}=0 \tag{5.4-175}$$

$$(1-x^2)[P_n^{(m)}]''-2mx[P_n^{(m)}]'-m(m-1)P_n^{(m)}-2x[P_n^{(m)}]'-2mP_n^{(m)}+n(n+1)P_n^{(m)}=0 \tag{5.4-176}$$

即

$$(1-x^2)[P_n^{(m)}]''-2(m+1)x[P_n^{(m)}]'-m(m+1)P_n^{(m)}+n(n+1)P_n^{(m)}=0 \tag{5.4-177}$$

$$(1-x^2)[P_n^{(m)}]''-2(m+1)x[P_n^{(m)}]'+[n(n+1)-m(m+1)]P_n^{(m)}=0 \tag{5.4-178}$$

另一方面，令

$$\Theta=(1-x^2)^{\frac{m}{2}}Y(x)\quad(-1\leqslant x\leqslant 1) \tag{5.4-179}$$

$$\frac{d\Theta}{dx}=(1-x^2)^{\frac{m}{2}}Y'+\frac{m}{2}(1-x^2)^{\frac{m}{2}-1}(-2x)Y=(1-x^2)^{\frac{m}{2}}Y'-m(1-x^2)^{\frac{m}{2}-1}xY \tag{5.4-180}$$

将式(5.4-179)和式(5.4-180)代入 $(1-x^2)\frac{d^2\Theta}{dx^2}-2x\frac{d\Theta}{dx}+\left[n(n+1)-\frac{m^2}{1-x^2}\right]\Theta=0$，得

$$(1-x^2)\frac{d^2\Theta}{dx^2}-2x[(1-x^2)^{\frac{m}{2}}Y'-m(1-x^2)^{\frac{m}{2}-1}xY]+\left[n(n+1)-\frac{m^2}{1-x^2}\right](1-x^2)^{\frac{m}{2}}Y=0 \tag{5.4-181}$$

$$(1-x^2)\frac{d^2\Theta}{dx^2}-2(1-x^2)^{\frac{m}{2}}xY'+2m(1-x^2)^{\frac{m}{2}-1}x^2Y+\left[n(n+1)-\frac{m^2}{1-x^2}\right](1-x^2)^{\frac{m}{2}}Y=0 \tag{5.4-182}$$

式(5.4-180)对 x 求导数，可得

$$\frac{d^2\Theta}{dx^2}=(1-x^2)^{\frac{m}{2}}Y''+\frac{m}{2}(1-x^2)^{\frac{m}{2}-1}(-2x)Y'-m(1-x^2)^{\frac{m}{2}-1}xY'-m(1-x^2)^{\frac{m}{2}-1}Y-m\left(\frac{m}{2}-1\right)(1-x^2)^{\frac{m}{2}-2}(-2x)xY \tag{5.4-183}$$

$$\frac{d^2\Theta}{dx^2}=(1-x^2)^{\frac{m}{2}}Y''-m(1-x^2)^{\frac{m}{2}-1}xY'-m(1-x^2)^{\frac{m}{2}-1}xY'-m(1-x^2)^{\frac{m}{2}-1}Y+m(m-2)(1-x^2)^{\frac{m}{2}-2}x^2Y \tag{5.4-184}$$

$$\frac{d^2\Theta}{dx^2}=(1-x^2)^{\frac{m}{2}}Y''-2m(1-x^2)^{\frac{m}{2}-1}xY'-m(1-x^2)^{\frac{m}{2}-1}Y+m(m-2)(1-x^2)^{\frac{m}{2}-2}x^2Y \tag{5.4-185}$$

将式(5.4-185)代入式(5.4-182)，可得

$$(1-x^2)[(1-x^2)^{\frac{m}{2}}Y''-2m(1-x^2)^{\frac{m}{2}-1}xY'-m(1-x^2)^{\frac{m}{2}-1}Y+m(m-2)(1-x^2)^{\frac{m}{2}-2}x^2Y]-2(1-x^2)^{\frac{m}{2}}xY'+2m(1-x^2)^{\frac{m}{2}-1}x^2Y+\left[n(n+1)-\frac{m^2}{1-x^2}\right](1-x^2)^{\frac{m}{2}}Y=0 \tag{5.4-186}$$

$$(1-x^2)^{\frac{m}{2}+1}Y''-2m(1-x^2)^{\frac{m}{2}}xY'-m(1-x^2)^{\frac{m}{2}}Y+$$
$$m(m-2)(1-x^2)^{\frac{m}{2}-1}x^2Y-2(1-x^2)^{\frac{m}{2}}xY'+2m(1-x^2)^{\frac{m}{2}-1}x^2Y+$$
$$\left[n(n+1)-\frac{m^2}{1-x^2}\right](1-x^2)^{\frac{m}{2}}Y=0 \tag{5.4-187}$$

$$(1-x^2)^{\frac{m}{2}+1}Y''-2(m+1)(1-x^2)^{\frac{m}{2}}xY'-m(1-x^2)^{\frac{m}{2}}Y+mm(1-x^2)^{\frac{m}{2}-1}x^2Y+$$
$$\left[n(n+1)-\frac{m^2}{1-x^2}\right](1-x^2)^{\frac{m}{2}}Y=0 \tag{5.4-188}$$

$$(1-x^2)^2Y''-2(m+1)(1-x^2)xY'-m(1-x^2)Y+m^2x^2Y+\left[n(n+1)-\frac{m^2}{1-x^2}\right](1-x^2)Y=0 \tag{5.4-189}$$

由式(5.4-189)得

$$(1-x^2)^2Y''-2(m+1)(1-x^2)xY'-m(1-x^2)Y+m^2x^2Y+n(n+1)(1-x^2)Y-m^2Y=0 \tag{5.4-190}$$

$$(1-x^2)^2Y''-2(m+1)(1-x^2)xY'-m(1-x^2)Y+m^2(x^2-1)Y+n(n+1)(1-x^2)Y=0 \tag{5.4-191}$$

$$(1-x^2)Y''-2(m+1)xY'-mY-m^2Y+n(n+1)Y=0 \tag{5.4-192}$$

$$(1-x^2)Y''-2(m+1)xY'-m(m+1)Y+n(n+1)Y=0 \tag{5.4-193}$$

从而

$$(1-x^2)Y''-2(m+1)xY'+[n(n+1)-m(m+1)]Y=0 \tag{5.4-194}$$

比较式(5.4-194)和式(5.4-178),可取

$$Y(x)=\mathrm{P}_n^{(m)}(x) \tag{5.4-195}$$

将式(5.4-195)代入式(5.4-179),可得

$$\Theta=(1-x^2)^{\frac{m}{2}}\mathrm{P}_n^{(m)}(x)=(1-x^2)^{\frac{m}{2}}\frac{\mathrm{d}^m\mathrm{P}_n(x)}{\mathrm{d}x^m}=\mathrm{P}_n^m(x)\quad(-1\leqslant x\leqslant 1) \tag{5.4-196}$$

$\mathrm{P}_n^m(x)$的完整表达式为

$$\mathrm{P}_n^m(x)=\begin{cases}(1-x^2)^{\frac{m}{2}}\dfrac{\mathrm{d}^m\mathrm{P}_n(x)}{\mathrm{d}x^m} & (-1\leqslant x\leqslant 1)\\[2ex](x^2-1)^{\frac{m}{2}}\dfrac{\mathrm{d}^m\mathrm{P}_n(x)}{\mathrm{d}x^m} & (|x|\geqslant 1)\end{cases} \tag{5.4-197}$$

此外,第二类勒让德函数 $\mathrm{Q}_n(x)$是勒让德方程$\frac{\mathrm{d}}{\mathrm{d}x}(1-x^2)\frac{\mathrm{d}y}{\mathrm{d}x}+n(n+1)y=0$ 的另一个特解,故$\frac{\mathrm{d}}{\mathrm{d}x}(1-x^2)\frac{\mathrm{d}\Theta}{\mathrm{d}x}+\left[n(n+1)-\frac{m^2}{1-x^2}\right]\Theta=0(m\leqslant n)$的另一个特解为 $\Theta=\mathrm{Q}_n^m(x)=(1-x^2)^{\frac{m}{2}}\frac{\mathrm{d}^m\mathrm{Q}_n(x)}{\mathrm{d}x^m}=(1-x^2)^{\frac{m}{2}}\cdot\mathrm{Q}_n^{(m)}(x)$,其中 $\mathrm{Q}_n^m(x)$称为 m 阶 n 次第二类连带勒让德函数。

$\mathrm{Q}_n^m(x)$的完整表达式为

$$\mathrm{Q}_n^m(x)=\begin{cases}(1-x^2)^{\frac{m}{2}}\dfrac{\mathrm{d}^m\mathrm{Q}_n(x)}{\mathrm{d}x^m} & (-1\leqslant x\leqslant 1)\\[2ex](x^2-1)^{\frac{m}{2}}\dfrac{\mathrm{d}^m\mathrm{Q}_n(x)}{\mathrm{d}x^m} & (|x|\geqslant 1)\end{cases} \tag{5.4-198}$$

由式(5.4-127)得$|z|>1$,方程(5.4-133)的解为

$$\mu(z) = Q_n^m(z) \quad (|z|>1) \tag{5.4-199}$$

将式(5.4-127)代入式(5.4-199),可得

$$\mu = \mu\left(\mathrm{i}\,\frac{u}{c}\right) = Q_n^m\left(\mathrm{i}\,\frac{u}{c}\right) \tag{5.4-200}$$

将式(5.4-200)、式(5.4-126)和式(5.4-102)代入式(5.4-94),可得

$$V = \sum_{n=0}^{+\infty}\sum_{m=0}^{n}\frac{Q_n^m\left(\mathrm{i}\,\frac{u}{c}\right)}{Q_n^m\left(\mathrm{i}\,\frac{b}{c}\right)}\mathrm{P}_n^m(\cos\theta_r)(a_n^m\cos m\lambda + b_n^m\sin m\lambda),\quad u\geqslant b \tag{5.4-201}$$

旋转椭球在其表面上和外部空间产生的地球重力位(gravity potential)为

$$U = \sum_{n=0}^{+\infty}\sum_{m=0}^{n}\frac{Q_n^m\left(\mathrm{i}\,\frac{u}{c}\right)}{Q_n^m\left(\mathrm{i}\,\frac{b}{c}\right)}\mathrm{P}_n^m(\cos\theta_r)(a_n^m\cos m\lambda + b_n^m\sin m\lambda) + \frac{1}{2}\omega^2(x^2+y^2),\quad u\geqslant b \tag{5.4-202}$$

将式(5.4-61)代入式(5.4-202),可得

$$U = \sum_{n=0}^{+\infty}\sum_{m=0}^{n}\frac{Q_n^m\left(\mathrm{i}\,\frac{u}{c}\right)}{Q_n^m\left(\mathrm{i}\,\frac{b}{c}\right)}\mathrm{P}_n^m(\cos\theta_r)(a_n^m\cos m\lambda + b_n^m\sin m\lambda) + \frac{1}{2}\omega^2(u^2+c^2)\sin^2\theta_r,\quad u\geqslant b \tag{5.4-203}$$

当 $u=b$ 时,式(5.4-203)为常数,即

$$U_0 = \sum_{n=0}^{+\infty}\sum_{m=0}^{n}\mathrm{P}_n^m(\cos\theta_r)(a_n^m\cos m\lambda + b_n^m\sin m\lambda) + \frac{1}{2}\omega^2(b^2+c^2)\sin^2\theta_r \tag{5.4-204}$$

将式(5.4-21)代入式(5.4-204),可得

$$U_0 = \sum_{n=0}^{+\infty}\sum_{m=0}^{n}\mathrm{P}_n^m(\cos\theta_r)(a_n^m\cos m\lambda + b_n^m\sin m\lambda) + \frac{1}{2}\omega^2 a^2\sin^2\theta_r \tag{5.4-205}$$

由式(5.4-105)得$\cos^2\theta_r = x^2$,$\sin^2\theta_r = 1-x^2$。由式(5.4-116)得 $x^2 = \frac{1+2\mathrm{P}_2(x)}{3}$,故

$$\sin^2\theta_r = \frac{3}{3} - \frac{1+2\mathrm{P}_2(x)}{3} = \frac{2-2\mathrm{P}_2(x)}{3} = \frac{2}{3}[1-\mathrm{P}_2(x)] \tag{5.4-206}$$

将式(5.4-206)代入式(5.4-205),可得

$$U_0 = \sum_{n=0}^{+\infty}\sum_{m=0}^{n}\mathrm{P}_n^m(\cos\theta_r)(a_n^m\cos m\lambda + b_n^m\sin m\lambda) + \frac{1}{3}\omega^2 a^2[1-\mathrm{P}_2(x)] \tag{5.4-207}$$

将式(5.4-105)代入式(5.4-207),可得

$$U_0 = \sum_{n=0}^{+\infty}\sum_{m=0}^{n}\mathrm{P}_n^m(\cos\theta_r)(a_n^m\cos m\lambda + b_n^m\sin m\lambda) + \frac{1}{3}\omega^2 a^2[1-\mathrm{P}_2(\cos\theta_r)] \tag{5.4-208}$$

在式(5.4-208)中,令 $m=0$,可得

$$U_0 = \sum_{n=0}^{+\infty}\mathrm{P}_n^0(\cos\theta_r)a_n^0 + \frac{1}{3}\omega^2 a^2[1-\mathrm{P}_2(\cos\theta_r)] \tag{5.4-209}$$

由式(5.4-197)得 $\mathrm{P}_n^0(x)=\mathrm{P}_n(x)$,将其代入式(5.4-209),可得

$$U_0 = \sum_{n=0}^{+\infty}\mathrm{P}_n(\cos\theta_r)a_n^0 + \frac{1}{3}\omega^2 a^2[1-\mathrm{P}_2(\cos\theta_r)] \tag{5.4-210}$$

将式(5.4-210)展开,可得

$$U_0 = \mathrm{P}_0(\cos\theta_r)a_0^0 + \mathrm{P}_2(\cos\theta_r)a_2^0 + \frac{1}{3}\omega^2 a^2 - \frac{1}{3}\omega^2 a^2\mathrm{P}_2(\cos\theta_r) \tag{5.4-211}$$

将 $\mathrm{P}_0(\cos\theta_r)=1$ 代入式(5.4-211),可得

$$a_0^0 + \mathrm{P}_2(\cos\theta_r)a_2^0 = U_0 - \frac{1}{3}\omega^2 a^2 + \frac{1}{3}\omega^2 a^2 \mathrm{P}_2(\cos\theta_r) \tag{5.4-212}$$

所以

$$a_0^0 = U_0 - \frac{1}{3}\omega^2 a^2, \quad a_2^0 = \frac{1}{3}\omega^2 a^2 \tag{5.4-213}$$

于是将式(5.4-203)展开，可得

$$U = \frac{\mathrm{Q}_0^0\left(\mathrm{i}\,\frac{u}{c}\right)}{\mathrm{Q}_0^0\left(\mathrm{i}\,\frac{b}{c}\right)}\mathrm{P}_0^0(\cos\theta_r)a_0^0 + \frac{\mathrm{Q}_2^0\left(\mathrm{i}\,\frac{u}{c}\right)}{\mathrm{Q}_2^0\left(\mathrm{i}\,\frac{b}{c}\right)}\mathrm{P}_2^0(\cos\theta_r)a_2^0 + \frac{1}{2}\omega^2(u^2+c^2)\sin^2\theta_r, \quad u \geqslant b \tag{5.4-214}$$

将 $\mathrm{P}_n^0(x)=\mathrm{P}_n(x)$、$\mathrm{Q}_n^0(x)=\mathrm{Q}_n(x)$代入式(5.4-214)，可得

$$U = a_0^0\frac{\mathrm{Q}_0\left(\mathrm{i}\,\frac{u}{c}\right)}{\mathrm{Q}_0\left(\mathrm{i}\,\frac{b}{c}\right)}\mathrm{P}_0(\cos\theta_r) + a_2^0\frac{\mathrm{Q}_2\left(\mathrm{i}\,\frac{u}{c}\right)}{\mathrm{Q}_2\left(\mathrm{i}\,\frac{b}{c}\right)}\mathrm{P}_2(\cos\theta_r) + \frac{1}{2}\omega^2(u^2+c^2)\sin^2\theta_r, \quad u \geqslant b \tag{5.4-215}$$

将式(5.4-213)和 $\mathrm{P}_0(\cos\theta_r)=1$ 代入式(5.4-215)，可得

$$U = \left(U_0 - \frac{1}{3}\omega^2 a^2\right)\frac{\mathrm{Q}_0\left(\mathrm{i}\,\frac{u}{c}\right)}{\mathrm{Q}_0\left(\mathrm{i}\,\frac{b}{c}\right)} + \frac{1}{3}\omega^2 a^2\frac{\mathrm{Q}_2\left(\mathrm{i}\,\frac{u}{c}\right)}{\mathrm{Q}_2\left(\mathrm{i}\,\frac{b}{c}\right)}\mathrm{P}_2(\cos\theta_r) + \frac{1}{2}\omega^2(u^2+c^2)\sin^2\theta_r, \quad u \geqslant b \tag{5.4-216}$$

由式(5.4-127)知，$|z|>1$，分别由式(5.4-170)和式(5.4-172)得

$$\mathrm{Q}_0(z) = \frac{1}{2}\ln\frac{z+1}{z-1} = \mathrm{ar\ coth}\ z \quad (|z|>1) \tag{5.4-217}$$

$$\mathrm{Q}_2(z) = \frac{1}{2}\,\frac{3z^2-1}{2}\ln\frac{z+1}{z-1} - \frac{3}{2}z = \frac{3z^2-1}{2}\mathrm{ar\ coth}\ z - \frac{3}{2}z \quad (|z|>1) \tag{5.4-218}$$

由式(5.4-217)得

$$\mathrm{Q}_0\left(\mathrm{i}\,\frac{u}{c}\right) = \frac{1}{2}\ln\frac{\mathrm{i}\,\frac{u}{c}+1}{\mathrm{i}\,\frac{u}{c}-1} = \mathrm{ar\ coth}\left(\mathrm{i}\,\frac{u}{c}\right) = \frac{1}{2}\ln\frac{\mathrm{i}+\frac{c}{u}}{\mathrm{i}-\frac{c}{u}} = \frac{1}{2}\ln\frac{1-\mathrm{i}\,\frac{c}{u}}{1+\mathrm{i}\,\frac{c}{u}} = -\frac{1}{2}\ln\frac{1+\mathrm{i}\,\frac{c}{u}}{1-\mathrm{i}\,\frac{c}{u}} \tag{5.4-219}$$

设 $x=\tan y=\frac{\sin y}{\cos y}=\frac{\mathrm{e}^{\mathrm{i}y}-\mathrm{e}^{-\mathrm{i}y}}{2\mathrm{i}}\frac{2}{\mathrm{e}^{\mathrm{i}y}+\mathrm{e}^{-\mathrm{i}y}}=\frac{1}{\mathrm{i}}\frac{\mathrm{e}^{\mathrm{i}y}-\mathrm{e}^{-\mathrm{i}y}}{\mathrm{e}^{\mathrm{i}y}+\mathrm{e}^{-\mathrm{i}y}}$，则 $\mathrm{i}x=\frac{\mathrm{e}^{2\mathrm{i}y}-1}{\mathrm{e}^{2\mathrm{i}y}+1}$，$\mathrm{i}x\mathrm{e}^{2\mathrm{i}y}+\mathrm{i}x+1=\mathrm{e}^{2\mathrm{i}y}$，$1+\mathrm{i}x=\mathrm{e}^{2\mathrm{i}y}(1-\mathrm{i}x)$，$\mathrm{e}^{2\mathrm{i}y}=\frac{1+\mathrm{i}x}{1-\mathrm{i}x}$，$y=\frac{1}{2\mathrm{i}}\ln\frac{1+\mathrm{i}x}{1-\mathrm{i}x}=\arctan x$，故

$$\arctan x = \frac{1}{2\mathrm{i}}\ln\frac{1+\mathrm{i}x}{1-\mathrm{i}x} \tag{5.4-220}$$

式中：arc 表示弧度。

例 5.4-7　因为 $z=|z|\mathrm{e}^{\mathrm{i}\arg z}$，所以 $\ln z\overset{\Delta}{=}\ln|z|+\mathrm{i}\arg z$。当 $x=-1$ 时，验证式(5.4-220)成立。

解　$\arctan(-1)=-\frac{\pi}{4}$，$\frac{1}{2\mathrm{i}}\ln\frac{1-\mathrm{i}}{1+\mathrm{i}}=\frac{1}{2\mathrm{i}}\ln(-\mathrm{i})=\frac{1}{2\mathrm{i}}[\ln|-\mathrm{i}|+\mathrm{i}\arg(-\mathrm{i})]=\frac{1}{2\mathrm{i}}\mathrm{i}\left(-\frac{\pi}{2}\right)=-\frac{\pi}{4}$。

将式(5.4-220)代入式(5.4-219)，可得

$$\mathrm{Q}_0\left(\mathrm{i}\,\frac{u}{c}\right) = \mathrm{ar\ coth}\left(\mathrm{i}\,\frac{u}{c}\right) = -\frac{1}{2}\ln\frac{1+\mathrm{i}\,\frac{c}{u}}{1-\mathrm{i}\,\frac{c}{u}} = -\frac{1}{2}2\mathrm{i}\arctan\frac{c}{u} = -\mathrm{i}\arctan\frac{c}{u} \tag{5.4-221}$$

由式(5.4-218)得

$$Q_2\left(\mathrm{i}\frac{u}{c}\right)=\frac{-3\left(\frac{u}{c}\right)^2-1}{2}\mathrm{ar\ coth}\left(\mathrm{i}\frac{u}{c}\right)-\frac{3}{2}\mathrm{i}\frac{u}{c}=-\frac{3\left(\frac{u}{c}\right)^2+1}{2}\mathrm{ar\ coth}\left(\mathrm{i}\frac{u}{c}\right)-\mathrm{i}\frac{3}{2}\frac{u}{c} \tag{5.4-222}$$

将式(5.4-221)代入式(5.4-222),可得

$$Q_2\left(\mathrm{i}\frac{u}{c}\right)=\frac{3\left(\frac{u}{c}\right)^2+1}{2}\mathrm{i}\arctan\frac{c}{u}-\mathrm{i}\frac{3}{2}\frac{u}{c}=\frac{\mathrm{i}}{2}q(u) \tag{5.4-223}$$

$$q(u)=\left[3\left(\frac{u}{c}\right)^2+1\right]\arctan\frac{c}{u}-3\frac{u}{c} \tag{5.4-224}$$

考虑到

$$\frac{1}{1+x^2}=\sum_{n=0}^{+\infty}(-x^2)^n=\sum_{n=0}^{+\infty}(-1)^n x^{2n}\quad(-1<x<1) \tag{5.4-225}$$

对式(5.4-225)从 0 到 x 积分,可得

$$\arctan x=\sum_{n=0}^{+\infty}\frac{(-1)^n}{2n+1}x^{2n+1}\quad(-1<x<1) \tag{5.4-226}$$

对于端点 $x=-1$,级数成为交错(crossed) 级数$\sum\limits_{n=0}^{+\infty}\frac{(-1)^{n+1}}{2n+1}$,根据莱布尼茨定理,此级数收敛。

对于端点 $x=1$,级数成为交错级数 $\sum\limits_{n=0}^{+\infty}\frac{(-1)^n}{2n+1}$,根据莱布尼茨定理,此级数收敛。因此,收敛域是[$-1$,1],所以

$$\arctan x=\sum_{n=0}^{+\infty}\frac{(-1)^n}{2n+1}x^{2n+1}\quad(-1\leqslant x\leqslant 1) \tag{5.4-227}$$

由式(5.4-127)得,$\frac{c}{u}<1$,故

$$\arctan\frac{c}{u}=\sum_{n=0}^{+\infty}\frac{(-1)^n}{2n+1}\left(\frac{c}{u}\right)^{2n+1} \tag{5.4-228}$$

将式(5.4-228)代入式(5.4-224),可得

$$\begin{aligned}q(u)&=\left[3\left(\frac{c}{u}\right)^{-2}+1\right]\sum_{n=0}^{+\infty}\frac{(-1)^n}{2n+1}\left(\frac{c}{u}\right)^{2n+1}-3\frac{u}{c}\\&=3\sum_{n=0}^{+\infty}\frac{(-1)^n}{2n+1}\left(\frac{c}{u}\right)^{2n-1}+\sum_{n=0}^{+\infty}\frac{(-1)^n}{2n+1}\left(\frac{c}{u}\right)^{2n+1}-3\frac{u}{c}\\&=3\sum_{n+1=0}^{+\infty}\frac{(-1)^{n+1}}{2(n+1)+1}\left(\frac{c}{u}\right)^{2(n+1)-1}+\sum_{n=0}^{+\infty}\frac{(-1)^n}{2n+1}\left(\frac{c}{u}\right)^{2n+1}-3\frac{u}{c}\\&=3\sum_{n=-1}^{+\infty}\frac{(-1)^{n+1}}{2n+3}\left(\frac{c}{u}\right)^{2n+1}+\sum_{n=0}^{+\infty}\frac{(-1)^n}{2n+1}\left(\frac{c}{u}\right)^{2n+1}-3\frac{u}{c}\end{aligned} \tag{5.4-229}$$

由式(5.4-229)得

$$\begin{aligned}q(u)&=3\left(\frac{c}{u}\right)^{-1}+3\sum_{n=0}^{+\infty}\frac{(-1)^{n+1}}{2n+3}\left(\frac{c}{u}\right)^{2n+1}+\sum_{n=0}^{+\infty}\frac{(-1)^n}{2n+1}\left(\frac{c}{u}\right)^{2n+1}-3\frac{u}{c}\\&=\sum_{n=0}^{+\infty}(-1)^{n+1}\frac{3}{2n+3}\left(\frac{c}{u}\right)^{2n+1}+\sum_{n=0}^{+\infty}(-1)^{n+1}\frac{-1}{2n+1}\left(\frac{c}{u}\right)^{2n+1}\\&=\sum_{n=0}^{+\infty}(-1)^{n+1}\left(\frac{3}{2n+3}-\frac{1}{2n+1}\right)\left(\frac{c}{u}\right)^{2n+1}\end{aligned} \tag{5.4-230}$$

由式(5.4-230)得

$$q(u)=\sum_{n=0}^{+\infty}(-1)^{n+1}\frac{6n+3-2n-3}{(2n+1)(2n+3)}\left(\frac{c}{u}\right)^{2n+1}$$
$$=\sum_{n=0}^{+\infty}(-1)^{n+1}\frac{4n}{(2n+1)(2n+3)}\left(\frac{c}{u}\right)^{2n+1}$$
$$=\sum_{n=1}^{+\infty}(-1)^{n+1}\frac{4n}{(2n+1)(2n+3)}\left(\frac{c}{u}\right)^{2n+1} \tag{5.4-231}$$

由式(5.4-224)得

$$\lim_{u\to+\infty}q(u)=\lim_{u\to+\infty}\left[3\left(\frac{u}{c}\right)^2+1\right]\arctan\frac{c}{u}-3\frac{u}{c}$$
$$=\lim_{u\to+\infty}\left(3\frac{u^2}{c^2}+1\right)\frac{c}{u}-3\frac{u}{c}$$
$$=\lim_{u\to+\infty}3\frac{u}{c}+\frac{c}{u}-3\frac{u}{c}=\lim_{u\to+\infty}\frac{c}{u}=0 \tag{5.4-232}$$

将式(5.4-221)和式(5.4-223)代入式(5.4-216)，可得

$$U=\left(U_0-\frac{1}{3}\omega^2a^2\right)\frac{-\mathrm{i}\arctan\dfrac{c}{u}}{-\mathrm{i}\arctan\dfrac{c}{b}}+\frac{1}{3}\omega^2a^2\frac{\dfrac{\mathrm{i}}{2}q(u)}{\dfrac{\mathrm{i}}{2}q(b)}\mathrm{P}_2(\cos\theta_{\mathrm{r}})+\frac{1}{2}\omega^2(u^2+c^2)\sin^2\theta_{\mathrm{r}}$$
$$=\left(U_0-\frac{1}{3}\omega^2a^2\right)\frac{\arctan\dfrac{c}{u}}{\arctan\dfrac{c}{b}}+\frac{1}{3}\omega^2a^2\frac{q(u)}{q(b)}\mathrm{P}_2(\cos\theta_{\mathrm{r}})+\frac{1}{2}\omega^2(u^2+c^2)\sin^2\theta_{\mathrm{r}} \tag{5.4-233}$$

$$V=\left(U_0-\frac{1}{3}\omega^2a^2\right)\frac{\arctan\dfrac{c}{u}}{\arctan\dfrac{c}{b}}+\frac{1}{3}\omega^2a^2\frac{q(u)}{q(b)}\mathrm{P}_2(\cos\theta_{\mathrm{r}}) \tag{5.4-234}$$

旋转椭球在其表面上和外部空间产生的地球引力位为

$$V=\frac{GM}{r} \tag{5.4-235}$$

由式(5.4-61)得

$$\begin{aligned}r^2&=x^2+y^2+z^2=(u^2+c^2)\sin^2\theta_{\mathrm{r}}\cos^2\lambda+(u^2+c^2)\sin^2\theta_{\mathrm{r}}\sin^2\lambda+u^2\cos^2\theta_{\mathrm{r}}\\&=(u^2+c^2)\sin^2\theta_{\mathrm{r}}+u^2\cos^2\theta_{\mathrm{r}}=u^2+c^2\sin^2\theta_{\mathrm{r}}\end{aligned} \tag{5.4-236}$$

由式(5.4-234)得

$$\lim_{u\to+\infty}V=\lim_{u\to+\infty}\left(U_0-\frac{1}{3}\omega^2a^2\right)\frac{\dfrac{c}{u}}{\arctan\dfrac{c}{b}}+\frac{1}{3}\omega^2a^2\frac{\lim\limits_{u\to+\infty}q(u)}{q(b)}\mathrm{P}_2(\cos\theta_{\mathrm{r}}) \tag{5.4-237}$$

将式(5.4-232)代入式(5.4-237)，可得

$$\lim_{u\to+\infty}V=\lim_{u\to+\infty}\frac{c\left(U_0-\dfrac{1}{3}\omega^2a^2\right)}{u\arctan\dfrac{c}{b}} \tag{5.4-238}$$

当 $u\to+\infty$ 时，由式(5.4-236)得 $u\approx r$，代入式(5.4-238)得

$$\lim_{r\to+\infty}V=\lim_{r\to+\infty}\frac{c\left(U_0-\dfrac{1}{3}\omega^2a^2\right)}{r\arctan\dfrac{c}{b}} \tag{5.4-239}$$

对比式(5.4-235)和式(5.4-239)得

$$\frac{U_0-\frac{1}{3}\omega^2a^2}{\arctan\frac{c}{b}}=\frac{GM}{c} \tag{5.4-240}$$

将式(5.4-240)代入式(5.4-233)，可得

$$U=\frac{GM}{c}\arctan\frac{c}{u}+\frac{1}{3}\omega^2a^2\frac{q(u)}{q(b)}\mathrm{P}_2(\cos\theta_r)+\frac{1}{2}\omega^2(u^2+c^2)\sin^2\theta_r \tag{5.4-241}$$

当 $u=b$ 时，由式(5.4-78)得

$$\left|\frac{\partial \boldsymbol{r}}{\partial u}\right|=\frac{\sqrt{b^2+c^2\cos^2\theta_r}}{\sqrt{b^2+c^2}}=\frac{\sqrt{b^2+c^2\sin^2\varphi_r}}{a}=\frac{\sqrt{b^2\sin^2\varphi_r+b^2\cos^2\varphi_r+c^2\sin^2\varphi_r}}{a}=\frac{\sqrt{a^2\sin^2\varphi_r+b^2\cos^2\varphi_r}}{a} \tag{5.4-242}$$

式中：$\varphi_r=90°-\theta_r$ 为改化纬度。将之代入式(5.4-241)得

$$\begin{aligned}U&=\frac{GM}{c}\arctan\frac{c}{u}+\frac{1}{3}\omega^2a^2\frac{q(u)}{q(b)}\mathrm{P}_2(\sin\varphi_r)+\frac{1}{2}\omega^2(u^2+c^2)\cos^2\varphi_r\\&=\frac{GM}{c}\arctan\frac{c}{u}+\frac{1}{3}\omega^2a^2\frac{q(u)}{q(b)}\frac{3\sin^2\varphi_r-1}{2}+\frac{1}{2}\omega^2(u^2+c^2)\cos^2\varphi_r\\&=\frac{GM}{c}\arctan\frac{c}{u}+\frac{1}{2}\omega^2a^2\frac{q(u)}{q(b)}\sin^2\varphi_r-\frac{1}{6}\omega^2a^2\frac{q(u)}{q(b)}+\frac{1}{2}\omega^2(u^2+c^2)\cos^2\varphi_r\end{aligned} \tag{5.4-243}$$

由式(5.4-243)得

$$\begin{aligned}U=&\frac{GM}{c}\arctan\frac{c}{u}\cos^2\varphi_r+\frac{GM}{c}\arctan\frac{c}{u}\sin^2\varphi_r+\frac{1}{2}\omega^2a^2\frac{q(u)}{q(b)}\sin^2\varphi_r-\\&\frac{1}{6}\omega^2a^2\frac{q(u)}{q(b)}\cos^2\varphi_r-\frac{1}{6}\omega^2a^2\frac{q(u)}{q(b)}\sin^2\varphi_r+\frac{1}{2}\omega^2(u^2+c^2)\cos^2\varphi_r\end{aligned} \tag{5.4-244}$$

$$\begin{aligned}U=&\left[\frac{GM}{c}\arctan\frac{c}{u}-\frac{1}{6}\omega^2a^2\frac{q(u)}{q(b)}+\frac{1}{2}\omega^2(u^2+c^2)\right]\cos^2\varphi_r+\\&\left[\frac{GM}{c}\arctan\frac{c}{u}+\frac{1}{2}\omega^2a^2\frac{q(u)}{q(b)}-\frac{1}{6}\omega^2a^2\frac{q(u)}{q(b)}\right]\sin^2\varphi_r\end{aligned} \tag{5.4-245}$$

$$U=\left[\frac{GM}{c}\arctan\frac{c}{u}-\frac{1}{6}\omega^2a^2\frac{q(u)}{q(b)}+\frac{1}{2}\omega^2(u^2+c^2)\right]\cos^2\varphi_r+\left[\frac{GM}{c}\arctan\frac{c}{u}+\frac{1}{3}\omega^2a^2\frac{q(u)}{q(b)}\right]\sin^2\varphi_r \tag{5.4-246}$$

式(5.4-246)对 u 求导数，得

$$\frac{\mathrm{d}U}{\mathrm{d}u}=\left[\frac{GM}{c}\arctan\frac{c}{u}-\frac{1}{6}\omega^2a^2\frac{q(u)}{q(b)}+\frac{1}{2}\omega^2(u^2+c^2)\right]'\cos^2\varphi_r+\left[\frac{GM}{c}\arctan\frac{c}{u}+\frac{1}{3}\omega^2a^2\frac{q(u)}{q(b)}\right]'\sin^2\varphi_r \tag{5.4-247}$$

$$\begin{aligned}-\frac{1}{\left|\frac{\partial \boldsymbol{r}}{\partial u}\right|}\frac{\mathrm{d}U}{\mathrm{d}u}=&-\frac{1}{\left|\frac{\partial \boldsymbol{r}}{\partial u}\right|}\left[\frac{GM}{c}\arctan\frac{c}{u}-\frac{1}{6}\omega^2a^2\frac{q(u)}{q(b)}+\frac{1}{2}\omega^2(u^2+c^2)\right]'\cos^2\varphi_r-\\&\frac{1}{\left|\frac{\partial \boldsymbol{r}}{\partial u}\right|}\left[\frac{GM}{c}\arctan\frac{c}{u}+\frac{1}{3}\omega^2a^2\frac{q(u)}{q(b)}\right]'\sin^2\varphi_r\end{aligned} \tag{5.4-248}$$

将式(5.4-242)代入式(5.4-248)，可得

$$-\frac{1}{\left|\frac{\partial \boldsymbol{r}}{\partial u}\right|}\frac{\mathrm{d}U}{\mathrm{d}u}=-\frac{a}{\sqrt{a^2\sin^2\varphi_{\mathrm{r}}+b^2\cos^2\varphi_{\mathrm{r}}}}\left[\frac{GM}{c}\arctan\frac{c}{u}-\frac{1}{6}\omega^2a^2\frac{q(u)}{q(b)}+\frac{1}{2}\omega^2(u^2+c^2)\right]'\cos^2\varphi_{\mathrm{r}}-$$
$$\frac{a}{\sqrt{a^2\sin^2\varphi_{\mathrm{r}}+b^2\cos^2\varphi_{\mathrm{r}}}}\left[\frac{GM}{c}\arctan\frac{c}{u}+\frac{1}{3}\omega^2a^2\frac{q(u)}{q(b)}\right]'\sin^2\varphi_{\mathrm{r}}\tag{5.4-249}$$

于是重力加速度为

$$g=-\frac{a}{\sqrt{a^2\sin^2\varphi_{\mathrm{r}}+b^2\cos^2\varphi_{\mathrm{r}}}}\left[\frac{GM}{c}\arctan\frac{c}{u}-\frac{1}{6}\omega^2a^2\frac{q(u)}{q(b)}+\frac{1}{2}\omega^2(u^2+c^2)\right]'\Bigg|_{u=b}\cos^2\varphi_{\mathrm{r}}-$$
$$\frac{a}{\sqrt{a^2\sin^2\varphi_{\mathrm{r}}+b^2\cos^2\varphi_{\mathrm{r}}}}\left[\frac{GM}{c}\arctan\frac{c}{u}+\frac{1}{3}\omega^2a^2\frac{q(u)}{q(b)}\right]'\Bigg|_{u=b}\sin^2\varphi_{\mathrm{r}}\tag{5.4-250}$$

当 $\varphi_{\mathrm{r}}=0$ 时,可得赤道上的重力加速度

$$g_{\mathrm{e}}=-\frac{a}{b}\left[\frac{GM}{c}\arctan\frac{c}{u}-\frac{1}{6}\omega^2a^2\frac{q(u)}{q(b)}+\frac{1}{2}\omega^2(u^2+c^2)\right]'\Bigg|_{u=b}\tag{5.4-251}$$

当 $\varphi_{\mathrm{r}}=90°$时,可得两极处的重力加速度

$$g_{\mathrm{p}}=-\left[\frac{GM}{c}\arctan\frac{c}{u}+\frac{1}{3}\omega^2a^2\frac{q(u)}{q(b)}\right]'\Bigg|_{u=b}\tag{5.4-252}$$

将式(5.4-251)和式(5.4-252)代入式(5.4-250),可得

$$g=\frac{a}{\sqrt{a^2\sin^2\varphi_{\mathrm{r}}+b^2\cos^2\varphi_{\mathrm{r}}}}\frac{b}{a}g_{\mathrm{e}}\cos^2\varphi_{\mathrm{r}}+\frac{a}{\sqrt{a^2\sin^2\varphi_{\mathrm{r}}+b^2\cos^2\varphi_{\mathrm{r}}}}g_{\mathrm{p}}\sin^2\varphi_{\mathrm{r}}=\frac{bg_{\mathrm{e}}\cos^2\varphi_{\mathrm{r}}+ag_{\mathrm{p}}\sin^2\varphi_{\mathrm{r}}}{\sqrt{a^2\sin^2\varphi_{\mathrm{r}}+b^2\cos^2\varphi_{\mathrm{r}}}}\tag{5.4-253}$$

在图5.4-4中,物体 m 所在位置的横坐标为 $x=\sqrt{u^2+c^2}\sin\theta_{\mathrm{r}}$,物体 m 所在位置的 z 坐标为 $z=u\cos\theta_{\mathrm{r}}$。当 $u=b$ 时,$x=\sqrt{b^2+c^2}\sin\theta_{\mathrm{r}}=a\cos\varphi_{\mathrm{r}}$,$z=b\sin\varphi_{\mathrm{r}}$,故 $\frac{z}{x}=\frac{b\sin\varphi_{\mathrm{r}}}{a\cos\varphi_{\mathrm{r}}}=\frac{b}{a}\tan\varphi_{\mathrm{r}}$。对比式(5.4-28)和式(5.4-31),有 $\frac{z}{x}=\frac{b^2}{a^2}\tan B$,则 $\frac{b}{a}\tan\varphi_{\mathrm{r}}=\frac{b^2}{a^2}\tan B$,$\tan\varphi_{\mathrm{r}}=\frac{b}{a}\tan B$,故

$$\sec^2\varphi_{\mathrm{r}}=1+\tan^2\varphi_{\mathrm{r}}=1+\frac{b^2}{a^2}\frac{\sin^2B}{\cos^2B}=\frac{a^2\cos^2B+b^2\sin^2B}{a^2\cos^2B}\tag{5.4-254}$$

$$\cos^2\varphi_{\mathrm{r}}=\frac{a^2\cos^2B}{a^2\cos^2B+b^2\sin^2B},\quad \sin^2\varphi_{\mathrm{r}}=\frac{b^2\sin^2B}{a^2\cos^2B+b^2\sin^2B}\tag{5.4-255}$$

将式(5.4-255)代入式(5.4-253),可得

$$g=\frac{bg_{\mathrm{e}}\frac{a^2\cos^2B}{a^2\cos^2B+b^2\sin^2B}+ag_{\mathrm{p}}\frac{b^2\sin^2B}{a^2\cos^2B+b^2\sin^2B}}{\sqrt{a^2\frac{b^2\sin^2B}{a^2\cos^2B+b^2\sin^2B}+b^2\frac{a^2\cos^2B}{a^2\cos^2B+b^2\sin^2B}}}=ab\frac{\frac{ag_{\mathrm{e}}\cos^2B+bg_{\mathrm{p}}\sin^2B}{a^2\cos^2B+b^2\sin^2B}}{ab\sqrt{\frac{1}{a^2\cos^2B+b^2\sin^2B}}}\tag{5.4-256}$$

$$g=\frac{ag_{\mathrm{e}}\cos^2B+bg_{\mathrm{p}}\sin^2B}{a^2\cos^2B+b^2\sin^2B}\sqrt{a^2\cos^2B+b^2\sin^2B}=\frac{ag_{\mathrm{e}}\cos^2B+bg_{\mathrm{p}}\sin^2B}{\sqrt{a^2\cos^2B+b^2\sin^2B}}\tag{5.4-257}$$

由式(5.4-251)得

$$g_e=-\frac{a}{b}\left[\frac{GM}{c}\frac{1}{1+\frac{c^2}{u^2}}\left(-\frac{c}{u^2}\right)-\frac{1}{6}\omega^2a^2\frac{q'(u)}{q(b)}+\frac{1}{2}\omega^2 2u\right]\Bigg|_{u=b}$$

$$=-\frac{a}{b}\left[-\frac{GM}{u^2+c^2}\bigg|_{u=b}-\frac{1}{6}\omega^2a^2\frac{q'(b)}{q(b)}+\omega^2b\right]$$

$$=-\frac{a}{b}\left[-\frac{GM}{b^2+c^2}-\frac{1}{6}\omega^2a^2\frac{q'(b)}{q(b)}+\omega^2b\right]$$

$$=\frac{a}{b}\left[\frac{GM}{a^2}+\frac{1}{6}\omega^2a^2\frac{q'(b)}{q(b)}-\omega^2b\right] \tag{5.4-258}$$

由式(5.4-258)得

$$g_e=\frac{GM}{ab}+\frac{1}{6}\omega^2\frac{a^3}{b}\frac{q'(b)}{q(b)}-\omega^2a=\frac{GM}{ab}\left[1+\frac{1}{6}\frac{ab}{GM}\omega^2\frac{a^3}{b}\frac{q'(b)}{q(b)}-\frac{ab}{GM}\omega^2a\right] \tag{5.4-259}$$

由式(5.4-259)得

$$g_e=\frac{GM}{ab}\left[1+\frac{1}{6}\frac{\omega^2a^2}{GM}a^2\frac{q'(b)}{q(b)}-\frac{\omega^2a^2b}{GM}\right] \tag{5.4-260}$$

由式(5.4-252)得

$$g_p=-\left[\frac{GM}{c}\frac{1}{1+\frac{c^2}{u^2}}\left(-\frac{c}{u^2}\right)+\frac{1}{3}\omega^2a^2\frac{q'(u)}{q(b)}\right]\Bigg|_{u=b}=-\left[-\frac{GM}{u^2+c^2}\bigg|_{u=b}+\frac{1}{3}\omega^2a^2\frac{q'(b)}{q(b)}\right]$$

$$=-\left[-\frac{GM}{b^2+c^2}+\frac{1}{3}\omega^2a^2\frac{q'(b)}{q(b)}\right]=\frac{GM}{a^2}-\frac{1}{3}\omega^2a^2\frac{q'(b)}{q(b)}=\frac{GM}{a^2}\left[1-\frac{1}{3}\frac{a^2}{GM}\omega^2a^2\frac{q'(b)}{q(b)}\right] \tag{5.4-261}$$

由式(5.4-261)得

$$g_p=\frac{GM}{a^2}\left[1-\frac{1}{3}\frac{\omega^2a^2}{GM}a^2\frac{q'(b)}{q(b)}\right] \tag{5.4-262}$$

由式(5.4-231)得

$$q'(u)=\sum_{n=1}^{+\infty}(-1)^{n+1}\frac{4n}{(2n+1)(2n+3)}(2n+1)\left(\frac{c}{u}\right)^{2n}\left(-\frac{c}{u^2}\right)=\frac{1}{c}\sum_{n=1}^{+\infty}(-1)^n\frac{4n}{2n+3}\left(\frac{c}{u}\right)^{2n+2} \tag{5.4-263}$$

$$q'(b)=\frac{1}{c}\sum_{n=1}^{+\infty}(-1)^n\frac{4n}{2n+3}\left(\frac{c}{b}\right)^{2n+2} \tag{5.4-264}$$

将$\frac{c}{b}=e'$代入式(5.4-264),可得

$$q'(b)=\frac{1}{c}\sum_{n=1}^{+\infty}(-1)^n\frac{4n}{2n+3}e'^{2n+2}\approx\frac{1}{c}\left(-\frac{4}{5}e'^4+\frac{8}{7}e'^6\right)=-\frac{1}{c}e'^4\left(\frac{4}{5}-\frac{8}{7}e'^2\right)=-\frac{4}{5c}e'^4\left(1-\frac{10}{7}e'^2\right) \tag{5.4-265}$$

由式(5.4-231)得

$$q(b)=\sum_{n=1}^{+\infty}(-1)^{n+1}\frac{4n}{(2n+1)(2n+3)}\left(\frac{c}{b}\right)^{2n+1}=\sum_{n=1}^{+\infty}(-1)^{n+1}\frac{4n}{(2n+1)(2n+3)}e'^{2n+1} \tag{5.4-266}$$

$$q(b)\approx\frac{4}{15}e'^3-\frac{8}{35}e'^5=\frac{4}{15}e'^3\left(1-\frac{15}{4}\frac{8}{35}e'^2\right)=\frac{4}{15}e'^3\left(1-\frac{6}{7}e'^2\right) \tag{5.4-267}$$

式(5.4-265)除以式(5.4-267)得

$$\frac{q'(b)}{q(b)}=-\frac{4}{5c}\frac{15}{4}e'\frac{1-\frac{10}{7}e'^2}{1-\frac{6}{7}e'^2}\approx-\frac{3}{c}\frac{c}{b}\left(1-\frac{10}{7}e'^2\right)\left(1+\frac{6}{7}e'^2\right)\approx-\frac{3}{b}\left(1-\frac{4}{7}e'^2\right) \tag{5.4-268}$$

将式(5.4-268)分别代入式(5.4-260)和式(5.4-262),可得

$$g_e=\frac{GM}{ab}\left[1-\frac{1}{6}\frac{\omega^2a^2}{GM}a^2\frac{3}{b}\left(1-\frac{4}{7}e'^2\right)-\frac{\omega^2a^2}{GM}b\right]=\frac{GM}{ab}\left[1-\frac{1}{2}\frac{\omega^2a^2b}{GM}\frac{a^2}{b^2}\left(1-\frac{4}{7}e'^2\right)-\frac{\omega^2a^2b}{GM}\right] \tag{5.4-269}$$

$$g_p=\frac{GM}{a^2}\left[1+\frac{\omega^2a^2b}{GM}\frac{a^2}{b^2}\left(1-\frac{4}{7}e'^2\right)\right] \tag{5.4-270}$$

将式(5.4-269)和式(5.4-270)合写在一起,得

$$\begin{cases}g_e=\dfrac{GM}{ab}\left[1-k-\dfrac{1}{2}k\dfrac{a^2}{b^2}\left(1-\dfrac{4}{7}e'^2\right)\right]\\ g_p=\dfrac{GM}{a^2}\left[1+k\dfrac{a^2}{b^2}\left(1-\dfrac{4}{7}e'^2\right)\right]\\ k=\dfrac{\omega^2a^2b}{GM}\\ b=a(1-\alpha)\\ e'^2=\dfrac{a^2}{b^2}-1\end{cases} \tag{5.4-271}$$

式中:k 约为 0.003 量级,k 的量级与扁率 α 的相同,且 k 与 α 几乎相等。

因为 $e'^2=\frac{c^2}{b^2}=\frac{a^2-b^2}{b^2}=\frac{a^2}{b^2}-1$,由式(5.4-20)得 $b=a(1-\alpha)$,故

$$\frac{a}{b}=\frac{1}{1-\alpha}\approx1+\alpha \tag{5.4-272}$$

$$e'^2=\left(\frac{1}{1-\alpha}\right)^2-1\approx(1+\alpha+\alpha^2)^2-1\approx(1+\alpha)^2+2\alpha^2-1=2\alpha+3\alpha^2 \tag{5.4-273}$$

将式(5.4-272)和式(5.4-273)代入式(5.4-271),可得

$$\begin{cases}g_e\approx\dfrac{GM}{ab}\left[1-k-\dfrac{1}{2}k(1+2\alpha)\left(1-\dfrac{8}{7}\alpha\right)\right]\approx\dfrac{GM}{ab}\left[1-k-\dfrac{1}{2}k\left(1+\dfrac{6}{7}\alpha\right)\right]=\dfrac{GM}{ab}\left(1-\dfrac{3}{2}k-\dfrac{3}{7}k\alpha\right)\\ g_p\approx\dfrac{GM}{a^2}\left[1+k(1+2\alpha)\left(1-\dfrac{8}{7}\alpha\right)\right]\approx\dfrac{GM}{a^2}\left[1+k\left(1+\dfrac{6}{7}\alpha\right)\right]=\dfrac{GM}{a^2}\left(1+k+\dfrac{6}{7}k\alpha\right)\end{cases} \tag{5.4-274}$$

由式(5.4-274)的第一式得

$$GM=\frac{abg_e}{1-\frac{3}{2}k-\frac{3}{7}k\alpha}\approx abg_e\left[1+\frac{3}{2}k+\frac{3}{7}k\alpha+\left(\frac{3}{2}k+\frac{3}{7}k\alpha\right)^2\right]\approx abg_e\left(1+\frac{3}{2}k+\frac{9}{4}k^2+\frac{3}{7}k\alpha\right) \tag{5.4-275}$$

由式(5.4-240)得

$$U_0-\frac{1}{3}\omega^2a^2=\frac{GM}{c}\arctan\frac{c}{b} \tag{5.4-276}$$

将式(5.4-275)代入式(5.4-276),可得

$$U_0-\frac{1}{3}\omega^2a^2=a\frac{b}{c}g_e\left(1+\frac{3}{2}k+\frac{9}{4}k^2+\frac{3}{7}k\alpha\right)\arctan\frac{c}{b} \tag{5.4-277}$$

将 $\frac{c}{b}=e'$ 代入式(5.4-277),可得

$$U_0-\frac{1}{3}\omega^2a^2=ag_e\left(1+\frac{3}{2}k+\frac{9}{4}k^2+\frac{3}{7}k\alpha\right)\frac{\arctan e'}{e'} \tag{5.4-278}$$

因为$e'=\frac{c}{b}=\frac{\sqrt{a^2-b^2}}{b}<1$，满足$a^2<2b^2$，$a<\sqrt{2}b$，故由式(5.4-227)得

$$\arctan e'=\sum_{n=0}^{+\infty}\frac{(-1)^n}{2n+1}e'^{2n+1}\approx e'-\frac{e'^3}{3}+\frac{e'^5}{5} \tag{5.4-279}$$

将式(5.4-279)代入式(5.4-278)，可得

$$U_0-\frac{\omega^2a^2}{3}=ag_e\left(1+\frac{3}{2}k+\frac{9}{4}k^2+\frac{3}{7}k\alpha\right)\left(1-\frac{e'^2}{3}+\frac{e'^4}{5}\right) \tag{5.4-280}$$

将式(5.4-273)代入式(5.4-280)，可得

$$\begin{aligned}U_0-ag_e\frac{\omega^2a}{3}\frac{1}{g_e}&\approx ag_e\left(1+\frac{3}{2}k+\frac{9}{4}k^2+\frac{3}{7}k\alpha\right)\left(1-\frac{2\alpha+3\alpha^2}{3}+\frac{4\alpha^2}{5}\right)\\&=ag_e\left(1+\frac{3}{2}k+\frac{9}{4}k^2+\frac{3}{7}k\alpha\right)\left(1-\frac{2}{3}\alpha-\frac{1}{5}\alpha^2\right)\end{aligned} \tag{5.4-281}$$

由式(5.4-275)得$\frac{1}{g_e}=\frac{ab}{GM}\left(1+\frac{3}{2}k+\frac{9}{4}k^2+\frac{3}{7}k\alpha\right)$，将其代入式(5.4-281)，可得

$$\begin{aligned}&U_0-ag_e\frac{\omega^2a}{3}\frac{ab}{GM}\left(1+\frac{3}{2}k+\frac{9}{4}k^2+\frac{3}{7}k\alpha\right)\approx ag_e\left(1+\frac{3}{2}k+\frac{9}{4}k^2+\frac{3}{7}k\alpha-\frac{2}{3}\alpha-k\alpha-\frac{1}{5}\alpha^2\right)\\&=ag_e\left(1+\frac{3}{2}k-\frac{2}{3}\alpha+\frac{9}{4}k^2-\frac{1}{5}\alpha^2-\frac{4}{7}k\alpha\right)\end{aligned} \tag{5.4-282}$$

$$\begin{aligned}U_0&=ag_e\left(1+\frac{3}{2}k-\frac{2}{3}\alpha+\frac{9}{4}k^2-\frac{1}{5}\alpha^2-\frac{4}{7}k\alpha\right)+ag_e\frac{\omega^2a^2b}{3GM}\left(1+\frac{3}{2}k+\frac{9}{4}k^2+\frac{3}{7}k\alpha\right)\\&=ag_e\left(1+\frac{3}{2}k-\frac{2}{3}\alpha+\frac{9}{4}k^2-\frac{1}{5}\alpha^2-\frac{4}{7}k\alpha\right)+ag_e\frac{k}{3}\left(1+\frac{3}{2}k+\frac{9}{4}k^2+\frac{3}{7}k\alpha\right)\end{aligned} \tag{5.4-283}$$

式(5.4-283)近似为

$$U_0\approx ag_e\left(1+\frac{3}{2}k-\frac{2}{3}\alpha+\frac{9}{4}k^2-\frac{1}{5}\alpha^2-\frac{4}{7}k\alpha\right)+ag_e\left(\frac{1}{3}k+\frac{1}{2}k^2\right) \tag{5.4-284}$$

$$\begin{aligned}U_0&=ag_e\left[1+\left(\frac{9}{6}+\frac{2}{6}\right)k-\frac{2}{3}\alpha+\left(\frac{9}{4}+\frac{2}{4}\right)k^2-\frac{1}{5}\alpha^2-\frac{4}{7}k\alpha\right]\\&=ag_e\left(1+\frac{11}{6}k-\frac{2}{3}\alpha+\frac{11}{4}k^2-\frac{1}{5}\alpha^2-\frac{4}{7}k\alpha\right)\end{aligned} \tag{5.4-285}$$

由式(5.4-257)得

$$\begin{aligned}g&=\frac{ag_e-ag_e\sin^2B+bg_p\sin^2B}{\sqrt{a^2-a^2\sin^2B+b^2\sin^2B}}=\frac{ag_e+(bg_p-ag_e)\sin^2B}{\sqrt{a^2-(a^2-b^2)\sin^2B}}=g_e\frac{a+\left(\frac{bg_p}{g_e}-a\right)\sin^2B}{\sqrt{a^2-c^2\sin^2B}}\\&=g_e\frac{1+\left(\frac{bg_p}{ag_e}-1\right)\sin^2B}{\sqrt{1-\frac{c^2}{a^2}\sin^2B}}=g_e\frac{1+\left(\frac{bg_p}{ag_e}-1\right)\sin^2B}{\sqrt{1-e^2\sin^2B}}\end{aligned} \tag{5.4-286}$$

因为$e^2=\frac{c^2}{a^2}=\frac{a^2-b^2}{a^2}=1-\frac{b^2}{a^2}$，由式(5.4-20)得$b=a(1-\alpha)$，故存在恒等式

$$e^2=1-(1-\alpha)^2=1-(1-2\alpha+\alpha^2)=2\alpha-\alpha^2 \tag{5.4-287}$$

由式(5.4-274)得$g_p=\frac{GM}{a^2}\left(1+k+\frac{6}{7}k\alpha\right)$，由式(5.4-275)得$\frac{1}{g_e}=\frac{ab}{GM}\left(1+\frac{3}{2}k+\frac{9}{4}k^2+\frac{3}{7}k\alpha\right)$，此两式相乘得

$$g_p\frac{1}{g_e}=\frac{GM}{a^2}\left(1+k+\frac{6}{7}k\alpha\right)\frac{ab}{GM}\left(1+\frac{3}{2}k+\frac{9}{4}k^2+\frac{3}{7}k\alpha\right)=\frac{b}{a}\left(1+k+\frac{6}{7}k\alpha\right)\left(1+\frac{3}{2}k+\frac{9}{4}k^2+\frac{3}{7}k\alpha\right)$$
(5.4-288)

$$\frac{bg_p}{ag_e}\approx\frac{b^2}{a^2}\left(1+\frac{3}{2}k+\frac{9}{4}k^2+\frac{3}{7}k\alpha+k+\frac{3}{2}k^2+\frac{6}{7}k\alpha\right)=(1-\alpha)^2\left(1+\frac{5}{2}k+\frac{15}{4}k^2+\frac{9}{7}k\alpha\right)$$
(5.4-289)

$$\frac{bg_p}{ag_e}=(1-2\alpha+\alpha^2)\left(1+\frac{5}{2}k+\frac{15}{4}k^2+\frac{9}{7}k\alpha\right)\tag{5.4-290}$$

式(5.4-290)近似为

$$\frac{bg_p}{ag_e}\approx1+\frac{5}{2}k+\frac{15}{4}k^2+\frac{9}{7}k\alpha-2\alpha-5k\alpha+\alpha^2=1+\frac{5}{2}k-2\alpha+\frac{15}{4}k^2+\alpha^2-\frac{26}{7}k\alpha\tag{5.4-291}$$

将式(5.4-291)和式(5.4-287)代入式(5.4-286)，可得

$$g=g_e\frac{1+\left(\frac{5}{2}k-2\alpha+\frac{15}{4}k^2+\alpha^2-\frac{26}{7}k\alpha\right)\sin^2B}{\sqrt{1-(2\alpha-\alpha^2)\sin^2B}}\tag{5.4-292}$$

在式(5.4-50)中把 x 换成 $-x$，又有

$$\frac{1}{\sqrt{1-x}}=1-\frac{1}{2}(-x)+\frac{1\times3}{2\times4}x^2-\frac{1\times3\times5}{2\times4\times6}(-x)^3+\frac{1\times3\times5\times7}{2\times4\times6\times8}x^4-\cdots+$$
$$(-1)^n\frac{(2n-1)!!}{(2n)!!}(-x)^n+\cdots\quad(-1<-x\leqslant1)\tag{5.4-293}$$

$$\frac{1}{\sqrt{1-x}}=1+\frac{1}{2}x+\frac{1\times3}{2\times4}x^2+\frac{1\times3\times5}{2\times4\times6}x^3+\frac{1\times3\times5\times7}{2\times4\times6\times8}x^4+\cdots+$$
$$\frac{(2n-1)!!}{(2n)!!}x^n+\cdots\quad(-1\leqslant x<1)\tag{5.4-294}$$

将式(5.4-294)代入式(5.4-292)，可得

$$g=g_e\left[1+\left(\frac{5}{2}k-2\alpha+\frac{15}{4}k^2+\alpha^2-\frac{26}{7}k\alpha\right)\sin^2B\right]\cdot\left[1+\frac{1}{2}(2\alpha-\alpha^2)\sin^2B+\frac{3}{8}(2\alpha-\alpha^2)^2\sin^4B\right]$$
(5.4-295)

式(5.4-295)近似为

$$\frac{g}{g_e}=\left[1+\left(\frac{5}{2}k-2\alpha+\frac{15}{4}k^2+\alpha^2-\frac{26}{7}k\alpha\right)\sin^2B\right]\cdot\left[1+\left(\alpha-\frac{1}{2}\alpha^2\right)\sin^2B+\frac{3}{2}\alpha^2\sin^4B\right]$$
(5.4-296)

$$\frac{g}{g_e}\approx1+\left(\alpha-\frac{1}{2}\alpha^2\right)\sin^2B+\frac{3}{2}\alpha^2\sin^4B+\left(\frac{5}{2}k-2\alpha+\frac{15}{4}k^2+\alpha^2-\frac{26}{7}k\alpha\right)\sin^2B+$$
$$\left(\alpha-\frac{1}{2}\alpha^2\right)\left(\frac{5}{2}k-2\alpha+\frac{15}{4}k^2+\alpha^2-\frac{26}{7}k\alpha\right)\sin^4B$$
$$\approx1+\left(\frac{5}{2}k-\alpha+\frac{15}{4}k^2+\frac{1}{2}\alpha^2-\frac{26}{7}k\alpha\right)\sin^2B+\frac{3}{2}\alpha^2\sin^4B+\left(\frac{5}{2}k\alpha-2\alpha^2\right)\sin^4B$$
(5.4-297)

由式(5.4-297)得

$$\frac{g}{g_e}=1+\left(\frac{5}{2}k-\alpha+\frac{15}{4}k^2+\frac{1}{2}\alpha^2-\frac{26}{7}k\alpha\right)\sin^2B+\left(\frac{5}{2}k\alpha-\frac{1}{2}\alpha^2\right)\sin^4B\tag{5.4-298}$$

$$\frac{g}{g_e}=1+\left(\frac{5}{2}k-\alpha+\frac{15}{4}k^2+\frac{1}{2}\alpha^2-\frac{5}{2}k\alpha+\frac{5}{2}k\alpha-\frac{26}{7}k\alpha\right)\sin^2 B+\left(\frac{5}{2}k\alpha-\frac{1}{2}\alpha^2\right)\sin^4 B$$

$$=1+\left(\frac{5}{2}k-\alpha+\frac{15}{4}k^2+\frac{35}{14}k\alpha-\frac{52}{14}k\alpha\right)\sin^2 B+\left(\frac{1}{2}\alpha^2-\frac{5}{2}k\alpha\right)\sin^2 B-\left(\frac{1}{2}\alpha^2-\frac{5}{2}k\alpha\right)\sin^4 B \tag{5.4-299}$$

$$\frac{g}{g_e}=1+\left(\frac{5}{2}k-\alpha+\frac{15}{4}k^2-\frac{17}{14}k\alpha\right)\sin^2 B+\left(\frac{1}{2}\alpha^2-\frac{5}{2}k\alpha\right)\sin^2 B(1-\sin^2 B)$$

$$=1+\left(\frac{5}{2}k-\alpha+\frac{15}{4}k^2-\frac{17}{14}k\alpha\right)\sin^2 B-\frac{1}{4}\left(\frac{5}{2}k\alpha-\frac{1}{2}\alpha^2\right)4\sin^2 B\cos^2 B \tag{5.4-300}$$

$$\frac{g}{g_e}=1+\left(\frac{5}{2}k-\alpha+\frac{15}{4}k^2-\frac{17}{14}k\alpha\right)\sin^2 B-\left(\frac{5}{8}k\alpha-\frac{1}{8}\alpha^2\right)\sin^2 2B \tag{5.4-301}$$

可将式(5.4-301)改写成

$$\begin{cases} g=g_e(1+\beta\sin^2 B-\beta_1\sin^2 2B) \\ \beta=\frac{5}{2}k-\alpha+\frac{15}{4}k^2-\frac{17}{14}k\alpha \\ \beta_1=\frac{5}{8}k\alpha-\frac{1}{8}\alpha^2 \end{cases} \tag{5.4-302}$$

当 $B=90°$ 时，由式(5.4-302)的第一式得两极处的重力加速度

$$g_p=g_e(1+\beta) \tag{5.4-303}$$

$$\beta=\frac{g_p-g_e}{g_e} \tag{5.4-304}$$

式中：β 为重力扁率，量级为 0.005。

重力位二次导数张量在原点 O 的两个分量分别为

$$U_{11}=-\frac{g}{M},\quad U_{22}=-\frac{g}{N} \tag{5.4-305}$$

式中：M 为子午椭圆在 O 点的曲率半径；N 为旋转椭球面在 O 点的卯酉圈的曲率半径。

$$M=\frac{a(1-e^2)}{(1-e^2\sin^2 B)^{\frac{3}{2}}},\quad N=\frac{a}{\sqrt{1-e^2\sin^2 B}} \tag{5.4-306}$$

将式(5.4-302)代入式(5.4-305)的第二式，可得

$$U_{22}\approx-\frac{g_e(1+\beta\sin^2 B)}{a}\sqrt{1-e^2\sin^2 B}\approx-\frac{g_e}{a}(1+\beta\sin^2 B)\left(1-\frac{1}{2}e^2\sin^2 B\right) \tag{5.4-307}$$

将式(5.4-287)的近似表达式 $e^2\approx 2\alpha$ 代入式(5.4-307)，可得

$$U_{22}\approx-\frac{g_e}{a}(1+\beta\sin^2 B)(1-\alpha\sin^2 B)\approx-\frac{g_e}{a}[1+(\beta-\alpha)\sin^2 B] \tag{5.4-308}$$

将式(5.4-302)代入式(5.4-305)的第一式，可得

$$U_{11}\approx-\frac{g_e(1+\beta\sin^2 B)}{a(1-e^2)}(1-e^2\sin^2 B)^{\frac{3}{2}}\approx-\frac{g_e(1+\beta\sin^2 B)}{a(1-2\alpha)}(1-2\alpha\sin^2 B)^{\frac{3}{2}} \tag{5.4-309}$$

式(5.4-309)近似为

$$U_{11}\approx-\frac{g_e(1+2\alpha)}{a}(1+\beta\sin^2 B)(1-3\alpha\sin^2 B)\approx-\frac{g_e}{a}(1+2\alpha)[1+(\beta-3\alpha)\sin^2 B] \tag{5.4-310}$$

将式(5.4-302)第二式的近似表达式 $\beta\approx\frac{5}{2}k-\alpha$ 分别代入式(5.4-310)和式(5.4-308)，可得

$$U_{11} \approx -\frac{g_e}{a}(1+2\alpha)\left[1+\left(\frac{5}{2}k-4\alpha\right)\sin^2 B\right] \tag{5.4-311}$$

$$U_{22} \approx -\frac{g_e}{a}\left[1+\left(\frac{5}{2}k-2\alpha\right)\sin^2 B\right] \tag{5.4-312}$$

由式(5.4-311)和式(5.4-312)得

$$-\frac{a}{g_e}U_{11} = 1+2\alpha+(1+2\alpha)\left(\frac{5}{2}k-4\alpha\right)\sin^2 B = 1+2\alpha+\left[(1+2\alpha)\frac{5}{2}k-4\alpha-8\alpha^2\right]\sin^2 B \tag{5.4-313}$$

$$-\frac{a}{g_e}U_{22} = 1+\left(\frac{5}{2}k-2\alpha\right)\sin^2 B \tag{5.4-314}$$

式(5.4-313)加式(5.4-314)得

$$-\frac{a}{g_e}(U_{11}+U_{22}) = 2+2\alpha+\left[(2+2\alpha)\frac{5}{2}k-6\alpha-8\alpha^2\right]\sin^2 B \tag{5.4-315}$$

$$-\frac{a}{g_e(2+2\alpha)}(U_{11}+U_{22}) = 1+\left(\frac{5}{2}k-\frac{6\alpha+8\alpha^2}{2+2\alpha}\right)\sin^2 B \approx 1+\left(\frac{5}{2}k-3\alpha\right)\sin^2 B \tag{5.4-316}$$

从而

$$U_{11}+U_{22} = -\frac{2g_e}{a}(1+\alpha)\left[1+\left(\frac{5}{2}k-3\alpha\right)\sin^2 B\right] \tag{5.4-317}$$

于是重力位二次导数张量在原点 O 的第三分量为

$$U_{33} = 2\omega^2-(U_{11}+U_{22}) = 2\omega^2+\frac{2g_e}{a}(1+\alpha)\left[1+\left(\frac{5}{2}k-3\alpha\right)\sin^2 B\right] \tag{5.4-318}$$

取式(5.4-274)第一式的近似表达式 $g_e \approx \frac{GM}{ab}$,由式(5.4-271)的第三式得 $k=\frac{\omega^2 a^2 b}{GM}$,此两式相乘得

$$g_e k = \frac{GM}{ab}\cdot\frac{\omega^2 a^2 b}{GM} = \omega^2 a \tag{5.4-319}$$

$$\omega^2 = \frac{g_e}{a}k \tag{5.4-320}$$

将式(5.4-320)代入式(5.4-318),可得

$$U_{33} = \frac{2g_e}{a}k+\frac{2g_e}{a}(1+\alpha)\left[1+\left(\frac{5}{2}k-3\alpha\right)\sin^2 B\right] = \frac{2g_e}{a}\left\{k+(1+\alpha)\left[1+\left(\frac{5}{2}k-3\alpha\right)\sin^2 B\right]\right\} \tag{5.4-321}$$

其中

$$(k+1+\alpha)\left[1+\left(\frac{5}{2}k-3\alpha\right)\sin^2 B\right] \approx k+(1+\alpha)\left[1+\left(\frac{5}{2}k-3\alpha\right)\sin^2 B\right] \tag{5.4-322}$$

将式(5.4-322)代入式(5.4-321),可得

$$U_{33} = \frac{2g_e}{a}(k+1+\alpha)\left[1+\left(\frac{5}{2}k-3\alpha\right)\sin^2 B\right] = \frac{2g_e}{a}(1+k+\alpha)\left[1+\left(\frac{5}{2}k-3\alpha\right)\sin^2 B\right] \tag{5.4-323}$$

重力水平梯度的南北分量为

$$U_{13} = \frac{1}{M}\frac{\partial g}{\partial B} \tag{5.4-324}$$

将式(5.4-306)的第一式和式(5.4-302)的近似表达式 $g=g_e(1+\beta\sin^2 B)$ 代入式(5.4-324),可得

$$U_{13} = \frac{(1-e^2\sin^2 B)^{\frac{3}{2}}}{a(1-e^2)}g_e\beta\, 2\sin B\cos B \approx \frac{g_e\beta}{a}(1+e^2)\left(1-\frac{3}{2}e^2\sin^2 B\right)\sin 2B \tag{5.4-325}$$

将式(5.4-287)的近似表达式 $e^2 \approx 2\alpha$ 代入式(5.4-325)，可得

$$U_{13} = \frac{g_e \beta}{a}(1+2\alpha)(1-3\alpha\sin^2 B)\sin 2B \tag{5.4-326}$$

地球模型垂线在 O 点的曲率矢量为

$$\frac{\boldsymbol{n}}{\rho} = \frac{1}{g}U_{13}\boldsymbol{e}_1 \tag{5.4-327}$$

式中：ρ 为地球模型垂线的曲率半径；$\boldsymbol{n}$ 为指向垂线弯曲方向的单位矢量。

将式(5.4-302)的近似表达式 $g = g_e(1+\beta\sin^2 B)$ 和式(5.4-326)代入式(5.4-327)，可得

$$\begin{aligned}\frac{\boldsymbol{n}}{\rho} &= \frac{1}{g_e(1+\beta\sin^2 B)}\frac{g_e\beta}{a}(1+2\alpha)(1-3\alpha\sin^2 B)\sin 2B\,\boldsymbol{e}_1 \\ &\approx \frac{\beta}{a}(1+2\alpha)(1-\beta\sin^2 B)(1-3\alpha\sin^2 B)\sin 2B\,\boldsymbol{e}_1\end{aligned} \tag{5.4-328}$$

继而可得

$$\frac{\boldsymbol{n}}{\rho} = \frac{\beta}{a}(1+2\alpha)[1-(\beta+3\alpha)\sin^2 B]\sin 2B\,\boldsymbol{e}_1 \tag{5.4-329}$$

地球在其外部空间产生的引力位称为它的大地位(geodetic potential)，大地位的球函数展开是大地位的重要表示方法。随着空间技术的发展和地面重力测量结果的不断积累，确定大地位球函数展开的次数及其系数的精度要求越来越高。为了与地球的大地位球函数展开余弦级数进行对比，需要知道大地位的球函数展开余弦级数。

大地位的球函数展开为

$$V(r) = \frac{GM}{r}\left[1+\sum_{n=1}^{+\infty}\left(\frac{a}{r}\right)^{2n} c_{2n}\mathrm{P}_{2n}(\cos\theta)\right] \tag{5.4-330}$$

式中：θ 为空间点的地心余纬。

用 I_1、I_2、I_3 分别表示地球对 x、y、z 轴的转动惯量，则二次项系数为

$$c_2 = \frac{1}{Ma^2}\left(\frac{I_1+I_2}{2} - I_3\right) \tag{5.4-331}$$

由于赤道圆的对称性，$I_1 = I_2$，将其代入式(5.4-331)，可得

$$c_2 = \frac{I_1 - I_3}{Ma^2} \tag{5.4-332}$$

因为假设地球是旋转椭球，故 $I_3 > I_1$，可把式(5.4-330)写成

$$\begin{cases} V(r) = \dfrac{GM}{r}\left[1-\displaystyle\sum_{n=1}^{+\infty}\left(\frac{a}{r}\right)^{2n} J_{2n}\mathrm{P}_{2n}(\cos\theta)\right] \\ J_{2n} = -c_{2n} \end{cases} \tag{5.4-333}$$

从而 $J_2 = -c_2 = \dfrac{I_3 - I_1}{Ma^2} > 0$，$J_2$ 称为地球的动力形状因子，量级为 0.001。

由式(5.4-241)可得大地位

$$V(u) = \frac{GM}{c}\arctan\frac{c}{u} + \frac{1}{3}\frac{\omega^2 a^2}{q(b)}q(u)\mathrm{P}_2(\cos\theta_r) \tag{5.4-334}$$

将式(5.4-228)和式(5.4-231)代入式(5.4-334)，可得

$$V(u) = \frac{GM}{c}\sum_{n=0}^{+\infty}\frac{(-1)^n}{2n+1}\left(\frac{c}{u}\right)^{2n+1} + \frac{1}{3}\frac{\omega^2 a^2}{q(b)}\sum_{n=1}^{+\infty}(-1)^{n+1}\frac{4n}{(2n+1)(2n+3)}\left(\frac{c}{u}\right)^{2n+1}\mathrm{P}_2(\cos\theta_r) \tag{5.4-335}$$

$$V(u) = \frac{GM}{c}\frac{c}{u} + \frac{GM}{c}\sum_{n=1}^{+\infty}\frac{(-1)^n}{2n+1}\left(\frac{c}{u}\right)^{2n+1} - \frac{1}{3}\frac{\omega^2 a^2}{q(b)}\sum_{n=1}^{+\infty}\frac{(-1)^n}{2n+1}\left(\frac{c}{u}\right)^{2n+1}\frac{4n}{2n+3}\mathrm{P}_2(\cos\theta_r) \tag{5.4-336}$$

$$V(u)=\frac{GM}{u}+\frac{GM}{c}\sum_{n=1}^{+\infty}\frac{(-1)^n}{2n+1}\left(\frac{c}{u}\right)^{2n+1}\left[1-\frac{1}{3}\frac{c}{GM}\frac{\omega^2a^2}{q(b)}\frac{4n}{2n+3}\mathrm{P}_2(\cos\theta_\mathrm{r})\right] \tag{5.4-337}$$

由式(5.4-337)得

$$\begin{aligned}V(u)&=\frac{GM}{u}+\frac{GM}{c}\frac{c}{u}\sum_{n=1}^{+\infty}\frac{(-1)^n}{2n+1}\left(\frac{c}{u}\right)^{2n}\left[1-\frac{4n}{3(2n+3)}\frac{\omega^2a^2c}{GMq(b)}\mathrm{P}_2(\cos\theta_\mathrm{r})\right]\\&=\frac{GM}{u}\left\{1+\sum_{n=1}^{+\infty}\frac{(-1)^n}{2n+1}\left(\frac{c}{u}\right)^{2n}\left[1-\frac{4n}{3(2n+3)}\frac{\omega^2a^2b}{GMq(b)}\frac{c}{b}\mathrm{P}_2(\cos\theta_\mathrm{r})\right]\right\}\end{aligned} \tag{5.4-338}$$

将式(5.4-271)的第三式和式(5.4-23)代入式(5.4-338),可得

$$V(u)=\frac{GM}{u}\left\{1-\sum_{n=1}^{+\infty}\frac{(-1)^{n+1}}{2n+1}\left(\frac{c}{u}\right)^{2n}\left[1-\frac{4n}{3(2n+3)}\frac{ke'}{q(b)}\mathrm{P}_2(\cos\theta_\mathrm{r})\right]\right\} \tag{5.4-339}$$

在两极处,$\theta=0$,将其代入式(5.4-333),可得

$$V(r)=\frac{GM}{r}\left[1-\sum_{n=1}^{+\infty}\left(\frac{a}{r}\right)^{2n}J_{2n}\mathrm{P}_{2n}(1)\right] \tag{5.4-340}$$

$\mathrm{P}_n(1)=1$,将其代入式(5.4-340),可得

$$V(r)=\frac{GM}{r}\left[1-\sum_{n=1}^{+\infty}\left(\frac{a}{r}\right)^{2n}J_{2n}\right] \tag{5.4-341}$$

在两极处,$\theta_\mathrm{r}=0$,由式(5.4-236)得,$u=r$,将此两式代入式(5.4-339),可得

$$V(r)=\frac{GM}{r}\left\{1-\sum_{n=1}^{+\infty}\frac{(-1)^{n+1}}{2n+1}\left(\frac{c}{r}\right)^{2n}\left[1-\frac{4n}{3(2n+3)}\frac{ke'}{q(b)}\mathrm{P}_2(1)\right]\right\} \tag{5.4-342}$$

$\mathrm{P}_2(1)=1$,将其代入式(5.4-342),可得

$$V(r)=\frac{GM}{r}\left\{1-\sum_{n=1}^{+\infty}\frac{(-1)^{n+1}}{2n+1}\left(\frac{c}{r}\right)^{2n}\left[1-\frac{4n}{3(2n+3)}\frac{ke'}{q(b)}\right]\right\} \tag{5.4-343}$$

对比式(5.4-341)和式(5.4-343),得出大地位球函数展开系数 J_{2n}满足

$$\left(\frac{a}{r}\right)^{2n}J_{2n}=\frac{(-1)^{n+1}}{2n+1}\left(\frac{c}{r}\right)^{2n}\left[1-\frac{4n}{3(2n+3)}\frac{ke'}{q(b)}\right] \tag{5.4-344}$$

$$J_{2n}=\frac{(-1)^{n+1}}{2n+1}\left(\frac{c}{a}\right)^{2n}\left[1-\frac{4n}{3(2n+3)}\frac{ke'}{q(b)}\right] \tag{5.4-345}$$

将式(5.4-22)代入式(5.4-345),可得

$$J_{2n}=\frac{(-1)^{n+1}}{2n+1}\left[1-\frac{4n}{3(2n+3)}\frac{ke'}{q(b)}\right]e^{2n} \tag{5.4-346}$$

当 $n=1$ 时,有

$$J_2=\frac{1}{3}\left[1-\frac{4}{15}\frac{ke'}{q(b)}\right]e^2 \tag{5.4-347}$$

从式(5.4-347)得出

$$\frac{ke'}{q(b)}=\frac{15}{4}\left(1-3\frac{J_2}{e^2}\right) \tag{5.4-348}$$

将式(5.4-348)代入式(5.4-346),可得

$$\begin{aligned}J_{2n}&=\frac{(-1)^{n+1}}{2n+1}\left[1-\frac{4n}{3(2n+3)}\frac{15}{4}\left(1-3\frac{J_2}{e^2}\right)\right]e^{2n}\\&=\frac{(-1)^{n+1}}{2n+1}\left[1-\frac{5n}{2n+3}\left(1-3\frac{J_2}{e^2}\right)\right]e^{2n}\\&=\frac{(-1)^{n+1}}{(2n+1)(2n+3)}\left[2n+3-\left(5n-15n\frac{J_2}{e^2}\right)\right]e^{2n}\\&=\frac{(-1)^{n+1}}{(2n+1)(2n+3)}\left(3-3n+15n\frac{J_2}{e^2}\right)e^{2n}\end{aligned} \tag{5.4-349}$$

由式(5.4-349)得

$$J_{2n}=(-1)^{n+1}\frac{3}{(2n+1)(2n+3)}\left(1-n+5n\frac{J_2}{e^2}\right)e^{2n} \tag{5.4-350}$$

大地位球函数展开系数 J_{2n} 的绝对值随着其次数 n 的增大而迅速减小。大地位二次项系数 J_2 将使卫星轨道平面在地心天球上的位置发生变化，其升交点沿着天赤道向西后退。

将式(5.4-267)代入式(5.4-347)，可得

$$J_2=\frac{1}{3}\left[1-\frac{k}{e'^2(1-\frac{6}{7}e'^2)}\right]e^2\approx\frac{1}{3}\left[1-\frac{k}{e'^2}\left(1+\frac{6}{7}e'^2\right)\right]e^2 \tag{5.4-351}$$

$$J_2=\frac{1}{3}\left(1-\frac{k}{e'^2}-\frac{6}{7}k\right)e^2 \tag{5.4-352}$$

将式(5.4-273)和式(5.4-287)代入式(5.4-352)，可得

$$\begin{aligned}J_2&=\frac{1}{3}\left(1-\frac{k}{2\alpha+3\alpha^2}-\frac{6}{7}k\right)(2\alpha-\alpha^2)\\&\approx\frac{1}{3}\left(2\alpha-\frac{k}{1+\frac{3}{2}\alpha}-\frac{12}{7}k\alpha-\alpha^2+\frac{k\alpha}{2+3\alpha}\right)\\&\approx\frac{1}{3}\left[2\alpha-k\left(1-\frac{3}{2}\alpha\right)-\frac{12}{7}k\alpha-\alpha^2+\frac{1}{2}k\alpha\right]\\&=\frac{1}{3}\left(2\alpha-k+\frac{3}{2}k\alpha-\frac{12}{7}k\alpha-\alpha^2+\frac{1}{2}k\alpha\right)\end{aligned} \tag{5.4-353}$$

$$J_2=\frac{1}{3}\left(2\alpha-k+2k\alpha-\frac{12}{7}k\alpha-\alpha^2\right)=\frac{1}{3}\left(2\alpha-k-\alpha^2+\frac{2}{7}k\alpha\right) \tag{5.4-354}$$

由式(5.4-271)得 $k=\frac{\omega^2a^2b}{GM}$，由式(5.4-39)得 $b=a(1-\alpha)$，故

$$k=\frac{\omega^2a^2a}{GM}(1-\alpha)=\frac{\omega^2a^3}{GM}-\frac{\omega^2a^3}{GM}\alpha \tag{5.4-355}$$

由式(5.4-354)得

$$\begin{aligned}3J_2&=2\alpha-k-\alpha^2+\frac{2}{7}k\alpha\\&=2\alpha-\frac{\omega^2a^3}{GM}+\frac{\omega^2a^3}{GM}\alpha-\alpha^2+\frac{2}{7}\left(\frac{\omega^2a^3}{GM}\alpha-\frac{\omega^2a^3}{GM}\alpha^2\right)\\&=\left(2+\frac{\omega^2a^3}{GM}\right)\alpha-\frac{\omega^2a^3}{GM}-\alpha^2+\frac{2}{7}\frac{\omega^2a^3}{GM}\alpha-\frac{2}{7}\frac{\omega^2a^3}{GM}\alpha^2\\&=\left(2+\frac{9}{7}\frac{\omega^2a^3}{GM}\right)\alpha-\frac{\omega^2a^3}{GM}-\left(1+\frac{2}{7}\frac{\omega^2a^3}{GM}\right)\alpha^2\end{aligned} \tag{5.4-356}$$

得一元二次方程

$$\left(1+\frac{2\omega^2a^3}{7GM}\right)\alpha^2-\left(2+\frac{9\omega^2a^3}{7GM}\right)\alpha+\frac{\omega^2a^3}{GM}+3J_2=0 \tag{5.4-357}$$

在结束本书内容之前，我们还要讨论以下几个问题。

1. 如何应用公式求重力加速度

给定以下 4 个相互独立参数：地球的自转角速度 $\omega=0.000072921151$ rad/s(精确地确定)、地心引力常数 GM、赤道半径 a、扁率 α，就可以根据式(5.4-271)和式(5.4-302)计算出重力加速度。由于 3 个参数 GM、a、α 的具体值的选择不同，历史上曾经出现过很多重力加速度公式。

随着空间技术的发展，可以根据卫星轨道根数及其变化确定地心引力常数 GM 及地球的动力形状因子

J_2 这两个参数，因而近代地球模型多用地球的自转角速度 ω、地心引力常数 GM、地球的赤道半径 a、动力形状因子 J_2（根据式(5.4-357)，取较小根，求出扁率 α）4 个相互独立参数给出。

2. 3 种重力加速度的理论数据与实验数据的比较

取 $\omega = 0.000072921151$ rad/s，$GM = 3.986004418 \times 10^{14}$ m^3/s^2，$a = 6378137$ m，$J_2 = 0.001082629832258$。

子午椭圆的导出几何参数为：扁率 $\alpha = 0.003352806359451$；扁率的倒数 $\frac{1}{\alpha} = 298.2576065513509$；地理两极的极半径 $b = 6356752.341704951$ m；半焦距 $c = 521853.6739332444$ m；离心率的平方 $e^2 = 0.006694371408418$；第二离心率的平方 $e'^2 = 0.00673948804449$。

与重力加速度有关的导出物理参数为：$m = 0.00344978661636$；赤道上的重力加速度 $g_e = 9.780325648686743$ m/s^2；两极处的重力加速度 $g_p = 9.832184228034492$ m/s^2；地球表面上的重力位 $U_0 = 62636844.02511889$ m^2/s^2；大地位的 4 次项系数 $J_4 = -0.0000023709131482 14792$；大地位的 6 次项系数 $J_6 = 0.000000006083486369321546$；大地位的 8 次项系数 $J_8 = -0.00000000001426828996127146$；重力扁率 $\beta = 0.005302244040275$；$\beta_1 = 0.000005823877755803705$。

将以上的 g_e、β、β_1 代入式(5.4-302)，得重力加速度

$$g = 9.780326(1 + 0.00530224\sin^2 B - 0.00000582\sin^2 2B)\ m/s^2 \tag{5.4-358}$$

重力加速度的实验数据见表 5.4-1。

表 5.4-1　重力加速度的实验值

地点	北纬度	$g/(m/s^2)$
赤道的海平面处	0°	9.780
菲律宾马尼拉湾	14°35′	9.784
广州市中心	23°06′	9.788
武汉	30°33′	9.794
上海	31°12′	9.794
日本东京	35°43′	9.798
北京	39°56′	9.801
美国纽约州	40°40′	9.803
俄罗斯莫斯科	55°45′	9.816
北极	90°	9.832

3 种重力加速度的理论数据与实验值的比较如图 5.4-5 所示，其中考虑地球动力形状的数据与实验数据的符合度之高令人击掌叫绝。

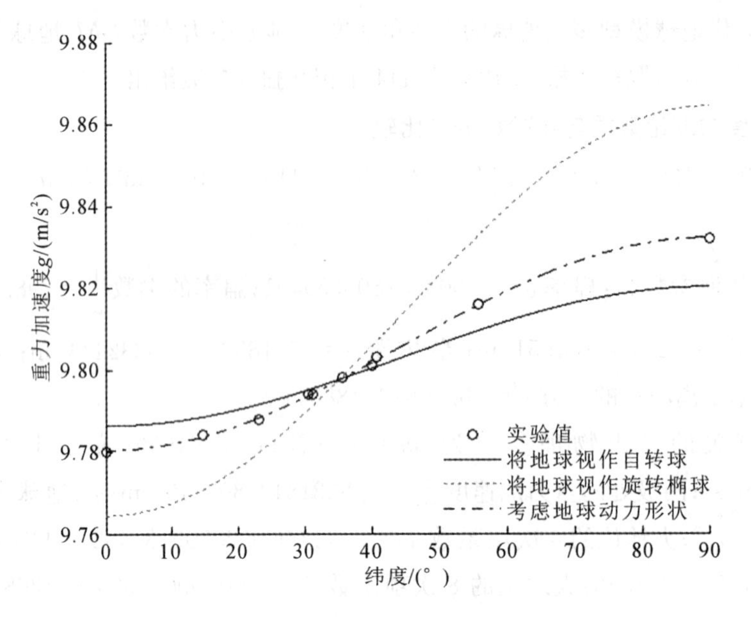

图 5.4-5　3 种重力加速度的理论公式与实验结果的比较

3. 球面坐标中的调和函数

物体 m 所在球面的 3 个直角坐标为

$$x = r\sin\theta\cos\lambda,\quad y = r\sin\theta\sin\lambda,\quad z = r\cos\theta \tag{5.4-359}$$

因为$\overrightarrow{Om}=\boldsymbol{r}$,以$(r,\theta,\lambda)$为坐标,则全微分为

$$\mathrm{d}\boldsymbol{r} = \frac{\partial \boldsymbol{r}}{\partial r}\mathrm{d}r + \frac{\partial \boldsymbol{r}}{\partial \theta}\mathrm{d}\theta + \frac{\partial \boldsymbol{r}}{\partial \lambda}\mathrm{d}\lambda \tag{5.4-360}$$

以(x,y,z)为直角坐标,3 个坐标矢量为

$$\frac{\partial \boldsymbol{r}}{\partial r} = \frac{\partial \boldsymbol{r}}{\partial x}\cdot\frac{\partial x}{\partial r} + \frac{\partial \boldsymbol{r}}{\partial y}\cdot\frac{\partial y}{\partial r} + \frac{\partial \boldsymbol{r}}{\partial z}\cdot\frac{\partial z}{\partial r} \tag{5.4-361}$$

$$\frac{\partial \boldsymbol{r}}{\partial \theta} = \frac{\partial \boldsymbol{r}}{\partial x}\cdot\frac{\partial x}{\partial \theta} + \frac{\partial \boldsymbol{r}}{\partial y}\cdot\frac{\partial y}{\partial \theta} + \frac{\partial \boldsymbol{r}}{\partial z}\cdot\frac{\partial z}{\partial \theta} \tag{5.4-362}$$

$$\frac{\partial \boldsymbol{r}}{\partial \lambda} = \frac{\partial \boldsymbol{r}}{\partial x}\cdot\frac{\partial x}{\partial \lambda} + \frac{\partial \boldsymbol{r}}{\partial y}\cdot\frac{\partial y}{\partial \lambda} + \frac{\partial \boldsymbol{r}}{\partial z}\cdot\frac{\partial z}{\partial \lambda} \tag{5.4-363}$$

考虑到

$$\boldsymbol{r} = x\boldsymbol{e}_x + y\boldsymbol{e}_y + z\boldsymbol{e}_z \tag{5.4-364}$$

式中:$\boldsymbol{e}_x$、$\boldsymbol{e}_y$、$\boldsymbol{e}_z$称为沿 3 个坐标轴方向的单位向量。

将式(5.4-364)分别代入式(5.4-361)～式(5.4-363),可得

$$\frac{\partial \boldsymbol{r}}{\partial r} = \boldsymbol{e}_x\frac{\partial x}{\partial r} + \boldsymbol{e}_y\frac{\partial y}{\partial r} + \boldsymbol{e}_z\frac{\partial z}{\partial r} \tag{5.4-365}$$

$$\frac{\partial \boldsymbol{r}}{\partial \theta} = \boldsymbol{e}_x\frac{\partial x}{\partial \theta} + \boldsymbol{e}_y\frac{\partial y}{\partial \theta} + \boldsymbol{e}_z\frac{\partial z}{\partial \theta} \tag{5.4-366}$$

$$\frac{\partial \boldsymbol{r}}{\partial \lambda} = \boldsymbol{e}_x\frac{\partial x}{\partial \lambda} + \boldsymbol{e}_y\frac{\partial y}{\partial \lambda} + \boldsymbol{e}_z\frac{\partial z}{\partial \lambda} \tag{5.4-367}$$

将式(5.4-359)分别代入式(5.4-365)～式(5.4-367),可得

$$\frac{\partial \boldsymbol{r}}{\partial r} = \boldsymbol{e}_x\sin\theta\cos\lambda + \boldsymbol{e}_y\sin\theta\sin\lambda + \boldsymbol{e}_z\cos\theta \tag{5.4-368}$$

$$\frac{\partial \boldsymbol{r}}{\partial \theta}=\boldsymbol{e}_x r\cos\theta\cos\lambda+\boldsymbol{e}_y r\cos\theta\sin\lambda-\boldsymbol{e}_z r\sin\theta \tag{5.4-369}$$

$$\frac{\partial \boldsymbol{r}}{\partial \lambda}=-\boldsymbol{e}_x r\sin\theta\sin\lambda+\boldsymbol{e}_y r\sin\theta\cos\lambda \tag{5.4-370}$$

式(5.4-368)点乘式(5.4-369)，可得

$$\frac{\partial \boldsymbol{r}}{\partial r}\cdot\frac{\partial \boldsymbol{r}}{\partial \theta}=r\sin\theta\cos\theta\cos^2\lambda+r\sin\theta\cos\theta\sin^2\lambda-r\sin\theta\cos\theta=r\sin\theta\cos\theta-r\sin\theta\cos\theta=0 \tag{5.4-371}$$

式(5.4-368)点乘式(5.4-370)，可得

$$\frac{\partial \boldsymbol{r}}{\partial r}\cdot\frac{\partial \boldsymbol{r}}{\partial \lambda}=-r\sin^2\theta\cos\lambda\sin\lambda+r\sin^2\theta\sin\lambda\cos\lambda=0 \tag{5.4-372}$$

式(5.4-369)点乘式(5.4-370)，可得

$$\frac{\partial \boldsymbol{r}}{\partial \theta}\cdot\frac{\partial \boldsymbol{r}}{\partial \lambda}=-r^2\cos\theta\cos\lambda\sin\theta\sin\lambda+r^2\cos\theta\sin\lambda\sin\theta\cos\lambda=0 \tag{5.4-373}$$

由式(5.4-368)得

$$\left|\frac{\partial \boldsymbol{r}}{\partial r}\right|=\sqrt{\sin^2\theta\cos^2\lambda+\sin^2\theta\sin^2\lambda+\cos^2\theta}=\sqrt{\sin^2\theta+\cos^2\theta}=1 \tag{5.4-374}$$

由式(5.4-369)得

$$\left|\frac{\partial \boldsymbol{r}}{\partial \theta}\right|=\sqrt{r^2\cos^2\theta\cos^2\lambda+r^2\cos^2\theta\sin^2\lambda+r^2\sin^2\theta}=\sqrt{r^2\cos^2\theta+r^2\sin^2\theta}=r \tag{5.4-375}$$

由式(5.4-370)得

$$\left|\frac{\partial \boldsymbol{r}}{\partial \lambda}\right|=\sqrt{r^2\sin^2\theta\sin^2\lambda+r^2\sin^2\theta\cos^2\lambda}=\sqrt{r^2\sin^2\theta}=r\sin\theta \tag{5.4-376}$$

任意标量场 φ 满足

$$\Delta\varphi=\frac{1}{\left|\frac{\partial \boldsymbol{r}}{\partial r}\right|\cdot\left|\frac{\partial \boldsymbol{r}}{\partial \theta}\right|\cdot\left|\frac{\partial \boldsymbol{r}}{\partial \lambda}\right|}\frac{\partial}{\partial r}\frac{\left|\frac{\partial \boldsymbol{r}}{\partial r}\right|\cdot\left|\frac{\partial \boldsymbol{r}}{\partial \theta}\right|\cdot\left|\frac{\partial \boldsymbol{r}}{\partial \lambda}\right|}{\left|\frac{\partial \boldsymbol{r}}{\partial r}\right|^2}\frac{\partial\varphi}{\partial r}+\frac{1}{\left|\frac{\partial \boldsymbol{r}}{\partial r}\right|\cdot\left|\frac{\partial \boldsymbol{r}}{\partial \theta}\right|\cdot\left|\frac{\partial \boldsymbol{r}}{\partial \lambda}\right|}\frac{\partial}{\partial \theta}\frac{\left|\frac{\partial \boldsymbol{r}}{\partial r}\right|\cdot\left|\frac{\partial \boldsymbol{r}}{\partial \theta}\right|\cdot\left|\frac{\partial \boldsymbol{r}}{\partial \lambda}\right|}{\left|\frac{\partial \boldsymbol{r}}{\partial \theta}\right|^2}\frac{\partial\varphi}{\partial \theta}+\frac{1}{\left|\frac{\partial \boldsymbol{r}}{\partial r}\right|\cdot\left|\frac{\partial \boldsymbol{r}}{\partial \theta}\right|\cdot\left|\frac{\partial \boldsymbol{r}}{\partial \lambda}\right|}\frac{\partial}{\partial \lambda}\frac{\left|\frac{\partial \boldsymbol{r}}{\partial r}\right|\cdot\left|\frac{\partial \boldsymbol{r}}{\partial \theta}\right|\cdot\left|\frac{\partial \boldsymbol{r}}{\partial \lambda}\right|}{\left|\frac{\partial \boldsymbol{r}}{\partial \lambda}\right|^2}\frac{\partial\varphi}{\partial \lambda} \tag{5.4-377}$$

式(5.4-377)的第一项为

$$\frac{1}{\left|\frac{\partial \boldsymbol{r}}{\partial r}\right|\cdot\left|\frac{\partial \boldsymbol{r}}{\partial \theta}\right|\cdot\left|\frac{\partial \boldsymbol{r}}{\partial \lambda}\right|}\frac{\partial}{\partial r}\frac{\left|\frac{\partial \boldsymbol{r}}{\partial \theta}\right|\cdot\left|\frac{\partial \boldsymbol{r}}{\partial \lambda}\right|}{\left|\frac{\partial \boldsymbol{r}}{\partial r}\right|}\frac{\partial\varphi}{\partial r} \tag{5.4-378}$$

将式(5.4-374)～式(5.4-376)代入式(5.4-378)，可得

$$\frac{1}{\left|\frac{\partial \boldsymbol{r}}{\partial r}\right|\cdot\left|\frac{\partial \boldsymbol{r}}{\partial \theta}\right|\cdot\left|\frac{\partial \boldsymbol{r}}{\partial \lambda}\right|}\frac{\partial}{\partial r}\frac{\left|\frac{\partial \boldsymbol{r}}{\partial \theta}\right|\cdot\left|\frac{\partial \boldsymbol{r}}{\partial \lambda}\right|}{\left|\frac{\partial \boldsymbol{r}}{\partial r}\right|}\frac{\partial\varphi}{\partial r}=\frac{1}{r^2\sin\theta}\frac{\partial}{\partial r}r^2\sin\theta\frac{\partial\varphi}{\partial r}=\frac{1}{r^2}\frac{\partial}{\partial r}r^2\frac{\partial\varphi}{\partial r} \tag{5.4-379}$$

式(5.4-377)的第二项为

$$\frac{1}{\left|\frac{\partial \boldsymbol{r}}{\partial r}\right| \cdot \left|\frac{\partial \boldsymbol{r}}{\partial \theta}\right| \cdot \left|\frac{\partial \boldsymbol{r}}{\partial \lambda}\right|} \frac{\partial}{\partial \theta} \frac{\left|\frac{\partial \boldsymbol{r}}{\partial r}\right| \cdot \left|\frac{\partial \boldsymbol{r}}{\partial \lambda}\right|}{\left|\frac{\partial \boldsymbol{r}}{\partial \theta}\right|} \frac{\partial \varphi}{\partial \theta} \tag{5.4-380}$$

将式(5.4-374)～式(5.4-376)代入式(5.4-380)，可得

$$\frac{1}{\left|\frac{\partial \boldsymbol{r}}{\partial r}\right| \cdot \left|\frac{\partial \boldsymbol{r}}{\partial \theta}\right| \cdot \left|\frac{\partial \boldsymbol{r}}{\partial \lambda}\right|} \frac{\partial}{\partial \theta} \frac{\left|\frac{\partial \boldsymbol{r}}{\partial r}\right| \cdot \left|\frac{\partial \boldsymbol{r}}{\partial \lambda}\right|}{\left|\frac{\partial \boldsymbol{r}}{\partial \theta}\right|} \frac{\partial \varphi}{\partial \theta} = \frac{1}{r^2 \sin\theta} \frac{\partial}{\partial \theta} \sin\theta \frac{\partial \varphi}{\partial \theta} \tag{5.4-381}$$

式(5.4-377)的第三项为

$$\frac{1}{\left|\frac{\partial \boldsymbol{r}}{\partial r}\right| \cdot \left|\frac{\partial \boldsymbol{r}}{\partial \theta}\right| \cdot \left|\frac{\partial \boldsymbol{r}}{\partial \lambda}\right|} \frac{\partial}{\partial \lambda} \frac{\left|\frac{\partial \boldsymbol{r}}{\partial r}\right| \cdot \left|\frac{\partial \boldsymbol{r}}{\partial \theta}\right|}{\left|\frac{\partial \boldsymbol{r}}{\partial \lambda}\right|} \frac{\partial \varphi}{\partial \lambda} \tag{5.4-382}$$

将式(5.4-374)～式(5.4-376)代入式(5.4-382)，可得

$$\frac{1}{\left|\frac{\partial \boldsymbol{r}}{\partial r}\right| \cdot \left|\frac{\partial \boldsymbol{r}}{\partial \theta}\right| \cdot \left|\frac{\partial \boldsymbol{r}}{\partial \lambda}\right|} \frac{\partial}{\partial \lambda} \frac{\left|\frac{\partial \boldsymbol{r}}{\partial r}\right| \cdot \left|\frac{\partial \boldsymbol{r}}{\partial \theta}\right|}{\left|\frac{\partial \boldsymbol{r}}{\partial \lambda}\right|} \frac{\partial \varphi}{\partial \lambda} = \frac{1}{r^2 \sin\theta} \frac{\partial}{\partial \lambda} \frac{1}{\sin\theta} \frac{\partial \varphi}{\partial \lambda} = \frac{1}{r^2 \sin^2\theta} \frac{\partial^2 \varphi}{\partial \lambda^2} \tag{5.4-383}$$

将式(5.4-379)、式(5.4-381)和式(5.4-383)代入式(5.4-377)，可得

$$\Delta \varphi = \frac{1}{r^2} \frac{\partial}{\partial r} r^2 \frac{\partial \varphi}{\partial r} + \frac{1}{r^2 \sin\theta} \frac{\partial}{\partial \theta} \sin\theta \frac{\partial \varphi}{\partial \theta} + \frac{1}{r^2 \sin^2\theta} \frac{\partial^2 \varphi}{\partial \lambda^2} \tag{5.4-384}$$

地球的引力位在其表面上和外部空间是调和函数，满足拉普拉斯方程 $\Delta V=0$，故

$$\frac{\partial}{\partial r} r^2 \frac{\partial V}{\partial r} + \frac{1}{\sin\theta} \frac{\partial}{\partial \theta} \sin\theta \frac{\partial V}{\partial \theta} + \frac{1}{\sin^2\theta} \frac{\partial^2 V}{\partial \lambda^2} = 0 \tag{5.4-385}$$

令

$$V = R(r) \cdot \Theta(\theta) \cdot \Lambda(\lambda) \tag{5.4-386}$$

将式(5.4-386)代入式(5.4-385)，可得

$$\Theta \Lambda \frac{\mathrm{d}}{\mathrm{d}r} r^2 \frac{\mathrm{d}R}{\mathrm{d}r} + R\Lambda \frac{1}{\sin\theta} \frac{\mathrm{d}}{\mathrm{d}\theta} \sin\theta \frac{\mathrm{d}\Theta}{\mathrm{d}\theta} + R\Theta \frac{1}{\sin^2\theta} \frac{\mathrm{d}^2 \Lambda}{\mathrm{d}\lambda^2} = 0 \tag{5.4-387}$$

除以 $R\Theta\Lambda$，可得

$$\frac{1}{R} \frac{\mathrm{d}}{\mathrm{d}r} r^2 \frac{\mathrm{d}R}{\mathrm{d}r} + \frac{1}{\Theta \sin\theta} \frac{\mathrm{d}}{\mathrm{d}\theta} \sin\theta \frac{\mathrm{d}\Theta}{\mathrm{d}\theta} + \frac{1}{\Lambda} \frac{1}{\sin^2\theta} \frac{\mathrm{d}^2 \Lambda}{\mathrm{d}\lambda^2} = 0 \tag{5.4-388}$$

令

$$\frac{1}{\Lambda} \frac{\mathrm{d}^2 \Lambda}{\mathrm{d}\lambda^2} = -m^2, \quad \frac{\mathrm{d}^2 \Lambda}{\mathrm{d}\lambda^2} + m^2 \Lambda = 0, \quad m \in \mathbf{N} \tag{5.4-389}$$

将式(5.4-389)代入式(5.4-388)，可得

$$\frac{1}{R} \frac{\mathrm{d}}{\mathrm{d}r} r^2 \frac{\mathrm{d}R}{\mathrm{d}r} + \frac{1}{\Theta \sin\theta} \frac{\mathrm{d}}{\mathrm{d}\theta} \sin\theta \frac{\mathrm{d}\Theta}{\mathrm{d}\theta} - \frac{m^2}{\sin^2\theta} = 0 \tag{5.4-390}$$

由式(5.4-390)得

$$\frac{1}{R} \frac{\mathrm{d}}{\mathrm{d}r} r^2 \frac{\mathrm{d}R}{\mathrm{d}r} = \frac{m^2}{\sin^2\theta} - \frac{1}{\Theta \sin\theta} \frac{\mathrm{d}}{\mathrm{d}\theta} \sin\theta \frac{\mathrm{d}\Theta}{\mathrm{d}\theta} = n(n+1), \quad n \in \mathbf{N}, n \geqslant m \geqslant 0 \tag{5.4-391}$$

方程(5.4-389)的特征方程为

$$r^2 + m^2 = 0 \tag{5.4-392}$$

$$r_{1,2}=\pm \mathrm{i}m \tag{5.4-393}$$

常系数齐次线性微分方程(5.4-389)的两个线性无关的解是

$$\Lambda(\lambda)=\mathrm{e}^{\pm \mathrm{i}m\lambda} \tag{5.4-394}$$

由式(5.4-391)得

$$\frac{\mathrm{d}}{\mathrm{d}r}r^2\frac{\mathrm{d}R}{\mathrm{d}r}=n(n+1)R \tag{5.4-395}$$

$$r^2\frac{\mathrm{d}^2R}{\mathrm{d}r^2}+2r\frac{\mathrm{d}R}{\mathrm{d}r}-n(n+1)R=0 \tag{5.4-396}$$

作变换 $r=\mathrm{e}^t$，$t=\ln r$，将自变量 r 换成 t，有

$$\frac{\mathrm{d}R}{\mathrm{d}r}=\frac{\mathrm{d}R}{\mathrm{d}t}\frac{\mathrm{d}t}{\mathrm{d}r}=\frac{\mathrm{d}R}{\mathrm{d}t}\frac{1}{r}=\frac{1}{r}\frac{\mathrm{d}R}{\mathrm{d}t} \tag{5.4-397}$$

$$\frac{\mathrm{d}^2R}{\mathrm{d}r^2}=-\frac{1}{r^2}\frac{\mathrm{d}R}{\mathrm{d}t}+\frac{1}{r}\frac{\mathrm{d}^2R}{\mathrm{d}t^2}\frac{\mathrm{d}t}{\mathrm{d}r}=-\frac{1}{r^2}\frac{\mathrm{d}R}{\mathrm{d}t}+\frac{1}{r}\frac{\mathrm{d}^2R}{\mathrm{d}t^2}\frac{1}{r}=\frac{1}{r^2}\left(\frac{\mathrm{d}^2R}{\mathrm{d}t^2}-\frac{\mathrm{d}R}{\mathrm{d}t}\right) \tag{5.4-398}$$

将式(5.4-397)和式(5.4-398)代入式(5.4-396)，可得

$$\frac{\mathrm{d}^2R}{\mathrm{d}t^2}-\frac{\mathrm{d}R}{\mathrm{d}t}+2\frac{\mathrm{d}R}{\mathrm{d}t}-n(n+1)R=0 \tag{5.4-399}$$

$$\frac{\mathrm{d}^2R}{\mathrm{d}t^2}+\frac{\mathrm{d}R}{\mathrm{d}t}-n(n+1)R=0 \tag{5.4-400}$$

方程(5.4-400)的特征方程为

$$r^2+r-n(n+1)=0 \tag{5.4-401}$$

$$r=n \text{ 和 } -n-1 \tag{5.4-402}$$

常系数齐次线性微分方程(5.4-400)的两个线性无关的解是

$$R=\mathrm{e}^{nt},\quad R=\mathrm{e}^{-(n+1)t} \tag{5.4-403}$$

将 $\mathrm{e}^t=r$ 代入式(5.4-403)，得变系数齐次线性微分方程(5.4-396)的两个线性无关的解是

$$R=(\mathrm{e}^t)^n=r^n,\quad R=(\mathrm{e}^t)^{-(n+1)}=r^{-(n+1)}=\frac{1}{r^{n+1}} \tag{5.4-404}$$

由式(5.4-391)得

$$\frac{1}{\sin\theta}\frac{\mathrm{d}}{\mathrm{d}\theta}\sin\theta\frac{\mathrm{d}\Theta}{\mathrm{d}\theta}+\left[n(n+1)-\frac{m^2}{\sin^2\theta}\right]\Theta=0 \tag{5.4-405}$$

作变量代换，令

$$x=\cos\theta \tag{5.4-406}$$

则有

$$\frac{\mathrm{d}x}{\mathrm{d}\theta}=-\sin\theta,\quad \frac{\mathrm{d}\Theta}{\mathrm{d}\theta}=\frac{\mathrm{d}\Theta}{\mathrm{d}x}\frac{\mathrm{d}x}{\mathrm{d}\theta}=-\sin\theta\frac{\mathrm{d}\Theta}{\mathrm{d}x} \tag{5.4-407}$$

由式(5.4-407)得

$$\frac{1}{\sin\theta}\frac{\mathrm{d}}{\mathrm{d}\theta}\sin\theta\frac{\mathrm{d}\Theta}{\mathrm{d}\theta}=-\frac{1}{\sin\theta}\frac{\mathrm{d}}{\mathrm{d}\theta}\sin\theta\sin\theta\frac{\mathrm{d}\Theta}{\mathrm{d}x}=-\frac{\mathrm{d}}{\sin\theta\mathrm{d}\theta}\sin^2\theta\frac{\mathrm{d}\Theta}{\mathrm{d}x} \tag{5.4-408}$$

由式(5.4-406)得

$$\mathrm{d}x=-\sin\theta\mathrm{d}\theta \tag{5.4-409}$$

将式(5.4-409)代入式(5.4-408)，可得

$$\frac{1}{\sin\theta}\frac{\mathrm{d}}{\mathrm{d}\theta}\sin\theta\frac{\mathrm{d}\Theta}{\mathrm{d}\theta}=\frac{\mathrm{d}}{\mathrm{d}x}(1-\cos^2\theta)\frac{\mathrm{d}\Theta}{\mathrm{d}x}=\frac{\mathrm{d}}{\mathrm{d}x}(1-x^2)\frac{\mathrm{d}\Theta}{\mathrm{d}x} \tag{5.4-410}$$

将式(5.4-410)代入式(5.4-405),可得

$$\frac{\mathrm{d}}{\mathrm{d}x}(1-x^2)\frac{\mathrm{d}\Theta}{\mathrm{d}x}+\left[n(n+1)-\frac{m^2}{1-\cos^2\theta}\right]\Theta=0 \tag{5.4-411}$$

连带勒让德方程为

$$\frac{\mathrm{d}}{\mathrm{d}x}(1-x^2)\frac{\mathrm{d}\Theta}{\mathrm{d}x}+\left[n(n+1)-\frac{m^2}{1-x^2}\right]\Theta=0 \tag{5.4-412}$$

方程(5.4-412)的一个解为

$$\Theta(x)=\mathrm{P}_n^m(x)\quad(-1<x<1) \tag{5.4-413}$$

将式(5.4-406)代入式(5.4-413),可得

$$\Theta=\Theta(\cos\theta)=\mathrm{P}_n^m(\cos\theta) \tag{5.4-414}$$

4. 重力位二次导数

由式(5.4-323)可得重力的垂直梯度

$$\frac{\partial g}{\partial h}=-U_{33}=-\frac{2g_{\mathrm{e}}}{a}(1+k+\alpha)\left[1-\left(3\alpha-\frac{5}{2}k\right)\sin^2B\right] \tag{5.4-415}$$

具体数据为

$$\frac{\partial g}{\partial h}=-0.308769(1-0.00143395\sin^2B)\ \mathrm{mGal/m} \tag{5.4-416}$$

式中:mGal 中的 m 表示 milli(毫,千分之一),Gal 表示 Galileo(伽利略),$1\ \mathrm{mGal}=10^{-4}\ \mathrm{m/s^2}$。

由式(5.4-326)可得重力的水平梯度

$$U_{13}=0.819(1-0.010058\sin^2B)\sin2B\ \mathrm{mGal/km} \tag{5.4-417}$$

由式(5.4-329)可得垂线的曲率

$$\frac{1}{\rho}=0.000000837(1-0.015361\sin^2B)\sin2B\ \mathrm{km}^{-1} \tag{5.4-418}$$

习题 5-4

1. 以图 5.4-1 为例,有人认为,球面上物体 m 受万有引力 F、向心力 F_{n}、重力 mg。这种说法正确吗?

参考答案 球面上物体 m 受万有引力 F。引力的两个分力是向心力 F_{n}、重力 mg。

2. 以图 5.4-5 为例,将地球视作旋转椭球的误差较大,以 2 个极端位置说明。

参考答案 当 $\varphi=90°$时,两极处的重力加速度 $g_{\mathrm{p}}=\frac{GM}{b^2}=9.86432$,分母中的 b 最小,导致 g_{p} 严重偏大。

当 $\varphi=0$ 时,赤道上的重力加速度 $g_{\mathrm{e}}=\frac{GM}{a^2}-\omega^2a=9.76437$,$a$ 最大,导致 g_{e} 严重偏小。

3. n 次勒让德多项式的拉普拉斯第一积分表示为 $\mathrm{P}_n(x)=\frac{1}{\pi}\int_0^{\pi}(x+\sqrt{x^2-1}\cos\varphi)^n\mathrm{d}\varphi$,求:

(1) $\mathrm{P}_n(1)$;

(2) $\mathrm{P}_n(-1)$;

(3) 证明$|\mathrm{P}_n(x)|\leqslant1(-1\leqslant x\leqslant1)$。

参考答案 (1) $\mathrm{P}_n(1)=\frac{1}{\pi}\int_0^{\pi}\mathrm{d}\varphi=1$。

(2) $\mathrm{P}_n(-1)=\frac{1}{\pi}\int_0^{\pi}(-1)^n\mathrm{d}\varphi=(-1)^n$。

(3) 令 $x=\cos\theta$,则

$$\mathrm{P}_n(x)=\frac{1}{\pi}\int_0^{\pi}(\cos\theta+\sqrt{\cos^2\theta-1}\cos\varphi)^n\mathrm{d}\varphi$$
$$=\frac{1}{\pi}\int_0^{\pi}(\cos\theta+\sqrt{-\sin^2\theta}\cos\varphi)^n\mathrm{d}\varphi=\frac{1}{\pi}\int_0^{\pi}(\cos\theta+\mathrm{i}\sin\theta\cos\varphi)^n\mathrm{d}\varphi$$
$$|\mathrm{P}_n(x)|\leqslant\frac{1}{\pi}\int_0^{\pi}|\cos\theta+\mathrm{i}\sin\theta\cos\varphi|^n\mathrm{d}\varphi=\frac{1}{\pi}\int_0^{\pi}(\cos^2\theta+\sin^2\theta\cos^2\varphi)^{\frac{n}{2}}\mathrm{d}\varphi$$
$$\leqslant\frac{1}{\pi}\int_0^{\pi}(\cos^2\theta+\sin^2\theta)^{\frac{n}{2}}\mathrm{d}\varphi=\frac{1}{\pi}\int_0^{\pi}\mathrm{d}\varphi=1$$

4. 已知 n 次勒让德多项式 $\mathrm{P}_n(x)$ 是勒让德方程 $\frac{\mathrm{d}}{\mathrm{d}x}(1-x^2)\frac{\mathrm{d}y}{\mathrm{d}x}+n(n+1)y=0$ 的一个特解。证明:连带勒让德方程 $\frac{\mathrm{d}}{\mathrm{d}x}(1-x^2)\frac{\mathrm{d}\Theta}{\mathrm{d}x}+\left[n(n+1)-\frac{m^2}{1-x^2}\right]\Theta=0(m\leqslant n)$ 的一个特解为 $\Theta=\mathrm{P}_n^m(x)=(x^2-1)^{\frac{m}{2}}\frac{\mathrm{d}^m\mathrm{P}_n(x)}{\mathrm{d}x^m}=(x^2-1)^{\frac{m}{2}}\mathrm{P}_n^{(m)}(x)(|x|\geqslant1)$。

参考答案1 $\mathrm{P}_n(x)$ 满足 $(1-x^2)\frac{\mathrm{d}^2y}{\mathrm{d}x^2}-2x\frac{\mathrm{d}y}{\mathrm{d}x}+n(n+1)y=0$,故有

$$(1-x^2)\mathrm{P}_n''(x)-2x\mathrm{P}_n'(x)+n(n+1)\mathrm{P}_n(x)=0\tag{5.4-419}$$

应用关于乘积求导的莱布尼茨求导规则 $(uv)^{(m)}=\sum_{k=0}^{m}\mathrm{C}_m^k u^{(m-k)}v^{(k)}$,式(5.4-419)的 m 阶导数为

$$\begin{gathered}(1-x^2)(\mathrm{P}_n'')^{(m)}+\mathrm{C}_m^{m-1}(1-x^2)'(\mathrm{P}_n'')^{(m-1)}+\mathrm{C}_m^{m-2}(1-x^2)''(\mathrm{P}_n'')^{(m-2)}-\\2[x(\mathrm{P}_n')^{(m)}+\mathrm{C}_m^{m-1}x'(\mathrm{P}_n')^{(m-1)}]+n(n+1)\mathrm{P}_n^{(m)}=0\end{gathered}\tag{5.4-420}$$

$$(1-x^2)[\mathrm{P}_n^{(m)}]''-m2x[\mathrm{P}_n^{(m)}]'-\frac{m(m-1)}{2}2\mathrm{P}_n^{(m)}-2\{x[\mathrm{P}_n^{(m)}]'+m\mathrm{P}_n^{(m)}\}+n(n+1)\mathrm{P}_n^{(m)}=0\tag{5.4-421}$$

$$(1-x^2)[\mathrm{P}_n^{(m)}]''-2mx[\mathrm{P}_n^{(m)}]'-m(m-1)\mathrm{P}_n^{(m)}-2x[\mathrm{P}_n^{(m)}]'-2m\mathrm{P}_n^{(m)}+n(n+1)\mathrm{P}_n^{(m)}=0\tag{5.4-422}$$

即

$$(1-x^2)[\mathrm{P}_n^{(m)}]''-2(m+1)x[\mathrm{P}_n^{(m)}]'-m(m+1)\mathrm{P}_n^{(m)}+n(n+1)\mathrm{P}_n^{(m)}=0\tag{5.4-423}$$
$$(1-x^2)[\mathrm{P}_n^{(m)}]''-2(m+1)x[\mathrm{P}_n^{(m)}]'+[n(n+1)-m(m+1)]\mathrm{P}_n^{(m)}=0\tag{5.4-424}$$

另一方面,令

$$\Theta=(x^2-1)^{\frac{m}{2}}\mathrm{Y}(x)\quad(|x|\geqslant1)\tag{5.4-425}$$

$$\frac{\mathrm{d}\Theta}{\mathrm{d}x}=(x^2-1)^{\frac{m}{2}}\mathrm{Y}'+\frac{m}{2}(x^2-1)^{\frac{m}{2}-1}2x\mathrm{Y}=(x^2-1)^{\frac{m}{2}}\mathrm{Y}'+m(x^2-1)^{\frac{m}{2}-1}x\mathrm{Y}\tag{5.4-426}$$

将式(5.4-425)和式(5.4-426)代入 $(1-x^2)\frac{\mathrm{d}^2\Theta}{\mathrm{d}x^2}-2x\frac{\mathrm{d}\Theta}{\mathrm{d}x}+\left[n(n+1)-\frac{m^2}{1-x^2}\right]\Theta=0$,得

$$(1-x^2)\frac{\mathrm{d}^2\Theta}{\mathrm{d}x^2}-2x[(x^2-1)^{\frac{m}{2}}\mathrm{Y}'+m(x^2-1)^{\frac{m}{2}-1}x\mathrm{Y}]+\left[n(n+1)-\frac{m^2}{1-x^2}\right](x^2-1)^{\frac{m}{2}}\mathrm{Y}=0\tag{5.4-427}$$

$$(1-x^2)\frac{\mathrm{d}^2\Theta}{\mathrm{d}x^2}-2(x^2-1)^{\frac{m}{2}}x\mathrm{Y}'-2m(x^2-1)^{\frac{m}{2}-1}x^2\mathrm{Y}+\left[n(n+1)-\frac{m^2}{1-x^2}\right](x^2-1)^{\frac{m}{2}}\mathrm{Y}=0\tag{5.4-428}$$

式(5.4-426)对 x 求导数,得

$$\frac{d^2\Theta}{dx^2}=(x^2-1)^{\frac{m}{2}}Y''+\frac{m}{2}(x^2-1)^{\frac{m}{2}-1}2xY'+m(x^2-1)^{\frac{m}{2}-1}xY'+$$

$$m(x^2-1)^{\frac{m}{2}-1}Y+m\left(\frac{m}{2}-1\right)(x^2-1)^{\frac{m}{2}-2}2xxY \quad (5.4\text{-}429)$$

由式(5.4-429)得

$$\frac{d^2\Theta}{dx^2}=(x^2-1)^{\frac{m}{2}}Y''+m(x^2-1)^{\frac{m}{2}-1}xY'+m(x^2-1)^{\frac{m}{2}-1}xY'+$$

$$m(x^2-1)^{\frac{m}{2}-1}Y+m(m-2)(x^2-1)^{\frac{m}{2}-2}x^2Y \quad (5.4\text{-}430)$$

$$\frac{d^2\Theta}{dx^2}=(x^2-1)^{\frac{m}{2}}Y''+2m(x^2-1)^{\frac{m}{2}-1}xY'+m(x^2-1)^{\frac{m}{2}-1}Y+m(m-2)(x^2-1)^{\frac{m}{2}-2}x^2Y \quad (5.4\text{-}431)$$

将式(5.4-431)代入式(5.4-428),可得

$$-(x^2-1)[(x^2-1)^{\frac{m}{2}}Y''+2m(x^2-1)^{\frac{m}{2}-1}xY'+m(x^2-1)^{\frac{m}{2}-1}Y+m(m-2)(x^2-1)^{\frac{m}{2}-2}x^2Y]-$$

$$2(x^2-1)^{\frac{m}{2}}xY'-2m(x^2-1)^{\frac{m}{2}-1}x^2Y+\left[n(n+1)-\frac{m^2}{1-x^2}\right](x^2-1)^{\frac{m}{2}}Y=0 \quad (5.4\text{-}432)$$

$$-(x^2-1)^{\frac{m}{2}+1}Y''-2m(x^2-1)^{\frac{m}{2}}xY'-m(x^2-1)^{\frac{m}{2}}Y-m(m-2)(x^2-1)^{\frac{m}{2}-1}x^2Y-2(x^2-1)^{\frac{m}{2}}xY'-$$

$$2m(x^2-1)^{\frac{m}{2}-1}x^2Y+\left[n(n+1)-\frac{m^2}{1-x^2}\right](x^2-1)^{\frac{m}{2}}Y=0 \quad (5.4\text{-}433)$$

$$-(x^2-1)^{\frac{m}{2}+1}Y''-2(m+1)(x^2-1)^{\frac{m}{2}}xY'-m(x^2-1)^{\frac{m}{2}}Y-mm(x^2-1)^{\frac{m}{2}-1}x^2Y+$$

$$\left[n(n+1)-\frac{m^2}{1-x^2}\right](x^2-1)^{\frac{m}{2}}Y=0 \quad (5.4\text{-}434)$$

$$-(x^2-1)^2Y''-2(m+1)(x^2-1)xY'-m(x^2-1)Y-m^2x^2Y+$$

$$\left[n(n+1)+\frac{m^2}{x^2-1}\right](x^2-1)Y=0 \quad (5.4\text{-}435)$$

由式(5.4-435)得

$$(1-x^2)^2Y''-2(m+1)(1-x^2)xY'-m(1-x^2)Y+m^2x^2Y+n(n+1)(1-x^2)Y-m^2Y=0 \quad (5.4\text{-}436)$$

$$(1-x^2)^2Y''-2(m+1)(1-x^2)xY'-m(1-x^2)Y+m^2(x^2-1)Y+n(n+1)(1-x^2)Y=0 \quad (5.4\text{-}437)$$

$$(1-x^2)Y''-2(m+1)xY'-mY-m^2Y+n(n+1)Y=0 \quad (5.4\text{-}438)$$

$$(1-x^2)Y''-2(m+1)xY'-m(m+1)Y+n(n+1)Y=0 \quad (5.4\text{-}439)$$

从而

$$(1-x^2)Y''-2(m+1)xY'+[n(n+1)-m(m+1)]Y=0 \quad (5.4\text{-}440)$$

比较式(5.4-440)和式(5.4-424),可取

$$Y(x)=P_n^{(m)}(x) \quad (5.4\text{-}441)$$

将式(5.4-441)代入式(5.4-425),可得

$$\Theta=(x^2-1)^{\frac{m}{2}}P_n^{(m)}(x)=(x^2-1)^{\frac{m}{2}}\frac{d^mP_n(x)}{dx^m}=P_n^m(x)\quad(|x|\geqslant 1) \quad (5.4\text{-}442)$$

参考答案 2　由例 5.4-6 知，连带勒让德方程$\frac{\mathrm{d}}{\mathrm{d}x}(1-x^2)\frac{\mathrm{d}\Theta}{\mathrm{d}x}+\left[n(n+1)-\frac{m^2}{1-x^2}\right]\Theta=0(m\leqslant n)$的一个特解为$\Theta=\mathrm{P}_n^m(x)=(1-x^2)^{\frac{m}{2}}\frac{\mathrm{d}^m\mathrm{P}_n(x)}{\mathrm{d}x^m}=(1-x^2)^{\frac{m}{2}}\mathrm{P}_n^{(m)}(x)\ (-1\leqslant x\leqslant 1)$，所以

$$(-1)^{\frac{m}{2}}\Theta=(-1)^{\frac{m}{2}}(1-x^2)^{\frac{m}{2}}\frac{\mathrm{d}^m\mathrm{P}_n(x)}{\mathrm{d}x^m}=(x^2-1)^{\frac{m}{2}}\frac{\mathrm{d}^m\mathrm{P}_n(x)}{\mathrm{d}x^m}\quad(|x|\geqslant 1)$$

也是该方程的一个特解。

5. 霍布森(Hobson)m 阶 n 次第一类连带勒让德函数 $\mathrm{P}_n^m(x)$的定义是

$$\mathrm{P}_n^m(x)=(-1)^m(1-x^2)^{\frac{m}{2}}\frac{\mathrm{d}^m\mathrm{P}_n(x)}{\mathrm{d}x^m}\quad(n\geqslant m\geqslant 0,-1\leqslant x\leqslant 1)\tag{5.4-443}$$

另一种定义是费瑞尔(Ferrers)的，没有前面$(-1)^m$ 这个因子。

将 $\mathrm{P}_n(x)=\frac{1}{2^n n!}\frac{\mathrm{d}^n(x^2-1)^n}{\mathrm{d}x^n}$代入式(5.4-443)，得

$$\mathrm{P}_n^m(x)=(-1)^m\frac{(1-x^2)^{\frac{m}{2}}}{2^n n!}\frac{\mathrm{d}^{n+m}(x^2-1)^n}{\mathrm{d}x^{n+m}}\tag{5.4-444}$$

将 m 换成$-m$，得

$$\begin{aligned}\mathrm{P}_n^{-m}(x)&=(-1)^{-m}\frac{(1-x^2)^{-\frac{m}{2}}}{2^n n!}\frac{\mathrm{d}^{n-m}(x^2-1)^n}{\mathrm{d}x^{n-m}}=(-1)^{2m}(-1)^{-m}\frac{(1-x^2)^{-\frac{m}{2}}}{2^n n!}\frac{\mathrm{d}^{n-m}(x^2-1)^n}{\mathrm{d}x^{n-m}}\\&=(-1)^m\frac{(1-x^2)^{-\frac{m}{2}}}{2^n n!}\frac{\mathrm{d}^{n-m}(x^2-1)^n}{\mathrm{d}x^{n-m}}\end{aligned}\tag{5.4-445}$$

试用 $\mathrm{P}_n^m(x)$、m、n 表示 $\mathrm{P}_n^{-m}(x)$。

参考答案　根据$(x^n)^{(k)}=n(n-1)(n-2)\cdots(n-k+1)x^{n-k}=\frac{n!}{(n-k)!}x^{n-k}$，可得

$$\begin{aligned}\frac{\mathrm{d}^{n+m}(x^2-1)^n}{\mathrm{d}x^{n+m}}&=\frac{\mathrm{d}^{n+m}(x+1)^n(x-1)^n}{\mathrm{d}x^{n+m}}=\sum_{k=0}^{n+m}\mathrm{C}_{n+m}^k[(x+1)^n]^{(n+m-k)}[(x-1)^n]^{(k)}\\&=\sum_{k=m}^{n}\mathrm{C}_{n+m}^k\frac{n!}{(k-m)!}(x+1)^{k-m}\frac{n!}{(n-k)!}(x-1)^{n-k}\\&=\sum_{k+m=m}^{k+m=n}\mathrm{C}_{n+m}^{k+m}\frac{n!}{(k+m-m)!}(x+1)^{k+m-m}\frac{n!}{[n-(k+m)]!}(x-1)^{n-(k+m)}\\&=\sum_{k=0}^{k=n-m}\frac{(n+m)!}{(k+m)!(n-k)!}\frac{n!}{k!}(x+1)^k\frac{n!}{(n-k-m)!}(x-1)^{n-k-m}\\&=(n+m)!\sum_{k=0}^{n-m}\frac{1}{(k+m)!(n-k)!}\frac{n!}{k!}(x+1)^{k+m}(x+1)^{-m}\frac{n!}{(n-k-m)!}(x-1)^{-m}(x-1)^{n-k}\\&=\frac{(n+m)!}{(n-m)!}(x^2-1)^{-m}\sum_{k=0}^{n-m}\frac{(n-m)!}{k!(n-m-k)!}\frac{n!}{(k+m)!}(x+1)^{k+m}\frac{n!}{(n-k)!}(x-1)^{n-k}\\&=\frac{(n+m)!}{(n-m)!}(-1)^{-m}(1-x^2)^{-m}\sum_{k=0}^{n-m}\mathrm{C}_{n-m}^k[(x+1)^n]^{(n-k-m)}[(x-1)^n]^{(k)}\\&=(-1)^m\frac{(n+m)!}{(n-m)!}(1-x^2)^{-m}\sum_{k=0}^{n-m}\mathrm{C}_{n-m}^k[(x+1)^n]^{(n-m-k)}[(x-1)^n]^{(k)}\end{aligned}\tag{5.4-446}$$

另一方面有

$$\frac{d^{n-m}(x^2-1)^n}{dx^{n-m}}=\frac{d^{n-m}(x+1)^n(x-1)^n}{dx^{n-m}}=\sum_{k=0}^{n-m}C_{n-m}^k[(x+1)^n]^{(n-m-k)}[(x-1)^n]^{(k)} \tag{5.4-447}$$

将式(5.4-447)代入式(5.4-446),可得

$$\frac{d^{n+m}(x^2-1)^n}{dx^{n+m}}=(-1)^m\frac{(n+m)!}{(n-m)!}(1-x^2)^{-m}\frac{d^{n-m}(x^2-1)^n}{dx^{n-m}} \tag{5.4-448}$$

式(5.4-445)除式(5.4-444)得

$$\frac{P_n^{-m}(x)}{P_n^m(x)}=(1-x^2)^{-m}\frac{d^{n-m}(x^2-1)^n}{dx^{n-m}}\div\frac{d^{n+m}(x^2-1)^n}{dx^{n+m}} \tag{5.4-449}$$

由式(5.4-448)得

$$(1-x^2)^{-m}\frac{d^{n-m}(x^2-1)^n}{dx^{n-m}}\div\frac{d^{n+m}(x^2-1)^n}{dx^{n+m}}=(-1)^m\frac{(n-m)!}{(n+m)!} \tag{5.4-450}$$

将式(5.4-450)代入式(5.4-449),可得

$$\frac{P_n^{-m}(x)}{P_n^m(x)}=(-1)^m\frac{(n-m)!}{(n+m)!} \tag{5.4-451}$$

$$P_n^{-m}(x)=(-1)^m\frac{(n-m)!}{(n+m)!}P_n^m(x) \tag{5.4-452}$$

6. 在自然边界条件下,勒让德方程的解 $P_n(x)$ 为

$$P_n(x)=\frac{1}{2^n}\sum_{k=0}^{\left[\frac{n}{2}\right]}(-1)^k\frac{(2n-2k)!}{k!(n-k)!(n-2k)!}x^{n-2k} \tag{5.4-453}$$

式中:取整函数$\left[\frac{n}{2}\right]=\frac{n}{2}$($n$ 为偶数)或者$\frac{n-1}{2}$(n 为正奇数)。

勒让德多项式的罗德里格斯公式为

$$P_n(x)=\frac{1}{2^n n!}\frac{d^n(x^2-1)^n}{dx^n} \tag{5.4-454}$$

证明以上两式相等。

参考答案 用二项式定理(binomial theorem)把$(x^2-1)^n$ 展开,可得

$$P_n(x)=\frac{1}{2^n n!}\frac{d^n}{dx^n}\sum_{k=0}^{n}C_n^k x^{2(n-k)}(-1)^k=\frac{1}{2^n n!}\frac{d^n}{dx^n}\sum_{k=0}^{n}(-1)^k\frac{n!}{k!(n-k)!}x^{2n-2k}=\frac{1}{2^n}\sum_{k=0}^{n}\frac{(-1)^k}{k!(n-k)!}\frac{d^n}{dx^n}x^{2n-2k} \tag{5.4-455}$$

把 x^{2n-2k}对 x 求导 n 次。凡是幂次 $2n-2k<n$ 的项在 n 次求导过程中成为 0,只需保留幂次 $2n-2k\geqslant n$ 即 $k\leqslant\frac{n}{2}$的项,应取 $k_{\max}=\left[\frac{n}{2}\right]$,则

$$P_n(x)=\frac{1}{2^n}\sum_{k=0}^{\left[\frac{n}{2}\right]}\frac{(-1)^k}{k!(n-k)!}\frac{(2n-2k)!}{(n-2k)!}x^{n-2k} \tag{5.4-456}$$

参 考 文 献

[1] 同济大学数学科学学院. 高等数学:上册[M]. 8 版. 北京:中国教育出版传媒集团高等教育出版社,2023.

[2] 同济大学数学科学学院. 高等数学:下册[M]. 8 版. 北京:中国教育出版传媒集团高等教育出版社,2023.

[3] 吉培荣,李海军,邹红波. 现代信号处理基础[M]. 北京:科学出版社,2020:58.

[4] 闻邦椿,刘树英,陈照波,等. 机械振动理论及应用[M]. 北京:高等教育出版社,2020.

[5] 杨先卫. 大学物理:下册[M]. 2 版. 北京:北京邮电大学出版社,2022:38.

[6] 蔡小雄,蔡天乐. 更高更妙的高中数学思想与方法[M]. 10 版. 杭州:浙江大学出版社,2019:384.

[7]《数学手册》编写组. 数学手册[M]. 北京:高等教育出版社,2016:327,363-364.

[8] 闻邦椿,刘树英,张纯宇. 机械振动学[M]. 2 版. 北京:冶金工业出版社,2018.

[9] 周子博,申永军,杨绍普. 含放大机构的三要素型动力吸振器的 H_∞ 优化[J]. 振动与冲击,2022,41(5):158-165.

[10] WANG X P,WU B Q,ZHOU G L,et al. How a vast digital twin of the Yangtze River could prevent flooding in China[J]. Nature,2025,639(8054):303-305.

[11] 刘成群,吴兰鹰. 机械振动典型习题详解[M]. 北京:机械工业出版社,2014:24.

[12] 张大昌,彭前程,张维善,等. 普通高中课程标准实验教科书:物理(选修 3—4)[M]. 3 版. 北京:人民教育出版社,2020:1-21.

[13] 邢誉峰. 工程振动基础[M]. 3 版. 北京:北京航空航天大学出版社,2023.

[14] 郑君里,应启珩,杨为理. 信号与系统:上册[M]. 3 版. 北京:高等教育出版社,2016.

[15] 郑君里,应启珩,杨为理. 信号与系统:下册[M]. 3 版. 北京:高等教育出版社,2016.

[16] 张元林. 工程数学积分变换[M]. 5 版. 北京:高等教育出版社,2014.

[17] 刘鸿文. 材料力学 I [M]. 6 版. 北京:高等教育出版社,2019.

[18] 田红亮,郑金华,方子帆,等. 阻尼系统的特征[J]. 三峡大学学报(自然科学版),2015,37(2):75-82.

[19] 程耀东,李培玉. 机械振动学(线性系统)[M]. 2 版. 杭州:浙江大学出版社,2021.

[20] 倪振华. 振动力学[M]. 西安:西安交通大学出版社,1989.

[21] 张景绘,张希农. 工程中的振动问题习题解答[M]. 北京:中国铁道出版社,1983.

[22] TIMOSHENKO S P. Vibration problems in engineering[M]. 2nd ed. New York:D. Van Nostrand Company,Inc. ,1946:251.

[23] 师汉民,黄其柏. 机械振动系统——分析・建模・测试・对策:上册[M]. 3 版. 武汉:华中科技大学出版社,2016:14.

[24] 师汉民,黄其柏. 机械振动系统——分析・建模・测试・对策:下册[M]. 3 版. 武汉:华中科技大学出版社,2014:323-334.

[25] S 铁摩辛柯,D H 杨,W 小韦孚. 工程中的振动问题[M]. 胡人礼,杜庆莱,译. 北京:人民铁道出版社,1978.

[26] 胡宗武,严礼宏. 工程振动分析基础[M]. 上海:上海交通大学出版社,1985.

[27] 田红亮,陈谦. 单自由度系统[J]. 三峡大学学报(自然科学版),2019,41(5):103-107.

[28] 吴崇试. 特殊函数概论习题解答[M]. 北京:北京大学出版社,2023.
[29] 西安交通大学高等数学教研室. 工程数学复变函数[M]. 4 版. 北京:高等教育出版社,2014.
[30] 段书林. 静电力常量的来龙去脉[J]. 物理通报,2015,34(3):116-117.
[31] 杨叔子,杨克冲,吴波,等. 机械工程控制基础[M]. 6 版. 武汉:华中科技大学出版社,2015.
[32] 同济大学数学科学学院. 工程数学线性代数[M]. 7 版. 北京:中国教育出版传媒集团高等教育出版社,2023:40.
[33] 罗从文. 线性代数学习指导[M]. 北京:科学出版社,2022:175,218.
[34] DEN HARTOG J P. Mechanical vibrations[M]. 4th ed. New York:Dover Publications,Inc. ,2016:87-106.
[35] 丁文镜. 减振理论[M]. 2 版. 北京:清华大学出版社,2014:164-170.
[36] 田红亮,田戚可人,杨蔚华,等. 阻尼动力吸振器的吸振机理及其试验验证[J]. 武汉科技大学学报,2023,46(4):289-295.
[37] 威廉・韦弗,斯蒂芬・普罗科菲耶维奇・铁摩辛柯,多诺万・哈罗德・杨. 铁摩辛柯工程振动学[M]. 熊炘,译. 上海:上海科学技术出版社,2021.
[38] BROCK J E. A note on the damped vibration absorber[J]. Journal of Applied Mechanics,1946,13(4):A-284.
[39] BROCK J E. Author's correction[J]. Journal of Applied Mechanics,1947,14(1):A-80.
[40] HAHNKAMM E. Die dämpfung von fundamentschwingungen bei veränderlicher erregerfrequenz[J]. Ingenieur-Archiv,1933,4(2):192-201.
[41] 背户一登. 动力吸振器及其应用[M]. 任明章,译. 北京:机械工业出版社,2013.
[42] S・提摩盛科. 机械振动学[M]. 翁心榈,徐华舫,译. 北京:机械工业出版社,1965.
[43] J. P. 邓哈陀. 机械振动学[M]. 談峯,译. 北京:科学出版社,1961.
[44] 田红亮,李森,杨蔚华,等. 干滑动摩擦单自由度系统的滑块运动特性及试验验证[J]. 武汉科技大学学报,2021,44(2):134-139.
[45] LIU K F,LIU J. The damped dynamic vibration absorbers:revisited and new result[J]. Journal of Sound and Vibration,2005,284(3-5):1181-1189.
[46] REN M Z. A variant design of the dynamic vibration absorber[J]. Journal of Sound and Vibration,2001,245(4):762-770.
[47] 杨先卫. 大学物理:上册[M]. 2 版. 北京:北京邮电大学出版社,2022.
[48] 吴庆鹏. 重力学与固体潮[M]. 北京:地震出版社,1997.
[49] LAMBECK K,COLEMAN R. The earth's shape and gravity field:a report of progress from 1958 to 1982[J]. Geophysical Journal of the Royal Astronomical Society,1983,74(1):25-54.
[50] 彭前程,黄恕伯,秦建云,等. 普通高中教科书:物理(必修第一册)[M]. 北京:人民教育出版社,2019:47.
[51] 王竹溪,郭敦仁. 特殊函数概论[M]. 北京:北京大学出版社,2021:422.
[52] TIAN H L,LIANG X X,DU X. Brock's approaching zero method improved as approaching fixed point frequency to solve optimum damping ratio of dynamic vibration absorber in machine tools and experimental confirmation[J]. PLoS One,2024,19(12):e0315289.